Walter A. Strauss

Partielle Differentialgleichungen

**Aus dem Programm
Mathematik**

Otto Forster
Analysis 1–3

Rüdiger Braun und Reinhold Meise
Analysis mit Maple

Jean-Pierre Demailly
Gewöhnliche Differentialgleichungen

Walter Strampp und Victor Ganzha
Differentialgleichungen mit Mathematica

Reinhold Meise und Dietmar Vogt
Einführung in die Funktionalanalysis

Vieweg

Walter A. Strauss

Partielle Differentialgleichungen

Eine Einführung

Aus dem Amerikanischen
übersetzt von Helmut Salzmann

Professor Dr. Walter A. Strauss
Department of Mathematics
Brown University
Providence, Rhode Island 02912-0001
USA

Übersetzung:
Professor Dr. H. Salzmann
Hochschule für Technik und Wirtschaft des Saarlandes,
Fachbereich GIS
Goebenstr. 40
66117 Saarbrücken

Titel der Originalausgabe:
Partial Differential Equations: An Introduction

Authorized translation from English language edition published by John Wiley & Sons, Inc.
Copyright © 1992. All Rights Reserved.

Alle Rechte vorbehalten
© Springer Fachmedien Wiesbaden 1995
Ursprünglich erschienen bei Friedr. Vieweg & Sohn Verlagsgesellschaft mbH, Braunschweig/Wiesbaden, 1995

Das Werk einschließlich aller seiner Teile ist urheberrechtlich geschützt.
Jede Verwertung außerhalb der engen Grenzen des Urheberrechtsgesetzes
ist ohne Zustimmung des Verlags unzulässig und strafbar. Das gilt insbesondere für Vervielfältigungen, Übersetzungen, Mikroverfilmungen und
die Einspeicherung und Verarbeitung in elektronischen Systemen.

Gedruckt auf säurefreiem Papier

ISBN 978-3-528-06604-8   ISBN 978-3-663-12486-3 (eBook)
DOI 10.1007/978-3-663-12486-3

Vorwort

Unser Verständnis der fundamentalen Naturphänomene beruht in hohem Maße auf demjenigen von partiellen Differentialgleichungen. Beispiele sind die Schwingungen fester Körper, die Strömung von Flüssigkeiten, die Diffusion chemischer Substanzen, die Wärmeleitung, die Struktur von Molekülen, die Wechselwirkung von Photonen und Elektronen und die Ausbreitung elekromagnetischer Wellen. Partielle Differentialgleichungen spielen aber auch eine wesentliche Rolle in der modernen Mathematik selbst, speziell in der Geometrie und der Analysis. Die Verfügbarkeit leistungsstarker Computer verschiebt langsam das Hauptaugenmerk bei partiellen Differentialgleichungen von einer analytischen Berechnung der Lösungen weg zu einerseits einer numerischen Analysis und andererseits zu einer qualitativen Theorie.

Dieses Buch gibt dem Leser eine Einführung in die wesentlichen Eigenschaften partieller Differentialgleichungen (PDGln) und in die Techniken, die sich zu ihrer Untersuchung als nützlich erwiesen haben. Mein Ziel ist es, dem Studenten einen weiten Blick auf das Stoffgebiet zu öffnen, die reichhaltige Vielfalt der durch partielle Differentialgleichungen beschriebenen Phänomene darzustellen und ein aktives Wissen der wichtigsten Techniken zur Ermittlung und Untersuchung von Lösungen zu vermitteln.

Eine der wichtigsten Lösungsmethoden ist die Methode der Variablentrennung. Viele Bücher stellen diese Methode derart in den Vodergrund, daß andere Gesichtspunkte vernachlässigt werden. Das Problem der Variablentrennung besteht darin, daß man mit ihr nur bestimmte Arten von partiellen Differentialgleichungen lösen kann. In diesem Buch spielt sie eine sehr wichtige, aber keine alles beherrschende Rolle. Andere Texte, die höhere theoretische Methoden behandeln, erfordern für den typischen „undergraduate" Studenten ein zu hohes mathematisches Wissen. Ich habe in diesem Buch versucht, die höheren Methoden und den mathematischen Formalismus zu minimieren. Da jedoch partielle Differentialgleichungen ein Gebiet an vorderster Forschungsfront in den modernen Wissenschaften sind, habe ich nicht gezögert, diese höheren Konzepte zu erwähnen, um dem interessierten Studenten zu zeigen, in welche Richtung er weitergehen kann.

Dies ist ein „undergraduate" Buch. Es ist gedacht für Studenten im Hauptstudium der Natur-, Ingenieurwissenschaften oder der Mathematik. Graduierte Studenten, speziell der Naturwissenschaften, können natürlich von ihm profitieren, es ist aber keinesfalls als Graduiertentext konzipiert worden.

Die wichtigste Voraussetzung für das Verständnis dieses Buchs ist eine solide Kenntnis der Analysis, speziell der Analysis in mehreren Variablen. Weitere Voraussztzungen sind geringe Vorkenntnisse aus dem Gebiet der gewöhnlichen Differentialgleichungen und der linearen Algebra, beides im Umfang einer weniger als einsemestrigen Vorlesung. Da jedoch das Gebiet der partiellen Differentialgleichungen von Natur aus ein schwieriges Fachgebiet ist, empfehle ich meinen Studenten jeweils vollständige Vorlesungen.

Bei der Darstellung des Stoffes habe ich mich von den folgenden Grundsätzen leiten lassen. Motiviere physikalisch und betreibe erst dann Mathematik. Lege das Hauptaugenmerk auf die drei klassischen Gleichungen: Alle wichtigen Ideen können verstanden werden, wenn man sich auf sie bezieht. Arbeite zunächst in einer Raumdimension und gehe dann erst zu zwei oder drei Dimensionen mit ihren komplizierteren Geometrien über. Untersuche eine Gleichung zunächst im gesamten Raum, bevor Randbedingungen ins Spiel kommen. (Am Ende von Kapitel 2 wird der Student bereits ein intuitives und analytisches Verständnis der einfachen Wellen- und Diffusionsphänomene haben.) Zögere nicht, einige Fakten ohne Beweis anzugeben, aber verzichte nicht auf einen Beweis an kritischen Stellen. Gib Einführungen für möglichst viele wichtige weiterführende Themen.

In diesem Buch ist genügend Material für eine zweisemestrige vierstündige Vorlesung. Ein ziemlich lockerer einsemestriger Kurs könnte die mit einem Stern versehenen Abschnitte der Kapitel 1 bis 6, die Basisabschnitte, zum Inhalt haben. Für einen anspruchsvolleren Kurs können diese Abschnitte auf verschiedene Weisen ergänzt werden. Die Abschnitte ohne Stern der Kapitel 1 bis 6 können je nach Wunsch gebracht werden. Wird der numerische Aspekt hervorgehoben, sollte den Basisabschnitten die Numerik von Kapitel 8 folgen. Zur Vertiefung der Methode der Variablentrennung wird man an Kapitel 6 das Kapitel 10 anschließen. Für Studenten der Physik empfielt sich eine Kombination der Kapitel 9, 12, 13 und 14. Eine herkömmliche Vorlesung über Randwertprobleme kann man mit den Kapiteln 1, 4, 5, 6 und 10 bestreiten.

Jedes Kapitel ist in Abschnitte unterteilt. Die Gleichungen werden kapitelweise durchnumeriert. Ein Verweis auf Gleichung (A.B) heißt, daß diese Gleichung in Kapitel A zu finden ist. Das gleiche System wird bei der Numerierung der Sätze verwendet. Bei den Übungsaufgaben bezieht sich Übungsaufgabe A.B.C auf die Aufgabe C des Abschnitts B von Kapitel A. Die Angabe Übungsaufgabe C. bezieht sich auf die Aufgabe C. desselben Abschnitts. Literaturhinweise werden mit eckigen Klammern angegeben, wie etwa [AS].

Die Hilfe meiner Kollegen erkenne ich mit großer Dankbarkeit an. Ich danke besonders Yue Liu und Brian Loe für ihre extensive Hilfe bei den Übungsaufgaben, ebenso wie Costas Dafermos, Bob Glassey, Jerry Goldstein, Manos Grillakis, Yan Guo, Chris Jones, Keith Lewis, Gustavo Perla Menzala und Bob Seeley für ihre Anregungen und Verbesserungen.

Walter A. Strauss

Inhaltsverzeichnis

(Die Basisabschnitte dieses Buchs sind mit einem Stern versehen)

1 Woher kommen partielle Differentialgleichungen? 1
   1.1* Was ist eine partielle Differentialgleichung? 1
   1.2* Lineare Gleichungen erster Ordnung 6
   1.3* Fließvorgänge, Schwingungen und Diffusionen 11
   1.4* Anfangs- und Randbedingungen 22
   1.5   Korrekt gestellte Probleme 28
   1.6   Typeneinteilung von Gleichungen zweiter Ordnung 31

2 Wellen und Diffusionen 36
   2.1* Die Wellengleichung 36
   2.2* Kausalität und Energie 42
   2.3* Die Diffusionsgleichung 45
   2.4* Die Diffusionsgleichung auf der ganzen Achse 51
   2.5* Vergleiche zwischen Wellen und Diffusionen 59

3 Reflexionen und Quellen 62
   3.1   Diffusion auf der Halbgeraden 62
   3.2   Reflexionen von Wellen 66
   3.3   Diffusionen mit einer Quelle 71
   3.4   Wellen mit einer Quelle 75
   3.5   Überarbeitung der Diffusion 85

4 Randwertprobleme 89
   4.1* Trennung der Variablen, Dirichlet-Bedingung 89
   4.2* Die Neumann-Bedingung 94
   4.3* Die Robin-Bedingung 97

5 Fourierreihen 109
   5.1* Die Fourierkoeffizienten 109
   5.2* Gerade, ungerade, periodische und komplexe Funktionen 117
   5.3* Orthogonalität und allgemeine Fourierreihen 123
   5.4* Vollständigkeit 130
   5.5   Vollständigkeit und das Gibbssche Phänomen 143
   5.6   Inhomogene Randbedingungen 152

6 Harmonische Funktionen 158
   6.1* Die Laplace-Gleichung 158
   6.2* Rechtecke und Quader 167
   6.3* Die Poissonsche Formel 171

	6.4 Kreise, Sektoren und Ringe	177

7 Die Greenschen Formeln und Greensche Funktionen — 183
- 7.1 Die erste Greensche Formel 183
- 7.2 Die zweite Greensche Formel 190
- 7.3 Greensche Funktionen 192
- 7.4 Halbräume und Kugeln 195

8 Numerisches Lösen — 204
- 8.1 Vorteile und Gefahren 204
- 8.2 Approximationen von Diffusionen 208
- 8.3 Approximationen von Wellen 216
- 8.4 Approximationen der Laplace-Gleichung 224
- 8.5 Die Finite-Elemente-Methode 229

9 Wellen im Raum — 233
- 9.1 Energie und Kausalität 233
- 9.2 Die Wellengleichung im Raum 239
- 9.3 Strahlen, Singularitäten und Quellen 248
- 9.4 Die Diffusions- und die Schrödinger-Gleichung 254
- 9.5 Das Wasserstoffatom 260

10 Randwertaufgaben in der Ebene und im Raum — 264
- 10.1 Überarbeitung der Fourierschen Methode 264
- 10.2 Die schwingende Membran 270
- 10.3 Schwingungen in einer Kugel 276
- 10.4 Knoten 284
- 10.5 Besselfunktionen 287
- 10.6 Legendre-Funktionen 294
- 10.7 Drehimpulse in der Quantenmechanik 299

11 Allgemeine Eigenwertprobleme — 304
- 11.1 Die Eigenwerte sind Minima der potentiellen Energie .. 304
- 11.2 Berechnung der Eigenwerte 309
- 11.3 Vollständigkeit 315
- 11.4 Symmetrische Differentialoperatoren 319
- 11.5 Vollständigkeit und Trennung der Variablen 323
- 11.6 Asymptotisches Verhalten der Eigenwerte 327

12 Distributionen und Transformationen — 338
- 12.1 Distributionen 338
- 12.2 Nochmals Greensche Funktionen 344
- 12.3 Fourier-Transformationen 349
- 12.4 Quellfunktionen 355
- 12.5 Die Technik der Laplacetransformation 359

13 Partielle Differentialgleichungen der Physik — 365
  13.1 Elektromagnetismus 365
  13.2 Strömungen und Schall 368
  13.3 Streuung 372
  13.4 Das stetige Spektrum 377
  13.5 Die Gleichungen der Elementarteilchen 380

14 Nichtlineare partielle Differentialgleichungen — 386
  14.1 Stoßwellen 386
  14.2 Solitonen 395
  14.3 Variationsrechnung 403
  14.4 Verzweigungstheorie 408

Anhang — 414
  A.1 Stetige und differenzierbare Funktionen 414
  A.2 Funktionenreihen 418
  A.3 Differentiation und Integration 420
  A.4 Differentialgleichungen 423
  A.5 Die Gammafunktion 425

Lösungen und Lösungshinweise zu ausgewählten Übungsaufgaben — 427

Literaturverzeichnis — 445

Index — 448

1 Woher kommen partielle Differentialgleichungen?

Wir überlegen uns zunächst, was unter einer partiellen Differentialgleichung zu verstehen ist, und lösen anschließend einige dieser Gleichungen als mathematische Lockerungsübung. Danach werden wir sehen, wie sie in natürlicher Weise aus physikalischen Fragestellungen hervorgehen. Die Physik wird dann auch das Aufstellen von Rand- und von Anfangsbedingungen motivieren.

1.1 Was ist eine partielle Differentialgleichung?

Eine grundlegende Eigenschaft partieller Differentialgleichungen ist, daß die gesuchte unbekannte Funktion u eine Funktion von mehreren unabhängigen Variablen $x, y, \ldots$ ist. Wir werden die partiellen Ableitungen dieser Funktion $u(x, y, \ldots)$ häufig durch tiefgestellte Indizes bezeichnen; also $\partial u/\partial x = u_x$ usw. Eine partielle Differentialgleichung (PDGl) ist eine Gleichung, welche die unabhängigen Variablen, die abhängige Variable u und deren partielle Ableitungen in Beziehung setzt. Sie kann in der Form

$$F(x, y, u(x,y), u_x(x,y), u_y(x,y)) = F(x, y, u, u_x, u_y) = 0 \qquad (1.1)$$

geschrieben werden. (1.1) ist die allgemeinste Form einer partiellen Differentialgleichung *erster* Ordnung in zwei unabhängigen Variablen. Die *Ordnung* einer Differentialgleichung ist der Grad der höchsten auftretenden Ableitung. Die allgemeinste Form einer partiellen Differentialgleichung *zweiter* Ordnung in zwei unabhängigen Variablen ist

$$F(x, y, u, u_x, u_y, u_{xx}, u_{xy}, u_{yy}) = 0. \qquad (1.2)$$

Unter einer Lösung einer PDGl versteht man eine Funktion $u(x, y, \ldots)$, welche die Gleichung in einem Bereich der $x, y, \ldots$-Variablen erfüllt.

Beim Lösen gewöhnlicher Differentialgleichungen (GDGl) vertauscht man gelegentlich die Rolle der abhängigen und der unabhängigen Variablen - z.B. bei der separablen GDGl $\partial u/\partial x = u^3$. Bei PDGln wird die Unterscheidung zwischen unabhängigen Variablen und der abhängigen Variablen (der gesuchten Funktion) ständig beibehalten.

Einige Beispiele von (in der Physik auftretenden) PDGln sind:

1. $u_x + u_y = 0$ \hfill (Transport)
2. $u_x + y u_y = 0$ \hfill (Transport)
3. $u_x + u u_y = 0$ \hfill (Stoßwelle)

4. $u_{xx} + u_{yy} = 0$ \hfill (Laplace-Gleichung)

5. $u_{tt} - u_{xx} + u^3 = 0$ \hfill (Welle mit Rückkopplung)

6. $u_t + uu_x + u_{xxx} = 0$ \hfill (Dispersionswelle)

7. $u_{tt} + u_{xxxx} = 0$ \hfill (schwingender Stab)

8. $u_t - iu_{xx} = 0 \quad (i = \sqrt{-1})$ \hfill (Quantenmechanik)

Jede dieser Gleichungen hat zwei unabhängige Variable, die mit x und y bzw. mit x und t bezeichnet sind. Die Beispiele 1 bis 3 sind Gleichungen erster Ordnung, 4, 5 und 8 haben die Ordnung zwei; 6 ist eine Gleichung dritter und 7 eine Gleichung vierter Ordnung. Die Beispiele 3, 5 und 6 unterscheiden sich von den anderen dadurch, daß die auftretenden Gleichungen nicht 'linear' sind. Der Begriff *Linearität* kann wie folgt erklärt werden:

Wir schreiben die Gleichung in der Form $\mathcal{L}u = 0$ mit einem sogenannten Operator $\mathcal{L}$. Das heißt: Ist v eine Funktion, so ist $\mathcal{L}v$ eine neue Funktion. Beispielsweise ist $\mathcal{L} = \partial/\partial x$ derjenige Operator, welcher der Funktion v ihre partielle Ableitung v_x zuordnet. In Beispiel 2 ist $\mathcal{L}$ der Operator $\mathcal{L} = \partial/\partial x + \partial/\partial y$ $(\mathcal{L}u = u_x + u_y)$. Der Operator $\mathcal{L}$ heißt ein *linearer Operator*, wenn

$$\mathcal{L}(u+v) = \mathcal{L}u + \mathcal{L}v, \qquad \mathcal{L}(cu) = c\mathcal{L}u \tag{1.3}$$

für beliebige Funktionen u, v und für beliebige Konstanten c erfüllt ist.
Die Gleichung

$$\mathcal{L}u = 0 \tag{1.4}$$

heißt *linear*, wenn $\mathcal{L}$ ein linearer Operator ist. Gleichung (1.4) heißt *homogene lineare Gleichung* im Gegensatz zu der Gleichung

$$\mathcal{L}u = g, \tag{1.5}$$

wobei $g \neq 0$ eine gegebene Funktion der unabhängigen Variablen ist, welche *inhomogene lineare Gleichung* genannt wird. So ist beispielsweise

$$(\cos xy^2)u_x - y^2 u_y = \tan(x^2 + y^2) \tag{1.6}$$

eine inhomogene lineare Gleichung.

Wie man leicht nachprüft, sind fünf der acht vorstehenden Gleichungen sowohl linear als auch homogen. Beispiel 5 stellt keine lineare Gleichung dar. Zwar besitzen $(u+v)_{xx} = u_{xx} + v_{xx}$ und $(u+v)_{tt} = u_{tt} + v_{tt}$ die Eigenschaft (1.3), der kubische Term jedoch nicht:

$$(u+v)^3 = u^3 + 3u^2v + 3uv^2 + v^3 \neq u^3 + v^3.$$

Der Vorteil, welcher sich aus der Linearität der Gleichung $\mathcal{L}u = 0$ ergibt, besteht darin, daß mit u und v auch $u + v$ eine Lösung ist. Sind $u_1, \ldots u_n$ Lösungen, so ist auch jede Linearkombination

1.1 Was ist eine partielle Differentialgleichung?

$$c_1 u_1 + \ldots + c_n u_n = \sum_{j=1}^{n} c_j u_j \quad (c_j = Konstanten)$$

eine Lösung. (Man bezeichnet diesen Sachverhalt als Superpositionsprinzip.) Eine weitere Konsequenz der Linearität ist die Tatsache, daß man eine Lösung der inhomogenen Gleichung erhält, wenn man zu einer homogenen Lösung (einer Lösung von (1.4)) eine inhomogene Lösung (eine Lösung von (1.5)) addiert. (Warum?) Das mathematische Gebilde, in dem man sich mit Linearkombinationen und linearen Operatoren beschäftigt, ist der Vektorraum. Die Übungen 5 - 10 sind Wiederholungsaufgaben über Vektorräume.

Wir werden fast ausschließlich lineare Gleichungen mit konstanten Koeffizienten untersuchen. Erinnern wir uns daran, daß die allgemeinen Lösungen von GDGln in Form von Linearkombinationen auftreten. Die Koeffizienten sind beliebige Konstanten. *Bei einer GDGl der Ordnung m enthält die allgemeine Lösung m willkürliche Konstanten.*

Sehen wir uns jetzt einige PDGln an.

Beispiel 1.

Bestimme alle Funktionen $u(x,y)$, die die Gleichung $u_{xx} = 0$ erfüllen.
Wir können einmal integrieren und erhalten $u_x =$ konstant. Das ist jedoch nicht ganz richtig, da es noch eine zweite Variable y gibt. In Wirklichkeit erhalten wir $u_x(x,y) = f(y)$, wobei $f(y)$ eine beliebige Funktion ist. Abermalige Integration liefert $u(x,y) = xf(y) + g(y)$. Das ist die Lösungsformel. Wir beachten, daß in der Lösungsformel *zwei willkürliche Funktionen* auftreten. Diesen Sachverhalt werden wir auch in den nächsten beiden Beispielen feststellen.

Beispiel 2.

Löse die PDGl $u_{xx} + u = 0$.
Wie in Beispiel 1 handelt es sich um eine GDGl mit einer zusätzlichen Variablen y. Wir wissen, wie die GDGl zu lösen ist und erhalten als Lösung der PDGl

$$u = f(y) \cos x + g(y) \sin x,$$

wobei wiederum $f(y)$ und $g(y)$ zwei beliebige Funktionen von y sind. Durch zweimalige Differentiation überzeugt man sich leicht von $u_{xx} = -u$ und bestätigt so die Gültigkeit der Lösungsformel.

Beispiel 3.

Löse die PDGl $u_{xy} = 0$.
Auch das ist nicht allzu schwierig. Zuerst integrieren wir nach x und betrachten y als Konstante. Wir erhalten

$$u_y(x,y) = f(y).$$

Als nächstes integrieren wir nach y und betrachten x als Konstante. Wir erhalten als Lösung

$$u(x,y) = F(y) + G(x),$$

wobei $F' = f$.

Merke: *Die Lösung einer PDGl enthält willkürliche Funktionen.* In den obigen Beispielen sind die willkürlichen Funktionen jeweils Funktionen einer Variablen. Mit ihnen wird die Funktion $u(x,y)$ in zwei Variablen gebildet. Die Lösung ist dann nur zum Teil willkürlich.

Eine Funktion zweier Variabler enthält *erheblich* mehr Informationen als eine Funktion einer Variablen. Geometrisch gesehen ist es offensichtlich, daß eine Fläche ($u = f(x,y)$), der Graph einer Funktion zweier Variablen, ein sehr viel komplizierteres Objekt ist als eine Kurve, der Graph einer Funktion einer Variablen.

Wir können das illustrieren, indem wir uns die Frage stellen, wie ein Computer die Funktion $u = f(x)$ darstellt. Nehmen wir an, wir wählen zu ihrer Beschreibung 100 äquidistante Werte für x: $x_1, x_2, x_3, \ldots, x_{100}$. Wir können sie in einer Spalte auflisten und daneben die zugehörigen Funktionswerte $u_j = f(x_j)$ schreiben. Wie sieht das nun bei einer Funktion $u = f(x,y)$ aus? Nehmen wir an, wir wählen auch hier 100 äquidistante Werte sowohl für x als auch für y: $x_1, x_2, x_3, \ldots, x_{100}$ und $y_1, y_2, y_3, \ldots, y_{100}$. Jedem *Paar* x_i, y_j ist ein Funktionswert $u_{ij} = f(x_i, y_j)$ zugeordnet, so daß man $100^2 = 10000$ Zeilen der Form

$$x_i \quad y_j \quad u_{ij}$$

zur Darstellung der Funktion benötigt! (Bei einem vortabellierten System genügt natürlich die Angabe der u_{ij}.) Die Darstellung einer Funktion in drei Variablen benötigt bei 100 vorgegebenen Stützstellen in jeder Variablen die Angabe von einer Million Zahlen.

Welche Kenntnisse aus der Analysis sind zum Verständnis dieses Buches nötig? Sicherlich alle Grundtatsachen über partielle Ableitungen und mehrfache Integrale. Für eine kurze Diskussion dieser Punkte verweise ich auf den Anhang. An dieser Stelle seien einige Dinge aufgelistet, die Sie rekapitulieren sollten, einiges davon könnte Ihnen neu sein.

1. Ableitungen werden *lokal* bestimmt. Um die Ableitung $(\partial u/\partial x)(x_0, t_0)$ im Punkt (x_0, t_0) zu berechnen, braucht man nur die Werte von $u(x, t_0)$ für x in der Nähe von x_0 zu kennen, da die Ableitung Grenzwert für $x \to x_0$ ist.

2. Gemischte partielle Ableitungen sind gleich: $u_{xy} = u_{yx}$. (Wenn es nicht anders festgelegt wird, setzen wir in diesem Buch voraus, daß alle auftretenden Ableitungen existieren und stetig sind.)

3. Häufig wird die Kettenregel bei PDGln verwendet; z.B.

$$\frac{\partial}{\partial x}[f(g(x,t)] = f'(g(x,t))\frac{\partial g}{\partial x}(x,t)$$

1.1 Was ist eine partielle Differentialgleichung? 5

4. Zur Integration von Ableitungen sollte der Leser den Greenschen Satz und den Divergenzsatz lernen bzw. wiederholen. (Siehe Anhang, Ende von Abschnitt A.3)

5. Ableitungen von Integralen, wie $I(t) = \int_{a(t)}^{b(t)} f(x,t)\,dx$ (siehe Abschnitt A.3).

6. Jacobi-Determinanten (Variablentransformation bei Doppelintegralen) (siehe Abschnitt A.2).

7. Unendliche Reihen von Funktionen und ihre Differentiation (siehe Abschnitt A.1)

8. Richtungsableitungen (siehe Abschnitt A.1).

9. Häufig werden PDGln auf GDGln zurückgeführt. Deshalb müssen wir wissen, wie man einfache GDGln löst. Über trickreich zu lösende GDGln brauchen wir aber nichts zu wissen.

Übungsaufgaben

1. Untersuchen Sie die im Text angegebenen acht Beispiele von PDGln auf Linearität bzw. Nichtlinearität, indem Sie die Gleichungen (1.3) auf ihre Gültigkeit überprüfen.

2. Welche der folgenden Operatoren sind linear?

    (a) $\mathcal{L}u = u_x + u_y$

    (b) $\mathcal{L}u = u_x + uu_y$

    (c) $\mathcal{L}u = u_x + u_y^2$

    (d) $\mathcal{L}u = u_x + u_y + 1$

    (e) $\mathcal{L}u = \sqrt{1+x^2}(\cos y)u_x + u_{yxy} - [\arctan(\frac{x}{y})]u$

3. Bestimmen Sie für jede der folgenden Gleichungen die Ordnung, und geben Sie an (mit Begründung), ob sie nichtlinear, inhomogen linear oder homogen linear sind.

    (a) $u_t - u_{xx} + 1 = 0$

    (b) $u_t - u_{xx} + xu = 0$

    (c) $u_t - u_{xxt} + uu_x = 0$

    (d) $u_{tt} - u_{xx} + x^2 = 0$

    (e) $iu_t - u_{xx} + \frac{u}{x} = 0$

    (f) $u_x(1+u_x^2)^{-\frac{1}{2}} + u_y(1+u_y^2)^{-\frac{1}{2}} = 0$

    (g) $u_x + e^y u_y = 0$

    (h) $u_t + u_{xxxx} + \sqrt{1+u} = 0$

4. Zeigen Sie, daß die Differenz zweier Lösungen der inhomogenen linearen Gleichung $\mathcal{L}u = g$ eine Lösung der homogenen Gleichung $\mathcal{L} = 0$ ist.

5. Welche der folgenden Mengen von Vektoren (a, b, c) mit drei Komponenten sind Vektorräume? Begründen Sie!

    (a) Alle Vektoren mit $b = 0$.

    (b) Alle Vektoren mit $b = 1$.

    (c) Alle Vektoren mit $ab = 0$.

    (d) Alle Linearkombinationen der beiden Vektoren $(1, 1, 0)$ und $(2, 0, 1)$.

    (e) Alle Vektoren mit $c - a = 2b$.

6. Sind die Vektoren $(1, 2, 3), (-2, 0, 1)$ und $(1, 10, 17)$ linear abhängig oder linear unabhängig? Bilden sie ein Erzeugendensystem des Anschauungsraums (des $\mathbb{R}^3$)?

7. Sind die Funktionen $1+x, 1-x$ und $1+x+x^2$ linear abhängig oder unabhängig? Warum?

8. Bestimmen Sie einen Vektor, der zusammen mit $(1, 1, 1)$ und $(1, 2, 1)$ eine Basis des $\mathbb{R}^3$ bildet.

9. Zeigen Sie, daß die Menge der Funktionen $\{c_1 + c_2 \sin^2 x + c_3 \cos^2 x | c_i \in \mathbb{R}\}$ einen Vektorraum bildet. Welche Dimension hat er?

10. Zeigen Sie, daß die Lösungen der Differentialgleichung $u''' - 3u'' + 4u = 0$ einen Vektorraum bilden. Bestimmen Sie eine Basis.

11. Zeigen Sie, daß $u(x, y) = f(x)g(y)$ eine Lösung der PDGl $uu_{xy} = u_x u_y$ für jedes Paar von (differenzierbaren) Funktionen f und g einer Variablen ist.

12. Zeigen Sie durch direktes Einsetzen, daß $u_n(x, y) = (\sin nx)(\sinh ny)$ für jedes $n > 0$ eine Lösung der Gleichung $u_{xx} + u_{yy} = 0$ ist.

1.2 Lineare Gleichungen erster Ordnung

Wir beginnen unser Studium partieller Differentialgleichungen damit, daß wir einfache Gleichungen lösen. Das Lösungsverfahren beruht auf geometrischen Überlegungen.

Die allereinfachste PDGl ist $\frac{\partial u}{\partial x} = 0$ [wobei $u = u(x, y)$]. Ihre allgemeine Lösung ist $u = f(y)$. Dabei ist f eine beliebige Funktion *einer* Variablen. Zum Beispiel sind $u = y^2 - y$ und $u = e^y \cos y$ zwei Lösungen. Da die Lösungen nicht von x abhängen, sind sie auf den Geraden $y = const.$ der x, y-Ebene konstant.

1.2 Lineare Gleichungen erster Ordnung

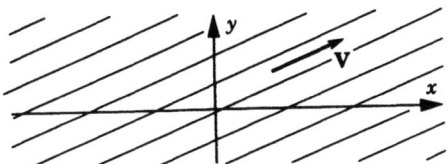

Bild 1.1

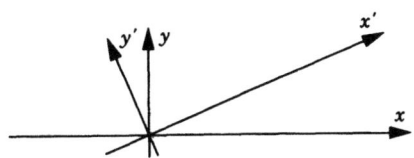

Bild 1.2

Gleichungen mit konstanten Koeffizienten

Es soll die Gleichung

$$au_x + bu_y = 0 \tag{1.7}$$

gelöst werden. a und b sind dabei von Null verschiedene Konstanten.

Geometrische Methode

Die Größe $au_x + bu_y$ ist die Richtungsableitung von u in Richtung des Vektors $\mathbf{v} = (a,b) = a\mathbf{i} + b\mathbf{j}$. Sie soll immer Null sein. Das bedeutet, daß $u(x,y)$ in Richtung von $\mathbf{v}$ konstant ist. Der Vektor $(b,-a)$ ist orthogonal zu $\mathbf{v}$. Die zu $\mathbf{v}$ parallelen Geraden (siehe Bild1.1) haben die Gleichung $bx - ay = 0$.(Sie heißen *Charakteristiken*.) Die Lösung ist konstant auf jeder solchen Gerade. Somit hängt $u(x,y)$ nur von $bx - ay$ ab. Die Lösung lautet deshalb

$$u(x,y) = f(bx - ay), \tag{1.8}$$

wobei f eine beliebige Funktion in einer Variablen ist. Wir wollen die Schlußweise etwas ausführlicher erklären. Auf der Geraden $bx - ay = c$ hat die Lösung einen konstanten Wert. Wir bezeichnen diesen Wert mit $f(c)$. Dann ist $u(x,y) = f(c) = f(bx - ay)$. Da c beliebig ist, gilt die Gleichung (1.8) für alle Werte von x und y. Im x, y, u-Raum definiert die Lösung eine Fläche, die wie ein Stück Wellblech aus parallelen horizontalen Geraden aufgebaut ist.

Koordinatenmethode

Wir transformieren die Variablen (oder führen einen Wechsel des Koordinatensystems durch; Bild 1.2) gemäß

$$x' = ax + by \quad y' = bx - ay. \tag{1.9}$$

Wir ersetzen alle Ableitungen nach x und y durch die Ableitungen nach x' und y'. Mit der Kettenregel erhalten wir

$$u_x = \frac{\partial u}{\partial x} = \frac{\partial u}{\partial x'}\frac{\partial x'}{\partial x} + \frac{\partial u}{\partial y'}\frac{\partial y'}{\partial x} = au_{x'} + bu_{y'}$$

und

$$u_y = \frac{\partial u}{\partial y} = \frac{\partial u}{\partial y'}\frac{\partial y'}{\partial y} + \frac{\partial u}{\partial x'}\frac{\partial x'}{\partial y} = bu_{x'} - au_{y'}$$

Deshalb ist $au_x + bu_y = a(au_{x'} + bu_{y'}) + b(bu_{x'} - au_{y'}) = (a^2 + b^2)u_{x'}$. Wegen $a^2 + b^2 \neq 0$ nimmt die Gleichung in den neuen (Strich-) Variablen die Gestalt $u_{x'} = 0$ an. Ihre Lösung ist $u = f(y') = f(bx - ay)$ mit einer beliebigen Funktion f in einer Variablen. Das ist genau dasselbe Ergebnis wie eben!

Beispiel 1

Löse die PDGl $4u_x - 3u_y = 0$ unter der Zusatzbedingung $u(0,y) = y^3$. Nach 1.8 ist die allgemeine Lösung der PDGl $u(x,y) = f(-3x - 4y)$. Setzt man $x = 0$, so erhält man die Gleichung $y^3 = f(-4y)$. Mit $w = -4y$ liefert das $f(w) = \frac{-w^3}{64}$, also $u(x,y) = \frac{(3x+4y)^3}{64}$.

Üblicherweise können Lösungen sehr viel leichter verifiziert als gefunden werden. Durch einfach Differentiation überprüfen wir diese Lösung: $u_x = \frac{9(3x+4y)^2}{64}$ und $u_y = \frac{12(3x+4y)^2}{64}$. Also ist $4u_x - 3u_y = 0$. Weiterhin ist $u(0,y) = \frac{(3\cdot 0+4y)^3}{64} = y^3$.

Gleichungen mit variablen Koeffizienten

Die Gleichung

$$u_x + yu_y = 0 \tag{1.10}$$

ist linear und homogen, hat aber einen variablen Koeffizienten y. Um sie zu lösen, verwenden wir eine der geometrischen Methode von Beispiel 1 ähnliche Vorgehensweise.

Die PDGl 1.10 drückt aus, daß *die Richtungsableitung in Richtung des Vektors $(1,y)$ Null ist*. Die Kurven der x-y-Ebene mit $(1,y)$ als Tangentenvektor haben die Steigung y (siehe Bild 1.3). Ihre Gleichungen sind

1.2 Lineare Gleichungen erster Ordnung

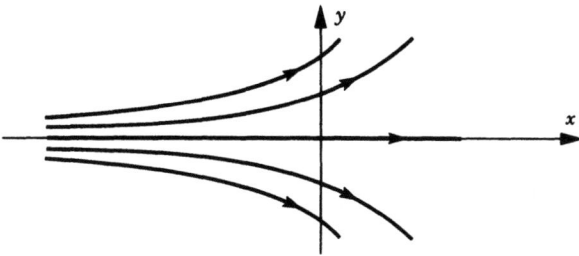

Bild 1.3

$$\frac{dy}{dx} = \frac{y}{1}. \tag{1.11}$$

Diese GDGl hat die Lösungen

$$y = Ce^x. \tag{1.12}$$

Man nennt diese Lösungskurven *Charakteristiken* der PDGl 1.10. Wenn C variiert, füllen die Kurven die x-y-Ebene vollständig aus. Auf jeder dieser Kurven ist $u(x,y)$ konstant, denn

$$\frac{d}{dx}u(x, Ce^x) = \frac{\partial u}{\partial x} + Ce^x \frac{\partial u}{\partial y} = u_x + yu_y = 0.$$

Es ist also $u(x, Ce^x) = u(0, Ce^0) = u(0, C)$ unabhängig von x. Mit $y = Ce^x$, also $C = e^{-x}y$, erhält man

$$u(x,y) = u(0, e^{-x}y),$$

woraus folgt, daß

$$u(x,y) = f(e^{-x}y) \tag{1.13}$$

die *allgemeine Lösung* unserer PDGl ist. Wieder ist f eine beliebige Funktion in einer Variablen. Wir können das Ergebnis leicht durch Differentiation unter Verwendung der Kettenregel überprüfen (siehe Übungsaufgabe 4). Das „Bild" der Lösung kann man sich dadurch veranschaulichen, daß die Lösung *konstant auf jeder Charakteristik* in Bild 1.3 ist.

Beispiel 2

Bestimme die Lösung von Gleichung 1.10, welche der Zusatzbedingung $u(0,y) = y^3$ genügt. Setzt man in 1.13 $x = 0$, so erhält man $y^3 = f(e^{-0}y)$, also $f(y) = y^3$. Die Lösung ist deshalb $u(x,y) = (e^{-x}y)^3 = e^{-3x}y^3$.

Beispiel 3

Löse die PDGl
$$u_x + 2xy^2 u_y = 0 \qquad (1.14)$$

Die Charakteristiken gehorchen der GDGl $\frac{dy}{dx} = \frac{2xy^2}{1} = 2xy^2$. Zur Lösung der GDGl trennen wir die Variablen: $\frac{dy}{y^2} = 2x\,dx$. Also gilt $\frac{-1}{y} = x^2 - C$, so daß

$$y = (C - x^2)^{-1} \qquad (1.15)$$

die Charakteristiken sind. Wieder ist $u(x,y)$ konstant auf jeder dieser Kurven. (Überprüfung durch ausführliches Aufschreiben.) Es ist also $u(x,y) = f(C)$ mit einer beliebigen Funktion f. Man erhält deshalb die allgemeine Lösung von 1.14, indem man 1.15 nach C auflöst. Das bedeutet

$$u(x,y) = f(x^2 + \frac{1}{y}). \qquad (1.16)$$

Auch hier überprüft man das Ergebnis leicht durch Differentiation mit Hilfe der Kettenregel: $u_x = 2x \cdot f(x^2 + \frac{1}{y})$ und $u_y = -(\frac{1}{y^2}) \cdot f(x^2 + \frac{1}{y})$, also gilt $u_x + 2xy^2 u_y = 0$.

Zusammengefaßt läßt sich sagen, daß sich die geometrische Methode für jede PDGl der Form $a(x,y)u_x + b(x,y)u_y = 0$ ganz gut anwenden läßt. Mit ihr reduziert man das Lösen einer PDGl auf das Lösen einer GDGl $\frac{dy}{dx} = \frac{b(x,y)}{a(x,y)}$. Wenn die GDGl gelöst werden kann, dann auch die PDGl. Jede Lösung der PDGl ist konstant auf den Lösungskurven der GDGl.

Merke: Lösungen partieller Differentialgleichungen hängen im allgemeinen von beliebigen Funktionen ab (anstelle von beliebigen Konstanten bei GDGln). Will man eine eindeutig bestimmte Lösung erhalten, sind Zusatzbedingungen erforderlich. Solche Bedingungen heißen gewöhnlich *Anfangs- oder Randbedingungen*. Wir werden solchen Bedingungen in diesem Buch immer wieder begegnen.

Übungsaufgaben

1. Lösen Sie die Gleichung erster Ordnung $2u_t + 3u_x = 0$ unter der Zusatzbedingung $u = \sin x$ für $t = 0$.

2. Lösen Sie die Gleichung $3u_y + u_{xy} = 0$. (*Hinweis*: Setze $v = u_y$.)

3. Lösen Sie die lineare Gleichung $(1 + x^2)u_x + u_y = 0$. Skizzieren Sie einige der Charakteristiken.

4. Überprüfen Sie, daß 1.13 die Lösung von 1.10 ist.

5. Lösen Sie die Gleichung $\sqrt{1-x^2}u_x + u_y = 0$ unter der Bedingung $u(0,y) = 0$.

6. (a) Lösen Sie die Gleichung $yu_x + xu_y = 0$, mit $u(0,y) = e^{-y^2}$.

   (b) In welchem Bereich der x-y-Ebene ist die Lösung eindeutig bestimmt?

7. Lösen Sie $au_x + bu_y + cu = 0$.

8. Lösen Sie $u_x + u_y + u = e^{x+2y}$, mit $u(x,0) = 0$.

9. Lösen Sie $au_x + bu_y = f(x,y)$, wobei f eine vorgegebene Funktion ist. Schreiben Sie die Lösung in der Form

$$u(x,y) = (a^2 + b^2)^{-\frac{1}{2}} \int_L f\, ds + g(bx - ay),$$

mit der beliebigen Funktion g in einer Variablen. L ist dabei der Charakteristikenabschnitt von der y-Achse zum Punkt (x,y), das Integral ist ein Wegintegral.(*Hinweis*: Verwenden Sie die Koordinatenmethode.)

10. Zeigen Sie, daß die durch 1.9 definierten Koordinatenachsen orthogonal sind.

11. Wenden Sie die Koordinatenmethode an, um die Gleichung

$$u_x + 2u_y + (2x - y)u = 2x^2 + 3xy - 2y^2$$

zu lösen.

1.3 Fließvorgänge, Schwingungen und Diffusionen

Die Untersuchung partieller Differentialgleichungen war bis ins 20. Jahrhundert ein Teilgebiet der Physik. In diesem Abschnitt stellen wir Ihnen eine Reihe von Beispielen partieller Differentialgleichungen vor, die in der Physik auftreten. Sie liefern die grundlegende Motivation für alle in diesem Buch zu behandelnden Aufgaben über partielle Differentialgleichungen. Bei physikalischen Problemen sind die unabhängigen Variablen in aller Regel die Raumvariablen x, y, z und die Zeitvariable t.

Beispiel 1. Einfacher Transport

Wir betrachten eine Flüssigkeit, etwa Wasser, welche mit konstanter Geschwindigkeit c durch eine horizontale Röhre konstanten Querschnitts in Richtung der positiven x-Achse fließt. Eine Substanz, etwa ein Schadstoff, wird in das Wasser gegeben. Sei $u(x,t)$ seine Konzentration, gemessen in g/cm^3, zur Zeit t. Dann gilt

$$u_t + cu_x = 0 \tag{1.17}$$

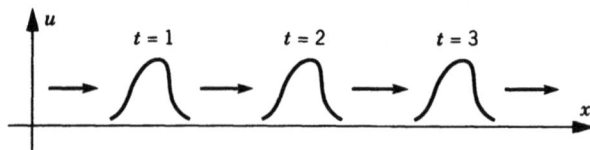

Bild 1.4

Bild 1.5

(Das heißt: Die Änderungsrate u_t der Konzentration ist proportional zum Gradienten u_x. Wir setzen voraus, daß die Diffusion zu vernachlässigen ist.) Lösen wir diese Gleichung wie in Abschnitt 1.2 gezeigt, so erkennen wir, daß die Konzentration eine Funktion von $(x - ct)$ allein ist. Das bedeutet, daß die Substanz mit konstanter Geschwindigkeit c nach rechts transportiert wird. Jedes einzelne Teilchen wandert mit der Geschwindigkeit c nach rechts; in der x,t-Ebene bewegt es sich also genau längs einer Charakteristik. (siehe Bild 1.4)

Herleitung der Gleichung 1.17

Die Schadstoffmenge im Intervall $[0, b]$ zur Zeit t ist durch $M = \int_0^b u(x,t)\,dx$ gegeben, gemessen etwa in Gramm. Zu einem späteren Zeitpunkt $t + h$ haben sich dieselben Schadstoffmoleküle um $c \cdot h$ Zentimeter nach rechts bewegt. Deshalb ist

$$M = \int_0^b u(x,t)\,dx = \int_{ch}^{b+ch} u(x, t + h)\,dx.$$

Differentiation nach b liefert

$$u(b, t) = u(b + ch, t + h).$$

Differenziert man nach h und setzt $h = 0$, so erhält man

$$0 = c u_x(b,t) + u_t(b,t),$$

also die Gleichung 1.17.

1.3 Fließvorgänge, Schwingungen und Diffusionen 13

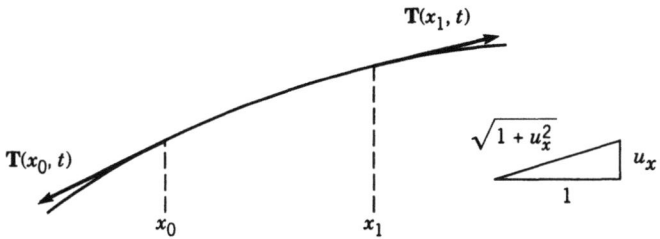

Bild 1.6

Beispiel 2. Die schwingende Saite

Wir betrachten eine biegsame, elastische homogene Saite (oder einen Faden) der Länge l, welche geringfügigen Transversalschwingungen unterworfen ist. Das könnte etwa eine Gitarrensaite oder eine gezupfte Violinsaite sein. Zu einem gegebenen Zeitpunkt t könnte die Saite aussehen wie in Bild 1.5. Wir nehmen an, daß sie in einer Ebene schwingt. $u(x, t)$ sei die Auslenkung aus der Nullage zur Zeit t an der Stelle x. Da die Saite vollkommen biegsam ist, wirkt die Spannungskraft tangential zur Saite (Bild 1.6). Sei $T(x, t)$ der Betrag des Spannungsvektors und ρ die Dichte (Masse pro Längeneinheit) der Saite. ρ ist konstant, da die Saite homogen ist. Wir wenden das Newtonsche Kraftgesetz auf den Saitenabschnitt zwischen den Stellen $x = x_0$ und $x = x_1$ an. Die Steigung der Saite an der Stelle x_1 ist $u_x(x_1, t)$. Newtons Gesetz $\mathbf{F} = m \cdot \mathbf{a}$ lautet in Longitudinal-(x) und Transversalkomponenten (u)

$$\left. \frac{T}{\sqrt{1 + u_x^2}} \right|_{x_0}^{x_1} = 0 \quad \text{(longitudinal)}$$

$$\left. \frac{T u_x}{\sqrt{1 + u_x^2}} \right|_{x_0}^{x_1} = \int_{x_0}^{x_1} \rho u_{tt} dx \quad \text{(transversal)}$$

Die rechten Seiten sind die Komponenten von Masse × Beschleunigung integriert über den Saitenabschnitt. Wir haben eine reine Transversalschwingung vorausgesetzt, es liegt deshalb auch keine Bewegung in Längsrichtung vor.

Wir machen jetzt von der Annahme Gebrauch, daß die Auslenkungen klein sind, genauer gesagt, daß $|u_x|$ hinreichend klein ist. Dann kann die Größe $\sqrt{1 + u_x^2}$ näherungsweise durch 1 ersetzt werden. Die Taylorentwicklung, in diesem Fall die Binomialentwicklung,

$$\sqrt{1 + u_x^2} = 1 + u_x^2 + \ldots$$

wobei die Punkte höhere Potenzen von u_x repräsentieren, rechtfertigt diese Vorgehnsweise. Wenn $|u_x|$ klein ist, ist es sinnvoll, die noch kleinere Größe u_x^2 und deren höhere Potenzen zu vernachlässigen. Hat man die Wurzel durch 1 ersetzt, sagt die erste Gleichung aus, das T längs der Saite konstant ist. Nehmen wir nun an, saß T nicht nur von x, sondern auch von t unabhängig ist. Dann erhält man aus der zweiten Gleichung durch Differentiation

$$(Tu_x)_x = \rho u_{tt}.$$

Das heißt

$$u_{tt} = c^2 u_{xx} \quad \text{mit} \quad c = \sqrt{\frac{T}{\rho}} \qquad (1.18)$$

Das ist die *Wellengleichung*. An dieser Stelle ist noch nicht einzusehen, warum c auf diese Weise definiert wird, wir werden jedoch in Kürze sehen, daß c die *Wellengeschwindigkeit* ist.

Es gibt viele *Varianten* dieser Gleichung:

1. Ist ein merklicher Luftwiderstand vorhanden, erhalten wir einen zur Geschwindigkeit proportionalen Zusatzterm:

$$u_{tt} - c^2 u_{xx} + r u_t = 0 \quad \text{mit} \quad r > 0. \qquad (1.19)$$

2. Ist eine transversale Elastizitätskraft vorhanden, erhalten wir einen zur Auslenkung proportionalen Zusatzterm wie bei der Gleichung für einen an einer Feder schwingenden Massenpunkt:

$$u_{tt} - c^2 u_{xx} + k u = 0 \quad \text{mit} \quad k > 0. \qquad (1.20)$$

3. Ist eine von außen einwirkende Kraft vorhanden, erscheint sie in Form eines Zusatzterms

$$u_{tt} - c^2 u_{xx} = f(x, t) \qquad (1.21)$$

und macht die Gleichung inhomogen.

Unsere Herleitung der Wellengleichung war kurz und nicht übermäßig genau. Man kann eine sehr viel sorgfältigere Herleitung durchführen, welche die physikalischen und mathematischen Annahmen präzisiert.

Dieselbe Wellengleichung oder eine ihrer Varianten beschreibt viele andere wellenartige Phänomene, wie etwa die Schwingungen eines elastischen Stabes, die Schallwellen in einer Röhre oder die Wasserwellen in einem geraden Kanal. Ein weiteres Beispiel ist die Gleichung für die Stromstärke in einer Freileitung

$$u_{xx} = C'L' u_{tt} + (C'R' + G'L') u_t + G'R' u.$$

Dabei ist C' die Kapazität pro Längeneinheit, R' der Widerstand pro Längeneinheit, G' der Leckleitwert pro Längeneinheit und L' die Selbstinduktion pro Längeneinheit.

1.3 Fließvorgänge, Schwingungen und Diffusionen

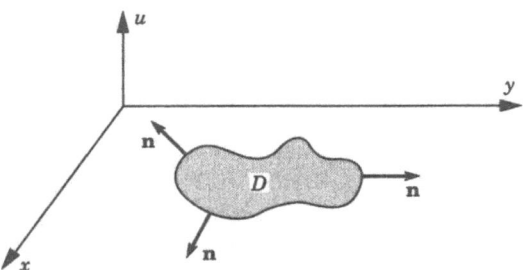

Bild 1.7

Beispiel 3. Die schwingende Membran

Das zweidimensionale Analogon einer Saite ist eine biegsame, elastische, homogene Membran, welche wie eine Trommeldecke über einen Rahmen gespannt ist. Wir nehmen an, daß der Rahmen in der x,y-Ebene liegt (Bild 1.7), daß $u(x, y, t)$ die vertikale Auslenkung eines Punktes zur Zeit t ist, und daß sich die Punkte der Membran nicht in horizontaler Richtung bewegen. Auch hier liefert das Newtonsche Gesetz eine konstante Spannung T in den Horizontalkomponenten. Sei D ein beliebiges Gebiet der x,y-Ebene, etwa ein Kreis oder ein Rechteck, und ∂D seine Randkurve. Wir argumentieren ähnlich wie im eindimensionalen Fall: Die Vertikalkomponente der Kraft liefert (genähert)

$$F = \int_{\partial D} T \frac{\partial u}{\partial n} ds = \int\int_D \rho u_{tt} dx\, dy = ma.$$

Dabei ist F die Gesamtkraft, die auf das Teilstück D der Membran wirkt, $\partial u/\partial n = \mathbf{n} \cdot \nabla u$ die Richtungsableitung in Richtung des äußeren Normaleneinheitsvektors $\mathbf{n}$ von ∂D. Nach dem Greenschen Satz (siehe Abschnitt A.3 des Anhangs) kann das Randintegral umgeformt werden und wir erhalten

$$\int\int_D \nabla \cdot (T \nabla u) dx\, dy = \int\int_D \rho u_{tt} dx\, dy.$$

Da D beliebig ist, schließen wir mit dem zweiten Identitätssatz des Anhangs A.1 auf die Gleichung $\rho u_{tt} = \nabla \cdot (T \nabla u)$. Da T konstant ist, erhalten wir

$$u_{tt} = c^2 \nabla \cdot (\nabla u) \equiv c^2(u_{xx} + u_{yy}) \qquad (1.22)$$

Wieder ist $c = \sqrt{\frac{T}{\rho}}$. Der Ausdruck $\nabla \cdot (\nabla u) = \operatorname{div} \operatorname{grad} u = u_{xx} + u_{yy}$ ist als *zweidimensionaler Laplace-Operator* bekannt. Gleichung 1.22 ist die Wellengleichung in zwei Dimensionen.

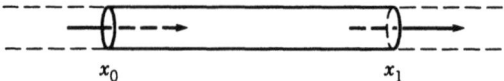

Bild 1.8

Der Aufbau ist jetzt klar: Einfache dreidimensionale Schwingungen gehorchen der Gleichung

$$u_{tt} = c^2(u_{xx} + u_{yy} + u_{zz}). \tag{1.23}$$

Der Operator $\mathcal{L} = \frac{\partial^2}{\partial x^2} + \frac{\partial^2}{\partial y^2} + \frac{\partial^2}{\partial z^2}$ heißt *dreidimensionaler Laplace-Operator* und wird üblicherweise mit Δ oder ∇^2 bezeichnet. Mit der Wellengleichung in drei Dimensionen oder ihren Varianten werden physikalische Vorgänge beschrieben wie die Schwingungen eines elastischen Körpers, Schallwellen der Luft, elektromagnetische Wellen (Lichtwellen, Radarwellen u.s.w.), linearisierte Überschallströmungen, freie Mesonen in der Kernphysik und seismische Wellen, die durch die Erde wandern.

Beispiel 4. Diffusion

Wir stellen uns eine ruhende Flüssigkeit in einer Röhre vor und eine chemische Substanz, etwa einen Farbstoff, der durch die Flüssigkeit diffundiert. Einfache Diffusion wird durch das folgende Gesetz charakterisiert [nicht zu verwechseln mit Konvektion (Transport), bei der man es mit sich bewegenden Flüssigkeiten zu tun hat]: Der Farbstoff bewegt sich von Bereichen höherer zu Bereichen niedrigerer Konzentration. Die Bewegungsrate (transportierte Masse pro Zeiteinheit) ist proportional zum Gradienten der Konzentration. (Dieser Sachverhalt ist als das Ficksche Gesetz der Diffusion bekannt.) Sei $u(x,t)$ die Konzentration (Masse pro Längeneinheit) des Farbstoffs an der Stelle x der Röhre zum Zeitpunkt t.

Im Röhrenabschnitt zwischen x_0 und x_1 (siehe Bild 1.8) ist die Farbstoffmasse durch

$$M(t) = \int_{x_0}^{x_1} u(x,t)\,dx, \quad \text{also} \quad \frac{dM}{dt} = \int_{x_0}^{x_1} u_t(x,t)\,dx$$

gegeben.

Die Farbstoffmasse in diesem Röhrenabschnitt kann sich nur durch Einfließen oder durch Ausströmen an den Abschnittsenden ändern. Nach dem Fickschen Gesetz ist

1.3 Fließvorgänge, Schwingungen und Diffusionen

$$\frac{dM}{dt} = \text{Einfließmasse} - \text{Ausfließmasse} = ku_x(x_1,t) - ku_x(x_0,t),$$

wobei k ein Proportionalitätsfaktor ist. Beide Ausdrücke für $\frac{dM}{dt}$ sind gleich, also gilt

$$\int_{x_0}^{x_1} u_t(x,t)\,dx = ku_x(x_1,t) - ku_x(x_0,t).$$

Differentiation nach x liefert

$$u_t = ku_{xx}. \tag{1.24}$$

Das ist die *Diffusionsgleichung*.

In drei Dimensionen erhalten wir

$$\iiint_D u_t\,dx\,dy\,dz = \iint_{\partial D} k(\mathbf{n}\cdot\nabla u)\,dS,$$

wobei D ein fester Teilbereich der betrachteten Flüssigkeit und ∂D seine Randfläche ist. Mit Hilfe des Divergenzsatzes (und indem man wie in Beispiel 3 ausnützt, daß D beliebig ist), erhalten wir die *dreidimensionale Diffusionsgleichung*

$$u_t = k(u_{xx} + u_{yy} + u_{zz}) = k\Delta u. \tag{1.25}$$

Ist eine äußere Quelle (oder eine „Senke") des Farbstoffs vorhanden, und ist die Diffusionskonstante k ortsabhängig, erhalten wir die allgemeinere inhomogene Gleichung

$$u_t = \nabla \cdot (k\nabla u) + f(x,t).$$

Diese Gleichung beschreibt auch die Wärmeleitung, die Brownsche Molekularbewegung, Diffusionsmodelle der Populationsdynamik und viele andere Phänomene.

Beispiel 5. Wärmeleitung

Sei $u(x,y,z,t)$ die Temperatur und $H(t)$ die gesamte Wärmemenge eines Bereiches D (gemessen etwa in Kalorien). Dann gilt

$$H(t) = \iiint_D c\rho u\,dx\,dy\,dz,$$

wobei c die spezifische Wärme und ρ die Dichte (Masse pro Volumeneinheit) des Materials ist. Die Änderung der Wärmemenge ist gegeben durch

$$\frac{dH}{dt} = \iiint_D c\rho u_t\,dx\,dy\,dz.$$

Nach Fouriers Gesetz fließt die Wärme von wärmeren zu kälteren Bereichen proportional zum Temperaturgradienten. In D kann keine Wärme verlorengehen, es sei denn, sie tritt durch den Rand von D aus. Das ist die Aussage des Energieerhaltungssatzes. Die Änderung der Wärmemenge ist deshalb gleich dem Wärmestrom durch den Rand:

$$\frac{dH}{dt} = \iint_{\partial D} \kappa (\mathbf{n} \cdot \nabla u)\, dS,$$

mit der Wärmeleitfähigkeit κ als Proportionalitätsfaktor. Mit dem Divergenzsatz gilt

$$\iiint_D c\rho u_t\, dx\, dy\, dz = \iiint_D \nabla \cdot (\kappa \nabla u)\, dx\, dy\, dz$$

und wir erhalten die *Wärmeleitungsgleichung*

$$c\rho \frac{\partial u}{\partial t} = \nabla \cdot (\kappa \nabla u). \tag{1.26}$$

Sind c, ρ, κ konstant, so stimmt diese Gleichung mit der Diffusionsgleichung überein!

Beispiel 6. Stationäre Wellen und Diffusionen

Wir betrachten die vier vorangegangenen Beispiele in einem Zustand, in dem sich die physikalischen Verhältnisse nicht mit der Zeit ändern. Dann ist $u_t = u_{tt} = 0$. Somit reduzieren sich sowohl die Wellen- als auch die Wärmeleitungsgleichung zu

$$\Delta u = u_{xx} + u_{yy} + u_{zz} = 0 \tag{1.27}$$

Diese Gleichung heißt *Laplace-Gleichung*. Ihre Lösungen werden *harmonische Funktionen* genannt. Stellen wir uns beispielsweise ein Objekt vor, das in einem Ofen konstant erwärmt wird. Man kann nicht erwarten, daß die Wärme im Ofen gleichmäßig verteilt ist. Die Temperatur des Objekts erreicht möglicherweise einen festen (Gleichgewichts-) Zustand, der dann durch die harmonische Funktion $u(x, y, z)$ beschrieben wird. (Natürlich würde der Gleichgewichtszustand durch $u = konstant$ beschrieben, wenn die auf das Objekt einwirkende Wärme in allen Richtungen gleich wäre.) Im *ein*dimensionalen Fall (z.B. einem in seiner Längsrichtung vollständig isolierten dünnen Stab, der nur an seinen Enden Wärme mit der Umgebung austauschen kann) wäre u eine Funktion nur von x. Dann reduziert sich die Laplace-Gleichung einfach zu $u_{xx} = 0$ und es ist $u = c_1 x + c_2$. Die zwei- und dreidimensionalen Fälle sind *erheblich* interessanter (zur Lösung siehe Kapitel 6).

1.3 Fließvorgänge, Schwingungen und Diffusionen

Beispiel 7. Das Wasserstoffatom

Hier handelt es sich um ein Elektron, das sich um ein Proton bewegt. Sei m die Masse, e die Ladung des Elektrons und h die durch 2π dividierte Plancksche Konstante. Das Proton befinde sich im Ursprung des x, y, z-Koordinatensystems, $r = \sqrt{x^2 + y^2 + z^2}$ sei der Abstand des Elektrons vom Nullpunkt. Dann wird die Bewegung des Elektrons durch die „Wellenfunktion" $u(x, y, z, t)$ beschrieben, die die Schrödinger-Gleichung

$$-ihu_t = \frac{h^2}{2m}\Delta u + \frac{e^2}{r}u \qquad (1.28)$$

im gesamten Raum $-\infty < x, y, z < +\infty$ erfüllt. Wir setzen voraus, daß $\int |u|^2 dx\,dy\,dz = 1$ (integriert über den ganzen Raum). Zu beachten ist, daß $i = \sqrt{-1}$, und daß u komplexwertig ist. Die Koeffizientenfunktion e^2/r heißt das Potential. Für jedes andere Atom mit einem eizigen Elektron, wie etwa das Helium-Ion, wird e^2 durch Ze^2 ersetzt, wobei Z die Ordnungszahl ist.

Was bedeutet diese Gleichung physikalisch? In der Quantenmechanik können Größen nicht exakt, sondern nur mit einer gewissen Wahrscheinlichkeit gemessen werden. Die *Wellenfunktion* $u(x, y, z, t)$ stellt einen möglichen Zustand des Elektrons dar. Ist D ein beliebiger Bereich des x, y, z-Raumes, so gibt

$$\iiint_D |u|^2 dx\,dy\,dz$$

die Wahrscheinlichkeit an, mit der sich das Elektron zur Zeit t im Bereich D befindet. Die *zu erwartende z-Koordinate der Position* des Elektrons zur Zeit t ist durch den Wert des Integrals

$$\iiint_D z|u(x, y, z)|dx\,dy\,dz$$

gegeben; entsprechendes gilt für die x- und y-Koordinaten. Die *zu erwartende z-Koordinate des Impulses* ist

$$\iiint_D -ih\frac{\partial u}{\partial z}(x, y, z) \cdot \overline{u}(x, y, z)\,dx\,dy\,dz,$$

wobei $\overline{u}$ die konjugiert Komplexe von u ist. Alle anderen Beobachtungsgrößen sind durch Operatoren A gegeben, die auf Funktionen wirken. Der Erwartungswert der Beobachtungsgröße A ist gegeben durch

$$\iiint_D Au(x, y, z) \cdot \overline{u}(x, y, z)\,dx\,dy\,dz.$$

Damit ist die Position des Elektrons gegeben durch den Operator $Au = xu$ und sein Impuls durch den Operator $Au = -ih\nabla$.

Man betrachtet die Schrödinger-Gleichung am besten als Axiom, aus dem man physikalisch korrekte Schlüsse ziehen kann, und nicht als Gleichung, die aus einfacheren Prinzipien herleitbar ist. Sie erklärt, warum Atome stabil sind und nicht kollabieren, sie erklärt die von Bohr entdeckten Energieniveaus des Elektrons eines Wasserstoffatoms. Prinzipiell könnte man aus ihr die Struktur aller Atome und Moleküle und damit der ganzen Chemie ableiten. Liegt eine große Anzahl von Teilchen vor, hängt die Wellenfunktion u von der Zeit t und von den Raumvariablen der einzelnen Teilchen ab, sie ist somit Funktion einer sehr großen Anzahl von Variablen. Für n Teilchen lautet die Schrödinger.Gleichung

$$-ihu_t = \sum_{i=1}^{n} \frac{h}{2m_i}(u_{x_i x_i} + u_{y_i y_i} + u_{z_i z_i}) + V(x_1,\ldots,z_n)u,$$

dabei hängt die Potentialfunktion V von allen $3n$ Koordinaten ab. Außer für das Wasserstoff- und das Heliumatom (letzteres hat zwei Elektronen) kann eine vollständige mathematische Analyse nicht einmal mit Hilfe moderner Computer durchgeführt werden. Trotzdem können durch verschiedene Approximationen viele Eigenschaften komplizierterer Atome und die chemische Bindung von Molekülen verstanden werden.

Das war eine kurze Einführung zur Herkunft partieller Differentialgleichungen aus physikalischen Problemen. Reale Verhältnisse führen zu sehr viel komplizierteren PDGln als zu den hier betrachteten. Zusätzliche Beispiele finden Sie in Kapitel 13.

Übungsaufgaben

1. Leiten Sie sorgfältig die Gleichung für eine in einem Medium gedämpft schwingenden Saite her, wenn die Dämpfungskraft proportional zur Geschwindigkeit angenommen wird.

2. Eine biegsame Kette der Länge l wird an ihrem einen Ende bei $x = 0$ aufgehängt. Die x-Achse zeige nach unten in Richtung der Kette, die u-Achse nach rechts. Die Kette führe horizontale Schwingungen aus. Wir nehmen an, daß die Gravitationskraft an jedem Punkt der Kette mit der Gewichtskraft des unterhalb befindlichen Kettenteils übereinstimmt, und daß sie tangential zur Kette wirkt. Es werde angenommen, daß die Schwingungen klein sind. Stellen Sie die PDGl für die Kette auf.

3. Am Rand eines dünnen Stabes finde Wärmeaustausch mit einem Medium der konstanten Temperatur T_0 statt.Welcher Gleichung genügt die Temperatur $u(x,t)$, wenn man annimmt, daß in einem Stabquerschnitt überall dieselbe Temperatur herrscht. Beachten Sie beim Aufstellen der Gleichung das Newtonsche Abkühlungsgesetz, nach welchem der Wärmefluß proportional zum Temperaturunterschied ist.

1.3 Fließvorgänge, Schwingungen und Diffusionen   21

4. Wir nehmen an, daß Partikel, die in eine Flüssigkeit gegeben werden, unter dem Einfluß der Schwerkraft mit konstanter Geschwindigkeit $V > 0$ nach unten fallen würden, wenn keine Diffusion vorläge. Stellen Sie die Gleichung für die Konzentration der Partikel auf, und berücksichtigen Sie dabei die Diffusion. Nehmen Sie an, daß die Konzentration in x, y-Richtung stets homogen ist und daß die z-Achse nach unten zeigt.

5. Leiten Sie die Gleichung für die eindimensionale Diffusion in einem Medium ab, welches sich mit konstanter Geschwindigkeit V längs der x-Achse nach rechts bewegt.

6. Betrachten Sie die Wärmeleitung in einem langen Kreiszylinder, in dem die Temperatur nur von t und vom Abstand r von der Zylinderachse abhängt. $r = \sqrt{x^2 + y^2}$ ist hier eine Zylinderkoordinate. Leiten Sie aus der Wärmeleitungsgleichung in drei Dimensionen die für dieses Problem geltende Gleichung $u_t = k(u_{rr} + u_r/r)$ ab.

7. Leiten Sie wie in 6. die Wärmeleitungsgleichung für eine Kugel ab, wenn die Temperatur nur von der sphärischen Koordinate $r = \sqrt{x^2 + y^2 + z^2}$ abhängt. Man erhält die Gleichung $u_t = k(u_{rr} + 2u_r/r)$.

8. Zeigen Sie für das Wasserstoffatom: Wenn $\int |u|^2 dx = 1$ für $t = 0$, so auch für jeden anderen Zeitpunkt. (*Hinweis*: Differenzieren Sie das Integral nach t und beachten Sie, daß die Lösung komplexwertig ist.)

9. Der Divergenzsatz

$$\iiint_D \nabla \cdot \mathbf{F}\, dx = \iint_{\partial D} \mathbf{F} \cdot \mathbf{n}\, dS$$

gilt für beliebige beschränkte räumliche Bereiche D mit der Randfläche ∂D und dem äußeren Normaleneinheitsvektor $\mathbf{n}$. Sollten Sie ihn noch nicht gelernt haben, sehen Sie in Abschnitt A.3 nach. Verifizieren Sie ihn als Übung für den folgenden Fall, indem Sie beide Seiten der Gleichung gesondert ausrechnen: $\mathbf{F} = r^2 \mathbf{x}$, $\mathbf{x} = x\mathbf{i} + y\mathbf{j} + z\mathbf{k}$, $r^2 = x^2 + y^2 + z^2$, D sei die Kugel um den Nullpunkt mit dem Radius a.

10. Sei $\mathbf{f}(\mathbf{x})$ stetig und $|\mathbf{f}(\mathbf{x})| \leq 1/(|\mathbf{x}|^3 + 1)$ für alle $\mathbf{x}$. Zeigen Sie:

$$\iiint_{\mathbb{R}^3} \nabla \cdot \mathbf{f}\, d\mathbf{x} = 0.$$

(*Hinweis:* Integrieren Sie über eine große Kugel D, wenden Sie den Divergenzsatz an und lassen Sie den Kugelradius gegen ∞ streben.)

11. Zeigen Sie: Ist $\operatorname{rot} \mathbf{v} = 0$ überall im $\mathbb{R}^3$, so gibt es eine skalare Funktion $\Phi(x, y, z)$ derart, daß $\mathbf{v} = \operatorname{grad} \Phi$.

1.4 Anfangs- und Randbedingungen

Partielle Differentialgleichungen haben, wie wir in Abschnitt 1.2 gesehen haben, sehr viele Lösungen. Wir wollen nun Zusatzbedingungen stellen, mit denen wir aus der Gesamtheit der Lösungen eine Lösung herausfiltern. Wir versuchen, die Bedingungen so zu stellen, daß die Lösung eindeutig bestimmt ist. Diese Bedingungen sind physikalisch motiviert, und sie treten in zwei Arten auf, nämlich als Anfangsbedingungen und als Randbedingungen.

Eine *Anfangsbedingung* legt den physikalischen Zustand eines Systems zu einem festen Zeitpunkt t_0 fest. Für die Diffusionsgleichung lautet die Anfangsbedingung

$$u(\mathbf{x}, t_0) = \Phi(\mathbf{x}), \qquad (1.29)$$

wobei $\Phi(\mathbf{x}) = \Phi(x, y, z)$ eine gegebene Funktion ist. Für eine diffundierende Substanz hat $\Phi(\mathbf{x})$ die Bedeutung einer Anfangskonzentration. Für die Wärmeleitungsgleichung ist $\Phi(\mathbf{x})$ die Anfangstemperatur. Auch für die Schrödinger-Gleichung ist 1.29 die übliche Anfangsbedingung.

Bei der Wellengleichung wird ein *Paar* von Anfangsbedingungen vorgegeben

$$u(\mathbf{x}, t_0) = \Phi(\mathbf{x}) \quad \text{und} \quad \frac{\partial u}{\partial t}(\mathbf{x}, t_0) = \Psi(\mathbf{x}). \qquad (1.30)$$

Dabei ist $\Phi(\mathbf{x})$ die Anfangslage und $\Psi(\mathbf{x})$ die Anfangsgeschwindigkeit. Es ist aus physikalischen Gründen offensichtlich, daß beide Vorgaben zu machen sind, um die Auslenkung $u(\mathbf{x}, t)$ zu einem späteren Zeitpunkt zu bestimmen. (Wir werden das auch mathematisch beweisen.)

Wir haben bei jedem unserer physikalischen Probleme gesehen, daß es ein Gebiet D gibt, in dem die PDGl gültig ist. Für die schwingende Saite ist D das Intervall $0 < x < l$. Der Rand von D besteht nur aus den Punkten $x = 0$ und $x = l$. Für die schwingende Membran ist D ein ebener Bereich und sein Rand ist eine geschlossene Kurve. Bei der diffundierenden chemischen Substanz ist D der Behälter, der die Flüssigkeit enthält, sein Rand ist die Oberfläche $S = \partial D$ des Behälters. Beim Wasserstoffatom ist D der ganze Raum, sein Rand ist leer.

Wieder sagt uns unsere physikalische Vorstellung, daß es nötig ist, einige *Randbedingungen* zu stellen, um die Lösung festzulegen. Die drei wichtigsten Arten von Randbedingungen sind:

- (D) u wird vorgegeben („*Dirichlet*-Bedingung")
- (N)   die Normalableitung $\partial u / \partial n$ wird vorgegeben („*Neumann*-Bedingung")
- (R) $\partial u / \partial n + au$ wird vorgegeben („*Robin*-Bedingung").

a ist dabei eine gegebene Funktion von x, y, z und t. Jede Bedingung soll gelten für alle t und für alle $\mathbf{x} = (x, y, z) \in \partial D$. Üblicherweise schreibt man (D), (N) und (R) in Form von Gleichungen. (N) schreibt man beispielsweise als

$$\frac{\partial u}{\partial n} = g(\mathbf{x}, t), \qquad (1.31)$$

1.4 Anfangs- und Randbedingungen

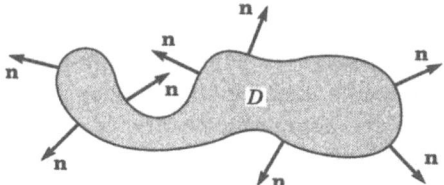

Bild 1.9

wobei g eine gegebene Funktion ist, die man als Randvorgabe bezeichnen kann. Eine Randbedingung heißt *homogen*, wenn die vorgegebene Funktion $g(\mathbf{x}, t)$ verschwindet (identisch Null ist), andernfalls heißt sie *inhomogen*. Wie üblich bezeichnet $\mathbf{n} = (n_1, n_2, n_3)$ den Normaleneinheitsvektor, der ins Äußere von D zeigt (siehe Bild 1.9). Die Richtungsableitung in Richtung der äußeren Normalen von D wird auch mit $\partial u/\partial n \equiv \mathbf{n} \cdot \nabla u$ bezeichnet.

Bei *eindimensionalen* Problemen, wo D ein Intervall $0 < x < l$ ist, und der Rand nur aus den Endpunkten des Intervalls besteht, nehmen die Randbedingungen die einfache Form

(D) $\quad u(0,t) = g(t) \quad$ und $\quad u(l,t) = h(t)$

(N) $\quad \dfrac{\partial u}{\partial x}(0,t) = g(t) \quad$ und $\quad \dfrac{\partial u}{\partial x}(l,t) = h(t)$

an. Ähnliches gilt für die Robin-Bedingung.

Es folgen einige Beispiele physikalischer Probleme, in denen diese Arten von Randbedingungen auftreten.

Die schwingende Saite

Wenn die Enden einer Saite fixiert sind, wie das bei einer Violinsaite der Fall ist, liegt eine homogene Dirichlet-Bedingung $u(0,t) = u(l,t) = 0$ vor.

Stellen wir uns andererseits vor, daß ein Saitenende *frei* ist, daß es also transversal ohne Widerstand (etwa reibungsfrei in einer Spur geführt) schwingt, herrscht an diesem Ende keine Spannungskraft, es gilt also $u_x = 0$. Das ist eine Neumann-Bedingung.

Die Robin-Bedingung wäre die richtige Randvorgabe für den Fall, daß ein Saitenende zwar in einer Spur geführt frei schwingt, aber an einer Feder oder einem Gummiband (dem Hookschen Gesetz gehorchend) befestigt ist, wodurch es in die Gleichgewichtslage zurückstrebt. In diesem Fall findet ein Energieaustausch zwischen Saite und Feder statt.

Wird schließlich ein Saitenende auf vorgegebene Weise bewegt, wäre hier eine inhomogene Dirichlet-Bedingung zu stellen.

Diffusion

Wenn die diffundierende Substanz in einem Behälter D eingeschlossen ist, so daß nichts entweichen oder hinzukommen kann, muß nach dem Fickschen Gesetz (siehe Übung 2) die Änderung der Konzentration in Normalenrichtung Null sein, also $\partial u/\partial n = 0$ auf $S = \partial D$. Das ist eine Neumann-Bedingung.

Ist der Behälter durchlässig und so konstruiert, daß die austretende Substanz sofort weggespült werden kann, liegt die Bedingung $u = 0$ auf S vor.

Wärmeleitung

Wärmeleitung wird durch die Diffusionsgleichung beschrieben, bei der $u(\mathbf{x}, t)$ die Temperatur an der Stelle $\mathbf{x}$ zur Zeit t ist. Ist der Körper D, durch welchen die Wärme strömt, vollständig isoliert, so daß aus dem Rand keine Wärme austreten kann, liegt eine Neumann-Bedingung $\partial u \partial n = 0$ vor (siehe Übung 2).

Befindet sich jedoch der Körper in einem großen Behälter mit der vorgegebenen Temperatur $g(t)$, und findet perfekte Wärmeleitung statt, haben wir die Dirichlet-Bedingung $u = g(t)$ auf ∂D zu stellen.

Stellen wir uns einen isolierten Stab der Länge l über dem Intervall $0 \leq x \leq l$ vor, dessen Ende bei $x = l$ in ein Reservoir der Temperatur $g(t)$ getaucht wird. Wenn Wärmeaustausch zwischen dem Stabende und dem Reservoir gemäß Newtons Abkühlungsgesetz stattfindet, gilt

$$\frac{\partial u}{\partial n}(l, t) = -a[u(l, t) - g(t)],$$

mit $a > 0$. Die Wärme strömt vom erhitzten Stab in das kühle Reservoir. Wir haben eine inhomogene Robin-Bedingung vorliegen.

Licht

Licht ist ein elektromagnetisches Feld und wird als solches durch die Maxwellschen Gleichungen beschrieben (siehe Kapitel 13). Jede Komponente des elektrischen und des magnetischen Feldes genügt der Wellengleichung. Die Randbedingungen bewirken, daß die verschiedenen Komponenten in Beziehung zueinander stehen. (Sie sind miteinander „verknüpft".) Stellen wir uns vor, daß von einer Kugel mit verspiegelter Oberfläche Licht reflektiert wird. Man spricht dann von einem Streuproblem. Das Gebiet D, in dem sich das Licht ausbreitet, ist das Äußere der Kugel. Die Komponenten des elektromagnetischen Feldes erfüllen dann gewisse Randbedingungen. Wenn keine Polarisationseffekte studiert werden sollen, benutzen einige Physiker die Wellengleichung zusammen mit homogenen Dirichlet- oder Neumann-Bedingungen als ein stark vereinfachtes mathematisches Modell dieses Sachverhalts.

1.4 Anfangs- und Randbedingungen

Schall

Unsere Ohren können kleine Störungen in der uns umgebenden Luft wahrnehmen. Diese Störungen werden beschrieben durch die Gleichungen der Gasdynamik. Sie bilden ein System nichtlinearer Gleichungen mit der Geschwindigkeit v und der Dichte ρ als Unbekannte. *Kleine* Störungen jedoch werden recht gut durch die sogenannten linearisierten Gleichungen beschrieben, welche sehr viel einfacher sind, nämlich

$$\frac{\partial \mathbf{v}}{\partial t} + \frac{c_0^2}{\rho_0} grad\,\rho = 0 \qquad (1.32)$$

$$\frac{\partial \rho}{\partial t} + \rho_0 div\,\mathbf{v} = 0 \qquad (1.33)$$

(insgesamt vier skalare Gleichungen). Hier ist ρ_0 die Dichte und c_0 die Schallgeschwindigkeit in ruhender Luft.

Nehmen wir nun an, daß $rot\,\mathbf{v}$ Null ist. Das bedeutet: Es gibt keine „Schallwirbel", und die Geschwindigkeit v ist rotationsfrei. Die Dichte ρ und alle drei Komponenten von v genügen dann der Wellengleichung:

$$\frac{\partial^2 \mathbf{v}}{\partial t^2} = c_0^2 \Delta \mathbf{v} \quad \text{und} \quad \frac{\partial^2 \rho}{\partial t^2} = c_0^2 \Delta \rho. \qquad (1.34)$$

Der interessierte Leser findet eine Herleitung dieser Gleichungen in Abschnitt 13.2.

Untersuchen wir die Schallausbreitung in einem geschlossenen, schallisolierten Raum mit *starren* Wänden, z.B. einem Konzertsaal, so stellen wir fest, daß sich die Luftmoleküle in der Nähe der Wände nur parallel zum Rand bewegen können, so daß kein Schall in Normalenrichtung auf den Rand zu wandern kann. Also ist $\mathbf{v}\cdot\mathbf{n} = 0$ auf ∂D. Da $rot\,\mathbf{v} = 0$, gibt es nach einer Grundtatsache der Vektoranalysis (Übungsaufgabe 1.3.11) eine *Potentialfunktion* Ψ mit $\mathbf{v} = -grad\,\Psi$. Die Potentialfunktion erfüllt ebenfalls die Wellengleichung $\partial^2 \Psi/\partial t^2 = c_0^2 \Delta\Psi$, und die Randbedingung ist $-\mathbf{v}\cdot\mathbf{n} = \mathbf{n}\cdot grad\,\Psi = 0$, also eine Neumann-Bedingung für Ψ.

Hat der Raum D ein *offenes* Fenster, so ist der Luftdruck dort konstant und es besteht dort kein Druckunterschied zwischen dem Inneren und Äußeren des Raumes. Sind die Störungen der Luft klein, so ist der Druck p proportional zur Dichte ρ. Deshalb ist ρ auf der Fensterfläche konstant, ρ erfüllt also die Dirichlet-Bedingung $\rho = \rho_0$.

Bei *weichen* Wänden oder wenn die Scheiben eines offenen Fensters durch eine elastische Membran ersetzt werden, ist die Druckdifferenz $p - p_0$ an der Membran proportional zur Normalgeschwindigkeit $\mathbf{v}\cdot\mathbf{n}$, nämlich

$$p - p_0 = Z\mathbf{v}\cdot\mathbf{n},$$

wobei Z die akustische Impedanz der Membran bzw. der Wand genannt wird. (Eine starre Wand hat eine große Impedanz, ein offenes Fenster hat die Impedanz Null.) Für kleine Störungen ist nun wieder $p - p_0$ proportional zu $\rho - \rho_0$. Das System der vier Gleichungen 1.32, 1.33 genügt der Randbedingung

$$\mathbf{v} \cdot \mathbf{n} = a(\rho - \rho_0),$$

wobei a eine zu $1/Z$ proportionale Konstante ist. (Für eine weitergehende Diskussion siehe [MI].)

Eine andere Art von Randbedingung bei der Wellengleichung ist

$$\frac{\partial u}{\partial n} + b \frac{\partial u}{\partial t} = 0. \tag{1.35}$$

Diese Bedingung bedeutet, daß über den Rand Energie ins Äußere *abgestrahlt* ($b > 0$) oder vom Äußeren *absorbiert* ($b < 0$) wird. Eine schwingende Saite, deren Enden in eine zähe Flüssigkeit eingetaucht werden, würde der Bedingung 1.35 mit $b > 0$ genügen, da Energie an die Flüssigkeit abgegeben wird.

Bedingungen im Unendlichen

Falls das Gebiet D unbeschränkt ist, sieht die Physik üblicherweise Bedingungen im Unendlichen vor, die sehr trickreich sein können. Ein Beispiel ist die Schrödinger-Gleichung, bei der D der ganze Raum ist und die Forderung $\int |u|^2 d\mathbf{x} = 1$ besteht. Die Endlichkeit dieses Integrals bedeutet, daß u „im Unendlichen verschwindet".

Ein zweites Beispiel liefert die Streuung von akustischen oder elektromagnetischen Wellen. Wenn wir Schall- oder Lichtwellen betrachten, die nach außen (ins Unendliche) strahlen, ist die „Sommerfeldsche Ausstrahlungsbedingung"

$$\lim_{r \to \infty} r \left(\frac{\partial u}{\partial r} - \frac{\partial u}{\partial t} \right) = 0,$$

wobei $r = |\mathbf{x}|$ Kugelkoordinate ist, die angemessene Randbedingung im Unendlichen. (Im gegebenen mathematischen Kontext wird dieser Grenzwert präzisiert. Siehe Abschnitt 13.3.)

Sprungbedingungen

Besteht das Gebiet D aus zwei Teilgebieten $D = D_1 \cup D_2$ (siehe Bild 1.10), in denen unterschiedliche physikalische Eigenschaften vorliegen, so treten an den gemeinsamen Randstücken von D_1 und D_2 sogenannte Sprungbedingungen auf. Ein Beispiel dafür ist die Wärmeleitungsgleichung in Übungsaufgabe 5, wo D_1 und D_2 zwei unterschiedliche Materialien darstellen.

Übungsaufgaben

1. Finden Sie durch Ausprobieren eine Lösung der Diffusionsgleichung $u_t = u_{xx}$, welche der Anfangsbedingung $u(x,0) = x^2$ genügt.

2. (a) Zeigen Sie, daß die Temperatur eines Metallstabes, der an seinem Ende bei $x = 0$ isoliert ist, der Randbedingung $\partial u / \partial x = 0$ genügt. (Verwenden Sie Fouriers Gesetz.)

1.4 Anfangs- und Randbedingungen

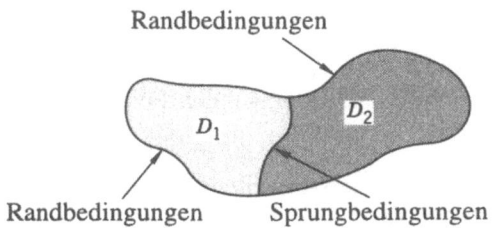

Bild 1.10

(b) Zeigen Sie das gleiche für die Diffusion eines Gases in einer Röhre, die bei $x = 0$ geschlossen ist. (Verwenden Sie das Ficksche Gesetz.)

(c) Zeigen Sie, daß die dreidimensionale Version von (a) (isolierter Körper) oder (b) (undurchlässiger Behälter) zu der Randbedingung $\partial u/\partial n = 0$ führt.

3. Ein homogener Körper, der einen festen Bereich D ausfüllt, ist vollständig isoliert. Seine Anfangstemperatur ist $f(\mathbf{x})$. Bestimmen Sie die Dauertemperatur, die der Körper nach langer Zeit erreicht. (*Hinweis:* Keine Wärme wird gewonnen oder geht verloren.)

4. Bestimmen Sie in Übung 1.3.4 die Randbedingung auf einer undurchlässigen Ebene $z = a$.

5. Zwei homogene Stäbe besitzen die gleiche Querschnittsfläche, die gleiche spezifische Wärme c und Dichte ρ, aber unterschiedliche Wärmeleitzahlen κ_1 und κ_2, sowie unterschiedliche Längen L_1 und L_2. Seien $k_j = \kappa_j/c\rho$ ihre Diffusionskonstanten. Die Stäbe seien so miteinander verschweißt, daß die Temperatur u und der Wärmefluß κu_x an der Schweißstelle stetig sind. Das linke Ende des linken Stabes werde auf der Temperatur Null, das rechte Ende des rechten Stabes auf der Temperatur T gehalten.

   (a) Bestimmen Sie die *stationäre* Temperaturverteilung im zusammengesetzten Stab.

   (b) Zeichnen Sie sie als Funktion von x für den Fall $k_1 = 2$, $k_2 = 1$, $L_1 = 3$, $L_2 = 2$ und $T = 10$. (Diese Aufgabe erfordert eine Menge elementarer Algebra, es lohnt sich aber.)

6. Verifizieren Sie die folgenden Aussagen für die linearisierten Gleichungen der Gasdynamik (Schall):

   (a) Ist $rot\,\mathbf{v} = \mathbf{0}$ für $t = 0$, so ist $rot\,\mathbf{v} = \mathbf{0}$ für alle $t > 0$.

   (b) ρ und jede Komponente von $\mathbf{v}$ erfüllen die Wellengleichung.

1.5 Korrekt gestellte Probleme

Korrekt gestellte Probleme bestehen aus einer in einem Gebiet definierten PDGl. zusammen mit einer Anzahl von Anfangs- und/oder Randbedingungen (oder anderen Zusatzbedingungen), so daß die folgenden fundamentalen Eigenschaften erfüllt sind:

(i) *Existenz*: Es existiert wenigstens eine Lösung $u(x,t)$, welche alle Bedingungen erfüllt.

(ii) *Eindeutigkeit*: Es gibt mindestens eine Lösung.

(iii) *Stabilität*: Die Lösung $u(x,t)$ hängt stetig von den Anfangs- bzw. Randdaten ab. Das bedeutet: Ändert man die Daten geringfügig, so ändert sich auch die zugehörige Lösung nur wenig.

Wird ein physikalisches Problem durch eine PDGl. beschrieben, versucht der Wissenschaftler normalerweise physikalisch sinnvolle Zusatzbedingungen zu stellen, die so beschaffen sind, daß ein korrekt gestelltes Problem ensteht. Der Mathematiker versucht zu beweisen, ob ein gegebenes Problem korrekt gestellt ist oder nicht. Werden zu wenig Zusatzbedingungen gestellt, könnte es mehr als eine Lösung geben (*Nichteindeutigkeit*). Das Problem wird dann unterbestimmt genannt. Wenn man andererseits zu viele Zusatzbedingungen stellt, könnte es keine Lösung geben (*Nichtexistenz*), und man spricht von einem überbestimmten Problem.

Die Stabilitätseigenschaft (iii.) ist normalerweise bei mathematischen Modellen physikalischer Probleme erforderlich. Das liegt daran, daß man physikalische Daten nicht mit mathematischer Präzision, sondern nur mit einer vorgegebenen Meßgenauigkeit angeben kann. Man kann nicht zwischen zwei Daten unterscheiden, wenn der Unterschied unterhalb der Meßgenauigkeit liegt. Die Lösung sollte deshalb von solchen geringfügigen Änderungen nicht wesentlich betroffen sein, sie sollte sich nur wenig ändern.

Betrachten wir ein Beispiel: Wir wissen, daß eine schwingende Saite, auf die von außen eine Kraft einwirkt und deren Enden auf vorgegebene Weise bewegt werden, im Intervall $0 < x < L$ durch das Problem

$$Tu_{tt} - \rho u_{xx} = f(x,t)$$
$$u(x,0) = \phi(x) \qquad u_t(x,0) = \psi(x) \qquad (1.36)$$
$$u(0,t) = g(t) \qquad u(L,t) = h(t)$$

beschrieben wird. Die *Daten* dieses Problems bestehen aus den fünf Funktionen $f(x,t)$, $\phi(x)$, $\psi(x)$, $g(t)$ und $h(t)$. Existenz und Eindeutigkeit bedeutet, daß es für beliebige (differenzierbare) Funktionen f, ϕ, ψ, g, h genau eine Lösung $u(x,t)$ gibt. Stabilität bedeutet, daß sich die Lösung u nur geringfügig ändert, wenn eine dieser fünf Funktionen geringfügig gestört wird. Um dies zu präzisieren, muß man die *Nähe* von Funktionen definieren. Mathematisch gesehen sind dazu die Begriffe „Abstand", „Metrik", „Norm„ oder „Topologie" in Funktionenräumen erforderlich. Sie werden im Zusammenhang mit speziellen Beispielen (siehe Abschnitte 2.3, 3.4 oder 5.5)

1.5 Korrekt gestellte Probleme

behandelt. Das Problem 1.36 ist in der Tat korrekt gestellt, wenn wir den Begriff „Nähe" in geeigneter Weise wählen.

Als zweites Beispiel betrachten wir die Diffusionsgleichung. Wenn wir eine Anfangsbedingung $u(x,0) = f(x)$ stellen, können wir erwarten, daß es eine eindeutige Lösung gibt, daß also ein korrekt gestelltes Problem vorliegt. Betrachten wir aber einmal das Problem in zeitlich umgekehrter Richtung! Gegeben ist $f(x)$, bestimme $u(x,t)$ für $t < 0$. Welches frühere Verhalten könnte zu einer Konzentration $f(x)$ zur Zeit 0 geführt haben? Jeder Chemiker weiß, daß die Diffusion ein Glättungsprozeß ist, der die Konzentration einer Substanz zu egalisieren sucht. Geht man zeitlich zurück (*Antidiffusion*), wird die Situation zunehmend chaotischer. Man darf deshalb *nicht* erwarten, daß das Antidiffusionsproblem korrekt gestellt ist.

Als drittes Beispiel lösen wir anstelle einer PDGl. ein lineares Gleichungssystem $Au = b$ mit einer $m \times n$ Matrix A und einem m-Vektor b. Die „Daten" dieses Problems bestehen aus dem Vektor b. Ist $m > n$, so hat das Gleichungssystem mehr Zeilen als Spalten, es ist überbestimmt. Das bedeutet, daß es für gewisse Vektoren b keine Lösung gibt, Existenz einer Lösung liegt also nicht notwendigerweise vor. Ist jedoch $n > m$, so hat das Gleichungssystem mehr Spalten als Zeilen, es ist unterbestimmt. In diesem Fall gibt es für gewisse Vektoren b viele Lösungen, es liegt also keine Eindeutigkeit vor.

Nehmen wir nun noch an, daß $m = n$, aber A singulär ist. Es ist also $\det A = 0$, und A hat keine Inverse. Dann ist das Problem nach wie vor nicht korrekt gestellt. (Weder die Existenz noch die Eindeutigkeit ist gegeben). Es ist aber auch instabil. Um das einzusehen, betrachten wir eine reguläre Matrix A mit einem betragsmäßig sehr kleinem Eigenwert. Die Lösung ist dann eindeutig bestimmt. Wird jedoch der Vektor b kleinen Störungen unterworfen, bewirkt das große Änderungen in der Lösung u. Eine solche Matrix wird in der Numerik als schlecht konditioniert bezeichnet. Die schlechte Konditionierung rührt von der Instabilität der Matrixgleichung mit einer singulären Matrix A her.

Als viertes Beispiel betrachten wir die Laplace-Gleichung $u_{xx} + u_{yy} = 0$ im Gebiet $D = \{-\infty < x < \infty, 0 < y < \infty\}$. Werden u und u_y auf dem Rand von D vorgegeben, so sieht man folgendermaßen, daß ein nicht korrekt gestelltes Problem vorliegt: Lösungen der Gleichung sind

$$u_n(x,y) = \frac{1}{n} e^{-\sqrt{n}} \sin x \sinh ny. \qquad (1.37)$$

Wir beachten daß die Randdaten $u_n(x,0) = 0$ und $\partial u_n/\partial y(x,0) = e^{-\sqrt{n}} \sin x$ vorliegen, welche mit $n \to \infty$ gegen Null streben. Für $y \neq 0$ streben die Lösungen $u_n(x,y)$ mit $n \to \infty$ nicht gegen Null. Die Stabilitätsbedingung (iii.) ist also verletzt.

Übungsaufgaben

1. Betrachten Sie das Problem

$$\frac{d^2 u}{dx^2} + u = 0$$

$$u(0) = 0 \quad \text{und} \quad u(L) = 0,$$

welches aus einer GDGl. und einem Paar von Randbedingungen besteht. Natürlich ist die Funktion $u(x) = 0$ eine Lösung. Ist sie *eindeutig oder nicht*? Hängt die Antwort von L ab?

2. Betrachten Sie das Problem

$$u''(x) + u'(x) = f(x)$$

$$u'(0) = u(0) = \frac{1}{2}[u'(l) + u(l)],$$

mit einer gegebenen Funktion $f(x)$.

   (a) Ist die Lösung *eindeutig*? Begründen Sie!

   (b) *Existiert* notwendigerweise eine Lösung oder ist dazu eine Bedingung an die Funktion $f(x)$ zu stellen? Begründen Sie!

3. Lösen Sie das Randwertproblem $u'' = 0$ in $0 < x < 1$ mit $u'(0) + ku(0) = 0$ und $u'(1) \pm ku(1) = 0$. Lösen Sie beide Fälle gesondert. Welche Besonderheit liegt im Fall $k = 2$ vor?

4. Betrachten Sie das Neumann-Problem

$$\Delta u = f(x,y,z) \quad \text{in } D$$

$$\frac{\partial u}{\partial n} = 0 \quad \text{auf } \partial D.$$

   (a) Was kann man sicherlich zu einer Lösung addieren, um eine andere Lösung zu erhalten? (Es liegt also keine Eindeutigkeit vor.)

   (b) Verwenden Sie den Divergenzsatz und die PDGl., um nachzuweisen, daß

   $$\iiint_D f(x,y,z)\,dx\,dy\,dz = 0$$

   eine notwendige Bedingung für die Existenz einer Lösung des Neumann-Problems ist.

   (c) Können Sie eine physikalische Interpretation der Ergebnisse von (a) und (b) sowohl für den Fall der Wärmeleitung als auch den der Diffusion geben?

1.6 Typeneinteilung von Gleichungen zweiter Ordnung

In diesem Abschnitt zeigen wir, daß die Laplace-, Wellen- und Diffusionsgleichung in gewissem Sinn typische Vertreter von PDGln. zweiter Ordnung sind. Diese drei Gleichungen sind untereinander sehr verschieden. Es liegt nahe, saß die Laplace-Geichung $u_{xx} + u_{yy} = 0$ und die Wellengleichung $u_{xx} - u_{yy} = 0$ sehr unterschiedliche Eigenschaften haben. Schließlich stellt die *algebraische* Gleichung $x^2 + y^2 = 1$ einen Kreis, die Gleichung $x^2 - y^2 = 1$ eine Hyperbel dar. Die Parabel ist ein Gebilde, welches in gewissem Sinn zwischen beiden liegt.

Betrachten wir nun die ganz allgemeine PDGl.

$$a_{11} u_{xx} + 2 a_{12} u_{xy} + a_{22} u_{yy} + a_1 u_x + a_2 u_y + a_0 u = 0. \qquad (1.38)$$

Diese Gleichung ist eine lineare Gleichung zweiter Ordnung in zwei Variablen mit sechs reellen konstanten Koeffizienten. (Der Faktor 2 wird aus praktischen Gründen eingeführt.)

Satz 1.1 *Die Gleichung (1.38) kann durch eine lineare Transformation der unabhängigen Variablen auf eine der folgenden drei Formen gebracht werden:*

(i) Elliptischer Fall: *Ist $a_{12}^2 < a_{11} a_{22}$, so ist (1.38) reduzierbar zu*

$$u_{xx} + u_{yy} + \cdots = 0$$

(wobei $\cdots$ für Terme der Ordnung 1 oder 0 steht).

(ii) Hyperbolischer Fall: *Ist $a_{12}^2 > a_{11} a_{22}$, so ist (1.38) reduzierbar zu*

$$u_{xx} - u_{yy} + \cdots = 0.$$

(iii) Parabolischer Fall: *Ist $a_{12}^2 = a_{11} a_{22}$, so ist (1.38) reduzierbar zu*

$$u_{xx} + \cdots = 0$$

(außer falls $a_{11} = a_{12} = a_{22} = 0$).

Beweis: Der Beweis ist einfach und ähnelt der Untersuchung in der analytischen Geometrie, ob gegebene Kegelschnitte Ellipsen, Hyperbeln oder Parabeln sind. Zur Vereinfachung nehmen wir an daß $a_{11} = 1$ und $a_1 = a_2 = a_0 = 0$. Nach quadratischer Ergänzung können wir 1.38 schreiben als

$$(\partial_x + a_{12} \partial_y)^2 u + (a_{22} - a_{12}^2) \partial_y^2 u = 0, \qquad (1.39)$$

(wobei wir die Operatorschreibweise $\partial_x = \partial/\partial x, \partial_y^2 = \partial^2/\partial y^2$, usw. verwenden). Im elliptischen Fall ($a_{12}^2 < a_{22}$) setzen wir $b = \sqrt{a_{22} - a_{12}^2} > 0$ und führen die neuen Variablen

$$x = \xi, \quad y = a_{12} \xi + b \eta \qquad (1.40)$$

ein. Dann ist $\partial_\xi = 1 \cdot \partial_x + a_{12}\partial_y, \partial_\eta = 0 \cdot \partial_x + b\partial_y$, so daß aus unserer Gleichung die Laplace-Gleichung

$$\partial_\xi^2 u + \partial_\eta^2 u = 0 \tag{1.41}$$

wird. Die Vorgehnsweise in den anderen Fällen ist ähnlich. □

Beispiel 1.

Klassifiziere jede der folgenden Gleichungen

(a) $u_{xx} - 5u_{xy} = 0$.

(b) $4u_{xx} - 12u_{xy} + 9u_{yy} + u_y = 0$.

(c) $4u_{xx} + 6u_{xy} + 9u_{yy} = 0$.

Wir untersuchen das Vorzeichen der „Diskriminante" $\mathcal{D} = a_{12}^2 - a_{11}a_{22}$. Bei (a) erhalten wir $\mathcal{D} = (-5/2)^2 - (1)(0) = 25/4 > 0$, die Gleichung ist hyperbolisch. Bei (b) ist $\mathcal{D} = (-6)^2 - (4)(9) = 16 - 16 = 0$, die Gleichung ist parabolisch. Bei (c) ist $\mathcal{D} = 3^2 - (4)(9) < 0$, die Gleichung ist elliptisch.

Die gleiche Untersuchung kann unter Verwendung von etwas linearer Algebra für jede Anzahl von Variablen durchgeführt werden. Nehmen wir an, wir haben n Variablen $x_1, x_2, \ldots, x_n$, und die Gleichung ist

$$\sum_{i,j=1}^n a_{ij} u_{x_i x_j} + \sum_{i=1}^n a_i u_{x_i} + a_0 u = 0, \tag{1.42}$$

mit den reellen Konstanten a_{ij}, a_i und a_0. Da die gemischten partiellen Ableitungen übereinstimmen, können wir annehmen, daß $a_{ij} = a_{ji}$. Sei $\mathbf{x} = (x_1, \ldots, x_n)$. Wir betrachten einen Koordinatenwechsel:

$$(\xi_1, \ldots \xi_n) = \boldsymbol{\xi} = B\mathbf{x},$$

mit der $n \times n$-Matrix B. Es gilt also

$$\xi_k = \sum_m b_{km} x_m \tag{1.43}$$

Der Übergang zu den neuen Variablen wird mit unter Verwendung der Kettenregel mit den Formeln

$$\frac{\partial}{\partial x_i} = \sum_k \frac{\partial \xi_k}{\partial x_i} \frac{\partial}{\partial \xi_k}$$

und

1.6 Typeneinteilung von Gleichungen zweiter Ordnung

$$u_{x_i x_j} = \left(\sum_k b_{ki} \frac{\partial}{\partial \xi_k} \right) \left(\sum_l b_{lj} \frac{\partial}{\partial \xi_l} \right) u$$

vorgenommen. Die PDGl. geht deshalb über in

$$\sum_{i,j} a_{ij} u_{x_i x_j} = \sum_{k,l} \left(\sum_{i,j} b_{ki} a_{ij} b_{lj} \right) u_{\xi_k \xi_l}. \tag{1.44}$$

(Beachten Sie, daß die Funktion u auf der linken Seite als Funktion von x, auf der rechten Seite aber als Funktion von ξ zu betrachten ist.) Wir erhalten also eine neue Gleichung zweiter Ordnung in der neuen Variablen ξ und der in Klammer stehenden *neuen Koeffizientenmatrix*

$$BAB^t,$$

wobei $A = (a_{ij})$ die ursprüngliche Koeffizientenmatrix, $B = (b_{ij})$ die Transformationsmatrix und $B^t = (b_{ji})$ ihre Transponierte ist.

Nun sagt ein Satz der linearen Algebra, daß es zu jeder symmetrischen reellen Matrix A eine Drehung B (eine orthogonale Matrix B mit $det\ B = 1$) gibt, so daß BAB^t die Diagonalmatrix

$$BAB^t = D = \begin{pmatrix} d_1 & & & \\ & d_2 & & \\ & & \ddots & \\ & & & d_n \end{pmatrix} \tag{1.45}$$

ist. Die reellen Zahlen $d_1, \ldots, d_n$ sind die Eigenwerte von A. Mit einer abschliessenden Streckung der neuen Koordinaten kann man D in eine Diagonalmatrix überführen, in der die Diagonalelemente die Werte $+1, -1$ oder 0 haben. (Genau das taten wir beim Beweis von Satz 1.1 im Falle $n = 2$.)

Jede PDGl. der Form 1.42 kann also durch eine lineare Transformation der Variablen in eine PDGl. mit einer Diagonalmatrix als Koeffizientenmatrix übergeführt werden.

Definition 1.1 Die PDGl. 1.42 heißt *elliptisch*, wenn alle Eigenwerte $d_1, \ldots, d_n$ positiv oder alle negativ sind. [Äquivalent dazu ist die Aussage, daß die Koeffizientenmatrix A (oder $-A$) positiv definit ist.] Die PDGl. heißt *hyperbolisch*, wenn keines der $d_1, \ldots, d_n$ verschwindet und genau eines ein anderes Vorzeichen wie die $(n-1)$ anderen hat. Wenn keines verschwindet, aber wenigstens zwei positiv und wenigstens zwei negativ sind, heißt die Gleichung *ultrahyperbolisch*. Ist genau ein Eigenwert Null und haben alle anderen dasselbe Vorzeichen, heißt die PDGl. *parabolisch*.

Ultrahyperbolische Gleichungen treten in der Physik und der Mathematik recht selten auf, so daß wir uns nicht weiter mit ihnen beschäftigen werden. Ebenso wie die drei Kegelschnittypen völlig unterschiedliche Eigenschaften (Beschränktheit, Gestalt, Asymptoten) haben, so sind auch die drei Haupttypen partieller Differentialgleichungen wesentlich voneinander verschieden.

Sind die Koeffizienten einer PDGl. variabel, die a_{ij} also Funktionen von x, so kann die Typeneinteilung verallgemeinert werden, indem man sie in den einzelnen Punkten des Definitionsbereichs vornimmt. Eine Gleichung könnte dann elliptisch in einem Teilbereich und hyperbolisch in einem anderen sein.

Beispiel 2.

Bestimme die Teilbereiche der x, y-Ebene, in denen die Gleichung

$$yu_{xx} - 2u_{xy} + xu_{yy} = 0$$

elliptisch, hyperbolisch oder parabolisch ist. Es ist $\mathcal{D} = (-1)^2 - (y)(x) = 1 - xy$. Die Gleichung ist also parabolisch auf der Hyperbel ($xy = 1$), elliptisch in den beiden konvexen Bereichen ($xy > 1$) und hyperbolisch im zusammenhängenden Bereich ($xy < 1$).

Bei nichtlinearen Gleichungen können die Bereiche der Elliptizität (usw.) davon abhängen, welche Lösung wir betrachten. Manchmal sind nichtlineare Transformationen anstelle der durch die Matrix B von oben beschriebenen linearen Transformation von Bedeutung. Das jedoch ist ein schwer zu verstehender Sachverhalt (und soll hier nicht behandelt werden).

Übungsaufgaben

1. Von welchem Typ sind die folgenden Gleichungen?

   (a) $u_{xx} - u_{xy} + 2u_y + u_{yy} - 3u_{yx} + 4u = 0$.

   (b) $9u_{xx} + 6u_{xy} + u_{yy} + u_x = 0$.

2. Bestimmen Sie die Bereiche der x, y-Ebene, in denen die Gleichung

   $$(1 + x)u_{xx} + 2xyu_{xy} - y^2 u_{yy} = 0$$

   elliptisch, hyperbolisch oder parabolisch ist. Zeichnen Sie sie.

3. Zeigen Sie, daß alle Gleichungen der Form 1.38, welche bei Drehungen des Koordinatensystems unverändert bleiben (*rotationsinvariant* sind) die Gestalt $a(u_{xx} + u_{yy}) + bu = 0$ haben.

4. Welchen *Typ* hat die Gleichung

   $$u_{xx} - 4u_{xy} + 4u_{yy} = 0?$$

   Zeigen Sie durch Einsetzen, daß $u(x, y) = f(y + 2x) + xg(y + 2x)$ eine Lösung bei beliebigen Funktionen f und g ist.

1.6 Typeneinteilung von Gleichungen zweiter Ordnung

5. Transformieren Sie die elliptische Gleichung

$$u_{xx} + 3u_{yy} - 2u_x + 24u_y + 5u = 0$$

auf die Form $v_{xx} + v_{yy} + cv = 0$, indem Sie einen Variablenwechsel gemäß $u = ve^{\alpha x + \beta y}$ und eine Streckung gemäß $y' = \gamma y$ vornehmen.

6. Gegeben ist die Gleichung $3u_y + u_{xy} = 0$.
   (a) Von welchem Typ ist sie?
   (b) Bestimmen Sie die allgemeine Lösung. (*Hinweis*: Substituiere $v = u_y$.)
   (c) Gibt es eine Lösung unter den Zusatzbedingungen $u(x, 0) = e^{-3x}$ und $u_y(x, 0) = 0$? Ist sie eindeutig?

2 Wellen und Diffusionen

In diesem Kapitel untersuchen wir die Wellen- und die Diffusionsgleichung auf der gesamten reellen Achse $-\infty < x < +\infty$. Reale physikalische Vorgänge finden üblicherweise auf endlichen Intervallen statt. Es ist aber aus zwei Gründen gerechtfertigt, die gesamte Achse zuzulassen. Wenn man sich, physikalisch gesprochen, sehr weit entfernt vom Rand des Definitionsbereichs befindet, wird es eine gewisse Zeit dauern, bis das Vorhandensein des Randes einen merklichen Effekt ausübt. Bis zu dieser Zeit haben die in diesem Kapitel betrachteten Lösungen Gültigkeit. Mathematisch gesprochen ist das Fehlen des Randes eine große Vereinfachung. Die meisten wesentlichen Eigenschaften von PDGln. können sehr oft ohne die durch Randbedingungen entstehenden Komplikationen herausgefunden werden. Das ist das Ziel dieses Kapitels. Wir beginnen mit der Wellengleichung.

2.1 Die Wellengleichung

Wir schreiben die Wellengleichung in der Form

$$u_{tt} = c^2 u_{xx} \quad \text{in} \quad -\infty < x < +\infty. \tag{2.1}$$

(Physikalisch gesehen kann man sich eine sehr lange Saite vorstellen.) Sie ist die einfachste Gleichung zweiter Ordnung. Der Grund dafür ist, daß sich der Differentialoperator auf hübsche Weise faktorisieren läßt:

$$u_{tt} - c^2 u_{xx} = \left(\frac{\partial}{\partial t} - c\frac{\partial}{\partial x}\right)\left(\frac{\partial}{\partial t} + c\frac{\partial}{\partial x}\right) u = 0. \tag{2.2}$$

Das bedeutet: Man startet mit einer Funktion $u(x,t)$, berechnet $u_t + cu_x$ und nennt das Ergebnis v. Dann bildet man $v_t - cv_x$ und verlangt, daß man als Ergebnis die Nullfunktion erhält. Die *allgemeine Lösung* ist

$$u(x,t) = f(x+ct) + g(x-ct) \tag{2.3}$$

mit den beliebigen Funktionen f und g in einer Variablen.
Beweis: Aufgrund von (2.2) setzen wir $v = u_t + cu_x$. Es muß gelten $v_t - cv_x = 0$, so daß wir die beiden Gleichungen erster Ordnung

$$v_t - cv_x = 0 \tag{2.4}$$

und

$$u_t + cu_x = v \tag{2.5}$$

2.1 Die Wellengleichung

erhalten. Diese beiden Gleichungen sind zur Gleichung 2.1 äquivalent. Wir lösen beide gleichzeitig. Wie wir aus Abschnitt 1.2 wissen, hat Gleichung (2.4) die Lösung $v(x,t) = h(x+ct)$ mit beliebiger Funktion h.

Die zweite Gleichung für die unbekannte Funktion $u(x,t)$ lautet nun

$$u_t + cu_x = h(x+ct) \qquad (2.6)$$

Durch Differentiation erkennen wir unmittelbar, daß $u(x,t) = f(x+ct)$ mit $f'(s) = h(s)/2c$ Lösung ist. [Der Strich (') bezeichnet die Ableitung einer Funktion in einer Variablen.] Zur Lösung $f(x,t)$ können wir $g(x-ct)$ addieren und erhalten eine weitere Lösung, da die Gleichung linear ist. Es stellt sich heraus, daß die allgemeine Lösung von (2.5) die Summe aus einer partikulären Lösung und den Lösungen der homogenen Gleichung ist. Also ist

$$u(x,t) = f(x+ct) + g(x-ct),$$

wie unter (2.3) behauptet. Die vollständige Beweisführung soll dem Leser in Übungsaufgabe 4. überlassen werden.

Eine andere Methode, die Lösungsformel (2.3) zu erhalten, besteht darin, die *charakteristischen Koordinaten*

$$\xi = x + ct \qquad \eta = x - ct$$

einzuführen. Mit der Kettenregel erhalten wir $\partial_x = \partial_\xi + \partial_\eta$ und $\partial_t = c\partial_\xi - c\partial_\eta$. Deshalb ist $\partial_t - c\partial_x = -2c\partial_\eta$ und $\partial_t + c\partial_x = -2c\partial_\xi$. Gleichung (2.1) nimmt also die Gestalt

$$(\partial_t - c\partial_x)(\partial_t + c\partial_x)u = (-2c\partial_\xi)(2c\partial_\eta)u = 0,$$

also $u_{\xi\eta} = 0$ an, da $c \neq 0$. Die Lösung der so transformierten Gleichung ist

$$u = f(\xi) + g(\eta)$$

(siehe Abschnitt 1.1), in Übereinstimmung mit der Lösungsformel (2.3). □

Die Wellengleichung hat eine hübsche geometrische Eigenschaft. Es gibt *zwei* Scharen von Charakteristiken, nämlich $x \pm ct = const.$, wie in Bild 2.1 angegeben. Die allgemeine Lösung ist die Summe zweier Funktionen. Die eine, $g(x-ct)$, ist eine Welle von beliebiger Gestalt, welche mit der Geschwindigkeit c nach *rechts* wandert, während die andere, $f(x+ct)$, eine weitere Welle ist, die mit der Geschwindigkeit c nach *links* wandert. Der „Bewegungsablauf" von $g(x-ct)$ ist in Bild 1.4 skizziert.

Das Anfangswertproblem für die Wellengleichung

Das Anfangswertproblem besteht darin, die Wellengleichung (2.1)

$$u_{tt} = c^2 u_{xx} \quad \text{in} \quad -\infty < x < +\infty$$

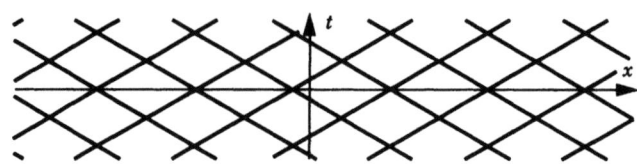

Bild 2.1

unter den Anfangsbedingungen

$$u(x,0) = \varphi(x) \qquad u_t(x,0) = \psi(x), \tag{2.7}$$

wobei φ und ψ beliebige Funktionen von x sind, zu lösen. Es gibt eine und nur eine Lösung dieses Problems. Zum Beispiel ist für $\varphi(x) = \sin(x)$ und $\psi(x) = 0$ die Lösung $u(x,t) = \sin x \cos ct$.

Wir erhalten die Lösung von (2.1), (2.7) leicht aus der allgemeinen Formel (2.3). Zunächst setzen wir in (2.3) $t = 0$ und erhalten

$$\varphi(x) = f(x) + g(x). \tag{2.8}$$

Danach differenzieren wir (2.3) mit der Kettenregel nach t, setzen $t = 0$ und erhalten

$$\psi(x) = cf'(x) - cg'(x). \tag{2.9}$$

Wir betrachten (2.8) und (2.9) als Gleichungssystem für die unbekannten Funktionen f und g. Um es zu lösen, ist es zweckmäßig, zwischenzeitlich als Bezeichnung für die unabhängige Variable einen neutraleren Buchstaben zu verwenden; wir wählen s statt x. Wir differenzieren (2.8) und dividieren (2.9) durch c, um

$$\varphi' = f' + g' \quad \text{und} \quad \frac{1}{c}\psi = f' - g'$$

zu erhalten. Addition und Subtraktion dieser beiden Gleichungen liefert

$$f' = \frac{1}{2}(\varphi' + \frac{\psi}{c}) \quad \text{und} \quad g' = \frac{1}{2}(\varphi' - \frac{\psi}{c}).$$

Nach Integration wird

$$f(s) = \frac{1}{2}\varphi(s) + \frac{1}{2c}\int_0^s \psi + A$$

und

$$g(s) = \frac{1}{2}\varphi(s) - \frac{1}{2c}\int_0^s \psi + B.$$

Dabei sind A und B Konstanten. Wegen Gleichung (2.8) ist $A + B = 0$. Damit können wir f und g aus Formel (2.3) angeben. Setzen wir nämlich in dieser Formel $s = x + ct$ als Argument von f, und $s = x - ct$ als Argument von g, so erhalten wir

2.1 Die Wellengleichung

$$u(x,t) = \frac{1}{2}\varphi(x+ct) + \frac{1}{2c}\int_0^{x+ct} \psi + \frac{1}{2}\varphi(x-ct) - \frac{1}{2c}\int_0^{x-ct} \psi,$$

was sich zu

$$u(x,t) = \frac{1}{2}[\varphi(x+ct) + \varphi(x-ct)] + \frac{1}{2c}\int_{x-ct}^{x+ct} \psi(s)\,ds \qquad (2.10)$$

vereinfachen läßt. Diese Lösungsformel des Anfangswertproblems geht auf d'Alembert (1746) zurück. Nimmt man an, daß φ eine stetige zweite Ableitung besitzt (Schreibweise $\varphi \in C^2$) und daß ψ einmal stetig differenzierbar ist ($\psi \in C^1$), sehen wir aus (2.10), daß u stetige partielle Ableitungen zweiter Ordnung in x und t hat ($u \in C^2$). (2.10) ist dann eine *gutartige* Lösung von (2.1) und (2.7), wovon wir uns durch Differentiation und indem wir $t = 0$ setzen überzeugen können.

Beispiel 1.

Für $\varphi(x) = 0$ und $\psi(x) = \cos x$, ist die Lösung gegeben durch $u(x,t) = (1/2c)[\sin(x+ct) - \sin(x-ct)] = (1/c)\cos x \sin ct$. Wir überprüfen das direkt: $u_{tt} = -c\cos x \sin ct$ und $u_{xx} = -(1/c)\cos x \sin ct$, also gilt $u_{tt} = c^2 u_{xx}$. Ebenso leicht sieht man, daß die Anfangsbedingungen erfüllt sind.

Beispiel 2. Die gezupfte Saite

Bei der schwingenden Saite ist die Wellengeschwindigkeit $c = \sqrt{T/\rho}$. Wir betrachten eine unendlich lange Saite mit der Anfangsauslenkung

$$\varphi(x) = \begin{cases} b - \frac{b|x|}{a} & \text{für } |x| < a \\ 0 & \text{für } |x| > a \end{cases} \qquad (2.11)$$

und der Anfangsgeschwindigkeit $\psi(x) = 0$ für alle x. Anschaulich bedeutet das ein Zupfen der Saite mit drei Fingern, die die Saite gleichzeitig loslassen. Der 'Bewegungsablauf' der Lösung $u(x,t) = \frac{1}{2}[\varphi(x+ct) + \varphi(x-ct)]$ wird in Bild 2.2 gezeigt.

Jedes dieser Bilder stellt die Überlagerung zweier Dreiecksfunktionen dar, von denen, wie aus der Zeichnung hervorgeht, die eine nach rechts, die andere nach links wandert. Das Aufschreiben der den Bildern zugeordneten Formeln ist viel aufwendiger. Diese Formeln hängen ab von den Beziehungen der fünf Zahlen 0, $\pm a$, $x \pm ct$ zueinander. Sei beispielsweise $t = a/2c$. Dann ist $x \pm ct = x \pm a/2$. 1. Für $x < -3a/2$ ist $x \pm a/2 < -a$ und $u(x,t) = 0$. 2. Für $-3a/2 < x < -a/2$ ist

$$u(x,t) = \frac{1}{2}\varphi\left(x + \frac{1}{2}a\right) = \frac{1}{2}\left(b - \frac{b|x + \frac{1}{2}a|}{a}\right) = \frac{3b}{4} + \frac{bx}{2a}.$$

3. Für $|x| < a/2$ ist

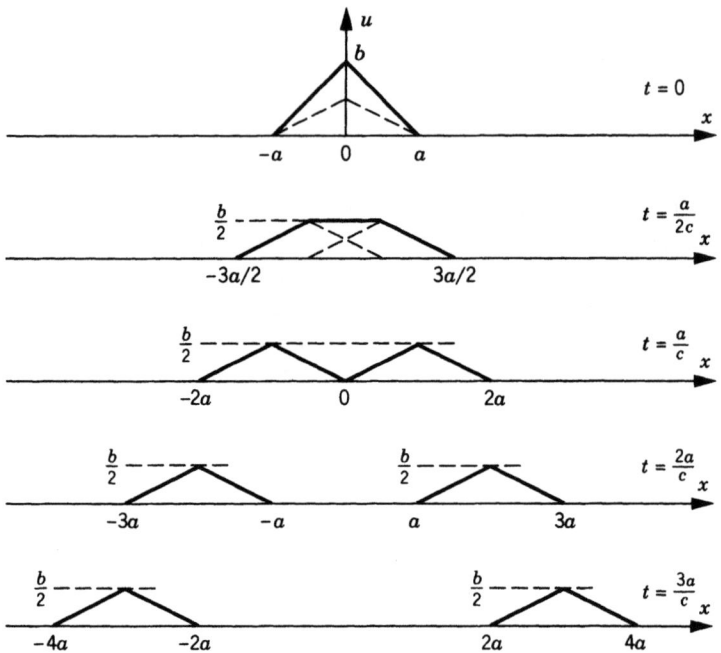

Bild 2.2

$$u(x,t) = \frac{1}{2}\left[\varphi\left(x+\frac{1}{2}a\right) + \varphi\left(x-\frac{1}{2}a\right)\right]$$
$$= \frac{1}{2}\left[b - \frac{b(x+\frac{1}{2}a)}{a} + b - \frac{b(\frac{1}{2}a-x)}{a}\right]$$
$$= \frac{1}{2}b$$

usw. (siehe Abb. 2.2)

Übungsaufgaben

1. Lösen Sie $u_{tt} = c^2 u_{xx}$, $u(x,0) = e^x$, $u_t(x,0) = \sin x$.

2. Lösen Sie $u_{tt} = c^2 u_{xx}$, $u(x,0) = \log(1+x^2)$, $u_t(x,0) = 4+x$.

3. Eine Klaviersaite mit der Spannung T, der Dichte ρ und der Länge l wird von einem runden Hammerkopf mit dem Durchmesser $2a$ angeschlagen. Eine Fliege sitzt auf der Saite im Abstand $l/4$ von einem Ende entfernt. (Nehmen Sie $a < l/4$ an; andernfalls, arme Fliege!) Wie lange dauert es, bis die Störung die Fliege erreicht hat?

2.1 Die Wellengleichung

4. Rechtfertigen Sie die Schlußfolgerung am Anfang von Abschnitt 2.1, nach der *jede* Lösung der Wellengleichung die Gestalt $f(x+ct) + g(x-ct)$ hat.

5. (*Der Hammerschlag*) Sei $\varphi(x) \equiv 0$ und $\psi(x) = 1$ für $|x| < a$ und $\psi(x) = 0$ für $|x| \geq a$. Skizzieren Sie das Saitenprofil zu jedem der folgenden Zeitpunkte: $t = a/2c$, $t = a/c$, $t = 3a/2c$, $t = 2a/c$ und $t = 5a/c$. [*Hinweis*: Berechnen Sie

$$u(x,t) = \frac{1}{2c}\int_{x-ct}^{x+ct} \psi(s)\,ds = \frac{1}{2c} \cdot \{\text{Länge von } [x-ct; x+ct] \cap [-a; a]\}.$$

Dann ist $u(x, a/2c) = (1/2c) \cdot \{\text{Länge von } [x-a/2; x+a/2] \cap [-a;a]\}$. Dieser Ausdruck nimmt verschiedene Werte an für $|x| < a/2$, für $a/2 < x < 3a/2$ und für $x > 3a/2$. Verfahren Sie in dieser Weise in jedem einzelnen Fall.]

6. Bestimmen Sie in Übungsaufgabe 5 die größte Auslenkung $\max_x u(x,t)$ als Funktion von t.

7. Zeigen Sie, daß die Lösung $u(x,t)$ der Wellengleichung für jedes t eine gerade Funktion in x ist, wenn sowohl φ als auch ψ gerade Funktionen sind.

8. Eine *sphärische Welle* ist eine Lösung der dreidimensionalen Wellengleichung für die Funktion $u(r,t)$, bei der r der Abstand vom Ursprung (die sphärische Koordinate) ist. Die Wellengleichung hat dann die Form

$$u_{tt} = c^2\left(u_{rr} + \frac{2}{r}u_r\right) \quad \text{„sphärische Wellengleichung"}.$$

(a) Nehmen Sie die Variablentransformation $v = ru$ vor, um für v die Gleichung $v_{tt} = c^2 v_{rr}$ zu erhalten.

(b) Lösen Sie die Gleichung für v unter Verwendung von (2.3), wodurch Sie die sphärische Wellengleichung gelöst haben werden.

(c) Verwenden Sie (2.10), um sie unter den Anfangsbedingungen $u(r,0) = \varphi(r)$, $u_t(r,0) = \psi(r)$ zu lösen, wobei sowohl $\varphi(r)$ als auch $\psi(r)$ als gerade Funktionen von r vorausgesetzt werden.

9. Lösen Sie $u_{xx} - 3u_{xt} - 4u_{tt} = 0$, $u(x,0) = x^2$, $u_t(x,0) = e^x$. (*Hinweis*: Faktorisieren Sie den Operator in der Weise, wie wir es bei der Wellengleichung taten.)

10. Lösen Sie $u_{xx} + u_{xt} - 20u_{tt} = 0$, $u(x,0) = \varphi(x)$, $u_t(x,0) = \psi(x)$.

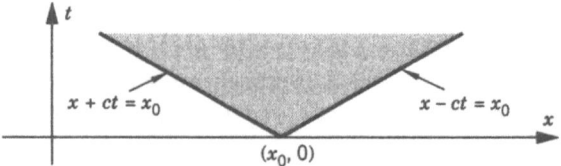

Bild 2.3

2.2 Kausalität und Energie

Kausalität

Wir haben gerade gelernt, daß eine Anfangsauslenkung $\varphi(x)$ ein Paar von Wellen zur Folge hat, die in beiden Richtungen mit der Geschwindigkeit c und der halben Anfangsamplitude fortschreiten. Die Wirkung einer Anfangsgeschwindigkeit ψ ist eine Welle, die sich mit einer Geschwindigkeit $\leq c$ in beiden Richtungen ausbreitet (siehe Übungsaufgabe 2.1.5 beispielsweise). So kann zwar ein Teil der Welle hinter einem anderen zurückliegen (wenn eine Anfangsgeschwindigkeit vorhanden ist), es kann sich aber *kein Teil der Welle schneller als mit c bewegen*. Diese letzte Aussage wird als das *Prinzip der Kausalität* bezeichnet. Man kann es in der x, t-Ebene veranschaulichen wie in Abb. (2.3)

Eine Anfangsbedingung (Auslenkung oder Geschwindigkeit oder beides) im Punkt $(x_0, 0)$ kann die Lösung für $t > 0$ nur im schraffierten Sektor beeinflussen, man nennt ihn deshalb auch den *Einflußbereich* des Punktes $(x_0, 0)$. Wenn also φ und ψ für $|x| > R$ verschwinden, so ist $u(x, t) = 0$ für $|x| > R + ct$. Mit anderen Worten: Der Einflußbereich eines Intervalls ($|x| \leq R$) ist ein Sektor ($|x| \leq R + ct$).

Ein 'umgekehrter' Weg, die Kausalität zu erklären, ist der folgende. Wir fixieren einen Punkt (x, t) mit $t > 0$ (siehe Abb. 2.4). Auf welche Weise wird die Zahl $u(x, t)$ von den Anfangsdaten φ, ψ erzeugt? Sie hängt nur ab von den Werten von φ in den beiden Punkten $x \pm ct$, und sie hängt ab von den Werten von ψ im Intervall $[x - ct; x + ct]$. Wir sagen deshalb, daß das Intervall $[x - ct; x + ct]$ das Abhängigkeitsintervall des Punktes (x, t) für $t = 0$ ist. Gelegentlich nennt man das gesamte schraffierte Dreieck Δ den *Abhängigkeitsbereich* oder die *Vergangenheit* des Punktes (x, t). Der Abhängigkeitsbereich wird begrenzt durch das Charakteristikenpaar durch den Punkt (x, t).

Energie

Wir stellen uns eine unendlich lange Saite mit den Konstanten ρ und T vor. Dann gilt $\rho u_{tt} = T u_{xx}$ in $-\infty < x < +\infty$. Aus der Physik wissen wir, daß die kinetische Energie $\frac{1}{2} m v^2$ ist. In unserem Fall nimmt sie die Form $KE = \frac{1}{2} \rho \int u_t^2 dx$ an. Dieses und die folgenden Integrale erstrecken sich von $-\infty$ und $+\infty$. Um sicherzustellen,

2.2 Kausalität und Energie

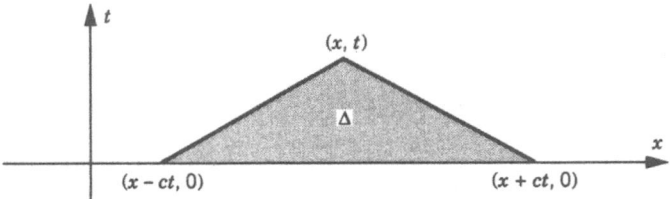

Bild 2.4

daß das Integral konvergiert, nehmen wir an, daß $\varphi(x)$ und $\psi(x)$ außerhalb des Intervalls $\{|x| \le R\}$ verschwinden. Wie oben erwähnt, verschwindet dann $u(x,t)$ [und damit auch $u_t(x,t)$] für $|x| > R + ct$. Differenziert man die kinetische Energie, so kann man die Ableitung unter dem Integralzeichen durchführen (siehe Abschnitt A.3) und erhält

$$\frac{dKE}{dt} = \rho \int u_t u_{tt} dx.$$

Wir setzen die PDGl. $\rho u_{tt} = T u_{xx}$ ein, integrieren partiell und erhalten

$$\frac{dKE}{dt} = T \int u_t u_{xx} dx = T u_t u_x - T \int u_{tx} u_x dx.$$

Der Term $T u_t u_x$ wird bei $x = \pm\infty$ ausgewertet, verschwindet also. Der Integrand im verbleibenden Ausdruck ist eine reine Ableitung: $u_{tx} u_x = (\frac{1}{2} u_x^2)_t$. Es gilt

$$\frac{dKE}{dt} = -\frac{d}{dt} \int \frac{1}{2} T u_x^2 \, dx.$$

Sei nun $PE = \frac{1}{2} T \int u_x^2 dx$ und $E = KE + PE$. Dann ist $dKE/dt = -dPE/dt$, also $dE/dt = 0$. Deshalb ist

$$E = \frac{1}{2} \int_{-\infty}^{+\infty} (\rho u_t^2 + T u_x^2) dx \qquad (2.12)$$

eine von t unabhängige Konstante. Das ist das *Energieerhaltungsgesetz*.

In Physikvorlesungen lernen wir, daß PE die Bedeutung einer potentiellen Energie hat. Mathematisch gesehen, kommen wir allein mit der Gesamtenergie E aus. Die Energieerhaltung ist eine der grundlegenden Tatsachen bei der Wellengleichung. Gelegentlich wird die Definition von E durch einen konstanten Faktor abgeändert. Das hat natürlich keinen Einfluß auf ihre Erhaltung. Beachten Sie, daß die Energie notwendigerweise positiv ist. Man kann mit Hilfe der Energie auch den Begriff der Kausalität ableiten (wir tun das in Abschnitt 9.1).

Beispiel 1.

Die gezupfte Saite, Beispiel 2 von Abschnitt 2.1, hat die Gesamtenergie

$$E = \frac{1}{2}T \int \varphi_x^2 dx = \frac{1}{2}T\left(\frac{b}{a}\right)^2 2a = \frac{Tb^2}{a}.$$

In der elektromagnetischen Feldtheorie sind die zuständigen Gleichungen die Maxwellschen. Jede Komponente des elektrischen und des magnetischen Feldes genügt einer (dreidimensionalen) Wellengleichung, in der c die Lichtgeschwindigkeit ist. Das eben diskutierte Kausalitätsprinzip bildet einen Eckpfeiler der Relativitätstheorie. Es besagt, daß sich ein Signal, das sich zum Zeitpunkt t_0 im Punkt x_0 befindet, nicht schneller als mit Lichtgeschwindigkeit bewegen kann. Der Einflußbereich des Punktes (x_0, t_0) besteht aus all den Punkten, die von einem vom Punkt x_0 zur Zeit t_0 mit Lichtgeschwindigkeit ausgehenden Signal erreicht werden können. Es stellt sich heraus, daß sich die durch die Lösungen der dreidimensionalen Wellengleichung bestimmten Wellen exakt mit Lichtgeschwindigkeit und niemals langsamer ausbreiten. Das Kausalitätsprinzip ist deshalb in drei Dimensionen schärfer als in einer. Diese schärfere Form wird das *Huygenssche Prinzip* (siehe Kap. 9) genannt.

Als Flachland bezeichnet man eine imaginäre zweidimensionale Welt. Man kann in ihr von sich selbst die Vorstellung eines Wasserläufers haben, der sich nur auf der Oberfläche eines großen Teiches bewegen kann. Man möchte dort jedoch nicht leben, weil das Huygenssche Prinzip in zwei Dimensionen keine Gültigkeit hat (siehe Abschnitt 9.2). Jedes Geräusch, das man macht, würde sich automatisch mit den „Echos" der früher gemachten Geräusche vermischen. Und jedes wahrgenommene Bild würde mit den früher wahrgenommenen Bildern verschwimmen. Drei ist die beste aller möglichen Dimensionen.

Übungsaufgaben

1. Verwenden Sie den Energieerhaltungssatz für die Wellengleichung um nachzuweisen, daß $u \equiv 0$ die einzige Lösung ist, die die Anfangsbedingungen $\varphi \equiv 0$ und $\psi \equiv 0$ erfüllt. (*Hinweis*: Benützen Sie den Idendititätssatz aus Abschnitt A.1.)

2. Für eine Lösung der Wellengleichung mit $\rho = T = c = 1$ definiert man die Energiedichte durch $e = \frac{1}{2}(u_t^2 + u_x^2)$ und die Impulsdichte durch $p = u_t u_x$.

    (a) Zeigen Sie die Gültigkeit von $\partial e/\partial t = \partial x$ und von $\partial p/\partial t = \partial e/\partial x$.

    (b) Zeigen Sie, daß sowohl $e(x,t)$ als auch $p(x,t)$ die Wellengleichung erfüllen.

3. Zeigen Sie, daß die Wellengleichung folgende Invarianzeigenschaften hat.

    (a) Jede Translation $u(x-y, t)$ mit festem y ist Lösung, wenn $u(x,t)$ Lösung ist.

    (b) Jede Ableitung, etwa u_x, einer Lösung ist wieder Lösung.

(c) Jede Streckung $u(ax, at)$ einer Lösung ist wieder Lösung.

4. $u(x,t)$ sei eine Lösung der Wellengleichung. Beweisen Sie die Identität
$$u(x+h, t+k) + u(x-h, t-k) = u(x+k, t+h) + u(x-k, t-h)$$
für alle x, t, h und k. Zeichnen Sie das Quadrat Q, dessen Eckpunkte die Argumente von u in der Identität sind.

5. Zeigen Sie, daß für die *gedämpft* schwingende Saite (Gleichung 1.19) die Energie abnimmt.

6. Zeigen Sie, daß es unter allen möglichen Dimensionen nur in drei Dimensionen eine verzerrungsfreie, sich abschwächende Wellenausbreitung geben kann. Damit ist folgendes gemeint. Eine sphärische Welle im n-dimensionalen Raum erfüllt die PDGl.
$$u_{tt} = c^2\left(u_{rr} + \frac{n-1}{r}u_r\right),$$
mit der sphärischen Koordinate r. Betrachten Sie eine solche Welle der speziellen Form $u(r,t) = \alpha(r)f(t - \beta(r))$, wobei $\alpha(r)$ die Verzerrung und $\beta(r)$ die Verzögerung genannt wird. Die Frage ist, ob es derartige Lösungen für „beliebige" Funktionen f gibt.

(a) Setzen Sie die spezielle Form in die PDGl. ein, um eine GDGl. für f zu erhalten.

(b) Setzen Sie die Koeffizienten von f'', f' und f Null.

(c) Lösen Sie die GDGl. um einzusehen, daß es nur für $n = 1$ oder $n = 3$ nichttriviale Lösungen gibt.

(d) Zeigen Sie, daß im Fall $n = 1$ die Funktion $\alpha(r)$ konstant ist (daß es also „keine Abschwächung gibt").

(T. Morley, *American Mathematical Monthly*, Vol. 27, pp. 69-71, 1985.)

2.3 Die Diffusionsgleichung

In diesem Abschnitt beginnen wir unser Studium der eindimensionalen Diffusiongleichung
$$u_t = ku_{xx}. \tag{2.13}$$
Diffusionen sind sehr verschieden von Wellen und das spiegelt sich auch in den mathematischen Eigenschaften der Gleichung wider. Da (2.13) schwieriger als die Wellengleichung zu lösen ist, beginnen wir diesen Abschnitt mit einer allgemeinen Diskussion einiger Eigenschaften von Diffusionen. Wir fangen mit dem Maximum-Prinzip an, aus dem wir die Eindeutigkeit des Anfangswertproblems ableiten. Die Herleitung der Lösungsformel von (2.13) für die ganze reelle Achse verschieben wir auf den nächsten Abschnitt.

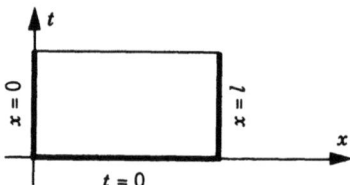

Bild 2.5

Satz 2.1 *Maximum-Prinzip. Wenn $u(x,t)$ die Diffusionsgleichung in einem Raum-Zeit-Rechteck $\{0 \leq x \leq l, 0 \leq t \leq T\}$ erfüllt, so wird der maximale Wert von $u(x,t)$ entweder auf der Anfangslinie ($t = 0$) oder auf den Seitenlinien ($x = 0$ oder $x = l$) (siehe Bild 2.5) angenommen.*

Tatsächlich gibt es eine *stärkere Version* des Maximum-Prinzips, wonach das Maximum nirgendwo im Inneren des Rechtecks, sondern *nur auf der Grundlinie oder den Seiten* des Rechtecks angenommen werden kann (außer u ist konstant). Die Eckpunkte sind dabei zugelassen.

Der minimale Wert hat die gleiche Eigenschaft. Auch er kann nur auf der Grundlinie oder den Seiten des Rechtecks angenommen werden. Zum Beweis dieses Minimum-Prinzips wendet man das Maximum-Prinzip auf die Funktion $[-u(x,t)]$ an.

Diese Prinzipien lassen eine natürliche Interpretation mit Begriffen der Diffusion oder der Wärmeströmung zu. Bei einen erwärmten Stab ohne innere Wärmequelle kann man die heißeste und die kälteste Stelle nur zum Anfangszeitpunkt oder an einem der beiden Stabenden finden. Deshalb wird sich ein zum Zeitpunkt Null erwärmter Stab abkühlen, wenn keine Wärme an einem Ende des Stabes zugeführt wird. Man kann ein Stabende anzünden, die Maximaltemperatur wird immer die des heißen Endes sein, es wird also kühler, wenn man sich von diesem Ende entfernt. In gleicher Weise wird eine in einer langen Röhre diffundierende Substanz ihre größte Konzentration zum Anfangszeitpunkt oder an einem der Röhrenenden haben.

Wenn wir den zeitlichen Ablauf der Lösung zeichnen, stellen wir fest, daß der maximale Funktionswert abnimmt, während das Minimum wächst. Die Differentialgleichung versucht, die Lösung zu glätten. (Das ist ein wesentlicher Unterschied zum Verhalten der Wellengleichung!)

Beweis des Maximum-Prinzips: Wir werden nur die schwächere Version beweisen. (Erstaunlicherweise ist die stärkere Form erheblich schwieriger zu beweisen.) Für die starke Version siehe [PW]. Die Beweisidee benutzt die Tatsache aus der Analysis, daß an einer Maximumstelle im Inneren des Definitionsbereichs die ersten Ableitungen verschwinden, und daß die zweiten Ableitungen gewisse Ungleichungen, unter anderem $u_{xx} \leq 0$, erfüllen müssen. Wenn wir wüßten (was nicht der Fall ist), daß $u_{xx} \neq 0$ an der Maximumstelle, so würde sowohl $u_{xx} < 0$ als auch $u_t = 0$ gelten, also $u_t \neq u_{xx}$. Dieser Widerspruch würde zeigen, daß das Maximum nur irgendwo auf dem Rand des Rechtecks liegen kann. Da jedoch u_{xx} Null sein könnte, müssen wir ein mathematisches Spiel treiben, um das Argument doch noch verwenden zu

2.3 Die Diffusionsgleichung

können.

Es bezeichne M den maximalen Wert von $u(x,t)$ auf den drei Seiten $t = 0$, $x = 0$ und $t = l$. (Erinnern wir uns daran, daß jede auf einer beschränkten, abgeschlossenen Menge definierte stetige Funktion beschränkt ist und auf dieser Menge ihren maximalen Wert annimmt.) Wir müssen zeigen, daß $u(x,t) \leq M$ im gesamten Rechteck R ist.

Sei ϵ eine positive Konstante und $v(x,t) = u(x,t) + \epsilon x^2$. Unser Ziel ist es, zu zeigen, daß $v(x,t) \leq M + \epsilon l^2$ in ganz R. Wenn das getan ist, erhalten wir $u(x,t) \leq M + \epsilon(l^2 - x^2)$. Da diese Ungleichung für jedes $\epsilon > 0$ gilt, können wir folgern $u(x,t) \leq M$ in ganz R, womit unsere Behauptung bewiesen wäre.

Nach Definition von v ist klar, daß $v(x,t) \leq M + \epsilon l^2$ für $t = 0$, $x = 0$ und $x = l$. Diese Funktion v erfüllt

$$v_t - kv_{xx} = u_t - k(u + \epsilon x^2)_{xx} = u_t - ku_{xx} - 2\epsilon k = -2\epsilon k < 0, \quad (2.14)$$

also eine „Diffusionsungleichung". Nehmen wir nun an, daß v sein Maximum in einem *inneren* Punkt (x_0, t_0) annimmt. Das heißt, es ist $0 < x_0 < l$ und $0 < t_0 < T$. Aus der Analysis wissen wir, daß dann $v_t = 0$ und $v_{xx} \leq 0$ im Punkt (x_0, t_0) ist. Das widerspricht der Diffusionsungleichung (2.14). Es kann also im Inneren des Rechtecks kein Maximum geben. Nehmen wir nun an, $v(x,t)$ habe ein Maximum (im abgeschlossenen Rechteck) in einem Punkt des *oberen* Randes $\{t_0 = T$ und $0 < x < l\}$. Dann ist wie gehabt $v_x(x_0, t_0) = 0$ und $v_{xx}(x_0, t_0) \leq 0$. Da aber $v(x_0, t_0)$ größer ist als $v(x_0, t_0 - \delta)$, gilt

$$v_t(x_0, t_0) = \lim \frac{v(x_0, t_0) - v(x_0, t - \delta)}{\delta} \geq 0$$

mit $\delta \searrow 0$. (Der Grenzwert liefert keine Gleichheit, da das Maximum in der Variablen t nur „einseitig" ist.) Wir erhalten abermals einen Widerspruch zur Diffusionsungleichung.

$v(x,t)$ hat aber ein Maximum *irgendwo* im Rechteck $\{0 \leq x \leq l, 0 \leq t \leq T\}$. Dieses Maximum kann dann nur auf der Grundlinie oder den Seiten des Rechtecks liegen. Also gilt $v(x,t) \leq M + \epsilon l^2$ in ganz R. Damit ist das Maximum-Prinzip (in seiner schwächeren Version) bewiesen. □

Eindeutigkeit

Das Maximum-Prinzip kann man auch dazu verwenden, die *Eindeutigkeit des Dirichlet-Problems für die Diffusionsgleichung* zu beweisen. Das heißt, es gibt höchstens eine Lösung von

$$\begin{aligned} u_t - ku_{xx} &= f(x,t) \quad \text{für } 0 < x < l \text{ und } t > 0 \\ u(x,0) &= \phi(x) \\ u(0,t) &= g(t) \quad u(l,t) = h(t) \end{aligned} \quad (2.15)$$

für die vier gegebenen Funktionen f, ϕ, g und h. Eindeutigkeit besagt, daß jede Lösung durch die Anfangs- und Randbedingungen vollständig bestimmt ist. Seien $u_1(x,t)$ und $u_2(x,t)$ zwei Lösungen von (2.15) und $w = u_1 - u_2$ ihre Differenz. Dann ist $w_t - kw_{xx} = 0$, $w(x,0) = 0$, $w(0,t) = 0$, und $w(l,t) = 0$. Sei $T > 0$. Nach dem Maximum-Prinzip nimmt $w(x,t)$ im Rechteck das Maximum auf dem unteren Rand oder auf den Seiten an—gerade dort, wo w verschwindet. Also ist $w(x,t) \leq 0$. Die gleiche Überlegung für das Minimum liefert $w(x,t) \geq 0$. Deshalb ist $w(x,t) \equiv 0$, also $u_1(x,t) \equiv u_2(x,t)$ für alle $t \geq 0$.

Die Eindeutigkeit des Problems (2.15) soll nun noch mit einer völlig andern Technik, der *Energieintegralmethode* bewiesen werden. Multiplizieren wir die Gleichung für $w = u_1 - u_2$ mit w, so können wir schreiben

$$0 = 0 \cdot w = (w_t - kw_{xx})(w) = (\frac{1}{2}w^2)_t + (-kw_x w)_x + kw_x^2.$$

(Verifizieren Sie diese Gleichung durch Berechnen der Ableitungen der rechten Seite.) Nach Integration über das Intervall $0 < x < l$ erhalten wir

$$0 = \int_0^l (\frac{1}{2}w^2)_t dx - kw_x w \Big|_{x=0}^{x=l} + k\int_0^l w_x^2 dx.$$

Wegen der Randbedingungen ($w = 0$ in $x = 0, l$) wird daraus

$$\frac{d}{dt}\int_0^l (\frac{1}{2}[w(x,t)]^2 dx = -k\int_0^l (w_x(x,t))^2 dx \leq 0.$$

Da nach x integriert wird, konnte die Ableitung nach t vor das Integral gezogen werden (siehe Abschnitt A.3). Wir sehen, daß $\int w^2 dx$ monoton fällt, so daß

$$\int_0^l [w(x,t)]^2 dx \leq \int_0^l [w(x,0)]^2 dx \qquad (2.16)$$

für $t \geq 0$. Die rechte Seite von (2.16) verschwindet, da die Anfangsbedingungen für u_1 und u_2 dieselben sind. Daraus folgt $\int (w(x,t))^2 dx = 0$ für alle $t > 0$. Also ist $w \equiv 0$ und somit $u_1 \equiv u_2$ für alle $t \geq 0$.

Stabilität

Wir untersuchen die dritte Zutat zu einem korrekt gestellten Problem (siehe Abschnitt 1.5). Es bedeutet, daß die Anfangs-und Randbedingungen so gestellt sind, daß stetige Abhängigkeit der Lösung von diesen Daten vorliegt. Die Energieintegralmethode führt zu der folgenden Form (2.17) von Stabilität unseres Problems für den Fall $h = g = f = 0$. Sei $u_1(x,0) = \phi_1(x)$ und $u_2(x,0) = \phi_2(x)$. Dann ist $w = u_1 - u_2$ eine Lösung mit der Anfangsvorgabe $\phi_1 - \phi_2$. Aus (2.16) folgt

$$\int_0^l [u_1(x,t) - u_2(x,t)]^2 dx \leq \int_0^l [\phi_1(x) - \phi_2(x)]^2 dx. \qquad (2.17)$$

2.3 Die Diffusionsgleichung

Auf der rechten Seite steht eine Größe, die ein Maß für die Nähe der Anfangsdaten zweier Lösungen ist, während die linke Seite der Ungleichung die Nähe zweier Lösungen zu jedem späteren Zeitpunkt angibt. Wenn wir also benachbart starten (bei $t = 0$), bleiben wir benachbart. (2.17) hat genau die Bedeutung von Stabilität im „Quadrat-Integral"-(L^2)-Sinne (siehe Abschnitte 1.5 und 5.4).

Man kann auch mit dem Maximum-Prinzip die Stabilität beweisen, jedoch wird die Nähe hier auf andere Weise gemessen. Betrachten wir zwei Lösungen von (2.15) in einem Rechteck. Dann ist $w = u_1 - u_2 = 0$ auf den Seiten des Rechtecks und $w = \phi_1 - \phi_2 = 0$ auf der Grundlinie. Das Maximum-Prinzip sagt aus, daß im gesamten Rechteck gilt

$$u_1(x,t) - u_2(x,t) \leq \max|\phi_1 - \phi_2|.$$

Das „Minimum-Prinzip" besagt, daß

$$u_1(x,t) - u_2(x,t) \geq -\min|\phi_1 - \phi_2|.$$

deshalb ist

$$\max_{0 \leq x \leq l}|u_1(x,t) - u_2(x,t)| \leq \max_{0 \leq x \leq l}|\phi_1(x) - \phi_2(x)|, \quad (2.18)$$

gültig für alle $t > 0$. Ungleichung (2.18) hat inhaltlich die gleiche Bedeutung wie (2.17), aber mit einem anderen Maß für die Nachbarschaft zweier Funktionen. Man spricht hier von Stabilität im „uniformen" Sinne.

Übungsaufgaben

1. Betrachten Sie die Lösung $u(x,t) = 1 - x^2 - 2kxt$ der Diffusionsgleichung. Finden Sie ihre Maximum-und Minimumstellen im abgeschlossenen Rechteck $\{0 \leq x \leq l, 0 \leq t \leq T\}$.

2. Betrachten Sie eine Lösung der Diffusionsgleichung $u_t = u_{xx}$ im Rechteck $\{0 \leq x \leq l, 0 \leq t < \infty\}$.

    (a) Sei $M(T)$ das Maximum von $u(x,t)$ in $R = \{0 \leq x \leq l, 0 \leq t \leq T\}$. Ist $M(T)$ eine wachsende oder fallende Funktion von T?

    (b) Sei $m(T)$ das Minimum von $u(x,t)$ in R. Ist $m(T)$ eine wachsende oder fallende Funktion von T?

3. Betrachten Sie die Diffusionsgleichung über dem Intervall $]0;1[$ mit den Anfangsbedingungen $u(0,t) = u(1,t) = 0$ und $u(x,0) = 1 - x^2$. Beachten Sie, daß am linken Intervallende die Anfangsbedingung nicht die Randbedingung erfüllt, daß sie aber von der Lösung für alle $t > 0$ erfüllt wird.

    (a) Zeigen Sie, daß $u(x,t) > 0$ für alle inneren Punkte $0 < x < 1, 0 < t < T$.

(b) Für jedes $t > 0$ sei $\mu(t)$ das Maximum von $u(x,t)$ im Intervall $0 \leq x \leq 1$. Zeigen Sie, daß $\mu(t)$ eine fallende (d.h. nicht wachsende) Funktion von t ist.
(*Hinweis*: Das Maximum werde im Punkt $X(t)$ angenommen, so daß $\mu(t) = u(X(t), t)$. Differenzieren Sie $\mu(t)$ unter der Annahme, daß $X(t)$ differenzierbar ist.)

(c) Fertigen Sie eine grobe Skizze von Ihrer Lösungsvorstellung. Zeichnen Sie u in Abhängigkeit von x für ein paar Zeitpunkte t. (Führen Sie eine genauere Rechnung durch, wenn Ihnen geeignete Software zur Verfügung steht.)

4. Betrachten Sie die Diffusionsgleichung $u_t = u_{xx}$ in $\{0 < x < 1, 0 < t < \infty\}$ mit $u(0,t) = u(1,t) = 0$ und $u(x,0) = 4x(1-x)$.

    (a) Zeigen Sie, daß $0 < u(x,t) < 1$ für alle $t > 0$ und $0 < x < 1$.
    (b) Zeigen Sie, daß $u(x,t) = u(1-x, t)$ für alle $t \geq 0$ und $0 \leq x \leq 1$.
    (c) Verwenden Sie die Energieintegralmethode zum Nachweis, daß $\int_0^1 u^2 dx$ eine streng monoton fallende Funktion von t ist.

5. Der Zweck dieser Übung besteht darin, zu zeigen, daß das Maximum-Prinzip für die Gleichung $u_t = x u_{xx}$, welche einen variablen Koeffizienten enthält, nicht gültig ist.

    (a) Überprüfen Sie, daß $u = -2xt - x^2$ eine Lösung ist. Bestimmen Sie ihre Maximumstelle im Rechteck $\{-2 \leq x \leq 2, 0 \leq t \leq 1\}$.
    (b) An welcher Stelle genau würde unser Beweis des Maximum-Prinzips für diese Gleichung zusammenbrechen?

6. Beweisen Sie das folgende Vergleichsprinzip für die Diffusionsgleichung: Sind u und v zwei Lösungen mit $u \leq v$ für $t = 0$, für $x = 0$ und für $x = l$, so ist $u \leq v$ für $0 \leq t < \infty$, $0 \leq x \leq l$.

7. Verallgemeinerung von Aufgabe 6.

    (a) Sei $u_t - k u_{xx} = f$, $v_t - k v_{xx} = g$, $f \leq g$ und $u \leq v$ für $x = 0$, $x = l$ und $t = 0$. Beweisen Sie, daß dann $u \leq v$ für $0 \leq x \leq l, 0 \leq t$.
    (b) Zeigen Sie unter Verwendung von (a), daß $v(x,t) \geq (1 - e^{-t}) \sin x$, wenn $v_t - v_{xx} \geq \sin x$ für $0 \leq x \leq \pi$, $0 < t < \infty$, sowie $v(0,t) \geq 0$, $v(\pi, t) \geq 0$ und $v(x, 0) \geq \sin x$.

8. Betrachten Sie die Diffusionsgleichung auf $]0; l[$ mit den Robin-Bedingungen $u_x(0,t) - a_0 u(0,t) = 0$ und $u_x(l,t) + a_l u(l,t) = 0$. Setzen Sie $a_0 > 0$ und $a_l > 0$ voraus und verwenden Sie die Energieintegralmethode, um nachzuweisen, daß die Endpunkte des Intervalls zur Abnahme von $\int_0^l u^2(x,t)\,dx$ beitragen. (Man interpretiert das so, daß ein Teil der „Energie" am Rand verlorengeht. Die Randbedingungen werden deshalb *ausstrahlend* oder *dissipativ* genannt.)

2.4 Die Diffusionsgleichung auf der ganzen Achse

Wir wollen in diesem Abschnitt das Problem

$$u_t = ku_{xx} \quad (-\infty < x < \infty, 0 < t < \infty) \quad (2.19)$$
$$u(x,0) = \phi(x) \quad (2.20)$$

lösen. Wie bei der Wellengleichung hat das auf der gesamten reellen Achse gestellte Problem eine gewisse „Reinheit", die es leichter lösbar macht als wenn es auf einem endlichen Intervall gestellt wäre. (Die Auswirkungen des Randes werden in den folgenden Kapiteln behandelt.) Auch hier werden wir eine explizite Lösungsformel ermitteln, wir leiten sie jedoch mit einer *ganz anderen* Methode als bisher ab. (Die Charakteristiken der Diffusionsgleichung sind die Geraden $t = const.$ und spielen bei unseren Überlegungen keine wesentliche Rolle mehr.) Da die Lösung von (2.19) nicht ganz leicht herzuleiten ist, schaffen wir uns zunächst eine Basis durch einige allgemeine Anmerkungen.

Unsere Lösungsmethode besteht darin, die Gleichung zunächst für eine *spezielle* Funktion $\phi(x)$ zu lösen und daraus dann die allgemeine Lösung aufzubauen. Wir werden fünf *Invarianzeigenschaften* der Diffusionsgleichung (2.19) verwenden.

(a) Die *Translation* $u(x-y,t)$ jeder Lösung $u(x,t)$ ist bei festem y eine weitere Lösung.

(b) Jede *Ableitung* (u_x oder u_t oder u_{xx} usw.) einer Lösung ist wieder eine Lösung.

(c) Jede *Linearkombination* von Lösungen von (2.19) ist eine Lösung von (2.19). (Genau das ist die Linearität der Gleichung.)

(d) Jedes *Integral* einer Lösung ist eine Lösung. Wenn also $S(x,t)$ eine Lösung von (2.19) ist, so auch $S(x-y,t)$ und damit

$$v(x,t) = \int_{-\infty}^{\infty} S(x-y,t)g(y)\,dy$$

für jede Funktion $g(y)$, sofern nur das uneigentliche Integral in geeigneter Weise konvergiert. (Um Konvergenzfragen kümmern wir uns später.) In der Tat ist (d) eine Grenzform von (c).

(e) Wenn $u(x,t)$ eine Lösung von (2.19) ist, so auch die *gestreckte* Funktion $u(\sqrt{a}x, at)$ für jedes $a > 0$. Wir prüfen das mit der Kettenregel nach: Ist $v(x,t) = u(\sqrt{a}x, at)$, so ist ist $v_t = [\partial(at)/\partial t]u_t = au_t$, $v_x = [\partial(\sqrt{a}x)/\partial x]u_x = \sqrt{a}u_x$ und $v_{xx} = \sqrt{a} \cdot \sqrt{a}u_{xx} = au_{xx}$.

Unser Ziel ist es, eine partikuläre Lösung von (2.19) zu bestimmen, um dann unter Ausnützung von Eigenschaft (d) alle Lösungen zu konstruieren. Die von uns gesuchte partikuläre Lösung werde mit $Q(x,t)$ bezeichnet, sie soll die *spezielle Anfangsbedingung*

$$Q(x,0) = 1 \quad \text{für } x > 0 \quad Q(x,0) = 0 \quad \text{für } x < 0 \quad (2.21)$$

erfüllen. Der Grund für diese Wahl der Anfangsbedingung ist der, daß sie sich bei Streckung nicht ändert. Wir bestimmen Q in drei Schritten.

1. Schritt

Wir suchen $Q(x,t)$ in der speziellen Gestalt

$$Q(x,t) = g(p) \quad \text{mit } p = \frac{x}{\sqrt{4kt}} \tag{2.22}$$

und einer noch zu bestimmenden Funktion g in einer Variablen. (Der Faktor $\sqrt{4k}$ wird nur zur Vereinfachung der späteren Formeln eingeführt.)

Warum dürfen wir erwarten, daß Q diese spezielle Gestalt hat? Eigenschaft (e) sagt uns, daß die Gleichung (2.19) die Streckung $x \to \sqrt{a}x, t \to at$ nicht 'bemerkt'. Natürlich bleibt auch (2.21) bei der Streckung unverändert. $Q(x,t)$, das durch die Bedingungen (2.19) und (2.21) definiert ist, sollte deshalb die Streckung auch nicht bemerken. Das ist aber nur auf eine Art und Weise möglich, wenn nämlich die Abhängigkeit Qs von x und t nur in Form der Kombination $x/\sqrt{t}$ besteht. Die Streckung führt $x/\sqrt{t}$ über in $\sqrt{a}x/\sqrt{at} = x/\sqrt{t}$. Wir setzen deshalb $p = x/\sqrt{4kt}$ und suchen Q in der Form (2.22), so daß (2.19) und (2.21) erfüllt ist.

2. Schritt

Wir verwenden (2.22) und formen (2.19) in eine GDGl für g mit Hilfe der Kettenregel um:

$$\begin{aligned}
Q_t &= \frac{dg}{dp}\frac{\partial p}{\partial t} = -\frac{1}{2t}\frac{x}{\sqrt{4kt}}g'(p) \\
Q_x &= \frac{dg}{dp}\frac{\partial p}{\partial x} = \frac{1}{\sqrt{4kt}}g'(p) \\
Q_{xx} &= \frac{dQ_x}{dp}\frac{\partial p}{\partial x} = \frac{1}{4kt}g''(p) \\
0 &= Q_t - kQ_{xx} = \frac{1}{t}\left[-\frac{1}{2}pg'(p) - \frac{1}{4}g''(p)\right].
\end{aligned}$$

Es muß also gelten

$$g'' + 2pg' = 0.$$

Diese GDGl. kann leicht gelöst werden, wenn man den integrierenden Faktor $e^{\int 2p\,dp} = \exp(p^2)$ verwendet. Wir erhalten dann $g' = c_1 \exp(-p^2)$ und

$$Q(x,t) = g(p) = c_1 \int e^{-p^2}\,dp + c_2.$$

3. Schritt

Wir bestimmen nun eine explizite Formel für Q. Im zweiten Schritt haben wir gezeigt, daß

2.4 Die Diffusionsgleichung auf der ganzen Achse

$$Q(x,t) = g(p) = c_1 \int_0^{x/\sqrt{4kt}} e^{-p^2} dp + c_2.$$

Diese Formel gilt nur für $t > 0$. Unter Verwendung von (2.21), ausgedrückt als Grenzwert für $t \searrow 0$ erhalten wir

$$\text{für } x > 0, \quad 1 = \lim_{t \searrow 0} Q = c_1 \int_0^{+\infty} e^{-p^2} dp + c_2 = c_1 \frac{\sqrt{\pi}}{2} + c_2,$$

$$\text{für } x < 0, \quad 0 = \lim_{t \searrow 0} Q = c_1 \int_0^{-\infty} e^{-p^2} dp + c_2 = -c_1 \frac{\sqrt{\pi}}{2} + c_2.$$

Damit sind die Koeffizienten $c_1 = 1/\sqrt{\pi}$ und $c_2 = \frac{1}{2}$ bestimmt. Q ist also die Funktion

$$Q(x,t) = \frac{1}{2} + \frac{1}{\sqrt{\pi}} \int_0^{x/\sqrt{4kt}} e^{-p^2} dp \qquad (2.23)$$

für $t > 0$. Beachten Sie, daß in der Tat (2.19), (2.21) und (2.22) erfüllt sind.

4. Schritt

Nachdem wir nun Q gefunden haben, *definieren* wir $S = \partial Q/\partial x$. (Die explizite Formel für S wird unter (2.25) angegeben.) Nach Eigenschaft (b) ist S auch eine Lösung von (2.19). Für eine beliebige differenzierbare Funktion ϕ *definieren* wir

$$u(x,t) = \int_{-\infty}^{\infty} S(x-y,t)\phi(y)\, dy \quad \text{für } t > 0 \qquad (2.24)$$

Nach Eigenschaft (c) ist u eine weitere Lösung von (2.19). *Wir behaupten, daß u die einzige Lösung von (2.19), (2.20) ist.* Um die Gültigkeit von (2.20) zu verifizieren, schreiben wir

$$\begin{aligned}
u(x,t) &= \int_{-\infty}^{\infty} \frac{\partial Q}{\partial x}(x-y,t)\phi(y)\, dy \\
&= -\int_{-\infty}^{\infty} \frac{\partial}{\partial y}[Q(x-y,t)]\phi(y)\, dy \\
&= -\int_{-\infty}^{\infty} Q(x-y,t)\phi'(y)\, dy - Q(x-y,t)\phi(y)\Big|_{y=-\infty}^{y=+\infty}
\end{aligned}$$

nach partieller Integration. Wir setzen voraus, daß diese Grenzwerte verschwinden. Genauer gesagt, setzen wir voraus, daß $\phi(y)$ selbst Null ist für große $|y|$. Deshalb ist

$$\begin{aligned}
u(x,0) &= \int_{-\infty}^{\infty} Q(x-y,0)\phi'(y)\, dy \\
&= \int_{-\infty}^{x} \phi'(y)\, dy = \phi\big|_{-\infty}^{x} = \phi(x)
\end{aligned}$$

wegen der Anfangsbedingung für Q und der Voraussetzung $\phi(-\infty) = 0$. Die Anfangsbedingung (2.20) ist also erfüllt. Wir schließen weiter, daß (2.24) unsere Lösungsformel ist, wobei

$$S = \frac{\partial Q}{\partial x} = \frac{1}{2\sqrt{\pi kt}} e^{-x^2/4kt} \quad \text{für } t > 0. \tag{2.25}$$

Das heißt

$$u(x,t) = \frac{1}{\sqrt{4\pi kt}} \int_{-\infty}^{\infty} e^{-(x-y)^2/4kt} \phi(y)\, dy. \tag{2.26}$$

$S(x,t)$ ist unter den Namen *Greensche Funktion, Fundamentallösung, Quellfunktion, Gaußsche Funktion* der Diffusionsgleichung bekannt oder einfach als *Diffusionskern*. Sie liefert die Lösung von (2.19), (2.20) bei beliebiger Anfangsvorgabe ϕ. Die Formel ist nur gültig für $t > 0$, für $t = 0$ macht sie keinen Sinn.

Die *Quellfunktion* $S(x,t)$ ist definiert für alle reellen x und alle $t > 0$. $S(x,t)$ ist positiv und eine in x gerade Funktion $[S(-x,t) = S(x,t)]$. In Abb. (2.6) ist sie für verschiedene Werte von t gezeichnet. Für große t verläuft sie sehr flach mit breiter Basis, für kleine t stellt sie eine sehr dünne Spitze (eine „*Deltafunktion*") mit der Höhe $(4k\pi t)^{-1/2}$ dar. Die Fläche unter ihrem Graphen ist

$$\int_{-\infty}^{\infty} S(x,t)\, dx = \frac{1}{\sqrt{\pi}} \int_{-\infty}^{\infty} e^{-q^2}\, dq = 1,$$

wenn man mit $q = x/\sqrt{4kt}$, $dq = (dx)/\sqrt{4kt}$ (siehe Übung 7) substituiert. Wir sehen uns nun den Graphen von $S(x,t)$ für sehr kleine t etwas sorgfältiger an. Wenn wir die lange Spitze herausschneiden, ist der Rest von $S(x,t)$ sehr klein. Genauer gesagt

$$\max_{|x|>\delta} S(x,t) \to 0 \quad \text{mit} \quad t \to 0. \tag{2.27}$$

Beachten Sie, daß der Wert der Lösung $u(x,t)$ eine Art *gewichteter Mittelwert* der Anfangswerte in der Nähe des Punktes x ist. Approximieren wir das Integral (2.24) durch eine Riemannsche Summe (y ist Integrationsvariable), so erhalten wir genähert

$$u(x,t) = \int_{-\infty}^{\infty} S(x-y,t)\phi(y)\, dy \simeq \sum_i S(x-y_i,t)\phi(y_i)\Delta y_i.$$

Das ist ein Mittelwert der Lösungen $S(x-y_i,t)$ mit den Gewichten $\phi(y_i)$. Für sehr kleine t ist die Quellfunktion eine Spitze, so daß die Formel die Werte von ϕ in der Nähe von x überbewertet. Für *beliebiges* $t > 0$ stellt die Lösung eine verbreiterte Version der Anfangswerte bei $t = 0$ dar.

2.4 Die Diffusionsgleichung auf der ganzen Achse

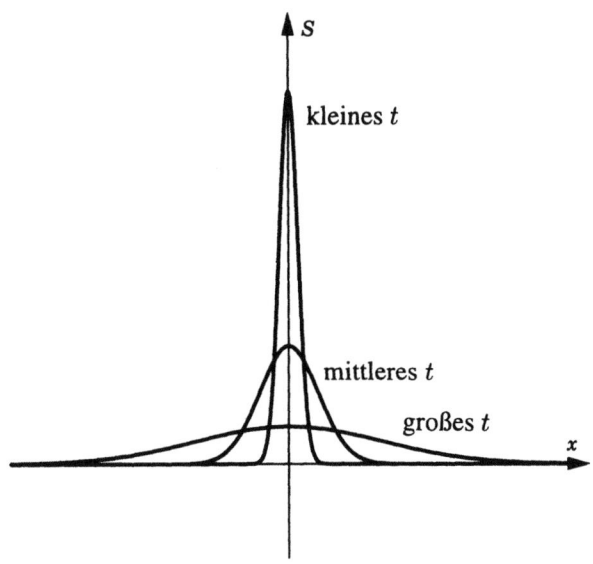

Bild 2.6

Wir geben eine physikalische Interpretation für den Fall der Diffusion. $S(x-y,t)$ stellt den Einfluß dar, den eine diffundierende Substanz der Masse 1 (z.B. 1 Gramm), die sich zum Zeitpunkt $t=0$ genau an der Stelle y befindet, mit fortschreitender Zeit ausübt. Die Substanzmenge, die sich anfangs im Intervall Δy befindet, breitet sich mit der Zeit aus und steuert zur Anfangsverteilung der Konzentration genähert den Term $S(x-y_i,t)\phi(y_i)\Delta y_i$ bei. All diese Beiträge werden summiert, um die Gesamtverteilung zu erhalten. Im Falle des Wärmeflusses stellt $S(x,y)$ die Auswirkung einer „heißen Stelle" in y zur Zeit Null dar. Die heiße Stelle kühlt ab und verteilt ihre Wärme längs des Stabes.

Eine weitere physikalische Interpretation liefert die Brownsche Molekularbewegung, bei der sich Partikel zufällig im Raum bewegen. Nehmen wir der Einfachheit halber an, daß die Bewegung eindimensional stattfindet, daß sich die Partikel also in einer langen Röhre bewegen. Die Wahrscheinlichkeit dafür, daß sich ein anfangs an der Stelle x befindendes Partikel zur Zeit t im Intervall $]a;b[$ befindet, ist bei vorgegebener Konstanten k genau $\int_a^b S(x-y,t)\,dy$. Mit anderen Worten: Ist $u(x,t)$ die Wahrscheinlichkeitsdichte (Wahrscheinlichkeit pro Längeneinheit) und ist $\phi(x)$ die Anfangswahrscheinlichkeitsdichte, so ist die Wahrscheinlichkeit zu allen späteren Zeitpunkten durch Formel (2.24) gegeben. Das bedeutet, daß $u(x.t)$ die Diffusionsgleichung erfüllt.

Es ist normalerweise unmöglich, das Integral (2.26) vollständig durch elementare Funktionen auszuwerten. Antworten auf spezielle Probleme, das heißt bei spziellen Anfangsdaten $\phi(x)$ lassen sich jedoch manchmal mit Hilfe der *Fehlerfunktion* der Statistik

$$\mathcal{E}rf(x) = \frac{2}{\sqrt{\pi}} \int_0^x e^{-p^2} dp \qquad (2.28)$$

ausdrücken. Beachten Sie, daß $\mathcal{E}rf(0) = 0$ und (nach Übung 6) $\lim_{x\to\infty} \mathcal{E}rf(x) = 1$.

Beispiel 1.

Mit Hilfe der Definition von $\mathcal{E}rf$ können wir $Q(x,t)$ aus (2.23) schreiben als

$$Q(x,t) = \frac{1}{2} + \frac{1}{2}\mathcal{E}rf\left(\frac{x}{\sqrt{4kt}}\right).$$

Beispiel 2.

Löse die Diffusionsgleichung unter der Anfangsbedingung $u(x,0) = e^{-x}$. Dazu setzen wir einfach in die allgemeine Formel (2.26) ein:

$$u(x,t) = \frac{1}{\sqrt{4\pi kt}} \int_{-\infty}^{\infty} e^{-(x-y)^2/4kt} e^{-y} dy.$$

Dies ist eines der wenigen glücklichen Beispiele, bei denen die Integration durchgeführt werden kann. Der Exponent ist

$$-\frac{x^2 - 2xy + y^2 + 4kty}{4kt}.$$

Nach quadratischer Ergänzung bezüglich der y-Variablen erhalten wir

$$-\frac{(y + 2kt - x)^2}{4kt} + kt - x.$$

Sei nun $p = (y + 2kt - x)/\sqrt{4kt}$, also $dp = dy/\sqrt{4kt}$. Dann erhält man

$$u(x,t) = e^{kt-x} \int_{-\infty}^{\infty} e^{-p^2} \frac{dp}{\sqrt{\pi}} = e^{kt-x}.$$

Übungsaufgaben

1. Lösen Sie die Diffusionsgleichung unter der Anfangsbedingung

   $$\phi(x) = 1 \quad \text{für } |x| < l \quad \text{und} \quad \phi(x) = 0 \quad \text{für } |x| > l.$$

   Schreiben Sie die Lösung mit Hilfe der Funktion $\mathcal{E}rf(x)$.

2. Gleiche Aufgabenstellung für $\phi(x) = 1$ für $x > 0$ und $\phi(x) = 3$ für $x < 0$.

3. Verwenden Sie (2.26), um die Diffusionsgleichung mit $\phi(x) = e^{3x}$ zu lösen. (Sie können auch die noch folgenden Übungen 6 und 7 benutzen.)

2.4 Die Diffusionsgleichung auf der ganzen Achse

4. Lösen Sie die Diffusionsgleichung, wenn $\phi(x) = e^{-x}$ für $x > 0$ und $\phi(x) = 0$ für $x < 0$.

5. Beweisen Sie die Eigenschaften (a) bis (e) der Diffusionsgleichung aus Abschnitt 2.4.

6. Berechnen Sie $\int_0^\infty e^{-x^2} dx$. (*Hinweis*: Dieses Integral kann *nicht* mit Hilfe einer Stammfunktion berechnet werden. Wenden Sie deshalb folgenden Trick an: Transformieren Sie das Doppelintegral $\int_0^\infty e^{-x^2} dx \cdot \int_0^\infty e^{-y^2} dy$ auf Polarkoordinaten und Sie werden zu einer leicht integrierbaren Funktion gelangen.)

7. Zeigen Sie mit Aufgabe 6, daß $\int_{-\infty}^\infty e^{-p^2} dp = \sqrt{\pi}$. Substituieren Sie $p = x/\sqrt{4kt}$ und zeigen Sie so, daß

$$\int_{-\infty}^\infty S(x,y)\, dx = 1.$$

8. Zeigen Sie, daß für jedes feste $\delta > 0$ (wie klein auch immer) gilt

$$\max_{\delta \leq |x| < \infty} S(x,t) \to 0 \quad \text{mit } t \to 0.$$

(Das bedeutet, daß der Schweif von $S(x,t)$ 'gleichmäßig klein' wird.)

9. Lösen Sie die Diffusionsgleichung $u_t = k u_{xx}$ unter der Anfangsbedingung $u(x,0) = x^2$ mit der folgenden speziellen Methode. Zeigen Sie zunächst, daß u_{xxx} eine Lösung der Diffusionsgleichung mit *homogenen* Anfangsbedingungen ist. Nach dem Eindeutigkeitssatz muß dann gelten $u_{xxx} \equiv 0$. Dreimalige Integration liefert $u(x,t) = A(t)x^2 + B(t)x + C(t)$. A, B und C können abschließend durch Einsetzen in das Ausgangsproblem leicht bestimmt werden.

10. (a) Lösen Sie Aufgabe 9 mit der allgemeinen Lösungsformel (2.26). Dadurch wird $u(x,t)$ durch ein Integral ausgedrückt. Substituieren Sie darin $p = (x-y)/\sqrt{4kt}$.

    (b) Da die Lösung eindeutig ist, muß die entstandene Formel mit dem Ergebnis von Aufgabe 9 übereinstimmen. Leiten Sie daraus den Wert von

    $$\int_{-\infty}^\infty p^2 e^{-p^2} dp$$

    ab.

11. (a) Betrachten Sie die Diffusionsgleichung auf der ganzen reellen Achse mit der üblichen Anfangsbedingung $u(x,0) = \phi(x)$. Zeigen Sie, daß $u(x,t)$ eine *ungerade* Funktion in x ist, wenn $\phi(x)$ eine *ungerade* Funktion ist. (*Hinweis*: Betrachten Sie $u(-x,t) + u(x,t)$ und verwenden Sie den Eindeutigkeitssatz.)

    (b) Zeigen Sie, daß dieselbe Aussage gilt, wenn 'ungerade' durch 'gerade' ersetzt wird.

(c) Beweisen Sie die analogen Aussagen für die Wellengleichung.

12. Zweck dieser Übung ist die näherungsweise Berechnung von $Q(x,t)$ für große t. Erinnern Sie sich daran, daß man sich $Q(x,t)$ als die Temperatur eines unendlich langen Stabes, der zum Zeitpunkt Null die Anfangstemperatur 1 für $x > 0$ und 0 für $x < 0$ hat, vorstellen kann.

   (a) Drücken Sie $Q(x,t)$ mit Hilfe von $\mathcal{E}rf$ aus.

   (b) Bestimmen Sie die Taylorreihe $\mathcal{E}rf(x)$ mit dem Entwicklungspunkt $x = 0$. (*Hinweis*: Entwickeln Sie e^z, substituieren Sie $z = -y^2$ und integrieren Sie gliedweise.)

   (c) Bestimmen Sie mit Hilfe der ersten beiden nichtverschwindenden Terme der Taylorentwicklung eine Näherungsformel für $Q(x,t)$.

   (d) *Warum* ist diese Formel eine gute Approximation bei festem x und großem t?

13. Leiten Sie aus den Invarianzeigenschaften wie folgt ab, daß $Q(x,t)$ die Form (2.23) haben *muß*:

   (a) Folgern Sie aus dem Eindeutigkeitssatz $Q(x,t) = Q(\sqrt{a}x, at)$. Diese Gleichung gilt für alle $a > 0$, alle $t > 0$ und für alle x.

   (b) Wählen Sie $a = 1/(4kt)$.

14. Sei $\phi(x)$ eine stetige Funktion mit $|\phi(x)| \leq Ce^{x^2}$. Zeigen Sie, daß die Lösungsformel (2.26) der Diffusionsgleichung für $0 < t < 1/(4ak)$ sinnvoll ist, aber nicht notwendigerweise für größere t.

15. Beweisen Sie die Eindeutigkeit des folgenden Diffusionsproblems unter Neumannschen Randbedingungen mit Hilfe der Energieintegralmethode:

$$u_t - ku_{xx} = f(x,t) \quad \text{für } 0 < x < L, \quad t > 0$$

$$u(x,0) = \phi(x) \quad u_x(0,t) = g(t) \quad u_x(L,t) = h(t).$$

16. Lösen Sie die Diffusionsgleichung, wenn konstante Dissipation vorliegt:

$$u_t - ku_{xx} + bu = 0 \quad \text{für } -\infty < x < \infty, \quad \text{mit } u(x,0) = \phi(x).$$

Dabei ist $b > 0$ eine Konstante. (*Hinweis*: Wechseln Sie die Variablen gemäß $u(x,t) = e^{-bt}v(x,t)$.)

17. Lösen Sie die Diffusionsgleichung, wenn variable Dissipation vorliegt:

$$u_t - ku_{xx} + bt^2 u = 0 \quad \text{für } -\infty < x < \infty, \quad \text{mit } u(x,0) = \phi(x),$$

mit der Konstanten $b > 0$. (*Hinweis*: Die Lösungen der GDGl. $w_t + bt^2 w = 0$ sind $Ce^{-bt^3/3}$. Setzen Sie deshalb $u(x,t) = e^{-bt^3/3}v(x,t)$ und leiten Sie eine Gleichung für v her.)

18. Lösen Sie die Wärmeleitungsgleichung, wenn Konvektion vorliegt:

$$u_t - ku_{xx} + Vu_x = 0 \quad \text{für } -\infty < x < \infty, \quad \text{mit } u(x,0) = \phi(x),$$

mit der Konstanten V. (*Hinweis*: Verwenden Sie durch die Substitution $y = x - Vt$ ein bewegtes Bezugssystem.)

19. (a) Zeigen Sie, daß $S_2(x,y,t) = S(x,t)S(y,t)$ die Diffusionsgleichung $S_t = k(S_{xx} + S_{yy})$ erfüllt.

    (b) Leiten Sie her, daß $S_2(x,y,t)$ Quellfunktion für die zweidimensionale Diffusionen ist.

2.5 Vergleiche zwischen Wellen und Diffusionen

Eine grundlegende Eigenschaft von Wellen ist die Tatsache, daß Informationen in beiden Richtungen mit endlicher Geschwindigkeit transportiert werden. Bei Diffusionen breitet sich eine Anfangsstörung sofort im gesamten Definitionsbereich aus und verschwindet nach und nach. Die wesentlichen Eigenschaften dieser beiden Gleichungen können in der folgenden Tabelle zusammengefaßt werden.

	Eigenschaft	Wellen	Diffusionen
(i)	Ausbreitungsgeschwindigkeit	Endlich ($\leq c$)	Unendlich
(ii)	Singularitäten für $t > 0$?	Werden längs der Charakteristiken transportiert (Geschw.=c)	Verschwinden sofort
(iii)	Für $t > 0$ korrekt gestellt?	Ja	Ja (wenigstens bei beschränkten Lösungen)
(iv)	Für $t < 0$ korrekt gestellt?	Ja	Nein
(v)	Maximum-Prinzip	Nein	Ja
(vi)	Verhalten für $t \to +\infty$	Nehmen nicht ab wegen konstanter Energie	Gehen gegen Null (falls ϕ integrierbar)
(vii)	Information	Wird transportiert	Geht allmählich verloren

Bei der Wellengleichung haben wir die meisten dieser Eigenschaften bereits nachgewiesen. Es ist leicht einzusehen, daß es kein Maximum-Prinzip geben kann. Allgemein gesagt, werden Informationen entlang der Charakteristiken transportiert. Wir werden noch sehen, daß sie sich in mehr als einer Dimension in expandierenden Kreisen oder Kugeln ausbreiten.

Bei der Diffusionsgleichung haben wir die Eigenschaft (ii), daß Singularitäten unmittelbar verlorengehen, in Abschnitt 3.5 behandelt. Die Lösung ist beliebig oft differenzierbar, auch wenn es die Anfangsdaten nicht sind. Auch die Eigenschaften (iii), (v) und (vi) wurden bereits gezeigt. Die Tatsache, daß Information allmählich verlorengeht [Eigenschaft (vii)], kann man aus dem Graphen einer typischen Lösung, zum Beispiel von $S(x,t)$, ablesen.

Was die Eigenschaft (i) der Diffusionsgleichung betrifft, sieht man aus Gleichung (2.26), daß der Wert von $u(x,t)$ von der Anfangsvorgabe $\phi(y)$ für *alle* $y \in \mathbb{R}$ abhängt. Umgekehrt hat der Wert von ϕ an der Stelle x_0 unmittelbaren *Einfluß auf jede andere Stelle* (für $t > 0$), wenngleich eine wesentliche Auswirkung nur für kurze Zeit in der Nähe von x_0 spürbar ist. Die *Ausbreitungsgeschwindigkeit ist unendlich*. Das steht in krassem Gegensatz zur Wellengleichung (und allen anderen hyperbolischen Gleichungen).

Was die Eigenschaft (iv) angeht, so gibt es verschiedene Wege um einzusehen, daß die *Diffusionsgleichung nicht korrekt gestellt* ist für $t < 0$ (für die „Vergangenheit"). Ein Weg ist der folgende. Sei

$$u_n(x,t) = \frac{1}{n} \sin nx \, e^{-n^2 kt}. \qquad (2.29)$$

Sie können nachprüfen, daß diese Funktionen Lösungen der Diffusionsgleichung für alle x, t sind. Weiterhin gilt $u_n(x,0) = n^{-1} \sin nx \to 0$ gleichmäßig mit $n \to \infty$. Betrachtet man aber $t < 0$, etwa $t = -1$, so gilt $u_n(x, -1) = n^{-1} \sin nx e^{+kn^2} \to \pm \infty$ mit $n \to \infty$, außer für einige wenige x. Deshalb ist u_n nahe der Nullösung für $t = 0$, aber nicht zur Zeit $t = -1$. Das widerspricht der Stabilität, jedenfalls im gleichmäßigen Sinne.

Ein andere Weg besteht darin, $u(x,t) = S(x, t+1)$ zu setzen. Wir haben dann eine Lösung der Diffusionsgleichung $u_t = ku_{xx}$ für $t > -1$, $-\infty < x < \infty$. Mit $t \searrow -1$ gilt aber $u(0,t) \to \infty$, wie wir oben gesehen haben. Wir können die Gleichung also nicht in zeitlich umgekehrter Richtung unter der unproblematischen Anfangsbedingung $(4k\pi)^{-1} e^{-x^2/4}$ lösen.

Nebenbei bemerkt, weiß jeder Physiker, daß der Wärmefluß, die Brownsche Molekularbewegung usw. irreversible Prozesse sind. Der Gang in die Vergangenheit führt ins Chaos.

Übungsaufgaben

1. Zeigen Sie, daß es für die Wellengleichung kein Maximum-Prinzip gibt.

2. Zwischen der Wellen- und der Diffusionsgleichung besteht ein direkter Zusammenhang. Sei $u(x,t)$ eine Lösung der Wellengleichung auf der ganzen reellen Achse mit beschränkten Aleitungen zweiter Ordnung. Sei

$$v(x,t) = \frac{c}{\sqrt{4\pi kt}} \int_{-\infty}^{\infty} e^{-s^2 c^2/4kt} u(x,s) \, ds.$$

   (a) Zeigen Sie, daß $v(x,t)$ die Diffusionsgleichung löst.

2.5 Vergleiche zwischen Wellen und Diffusionen

(b) Zeigen Sie: $\lim_{t \to 0} v(x,t) = u(x,0)$.

(*Hinweis*: (a) Schreiben Sie v als $v(x,t) = \int_{-\infty}^{\infty} H(s,t)u(x,s)\,ds$, wobei $H(x,t)$ die Diffusionsgleichung mit der Konstanten k/c^2 für $t > 0$ löst. Differenzieren Sie dann $v(x,t)$ unter Verwendung von Abschnitt A.3. (b) Nützen Sie aus, daß $H(s,t)$ im wesentlichen die Quellfunktion der Diffusionsgleichung mit der Raumvariablen s ist.)

3 Reflexionen und Quellen

In diesem Kapitel lösen wir die einfachsten Reflexionsprobleme, bei denen der Endpunkt einer Halbgeraden Reflexionspunkt ist. In Kapitel 4 beginnen wir ein systematisches Studium von komplizierteren Reflexionsproblemen. Die Abschnitte 3.3 und 3.4 behandeln Probleme mit sogenennten Quellen, das heißt, wir lösen die inhomogene Wellen- und Diffusionsgleichung. Schließlich, in Abschnitt 3.5, untersuchen wir die Lösung der Diffusionsgleichung noch einmal, aber noch sorgfältiger.

3.1 Diffusion auf der Halbgeraden

Wir nehmen als Definitionsbereich D die Halbachse $]0; \infty[$ und stellen eine *Dirichletbedingung* im Endpunkt $x = 0$. Das gestellte Problem ist

$$\begin{aligned} v_t - kv_{xx} &= 0 && \text{in } \{0 < x < \infty,\ 0 < t < \infty\} \\ v(x,0) &= \phi(x) && \text{für } t = 0 \\ v(0,t) &= 0 && \text{für } x = 0 \end{aligned} \qquad (3.1)$$

Die PDGl. soll im offenen Quadranten $\{0 < x < \infty,\ 0 < t < \infty\}$ erfüllt werden. Aus unserer Untersuchung in Abschnitt 2.3 wissen wir, daß die Lösung $v(x,t)$, sofern sie existiert, eindeutig bestimmt ist. Sie kann interpretiert werden als die Temperatur in einem sehr langen Stab, dessen eines Ende in einen Behälter mit der Temperatur Null getaucht ist, und der ansonsten vollständig isoliert ist.

Wir suchen eine zu (2.26) analoge Lösungsformel und werden dazu unser neues Problem auf das alte zurückführen. Unsere Methode verwendet den Begriff der *ungeraden Funktion*. Jede Funktion $\psi(x)$, für die $\psi(-x) \equiv \psi(x)$ gilt, heißt eine ungerade Funktion. Ihr Graph $y = \psi(x)$ verläuft symmetrisch zum Ursprung (siehe Abb. 3.1). Wenn man $x = 0$ in die Definition einsetzt, sieht man sofort, daß $\psi(0) = 0$ gelten muß. Eine detailiertere Untersuchung gerader und ungerader Funktionen finden Sie in Abschnitt 5.2.

Die Anfangsvorgabe $\phi(x)$ ist nur für $x > 0$ definiert. Wir nennen $\phi_{ung}(x)$ die eindeutig bestimmte *ungerade Fortsetzung* von ψ auf die ganze Achse und definieren

$$\phi_{ung}(x) = \begin{cases} \phi(x) & \text{für } x > 0 \\ -\phi(-x) & \text{für } x < 0 \\ 0 & \text{für } x = 0. \end{cases} \qquad (3.2)$$

Der Begriff der Fortsetzung von Funktionen wird auch in Abschnitt 5.2 behandelt.

Sei $u(x,t)$ die Lösung von

3.1 Diffusion auf der Halbgeraden

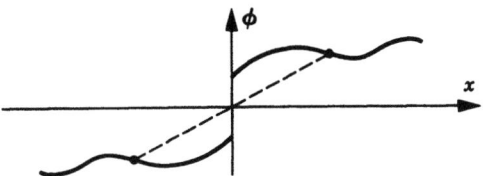

Bild 3.1

$$u_t - ku_{xx} = 0$$
$$u(x,0) = \phi_{ung}(x) \tag{3.3}$$

auf der *ganzen Achse* $-\infty < x < \infty$ und für $0 < t < \infty$. Nach Abschnitt 2.3 ist sie durch die Formel

$$u(x,t) = \int_{-\infty}^{\infty} S(x-y,t)\phi_{ung}(y)\,dy \tag{3.4}$$

gegeben. Ihre „Einschränkung"

$$v(x,t) = u(x,t) \quad \text{für } t > 0 \tag{3.5}$$

ist die eindeutige Lösung unseres neuen Problems (3.1). Eigentlich besteht kein Unterschied zwischen u und v, außer daß die negativen Werte von x bei der Diskussion von v unberücksichtigt bleiben.

Warum ist $v(x,t)$ die Lösung von (3.1)? Wir bemerken zunächst, daß auch $u(x,t)$ eine ungerade Funktion in x sein muß (siehe Übung 2.4.11). Das heißt, $u(-x,t) = -u(x,t)$. Mit $x = 0$ ist $u(0,t) = 0$, so daß die Randbedingung $v(0,t) = 0$ *automatisch* erfüllt ist! Darüber hinaus erfüllt v sowohl die PDGl. als auch die Anfangsbedingung für $x > 0$, einfach deshalb, weil v mit u für $x > 0$ übereinstimmt, und u dieselbe PDGl. für alle x und dieselbe Anfangsbedingung für $x > 0$ erfüllt.

Die explizite Formel für $v(x,t)$ kann leicht aus (3.4) und (3.5) abgeleitet werden. Aus (3.4) und (3.2) erhalten wir

$$u(x,t) = \int_0^{\infty} S(x-y,t)\phi(y)\,dy - \int_{-\infty}^0 S(x-y,t)\phi(-y)\,dy.$$

Ersetzt man im zweiten Integral die Variable $-y$ durch y, so erhält man

$$u(x,t) = \int_0^{\infty} [S(x-y,t) - S(x+y,t)]\phi(y)\,dy.$$

(Beachten Sie dabei die Änderung der Integrationsgrenzen.) Für $0 < x < \infty$ und $0 < t < \infty$ erhalten wir also

$$u(x,t) = \frac{1}{\sqrt{4k\pi t}} \int_0^{\infty} [e^{-(x-y)^2/4kt} - e^{-(x+y)^2/4kt}]\phi(y)\,dy. \tag{3.6}$$

Das ist die vollständige Lösungsformel für (3.1).

Wir haben gerade mit der *Methode der ungeraden Fortsetzung* oder der *Reflexionsmethode* gearbeitet, die so genannt wird, weil der Graph von $\phi_{ung}(x)$ durch Spiegelung des Graphen von $\phi(x)$ am Nullpunkt hervorgeht.

Beispiel 1.

Wir lösen (3.1) mit $\phi(x) \equiv 1$. Die Lösung ist durch Formel (3.6) gegeben und kann wie folgt vereinfacht werden. Setzt man $p = (x-y)/\sqrt{4kt}$ im ersten Integral und $q = (x+y)/\sqrt{4kt}$ im zweiten Integral, so wird

$$\begin{aligned} u(x,t) &= \int_{-\infty}^{x/\sqrt{4kt}} e^{-p^2} dp/\sqrt{\pi} - \int_{x/\sqrt{4kt}}^{+\infty} e^{-q^2} dq/\sqrt{\pi} \\ &= \left[\frac{1}{2} + \frac{1}{2} Erf\left(\frac{x}{\sqrt{4kt}}\right)\right] - \left[\frac{1}{2} - \frac{1}{2} Erf\left(\frac{x}{\sqrt{4kt}}\right)\right] \\ &= Erf\left(\frac{x}{\sqrt{4kt}}\right). \end{aligned}$$

Wir machen nun das gleiche Spiel mit dem *Neumann-Problem*

$$\begin{aligned} w_t - kw_{xx} &= 0 \quad \text{für } 0 < x < \infty, \quad 0 < t < \infty \\ w(x,0) &= \phi(x) \\ w_x(0,t) &= 0. \end{aligned} \quad (3.7)$$

Wendet man die Reflexionsmethode an, so hat man diesmal eine *gerade* statt einer ungeraden Fortsetzung vorzunehmen. Eine Funktion ψ wird eine gerade Funktion genannt, wenn $\psi(-x) = \psi(x)$. Ist ψ eine gerade differenzierbare Funktion, so ist ihre Ableitung eine ungerade Funktion. Die Steigung im Nullpunkt muß deshalb Null sein: $\psi'(0) = 0$. Ist $\phi(x)$ nur für $x \geq 0$ definiert, so wird ihre *gerade* Fortsetzung definiert durch

$$\phi_{ger}(x) = \begin{cases} \phi(x) & \text{für } x \geq 0 \\ +\phi(-x) & \text{für } x < 0 \end{cases} \quad (3.8)$$

Mit der gleichen Vorgehnsweise wie oben gelangen wir schließlich zu einer expliziten Formel für $w(x,t)$. Sie ist

$$w(x,t) = \frac{1}{\sqrt{4k\pi t}} \int_0^\infty [e^{-(x-y)^2/4kt} + e^{-(x+y)^2/4kt}]\phi(y)\, dy. \quad (3.9)$$

In Übungsaufgabe 3 soll das ausgearbeitet werden. Beachten Sie, daß der einzige Unterschied zwischen (3.6) und (3.9) ein Minuszeichen ist.

Beispiel 2.

Wir lösen (3.7) mit $\phi(x) \equiv 1$. Das ist dieselbe Aufgabe wie Beispiel 1 mit Ausnahme des einen Vorzeichens. Wir können von Beispiel 1 abschreiben und erhalten

$$u(x,t) = \left[\frac{1}{2} + \frac{1}{2} Erf\left(\frac{x}{\sqrt{4kt}}\right)\right] + \left[\frac{1}{2} - \frac{1}{2} Erf\left(\frac{x}{\sqrt{4kt}}\right)\right] = 1.$$

(Das war dumm: Wir hätten diese Lösung auch erraten können!)

3.1 Diffusion auf der Halbgeraden

Übungsaufgaben

1. Lösen Sie $u_t = k u_{xx}$; $u(x,0) = e^{-x}$, $u(0,t) = 0$ auf der Halbachse $0 < x < \infty$.

2. Lösen Sie $u_t = k u_{xx}$; $u(x,0) = 0$, $u(0,t) = 1$ auf der Halbachse $0 < x < \infty$.

3. Leiten Sie eine Lösungsformel her für das folgende Neumann-Problem auf der Halbachse:

   $w_t = k w_{xx}$ in $\{0 < x < \infty,\ 0 < t < \infty\}$; $w_x(0,t) = 0$; $w(x,0) = \phi(x)$.

4. Betrachten Sie das folgende Problem mit einer Robinschen Randbedingung:

   DGl: $u_t = k u_{xx}$ auf der Halbachse $0 < x < \infty$

                                      (und für $0 < t < \infty$)

   AB: $u(x,0) = x$ für $t = 0$ und $0 < x < \infty$ (*)

   RB: $u_x(0,t) - 2u(0,t) = 0$ für $x = 0$.

   Sinn dieser Aufgabe ist es, eine Lösungsformel für (*) herzuleiten. Sei $f(x) = x$ für $x > 0$ und $f(x) = x + 1$ für $x < 0$. Weiter sei

   $$v(x,t) = \frac{1}{\sqrt{4k\pi t}} \int_{-\infty}^{\infty} e^{-(x-y)^2/4kt} f(y)\, dy.$$

   (a) Welcher PDGl. und welcher Anfangsbedingung genügt $v(x,t)$ für $-\infty < x < \infty$?

   (b) Sei $w = v_x - 2v$. Welcher PDGl. und welcher Anfangsbedingung genügt $v(x,t)$ für $-\infty < x < \infty$?

   (c) Zeigen Sie, daß $f'(x) - 2f(x)$ eine ungerade Funktion ist (für $x \neq 0$).

   (d) Verwenden Sie Aufgabe 2.4.11 um zu zeigen, daß w eine gerade Funktion von x ist.

   (e) Zeigen Sie, daß $v(x,t)$ das Problem (*) für $x > 0$ löst. Zeigen Sie unter Voraussetzung der Eindeutigkeit, daß die Lösung von (*) gegeben ist durch

   $$u(x,t) = \frac{1}{\sqrt{4k\pi t}} \int_{-\infty}^{\infty} e^{-(x-y)^2/4kt} f(y)\, dy.$$

5. (a) Verwenden Sie Aufgabe 4, um das folgende Robin-Problem zu lösen:

   DGl: $u_t = k u_{xx}$ auf der Halbachse $0 < x < \infty$

                                      (und für $0 < t < \infty$)

   AB: $u(x,0) = x$ für $t = 0$ und $0 < x < \infty$

   RB: $u_x(0,t) - h u(0,t) = 0$ für $x = 0$,

   wobei h eine Konstante ist.

   (b) Verallgemeinern Sie diese Methode auf den Fall einer allgemeinen Anfangsbedingung $\phi(x)$.

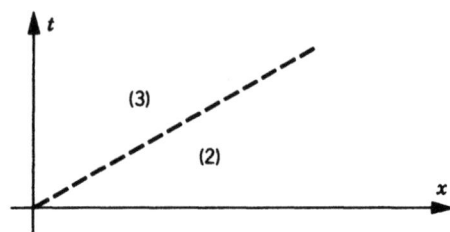

Bild 3.2

3.2 Reflexionen von Wellen

Das gleiche Problem wie wir es in Abschnitt 3.1 für die Diffusionsgleichung behandelt haben, stellen wir nun für die Wellengleichung. Wieder beginnen wir mit einer *Dirichlet-Bedingung* auf der Halbachse $(0; \infty)$. Unser Problem lautet

$$\begin{aligned}
&\text{DGl:} & &v_{tt} - c^2 v_{xx} = 0 & &\text{für } 0 < x < \infty \text{ und } -\infty < t < \infty \\
&\text{AB:} & &v(x,0) = \phi(x),\ v_t(x,0) = \psi(x) & &\text{für } t = 0 \text{ und } 0 < x < \infty \\
&\text{RB:} & &v(0,t) = 0 & &\text{für } x = 0 \text{ und } -\infty < t < \infty
\end{aligned} \quad (3.10)$$

Wir gehen nach der Reflexionsmethode genau so wie in Abschnitt 3.1 vor und betrachten die ungeraden Fortsetzungen beider Anfangsfunktionen auf die ganze reelle Achse, $\phi_{ung}(x)$ und $\psi_{ung}(x)$. Sei $u(x,t)$ die Lösung des Anfangswertproblems in $(-\infty; \infty)$ unter den Anfangsvorgaben ϕ_{ung} und ψ_{ung}. Dann ist auch $u(x,t)$ eine ungerade Funktion in x. Also ist $u(0,t) = 0$, so daß die Randbedingung automatisch erfüllt ist. Definiert man $v(x,t) = u(x,t)$ für $0 < x < \infty$ [v ist die Restriktion von u auf die Halbachse], so ist $v(x,t)$ die von uns gesuchte Lösung. Nach Formel (2.10) erhalten wir für $x \geq 0$

$$v(x,t) = u(x,t) = \frac{1}{2}[\phi_{ung}(x+ct) + \phi_{ung}(x-ct)] + \frac{1}{2c}\int_{x-ct}^{x+ct} \psi_{ung}(y)\,dy.$$

Wir können diese Formel vereinfachen, wenn wir uns die Bedeutung der ungeraden Fortsetzung klarmachen. Zunächst bemerken wir, daß für $x > c|t|$ in der Formel nur positive Argumente auftreten, so daß $v(x,t)$ durch die *übliche* Formel

$$v(x,t) = \frac{1}{2}[\phi(x+ct) + \phi(x-ct)] + \frac{1}{2c}\int_{x-ct}^{x+ct} \psi(y)\,dy \quad \text{für } x > c|t| \quad (3.11)$$

gegeben ist.

Im *zweiten* Bereich $0 < x < c|t|$ gilt $\phi_{ung}(x-ct) = -\phi(ct-x)$ (gleiches für ψ_{ung}), so daß

$$v(x,t) = \frac{1}{2}[\phi(x+ct) - \phi(ct-x)] + \frac{1}{2c}\int_0^{x+ct} \psi(y)\,dy + \frac{1}{2c}\int_{x-ct}^0 [-\psi(-y)]\,dy.$$

3.2 Reflexionen von Wellen

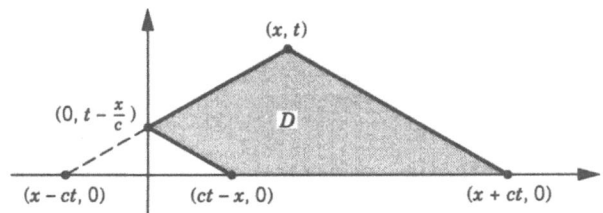

Bild 3.3

Beachten Sie den Vorzeichenwechsel! Im letzten Integral wechseln wir die Variable $y \to -y$, um $1/2c \int_{ct-x}^{0} \psi(y)\,dy$ zu erhalten. Deshalb ist

$$v(x,t) = \frac{1}{2}[\phi(ct+x) - \phi(ct-x)] + \frac{1}{2c}\int_{ct-x}^{ct+x} \psi(y)\,dy \quad \text{für } 0 < x < ct. \quad (3.12)$$

Die vollständige Lösung ist durch das Formelpaar (3.11) *und* (3.12) *gegeben.* Beide Bereiche sind in Abbildung 3.2 für $t > 0$ skizziert.

Das Ergebnis kann grafisch wie folgt interpretiert werden. Wir zeichnen vom Punkt (x,t) aus die Charakteristiken nach unten. Wenn der Punkt (x,t) im Bereich $x < ct$ liegt, schneidet eine Charakteristik die t-Achse ($x = 0$), bevor sie die x-Achse schneidet, wie in Abbildung 3.3 angegeben. Die Formel (3.12) zeigt, daß die *Reflexion einen Vorzeichenwechsel bewirkt*. Der Wert von $v(x,t)$ hängt jetzt von den Werten von ϕ in den beiden Punkten $ct \pm x$ und den Werten von ψ im Intervall zwischen diesen Punkten ab. Beachten Sie, daß die anderen Werte von ψ für den Werte von v im Punkt (x,t) bedeutungslos sind. Der schattierte Bereich D in Abbildung 3.3 heißt *Abhängigkeitsbereich des Punktes* (x,t).

Der Fall des Neumann-Problems soll als Übungsaufgabe gestellt werden.

Das endliche Intervall

Wir untersuchen jetzt eine an beiden Enden fixierte Gitarrensaite:

$$\begin{array}{l} v_{tt} = c^2 v_{xx} \quad v(x,0) = \phi(x) \quad v_t(x,0) = \psi(x) \quad \text{für} \quad 0 < x < l \\ v(0,t) = v(l,t) = 0. \end{array} \quad (3.13)$$

Dieses Problem ist sehr viel schwerer zu behandeln als das vorangegangene, da eine typische Welle an beiden Enden unendlich oft abprallt bzw. reflektiert wird. Trotzdem wollen wir die Reflexionsmethode verwenden. Sie ist hier ein wenig trickreich, so daß Sie den Rest dieses Abschnitts durchaus überspringen dürfen.

Die Anfangsdaten $\phi(x)$ und $\psi(x)$ sind jetzt nur für $0 < xl$ vorgegeben. Wir setzen sie auf die ganze reelle Achse *ungerade* fort bezüglich *beider* Enden $x = 0$ *und* $x = l$:

$$\phi_{ext}(-x) = -\phi_{ext}(x) \quad und \quad \phi_{ext}(2l - x) = -\phi_{ext}(x).$$

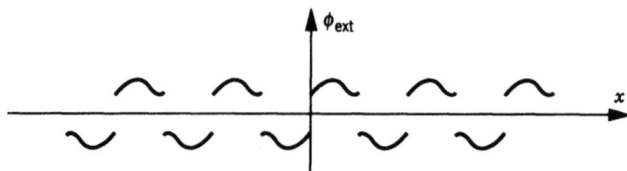

Bild 3.4

Am einfachsten geschieht das dadurch, daß man definiert

$$\phi_{ext}(x) = \begin{cases} \phi(x) & \text{für } 0 < x < l \\ -\phi(-x) & \text{für } -l < x < 0 \\ 2l\text{-periodisch fortgesetzt.} \end{cases}$$

Siehe etwa Abbildung 3.4 und Abschnitt 5.2 für eine weitere Untersuchung. „$2l$-periodisch" bedeutet, daß $\phi_{ext}(x + 2l) = \phi_{ext}(x)$ für alle x. Genau die gleiche Art von Fortsetzung nehmen wir für $\psi(x)$ vor (definiert für $0 < x < l$), um $\psi_{ext}(x)$, definiert für $-\infty < x < \infty$ zu erhalten.

Sei nun $u(x,t)$ die Lösung des Anfangswertproblems mit den fortgesetzten Funktionen als Anfangsdaten, und v die Restriktion von u auf das Intervall $(0,l)$. Dann ist $v(x,t)$ für $0 \le x \le l$ durch die Formel

$$v(x,t) = \frac{1}{2}[\phi_{ext}(x+ct) + \phi_{ext}(x-ct)] + \frac{1}{2c}\int_{x-ct}^{x+ct} \psi_{ext}(s)\,ds \qquad (3.14)$$

gegeben. Diese einfache Formel enthält alle nötigen Informationen. Um sie jedoch auch zu erkennen, müssen wir die Definitionen von ϕ_{ext} und ψ_{ext} entwirren. Wir werden dann eine Ergebnisformel erhalten, die sehr kompliziert erscheint, da in ihr *alle* Reflexionen der Welle an beiden Endpunkten $x = 0$ und $x = l$ berücksichtigt sind.

Um das von uns gewünschte Ergebnis zu verstehen, zeichnen wir ein Weg-Zeit-Diagramm (Abb. 3.5). Ausgehend vom Punkt (x,t) zeichnen wir die Charakteristiken, spiegeln sie jedesmal, wenn sie den Rand treffen und verfolgen den Vorzeichenwechsel bei jeder Reflexion. In Abbildung 3.5 ist der Sachverhalt für einen typischen Punkt (x,t) widergegeben. Mit Abbildung 3.6 wird die Definition der fortgesetzten Funktion $\phi_{ext}(x)$ dargestellt. (Das gleiche Bild ist für ψ_{ext} gültig.) Für den speziellen in Abb. 3.5 und 3.6 angegebenen Punkt (x,t) gilt beispielsweise

$$\phi_{ext}(x+ct) = -\phi(4l - x - ct) \quad \text{und} \quad \phi_{ext}(x-ct) = +\phi(x - ct + 2l).$$

Das Minuszeichen bei $-\phi(-x+4l)$ (Abb. 3.6) kommt von der ungeraden Anzahl von Reflexionen ($= 3$). Das Pluszeichen bei $\phi(x+2l)$ kommt von der geraden Anzahl von Reflexionen ($= 2$). Die allgemeine Formel (3.14) reduziert sich deshalb zu

$$v(x,t) = \frac{1}{2}\phi(x - ct + 2l) - \frac{1}{2}\phi(4l - x - ct)$$

3.2 Reflexionen von Wellen

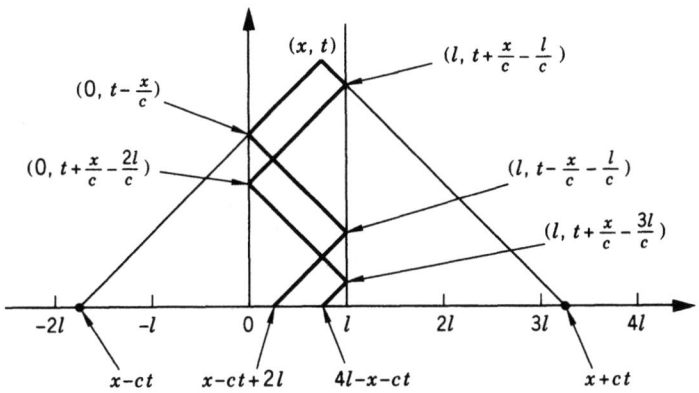

Bild 3.5

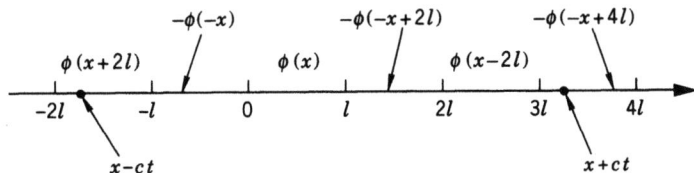

Bild 3.6

$$+\frac{1}{2c}\left[\int_{x-ct}^{-l}\psi(y+2l)\,dy+\int_{-l}^{0}-\psi(-y)\,dy\right.$$
$$+\int_{0}^{l}\psi(y)\,dy+\int_{l}^{2l}-\psi(-y+2l)\,dy$$
$$\left.+\int_{2l}^{3l}\psi(y-2l)\,dy+\int_{3l}^{x+ct}-\psi(-y+4l)\,dy\right].$$

Die vier mittleren Integrale ergeben zusammen Null, wie man durch die Substitutionen $y \to -y$ und $y - 2l \to -y + 2l$ erkennt. Ändern wir noch die Variablen in den verbleibenden Integralen, so vereinfacht sich die Formel zu

$$v(x,t) = \frac{1}{2}\phi(x-ct+2l)-\frac{1}{2}\phi(4l-x-ct)$$
$$+\frac{1}{2c}\int_{x-ct+2l}^{l}\psi(s)\,ds+\frac{1}{2c}\int_{l}^{4l-x-ct}\psi(s)\,ds.$$

Der Funktionswert in dem *in der Zeichnung festgelegten Punkt* (x, t) ist also durch die Formel

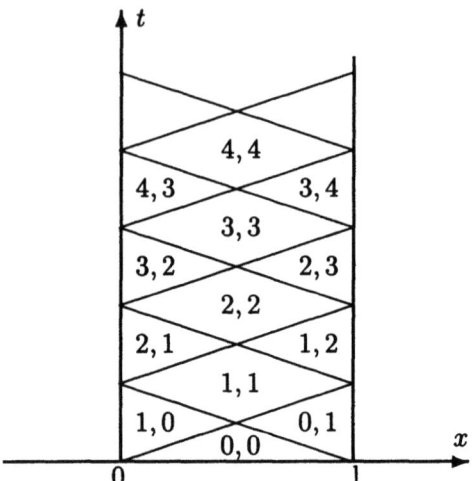

Bild 3.7

$$v(x,t) = \frac{1}{2}\phi(x - ct + 2l) - \frac{1}{2}\phi(4l - x - ct) + \frac{1}{2c}\int_{x-ct+2l}^{4l-x-ct} \psi(s)\,ds \qquad (3.15)$$

gegeben. Er entstand durch drei Reflexionen an dem einen und zwei Reflexionen an dem anderen Randpunkt.

Die Lösungsformel für jeden anderen Punkt (x,t) wird bestimmt durch eine Anzahl von Reflexionen an jedem Randpunkt ($x = 0, l$). Dadurch wird das Raum-Zeit-Diagramm wie ein Diamant in Teilgebiete zerlegt (Bild 3.7). *Auf jeder Teilfläche ist die Lösung $v(x,t)$ durch eine andere Formel gegeben.* Weitere Beispiele finden Sie in den Übungsaufgaben.

Die Formeln erklären detailgenau die Gestalt der Lösungen. Es ist jedoch unmöglich, diese Methode auf zwei- oder dreidimensionale Probleme zu verallgemeinern. Bei der Diffusionsgleichung funktioniert sie überhaupt nicht. Es ist also alles sehr kompliziert. In Kapitel 4 werden wir deshalb eine völlig andere Methode (die von Fourier) verwenden, um Probleme über endlichen Intervallen zu lösen.

Übungsaufgaben

1. Lösen Sie das Neumann-Problem für die Wellengleichung auf der Halbachse $0 < x < \infty$.

2. Die Longitudinalschwingungen eines halb-unendlichen biegsamen Stabes genügen der Wellengleichung $u_{tt} = c^2 u_{xx}$ für $x > 0$. Nehmen Sie an, daß das

Ende bei $x = 0$ frei ist ($u_x = 0$); der Stab befinde sich zu Beginn der Bewegung in der Ruhelage, habe aber eine konstante Anfangsgeschwindigkeit $V \neq 0$ für $a < x < 2a$ und Null sonst. Zeichnen Sie u als Funktion von x für die Zeitpunkte $t = 0$, a/c, $3a/2c$, $2a/c$ und $3a/c$.

3. Eine Welle $f(x + ct)$ wandert für $t < 0$ längs einer halb-unendlichen Saite ($0 < x < \infty$). Berechnen Sie die Schwingungen $u(x,t)$ für $t > 0$, wenn das Saitenende $x = 0$ fixiert ist.

4. Wiederholen Sie Aufgabe 3, wenn das Saitenende frei ist.

5. Lösen Sie $u_{tt} = 4u_{xx}$ für $0 < x < \infty$, $u(0,t) = 0$, $u(x,0) \equiv 1$, $u_t(x,0) \equiv 0$ unter Verwendung der Reflexionsmethode. Die Lösung hat eine Singularität; lokalisieren Sie sie.

6. Lösen Sie $u_{tt} = c^2 u_{xx}$ in $0 < x < \infty$, $u(x,0) = 0$, $u_t(x,0) = V$, $u_t(0,t) + au_x(0,t) = 0$, mit den positiven Konstanten V, a und c und $a > c$.

7. (a) Zeigen Sie, daß $\phi_{ung}(x) = (sign\, x)\phi(|x|)$.

   (b) Zeigen Sie, daß $\phi_{ext}(x) = \phi_{ung}(x - 2l[x/2l])$, wobei $[\cdot]$ die Größte-ganze-Zahl- (entier-) Funktion ist. ($[y]$ =größte ganze Zahl $\leq y$).

   (c) Zeigen Sie, daß
   $$\phi_{ext}(x) = \begin{cases} \phi\left(x - \left[\frac{x}{l}\right]l\right) & \text{falls } \left[\frac{x}{l}\right] \text{ gerade} \\ -\phi\left(-x - \left[\frac{x}{l}\right]l - l\right) & \text{falls } \left[\frac{x}{l}\right] \text{ ungerade.} \end{cases}$$

8. (a) Berechnen Sie $u(\frac{2}{3}, 2)$, wenn $u_{tt} = u_{xx}$ in $0 < x < 1$, $u(x,0) = x^2(1-x)$, $u_t(x,0) = (1-x)^2$, $u(0,t) = u(l,t) = 0$.

   (b) Berechnen Sie $u(\frac{1}{4}, \frac{7}{2})$.

9. Lösen Sie $u_{tt} = 9u_{xx}$ in $0 < x < l$, $u(x,0) = \cos x$, $u_t(x,0) = 0$, $u_x(0,t) = 0$, $u(\pi/2, t) = 0$.

10. Lösen Sie $u_{tt} = c^2 u_{xx}$ in $0 < x < l$, $u(x,0) = 0$, $u_t(x,0) = x$, $u(0,t) = u(l,t) = 0$.

3.3 Diffusionen mit einer Quelle

In diesem Abschnitt lösen wir die *inhomogene* Diffusionsgleichung auf der ganzen reellen Achse

$$\begin{aligned} u_t - ku_{xx} &= f(x,t) \quad (-\infty < x < \infty,\ 0 < t < \infty) \\ u(x,0) &= \phi(x) \end{aligned} \qquad (3.16)$$

mit den beliebig vorgegebenen Funktionen $f(x,t)$ und $\phi(x)$. Wenn $u(x,t)$ zum Beispiel die Temperatur in einem Stab darstellt, wäre $\phi(x)$ die Anfangstemperaturverteilung und $f(x,t)$ eine Wärmequelle oder -senke, die später auf den Stab einwirkt. Wir wollen zeigen, daß

$$u(x,t) = \int_{-\infty}^{\infty} S(x-y,t)\phi(y)\,dy$$
$$+ \int_0^t \int_{-\infty}^{\infty} S(x-y,t-s)f(y,s)\,dy\,ds \qquad (3.17)$$

Lösung von (3.16) ist. Beachten Sie, daß neben dem üblichen Term, der die Anfangsdaten ϕ betrifft, noch ein weiterer auftritt, an dem die Wärmequelle f beteiligt ist. In beiden Ausdrücken trittdie Quellfunktion S auf.

Wir beginnen mit der Erklärung des Zustandekommens von Formel (3.17). Später werden wir ihre Gültigkeit beweisen. (Wenn Ihnen ein mathematischer Beweis ausreicht, können Sie diesen und die nächsten beiden Absätze überspringen.) Unsere Erklärung beruht auf der Analogie des vorgegebenen Problems mit dem folgenden Anfangswertproblem für eine GDGl.

$$\frac{du}{dt} + Au(t) = f(t), \qquad (3.18)$$

wobei A eine Konstante ist. Verwendet man den integrierenden Faktor e^{tA}, so ist

$$u(t) = e^{-tA} + \int_0^t e^{(s-t)A} f(s)\,ds \qquad (3.19)$$

die Lösung.

Eine kunstvollere Analogie ist die folgende. Nehmen wir an, ϕ ist ein n-Vektor, $u(t)$ eine Vektorfunktion der Zeit mit n Komponenten und A eine feste $n \times n$-Matrix. Dann stellt (3.18) ein gekoppeltes System von n GDGln dar. Im Fall $f(t) \equiv 0$ ist die Lösung durch $u(t) = S(t)\phi$ gegeben, wo $S(t)$ die Matrix $S(t) = e^{-tA}$ ist. Im Fall $f(t) \neq 0$ multiplizieren wir (3.18) mit dem integrierenden Faktor $S(-t) = e^{tA}$ und erhalten

$$\frac{d}{dt}[S(-t)u(t)] = S(-t)\frac{du}{dt} + S(-t)Au(t) = S(-t)f(t).$$

Integration von 0 bis t liefert

$$S(-t)u(t) - \phi = \int_0^t S(-s)f(s)\,ds.$$

Nach Multiplikation mit $S(t)$ erhalten wir schließlich die Lösungsformel

$$u(t) = S(t)\phi + \int_0^t S(t-s)f(s)\,ds. \qquad (3.20)$$

Der erste Summand in (3.20) stellt die Lösung der homogenen Gleichung dar, der zweite die Auswirkung der Quelle $f(t)$. Bei einer einzigen Gleichung reduziert sich (3.20) natürlich zu (3.19).

3.3 Diffusionen mit einer Quelle

Kommen wir jetzt zu unserem ursprünglichen Diffusionsproblem (3.16) zurück. Es besteht folgende Analogie zwischen (3.17) und (3.20). Die Lösung von (3.16) besteht aus zwei Termen, deren erster die Lösung des homogenen Problems ist, das wir bereits in Abschnitt 2.4 gelöst haben, nämlich

$$\int_{-\infty}^{\infty} S(x-y,t)\phi(y)\,dy = (S(t)\phi)(x). \tag{3.21}$$

$S(x-y,t)$ ist die durch Formel (2.25) gegebene Quellfunktion. Wir verwenden hier die Bezeichnung $S(t)$ für den *Quelloperator*, der jede Funktion ϕ in eine neue, durch das Integral in (3.20) gegebene Funktion transformiert. (Zur Erinnerung: Operatoren transformieren Funktionen in Funktionen.) Wir können *vermuten*, wie die vollständige Lösung von (3.16) aussieht. In Analogie zu Formel (3.18) müßte

$$u(t) = S(t)\phi + \int_0^t S(t-s)f(s)\,ds. \tag{3.22}$$

Lösung von (3.16) sein. Tatsächlich ist Formel (3.22) nichts anderes als (3.17):

$$u(x,t) = \int_{-\infty}^{\infty} S(x-y,t)\phi(y)\,dy + \int_0^t \int_{-\infty}^{\infty} S(x-y,t-s)f(y,s)\,dy\,ds. \tag{3.17}$$

Die Methode, mit der wir Formel (3.17) gefunden haben, heißt Operator-Methode.
Beweis von (3.17) Wir haben nur zu zeigen, daß die Funktion $u(x,t)$, die durch (3.17) *definiert* ist, die PDGl. und die AB. (3.16) erfüllt. Da nämlich die Lösung von (3.16) eindeutig ist, wäre dann $u(x,t)$ diese eindeutig bestimmte Lösung. Der Einfachheit halber und da wir über den mit ϕ gebildeten Term alles wissen, setzen wir $\phi \equiv 0$.
Wir zeigen zunächst, daß die PDGl. erfüllt wird. Unter der Voraussetzung $\phi \equiv 0$ differenzieren wir (3.17) mit Hilfe der Differentiationsregel für Integrale aus Abschnitt A.3 und erhalten

$$\begin{aligned}
\frac{\partial u}{\partial t} &= \frac{\partial}{\partial t}\int_0^t \int_{-\infty}^{\infty} S(x-y,t-s)f(y,s)\,dy\,ds \\
&= \int_0^t \int_{-\infty}^{\infty} \frac{\partial S}{\partial t}(x-y,t-s)f(y,s)\,dy\,ds \\
&\quad + \lim_{s \to t}\int_{-\infty}^{\infty} S(x-y,t-s)f(y,s)\,dy,
\end{aligned}$$

unter besonderer Berücksichtigung der Singularität von $S(x-y,t-s)$ für $t-s=0$. Aus der Tatsache, daß $S(x-y,t-s)$ die Diffusionsgleichung erfüllt, schließen wir

$$\begin{aligned}
\frac{\partial u}{\partial t} &= \int_0^t \int_{-\infty}^{\infty} k\frac{\partial^2 S}{\partial x^2}(x-y,t-s)f(y,s)\,dy\,ds \\
&\quad + \lim_{\epsilon \to 0}\int_{-\infty}^{\infty} S(x-y,\epsilon)f(y,t)\,dy.
\end{aligned}$$

Die räumliche Ableitung ziehen wir vor das Integralzeichen und verwenden die von S erfüllte Anfangsbedingung. Dann wird

$$\begin{aligned}\frac{\partial u}{\partial t} &= k\frac{\partial^2}{\partial x^2}\int_0^t\int_{-\infty}^\infty S(x-y,t-s)f(y,s)\,dy\,ds + f(x,t)\\ &= k\frac{\partial^2 u}{\partial x^2} + f(x,t).\end{aligned}$$

Das ist genau die PDGl. (3.16). Als nächstes prüfen wir die Anfangsbedingung nach. Mit $t\to 0$ strebt der erste Term in (3.17) gegen $\phi(x)$ wegen der Anfangsbedingung von S. Der zweite Term ist ein Integral von 0 bis 0. Deshalb ist

$$\lim_{t\to 0} u(x,t) = \phi(x) + \int_0^0 \cdots = \phi(x).$$

Damit ist bewiesen, daß (3.17) die eindeutige Lösung ist. □

Macht man von der speziellen Gestalt der Gaußschen Verteilungsfunktion (2.25) Gebrauch, so erhält im Falle $\phi \equiv 0$ die Formel (3.17) die explizite Gestalt

$$\begin{aligned}u(x,t) &= \int_0^t\int_{-\infty}^\infty S(x-y,t-s)f(y,s)\,dy\,ds\\ &= \int_0^t\int_{-\infty}^\infty \frac{1}{\sqrt{4\pi k(t-s)}}e^{-(x-y)^2/4k(t-s)}f(y,s)\,dy\,ds. \quad (3.23)\end{aligned}$$

Eine Quelle auf der Halbachse

Auf die inhomogene Diffusionsgleichung auf der Halbachse können wir die Reflexionsmethode wie in Abschnitt 3.1 (siehe Übungsaufgabe 1) anwenden.

Betrachten wir jetzt das kompliziertere Problem einer *Randquelle* $h(t)$ auf der Halbachse mit der Aufgabenstellung

$$\begin{aligned}v_t - kv_{xx} &= f(x,t) \quad \text{für } 0 < x < \infty,\ 0 < t < \infty\\ v(0,t) &= h(t) \\ v(x,0) &= \phi(x).\end{aligned} \quad (3.24)$$

Durch den folgenden Kunstgriff reduzieren wir (3.24) auf ein einfacheres Problem. Wir setzen $V(x,t) = v(x,t) - h(t)$. Dann erfüllt $V(x,t)$ die Gleichungen

$$\begin{aligned}V_t - kV_{xx} &= f(x,t) - h'(t) \quad \text{für } 0 < x < \infty,\ 0 < t < \infty\\ V(0,t) &= 0 \\ V(x,0) &= \phi(x) - h(0).\end{aligned} \quad (3.25)$$

Zur Verifikation von (3.25) muß man nur subtrahieren! Dieses neue Problem hat eine homogene Randbedingung und wir können die Reflexionsmethode anwenden. Wenn wir erst V gefunden haben, erhalten wir v durch $v(x,t) = V(x,t) + h(t)$. Dieser einfache Subtraktionsmechanismus wird häufig verwendet, um ein lineares Problem auf ein anderes zu reduzieren.

In diesem Fall ist der Definitionsbereich der erste Quadrant, auf dessen beiden Halbachsen spezielle Bedingungen vorgegeben sind. Wenn sie im Eckpunkt nicht übereinstimmen [d.h. wenn $\phi(0) \neq h(0)$], ist die Lösung dort unstetig (aber stetig überall sonst). Das ist auch physikalisch sinnvoll, wenn man an einen heißen Eisenstab denkt, der zum Zeitpunkt $t = 0$ in ein kaltes Bad getaucht wird.

Beim inhomogenen *Neumann*-Problem auf der Halbachse

$$\begin{aligned} w_t - kw_{xx} &= f(x,t) \text{ für } 0 < x < \infty, \quad 0 < t < \infty \\ w_x(0,t) &= h(t) \\ w(x,0) &= \phi(x), \end{aligned} \quad (3.26)$$

subtrahieren wir die Funktion $xh(t)$. Das heißt, wir setzen $W(x,t) = w(x,t) - xh(t)$. Nach Differentiation folgt $W_x(0,t) = 0$. Einige Probleme dieses Typs sollen in den Übungsaufgaben ausgearbeitet werden.

Übungsaufgaben

1. Lösen Sie die inhomogene Diffusionsgleichung auf der Halbachse unter Dirichlet-Randbedingungen:

$$\begin{aligned} u_t - ku_{xx} &= f(x,t) \quad (0 < x < \infty, \quad 0 < t < \infty) \\ u(0,t) &= 0 \quad u(x,0) = \phi(x) \end{aligned}$$

mit Hilfe der Reflexionsmethode.

2. Lösen Sie das vollständig inhomogene Diffusionsproblem auf der Halbachse

$$\begin{aligned} v_t - kv_{xx} &= f(x,t) \text{ für } 0 < x < \infty, \quad 0 < t < \infty \\ v(0,t) &= h(t) \quad v(x,0) = \phi(x), \end{aligned}$$

indem Sie die im Text begonnene Subtraktionsmethode ausarbeiten.

3. Lösen Sie die inhomogene Neumann-Diffusionsaufgabe auf der Halbachse

$$\begin{aligned} w_t - kw_{xx} &= 0 \quad \text{für} \quad 0 < x < \infty, \quad 0 < t < \infty \\ w_x(0,t) &= h(t) \quad w(x,0) = \phi(x), \end{aligned}$$

mit der im Text angegebenen Subtraktionsmethode.

3.4 Wellen mit einer Quelle

Sinn dieses Abschnitts ist es, die Gleichung

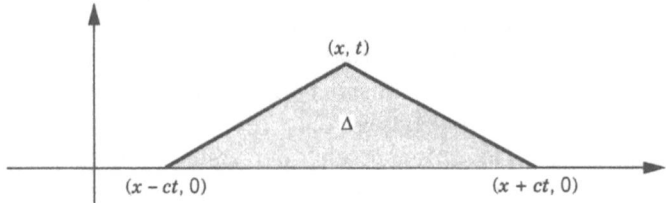

Bild 3.8

$$u_{tt} - c^2 u_{xx} = f(x,t) \qquad (3.27)$$

auf der ganzen reellen Achse zusammen mit den Anfangsbedingungen

$$u(x,0) = \phi(x) \qquad u_t(x,0) = \psi(x) \qquad (3.28)$$

zu lösen. $f(x,t)$ ist eine vorgegebene Funktion, die als eine äußere Kraft interpretiert werden könnte, die auf eine unendlich lange schwingende Saite wirkt.

Da $L = \partial_t^2 - c^2 \partial_x^2$ ein linearer Operator ist, setzt sich die Lösung aus der *Summe von drei Termen*, einem für ϕ, einem für ψ und einem für f zusammen. Die ersten beiden sind schon durch Abschnitt 2.1 gegeben, wir müssen jetzt den dritten finden. Dazu leiten wir die folgende Formel ab.

Satz 3.1 *Die eindeutig bestimmte Lösung von (3.27), (3.28) ist*

$$u(x,t) = \frac{1}{2}[\phi(x+ct) + \phi(x-ct)] + \frac{1}{2c}\int_{x-ct}^{x+ct} \psi(y)\,dy + \frac{1}{2c}\iint_\Delta f(x,t)\,dx\,dt, \qquad (3.29)$$

wobei Δ das charakteristische Dreieck (siehe Abb. 3.8) ist.

Das Doppelintegral in (3.29) stimmt mit dem iterierten Integral

$$\int_0^t \int_{x-c(t-s)}^{x+c(t-s)} f(y,s)\,dy\,ds$$

überein. Wir werden die obige Formel auf drei verschiedene Arten ableiten! Überlegen wir uns aber zunächst einmal, was sie aussagt. Sie sagt, daß man die Wirkung der Kraft f auf die Lösung $u(x,t)$ einfach dadurch erhält, daß man f über den Abhängigkeitsbereich des Punktes (x,t) bis zurück zur Anfangszeit $t=0$ integriert. Wir haben damit ein weiteres Beispiel für das Kausalitätsprinzip.

Korrektheit

Als erstes zeigen wir, daß das Problem (3.27), (3.28) korrekt gestellt ist im Sinne von Abschnitt 1.5. Zum Nachweis der Korrektheit eines Problems sind drei Dinge wie folgt zu überprüfen. Die Existenz einer Lösung ist klar, da die Formel (3.29) die

3.4 Wellen mit einer Quelle

Lösung explizit angibt. Wenn ϕ zweimal, ψ einmal stetig differenzierbar, und wenn f stetig ist, so hat die Funktion u aus Formel (3.29) stetige partielle Ableitungen zweiter Ordnung und erfüllt die Differentialgleichung. Eindeutigkeit bedeutet, daß es keine weiteren Lösungen von (3.27), (3.28) gibt. Wir können sie mit jeder der folgenden Herleitungen der Lösungsformel einsehen.

Wir behaupten drittens, daß das Problem (3.27), (3.28) stabil ist im Sinne von Abschnitt 1.5. Das bedeutet, daß kleine Änderungen der Anfangsdaten nur kleine Änderungen von u bewirken. Um diesen Sachverhalt zu präzisieren, brauchen wir ein Maß für die 'Nähe' von Funktionen, das heißt eine *Metrik* oder eine *Norm* in Funktionenräumen. Wir illustrieren dieses Konzept an Hand der Maximumnorm:

$$\|w\| = \max_{-\infty < x < \infty} |w(x)|$$

und

$$\|w\|_T = \max_{-\infty < x < \infty,\, 0 \leq t \leq T} |w(x,t)|.$$

T ist hier eine feste Zahl. Nehmen wir an, daß $u_1(x,t)$ die Lösung mit den Anfangsdaten $(\phi_1(x), \psi_1(x), f_1(x,t))$ und $u_2(x,t)$ die Lösung mit den Anfangsdaten $(\phi_2(x), \psi_2(x), f_2(x,t))$ (sechs gegebene Funktionen) ist. Formel (3.29) gilt für u_1 und u_2 mit den jeweils unterschiedlichen Anfangsdaten. Wir subtrahieren beide Formeln und setzen $u = u_1 - u_2$. Da der Flächeninhalt von Δ ct^2 ist, erhalten wir aus (3.29) die Ungleichung

$$\begin{aligned}|u(x,t)| &\leq \max|\phi| + \frac{1}{2c} \cdot \max|\psi| \cdot 2ct + \frac{1}{2c} \cdot \max|f| \cdot ct^2 \\ &= \max|\phi| + t \cdot \max|\psi| + \frac{t^2}{2} \cdot \max|f|.\end{aligned}$$

Deshalb ist

$$\|u_1 - u_2\|_T \leq \|\phi_1 - \phi_2\| + T\|\psi_1 - \psi_2\| + \frac{T^2}{2}\|f_1 - f_2\|_T. \qquad (3.30)$$

Wenn nun $\|\phi_1 - \phi_2\| < \delta$, $\|\psi_1 - \psi_2\| < \delta$ und $\|f_1 - f_2\| < \delta$, wobei δ klein ist, so ist

$$\|u_1 - u_2\|_T < \delta(1 + T + \frac{1}{2}T^2) \leq \epsilon,$$

wenn nur $\delta \leq \epsilon/(1 + T + T^2/2)$. Da $\epsilon > 0$ beliebig klein vorgegeben werden kann, ist damit die Korrektheit des Problems (3.27), (3.28) bezüglich der Maximumnorm nachgewiesen.

1. Beweis von Satz 3.1 **mit der Charakteristikenmethode:**
Wir führen die üblichen charakteristischen Koordinaten $\xi = x + ct$, $\eta = x - ct$ (siehe Abb. 3.9) ein. Wie in Abschnitt 2.1 haben wir

$$Lu \equiv u_{tt} - c^2 u_{xx} = -4c^2 u_{\xi\eta} = f\left(\frac{\xi+\eta}{2}, \frac{\xi-\eta}{2c}\right).$$

Wir integrieren diese Gleichung bezüglich η und betrachten ξ als Konstante. Dann wird $u_\xi = -(1/4c^2) \int^\eta f\, d\eta$. Anschließend integrieren wir nach ξ, um

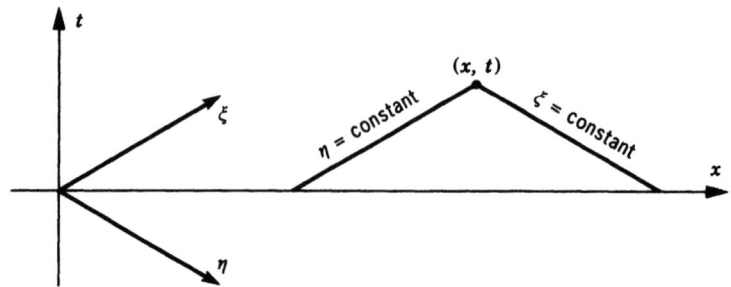

Bild 3.9

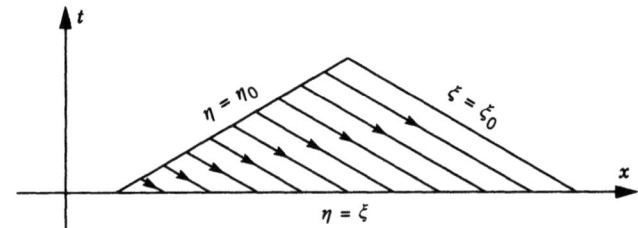

Bild 3.10

$$u = -\frac{1}{4c^2} \int^\xi \int^\eta f \, d\eta \, d\xi \qquad (3.31)$$

zu erhalten. Die unteren Integrationsgrenzen können hier beliebig sein, sie entsprechen Integrationskonstanten. Die Rechnung läßt sich viel leichter verstehen, wenn wir einen Punkt P_0 mit den Koordinaten x_0, t_0 fixieren. Dann ist

$$\xi_0 = x_0 + ct_0 \qquad \eta_0 = x_0 - ct_0.$$

Wir berechnen (3.31) im Punkt P_0 und nehmen eine *spezielle Wahl der unteren Integrationsgrenzen* vor. So ist

$$\begin{aligned} u(P_0) &= -\frac{1}{4c^2} \int_{\eta_0}^{\xi_0} \int_{\xi}^{\eta_0} f\left(\frac{\xi+\eta}{2}, \frac{\xi-\eta}{2c}\right) d\eta \, d\xi \\ &= +\frac{1}{4c^2} \int_{\eta_0}^{\xi_0} \int_{\eta_0}^{\xi} f\left(\frac{\xi+\eta}{2}, \frac{\xi-\eta}{2c}\right) d\eta \, d\xi \end{aligned} \qquad (3.32)$$

ein spezieller Wert der Lösung. Wie Bild 3.9 zeigt, stellt η eine Veränderliche dar, die zwischen Geradenstücken variiert, die von der Basis des Dreiecks Δ zu seinem linken Rand $\eta = \eta_0$ führen, während ξ von der linken Ecke zum rechten Rand läuft. Wir integrieren also über das ganze Dreieck Δ.

3.4 Wellen mit einer Quelle

Das iterierte Integral ist jedoch nicht das Doppelintegral über Δ, da die Achsen nicht orthogonal sind. Die ursprünglichen Achsen sind orthogonal, deshalb transformieren wir die Variablen nach x und t zurück. Das führt zur Rücksubstitution

$$x = \frac{\xi + \eta}{2} \qquad t = \frac{\xi - \eta}{2c}. \tag{3.33}$$

Ein kleines Quadrat in Abbildung 3.11 geht hierbei über in ein Parallelogramm von Abbildung 3.12. Die Flächenänderung wird durch die Jacobische Determinante J gemessen (siehe Abschnitt A.1). Da unsere Transformation linear ist, ist die Jacobi-Determinante gerade gleich der Determinante der Koeffizientenmatrix:

$$J = \left|\det\begin{pmatrix} \frac{\partial \xi}{\partial x} & \frac{\partial \xi}{\partial t} \\ \frac{\partial \eta}{\partial x} & \frac{\partial \eta}{\partial t} \end{pmatrix}\right| = \left|\det\begin{pmatrix} 1 & c \\ 1 & -c \end{pmatrix}\right| = 2c.$$

Deshalb ist $d\eta\, d\xi = J\, dx\, dt = 2c\, dx\, dt$. Die Transformationsregel für mehrfache Integrale (Satz von Jacobi) liefert

$$u(P_0) = \frac{1}{4c^2} \iint_\Delta f(x,t)\, J\, dx\, dt, \tag{3.34}$$

also gerade die Behauptung von Satz 3.1. Wir können die Formel auch als iteriertes Integral in x und t schreiben:

$$u(P_0) = \frac{1}{2c} \int_0^{t_0} \int_{x_0 - c(t_0 - t)}^{x_0 + c(t_0 - t)} f(x,t)\, dx\, dt, \tag{3.35}$$

wobei sich die innere Integration über die horizontalen Geradenstücke in Abbildung 3.12 erstreckt, die äußere dann senkrecht dazu. $\square$

Eine Variante der Charakteristikenmethode besteht darin, (3.27) als System zweier Gleichungen

$$u_t + cu_x = v \qquad v_t - cv_x = f$$

zu schreiben. v ist dabei genauso definiert wie in Abschnitt 2.1. Wenn wir die zweite Gleichung zuerst lösen, stellt sich v als Linienintegral von f über einen Charakteristikenabschnitt $x + ct = const.$ dar. Wir erhalten aus der ersten Gleichung $u(x,t)$, wenn wir mit diesen Geradenstücken das charakteristische Dreieck Δ überstreichen. Die Ausarbeitung dieser Variante ist jedoch etwas trickreich und soll in einer Übungsaufgabe behandelt werden.

2. Beweis von Satz 3.1 mit dem Greenschen Satz:
Bei dieser Methode integrieren wir f über den Abhängigkeitsbereich, also über das Dreieck Δ.

$$\iint_\Delta f\, dx\, dt = \iint_\Delta (u_{tt} - c^2 u_{xx})\, dx\, dt. \tag{3.36}$$

Nach dem Greenschen Satz ist

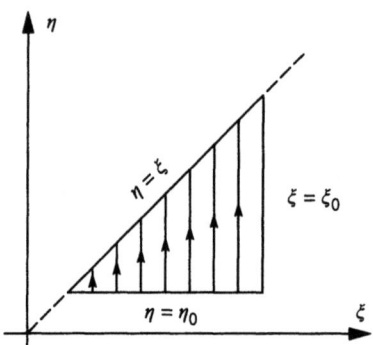

Bild 3.11

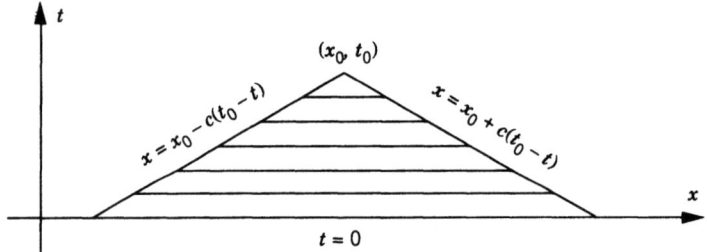

Bild 3.12

$$\iint_\Delta (P_x - Q_t)\, dt\, dx = \int_{\partial \Delta} P\, dt + Q\, dx$$

für beliebige Funktionen P und Q, wobei der Rand bei der Integration im Uhrzeigergegensinn durchlaufen wird (siehe Abschnitt A.3). Wir erhalten so

$$\iint_\Delta f\, dx\, dt = \int_{L_0+L_1+L_2} (-c^2 u_x dt - u_t dx), \qquad (3.37)$$

also die Summe dreier Wegintegrale über die Geradenstücke L_0, L_1 und L_2 in Abbildung 3.13. Wir werten jedes gesondert aus. Auf L_0 ist $dt = 0$ und $u_t(x,0) = \psi(x)$, demnach

$$\int_{L_0} = -\int_{x_0-ct_0}^{x_0+ct_0} \psi(x)\, dx.$$

Auf L_1 ist $x+ct = x_0+ct_0$, also $dx + c\, dt = 0$ und $-c^2 u_x dt - u_t dx = c u_x dx + c u_t dt = c\, du$. (Wir haben Glück!) Deshalb ist

3.4 Wellen mit einer Quelle

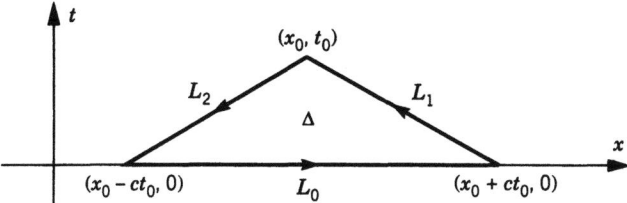

Bild 3.13

$$\int_{L_1} = c \int_{L_1} du = cu(x_0, t_0) - c\phi(x_0 + ct_0).$$

Auf die gleiche Weise erhalten wir

$$\int_{L_2} = -c \int_{L_2} du = -c\phi(x_0 - ct_0) + cu(x_0, t_0).$$

Addition dieser drei Ergebnisse liefert

$$\iint_\Delta f \, dx \, dt = 2cu(x_0, t_0) - c[\phi(x_0 + ct_0) + \phi(x_0 - ct_0)] - \int_{x_0-ct_0}^{x_0+ct_0} \psi(x) \, dx.$$

Somit erhalten wir

$$u(x_0, t_0) = \frac{1}{2c} \iint_\Delta f \, dx \, dt + \frac{1}{2}[\phi(x_0 + ct_0) + \phi(x_0 - ct_0)]$$
$$+ \frac{1}{2c} \int_{x_0-ct_0}^{x_0+ct_0} \psi(x) \, dx, \qquad (3.38)$$

dasselbe Ergebnis also wie zuvor. □

3. Beweis von Satz 3.1 **mit der Operator-Methode:**
Wir wenden das Verfahren, mit dem wir die Diffusionsgleichung mit einer Quelle gelöst haben, jetzt auf die Wellengleichung an. Die analoge GDGl. ist

$$\frac{d^2u}{dt^2} + A^2 u(t) = f(t), \quad u(0) = \phi, \quad \frac{du}{dt}(0) = \psi. \qquad (3.39)$$

Wir können uns A^2 als irgendeine positive Konstante (oder sogar als positiv definite Matrix) vorstellen. Die Lösung von (3.39) ist

$$u(t) = S'(t)\phi + S(t)\psi + \int_0^t S(t-s)f(s) \, ds \qquad (3.40)$$

mit

$$S(t) = A^{-1} \sin At \quad \text{und} \quad S'(t) = \cos tA. \qquad (3.41)$$

Der Schlüssel zum Verständnis von Formel (3.40) ist, daß $S(t)\psi$ Lösung des Problems (3.39) für den Fall $\phi \equiv 0$ und $f \equiv 0$ ist.

Kehren wir zur PDGl.

$$u_{tt} - c^2 u_{xx} = f(x,t) \quad u(x,0) = \phi(x) \quad u_t(x,0) = \psi(x) \tag{3.42}$$

zurück. Der wesentliche Operator $\mathcal{S}$ muß durch den ψ-Term gegeben sein. Das bedeutet

$$\mathcal{S}(t)\psi = \frac{1}{2c} \int_{x-ct}^{x+ct} \psi(y)\, dy = v(x,t), \tag{3.43}$$

wobei $v(x,t)$ eine Lösung von $v_{tt} - c^2 v_{xx} = 0$, $v(x,0) = 0$, $v_t(x,0) = \psi(x)$ ist. $\mathcal{S}(t)$ ist der *Quelloperator*. Nach (3.40) müßte der ϕ-Term durch $(\partial/\partial t)\mathcal{S}(t)\phi$ gegeben sein. Und in der Tat ist

$$\frac{\partial}{\partial t}\mathcal{S}(t)\phi = \frac{\partial}{\partial t}\frac{1}{2c}\int_{x-ct}^{x+ct} \phi(y)\,dy = \frac{1}{2c}[c\phi(x+ct) - (-c)\phi(x-ct)],$$

in Übereinstimmung mit unserer alten Formel (2.10)! wir sind also auf dem richtigen Weg.

Nehmen wir uns nun den f-Term vor, das heißt, wir setzen $\phi \equiv 0$, $\psi \equiv 0$. Ganz analog zum letzten Term in (3.40) *muß* die Lösung

$$u(t) = \int_0^t \mathcal{S}(t-s) f(s)\, ds$$

sein. Unter Verwendung von (3.43) erhalten wir

$$u(x,t) = \int_0^t \left[\frac{1}{2c} \int_{x-c(t-s)}^{x+c(t-s)} f(y,s)\, dy \right] ds = \iint_\Delta f\, dx\, dt.$$

Das ist nochmals dasselbe Resultat! □

Das Wesentliche der Operator-Methode ist: *Wenn man die homogene Gleichung lösen kann, kann man auch die inhomogene lösen.* Dieser Sachverhalt wird manchmal als das *Duhamelsche Prinzip* bezeichnet.

Die Halbgerade mit einer Quelle

Die Lösung des allgemeinen inhomogenen Problems auf der Halbgeraden

$$\begin{aligned} \text{DGl:} & \quad v_{tt} - c^2 v_{xx} = f(x,t) \quad \text{in} \quad 0 < x < \infty \\ \text{AB:} & \quad v(x,0) = \phi(x) \quad v_t(x,0) = \psi(x) \\ \text{RB:} & \quad v(0,t) = h(t) \end{aligned} \tag{3.44}$$

besteht aus vier Termen, je einem für jede der vorgegebenen Funktionen ϕ, ψ, f und h. Für $x > ct > 0$ hat die Lösung dieselbe Gestalt wie in (3.29) mit dem Dreieck Δ als Abhängigkeitsbereich. Für $0 < x < ct$ jedoch ist sie durch

3.4 Wellen mit einer Quelle

$$v(x,t) = \phi\text{-Term} + \psi\text{-Term} + h\left(t - \frac{x}{c}\right) + \frac{1}{2c}\iint_D f \qquad (3.45)$$

gegeben, wobei $t - x/c$ der Reflexionspunkt und D der schraffierte Bereich aus Abbildung 3.3 ist. Man muß noch beachten, daß die Anfangsbedingungen im Ursprung übereinstimmen sollten, das heißt, man sollte zusätzlich die Forderung $\phi(0) = h(0)$ und $\psi(0) = h'(0)$ stellen. Unterläßt man das, wird die Lösung auf den Charakteristiken eine vom Ursprung herrührende Singularität aufweisen.

Wir wollen den Randterm $h(t-x/c)$ für $x < ct$ herleiten. Man schafft das üblicherweise, indem man $\phi = \psi = f = 0$ setzt. Wir bauen die Lösung dadurch auf, daß wir ihre Gestalt $v(x,t) = j(x+ct) + g(x-ct)$ ausnützen. Aus den Anfangsbedingungen ($\phi = \psi = 0$ entnehmen wir $j(s) = g(s) = 0$ für $s > 0$, und aus den Randbedingungen erhalten wir $h(t) = v(0,t) = g(-ct)$ für $t > 0$, also $g(s) = h(-s/c)$ für $s < 0$. Deshalb gilt für $x < ct$ und $t > 0$: $v(x,t) = 0 + h(-[x-ct]/c) = h(t-x/c)$.

Endliches Intervall

Im Fall eines endlichen Intervalls $(0;l)$ und unter inhomogenen Randbedingungen $v(0,t) = h(t)$, $v(l,t) = k(t)$, besteht die vollständige Lösung aus den zwei Reihen

$$\begin{aligned}v(x,t) &= h\left(t - \frac{x}{c}\right) - h\left(t + \frac{x-2l}{c}\right) + h\left(t - \frac{x+2l}{c}\right) + \cdots \\ &+ k\left(t + \frac{x-l}{c}\right) - k\left(t - \frac{x+l}{c}\right) + k\left(t + \frac{x-3l}{c}\right) + \cdots\end{aligned}$$

(siehe Übungsaufgabe 15 und Abbildung 3.5).

Übungsaufgaben

1. Lösen Sie $u_{tt} = c^2 u_{xx} + xt$, $u(x,0) = 0$, $u_t(x,0) = 0$.

2. Lösen Sie $u_{tt} = c^2 u_{xx} + e^{ax}$, $u(x,0) = 0$, $u_t(x,0) = 0$.

3. Lösen Sie $u_{tt} = c^2 u_{xx} + \cos x$, $u(x,0) = \sin x$, $u_t(x,0) = 1 + x$.

4. Zeigen Sie, daß die Lösung der inhomogenen Wellengleichung

$$u_{tt} = c^2 u_{xx} + f, \quad u(x,0) = \phi(x), \quad u_t(x,0) = \psi(x),$$

aus drei Termen, je einem für f, ϕ und ψ besteht.

5. Sei $f(x,t)$ eine Funktion und $u(x,t)(1/2c)\iint_\Delta f$, wobei Δ das Abhängigkeitsdreieck ist. Verifizieren Sie direkt durch Differentiation die Gültigkeit von

$$u_{tt} = c^2 u_{xx} + f \quad \text{und} \quad u(x,0) \equiv u_t(x,0) \equiv 0.$$

(*Hinweis*: Schreiben Sie die Lösungsformel als *iteriertes* Integral

$$u(x,t) = \frac{1}{2c} \int_0^t \int_{x-ct+cs}^{x+ct-cs} f(y,s)\, dy\, ds$$

und differenzieren Sie sorgfältig unter Verwendung der Regeln des Anhangs. Diese Übung ist nicht ganz einfach.)

6. Leiten Sie die Lösungsformel für die inhomogene Wellengleichung auf einem nochmals anderen Weg ab.

   (a) Schreiben Sie die Gleichung als System
   $$u_t + cu_x = v \qquad v_t - cv_x = f.$$

   (b) Lösen Sie die erste Gleichung für u in Abhängigkeit von v als
   $$u(x,t) = \int_0^t v(x - ct + cs, s)\, ds.$$

   (c) Lösen Sie ebenso die zweite Gleichung für v in Abhängigkeit von f.

   (d) Setzen Sie das Ergebnis von (c) in das von (b) ein und schreiben Sie es als iteriertes Integral.

7. Sei A eine positiv definite $n \times n$-Matrix und
   $$S(t) = \sum_{m=0}^{\infty} \frac{(-1)^m A^{2m} t^{2n+1}}{(2m+1)!}.$$

   (a) Zeigen Sie, daß diese Matrizen-Reihe gleichmäßig konvergiert und daß ihre Summe $S(t)$ das Problem $S''(t) + AS(t) = 0$, $S(0) = 0$, $S'(0) = E$ mit der Einheitsmatrix E löst. Es ist deshalb sinnvoll, $S(t)$ als $A^{-1}\sin(tA)$ und die Ableitung $S'(t)$ mit $\cos(tA)$ zu bezeichnen.

   (b) Zeigen Sie, daß (3.40) die Lösung von (3.39) ist.

8. Zeigen Sie, daß der Quell-Operator der Wellengleichung das Problem
   $$\mathcal{S}_{tt} - c^2 \mathcal{S}_{xx} = 0, \qquad \mathcal{S}(0) = 0, \qquad \mathcal{S}_t(0) = \mathcal{I}$$
   löst, wobei $\mathcal{I}$ der identische Operator ist.

9. Sei $u(t) = \int_0^t \mathcal{S}(t-s) f(s)\, ds$. Verwenden Sie *nur* Übungsaufgabe 8 um nachzuweisen, daß u die inhomogene Wellengleichung mit homogenen Anfangsbedingungen löst.

10. Weisen Sie mit einer Methode Ihrer Wahl nach, daß $u = 1/(2c) \iint_D f$ die inhomogene Wellengleichung mit homogenen Anfangs- und Randbedingungen löst, wenn D der Abhängigkeitsbereich für das Problem auf der Halbgeraden ist.

11. Zeigen Sie durch Einsetzen, daß $u(x,t) = h(t-x/c)$ für $x < ct$ und $u(x,t) = 0$ für $x \geq ct$ die Wellengleichung auf der Halbgeraden $(0, \infty)$ unter der homogenen Anfangsbedingung und der Randbedingung $u(0,t) = h(t)$ löst.

12. Leiten Sie die Lösung des vollständig inhomogenen Problems für die Wellengleichung auf der Halbgeraden

$$v_{tt} - c^2 v_{xx} = f(x,t) \quad \text{in } 0 < x < \infty$$
$$v(x,0) = \phi(x), \quad v_t(x,0) = \psi(x)$$
$$v(0,t) = h(t)$$

mit Hilfe des Greenschen Satzes ab. (*Hinweis*: Integrieren Sie über den Abhängigkeitsbereich.)

13. Lösen Sie
$$u_{tt} = c^2 u_{xx} \quad \text{in } 0 < x < \infty$$
$$u(0,t) = t^2, \quad u(x,0) = x, \quad u_t(x,0) = 0.$$

14. Lösen Sie die homogene Wellengleichung auf der Halbgeraden $(0, \infty)$ unter homogener Anfangsbedingung und der Neumann-Bedingung $u_x(0,t) = k(t)$ mit einer Methode Ihrer Wahl.

15. Bestimmen Sie die Lösung der Wellengleichung auf einem endlichen Intervall bei inhomogenen Randbedingungen $v(0,t) = h(t)$, $v(l,t) = k(t)$, wenn $\phi = \psi = f = 0$.

3.5 Überarbeitung der Diffusion

In diesem Abschnitt führen wir eine sorgfältige mathematische Untersuchung der in Abschnitt 2.4 gefundenen Lösung der Diffusionsgleichung durch. (Die Lösungsformel der Wellengleichung ist sehr viel einfacher und erfordert keine weitergehende Rechtfertigung.)

Die Lösungsformel der Diffusionsgleichung ist ein Beispiel für eine *Faltung*, der Faltung von ϕ mit S (bei festem t). Sie lautet

$$u(x,t) = \int_{-\infty}^{\infty} S(x-y,t)\phi(y)\,dy = \int_{-\infty}^{\infty} S(z,t)\phi(x-z)\,dz, \quad (3.46)$$

mit $S(z,t) = 1/\sqrt{4\pi kt}\, e^{-z^2/4kt}$. Wenn wir die Variable $p = z/\sqrt{kt}$ einführen, erhält sie die äquivalente Form

$$u(x,t) = \frac{1}{\sqrt{4\pi}} \int_{-\infty}^{\infty} e^{-p^2/4} \phi(x - p\sqrt{kt})\,dp. \quad (3.47)$$

Wir sind nun in der Lage, einen präzisen Satz zu formulieren.

Satz 3.2 *Sei $\phi(x)$ eine stetige und beschränkte Funktion in $-\infty < x < \infty$. Dann definiert Formel 3.47 eine für $-\infty < x < \infty$, $0 < l < \infty$ definierte, unendlich oft differenzierbare Funktion $u(x,t)$, welche die Gleichung $u_t = ku_{xx}$ erfüllt und für die gilt $\lim_{t \searrow 0} u(x,t) = \phi(x)$ für jedes x.*

Beweis: Wegen

$$|u(x,t)| \leq \frac{1}{\sqrt{4\pi}}(\max |\phi|) \int_{-\infty}^{\infty} e^{-p^2/4}\, dp = \max |\phi|$$

konvergiert das Integral absolut und gleichmäßig. (Die Ungleichung steht in Beziehung zum Maximum-Prinzip.) Wir zeigen die Existenz der partiellen Ableitung $\partial u/\partial x$, welche mit $\int (\partial S/\partial x)(x-y,t)\phi(y)\,dy$ übereinstimmt, sofern das neue Integral ebenfalls konvergiert. Es gilt

$$\begin{aligned}
\int_{-\infty}^{\infty} \frac{\partial S}{\partial x}(x-y,t)\phi(y)\,dy &= -\frac{1}{\sqrt{4\pi kt}} \int \frac{x-y}{2kt} e^{-(x-y)^2/4kt} \phi(y)\,dy \\
&= \frac{c}{\sqrt{t}} \int p e^{-p^2/4} \phi(x - p\sqrt{kt})\,dp \\
&\leq \frac{c}{\sqrt{t}} (\max |\phi|) \int_{-\infty}^{\infty} p e^{-p^2/4}\, dp,
\end{aligned}$$

wobei c eine Konstante ist. Das letzte Integral ist endlich, deshalb konvergiert es ebenfalls absolut und gleichmäßig. $u_x = \partial u/\partial x$ existiert also und ist durch die vorstehende Formel gegeben. Die Existenz alle anderen Ableitungen beliebiger Ordnung (u_t, u_{xt}, u_{xx}, u_{tt},...) gewinnt man auf die gleiche Weise, denn bei jedem Differentiationsprozeß wird das Integral mit dem Faktor p multipliziert, so daß man schließlich ein konvergentes Integral der Form $\int p^n e^{-p^2/4}\,dp$ erhält. $u(x,t)$ besitzt also Ableitungen beliebiger Ordnung. Mit $S(x,t)$ erfüllt auch $u(x,t)$ für $t > 0$ die Diffusionsgleichung.

Es bleibt noch zu zeigen, daß die Anfangsbedingung erfüllt ist. Da die Formel nur für $t > 0$ erklärt ist, muß man sie im Sinne eines Grenzübergangs verstehen. Da das Integral über S den Wert 1 hat, gilt

$$\begin{aligned}
u(x,t) - \phi(x) &= \int_{-\infty}^{\infty} S(x-y,t)[\phi(y) - \phi(x)]\,dy \\
&= \frac{1}{\sqrt{4\pi}} \int_{-\infty}^{\infty} e^{-p^2/4}[\phi(x - p\sqrt{kt}) - \phi(x)]\,dp.
\end{aligned}$$

Wir müssen zeigen, daß dieser Ausdruck bei festem x für $t \to 0$ gegen Null strebt. Die Beweisidee besteht darin, daß für kleine $p\sqrt{t}$ die Stetigkeit von ϕ sicherstellt, daß das Integral klein ist. Ist dagegen $p\sqrt{t}$ nicht klein, also p groß, so ist der Faktor $e^{-p^2/4}$ klein.

Zur Ausarbeitung dieser Idee geben wir ein $\epsilon > 0$ vor und wählen $\delta > 0$ derart, daß

$$\max_{|y-x| \leq \delta} |\phi(y) - \phi(x)| < \frac{\epsilon}{2}.$$

3.5 Überarbeitung der Diffusion

Wegen der Stetigkeit von ϕ an der Stelle x ist das möglich. Wir zerlegen das Integral in zwei Teilintegrale, eines für $|p| < \delta/\sqrt{kt}$, und eines für $|p| \geq \delta/\sqrt{kt}$. Das erste läßt sich durch

$$\left| \int_{|p|<\delta/\sqrt{kt}} \right| \leq \left(\frac{1}{\sqrt{4\pi}} \int e^{-p^2/4} dp \right) \cdot \max_{|y-x|\leq \delta} |\phi(y) - \phi(x)|$$

$$< 1 \cdot \frac{\epsilon}{2} = \frac{\epsilon}{2}$$

abschätzen. Für das zweite erhalten wir

$$\left| \int_{|p|\geq \delta/\sqrt{kt}} \right| \leq \frac{1}{\sqrt{4\pi}} \cdot 2(\max |\phi|) \cdot \int_{|p|\geq \delta/\sqrt{kt}} e^{-p^2/4} dp < \frac{\epsilon}{2},$$

weil bei hinreichend kleinem t das Integral $\int_{-\infty}^{\infty} e^{-p^2/4} dp$ konvergiert und δ fest ist. (Anschaulich bedeutet dies, daß die 'Reststücke' $\int_{p\geq N} e^{-p^2/4} dp$ beliebig klein gemacht werden können, wenn nur $N = \delta/\sqrt{kt}$ hinreichend groß ist.) Für genügend kleine t ist also

$$|u(x,t) - \phi(x)| < \frac{1}{2}\epsilon + \frac{1}{2}\epsilon = \epsilon$$

und das heißt nichts anderes als $u(x,t) \to \phi(x)$ mit $t \to 0$. □

Korollar. Auch wenn ϕ nicht differenzierbar ist, besitzt die Lösung für $t > 0$ Ableitungen beliebig hoher Ordnung. Wir können deshalb sagen, daß alle Lösungen glatt sind, sobald die Diffusion einsetzt. In scharfem Kontrast zur Wellengleichung gibt es hier keine Singularitäten.

Beweis: Wir brauchen lediglich auf unsere Lösungsformel (3.46)

$$u(x,t) = \int_{-\infty}^{\infty} S(x-y,t)\phi(y)\,dy$$

die Regel für die Differentiation unter dem Integralzeichen (Satz 2 in Abschnitt A.3) anzuwenden. □

Stückweise stetige Anfangsdaten. Wir haben die Stetigkeit der Funktion $\phi(x)$ nur an einer einzigen Stelle des Beweises ausgenützt. Mit einer passenden Änderung können wir für $\phi(x)$ Sprungstellen zulassen. [Betrachten Sie beispielsweise die Anfangsdaten für $Q(x,t)$.]

Man sagt, die Funktion $\phi(x)$ habe in x_0 eine *Sprungstelle*, wenn in x_0 der rechtsseitige Grenzwert (bezeichnet mit $\phi(x_0+)$) und der linksseitige Grenzwert (bezeichnet mit $\phi(x_0-)$) existieren, aber voneinander verschieden sind. Eine Funktion heißt *stückweise stetig*, wenn sie in jedem endlichen Intervall höchstens endlich viele Sprungstellen besitzt und ansonsten stetig ist. Dieser Begriff wird in Abschnitt 5.2 genauer untersucht.

Satz 3.3 *Sei $\phi(x)$ eine beschränkte und stückweise stetige Funktion. Dann stellt (3.46) für $t > 0$ eine unendlich oft differenzierbare Funktion dar und es gilt*

$$\lim_{t \searrow 0} u(x,t) = \frac{1}{2}[\phi(x+) + \phi(x-)]$$

für alle x. An jeder Stetigkeitsstelle stimmt dieser Grenzwert mit $\phi(x)$ überein.

Beweis Die Beweisidee ist dieselbe wie im vorigen Satz, mit dem einzigen Unterschied, daß die Integrale nochmals für $p \geq 0$ und $p < 0$ zerlegt werden müssen. Wir haben dann zu zeigen, daß

$$\frac{1}{\sqrt{4\pi}} \int_0^{\pm\infty} e^{-p^2/4} \phi(x + \sqrt{kt}p)\, dp \to \pm\frac{1}{2}\phi(x\pm).$$

Diese Rechnung soll als Übungsaufgabe behandelt werden. □

Übungsaufgaben

1. Zeigen Sie: Ist ϕ eine stückweise stetige Funktion, so gilt

$$\frac{1}{\sqrt{4\pi}} \int_0^{\pm\infty} e^{-p^2/4} \phi(x + \sqrt{kt}p)\, dp \to \pm\frac{1}{2}\phi(x\pm). \quad \text{mit} \quad t \searrow 0.$$

2. Beweisen Sie Satz 3.3 unter Verwendung von Übungsaufgabe 1.

4 Randwertprobleme

In diesem Kapitel kommen wir schließlich zu dem physikalisch realistischem Fall eines endlichen Intervalls $0 < x < l$. Die eingeführten Methoden werden im Rest des Buches häufige Anwendung finden.

4.1 Trennung der Variablen, Dirichlet-Bedingung

Wir betrachten als erstes die homogene Dirichlet-Bedingung für die Wellengleichung:

$$u_{tt} = c^2 u_{xx} \quad \text{für } 0 < x < l \tag{4.1}$$
$$u(0,t) = 0 = u(l,t) \tag{4.2}$$

unter irgendeiner Anfangsbedingung der Form

$$u(x,0) = \phi(x) \quad u_t(x,0) = \psi(x). \tag{4.3}$$

Unsere Methode besteht darin, die allgemeine Lösung als Linearkombination von leicht zu findenden speziellen Lösungen aufzubauen. (Schon einmal, in Abschnitt 2.4, beschritten wir diesen Weg, verwendeten aber andere Bausteine.)

Unter einer *getrennten Lösung* von (4.1) und (4.2) verstehen wir eine Lösung der Form

$$u(x,t) = X(x)T(t). \tag{4.4}$$

(Es ist wichtig, zwischen der unabhängigen Variablen in Kleinbuchstaben und der in Großbuchstaben geschriebenen Funktion zu unterscheiden.) Unser Ziel ist es, soviel getrennte Lösungen wie möglich zu finden.

Setzt man (4.4) in die Wellengleichung (4.1) ein, so erhält man

$$X(x)T''(t) = c^2 X''(x)T(t).$$

Division durch $-c^2 XT$ liefert

$$-\frac{T''}{c^2 T} = -\frac{X''}{X} = \lambda.$$

Hiermit wird eine Größe λ definiert, welche eine *Konstante* sein muß. (*Beweis:* Es ist $\partial\lambda/\partial x = 0$ und $\partial\lambda/\partial t = 0$, also ist λ konstant. Wir können auch folgendermaßen argumentieren: Wegen des ersten Ausdrucks ist λ unabhängig von x und wegen des zweiten ist es unabhängig von t, also ist λ unabhängig von beiden Variablen.) Gegen Ende dieses Abschnitts zeigen wir, daß $\lambda > 0$ ist. (Aus diesem Grund haben wir in der vorigen Formel das Minuszeichen eingeführt.)

Sei nun also $\lambda = \beta^2$ mit $\beta > 0$. Dann sind die obigen Gleichungen ein Paar von *getrennten*(!) gewöhnlichen Differentialgleichungen für $X(x)$ und $T(t)$:

$$X'' + \beta^2 X = 0 \quad \text{und} \quad T'' + c^2\beta^2 T = 0. \tag{4.5}$$

Diese GDGln sind leicht zu lösen. Ihre Lösungen haben die Gestalt

$$X(x) = C\cos\beta x + D\sin\beta x \tag{4.6}$$
$$T(t) = A\cos\beta ct + B\sin\beta ct \tag{4.7}$$

wobei A, B, C und D Konstanten sind.

Im zweiten Schritt unterwerfen wir die getrennte Lösung den Randbedingungen (4.2), also der Forderung $X(0) = 0 = X(l)$. Hieraus folgt

$$0 = X(0) = C \quad \text{und} \quad 0 = X(l) = D\sin\beta l.$$

Natürlich sind wir nicht an der offensichtlichen Lösung mit $C = D = 0$ interessiert. Es muß also $\beta l = n\pi$ Nullstelle der Sinusfunktion sein. Folglich sind

$$\lambda_n = \left(\frac{n\pi}{l}\right)^2, \quad X_n(x) = \sin\frac{n\pi x}{l} \quad (n = 1, 2, 3, \ldots) \tag{4.8}$$

unterschiedliche Lösungen. Jede Sinusfunktion kann noch zusätzlich mit einer beliebigen Konstanten multipliziert werden.

Es gibt deshalb unendlich viele getrennte Lösungen von (4.1) und (4.2), nämlich für jedes n eine. Es sind dies die Funktionen

$$u_n(x,t) = \left(A_n\cos\frac{n\pi ct}{l} + B_n\sin\frac{n\pi ct}{l}\right)\sin\frac{n\pi x}{l}$$

($n = 1, 2, 3, \ldots$) mit den beliebigen Konstanten A_n und B_n. Die Summe von Lösungen ist wieder Lösung, also ist die *endliche Summe*

$$u(x,t) = \sum_n \left(A_n\cos\frac{n\pi ct}{l} + B_n\sin\frac{n\pi ct}{l}\right)\sin\frac{n\pi x}{l} \tag{4.9}$$

eine Lösung von (4.1) und (4.2). Formel (4.9) erfüllt auch (4.3), vorausgesetzt, daß

$$\phi(x) = \sum_n A_n \sin\frac{n\pi x}{l} \tag{4.10}$$

und

$$\psi(x) = \sum_n \frac{n\pi c}{l} B_n \sin\frac{n\pi x}{l}. \tag{4.11}$$

Für alle Anfangsvorgaben von dieser Form hat das Problem (4.1) (4.2) und (4.3) also eine einfache explizite Lösung.

4.1 Trennung der Variablen, Dirichlet-Bedingung

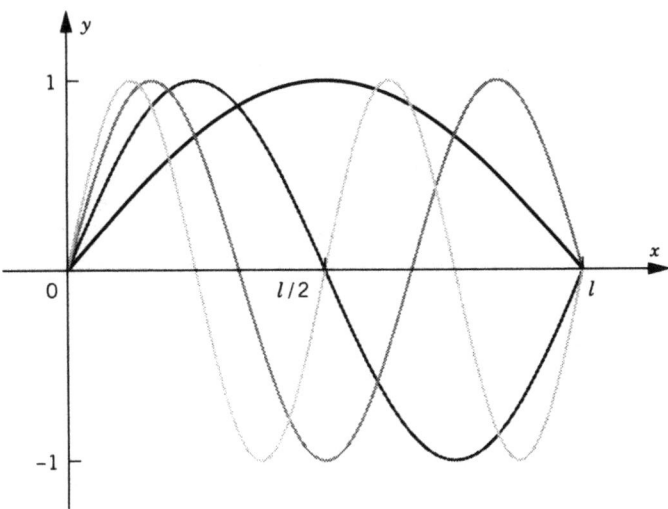

Bild 4.1

Anfangsvorgaben der Form (4.10) und (4.11) sind offenbar sehr speziell. Wir versuchen deshalb (und folgen dabei Fourier (1827)), die endlichen Summen durch *unendliche Summen*, also Reihen, zu ersetzen und stellen uns dabei die Frage, welche Funktionen $\phi(x)$ und $\psi(x)$ sich in die Form (4.10), (4.11) mit geeigneter Wahl der Koeffizienten A_n und B_n entwickeln lassen. Diese Frage war Ursache einer großen Diskussion um 1800, die ein halbes Jahrhundert andauerte, bis sie schließlich ganz einfach beantwortet werden konnte: *Fast jede(!) auf dem Intervall* $]0;l[$ *definierte Funktion* $\phi(x)$ *läßt sich in eine unendliche Reihe der Form* (4.10) *entwickeln*. Wir zeigen das in Kapitel 5 und müssen uns dazu mit technischen Fragen der Konvergenz und Differenzierbarkeit von unendlichen Reihen der Form (4.9) auseinandersetzen. Die Reihe in (4.10) heißt *Fouriersche Sinusreihe* auf $]0;l[$. Im Moment kümmern wir uns noch nicht um diese mathematischen Punkte, sondern wollen sehen, welche Folgerungen wir gewinnen können.

Als erstes stellen wir fest, daß (4.11) dieselbe Art Reihe für $\psi(x)$ ist, wie (4.10) für $\phi(x)$. Wir sehen so ganz einfach: *Wenn ϕ und ψ eine Darstellung* (4.10) *und* (4.11) *als unendliche Summe haben, dann müßte die unendliche Reihe* (4.9) *eine Lösung des gesamten Problems,* (4.2), (4.3) *sein*.

Bild (4.1) zeigt die ersten der Funktionen $\sin(\pi x/l), \sin(2\pi x/l), \ldots$. Die Funktionen $\cos(n\pi ct/l)$ und $\sin(n\pi ct/l)$, welche das *zeitliche* Verhalten beschreiben, besitzen ein ähnliches Aussehen. Die Argumente der Sinus- und Kosinusfunktionen sind Vielfache von t. Diese Koeffizienten, nämlich $n\pi c/l$, werden *Frequenzen* genannt.(In manchen Büchern wird die Frequenz als $nc/2l$ definiert.)

Wenn wir zur schwingenden Violinsaite, durch die wir auf das Problem (4.1), (4.2), (4.3) kamen, zurückkehren, finden wir als Frequenzen

$$\frac{n\pi\sqrt{T}}{l\sqrt{\rho}} \quad \text{für } n = 1, 2, 3, \ldots \tag{4.12}$$

Der „Grundton" der Saite ist durch die kleinste dieser Frequenzen, nämlich durch $\pi\sqrt{T}/(l\sqrt{\rho})$, gegeben. Die „Obertöne" schwingen *exakt* mit der doppelten, dreifachen, usw. Frequenz des Grundtons. Die Entdeckung Eulers aus dem Jahre 1749, daß musikalisache Töne eine derart einfache mathematische Beschreibung haben, war eine Sensation. Es dauerte über ein halbes Jahrhundert, bis die nachfolgende Kontroverse über den Zusammenhang zwischen den unendlichen Reihen (4.9) und d'Alemberts Lösung aus Abschnitt 2.1 beigelegt werden konnte.

Das analoge Problem für die *Diffusion* lautet

DGl: $\quad u_t = k u_{xx} \quad (0 < x < l,\ 0 < t < \infty)$ (4.13)

RB: $\quad u(0,t) = u(l,t) = 0$ (4.14)

AB: $\quad u(x,0) = \phi(x)$ (4.15)

Um es zu lösen, trennen wir wie eben durch $u(x,t) = T(t)X(x)$ die Variablen. Wir erhalten jetzt

$$\frac{T'}{kT} = \frac{X''}{X} = -\lambda = const.$$

$T(t)$ genügt also der Gleichung $T' = -\lambda k T$, deren Lösung $T(t) = A e^{-\lambda k t}$ ist. Weiterhin ist

$$-X'' = \lambda X \quad \text{in } 0 < x < l \quad \text{mit} \quad X(0) = X(l) = 0. \tag{4.16}$$

Das ist *genau dasselbe Problem für $X(x)$ wie vorhin* und hat deshalb dieselben Lösungen. Wegen der Gestalt von $T(t)$ erhalten wir, daß

$$u(x,t) = \sum_{n=1}^{\infty} A_n e^{-(n\pi/l)^2 kt} \sin\frac{n\pi x}{l} \tag{4.17}$$

Lösung von (4.13)-(4.15) ist, vorausgesetzt, $\phi(x)$ hat die Darstellung

$$\phi(x) = \sum_{n=1}^{\infty} A_n \sin\frac{n\pi x}{l}. \tag{4.18}$$

Wieder ist unsere Lösung für jedes t als Fouriersche Sinusreihe in x darstellbar, sofern das auch für die Anfangsbedingung der Fall ist.

Betrachten wir zum Beispiel eine diffundierende Substanz in einer Röhre der Länge l, deren beide Enden in einen sehr großen, leeren Behälter münden. Dann ist die Konzentration $u(x,t)$ an jedem Ende notwendigerweise Null. Lag eine Anfangskonzentration $\phi(x)$ in der Röhre vor, so ist die Konzentration zu jedem späteren Zeitpunkt durch Formel (4.17) gegeben. Beachten Sie, daß mit $t \to \infty$ jeder Term in (4.17) gegen Null strebt. Die Substanz wird also nach und nach in den Behälter entleert, und immer weniger verbleibt in der Röhre.

Die Zahlen $\lambda_n = (n\pi/l)^2$ heißen *Eigenwerte* und als *Eigenfunktionen* werden die Funktionen $X_n(x) = \sin(n\pi x/l)$ bezeichnet. Der Grund für diese Terminologie besteht darin, daß die die Eigenfunktionen die Bedingungen

4.1 Trennung der Variablen, Dirichlet-Bedingung

$$-\frac{d^2}{dx^2}X = \lambda X, \qquad X(0) = X(l) = 0, \tag{4.19}$$

also eine GDGl. mit Randbedingungen an den Endpunkten, erfüllen. Sei nun A der Operator $-d^2/dx^2$, der auf die Menge der Funktionen, die die Dirichletsche Randbedingung erfüllen, wirkt. Dann hat die Differentialgleichung die Form $AX = \lambda X$. Eine Eigenfunktion ist eine Lösung $X \not\equiv 0$ dieser Gleichung, und ein Eigenwert ist eine Zahl λ, zu der es eine solche Lösung $X \not\equiv 0$ gibt.

Die Situation ist analog zu dem vertrauteren Fall, daß A eine $N \times N$ Matrix ist. Ein Vektor X mit $X \neq 0$, der die Gleichung $AX = \lambda X$ erfüllt, heißt Eigenvektor und λ heißt der zugehörige Eigenwert. Eine $N \times N$ Matrix hat höchstens N Eigenwerte, der Differentialoperator, an dem wir interessiert sind, besitzt jedoch *unendlich viele Eigenwerte* $\pi^2/l^2, 4\pi^2/l^2, 9\pi^2/l^2, \ldots$ Man könnte also sagen, daß wir es mit *unendlichdimensionaler linearer Algebra* zu tun haben.

Eigenfunktionen sind gewissermaßen Basislösungen des Problems, denn nur aus ihnen wird zu jedem Zeitpunkt die Form der Lösungsfunktion aufgebaut.

Warum sind alle Eigenwerte des Problems positiv? Bei der bisherigen Untersuchung haben wir das vorausgesetzt, jetzt soll es *bewiesen* werden. Zunächst überlegen wir, ob $\lambda = 0$ Eigenwert sein kann. Es müßte dann gelten $X'' = 0$, also $X(x) = C + Dx$. Da $X(0) = X(l) = 0$ gelten soll, folgt $C = D = 0$, also $X(x) \equiv 0$. Null ist deshalb *kein* Eigenwert.

Könnte es, als nächstes, *negative* Eigenwerte geben? Für $\lambda < 0$ hat man mit $\lambda = -\gamma^2$ die Gleichung $X'' = \gamma^2 X$ und die Lösung $X(x) = C \cosh \gamma x + D \sinh \gamma x$. Dann ist $0 = X(0) = C$ und $0 = X(l) = D \sinh \gamma l$. Wegen $\sinh \gamma l \neq 0$ folgt $D = 0$.

Sei schließlich λ eine *komplexe* Zahl und γ eine der beiden Wurzeln aus $-\lambda$; die andere ist $-\gamma$. Dann lautet die Lösung

$$X(x) = Ce^{\gamma x} + De^{-\gamma x},$$

wobei wir die Exponentialfunktion im Komplexen verwenden (siehe Abschnitt 5.2). Aus der Randbedingung folgt $0 = X(0) = C + D$ und $0 = Ce^{\gamma l} + De^{-\gamma l}$, also $e^{2\gamma l} = 1$. Aus einer wohlbekannten Eigenschaft der komplexen Exponentialfunktion schließen wir $\Re(\gamma) = 0$ und $\Im(\gamma) = 2\pi n$ mit einer ganzen Zahl n. Daraus folgt $\gamma = n\pi i/l$ und $\lambda = -\gamma^2 = n^2\pi^2/l^2$ ist reell und positiv. Die Eigenwerte λ unseres Problems (4.16) können also nur positive Zahlen sein; es sind dies $(\pi/l)^2, (2\pi/l)^2, \ldots$

Übungsaufgaben

1. (a) Erklären Sie mit Hilfe der Fourierentwicklung, warum eine Violinsaite eine Oktave höher schwingt, wenn sie genau in der Mitte eingespannt wird.

   (b) Erklären Sie, warum die Tonhöhe wächst, wenn die Saite stärker gespannt wird.

2. Betrachten Sie einen Metallstab ($0 < x < l$), der seitlich, aber nicht an seinen Enden isoliert ist und eine Anfangstemperatur $= 1$ besitzt. Beide Enden werden plötzlich in ein Bad der Temperatur $= 0$ getaucht. Formulieren Sie die

zugehörige Differentialgleichung, die Randbedingung und die Anfangsbedingung. Setzen Sie für dieses Problem die Gültigkeit der Formel

$$1 = \frac{4}{\pi}\left(\sin\frac{\pi x}{l} + \frac{1}{3}\sin\frac{3\pi x}{l} + \frac{1}{5}\sin\frac{5\pi x}{l} + \cdots\right)$$

voraus.

3. Der Zustand eines quantenmechanischen Teilchens auf einer Geraden bei unendlichem Potential außerhalb des Intervalls $]0; l[$ („Teilchen in einer Schachtel") wird beschrieben durch die Schrödinger-Gleichung $u_t = iu_{xx}$ in $]0; l[$ und Dirichlet-Bedingungen an den Endpunkten. Trennen Sie die Variablen und verwenden Sie (4.8) zur Reihendarstellung der Lösung.

4. Betrachten Sie Wellen, die in einem Medium gedämpft schwingen und der Problemstellung

$$u_{tt} = c^2 u_{xx} - ru_t \quad \text{für } 0 < x < l$$
$$u = 0 \quad \text{an beiden Enden}$$
$$u(x,0) = \phi(x) \quad u_t(x,0) = \psi(x),$$

wobei r eine Konstante ist, für die $0 < r < 2\pi c/l$ gilt, unterliegen. Ermitteln Sie die Reihenentwicklung der Lösung.

5. Gleiche Aufgabenstellung wie 4. für den Fall $2\pi c/l < r < 4\pi c/l$.

6. Führen Sie die Trennung der Variablen für die Gleichung $tu_t = u_{xx} + 2u$ unter der Randbedingung $u(0,t) = u(\pi,t) = 0$ durch. Zeigen Sie, daß es unendlich viele Lösungen gibt, die die Anfangsbedingung $u(x,0) = 0$ erfüllen, daß also eine Eindeutigkeit der Lösung bei dieser Gleichung nicht gegeben ist!

4.2 Die Neumann-Bedingung

Die gleiche Methode wie in 4.1 kann auch bei Neumannschen oder Robinschen Randbedingungen angewendet werden, wobei die Bedingung (4.2) durch $u_x(0,t) = u_x(l,t) = 0$ zu ersetzen ist. Die Eigenfunktionen sind dann die Lösungen $X(x)$ von

$$-X'' = \lambda X, \quad X'(0) = X'(l) = 0, \tag{4.20}$$

außer natürlich der trivialen Lösung $X(x) \equiv 0$.

Wie zuvor suchen wir zunächst positive Eigenwerte $\lambda = \beta^2 > 0$ und erhalten wie in (4.6) $X(x) = C\cos\beta x + D\sin\beta x$, also wird

$$X'(x) = -C\beta\sin\beta x + D\beta\cos\beta x.$$

Die Randbedingung (4.20) liefert erstens $0 = X'(0) = D\beta$, also $D = 0$ und zweitens

$$0 = X'(l) = -C\beta\sin\beta l.$$

4.2 Die Neumann-Bedingung

Da $C = 0$ ausgeschlossen ist, folgt $\sin \beta l = 0$. Für β erhalten wir $\beta = \pi/l, 2\pi/l, 3\pi/l, \ldots$
Eigenwerte und Eigenfunktionen sind somit durch

$$\text{Eigenwerte:} \quad \left(\frac{\pi}{l}\right)^2, \left(\frac{2\pi}{l}\right)^2, \ldots \quad (4.21)$$

$$\text{Eigenfunktionen:} \quad X_n(x) = \cos\frac{n\pi x}{l} \quad (n = 1, 2, \ldots) \quad (4.22)$$

gegeben.
Als nächstes überlegen wir uns, ob Null ein Eigenwert ist. Wir stzen $\lambda = 0$ in die GDGl. (4.20) ein und erhalten $X'' = 0$ mit der Lösung $X(x) = C + Dx$ und $X' \equiv D$. Beide Neumannschen Randbedingungen werden erfüllt, wenn D Null ist. C darf eine beliebige Zahl sein. Wir schließen: $\lambda = 0$ *ist ein Eigenwert* und die konstanten Funktionen sind die zugehörigen Eigenfunktionen.
Ist $\lambda < 0$ oder komplex (nichtreell), so kann wie im Fall der Dirichlet-Bedingung direkt gezeigt werden, daß es keine Eigenfunktionen geben kann. (Ein weiterer Beweis wird in Abschnitt 5.3 geliefert.) Die Menge aller Eigenwerte ist also

$$\lambda_n = \left(\frac{n\pi}{l}\right)^2 \quad \text{für } n = 0, 1, 2, 3, \ldots \quad (4.23)$$

Beachten Sie, daß für $n = 0$ der Eigenwert Null dazugehört.
So hat beispielsweise die *Diffusionsgleichung* unter Neumannschen Randbedingungen die Lösung

$$u(x, t) = \frac{1}{2}A_0 + \sum_{n=1}^{\infty} A_n e^{-(n\pi/l)^2 kt} \cos\frac{n\pi x}{l}. \quad (4.24)$$

Diese Lösung setzt voraus, daß die Anfangsfunktion eine „Fouriersche Kosinusentwicklung"

$$\phi(x) = \frac{1}{2}A_0 + \sum_{n=1}^{\infty} A_n \cos\frac{n\pi x}{l} \quad (4.25)$$

besitzt. Alle Koeffizienten $A_0, A_1, A_2, \ldots$ sind Konstanten. Der erste Term in (4.24) und (4.25), der vom Eigenwert $\lambda = 0$ herrührt, wird gesondert als $\frac{1}{2}A_0$ aufgeschrieben, eine Vereinbarung, die später ihre Rechtfertigung findet. (Der Leser wird gebeten, den lächerlichen Faktor $\frac{1}{2}$ zunächst einfach mitzuschleppen, bis in Abschnitt 5.1 seine Zweckmäßigkeit offensichtlich wird.)
Wie verhält sich $u(x, t)$ für $t \to +\infty$? Da alle Summanden in (4.24) bis auf den ersten einen exponentiell abnehmenden Faktor besitzen, klingen die Lösungen ziemlich schnell auf den konstanten ersten Term $\frac{1}{2}A_0$ ab. Da die Randbedingungen dem Fall eines an beiden Enden isolierten Stabes entsprechen, stimmt das Verhalten der Lösung vollkommen mit unserer in Abschnitt 2.5 gewonnenen Vorstellung überein, daß sich die anfangs vorgegebene Wärmemenge schließlich gleichmäßig verteilt. Das ist das mutmaßliche Verhalten der Lösung, wenn wir lange genug warten. (Der *Beweis*, daß der Grenzwert für $t \to \infty$ in (4.24) gliedweise gebildet werden kann, benötigt einen der Konvergenzsätze aus Abschnitt A.2. und soll hier übergangen

werden.) Wir betrachten nun die *Wellengleichung* mit Neumannschen Randbedingungen. Der Eigenwert $\lambda = 0$ führt dann zu $X(x) = const.$ und zur Differentialgleichung $-T''(t) = \lambda c^2 T(t) = 0$, die die Lösung $T(t) = A + Bt$ besitzt. Die Wellengleichung mit Neumannschen Randbedingungen hat deshalb die Lösungen

$$u(x,t) = \frac{1}{2}A_0 + \frac{1}{2}B_0 t + \sum_{n=1}^{\infty} \left(A_n \cos \frac{n\pi ct}{l} + B_n \sin \frac{n\pi ct}{l} \right) \cos \frac{n\pi x}{l}. \qquad (4.26)$$

(Auch hier wird der Faktor $\frac{1}{2}$ später begründet.) Die Anfangsvorgaben müssen dabei in der Form

$$\phi(x) = \frac{1}{2}A_0 + \sum_{n=1}^{\infty} A_n \cos \frac{n\pi x}{l} \qquad (4.27)$$

und

$$\psi(x) = \frac{1}{2}B_0 + \sum_{n=1}^{\infty} \frac{n\pi c}{l} B_n \cos \frac{n\pi x}{l} \qquad (4.28)$$

darstellbar sein. Gleichung (4.28) entsteht dadurch, daß man (4.26) nach t differenziert und dann $t = 0$ setzt.

Eine „gemischte" Randbedingung liegt vor, wenn an einem Ende eine Dirichletsche und an dem anderen eine Neumann-Vorgabe gemacht wird. Betrachten wir diesen Fall, wenn die Randbedingungen $u(0,t) = u_x(l,t) = 0$ lauten. Das zugehörige Eigenwertproblem ist dann

$$-X'' = \lambda X \qquad X(0) = X'(l) = 0. \qquad (4.29)$$

Es stellt sich heraus, daß $(n + \frac{1}{2})^2 \pi^2 / l^2$ die Eigenwerte und $\sin[(n + \frac{1}{2})\pi x / l]$ für $n = 1, 2, \ldots$ die Eigenfunktionen sind (siehe Übungsaufgaben 1 und 2).

Als weiteres Beispiel betrachten wir die Schrödinger-Gleichung in $]0; l[$ mit der Neumann-Bedingung $u_x(0,t) = u_x(l,t) = 0$ und der Anfangsbedingung $u(x,0) = \phi(x)$. Trennung der Variablen führt zur Gleichung

$$\frac{T'}{iT} = \frac{X''}{X} = -\lambda = const.$$

so daß für $T(t) = e^{-i\lambda t}$ und $X(x)$ genau dasselbe Problem (4.20) gilt, wie zuvor. Die Lösung ist deshalb

$$u(x,t) = \frac{1}{2}A_0 + \sum_{n=1}^{\infty} A_n e^{-i(n\pi/l)^2 t} \cos \frac{n\pi x}{l}.$$

Die Randbedingung erfordert eine Kosinusentwicklung (4.25).

Übungsaufgaben

1. Lösen Sie das Diffusionsproblem $u_t = k u_{xx}$ in $0 < x < l$ unter den gemischten Randbedingungen $u(0,t) = u_x(l,t) = 0$.

2. Betrachten Sie die Gleichung $u_{tt} = c^2 u_{xx}$ in $0 < x < l$ unter den Randbedingungen $u_x(0,t) = 0$, $u(l,t) = 0$. (Links Neumann, rechts Dirichlet.)

(a) Zeigen Sie, daß $\cos[(n + \frac{1}{2})\pi x/l]$ die Eigenfunktionen sind.

(b) Schreiben Sie die Reihenentwicklung der Lösung $u(x,t)$ auf.

3. Betrachten Sie das Diffusionsproblem in einer geschlossenen ringförmigen Röhre der Länge (Umfang) $2l$. Mit x ($-l \leq x \leq l$) werde der Parameter der Bogenlänge bezeichnet. Dann gilt für die Konzentration der diffundierenden Substanz

$$u_t = k u_{xx} \quad \text{für} \quad -l \leq x \leq l$$
$$u(-l,t) = u(l,t) \quad \text{und} \quad u_x(-l,t) = u_x(l,t)$$

Die Bedingungen heißen *periodische Randbedingungen*.

(a) Zeigen Sie, daß $\lambda_n = (n\pi/l)^2$, $(n = 0,1,2,3,\ldots)$ die Eigenwerte sind.

(b) Zeigen Sie, daß die Konzentration durch

$$u(x,t) = \frac{1}{2}a_0 + \sum_{n=1}^{\infty} \left(a_n \cos \frac{n\pi x}{l} + b_n \sin \frac{n\pi x}{l} \right) e^{-n^2 \pi^2 kt/l^2}$$

gegeben ist.

4.3 Die Robin-Bedingung

Wir fahren mit der Methode der Trennunung der Veränderlichen fort, indem wir sie auf den Fall einer Robin-Bedingung anwenden. Nach der Trennung der Variablen haben wir dann die Gleichung $X'' = \lambda X$ unter den Randbedingungen

$$X' - a_0 X = 0 \quad \text{für} \quad x = 0 \quad (4.30)$$
$$X' + a_l X = 0 \quad \text{für} \quad x = l \quad (4.31)$$

zu lösen. Die Konstanten a_0 und a_l werden als gegeben betrachtet.

Der physikalische Grund dafür, daß sie mit unterschiedlichen Vorzeichen geschrieben werden, liegt darin, daß sie einer *Energieabstrahlung* entsprechen, wenn a_0 und a_l positiv sind. Sie entsprechen einer *Energieabsorption*, wenn sie beide negativ sind, im Falle $a_0 = a_l = 0$ liegt *Isolierung* vor. Das ist die Interpretation für das Wärmeleitungsproblem (siehe auch die Untersuchung in Abschnitt 1.4 oder Übungsaufgabe 8 von Abschnitt 2.3). Im Fall der schwingenden Saite geht bei positiven Konstanten a_0 und a_l an den Endpunkten Energie verloren, während Energie zugeführt wird, wenn a_0 und a_l negativ sind. (Siehe Übungsaufgabe 11.)

Der mathematische Grund für die Vorzeichenwahl der Konstanten liegt darin, daß die *äußere* Einheitsnormale **n** des Intervalls $0 \leq x \leq l$ bei $x = 0$ nach *links* (**n** $= -1$) und bei $x = l$ nach *rechts* (**n** $= +1$) gerichtet ist. Wir erwarten deshalb, daß die Natur der Eigenfunktionen von den Vorzeichen der Konstanten in gegensätzlicher Weise abhängen wird.

Positive Eigenwerte

Unsere Aufgabe ist es, die GDGl $X'' = \lambda X$ unter den Randbedingungen (4.30) und (4.31) zu lösen. Wir suchen zunächst *positive Eigenwerte*

$$\lambda = \beta^2 > 0.$$

Wie üblich ist
$$X(x) = C \cos \beta x + D \sin \beta x \qquad (4.32)$$
die Lösung der GDGl. Also ist

$$X'(x) \pm aX(x) = (\beta D \pm aC) \cos \beta x + (-\beta C \pm aD) \sin \beta x.$$

Am linken Intervallende $x = 0$ wird gefordert

$$0 = X'(0) - a_0 X(0) = \beta D - a_0 C. \qquad (4.33)$$

und wir können D in Abhängigkeit von C bestimmen. Am rechten Intervallende fordern wir

$$0 = (\beta D + a_l C) \cos \beta l + (-\beta C + a_l D) \sin \beta l. \qquad (4.34)$$

So unordentlich die Gleichungen (4.33) und (4.34) auch aussehen mögen, sie können leicht gelöst werden, da sie äquivalent zu der Matrixgleichung

$$\begin{pmatrix} -a_0 & \beta \\ a_l \cos \beta l - \beta \sin \beta l & \beta \cos \beta l + a_l \sin \beta l \end{pmatrix} \begin{pmatrix} C \\ D \end{pmatrix} = \begin{pmatrix} 0 \\ 0 \end{pmatrix} \qquad (4.35)$$

sind. Durch Einsetzen von D aus (4.33) in (4.34) erhalten wir

$$0 = (a_0 C + a_l C) \cos \beta l + \left(-\beta C + \frac{a_l a_0 C}{\beta}\right) \sin \beta l. \qquad (4.36)$$

Da wir nicht an der trivialen Lösung mit $C = 0$ interessiert sind, dividieren wir durch $C \cos \beta l$, multiplizieren mit β und gelangen zur Gleichung

$$(\beta^2 - a_0 a_l) \tan \beta l = (a_0 + a_l)\beta. \qquad (4.37)$$

Jede Lösung $\beta > 0$ dieser „algebraischen" Gleichung liefert uns einen Eigenwert $\lambda = \beta^2$.

Was sind die zugehörigen Eigenfunktionen? Es sind dies die Funktionen $X(x)$ aus (4.32) mit der geforderten Beziehung zwischen C und D, nämlich

$$X(x) = C \left(\cos \beta x + \frac{a_0}{\beta} \sin \beta x \right) \qquad (4.38)$$

mit beliebigem $C \neq 0$. Da wir im Verlauf der Rechnung durch $\cos \beta l$ dividierten, ist der Ausnahmefall $\cos \beta l = 0$ zu beachten; nach (4.37) ist in diesem Fall $\beta = \sqrt{a_0 a_l}$.

4.3 Die Robin-Bedingung

Unsere nächste Aufgabe ist es, (4.37) nach β aufzulösen. Das ist nicht ganz einfach, da es keine einfache Lösungsformel gibt. Eine Methode besteht darin, die Lösungen numerisch, etwa mit dem Newton-Verfahren zu ermitteln. Ein anderer Weg besteht in einer graphischen Analyse, der statt genauer numerischer Werte eine Vielzahl qualitativer Informationen zu Tage fördert. Wir beschreiten diesen Weg. An dieser Stelle kommt die Natur der Zahlen a_0 und a_l ins Spiel. Wir bringen die Eigenwertgleichung (4.37) in die Form

$$\tan \beta l = \frac{(a_0 + a_l)\beta}{\beta^2 - a_0 a_l} \qquad (4.39)$$

Unsere Methode besteht darin, die Tangensfunktion $y = \tan \beta l$ und die rationale Funktion $y = (a_0 + a_l)\beta/(\beta^2 - a_0 a_l)$ als Funktionen von β graphisch darzustellen und ihre Schnittpunkte zu ermitteln. Die Gestalt der rationalen Funktion hängt von den Konstanten a_0 und a_l ab.

1. Fall In Bild (4.2) ist der Fall der *Ausstrahlung an beiden Endpunkten* dargestellt: $a_0 > 0$ und $a_l > 0$. Jeder Schnittpunkt (im Bereich $\beta > 0$) liefert einen Eigenwert $\lambda_n = \beta_n^2$. Die Werte hängen stark von a_0 und a_l ab. Der oben erwähnte Ausnahmefall, wenn $\cos \beta l = 0$ und $\beta = \sqrt{a_0 a_l}$, wird grafisch dadurch repräsentiert, daß sich die Tangensfunktion und die rationale Funktion „im Unendlichen schneiden".

Unabhängig von ihren tatsächlichen Werten, sofern a_0 und a_l nur beide positiv sind, zeigt die Zeichnung deutlich die Beziehung

$$n^2 \frac{\pi^2}{l^2} < \lambda_n < (n+1)^2 \frac{\pi^2}{l^2} \qquad (n = 0, 1, 2, 3, \ldots). \qquad (4.40)$$

Darüber hinaus sieht man

$$\lim_{n \to \infty} \left(\lambda_n - n^2 \frac{\pi^2}{l^2} \right) = 0, \qquad (4.41)$$

was bedeutet, daß sich die großen Eigenwerte immer stärker den Zahlen $n^2\pi^2/l^2$ nähern. Man sollte das mit dem Fall $a_0 = a_l = 0$ vergleichen, dem Neumann-Problem, bei dem die Eigenwerte mit $n^2\pi^2/l^2$ übereinstimmen.

2. Fall Der Fall von Absorption bei $x = 0$ und Ausstrahlung bei $x = l$, aber *größerer Ausstrahlung als Absorption*, wird durch die Bedingungen

$$a_0 < 0, \quad a_l > 0, \quad a_0 + a_l > 0 \qquad (4.42)$$

beschrieben. Der Graph hat dann das Aussehen wie in Bild 4.3 oder 4.4, abhängig von den relativen Größen von a_0 und a_1. Auch hier sind die Beziehungen (4.40) und (4.41) erfüllt, der Unterschied besteht nur darin, daß in Bild 4.3 kein Eigenwert im Intervall $]0; \pi^2/l^2[$ liegt.

Im Intervall $]0; \pi^2/l^2[$ liegt nur dann ein Eigenwert, wenn die rationale Funktion den *ersten* Ast der Tangensfunktion schneidet. Da die rationale Funktion nur ein einziges Maximum besitzt, kann dieser Fall nur dann eintreten, wenn im Ursprung die Steigung der rationalen Funktion größer ist als die Steigung der Tangensfunktion. Wir berechnen diese beiden Steigungen. Durch Differentiation und mit (4.42)

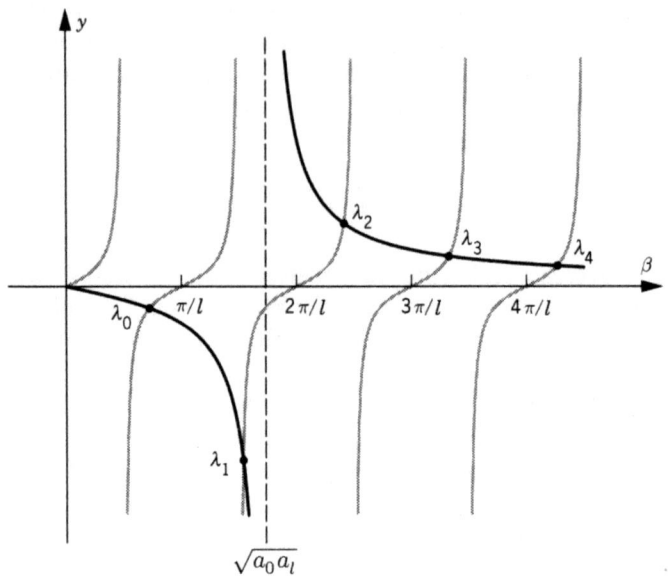

Bild 4.2

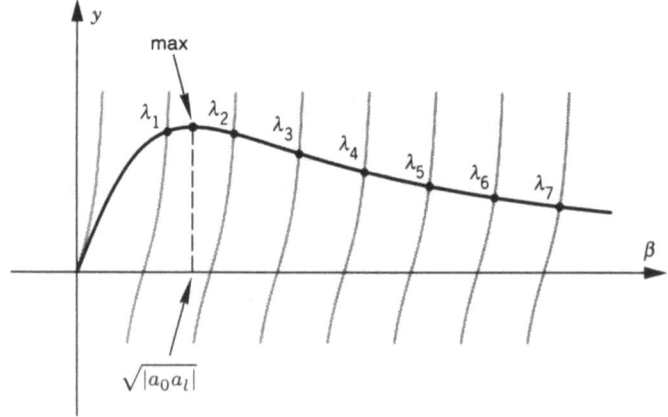

Bild 4.3

4.3 Die Robin-Bedingung

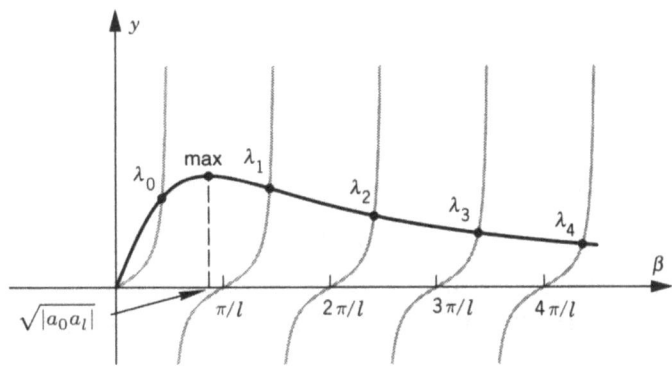

Bild 4.4

sieht man direkt, daß für die Steigung dy/dx der rationalen Funktion im Ursprung gilt

$$\frac{a_0 + a_l}{-a_0 a_l} = \frac{a_l - |a_0|}{a_l a_0} > 0.$$

Auf der anderen Seite ist die Steigung der Tangensfunktion $y = \tan l\beta$ im Ursprung $l/\cos^2(l0) = l$. Wir kommen so zu folgendem Schluß: Im Fall

$$a_0 + a_l > -a_0 a_l l \qquad (4.43)$$

(das bedeutet „sehr viel mehr Ausstrahlung als Absorbtion") verläßt die rationale Funktion den Ursprung mit einer größeren Steigung als die Tangensfunktion, so daß sich beide Graphen im Intervall $]0; \pi/2l[$ schneiden müssen. Wir folgern: *Im Fall 2 gibt es genau dann einen Eigenwert $0 < \lambda_0 < (\pi/2l)^2$, wenn (4.43) erfüllt ist.*

Andere Fälle, z.B. Absorption an beiden Endpunkten, finden Sie in den Übungsaufgaben, speziell in Aufgabe 8.

Der Eigenwert Null

In Übungsaufgabe 2 ist zu zeigen, daß Null genau dann Eigenwert ist, wenn

$$a_0 + a_l = -a_0 a_l l. \qquad (4.44)$$

Beachten Sie, daß (4.44) nur erfüllt werden kann, wenn a_0 und a_l entgegengesetzte Vorzeichen haben, und das Intervall eine gewisse fest vorgegebene Länge hat.

Negative Eigenwerte

Wir untersuchen nun die Möglichkeit negativer Eigenwerte, einer sehr wichtigen Frage, zu der wir auch auf die Erörterung am Ende dieses Abschnitts verweisen. Um den Umgang mit komplexen Zahlen zu vermeiden, setzen wir

$$\lambda = -\gamma^2 < 0$$

und schreiben die Lösung der Differentialgleichung in der Form

$$X(x) = C \cosh \gamma x + D \sinh \gamma x.$$

(Eine alternative Form dazu, die wir gegen Ende von Abschnitt 4.1 verwendeten, ist $Ae^{\gamma x} + Be^{-\gamma x}$.) Die Randbedingungen führen genau wie vorhin zu der Eigenwertgleichung

$$\tanh \gamma l = -\frac{(a_0 + a_l)\gamma}{\gamma^2 + a_0 a_l}. \tag{4.45}$$

(Prüfen Sie das nach!) Wir suchen wieder die Schnittpunkte der beiden Graphen [der Funktionen auf den beiden Seiten der Gleichung (4.45)] im Bereich $\gamma > 0$. Jeder solche Schnittpunkt führt zu einem negativen Eigenwert $\lambda = -\gamma^2$ und der zugehörigen Eigenfunktion

$$X(x) = \cosh \gamma x + \frac{a_0}{\gamma} \sinh \gamma x. \tag{4.46}$$

Einige unterschiedliche Fälle sind in Bild 4.5 gezeichnet. So gibt es im Fall 1, der Ausstrahlung an beiden Endpunkten, wo a_0 und a_l beide positiv sind, keinen Schnittpunkt und somit auch keinen negativen Eigenwert.

Fall 2, bei dem eine größere Ausstrahlung als Absorption vorliegt ($a_0 < 0$, $a_l > 0$, $a_0 + a_l > 0$), wird durch die beiden durchgehend (14) bzw. gestrichelt (18) gezeichneten Kurven dargestellt. Je nach der Größe der Steigung im Ursprung gibt es entweder genau einen oder keinen Schnittpunkt. Die Steigung der tanh-Funktion ist l, die der rationalen Funktion ist $-(a_0 + a_l)/(a_0 a_l) > 0$. Ist der letzte Ausdruck kleiner als l, gibt es einen Schnittpunkt, andernfalls nicht. Damit lautet unsere Schlußfolgerung für den Fall 2:

Sei $a_0 < 0$ und $a_l > -a_0$. Falls

$$a_0 + a_l < -a_0 a_l l, \tag{4.47}$$

gibt es genau einen negativen Eigenwert, den wir $\lambda_0 < 0$ nennen. Ist (4.43) erfüllt, so gibt es keinen negativen Eigenwert. Beachten Sie, daß der 'fehlende' positive Eigenwert λ_0 im Fall (4.47) jetzt als negativer Eigenwert erscheint! Darüber hinaus tritt der Eigenwert Null als Grenzfall (4.44) auf; wir verwenden deshalb auch die Bezeichnung $\lambda_0 = 0$ im Falle von (4.44).

Zusammenfassung

Wir fassen die verschiedenen Fälle wie folgt zusammen:

4.3 Die Robin-Bedingung

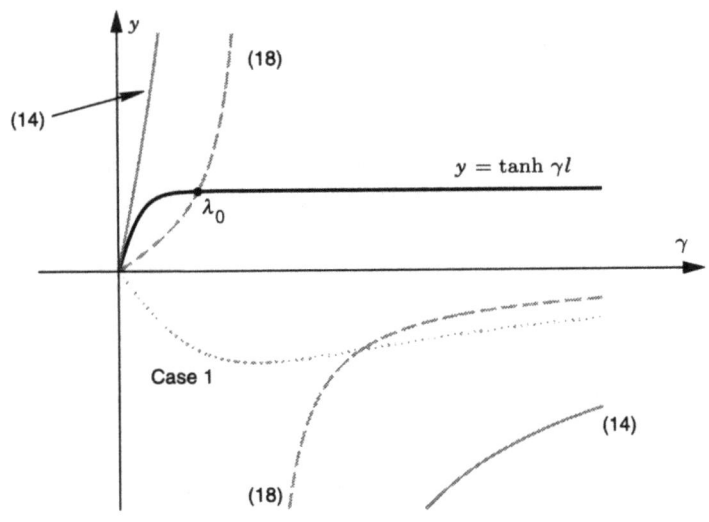

Bild 4.5

Fall 1: Nur positive Eigenwerte.

Fall 2 mit (4.43): Nur positive Eigenwerte.

Fall 2 mit (4.44): Null ist ein Eigenwert, alle anderen sind positiv.

Fall 2 mit (4.47): Ein Eigenwert ist negativ, alle anderen sind positiv.

Übungsaufgabe 8 stellt eine vollständige Zusammenfassung aller anderen Fälle bereit.

In jedem der Fälle, das heißt für alle Werte von a_0 und a_l, gibt es keine komplexen nichtreellen Eigenwerte. Diese Tatsache könnte genauso wie zuvor gezeigt werden, wird aber in Abschnitt 5.3 durch eine allgemeinere, etwas zufriedenstellendere Argumentation nachgewiesen. Weiterhin gibt es immer unendlich viele positive Eigenwerte, wie man aus (4.39) ersehen kann. Die Tangensfunktion besteht aus unendlich vielen Ästen, und die rationale Funktion auf der rechten Seite von (4.39) nähert sich vom Nullpunkt ausgehend mit $\beta \to \infty$ der β-Achse an. Sie schneidet also jeden Ast der Tangensfunktion mit möglicher Ausnahme des ersten.

Bei all diesen Problemen ist es von wesentlicher Bedeutung, *alle* Eigenwerte zu finden. Fehlt einer von ihnen, so lassen sich Anfangsbedingungen angeben, unter denen die Wellen- oder Diffusionsgleichung nicht lösbar ist. Dieser Sachverhalt wird noch klarer in Kapitel 5. In welcher Reihenfolge wir die Eigenwerte angeben, ob der erste λ_0 oder λ_1 oder λ_5 oder λ_{-2} ist, ist unerheblich. Es ist jedoch üblich, sie einheitlich zu numerieren. In den vorgestellten Beispielen taten wir dies so, daß die Abhängigkeit der Eigenwerte von a_0 und a_l sauber zum Ausdruck kam.

Als wesentliche Eigenschaft von Robin-Problemen können wir feststellen: Die Lösungen besitzen eine Reihenentwicklung der Form

$$u(x,t) = \sum_n T_n(t) X_n(x), \qquad (4.48)$$

wobei $X_n(x)$ die Eigenfunktionen sind und die $T_n(t)$ die Gestalt

$$T_n(t) = \begin{cases} A_n e^{-\lambda_n k t} & \text{bei Diffusionen} \\ A_n \cos(\sqrt{\lambda_n} c t) + B_n \sin(\sqrt{\lambda_n} c t) & \text{bei Wellen} \end{cases} \qquad (4.49)$$

haben.

Beispiel 1

Sei $a_0 < 0 < a_0 + a_l < -a_0 a_l l$. Dann liegt Fall 2 mit Bedingung (4.47) vor und die wesentliche Eigenschaft nimmt hier die folgende Form an. Wie zuvor gezeigt wurde, gibt es genau einen negativen Eigenwert $\lambda_0 = -\gamma_0^2 < 0$ und eine Folge von positiven Eigenwerten $\lambda_n = +\beta_n^2 > 0$ für $n = 1, 2, 3, \ldots$. Die vollständige Lösung des Diffusionsproblems

$$\begin{aligned} u_t &= k u_{xx} && \text{für } 0 < x < l, \quad 0 < t < \infty \\ u_x - a_0 u &= 0 && \text{für } x = 0 \\ u_x + a_l u &= 0 && \text{für } x = l \\ u &= \phi && \text{für } t = 0 \end{aligned}$$

lautet deshalb

$$\begin{aligned} u(x,t) &= A_0 e^{+\gamma_0^2 k t} \left(\cosh \gamma_0 x + \frac{a_0}{\gamma_0} \sinh \gamma_0 x \right) \\ &+ \sum_{n=1}^{\infty} A_n e^{-\beta_n^2 k t} \left(\cos \beta_n x + \frac{a_0}{\beta_n} \sin \beta_n x \right). \end{aligned} \qquad (4.50)$$

Wenn $u(x,t)$ die Temperatur in einem Stab der Länge l darstellt, läßt Gleichung (4.50) die folgende physikalische Interpretation zu. Es liegt der Fall vor, daß bei $x = 0$ Energie zugeführt wird (Wärme *dringt* am linken Ende in den Stab *ein* und wird von ihm absorbiert), während am rechten Ende Energie abgestrahlt wird (Wärme *verläßt* den Stab). Bei fester Länge l und fester Abstrahlung $a_l > 0$ gibt es genau dann einen negativen Eigenwert ($\lambda_0 = -\gamma_0^2$), wenn die Absorption groß genug ist $[|a_0| < a_l/(1 + a_l l)]$. Ein derartiger Absorptionskoeffizient läßt die Temperatur groß werden, wie wir aus der Entwicklung (4.50) sehen können: Alle Terme werden mit der Zeit kleiner, mit Ausnahme des ersten, der wegen des Faktors $e^{+\gamma_0^2 k t}$ exponentiell *anwächst*. Der Stab wird also immer heißer (es sei denn, A_0 ist Null, was nur bei sehr speziellen Anfangsdaten eintreten kann).

4.3 Die Robin-Bedingung

Ist andererseits die Absorption relativ klein [das heißt $|a_0| < a_l/(1+a_l l)$], so sind alle Eigenwerte positiv und die Temperatur bleibt beschränkt, sie kann auch gegen Null gehen. Andere Interpretationen dieser Art sollen den Übungsaufgaben überlassen werden.

Auch bei der *Wellengleichung* führt ein negativer Eigenwert zu einem exponentiellen Anwachsen der Lösung. Verantwortlich dafür ist der Term

$$(A_0 e^{\gamma_0 ct} + \beta_0 e^{-\gamma_0 ct})X_0(x)$$

in der Entwicklung von $u(x,t)$, welcher aus der üblichen Gleichung $-T'' = \lambda c^2 T = -(\gamma_0 c)^2 T$ für den Zeitterm der separierten Lösung stammt (siehe Übungsaufgabe 10).

Übungsaufgaben

1. Bestimmen Sie graphisch die Eigenwerte von $-X'' = \lambda X$, wenn die Randbedingungen
$$X(0) = 0, \quad X'(l) + aX(l) = 0$$
vorliegen. Setzen Sie $a \neq 0$ voraus.

2. Betrachten Sie das Eigenwertproblem unter Robin-Bedingungen an beiden Enden:
$$-X'' = \lambda X$$
$$X'(0) - a_0 X(0) = 0, \quad X'(l) + a_l X(l) = 0.$$

   (a) Zeigen Sie, daß $\lambda = 0$ genau dann Eigenwert ist, wenn $a_0 + a_l = -a_0 a_l l$.

   (b) Bestimmen Sie die zum Eigenwert Null gehörende Eigenfunktion.
   (*Hinweis:* Lösen Sie zuerst die GDGl für $X(x)$. Die Lösungen sind keine Sinus-oder Kosinusfunktionen.)

3. Leiten Sie die Eigenwertgleichung (4.45) für die negativen Eigenwerte $\lambda = -\gamma^2$ und die Formel (4.46) für die Eigenfunktionen her.

4. Betrachten Sie das Robinsche Eigenwertproblem. Zeigen Sie. daß es unter den Voraussetzungen
$$a_0 < 0, \quad a_l < 0 \quad \text{und} \quad -a_0 - a_l < a_0 a_l l$$
zwei negative Eigenwerte gibt. Man könnte diesen Fall als „wesentliche Absorption an beiden Enden" bezeichnen. (*Hinweis:* Zeigen Sie, daß die rationale Funktion $y = (a_0 + a_l)\gamma/(\gamma^2 + a_0 a_l)$ ein einziges Maximum besitzt und die Gerade $y = 1$ an zwei Stellen schneidet. Folgern Sie daraus, daß die tanh-Funktion an zwei Stellen geschnitten wird.)

5. Zeigen Sie, daß es in Übungsaufgabe 4 (wesentliche Absorption an beiden Enden) unendlich viele Eigenwerte gibt und begründen Sie graphisch, daß sie die Beziehungen (4.40) und (4.41) erfüllen.

6. Im Robin-Problem sei $a_0 = a_l = 0$. Zeigen Sie:

   (a) Es gibt *keinen* negativen Eigenwert, wenn $a \geq 0$, es gibt *einen*, wenn $-2/l \leq a < 0$, und es gibt *zwei*, wenn $a < -2/l$.

   (b) Null ist ein Eigenwert, wenn $a = 0$ oder $a = l$.

7. Zeigen Sie für den Fall $a_0 = a_l = a$, daß mit $a \to +\infty$ die Eigenwerte gegen die Eigenwerte des Dirichlet-Problems konvergieren. Das heißt

$$\lim_{a \to \infty} \left\{ \lambda_n(a) - \left[\frac{(n+1)\pi}{l}\right]^2 \right\} = 0,$$

wobei $\lambda_n(a)$ der $(n+1)$te Eigenwert ist.

8. Betrachten Sie nochmals Robinsche Randbedingungen an beiden Enden bei beliebigen a_0 und a_l.

   (a) Zeichnen Sie in der $a_0 a_l$-Ebene die Hyperbel $a_0 + a_l = -a_0 a_l l$ und markieren Sie die Asymptoten. Für einen Punkt (a_0, a_l) auf dieser Hyperbel ist gemäß Aufgabe 2(a) Null ein Eigenwert.

   (b) Zeigen Sie, daß die Hyperbel die $a_0 a_l$-Ebene in drei Teilbereiche zerlegt, abhängig davon, ob es zwei, einen oder keinen negativen Eigenwert gibt.

   (c) Markieren Sie auf jeder Achse die Richtungen wachsender Absorption und Abstrahlung. Markieren Sie den Punkt, der einer Neumann-Bedingung entspricht.

   (d) Wo in der Ebene hat eine Dirichlet-Bedingung ihre Entsprechung?

9. Betrachten Sie im Intervall $0 \leq x \leq 1$ der Länge 1 das Eigenwertproblem

$$-X'' = \lambda X$$
$$X'(0) + X(0) = 0 \quad \text{und} \quad X(1) = 0$$

(Absorbtion an einem Ende und Temperatur Null am anderen).

   (a) Finden Sie die Eigenfunktion zum Eigenwert Null. Nennen Sie sie $X_0(x)$.

   (b) Stellen Sie eine Gleichung für die positiven Eigenwerte $\lambda = \beta^2$ auf.

   (c) Zeigen Sie mit Teil (b) grafisch, daß es unendlich viele positive Eigenwerte gibt.

   (d) Gibt es einen negativen Eigenwert?

10. Lösen Sie die Wellengleichung mit Robinscher Randbedingung unter der Voraussetzung der Gültigkeit von (4.47).

11. (a) Zeigen Sie, daß bei der Wellengleichung unter Dirichlet-Bedingungen die Gesamtenergie erhalten bleibt. Die Gesamtenergie ist dabei durch

$$E = \frac{1}{2} \int_0^l (c^{-2} u_t^2 + u_x^2) dx$$

definiert. (Vergleichen Sie diese Definition mit Abschnitt 2.2.)

4.3 Die Robin-Bedingung

(b) Machen Sie das gleiche im Fall einer Neumann-Bedingung.

(c) Zeigen Sie, daß im Fall einer Robin-Bedingung der Ausdruck

$$E_R = \frac{1}{2}\int_0^l (c^{-2}u_t^2 + u_x^2)dx + \frac{1}{2}a_l[u(l,t)]^2 + \frac{1}{2}a_0[u(0,t)]^2$$

erhalten bleibt. Es liegt also der Sachverhalt vor, daß die Gesamtenergie E_R nach wie vor konstant ist, daß jedoch ein Teil der inneren Energie an den Rand *abgegeben* wird, wenn a_0 und a_l positiv sind, bzw. vom Rand *gewonnen* wird, sofern a_0 und a_l negativ sind.

12. Betrachten Sie das etwas unübliche Eigenwertproblem

$$-v_{xx} = \lambda v \quad \text{für} \quad 0 < x < l$$
$$v_x(0) = v_x(l) = \frac{v(l) - v(0)}{l}.$$

(a) Zeigen Sie, daß $\lambda = 0$ ein doppelter Eigenwert ist.

(b) Leiten Sie eine Gleichung für die psitiven Eigenwerte $\lambda > 0$ her.

(c) Setzen Sie $\gamma = \frac{1}{2}l\sqrt{\lambda}$ und führen Sie die unter (b) erhaltene Gleichung über in die Gleichung

$$\gamma \sin \gamma \cos \gamma = \sin^2 \gamma.$$

(d) Finden Sie unter Verwendung von (c) eine Hälfte der Eigenwerte explizit, die andere Hälfte grafisch.

(e) Erstellen Sie eine Liste aller Eigenfunktionen, wenn alle Eigenwerte nichtnegativ sind.

(f) Lösen Sie das Problem $u_t = ku_{xx}$ in $0 < x < l$ mit den obigen Randbedingungen und der Anfangsvorgabe $u(x,0) = \phi(x)$.

(g) Zeigen Sie

$$\lim_{t \to \infty} u(x,t) = A + Bx.$$

Setzen Sie dabei voraus, daß der Grenzwert summandenweise gebildet werden darf.

13. Betrachten Sie eine nur bei $x = 0$ eingespannte Saite, an derem anderen Ende $x = l$ eine vorgegebene Masse angebracht ist.

(a) Zeigen Sie, daß die Problemstellung durch

$$u_{tt} = c^2 u_{xx} \quad \text{für } 0 < x < l$$
$$u(0,t) = 0 \quad u_{tt}(l,t) = -ku_x(l,t)$$

mit einer Konstanten k beschrieben wird.

(b) Was sind in diesem Fall die Eigenwerte?

(c) Bestimmen Sie die Gleichung für die positiven Eigenwerte und berechnen Sie die Eigenfunktionen.

14. Lösen Sie das Eigenwertproblem $x^2 u'' + 3xu' + \lambda u = 0$ in $1 < x < e$ unter den Randbedingungen $u(1) = u(e) = 0$. Setzen Sie $\lambda > 1$ voraus. (*Hinweis:* Suchen Sie Lösungen der Form $u = x^m$.)

15. Bestimmen Sie die Gleichung für die Eigenwerte des Problems

$$(\kappa(x)X')' + \lambda \rho(x) X = 0 \quad \text{für } 0 < x < l \quad \text{unter } X(0) = X(l) = 0,$$

wobei $\kappa(x) = \kappa_1^2$ für $x < a$, $\kappa(x) = \kappa_2^2$ für $x \geq a$, $\rho(x) = \rho_1^2$ für $x < a$ und $\rho(x) = \rho_2^2$ für $x \geq a$. Alle diese Konstanten seien positiv, und es gelte $0 < a < l$.

16. Bestimmen Sie die positiven Eigenwerte und die zugehörigen Eigenfunktionen für den Operator vierter Ordnung $+d^4/dx^4$ unter den vier Randbedingungen

$$X(0) = X(l) = X''(0) = X''(l) = 0.$$

17. Lösen Sie das Eigenwertproblem vierter Ordnung $X'''' = \lambda X$ in $0 < x < l$ unter den vier Randbedingungen

$$X(0) = X(l) = X'(0) = X'(l) = 0,$$

für $\lambda > 0$. (*Hinweis:* Lösen Sie zunächst die GDGl. vierter Ordnung.)

18. Eine Stimmgabel kann als ein Paar von schwingenden biegsamen Stäben, die eine gewisse Steifigkeit besitzen, betrachtet werden. Jeder dieser Stäbe ist an einem Ende eingespannt, das Schwingungsverhalten wird genähert durch die PDGl vierter Ordnung $u_{tt} + c^2 u_{xxxx} = 0$ beschrieben. Es liegen Anfangsbedingungen wie bei der Wellengleichung vor. Nehmen wir an, daß der Stab bei $x = 0$ eingespannt ist, was die Randbedingung $u(0,t) = u_x(0,t) = 0$ zur Folge hat. Das andere Ende bei $x = l$ ist frei, das bedeutet $u_{xx}(l,t) = u_{xxx}(l,t) = 0$. Wir haben also vier Randbedingungen, zwei an jedem Ende.

   (a) Trennen Sie die Raum- und die Zeitvariable, um das Eigenwertproblem $X'''' = \lambda X$ zu erhalten.

   (b) Zeigen Sie, daß Null kein Eigenwert ist.

   (c) Nehmen Sie an, daß alle Eigenwerte postiv sind, Schreiben Sie sie als $\lambda = \beta^4$ und ermitteln Sie die Gleichung zur Bestimmung von β.

   (d) Bestimmen Sie die Frequenzen der Schwingung.

   (e) Vergleichen Sie Ihre Lösung von (d) mit den Obertönen der schwingenden Saite, indem Sie den Bruch β_2^2/β_1^2, den Quotienten der ersten beiden Eigenwerte, untersuchen. Erklären Sie damit, daß bei einer Stimmgabel ein fast reiner Ton zu hören ist.

5 Fourierreihen

Unser erstes Ziel in diesem Schlüsselkapitel ist die Bestimmung der Koeffizienten einer Fourierreihe. In Abschnitt 5.3 führen wir den Begriff der Orthogonalität von Funktionen ein und zeigen, wie verschiedene Arten von Fourierreihen einheitlich behandelt werden können. In Abschnitt 5.4 stellen wir die grundlegenden Vollständigkeits- bzw. Konvergenzsätze auf, die dann in Abschnitt 5.5 bewiesen werden. Der letzte Abschnitt beschäftigt sich mit der Behandlung inhomogener Randbedingungen. Joseph Fourier entwickelte seine Ideen zur Konvergenz trigonometrischer Reihen bei der Untersuchung von Wärmeströmen. Seine Abhandlung aus dem Jahre 1807 wurde von anderen Wissenschaftlern als zu unpräzise zurückgewiesen und erst im Jahre 1822 veröffentlicht.

5.1 Die Fourierkoeffizienten

In Kapitel 4 sind wir auf verschiedene Typen von Fourierreihen gestoßen. Wie bestimmen wir ihre Koeffizienten? Glücklicherweise gibt es für sie eine sehr schöne, umfassende Formel. Beginnen wir mit der *ungeraden Fourierreihe*, der Fourierschen Sinusreihe

$$\phi(x) = \sum_{n=1}^{\infty} A_n \sin \frac{n\pi x}{l} \tag{5.1}$$

im Intervall $]0;l[$. (Es wird sich herausstellen, daß diese unendliche Reihe gegen $\phi(x)$ für alle $0 < x < l$ konvergiert, wir verschieben aber eine weitere Untersuchung der delikaten Konvergenzfragen auf später.) Das erste Problem, das wir behandeln, ist die Bestimmung der Koeffizienten A_n, wenn $\phi(x)$ eine gegebene Funktion ist. Grundlegend dafür ist die wunderbare Eigenschaft der Sinus-Funktionen

$$\int_0^l \sin \frac{n\pi x}{l} \sin \frac{m\pi x}{l} dx = 0 \quad \text{falls } m \neq n, \tag{5.2}$$

wenn m und n positive ganze Zahlen sind. Man kann diese Formel durch direkte Integration beweisen. (Historisch gesehen wurde (5.1) erstmals mit Hilfe einer schrecklichen Entwicklung in Taylorreihen entdeckt.)
Beweis von (5.2) Wir verwenden die trigonometrische Identität

$$\sin a \sin b = \frac{1}{2}\cos(a-b) - \frac{1}{2}\cos(a+b).$$

Aus dem Integral wird deshalb für $m \neq n$

$$\frac{l}{2(m-n)\pi}\sin\frac{(m-n)\pi x}{l}\Big|_0^l - \frac{l}{2(m+n)\pi}\sin\frac{(m+n)\pi x}{l}\Big|_0^l,$$

eine Linearkombination von $\sin(m\pm n)\pi$ und $\sin 0$, welche verschwindet. □

Die weitreichenden Folgerungen aus dieser grundlegenden Formel sind erstaunlich. Denken wir uns m *fixiert*, mulitiplizieren wir (5.1) mit $\sin(m\pi x/l)$ und integrieren wir die Reihe (5.1) gliedweise, so erhalten wir

$$\int_0^l \phi(x)\sin\frac{m\pi x}{l}dx = \int \sum_{n=1}^\infty A_n \sin\frac{n\pi x}{l}\sin\frac{m\pi x}{l}dx$$

$$= \sum_{n=1}^\infty A_n \int_0^l \sin\frac{n\pi x}{l}\sin\frac{m\pi x}{l}dx.$$

In dieser Summe *verschwinden alle Terme bis auf einen*, nämlich den mit $m=n$. (Der Index n, der alle natürlichen Zahlen durchläuft, ist somit nur eine „Attrappe".) Unsere Summe besteht also nur aus dem einzigen Term

$$A_m \int_0^l \sin^2\frac{m\pi x}{l}dx, \tag{5.3}$$

welcher mit $\tfrac{1}{2}lA_m$ nach Integration übereinstimmt. Es gilt

$$A_m = \frac{2}{l}\int_0^l \phi(x)\sin\frac{m\pi x}{l}dx, \tag{5.4}$$

Das ist die berühmte em Formel für die Fourierkoeffizienten der Reihe (5.1). Das heißt: *Wenn* $\phi(x)$ eine Entwicklung der Form (5.1) hat, *dann* sind die Koeffizienten durch (5.4) gegeben.

Dies sind die einzig möglichen Koeffizienten von (5.1). Die entscheidende Frage bleibt aber nach wie vor, ob Gleichung (5.1) mit diesen Koeffizienten gilt. Wir verschieben die Beantwortung dieser Konvergenzfrage auf Abschnitt 5.4.

Anwendung auf Diffusionen und Wellen

Gehen wir zur Diffusionsgleichung mit Dirichletschen Randbedingungen zurück, so liefert uns Formel (5.4) die letzte Zutat zur Lösungsformel, wenn die Anfangsvorgaben beliebige Funktionen sind.

Wie bei der Wellengleichung unter Dirichlet-Bedingungen bestehen die Anfangsvorgaben aus einem Paar von Funktionen $\phi(x)$ und $\psi(x)$ mit den Entwicklungen (4.10) und (4.11). Die Koeffizienten in (4.9) sind durch (5.4) gegeben, während aus demselben Grund die Koeffizienten B_m durch die ähnliche Formel

$$\frac{m\pi c}{l}B_m = \frac{2}{l}\int_0^l \psi(x)\sin\frac{m\pi x}{l}dx \tag{5.5}$$

bestimmt sind.

5.1 Die Fourierkoeffizienten

Gerade Fourierreihen

Wir betrachten jetzt den Fall einer Fourierschen Kosinusreihe, der der Vorgabe einer Neumann-Bedingung auf $]0;l[$ entspricht. Wir schreiben die Anfangsfunktion als

$$\phi(x) = \frac{1}{2}A_0 + \sum_{n=1}^{\infty} A_n \cos \frac{n\pi x}{l} dx. \tag{5.6}$$

Auch hier können wir die magische Tatsache

$$\int_0^l \cos \frac{n\pi x}{l} \cos \frac{m\pi x}{l} = 0 \quad \text{falls } m \neq n$$

für nichtnegative ganze Zahlen m und n feststellen. (Überprüfen Sie das!) Mit genau derselben Methode wie oben erhalten wir, wenn wir die Sinusausdrücke durch den Kosinus ersetzen,

$$\int_0^l \phi(x) \cos \frac{m\pi x}{l} dx = A_m \int_0^l \cos^2 \frac{m\pi x}{l} dx = \frac{1}{2}l A_m,$$

falls $m \neq n$. Im Fall $m = n$ erhalten wir

$$\int_0^l \phi(x) \cdot 1\, dx = \frac{1}{2}A_0 \int_0^l 1^2 dx = \frac{1}{2}A_0.$$

Wir haben damit für alle *nichtnegativen* ganzen Zahlen m die Formel für die Koeffizienten der geraden Fourierreihe gewonnen:

$$A_m = \frac{2}{l} \int_0^l \phi(x) \cos \frac{m\pi x}{l} dx \tag{5.7}$$

[Hier sehen Sie auch den Grund dafür, daß in (5.6) der Anfangsterm den Faktor $\frac{1}{2}$ erhielt.]

Fourierreihen

Die ganze Fourierreihe, oder einfach die Fourierreihe der Funktion $\phi(x)$ über dem Intervall $-l < x < l$ ist definiert durch

$$\phi(x) = \frac{1}{2}A_0 + \sum_{n=1}^{\infty} \left(A_n \cos \frac{n\pi x}{l} + B_n \sin \frac{n\pi x}{l} \right). \tag{5.8}$$

Achtung: Der Definitionsbereich ist jetzt nicht $]0;l[$, sondern $]-l;l[$! Die Eigenfunktionen sind

$$\{1;\ \cos(n\pi x/l);\ \sin(n\pi x/l)\, |n = 1, 2, 3, \ldots\}.$$

Auch hier fügt es sich wunderbar: Multipliziert man zwei verschiedene Eigenfunktionen und intergriert über das Intervall, so erhält man Null! Das bedeutet

$$\int_{-l}^{l} \cos\frac{n\pi x}{l} \sin\frac{m\pi x}{l} dx = 0 \qquad \text{für alle } n,m$$

$$\int_{-l}^{l} \cos\frac{n\pi x}{l} \cos\frac{m\pi x}{l} dx = 0 \qquad \text{für } n \neq m$$

$$\int_{-l}^{l} \sin\frac{n\pi x}{l} \sin\frac{m\pi x}{l} dx = 0 \qquad \text{für } n \neq m$$

$$\int_{-l}^{l} 1 \cdot \cos\frac{n\pi x}{l} dx = 0 \qquad \int_{-l}^{l} 1 \cdot \sin\frac{n\pi x}{l} dx = 0$$

Wir können also die Koeffizienten mit der gleichen Methode wie bei der ungeraden Fourierreihe bestimmen. Für die Integrale der Quadrate berechnen wir

$$\int_{-l}^{l} \cos^2\frac{n\pi x}{l} dx = l = \int_{-l}^{l} \sin^2\frac{n\pi x}{l} dx \quad \text{und} \quad \int_{-l}^{l} 1^2 dx = 2l.$$

(Überprüfen Sie auch diese Rechnung!) Wir gelangen schließlich zu den Formeln

$$A_n = \frac{1}{l}\int_{-l}^{l} \phi(x) \cos\frac{n\pi x}{l} dx \qquad (n=0,1,2,\ldots) \tag{5.9}$$

$$B_n = \frac{1}{l}\int_{-l}^{l} \phi(x) \sin\frac{n\pi x}{l} dx \qquad (n=0,1,2,\ldots) \tag{5.10}$$

für die Koeffizienten der Fourierreihe. Beachten Sie, daß diese Formeln *nicht* mit (5.4) und (5.7) übereinstimmen.

Beispiel 1

Sei $\phi(x) \equiv 1$ im Intervall $]0;l[$. ϕ läßt sich in eine Fouriersche Sinusreihe mit den Koeffizienten

$$\begin{aligned} A_m &= \frac{2}{l}\int_0^l \sin\frac{m\pi x}{l} dx = -\frac{2}{m\pi}\cos\frac{m\pi x}{l}\Big|_0^l \\ &= \frac{2}{m\pi}(1-\cos m\pi) = \frac{2}{m\pi}[1-(-1)^m]. \end{aligned}$$

entwickeln Es ist also $A_m = 4/m\pi$, falls m ungerade, und $A_m = 0$, falls m gerade ist. Wir erhalten

$$1 = \frac{4}{\pi}\left(\sin\frac{\pi x}{l} + \frac{1}{3}\sin\frac{3\pi x}{l} + \frac{1}{5}\sin\frac{5\pi x}{l} + \cdots\right) \tag{5.11}$$

in $]0;l[$. (Der Faktor $4/\pi$ wird vereinbarungsgemäß vor die Klammer gesetzt.) In Bild 5.1 sind einige der ersten Partialsummen dargestellt.

5.1 Die Fourierkoeffizienten

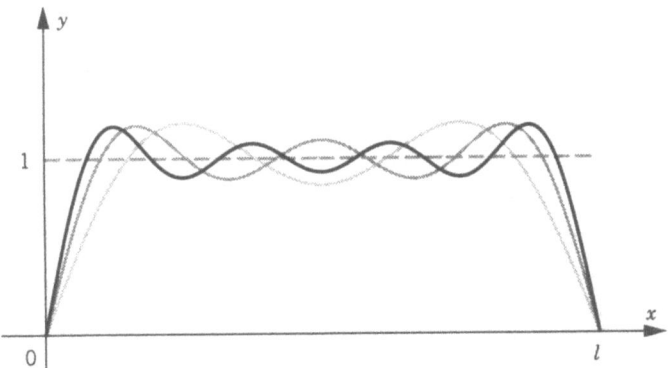

Bild 5.1

Beispiel 2

Dieselbe Funktion $\phi(x) \equiv 1$ hat eine Entwicklung als gerade Fourierreihe (Fouriersche Kosinusreihe) mit den Koeffizienten

$$A_m = \frac{2}{l}\int_0^l \cos\frac{m\pi x}{l}dx = \frac{2}{m\pi}\sin\frac{m\pi x}{l}\Big|_0^l$$
$$= \frac{2}{m\pi}(\sin m\pi - \sin 0) = 0 \quad \text{für } m \neq 0.$$

Es gibt also nur einen Null verschiedenen Koeffizienten, nämlich den für $m = 0$. Die Fouriersche Kosinusreihe ist deshalb trivial:

$$1 = 1 + 0\cos\frac{\pi x}{l} + 0\cos\frac{2\pi x}{l} + \cdots.$$

Das ist aber völlig normal, denn die Summendarstellung $1 = 1+0+0+0+\cdots$ ist offensichtlich richtig, und die Entwicklung als gerade Fourierreihe ist eindeutig.

Beispiel 3

Sei $\phi(x) = x$ im Intervall $]0;l[$. Die ungerade Fourierreihe hat die Koeffizienten

$$A_m = \frac{2}{l}\int_0^l x\sin\frac{m\pi x}{l}dx$$
$$= \left[-\frac{2x}{m\pi}\cos\frac{m\pi x}{l} + \frac{2l}{m^2\pi^2}\sin\frac{m\pi x}{l}\right]_0^l$$
$$= -\frac{2l}{m\pi}\cos m\pi + \frac{2l}{m^2\pi^2}\sin m\pi = (-1)^{m+1}\frac{2l}{m\pi}.$$

In $]0; l[$ gilt also

$$x = \frac{2l}{\pi}\left(\sin\frac{\pi x}{l} - \frac{1}{2}\sin\frac{2\pi x}{l} + \frac{1}{3}\sin\frac{3\pi x}{l} - \ldots\right). \qquad (5.12)$$

Beispiel 4

Sei $\phi(x) = x$ im Intervall $]0; l[$. Die gerade Fourierreihe hat die Koeffizienten

$$\begin{aligned}
A_0 &= \frac{2}{l}\int_0^l x\,dx = l \\
A_m &= \frac{2}{l}\int_0^l x\cos\frac{m\pi x}{l}dx \\
&= \left[\frac{2x}{m\pi}\sin\frac{m\pi x}{l} + \frac{2l}{m^2\pi^2}\cos\frac{m\pi x}{l}\right]_0^l \\
&= \frac{2l}{m\pi}\sin m\pi + \frac{2l}{m^2\pi^2}(\cos m\pi - 1) = \frac{2l}{m^2\pi^2}[(-1)^m - 1] \\
&= \begin{cases} \frac{-4l}{m^2\pi^2} & \text{falls } m \text{ ungerade} \\ 0 & \text{falls } m \text{ gerade} \end{cases}
\end{aligned}$$

In $]0; l[$ ist deshalb

$$x = \frac{l}{2} - \frac{4l}{\pi^2}\left(\cos\frac{\pi x}{l} + \frac{1}{9}\cos\frac{3\pi x}{l} + \frac{1}{25}\cos\frac{5\pi x}{l} + \ldots\right). \qquad (5.13)$$

Beispiel 5

Sei $\phi(x) = x$ im Intervall $]-l; l[$. Die Fourierreihe hat die Koeffizienten

$$\begin{aligned}
A_0 &= \frac{1}{l}\int_{-l}^l x\,dx = 0 \\
A_m &= \frac{1}{l}\int_{-l}^l x\cos\frac{m\pi x}{l}dx \\
&= \left[\frac{x}{m\pi}\sin\frac{m\pi x}{l} + \frac{l}{m^2\pi^2}\cos\frac{m\pi x}{l}\right]_{-l}^l \\
&= \frac{l}{m^2\pi^2}(\cos m\pi - \cos(-m\pi)) = 0. \\
B_m &= \frac{1}{l}\int_{-l}^l x\sin\frac{m\pi x}{l}dx \\
&= \left[\frac{-x}{m\pi}\cos\frac{m\pi x}{l} + \frac{l}{m^2\pi^2}\sin\frac{m\pi x}{l}\right]_{-l}^l
\end{aligned}$$

5.1 Die Fourierkoeffizienten

$$= \frac{-l}{m\pi}\cos m\pi + \frac{-l}{m\pi}\cos(-m\pi) = (-1)^{m+1}\frac{2l}{m\pi}.$$

Wir erhalten daraus dieselbe Reihe wie in (5.12) mit dem Unterschied, daß sie jetzt in $]-l;l[$ gültig ist. Das ist keine Überraschung, denn beide Seiten von (5.12) sind ungerade Funktionen.

Beispiel 6

Löse das Problem

$$u_{tt} = c^2 u_{xx}$$
$$u(0,t) = u(l,t) = 0$$
$$u(x,0) = x, \quad u_t(x,0) = 0.$$

Von Abschnitt 4.1 wissen wir, daß $u(x,t)$ die Entwicklung

$$u(x,t) = \sum_{n=1}^{\infty}\left(A_n \cos\frac{n\pi ct}{l} + B_n \sin\frac{n\pi ct}{l}\right)\sin\frac{n\pi x}{l}$$

besitzt. Differentiation nach t liefert

$$u_t(x,t) = \sum_{n=1}^{\infty}\frac{n\pi c}{l}\left(-A_n \sin\frac{n\pi ct}{l} + B_n \cos\frac{n\pi ct}{l}\right)\sin\frac{n\pi x}{l}$$

Setzt man $t = 0$, so wird

$$0 = \sum_{n=1}^{\infty}\frac{n\pi c}{l}B_n \sin\frac{n\pi x}{l},$$

woraus folgt, daß alle B_n Null sind. Setzt man $t = 0$ in die Reihenentwicklung von $u(x,t)$ ein, so erhält man

$$x = \sum_{n=1}^{\infty}A_n \sin\frac{n\pi x}{l},$$

also genau die Reihe von Beispiel 3. Die vollständige Lösung lautet deshalb

$$u(x,t) = \frac{2l}{\pi}\sum_{n=1}^{\infty}\frac{(-1)^{n+1}}{n}\sin\frac{n\pi x}{l}\cos\frac{n\pi ct}{l}.$$

Übungsaufgaben

1. Die Entwicklung $1 = \sum_{n\ ungerade}(4/n\pi)\sin nx$ ist gültig für $0 < x < \pi$. Setzen Sie $x = \pi/4$ und berechnen Sie die Summe

$$(1 - \frac{1}{5} + \frac{1}{9} - \frac{1}{13} + \cdots) + (\frac{1}{3} - \frac{1}{7} + \frac{1}{11} - \frac{1}{15} + \cdots) = 1 + \frac{1}{3} - \frac{1}{5} - \frac{1}{7} + \frac{1}{9} + \cdots$$

(*Hinweis:* Da jede der Reihen konvergiert, können sie wie angegeben zusammengefaßt werden. Sie dürfen jedoch nicht beliebig umgeordnet werden, da sie zwar bedingt, aber nicht absolut konvergieren.)

2. Sei $\phi(x) = x^2$ in $0 \leq x \leq 1 = l$.

    (a) Berechnen Sie die ungerade Fourierreihe.

    (b) Berechnen Sie die gerade Fourierreihe.

3. Betrachten Sie die Funktion $\phi(x) = x$ im Intervall $]0; l[$. Zeichnen Sie sie zusammen mit den Graphen der folgenden Funktionen:

    (a) Die Summe der ersten drei (nichtverschwindenden) Terme ihrer Fourier-Sinusreihe.

    (b) Die Summe der ersten drei (nichtverschwindenden) Terme ihrer Fourier-Kosinusreihe.

4. Bestimmen Sie die Fourier-Kosinusreihe von $|\sin x|$ im Intervall $]-\pi; \pi[$. Berechnen Sie damit die Summen

$$\sum_{n=1}^{\infty} \frac{1}{4n^2 - 1} \quad \text{und} \quad \sum_{n=1}^{\infty} \frac{(-1)^n}{4n^2 - 1}.$$

5. Gegeben ist die Fourier-Sinusreihe von $\phi(x) = x$ in $]0; l[$. Setzen Sie voraus, daß die Reihe gliedweise integriert werden darf, eine Tatsache, die später bewiesen werden soll.

    (a) Bestimmen Sie die Fourier-Kosinusreihe der Funktion $x^2/2$. Bestimmen Sie die Integrationskonstante – das ist der erste Term der Reihe.

    (b) Setzen Sie in Ihrem Ergebnis $x = 0$ und bestimmen Sie den Summenwert der Reihe

$$\sum_{n=1}^{\infty} \frac{(-1)^{n+1}}{n^2}.$$

6. (a) Ermitteln Sie mit der gleichen Methode die Fourier-Sinusreihe von x^3.

    (b) Bestimmen Sie die Fourier-Kosinusreihe von x^4.

7. Setzen Sie $x = 0$ im Ergebnis von Aufgabe 6(b), um den Grenzwert von

$$\sum_{n=1}^{\infty} \frac{(-1)^n}{n^4}$$

zu ermitteln.

8. Ein Stab habe die Länge $l = 1$, seine Temperatur genüge der Wärmeleitungsgleichung mit der Konstanten $k = 1$. Das linke Stabende werde auf der Temperatur 0, das rechte auf 1 gehalten. Die Anfangstemperatur (zur Zeit $t = 0$) sei durch
$$\phi(x) = \begin{cases} \dfrac{5x}{2} & \text{für } 0 < x < \tfrac{2}{3} \\ 3 - 2x & \text{für } \tfrac{2}{3} \leq x < 1 \end{cases}$$
vorgegeben. Bestimmen Sie die Lösung einschließlich der Koeffizienten.
(*Hinweis:* Berechnen Sie zunächst die Gleichgewichtslösung $U(x)$ und lösen Sie anschließend die Wärmeleitungsgleichung unter der Anfangsbedingung $u(x,0) = \phi(x) - U(x)$.)

9. Lösen Sie $u_{tt} = c^2 u_{xx}$ in $0 < x < \pi$ unter den Randbedingungen $u_x(0,t) = u_x(\pi,t) = 0$ und den Anfangsbedingungen $u(x,0) = 0$, $u_t(x,0) = \cos^2 x$.
(*Hinweis:* Beachten Sie Formel (4.26).)

10. Eine Saite (der Spannung T und der Dichte ρ) mit fixierten Endpunkten bei $x = 0$ und $x = l$ wird von einem Hammer so angeschlagen, daß gilt
$$u(x,0) = 0 \quad \text{und} \quad \frac{\partial u}{\partial t}(x,0) = \begin{cases} V & \text{in } [\tfrac{1}{2}l - \delta; \tfrac{1}{2}l + \delta] \\ 0 & \text{sonst.} \end{cases}$$
Berechnen Sie die Lösung in Reihendarstellung. Bestimmen Sie die Energie
$$E_n(h) = \frac{1}{2} \int_0^l \left[\rho \left(\frac{\partial h}{\partial t} \right)^2 + T \left(\frac{\partial h}{\partial x} \right)^2 \right] dx$$
der n-ten Harmonischen $h = h_n$, das ist der n-te Summand in der Reihendarstellung der Lösung. Schließen Sie daraus, daß bei kleinem δ (dem Anschlag mit einer schmalen, geraden Hammerfläche) jeder der ersten Obertöne fast die gleiche Energie wie der Grundton besitzt. Man könnte sagen, daß die Schwingung mit Oberschwingungen gesättigt ist.

11. Eine an beiden Enden fixierte Saite wird von einem runden Hammer genau in einem Knotenpunkt der n-ten Harmonischen (einem Punkt, im dem die n-te Eigenfunktion eine Nullstelle hat) angeschlagen. Zeigen Sie, daß dann die n-te Oberschwingung in der Lösung nicht vorkommt.

5.2 Gerade, ungerade, periodische und komplexe Funktionen

Jede der drei Arten von Fourierreihen (gerade, ungerade oder ganze) einer beliebigen vorgegebenen Funktion $\phi(x)$ kann jetzt mit den Koeffizientenformeln aus Abschnitt 5.1 bestimmt werden. Wir werden in Kürze sehen, daß fast jede auf dem Intervall $]0; l[$ definierte Funktion $\phi(x)$ sowohl als Fouriersche Sinusreihe als auch als Kosinusreihe dargestellt werden kann. Fast jede auf $]-l; l[$ definierte Funktion ist als ganze Fourierreihe darstellbar. Jede der Reihen konvergiert im Inneren des Intervalls, aber nicht notwendigerweise an den Endpunkten.

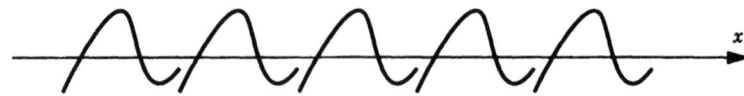

Bild 5.2

Mit den drei Arten von Fourierreihen stehen die Eigenschaften einer Funktion gerade, ungerade oder periodisch zu sein, in engem Zusammenhang.

Eine in $-\infty < x < \infty$ definierte Funktion heißt *periodisch*, wenn es eine Zahl $p > 0$ so gibt, daß

$$\phi(x + p) = \phi(x) \quad \text{für alle } x. \tag{5.14}$$

Die kleinste Zahl, für die diese Eigenschaft zutrifft, heißt *Periode* von $\phi(x)$. Der Graph einer periodischen Funktion besteht aus Teilstücken, die in horizontaler Richtung immer wieder aneinandergefügt werden. So hat beispielsweise $\cos x$ die Periode 2π, $\cos \lambda x$ hat die Periode $2\pi/\lambda$, und $\tan x$ hat die Periode π. Beachten Sie, daß $\phi(x + np) = \phi(x)$ für alle x und für alle ganzen Zahlen n gilt, wenn $\phi(x)$ die Periode p hat. (Warum?) Beachten Sie auch, daß dann $\int_a^{a+p} \phi(x)dx$ nicht von a abhängt. (Warum?)

Die Funktion $\cos(mx) + \sin(2mx)$ ist die Summe zweier Funktionen mit den Perioden $2\pi/m$ und π/m, sie hat deshalb die Periode $2\pi/m$, die größere von beiden.

Ist eine Funktion auf einem Intervall der Länge p definiert, so kann sie nur auf eine Art zu einer Funktion der Periode p fortgesetzt werden. Im Zusammenhang mit Fourierreihen ist für uns wichtig, daß eine im Intervall $-l < x < l$ definierte Funktion die *periodische Fortsetzung*

$$\phi_{per}(x) = \phi(x - 2lm) \quad \text{für } -l + 2lm < x < +l + 2lm \tag{5.15}$$

für alle ganzen Zahlen m besitzt. Bei dieser Definition werden die Funktionswerte an den Stellen $x = l + 2lm$ nicht vorgeschrieben. In der Tat hat die Fortsetzung an diesen Stellen Sprungstellen, sofern nicht die einseitigen Grenzwerte $\phi(l-)$ und $\phi(l+)$ übereinstimmen (siehe Bild 5.2). (Zur Definition der einseitigen Grenzwerte siehe Abschnitt A.1.)

Da jeder Term der Fourierreihe (5.8) die Periode $2l$ hat, hat auch der Grenzwert, sofern er existiert, die Periode $2l$. Die Fourierreihe kann deshalb *sowohl* als die Entwicklung der Fortsetzung einer beliebigen Funktion auf dem Intervall $]-l;l[$, *als auch* als Entwicklung einer auf der ganzen reellen Achse definierten $2l$-*periodischen* Funktion angesehen werden.

Jede *gerade* Funktion genügt definitionsgemäß der Gleichung

$$\phi(-x) = \phi(x) \tag{5.16}$$

Das bedeutet, daß ihr Graph $y = \phi(x)$ symmetrisch zur y-Achse verläuft, also aus zwei spiegelbildlich zueinander liegenden Teilen besteht. Damit die Beziehung (5.16) sinnvoll ist, muß $\phi(x)$ auf einem Intervall $]-l;l[$ definiert sein, welches symmetrisch zu $x = 0$ liegt.

5.2 Gerade, ungerade, periodische und komplexe Funktionen

Eine *ungerade Funktion* genügt der Gleichung

$$\phi(-x) = -\phi(x) \tag{5.17}$$

Das bedeutet, daß ihr Graph $y = \phi(x)$ symmetrisch zum Ursprung verläuft. Damit die Beziehung (5.16) sinnvoll ist, muß $\phi(x)$ auf einem Intervall $]-l; l[$ definiert sein, welches symmetrisch zu $x = 0$ liegt.

Ein Monom x^n ist eine gerade Funktion, wenn n gerade ist, eine ungerade Funktion, wenn n ungerade ist. Die Funktionen $\cos x$, $\cosh x$ und jede Funktion von x^2 sind gerade Funktionen. Die Funktionen $\sin x$, $\tan x$ und $\sinh x$ sind ungerade Funktionen. Bei Produktbildungen gelten die folgenden Regeln: gerade × gerade = gerade, ungerade × ungerade = gerade, ungerade × gerade = ungerade. Die Summe zweier ungerader Funktionen ist ungerade, die Summe zweier gerader Funktionen ist wieder gerade.

Die Summe aus einer geraden und einer ungeraden Funktion muß keine Symmetrien aufweisen. Beweis: Sei $f(x)$ eine beliebige auf $]-l; l[$ definierte Funktion. Setzt man $\phi(x) = \frac{1}{2}[f(x) + f(-x)]$ und $\psi(x) = \frac{1}{2}[f(x) - f(-x)]$, so ist leicht einzusehen, daß $f(x) = \phi(x) + \psi(x)$ und daß $\phi(x)$ eine gerade und $\psi(x)$ eine ungerade Funktion ist. Die Funktionen ϕ und ψ heißen gerader bzw. ungerader Teil von f. So sind beispielsweise sinh und cosh gerader bzw. ungerader Teil von exp, denn es gilt $e^x = \cosh x + \sinh x$. Ist $p(x)$ ein beliebiges Polynom, so besteht sein gerader Teil aus der Summe der Terme mit geraden, sein ungerader Teil aus der Summe der Terme mit ungeraden Exponenten.

Integration und Differentiation ändern die Parität (Geradheit oder Ungeradheit) einer Funktion. Das heißt: Ist $\phi(x)$ gerade, so sind sowohl $d\phi/dx$ als auch $\int_0^x \phi(s)ds$ ungerade Funktionen, ist $\phi(x)$ ungerade, so sind Ableitung und Stammfunktion gerade Funktionen. (Beachten Sie, daß die untere Integrationsgrenze Null ist.)

Der Graph einer ungeraden Funktion $\phi(x)$ muß durch den Ursprung verlaufen, denn wenn man in (5.17) $x = 0$ einsetzt, folgt direkt $\phi(0) = 0$. Der Graph einer geraden Funktion $\phi(x)$ schneidet die y-Achse rechtwinklig ($\phi'(0) = 0$), da die Ableitung ungerade ist (vorausgesetzt, sie existiert).

Beispiel 1

Die Funktion $\tan x$ ist das Produkt einer ungeraden Funktion ($\sin x$) mit einer geraden Funktion ($1/\cos x$). Deshalb ist $\tan x$ eine ungerade und periodische Funktion. Beachten Sie aber, daß die kleinste Periode π, und nicht 2π ist. Ihre Ableitung $\sec^2 x$ ist notwendigerweise gerade und periodisch; die Periode ist π. Die gestreckte Funktion $\tan ax$ ist ebenfalls ungerade und periodisch, sie hat die Periode π/a bei beliebigem $a > 0$.

Bestimmte Integrale über symmetrischen Intervallen haben nützliche Eigenschaften:

$$\int_{-l}^{l} (ungerade)dx = 0 \quad \text{und} \quad \int_{-l}^{l} (gerade)dx = 2\int_{0}^{l} (gerade)dx. \tag{5.18}$$

Eine auf $]0;l[$ definierte Funktion kann auf nur eine Weise als gerade oder ungerade Funktion auf $]-l;l[$ fortgesetzt werden. Die *gerade Fortsetzung* von $\phi(x)$ wird definiert durch

$$\phi_{ger}(x) = \begin{cases} \phi(x) & \text{für} \quad 0 < x < l \\ \phi(-x) & \text{für} \quad -l < x < 0. \end{cases} \tag{5.19}$$

Man setzt also den Graphen durch sein Spiegelbild an der y-Achse fort. Die gerade Fortsetzung ist nicht notwendigerweise im Nullpunkt definiert.

Die *ungerade Fortsetzung* wird definiert durch

$$\phi_{ung}(x) = \begin{cases} \phi(x) & \text{für} \quad 0 < x < l \\ -\phi(-x) & \text{für} \quad -l < x < 0 \\ 0 & \text{für} \quad x = 0. \end{cases} \tag{5.20}$$

Hier ist die Fortsetzung das Spiegelbild des Graphen am Ursprung.

Fourierreihen und Randbedingungen

Kommen wir zur Fourierschen Sinusreihe zurück. Jeder ihrer Terme, $\sin(n\pi x/l)$, ist eine ungerade Funktion. Ihr Grenzwert (sofern er existiert) muß deshalb auch ungerade sein. Darüber hinaus hat jeder Term die Periode $2l$, so daß gleiches für den Grenzwert gilt. *Die Fourier-Sinusreihe kann aufgefaßt werden als die $2l$-periodische ungerade Fortsetzung einer beliebigen auf* $]0;l[$ *definierten Funktion auf die gesamte reelle Achse* $-\infty < x < \infty$.

In gleicher Weise, da alle Kosinusfunktionen gerade sind, kann *die Fourier-Kosinusreihe aufgefaßt werden als die $2l$-periodische gerade Fortsetzung einer beliebigen auf* $]0;l[$ *definierten Funktion auf die gesamte reelle Achse* $-\infty < x < \infty$.

Die hier behandelten Begriffe der Parität und der Periodizität einer Funktion stehen in Zusammenhang mit den folgenden Arten von Randbedingungen:

$$u(0,t) = u(l,t) = 0 \qquad \text{Dirichletschen Randbedingungen entsprechen ungerade Fortsetzungen} \tag{5.21}$$

$$u_x(0,t) = u_x(l,t) = 0 \qquad \text{Neumannschen Randbedingungen entsprechen gerade Fortsetzungen} \tag{5.22}$$

$$\left.\begin{array}{l} u(l,t) = u(-l,t) \\ u_x(l,t) = u_x(-l,t) \end{array}\right\} \quad \text{periodischen Randbedingungen entsprechen periodische Fortsetzungen} \tag{5.23}$$

Die komplexe Form der Fourierreihe

Die Eigenfunktionen von $-d^2/dx^2$ auf $]-l;l[$ unter periodischen Randbedingungen sind $\sin(n\pi x/l)$ und $\cos(n\pi x/l)$. Erinnern wir uns an die *De Moivreschen Formeln*, durch die Sinus- und Kosinusausdrücke mit Hilfe der komplexen Exponentialfunktion ausgedrückt werden können:

$$\sin\theta = \frac{e^{i\theta} - e^{-i\theta}}{2i} \quad \text{und} \quad \cos\theta = \frac{e^{i\theta} + e^{-i\theta}}{2}. \tag{5.24}$$

5.2 Gerade, ungerade, periodische und komplexe Funktionen

Statt Sinus und Kosinus können wir also alternativ das Funktionenpaar $e^{+in\pi x/l}$ und $e^{-in\pi x/l}$ verwenden. Wir müssen allerdings die Komplexwertigkeit beachten. Wenn wir das tun, ist die Menge der trigonometrischen Funktionen $\{\sin n\theta, \cos n\theta\}$ zu ersetzen durch die Menge der komplexwertigen Exponentialfunktionen

$$\{1; e^{+i\pi x/l}, e^{+2i\pi x/l}, \ldots, e^{-i\pi x/l}, e^{-2i\pi x/l}, \ldots\}.$$

Mit anderen Worten, wir verwenden $\{e^{in\pi x/l}\}$, wobei n die *ganzen Zahlen* durchläuft. Damit sind wir in der Lage, Fourierreihen in der komplexen Form als

$$\phi(x) = \sum_{-\infty}^{\infty} c_n e^{in\pi x/l} \tag{5.25}$$

zu schreiben. Hierbei handelt es sich um die Summe zweier unendlicher Reihen, die eine wird summiert über n von 0 bis $+\infty$, die andere über n von -1 bis $-\infty$. Die grundlegende Eigenschaft nimmt in diesem Fall die folgende Gestalt an:

$$\begin{aligned}
\int_{-l}^{l} e^{in\pi x/l} e^{-im\pi x/l} dx &= \int_{-l}^{l} e^{i(n-m)\pi x/l} dx \\
&= \frac{l}{i\pi(n-m)}[e^{i(n-m)\pi} - e^{i(m-n)\pi}] \\
&= \frac{l}{i\pi(n-m)}[(-1)^{n-m} - (-1)^{m-n}] = 0,
\end{aligned}$$

vorausgesetzt $n \neq m$. Beachten Sie das Minuszeichen im ersten Integral. Für $n = m$ erhalten wir

$$\int_{-l}^{l} e^{i(n-n)\pi x/l} dx = \int_{-l}^{l} 1 \, dx = 2l.$$

Mit der Methode von Abschnitt 5.1 sind die Koeffizienten durch die Formel

$$c_n = \frac{1}{2l} \int_{-l}^{l} f(x) e^{-in\pi x/l} dx$$

gegeben. Die komplexe Form ist bei Berechnungen manchmal angenehmer als die reelle mit ihren Sinus- und Kosinusausdrücken. Im Grunde handelt es sich aber um dieselben Reihen, die nur in unterschiedlicher Form geschrieben werden.

Übungsaufgaben

1. Bestimmen Sie für jede der folgenden Funktionen, ob sie gerade, ungerade oder periodisch sind. Falls sie periodisch sind, geben Sie die Periode an.

    (a) $\sin ax$ $(a > 0)$
    (b) e^{ax} $(a > 0)$
    (c) x^m (m eine ganze Zahl)
    (d) $\tan x^2$

(e) $|\sin(x/b)|$ $(b > 0)$

(f) $x \cos ax$ $(a > 0)$

2. Zeigen Sie, daß für eine rationale Zahl α die Funktion $\cos x + \cos \alpha x$ periodisch ist. Bestimmen Sie die Periode.

3. Beweisen Sie die gerade und ungerade Funktionen betreffende Eigenschaft (5.18).

4. (a) Zeigen Sie mit Hilfe von (5.18): Ist $\phi(x)$ eine ungerade Funktion, so enthält die ganze Fourierreihe auf $]-l;l[$ nur Sinusterme.

   (b) Zeigen Sie ebenso: Ist $\phi(x)$ eine gerade Funktion, so enthält die ganze Fourierreihe nur Kosinusausdrücke. (*Hinweis:* Verwenden Sie nicht die Reihe direkt, sondern zeigen Sie mit Hilfe der Koeffizientenformeln, daß jeder zweite Koeffizient verschwindet.)

5. Zeigen Sie, daß die Fouriersche Sinusreihe auf $]0;l[$ auf folgende Weise aus der ganzen Fourierreihe auf $]-l;l[$ erhalten werden kann: Sei $\phi(x)$ eine beliebige (stetige) Funktion auf $]0;l[$ und $\tilde{\phi}(x)$ ihre ungerade Fortsetzung. Schreiben Sie die Fourierreihe für $\tilde{\phi}(x)$ in $]-l;l[$ auf. [$\tilde{\phi}(x)$ soll gleichzeitig ihre Summe sein.] Nach Aufgabe 4 besteht diese Reihe nur aus Sinustermen. Betrachten Sie die Restriktion auf $0 < x < l$, so erhalten Sie die Sinusreihe von $\phi(x)$.

6. Zeigen Sie, daß man die Kosinusreihe einer auf $]0;l[$ erklärten Funktion aus der ganzen Fourierreihe mit Hilfe der geraden Fortsetzung einer Funktion erhält.

7. Zeigen Sie, wie man die Fourierreihe auf $]-l;l[$ aus der Fourierreihe auf $]-\pi;\pi[$ erhält, wenn man den Variablenwechsel $x' = (\pi/l)x$ vornimmt. (Man nennt das eine *Maßstabsänderung*; es bedeutet, daß eine Einheit auf der x-Achse in π/l Einheiten auf der x'-Achse übergeht.)

8. (a) Zeigen Sie, daß durch Differentiation aus geraden Funktionen ungerade Funktionen werden, und daß aus ungeraden Funktionen gerade werden.

   (b) Zeigen Sie das gleiche für die Integration, vorausgesetzt, sie wählen im Fall gerader Funktionen die Integrationskonstante passend.

9. Sei $\phi(x)$ eine Funktion der Periode π. Bestimmen Sie die ungeraden Koeffizienten der Fourierreihe, wenn gilt $\phi(x) = \sum_{n=1}^{\infty} a_n \sin nx$ für alle x.

10. (a) Sei $\phi(x)$ eine auf $]0;l[$ stetige Funktion. Unter welcher Voraussetzung ist die *ungerade* Fortsetzung ebenfalls stetig?

    (b) Sei $\phi(x)$ eine auf $]0;l[$ differenzierbare Funktion. Unter welcher Voraussetzung ist die *ungerade* Fortsetzung ebenfalls differenzierbar?

    (c) Wie Teil (a) für die *gerade* Fortsetzung.

    (d) Wie Teil (b) für die *gerade* Fortsetzung.

5.3 Orthogonalität und allgemeine Fourierreihen

11. Bestimmen Sie die Fourierreihe der Funktion e^x auf $]-l;l[$ in reeller und in komplexer Form. (*Hinweis:* Es empfielt sich, die komplexe Form zuerst zu bestimmen.)

12. Behandeln Sie Aufgabe 11 für die Funktion $\cosh x$. (*Hinweis:* Benützen Sie das vorige Ergebnis)

13. Behandeln Sie Aufgabe 11 für die Funktion $\sin x$ unter der Voraussetzung, daß l kein ganzzahliges Vielfaches von π ist. (*Hinweis:* Bestimmen Sie zuerst die Reihe für e^{ix}.)

14. Behandeln Sie Aufgabe 11 für die Funktion $|x|$.

15. Sagen Sie ohne jede Berechnung voraus, welche Fourierkoeffizienten von $|\sin x|$ über dem Intervall $]-\pi;\pi[$ verschwinden müssen.

16. Verwenden Sie die De Moivreschen Formeln (5.24), um die Standardformeln für $\sin(\theta + \phi)$ und $\cos(\theta + \phi)$ herzuleiten.

17. Zeigen Sie, daß eine komplexwertige Funktion $f(x)$ genau dann reellwertig ist, wenn für ihre komplexen Fourierkoeffizienten gilt $c_n = \overline{c_{-n}}$.

5.3 Orthogonalität und allgemeine Fourierreihen

Versuchen wir zu verstehen, woran es liegt, daß die schöne Methode der Fourierreihen funktioniert. Beschäftigen wir uns zunächst mit reellen Funktionen. Wenn $f(x)$ und $g(x)$ zwei auf dem Intervall $a \leq x \leq b$ definierte reellwertige, stetige Funktionen sind, so definiert man ihr *inneres Produkt* als das Integral über ihr Produkt:

$$(f,g) \equiv \int_a^b f(x)g(x)\,dx. \tag{5.26}$$

Das innere Produkt ist eine reelle Zahl. Wir nennen $f(x)$ und $g(x)$ *orthogonal*, wenn $(f,g) = 0$. (Die Terminologie lehnt sich an den analogen Fall gewöhnlicher Vektoren unter dem inneren Produkt (Skalarprodukt) an.) Beachten Sie, daß keine Funktion zu sich selbst orthogonal ist, ausgenommen $f(x) \equiv 0$. Wir haben in Abschnitt 5.1 die wesentliche Beobachtung gemacht, daß in jedem der dort betrachteten Fälle *jede Eigenfunktion orthogonal zu allen anderen ist*. Es soll nun begründet werden, daß diese scheinbar zufällige Übereinstimmung in Wirklichkeit eine Gesetzmäßigkeit ist.

Wir untersuchen den Operator $A = -d^2/dx^2$ unter gewissen Randbedingungen (Dirichletschen, Neumannschen oder ...). Seien $X_1(x)$ und $X_2(x)$ zwei Eigenfunktionen zu verschiedenen Eigenwerten. Für sie gilt

$$-X_1'' = \frac{-d^2 X_1}{dx^2} = \lambda_1 X_1$$
$$-X_2'' = \frac{-d^2 X_2}{dx^2} = \lambda_2 X_2, \tag{5.27}$$

wobei beide Funktionen die Randbedingungen erfüllen. Mit der Produktregel der Differentiation überzeugt man sich leicht von der Identität

$$-X_1''X_2 + X_1X_2'' = (-X_1'X_2 + X_1X_2')'.$$

Wir integrieren diese Gleichung und erhalten

$$\int_a^b (-X_1''X_2 + X_1X_2'')dx = (-X_1'X_2 + X_1X_2')\Big|_a^b. \tag{5.28}$$

Diese Formel wird gelegentlich auch als *zweite Greensche Identität* bezeichnet. Man könnte sie auch als das Ergebnis einer zweimaligen partiellen Integration auffassen.

Zur Umformung der linken Seite von (5.28) nützen wir die Differentialgleichungen (5.27) aus. Für die rechte Seite verwenden wir die Randbedingungen und gelangen zu folgenden Schlußfolgerungen:

1. *Fall (Dirichlet):* Beide Funktionen verschwinden an beiden Endpunkten: $X_1(a) = X_1(b) = X_2(a) = X_2(b) = 0$. Die rechte Seite von (5.28) ist Null.

2. *Fall (Neumann):* Die ersten Ableitungen verschwinden an beiden Endpunkten. Die rechte Seite ist wieder Null.

3. *Fall (Periodisch):* $X_j(a) = X_j(b)$, $X_j'(a) = X_j'(b)$ für $j = 1, 2$. Wieder ist die rechte Seite Null.

4. *Fall (Robin):* Man erhält abermals Null! Siehe Übungsaufgabe 8.

In allen vier Fällen reduziert sich (5.28) zu

$$(\lambda_1 - \lambda_2)\int_a^b X_1X_2 dx = 0. \tag{5.29}$$

X_1 und X_2 sind also orthogonal. Damit ist vollständig erklärt, warum die Fouriersche Methode funktioniert (jedenfalls, wenn $\lambda_1 \neq \lambda_2$)!

Die rechte Seite von (5.28) ist nicht immer Null. Betrachten wir als Beispiel die Randbedingungen $X(a) = X(b)$, $X'(a) = 2X'(b)$. Dann ist die rechte Seite von (5.28) $X_1'(b)X_2(b) - X_1(b)X_2'(b)$, also von Null verschieden. Die Methode läßt sich nur bei passenden Randbedingungen anwenden.

Symmetrische Randbedingungen

Stellen wir uns jetzt ein *beliebiges Paar von Randbedingungen*

$$\begin{aligned}\alpha_1 X(a) + \beta_1 X(b) + \gamma_1 X'(a) + \delta_1 X'(b)\\ \alpha_2 X(a) + \beta_2 X(b) + \gamma_2 X'(a) + \delta_2 X'(b)\end{aligned} \tag{5.30}$$

vor, das acht reelle Konstanten enthält. (Jedem der vorangegangenen Beispiele entspricht eine Wahl dieser Konstanten.) Ein derartiges Paar von Randbedingungen heißt *symmetrisch*, wenn

5.3 Orthogonalität und allgemeine Fourierreihen

$$f'(x)g(x) - f(x)g'(x)\big|_{x=a}^{x=b} = 0 \tag{5.31}$$

für je zwei Funktionen $f(x)$ und $g(x)$, die beide das Paar von Randbedingungen (5.30) erfüllen. Wie wir schon eingesehen haben, ist jede der vier Standardrandbedingungen (Dirichlet usw.) symmetrisch, die fünfte, im Beispiel angegebene, jedoch nicht. Als wichtigste Tatsache sollten wir uns einprägen, daß alle Standardrandbedingungen symmetrisch sind.

Greens zweite Identität (5.28) zieht dann den folgenden Satz nach sich. Unter einer *Eigenfunktion* verstehen wir jetzt eine Lösung von $-X'' = \lambda X$, welche (5.30) erfüllt.

Satz 5.1 *Zwei zu verschiedenen Eigenwerten gehörende Eigenfunktionen sind bei symmetrischen Randbedingungen orthogonal. Die Koeffizienten der Entwicklung einer jeden Funktion nach den Eigenfunktionen sind deshalb eindeutig bestimmt.*

Beweis: Wir nehmen zwei verschiedene Eigenfunktionen zu den Eigenwerten $\lambda_1 \neq \lambda_2$ und betrachten mit ihnen die zweite Greensche Identität (5.28). Wegen der Symmetrie der Randbedingungen verschwindet die rechte Seite von (5.28). Nützt man aus, daß X_1 und X_2 die Gleichungen (5.27) erfüllen, so nimmt die Identität die Form (5.29) an und die Orthogonalität ist bewiesen.

Bezeichnet X_n die Eigenfunktion zum Eigenwert λ_n und ist

$$\phi(x) = \sum_n A_n X_n(x) \tag{5.32}$$

eine konvergente Reihe mit den Konstanten A_n, so gilt wegen der Orthogonalität der Eigenfunktionen

$$(\phi, X_m) = \left(\sum_n A_n X_n, X_m\right) = \sum_n A_n(X_n, X_m) = A_m(X_m, X_m).$$

Setzen wir $c_m = (X_m, X_m)$, so erhalten wir durch

$$A_m = \frac{(\phi, X_m)}{c_m} \tag{5.33}$$

die Formel für die Entwicklungskoeffizienten. □

Zwei Worte der Warnung. Erstens: Wir haben bisher alle Konvergenzfragen vermieden. Zweitens: Zwei linear unabhängige Eigenfunktionen $X_1(x)$ und $X_2(x)$, deren Eigenwerte λ_1 und λ_2 gleich sind, müssen nicht orthogonal sein. Mit Hilfe des Gram-Schmidtschen Orthonormierungsverfahrens (siehe Übungsaufgabe 10) können aus ihnen jedoch orthogonale Eigenfunktionen gewonnen werden. Im Fall periodischer Randbedingungen sind beispielsweise die beiden Eigenfunktionen $\sin(n\pi x/l)$ und $\cos(n\pi x/l)$ orthogonal auf $]-l;l[$, obwohl sie beide zum Eigenwert $(n\pi/l)^2$ gehören. Die beiden Eigenfunktionen $\sin(n\pi x/l)$ und $[\cos(n\pi x/l) + \sin(n\pi x/l)]$ sind jedoch nicht orthogonal.

Komplexe Eigenwerte

Wie steht es nun mit komplexen Eigenwerten λ und komplexwertigen Eigenfunktionen $X(x)$? Sind $f(x)$ und $g(x)$ zwei komplexwertige Funktionen, so definieren wir ihr *inneres Produkt* auf $]a;b[$ durch

$$(f,g) = \int_a^b f(x)\overline{g(x)}\,dx. \tag{5.34}$$

Der Querstrich bezeichnet das konjugiert Komplexe. Zwei Funktionen f und g heißen *orthogonal*, wenn $(f,g) = 0$. (Genau das ist auch bei komplexen Vektoren üblich.)

Nehmen wir an, die Randbedingung (5.30) mit den acht reellen Konstanten ist gegeben. Sie wird *symmetrisch* (oder *hermitesch*) genannt, wenn

$$\left. f'(x)\overline{g(x)} - f(x)\overline{g'(x)} \right|_a^b = 0 \tag{5.35}$$

für alle f,g, welche die Randbedingungen erfüllen. Satz 1 hat dann ohne irgendeine Änderung auch für komplexe Funktionen Gültigkeit. Es ist aber auch die folgende wesentliche Tatsache festzustellen:

Satz 5.2 *Unter den Voraussetzungen von Satz 5.1 sind alle Eigenwerte reelle Zahlen. Alle Eigenfunktionen können reellwertig gewählt werden.*

(Vergleichen Sie diesen Sachverhalt mit der expliziten Untersuchung komplexer Eigenwerte gegen Ende von Abschnitt 4.1.)

Beweis: Sei λ ein (möglicherweise komplexer) Eigenwert. $X(x)$ sei eine zugehörige, ebenfalls möglicherweise komplexe Eigenfunktion. Dann sind die Gleichung $-X'' = \lambda X$ und die Randbedingungen (5.30) erfüllt. Der Übergang zum konjugiert Komplexen zeigt, daß $\bar{X}$ die Gleichung $-\bar{X}'' = \bar{\lambda}\bar{X}$ und die Randbedingungen erfüllt. $\bar{\lambda}$ ist also auch ein Eigenwert. Wendet man die Greensche Identität auf die beiden Funktionen X und $\bar{X}$ an, so erhält man

$$\int_a^b (-X''\bar{X} + X\bar{X}'')\,dx = \left. (-X'\bar{X} + X\bar{X}') \right|_a^b = 0,$$

da die Randbedingungen symmetrisch sind. Es folgt

$$(\lambda - \bar{\lambda}) \int_a^b X\bar{X}\,dx = 0.$$

Da $X\bar{X} = |X|^2 \geq 0$ und $X(x)$ als Eigenfunktion nicht die Nullfunktion sein kann, ist das Integral von Null verschieden. Dann muß aber λ mit $\bar{\lambda}$ übereinstimmen, also reell sein.

5.3 Orthogonalität und allgemeine Fourierreihen

Als nächstes betrachten wir dasselbe Problem $-X'' = \lambda X$ mit den RBen (5.30). Wir wissen, daß λ reell ist. Ist $X(x)$ komplex, so hat es die Darstellung $X(x) = Y(x)+iZ(x)$, wobei $Y(x)$ und $Z(x)$ reelle Funktionen sind. Es gilt dann $-Y''-iZ'' = \lambda Y + i\lambda Z$. Durch Vergleich der Real- und Imaginärteile folgt $-Y'' = \lambda Y$ und $-Z'' = \lambda Z$. Die Randbedingungen sind sowohl für Y als auch für Z erfüllt, da die acht Konstanten in (5.30) reell sind. Zum *reellen* Eigenwert λ gehören also die *reellen* Eigenfunktionen Y und Z. Wir können deshalb sagen, daß X und $\bar X$ durch Y und Z ersetzt werden können. Alle Linearkombinationen $aX+b\bar X$ liefern dieselbe Menge von Eigenfunktionen wie die Linearkombinationen $cY+dZ$, dabei stehen die Koeffizienten a, b in fester Beziehung zu c, d. Damit ist der Satz (5.2) vollständig bewiesen. □

Negative Eigenwerte

Wir haben schon gesehen, daß die meisten Eigenwerte positive Zahlen sind. Eine wichtige Frage ist, ob *alle* positiv sind. Der nächste Satz gibt dafür eine hinreichende Bedingung.

Satz 5.3 *Unter den Voraussetzungen von Satz 5.1 gelte*

$$f(x)f'(x)|_{x=a}^{x=b} \leq 0 \qquad (5.36)$$

für alle (reellwertigen) Funktionen $f(x)$, die die Randbedingungen (5.30) erfüllen. Dann gibt es keinen negativen Eigenwert.

Der Beweis dieses Satzes soll in Übungsaufgabe 13 erbracht werden. Es ist unschwer einzusehen, daß (5.36) bei Dirichletschen, Neumannschen oder periodischen Randbedingungen erfüllt ist, so daß es also in diesen Fällen keine negativen Eigenwerte geben kann (siehe Übungsaufgabe 11). Wie wir schon in Abschnitt 4.3 gesehen haben, kann (5.36) für gewisse Robin-Bedingungen verletzt sein.

Uns ist bereits eine starke Analogie unserer Analysis zur linearen Algebra aufgefallen. Es verhalten sich nicht nur Funktionen so wie Vektoren, sondern auch der Operator $-d^2/dx^2$ wie eine Matrix; er *ist* in der Tat eine lineare Transformation. Unsere Sätze 1 und 2 ähneln denen über reelle, symmetrische Matrizen. Ist zum Beispiel A eine reelle, symmetrische Matrix, und sind f und g Vektoren, so gilt $(Af, g) = (f, Ag)$. In unserem vorliegenden Fall, in dem A ein Differentialoperator mit symmetrischen Randbedingungen ist und f und g Funktionen sind, gilt genau dieselbe Identität $(Af, g) = (f, Ag)$ (siehe (5.28)). Die zwei Hauptunterschiede zur Matrixtheorie sind einmal, daß unsere Vektorräume unendlichdimensional sind, zum anderen, daß die Randbedingungen in die Definition unserer linearen Transformation eingehen.

Übungsaufgaben

1. (a) Bestimmen Sie die zu den Vektoren (1, 1, 1) und (1, −1, 0) orthogonalen Vektoren.

    (b) Stellen Sie den Vektor (2, −3, 5) als Linearkombination der beiden in (a) gegebenen und einem der in (a) berechneten Vektoren dar.

2. (a) Zeigen Sie, daß im Intervall $[-1;1]$ die Funktion $f(x) = x$ orthogonal zu den konstanten Funktionen ist.

    (b) Bestimmen Sie ein quadratisches Polynom, das zu $f(x) = x$ und zu den konstanten Funktionen orthogonal ist.

    (c) Bestimmen Sie ein Polynom dritten Grades, das zu allen quadratischen Polynomen orthogonal ist.

    Sie haben damit die ersten *Legendre-Polynome* berechnet.

3. Betrachten Sie die Gleichung $u_{tt} = c^2 u_{xx}$ in $0 < x < l$ unter den Randbedingungen $u(0,t) = 0$, $u_x(l,t) = 0$ und unter den Anfangsbedingungen $u(x,0) = x$, $u_t(x,0) = 0$. Bestimmen Sie die Lösung explizit in Reihendarstellung.

4. Betrachten Sie das Problem $u_t = k u_{xx}$ in $0 < x < l$ unter den Randbedingungen $u(0,t) = U$, $u_x(l,t) = 0$ und der Anfangsbedingung $u(x,0) = 0$. U ist dabei eine Konstante.

    (a) Bestimmen Sie die Lösung als Reihe. (*Hinweis:* Betrachten Sie $u(x,t) - U$.)

    (b) Argumentieren Sie direkt, daß die Reihe für $t > 0$ konvergiert.

    (c) Sei $\epsilon > 0$ eine kleine Fehlergröße. Nach welcher Zeit unterscheidet sich Funktionswert $u(l,t)$ am rechten Intervallende um weniger als ϵ von der Konstanten U? (*Hinweis:* Sie erhalten als Lösung eine alternierende Reihe mit dem Anfangsglied U, so daß der Fehler kleiner sein muß als der nachfolgende Term.)

5. (a) Zeigen Sie, daß die Randbedingungen $u(0,t) = 0$, $u_x(l,t) = 0$ zu den Eigenfunktionen $\{\sin(\pi x/2l), \sin(3\pi x/2l), \sin(5\pi x/2l), \ldots\}$ führen.

    (b) Sei $\phi(x)$ eine beliebige Funktion auf $]0;l]$. Bestimmen Sie ihre Reihenentwicklung

    $$\phi(x) = \sum_{n=1}^{\infty} C_n \sin\left\{\left(n + \frac{1}{2}\right) \frac{\pi x}{l}\right\} \qquad (0 < x < l)$$

    nach der folgenden Methode. Setzen Sie die Funktion $\phi(x)$ zur Funktion $\tilde\phi$ dadurch fort, daß Sie definieren

    $$\tilde\phi(x) = \begin{cases} \phi(x) & \text{für } 0 \leq x \leq l \\ \phi(2l - x) & \text{für } l < x \leq 2l \end{cases}$$

5.3 Orthogonalität und allgemeine Fourierreihen

(Das bedeutet, Sie setzen ϕ als gerade Funktion über $x = l$ hinaus fort.) Schreiben Sie die ungerade Fourierreihe der Funktion $\tilde{\phi}$ über dem Intervall $]0; 2l[$, sowie die Formel für ihre Koeffizienten auf.

(c) Zeigen Sie, daß jeder zweite Koeffizient verschwindet.

(d) Schreiben Sie die Formel für die C_n als Integral der Ausgangsfunktion $\phi(x)$ über das Intervall $]0; l[$.

6. Bestimmen Sie die komplexen Eigenwerte des Operators erster Ordnung d/dx unter der Randbedingung $X(0) = X(1)$. Sind die Eigenfunktionen orthogonal im Intervall $]0; l[$?

7. Zeigen Sie direkt durch Integration, daß die den Robin-Bedingungen zugehörigen Eigenfunktionen von $-X'' = \lambda X$, nämlich

$$\phi_n(x) = \cos \beta_n x + \frac{a_0}{\beta_n} \sin \beta_n x,$$

wobei $\lambda_n = \beta_n^2$ und β_n die positiven Lösungen von (4.37) sind, über dem Intervall $0 \leq x \leq l$ paarweise orthogonal sind.

8. Zeigen Sie direkt, daß $(-X_1' X_2 + X_1 X_2')|_a^b = 0$, wenn X_1 und X_2 beide denselben Robin-Bedingungen sowohl bei $x = a$ als auch bei $x = b$ genügen.

9. Zeigen Sie, daß die Randbedingungen

$$X(b) = \alpha X(a) + \beta X'(a) \quad \text{und} \quad X'(b) = \gamma X(a) + \delta X'(a)$$

über dem Intervall $a \leq x \leq b$ genau dann symmetrisch sind, wenn $\alpha\delta - \beta\gamma = 1$.

10. (*Das Gram-Schmidtsche Orthonormierungsverfahren*) Jede (endliche oder unendliche) Folge $X_1, X_2, \ldots$ von linear unabhängigen Vektoren eines Vektorraums mit innerem Produkt kann ersetzt werden durch eine paarweise orthogonale Folge von Linearkombinationen dieser Vektoren. Man geht dabei schrittweise so vor, daß man von jedem Vektor die Komponentenanteile subtrahiert, die parallel zu den schon ermittelten Vektoren sind. Das Verfahren läuft wie folgt ab. Als erstes setzen wir $Z_1 = X_1/\|X_1\|$. Danach definieren wir

$$Y_2 = X_2 - (X_2, Z_1) Z_1 \quad \text{und setzen} \quad Z_2 = \frac{Y_2}{\|Y_2\|}.$$

Im dritten Schritt definieren wir

$$Y_3 = X_3 - (X_3, Z_2) Z_2 - (X_3, Z_1) Z_1 \quad \text{und setzen} \quad Z_3 = \frac{Y_3}{\|Y_3\|}$$

usw.

(a) Zeigen Sie, daß die Vektoren $Z_1, Z_2, Z_3, \ldots$ paarweise orthogonal sind.

(b) Wenden Sie das Verfahren auf die beiden in $]0; \pi[$ definierten Funktionen $\cos x + \cos 2x$ und $3 \cos x - 4 \cos 2x$ an, um ein orthogonales Funktionenpaar zu erhalten.

11. (a) Zeigen Sie, daß die Ungleichung $f(x)f'(x)|_a^b \leq 0$ für jede Funktion $f(x)$ erfüllt ist, die einer Dirichletschen, Neumannschen oder periodischen Randbedingung genügt.

    (b) Zeigen Sie, daß sie auch für die Robin-Bedingung erfüllt ist, sofern die Konstanten a_0 und a_l positiv sind.

12. Bewisen Sie die *erste Greensche Identität:* Für jedes Paar von Funktionen $f(x), g(x)$ auf $]a; b[$ gilt

$$\int_a^b f''(x)g(x)\, dx = -\int_a^b f'(x)g'(x)\, dx + f'(x)g(x)\bigg|_a^b .$$

13. Beweisen Sie Satz 3 mit Hilfe der ersten Greenschen Identität. *Hinweis:* Setzen Sie $f(x) = g(x) = X(x)$, wobei $X(x)$ eine reelle Eigenfunktion ist.)

14. Woran erinnern die Terme der Reihe

$$\frac{\pi}{4} = \sin 1 + \frac{1}{3}\sin 3 + +\frac{1}{5}\sin 5 + \cdots$$

    Berechnen Sie die Werte von $\sin n$ für $n = 1, 2, 3, 4, \ldots, 20$ und markieren Sie die 20 Punkte auf der reellen Achse. Verwenden Sie einen Taschenrechner und beachten Sie, daß im Bogenmaß gerechnet wird. In gewissem Sinn sind die Zahlen $\sin n$ im Intervall $]-1; 1[$ *zufällig* verteilt, obwohl sich Gestzmäßigkeiten anzudeuten scheinen.

15. Zeigen Sie mit den Überlegungen der Aufgaben 12 und 13, daß kein Eigenwert des Operators vierter Ordnung $+d^4/dx^4$ unter den Randbedingungen $X(0) = X(l) = X''(0) = X''(l) = 0$ negativ ist.

5.4 Vollständigkeit

In diesem Abschnitt stellen wir die grundlegenden Konvergenzsätze für Fourierreihen auf. Wir untersuchen drei Begriffe der Konvergenz von Funktionen. Diese Sätze (Satz 5.5, 5.6 und 5.7) geben hinreichende Bedingungen an für die Konvergenz der Fourierreihe einer Funktion $f(x)$ gegen diese Funktion im Sinne der verschiedenen Konvergenzbegriffe. Die meisten Beweise sind jedoch schwer, wir werden sie zunächst zurückstellen. Gegen Ende dieses Abschnitts untersuchen wir die Konvergenz im quadratischen Mittel genauer und führen damit den Begriff der Vollständigkeit ein.

Wir betrachten das Eigenwertproblem

$$X'' + \lambda X = 0 \quad \text{in} \quad]a; b[\quad \text{unter } \textit{symmetrischen } \text{RBen.} \tag{5.37}$$

Satz (5.2) sagt uns, daß alle Eigenwerte λ reell sind.

5.4 Vollständigkeit

Satz 5.4 *Das Eigenwertproblem* (5.37) *hat unendlich viele Eigenwerte* λ_n, *sie bilden eine gegen* $+\infty$ *bestimmt divergente Folge.*

Für einen Beweis dieses Satzes siehe Kapitel 11 oder [CL]. Wir dürfen voraussetzen, daß die Eigenfunktionen paarweise orthogonal und reellwertig sind (siehe Abschnitt 5.3). Wenn es beispielsweise zu einem Eigenwert λ_n k linear unabhängige Eigenfunktionen gibt, so kann man sie durch k reelle und paarweise orthogonale Eigenfunktionen ersetzen. In der Folge der Eigenwerte kann man dann den Eigenwert λ_n k-mal hintereinander anführen. Insgesamt können die Eigenwerte ihrer Größe nach geordnet numeriert werden:

$$\lambda_1 \leq \lambda_2 \leq \lambda_3 \leq \ldots \to +\infty \qquad (5.38)$$

Die zugehörigen Eigenfunktionen

$$X_1, X_2, X_3, \ldots \qquad (5.39)$$

sind paarweise orthogonal. Einige interessante Beispiele finden Sie in Abschnitt 4.3.

Die *Fourierkoeffizienten* einer auf $]a;b[$ definierten Funktion $f(x)$ sind definiert durch

$$A_n = \frac{(f, X_n)}{(X_n, X_n)} = \frac{\int_a^b f(x)\overline{X_n(x)}dx}{\int_a^b |X_n(x)|^2 dx}. \qquad (5.40)$$

Ihre *Fourierreihe* ist die Reihe $\sum_n A_n X_n(x)$.

In diesem Abschnitt stellen wir Ihnen drei Konvergenzsätze vor. Um Sie davon zu überzeugen, daß Konvergenzüberlegungen mehr sind als eine pedantische Übung, soll die merkwürdige Tatsache erwähnt werden, daß es *eine integrierbare Funktion* $f(x)$ *gibt, deren Fourierreihe an jeder Stelle x divergiert!* Es gibt sogar eine *stetige* Funktion, deren Fourierreihe an sehr vielen Stellen divergiert! Für Beweise siehe [Zy].

Um eine Grundlage zu schaffen, müssen wir verschiedene Konvergenzkonzepte einführen. Das könnte für den Leser ein guter Anlaß sein, die wesentlichen Fakten über unendliche Reihen zu rekapitulieren (einen Abriß finden Sie in Abschnitt A.2).

Drei Konvergenzbegriffe

Definition: Die unendliche Reihe $\sum_{n=1}^{\infty} f_n(x)$ *konvergiert punktweise* gegen $f(x)$ in $]a;b[$, wenn sie für *jedes* $x \in]a;b[$ gegen $f(x)$ konvergiert. Das heißt, für jedes feste $x \in]a;b[$ gilt

$$\left| f(x) - \sum_{n=1}^{N} f_n(x) \right| \to 0 \quad \text{mit } N \to \infty. \qquad (5.41)$$

Definition: Die Reihe $\sum_{n=1}^{\infty} f_n(x)$ *konvergiert gleichmäßig* gegen $f(x)$ in $[a;b]$, wenn

$$\max_{a \leq x \leq b} \left| f(x) - \sum_{n=1}^{N} f_n(x) \right| \to 0 \quad \text{mit } N \to \infty. \qquad (5.42)$$

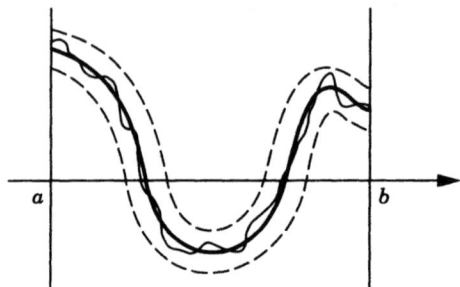

Bild 5.3

(Beachten Sie, daß das Intervall jetzt abgeschlossen ist.) Man nimmt also für jedes n die größte Differenz über alle x-Werte und führt *dann* den Grenzübergang durch.

Diese beiden Konvergenzbegriffe werden auch in Abschnitt A.2 untersucht. Ein wichtiger dritter Begriff ist der folgende.

Definition: Die Reihe $\sum_{n=1}^{\infty} f_n(x)$ konvergiert *im quadratischen Mittel (oder im L^2-Sinne)* gegen $f(x)$ in $]a;b[$, wenn

$$\int_a^b \left| f(x) - \sum_{n=1}^N f_n(x) \right|^2 dx \to 0 \quad \text{mit } N \to \infty. \tag{5.43}$$

Man verwendet also das Integral anstelle des Maximums. (Die Terminologie L^2 bezieht sich auf das Quadrat unter dem Integralzeichen.)

Beachten Sie, daß die Forderung der gleichmäßigen Konvergenz stärker ist als die der punktweisen oder der L^2-Konvergenz (siehe Aufgabe 2). In Bild 5.3 ist eine typische Form von gleichmäßiger Konvergenz durch den Graphen von $f(x)$ und einiger Partialsummen für große N dargestellt.

Beispiel 1.

Sei $f_n(x) = (1-x)x^{n-1}$ im Intervall $0 < x < 1$. Dann ist die mit den f_n gebildete Reihe eine „Teleskop-Reihe". Ihre Partialsummen sind

$$\sum_{n=1}^N f_n(x) = \sum_{n=1}^N (x^{n-1} - x^n) = 1 - x^N \to 1 \quad \text{mit } N \to \infty,$$

da $x < 1$. Die Teilsummen konvergieren für jedes feste x. Also gilt $\sum_{n=1}^{\infty} f_n(x) = 1$ punktweise. Mit anderen Worten, die Reihe *konvergiert punktweise* gegen die Funktion $f(x) \equiv 1$.

Die Konvergenz ist jedoch *nicht gleichmäßig*, da $\max[1 - (1-x^N)] = \max x^N = 1$ für jedes N. Sie konvergiert aber *im quadratischen Mittel*, da

5.4 Vollständigkeit

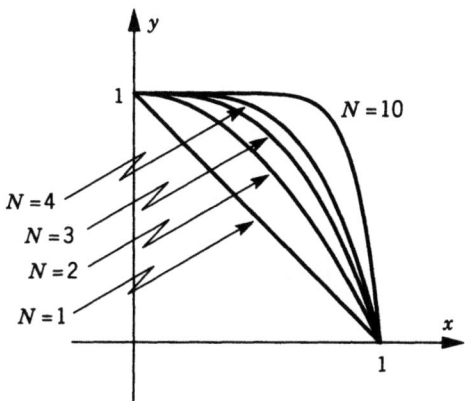

Bild 5.4

$$\int_0^1 |x^N|^2 \, dx = \frac{1}{2N+1} \to 0.$$

Bild 5.4 zeigt einige Partialsummen dieses Beispiels.

Beispiel 2.

Sei
$$f_n(x) = \frac{n}{1+n^2 x^2} - \frac{n-1}{1+(n-1)^2 x^2}$$

im Intervall $0 < x < l$. Auch diese Reihe ist eine Teleskop-Reihe und es gilt

$$\sum_{n=1}^N f_n(x) = \frac{N}{1+N^2 x^2} = \frac{1}{N[(1/N^2)+x^2]} \to 0 \quad \text{mit } N \to \infty \quad \text{für } x > 0.$$

Die Reihe konvergiert also *punktweise* gegen die Funktion $f(x) \equiv 0$.
Andererseits ist

$$\int_0^l \left[\sum_{n=1}^N f_n(x)\right]^2 dx = \int_0^l \frac{N^2}{(1+N^2 x^2)^2} dx$$
$$= N \int_0^{Nl} \frac{1}{(1+y^2)^2} dy \to +\infty \quad (y = Nx \text{ gesetzt}),$$

da

$$\int_0^{Nl} \frac{1}{(1+y^2)^2} dy \to \int_0^\infty \frac{1}{(1+y^2)^2} dy \quad \text{für } N \to \infty.$$

Die Reihe *konvergiert also nicht im quadratischen Mittel*. Sie *konvergiert auch nicht gleichmäßig*, da

$$\max_{x\in[0;l]} \frac{N}{1+N^2x^2} = N,$$

mit $N \to \infty$ also keineswegs gegen Null strebt.

Konvergenzsätze

Sei jetzt $f(x)$ eine in $a \leq x \leq b$ definierte Funktion und $\sum_n A_n X_n$ die Fourierreihe von f, entwickelt nach den Eigenfunktionen des Problems (5.37) unter symmetrischen Randbedingungen. Wir formulieren Konvergenzsätze für jede der drei Konvergenzarten. Sie werden zum Teil im nächsten Abschnitt bewiesen.

Satz 5.5 Gleichmäßige Konvergenz. *Die Fourierreihe $\sum_n A_n X_n$ konvergiert gleichmäßig gegen $f(x)$ in $[a;b]$, vorausgesetzt, daß*

(i) *$f(x), f'(x)$ und $f''(x)$ existieren und sind stetig in $a \leq x \leq b$, und*

(ii) *$f(x)$ erfüllt die vorgegebene Randbedingung.*

Satz 5.5 sichert uns eine sehr starke Form der Konvergenz, wenn nur die Voraussetzungen an $f(x)$ und ihre Ableitungen erfüllt sind. Bei klassischen Fourierreihen muß man die Existenz von $f''(x)$ nicht voraussetzen.

Satz 5.6 L^2-Konvergenz *Die Fourierreihe konvergiert auf $]a;b[$ gegen $f(x)$ im quadratischen Mittel, vorausgesetzt, das Integral*

$$\int_a^b |f(x)|^2 dx \quad \text{ist endlich.} \tag{5.44}$$

Satz 5.6 sichert uns eine Form der Konvergenz unter sehr schwachen Voraussetzungen an die Funktion $f(x)$.[Wir könnten hier sogar das sehr allgemeine Lebesgue-Integral, das in Analysis-Vorlesungen behandelt wird, anstelle des üblichen Riemann-Integrals verwenden. In Wirklichkeit wurde das Lebesgue-Integral gerade eingeführt, damit Satz 5.6 für eine möglichst große Klasse von Funktionen Gültigkeit hat.]

Der dritte Satz nimmt, was seine Voraussetzungen an $f(x)$ betrifft, eine Zwischenstellung zu den beiden vorigen ein. Er erfordert zwei weitere Definitionen. Eine Funktion $f(x)$ hat an der Stelle $x = c$ eine *Sprungstelle*, wenn die einseitigen Grenzwerte $f(c+)$ und $f(c-)$ existieren, aber voneinander verschieden sind. [Es spielt keine Rolle, welchen Wert $f(c)$ hat, oder ob $f(c)$ überhaupt definiert ist.] Die *Sprunghöhe* ist die Zahl $f(c+) - f(c-)$. Siehe Bild 5.5 für eine Funktion mit zwei Sprüngen.

Eine Funktion heißt *stückweise stetig* auf dem Intervall $[a;b]$, wenn sie höchstens endlich viele Sprungstellen in $[a;b]$ besitzt und in allen anderen Punkten stetig ist. Man kann das auch so ausdrücken, daß die einseitigen Grenzwerte $f(c+)$ und $f(c-)$ für jeden Punkt $c \in [a;b]$ (die Endpunkte eingeschlossen) existieren und mit Ausnahme von höchstens endlich vielen Punkten übereinstimmen.

5.4 Vollständigkeit

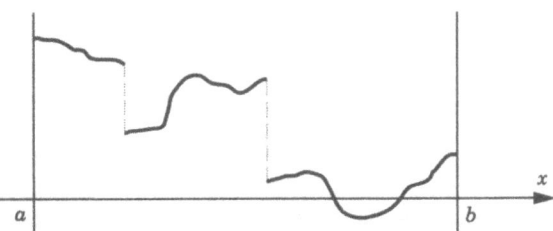

Bild 5.5

Satz 5.7 Punktweise Konvergenz der klassischen Fourierreihe.

(i) *Die klassische (gerade, ungerade oder ganze) Fourierreihe einer Funktion $f(x)$ konvergiert auf $]a;b[$ punktweise gegen $f(x)$, vorausgesetzt, $f(x)$ ist in $a \leq x \leq b$ stetig und $f'(x)$ ist in $a \leq x \leq b$ stückweise stetig.*

(ii) *Sind, etwas allgemeiner, sowohl $f(x)$ als auch $f'(x)$ stückweise stetig in $a \leq x \leq b$, so konvergiert die klassische Fourierreihe in jedem Punkt x ($-\infty < x < \infty$). Ihr Summenwert ist*

$$\sum_n A_n X_n(x) = \frac{1}{2}[f(x+) + f(x-)] \quad \text{für alle } a < x < b. \tag{5.45}$$

Ihr Summenwert ist $\frac{1}{2}[f_{ext}(x+) + f_{ext}(x-)]$ für alle $-\infty < x < \infty$, wobei $f_{ext}(x)$ die (periodische, gerade periodische oder ungerade periodische) Fortsetzung von $f(x)$ ist.

An einer Sprungstelle konvergiert die Reihe also gegen den *Mittelwert* der rechts- und linksseitigen Grenzwerte. Im Fall der ungeraden (oder geraden) Fourierreihe auf $]0;l[$ ist die fortgesetzte Funktion $f_{ext}(x)$ die ungerade (oder gerade) Fortsetzung mit der Periode $2l$. Für die ganze Fourierreihe auf $]-l;l[$ ist $f_{ext}(x)$ die periodische Fortsetzung. Die Fortsetzung ist stückweise stetig und hat eine stückweise stetige Ableitung in $]-\infty;\infty[$.

Es ist bequem, Satz 5.7 nochmals für Funktionen, die von vornherein auf der ganzen reellen Achse definiert sind, zu formulieren. Betrachtet man periodische, gerade oder ungerade Fortsetzungen von Funktionen, so ist Satz 5.7 äquivalent zu dem folgenden Satz:

Satz 5.8 *Ist $f(x)$ eine $2l$-periodische Funktion, die ebenso wie ihre Ableitung auf der reellen Achse stückweise stetig ist, so konvergiert die klassische Fourierreihe für jedes $x \in]-\infty;\infty[$ gegen $\frac{1}{2}[f(x+) + f(x-)]$.*

Die punktweise Konvergenz einer stetigen, aber nicht differenzierbaren periodischen Funktion $f(x)$ ist nicht gewährleistet. Nach Satz 5.6 muß sie aber im L^2-Sinne konvergieren. Wenn wir Gewißheit über ihre punktweise Konvergenz haben wollten, bräuchten wir mehr Informationen über ihre Ableitung $f'(x)$.

Beispiel 3

Die ungerade Fourierreihe der Funktion $f(x) \equiv 1$ über dem Intervall $]0;\pi[$ ist

$$\sum_{n\ ungerade} \frac{4}{n\pi} \sin nx. \tag{5.46}$$

Diese Reihe konvergiert zwar punktweise, aber nicht gleichmäßig auf $[0;\pi]$. Ein Grund dafür ist, daß die Reihe an den Endpunkten (0 und π) den Wert 0, die Funktion jedoch den Wert 1 hat. Voraussetzung (ii) von Satz 5.5 ist nicht erfüllt: Die Randbedingungen sind vom Dirichlet-Typ, die Funktion verschwindet aber nicht an den Endpunkten. Wir können aber Satz 5.7(i) anwenden und wissen, daß die Reihe punktweise in $0 < x < \pi$ gegen $f(x)$ konvergiert, dort also den Summenwert 1 hat. Wenn wir beispielsweise $x = \pi/2$ einsetzen, so erhalten wir die Gleichung

$$1 = f\left(\frac{\pi}{2}\right) = \sum_{n\ ungerade} \frac{4}{n\pi}(-1)^{(n-1)/2} = \frac{4}{\pi} \sum_{m=0}^{\infty} \frac{(-1)^m}{2m+1}$$

und gewinnen den Grenzwert

$$\frac{\pi}{4} = 1 - \frac{1}{3} + \frac{1}{5} - \frac{1}{7} + \frac{1}{9} - \frac{1}{11} + \cdots.$$

Unter Beachtung von $0 < x < \pi$ dürfen wir auch $x = 1$ einsetzen und erhalten so den Grenzwert

$$\frac{\pi}{4} = \sin 1 + \frac{1}{3} \sin 3 + \frac{1}{5} \sin 5 + \cdots.$$

Auch andere amüsante Ergebnisse können auf diesem Weg erhalten werden.

Eine weitere, besonders für unsere Zwecke wichtige Frage ist, ob eine Fourierreihe *gliedweise differenziert* werden darf. Betrachten wir den Fall von Formel (5.46). Die Ableitung von $f(x)$ ist Null. Die durch gliedweise Differentiation entstehende Reihe ist

$$\frac{\pi}{4} \sum_{n\ gerade} \cos nx, \tag{5.47}$$

eine offenbar divergente Reihe, da die Summanden keine Nullfolge bilden. Bei diesem Beispiel darf also *nicht gliedweise differenziert werden*.

Die Differentiation von Fourierreihen ist eine delikate Angelegenheit. Gliedweise Integration ist weniger problematisch und darf im allgemeinen durchgeführt werden (siehe Übungsaufgabe 11).

5.4 Vollständigkeit

Die Beweise der Sätze 5.4 bis 5.7 sind ziemlich lang und werden bis zum nächsten Abschnitt und bis Kapitel 11 zurückgestellt. Vollständige Beweise der Sätze 5.5 und 5.6 finden Sie in Abschnitt 5.4 oder in [CL]. Für vollständige Beweise der klassischen Fälle der Sätze 5.5, 5.6 und 5.7 verweise ich auf [DM] oder [CM]. Von allen drei Konvergenzsätzen läßt sich am leichtesten Satz 5.6 anwenden, da $f'(x)$ nicht zu existieren braucht, und $f(x)$ nicht einmal stetig sein muß. Wir werden nun einige Ideen verfolgen, die mit Satz 5.6 in Verbindung stehen und die in der Quantenmechanik eine wichtige Rolle spielen,

Die L^2-Theorie

Der Grundgedanke dieses Abschnitts besteht darin, Orthogonalität von Funktionen so aufzufassen, als sei sie eine geometrische Eigenschaft. Wir haben bereits das innere Produkt auf $]a;b[$ definiert als

$$(f,g) = \int_a^b f(x)\overline{g(x)}dx.$$

(Im Fall reellwertiger Funktionen können wir das Zeichen für das konjugiert Komplexe ignorieren.) Wir definieren jetzt die L^2-Norm durch

$$\|f\| = (f,f)^{1/2} = \left[\int_a^b |f(x)|^2 dx\right]^{1/2}.$$

Die Größe

$$\|f - g\| = \left[\int_a^b |f(x) - g(x)|^2 dx\right]^{1/2} \tag{5.48}$$

ist ein Maß für den „Abstand" der beiden Funktionen f und g. Man nennt dieses Maß auch L^2-Metrik. Der Begriff einer Metrik wurde erstmals in Abschnitt 1.5 erwähnt; die L^2-Metrik ist die hübscheste.

Satz 5.6 kann jetzt folgendermaßen neu formuliert werden. Sind $\{X_n\}$ die einem Paar symmetrischer Randbedingungen zugeordneten Eigenfunktionen, und ist f eine Funktion mit $\|f\| < \infty$, so gilt

$$\left\|f - \sum_{n \leq N} A_n X_n\right\| \to 0 \quad \text{mit } N \to \infty. \tag{5.49}$$

Das heißt, die Partialsummen nähern sich mit wachsendem N immer besser der Funktion f.

Satz 5.9 *Approximation nach der Methode der kleinsten Quadrate. Sei $\{X_n\}$ ein Orthonormalsystem von Funktionen und $\|f\| < \infty$. Sei N eine feste positive ganze Zahl. Der Ausdruck*

$$\left\|f - \sum_{n=1}^N c_n X_n\right\|,$$

wird in Abhängigkeit von den N Konstanten $c_1, c_2, \ldots c_n$ minimal, wenn $c_1 = A_1, \ldots c_n = A_n$.

(Das sind unsere Fourier-Koeffizienten! Diejenige Linearkombination der $X_1, \ldots X_n$ also, die f am besten approximiert, ist die Fourierkombination!)
Beweis. Wir nehmen in diesem Beweis der Einfachheit halber an, daß $f(x)$ und alle $X_n(x)$ reellwertig sind. Wir bezeichnen den Fehler der Näherung mit

$$E_n = \left\| f - \sum_{n \leq N} c_n X_n \right\| = \int_a^b \left| f(x) - \sum c_n X_n(x) \right|^2 dx. \tag{5.50}$$

Wir berechnen das Quadrat und erhalten (unter Berücksichtigung der Reellwertigkeit der Funktionen)

$$E_n = \int_a^b |f(x)|^2 dx - 2 \sum_{n \leq N} c_n \int f(x) X_n(x) dx + \sum_n \sum_m c_n c_m \int X_n(x) X_m(x).$$

Wegen der Orthogonalität verschwindet das letzte Integral, es sei denn, es ist $n = m$. Die Doppelsumme reduziert sich also zu $\sum c_n^2 \int |X_n|^2 dx$. In der Normschreibweise wird daraus:

$$E_n = \|f\|^2 - 2 \sum_{n \leq N} c_n \cdot (f, X_n) + \sum_{n \leq N} c_n^2 \|X_n\|^2.$$

Wir führen die quadratische Ergänzung durch:

$$E_n = \sum_{n \leq N} \|X_n\|^2 \left[c_n - \frac{(f, X_n)}{\|X_n\|^2} \right]^2 + \|f\|^2 - \sum_{n \leq N} \frac{(f, X_n)^2}{\|X_n\|^2}. \tag{5.51}$$

Die Koeffizienten c_n erscheinen jetzt nur noch innerhalb des quadratischen Terms. Der ganze Ausdruck wird natürlich dann minimal, wenn dieser quadratische Term verschwindet. Das ist gerade dann der Fall, wenn

$$c_n = \frac{(f, X_n)}{\|X_n\|^2} = A_n.$$

Damit ist Satz 5.9 bewiesen. □

Die quadratische Ergänzung hat weitere Konsequenzen. Wählen wir für die c_n die Fourierkoeffizienten $c_n = A_n$, so erhält der Näherungsfehler (5.51) die Gestalt

$$0 \leq E_n = \|f\|^2 - \sum_{n \leq N} \frac{(f, X_n)^2}{\|X_n\|^2} = \|f\|^2 - \sum_{n \leq N} A_n^2 \|X_n\|^2. \tag{5.52}$$

Da dieser Ausdruck positiv ist, gilt

5.4 Vollständigkeit

$$\sum_{n \leq N} A_N^2 \int_a^b |X_n(x)|^2 dx \leq \int_a^b |f(x)|^2 dx. \tag{5.53}$$

Auf der linken Seite der Ungleichung stehen die Partialsummen einer Reihe mit positiven Gliedern, die durch die rechte Seite beschränkt sind. Die unendliche Reihe ist deshalb konvergent, und für ihren Summenwert gilt

$$\sum_{n=1}^{\infty} A_N^2 \int_a^b |X_n(x)|^2 dx \leq \int_a^b |f(x)|^2 dx. \tag{5.54}$$

Diese Ungleichung ist als *Besselsche Ungleichung* bekannt. Sie hat Gültigkeit, sofern das Integral über $|f|^2$ endlich ist.

Satz 5.10 *Die Fourierreihe von $f(x)$ konvergiert genau dann gegen $f(x)$ im quadratischen Mittel, wenn*

$$\sum_{n=1}^{\infty} A_N^2 \int_a^b |X_n(x)|^2 dx = \int_a^b |f(x)|^2 dx. \tag{5.55}$$

(d.h. genau dann, wenn in der Besselschen Ungleichung die Gleichheit eintritt.)

Beweis. Konvergenz im quadratischen Mittel bedeutet, daß der Reihenrest E_n mit $n \to \infty$ gegen Null strebt. Nach (5.52) heißt das $\sum_{n \leq N} |A_n|^2 \|X_n\|^2 \to \|f\|^2$. Das ist die Aussage von Gleichung (5.55), die als *Parsevalsche Gleichung* bekannt ist. □

Definition. Die unendliche Menge $\{X_1(x), X_2(x), \ldots\}$ von orthogonalen Funktionen heißt *vollständig*, wenn die Parsevalsche Gleichung für alle f mit $\int_a^b |f|^2 dx < \infty$ erfüllt ist.

Satz 5.6 sagt uns, daß die Menge der dem Problem (5.37) zugehörigen Eigenfunktionen vollständig ist. Wir können also folgern:

Satz 5.11 *Ist $\int_a^b |f(x)|^2 dx$ endlich, so ist die Parsevalsche Gleichung (5.55) erfüllt.*

Beispiel 4.

Wir betrachten wieder die Fourierreihe (5.46). Die Parsevalsche Gleichung sagt aus:

$$\sum_{n \text{ ungerade}} \left(\frac{4}{n\pi}\right)^2 \int_0^l \sin^2 nx \, dx = \int_0^l 1^2 dx.$$

Daraus folgt

$$\sum_{n \text{ ungerade}} \left(\frac{4}{n\pi}\right)^2 \frac{l}{2} = l$$

und wir erhalten durch

$$\sum_{n \text{ ungerade}} \frac{1}{n^2} = 1 + \frac{1}{9} + \frac{1}{25} + \frac{1}{49} + \cdots = \frac{\pi^2}{8}$$

einen weiteren interessanten Reihengrenzwert.

Übungsaufgaben

1. $\sum_{n=0}^{\infty}(-1)^n x^{2n}$ ist eine geometrische Reihe.

    (a) Konvergiert sie im Intervall $-1 < x < 1$ punktweise?
    (b) Konvergiert sie im Intervall $-1 < x < 1$ gleichmäßig?
    (c) Konvergiert sie im Intervall $-1 < x < 1$ im L^2-Sinne? *Hinweis:* Man kann die Partialsummen explizit berechnen.

2. Betrachten Sie eine Reihe von Funktionen, die auf einem endlichen Intervall definiert sind. Zeigen Sie, daß die gleichmäßige Konvergenz die Konvergenz im L^2-Sinne und die punktweise Konvergenz nach sich zieht.

3. Sei γ_n eine Zahlenfolge mit dem uneigentlichen Grenzwert ∞. Sei $f_n(x)$ eine Folge von Funktionen, definiert durch

$$f_n(x) = \begin{cases} \gamma_n & \text{für } x \in [\tfrac{1}{2} - \tfrac{1}{n}; \tfrac{1}{2}[\\ -\gamma_n & \text{für } x \in]\tfrac{1}{2}; \tfrac{1}{2} + \tfrac{1}{n}] \\ 0 & \text{sonst} \end{cases}.$$

    Zeigen Sie:

    (a) $f_n(x) \to 0$ punktweise.
    (b) Die Konvergenz ist nicht gleichmäßig.
    (c) $f_n(x) \to 0$ im L^2-Sinn, wenn $\gamma_n = n^{1/3}$.
    (d) $f_n(x)$ konvergiert nicht im L^2-Sinne, wenn $\gamma_n = n$.

4. Sei

$$g_n(x) = \begin{cases} 1 & \text{im Intervall } [\tfrac{1}{4} - \tfrac{1}{n^2}; \tfrac{1}{4} + \tfrac{1}{n^2}) & \text{für ungerades } n \\ 1 & \text{im Intervall } [\tfrac{3}{4} - \tfrac{1}{n^2}; \tfrac{3}{4} + \tfrac{1}{n^2}) & \text{für gerades } n \\ 0 & & \text{für alle anderen } x. \end{cases}$$

    Zeigen Sie, daß $g_n(x)$ gegen Null im L^2-Sinne, aber nicht punktweise konvergiert.

5. Sei $\phi(x) = 0$ für $0 < x < 1$ und $\phi(x) = -1$ für $1 < x < 3$.

    (a) Bestimmen Sie explizit die ersten vier nichtverschwindenden Terme der geraden Fourierreihe von ϕ.

5.4 Vollständigkeit

(b) Welchen Summenwert hat die Reihe für jedes $x \in [0; 3]$?

(c) Konvergiert die Reihe gegen $\phi(x)$ im L^2-Sinne? Begründung!

(d) Setzen Sie $x = 0$ und ermitteln Sie den Grenzwert von

$$1 + \frac{1}{2} - \frac{1}{4} - \frac{1}{5} + \frac{1}{7} + \frac{1}{8} - \frac{1}{10} - \frac{1}{11} + \cdots.$$

6. Bestimmen Sie die ungerade Fourierreihe der Funktion $\cos x$ im Intervall $]0; \pi[$. Berechnen Sie für jedes $x \in [0; \pi]$ den Grenzwert der Reihe.

7. Sei

$$\phi(x) = \begin{cases} -1 - x & \text{für} \quad -1 < x < 0 \\ +1 - x & \text{für} \quad 0 < x < 1. \end{cases}$$

(a) Stellen Sie die Fourierreihe von $\phi(x)$ im Intervall $]-1; 1[$ auf.

(b) Berechnen Sie die ersten drei nichtverschwindenden Terme explizit.

(c) Konvergiert die Reihe im quadratischen Mittel?

(d) Konvergiert sie punktweise?

(e) Konvergiert sie gleichmäßig?

8. Betrachten Sie die ungeraden Fourierreihen der folgenden Funktionen. Untersuchen Sie ihre Konvergenz im punktweisen, gleichmäßigen und im L^2-Sinne mit Hilfe der Konvergenzsätze (Sätze 5.5, 5.6 und 5.7) ohne die Koeffizienten zu berechnen.

(a) $f(x) = x^3$ in $]0; l[$.

(b) $f(x) = lx - x^2$ in $]0; l[$.

(c) $f(x) = x^{-2}$ in $]0; l[$.

9. Sei $f(x)$ eine auf $]-l; l[$ definierte stetig differenzierbare Funktion, die die periodischen Randbedingungen erfüllt. Seien a_n und b_n die Fourierkoeffizienten von $f(x)$ und a'_n, b'_n die Fourierkoeffizienten von $f'(x)$. Zeigen Sie:

$$a'_n = \frac{n\pi b_n}{l} \quad \text{und} \quad b'_n = \frac{-n\pi a_n}{l} \quad \text{für } n \neq 0.$$

(*Hinweis:* Schreiben Sie die Formeln für a'_n und b'_n auf und integrieren Sie partiell.) Das Ergebnis besagt, daß die Fourierreihe von $f'(x)$ mit der gliedweise differenzierten Fourierreihe von $f(x)$ übereinstimmt. Es besagt nicht, daß die abgeleitete Reihe konvergiert.

10. Folgern Sie aus Aufgabe 9, daß es eine Konstante k so gibt, daß

$$|a_n| + |b_n| \leq \frac{k}{n} \quad \text{für alle } n.$$

11. (*Gliedweise Integration*)

(a) Zeigen Sie: Ist $f(x)$ eine auf $]-l;l[$ stückweise stetige Funktion, so läßt sich die Stammfunktion $F(x) = \int_{-l}^{x} f(s)ds$ in eine punktweise konvergente Fourierreihe entwickeln.

(b) Geben Sie die Reihenentwicklung von $F(x)$ an, indem Sie ihre Koeffizienten in Abhängigkeit von den Koeffizienten a_0, a_n, b_n der Fourierreihe von $f(x)$ bestimmen. (*Hinweis:* Wenden Sie einen Konvergenzsatz an. Schreiben Sie die Formeln für die Koeffizienten auf und integrieren Sie partiell.)

12. Beginnen Sie mit der ungeraden Fourierreihe der Funktion $f(x) = x$ im Intervall $]0;l[$. Verwenden Sie die Parsevalsche Gleichung, um den Grenzwert der Reihe $\sum_{n=1}^{\infty} 1/n^2$ zu berechnen.

13. Beginnen Sie mit der geraden Fourierreihe der Funktion $f(x) = x^2$ im Intervall $]0;l[$. Verwenden Sie die Parsevalsche Gleichung, um den Grenzwert der Reihe $\sum_{n=1}^{\infty} 1/n^4$ zu berechnen.

14. Berechnen Sie den Grenzwert von $\sum_{n=1}^{\infty} 1/n^6$.

15. Sei $\phi(x) \equiv 1$ für $0 < x < \pi$. Entwickeln Sie

$$1 = \sum_{n=0}^{\infty} B_n \cos\left[(n + \frac{1}{2})x\right].$$

(a) Bestimmen Sie B_n.

(b) Für welche $x \in]-2\pi;2\pi[$ konvergiert die Reihe? Bestimmen Sie für jedes solche x den Grenzwert. (*Hinweis:* Denken Sie an die periodische Fortsetzung von $\phi(x)$ über das Intervall $]0;\pi[$ hinaus.)

(c) Verwenden Sie die Parsevalsche Gleichung zur Berechnung des Grenzwerts der Reihe

$$1 + \frac{1}{3^2} + \frac{1}{5^2} + \cdots.$$

16. Wir approximieren die Funktion $\phi(x) = |x|$ in $]-\pi;\pi[$ durch die Funktion

$$f(x) = \frac{1}{2}a_0 + a_1 \cos x + b_1 \sin x + a_2 \cos 2x + b_2 \sin 2x.$$

Bei welcher Wahl der Koeffizienten wird der L^2-Fehler minimal?

17. Modifizieren Sie die Beweise der Sätze 5.9 und 5.10 für den Fall komplexwertiger Funktionen.

18. Betrachten Sie eine Lösung der Wellengleichung mit $c = 1$ unter homogenen Dirichlet- oder Neumann-Bedingungen im Intervall $[0;l]$.

(a) Zeigen Sie, daß die Energie $E = \frac{1}{2}\int_0^l (u_t^2 + u_x^2)dx$ konstant ist.

(b) Sei $E_n(t)$ die Energie der n-ten Harmonischen (des n-ten Summanden in der Reihenentwicklung). Zeigen Sie: $E = \sum E_n$. (*Hinweis:* Nützen Sie die Orthogonalität aus und setzen Sie voraus, daß Sie gliedweise integrieren dürfen.)

19. Eine allgemeine Methode zur Berechnung der *Normierungskonstanten*. Sei $X(x, \lambda)$ eine Familie reeller Lösungen der GDGl $-X'' = \lambda X$, die sowohl von x als auch von λ differenzierbar abhängen.

    (a) Stellen Sie die GDGl für $\partial X/\partial \lambda$ auf.

    (b) Wenden Sie die zweite Greensche Identität auf das Funktionenpaar X und $\partial X/\partial \lambda$ an, um eine Formel für $\int_a^b X^2 dx$ in Abhängigkeit von den Randwerten zu erhalten.

    (c) Berechnen Sie als Beispiel $\int_0^l \sin^2(m\pi x/l) dx$, indem Sie Dirichletsche Randbedingungen voraussetzen und das Ergebnis von (b) verwenden.

20. Verwenden Sie Aufgabe 19, um die Normierungskonstanten $\int_0^l X^2 dx$ für den Fall Robinscher Randbedingungen zu berechnen.

5.5 Vollständigkeit und das Gibbssche Phänomen

Unser Ziel ist es jetzt, die punktweise Konvergenz der klassischen Fourierreihe zu beweisen. Wir werden dabei auf das berühmte Gibbssche Phänomen bei Sprungstellen geführt.

Gemäß Satz 5.8 soll der Definitionsbereich die ganze reelle Achse sein. Um technische Schwierigkeiten zu vermeiden, beginnen wir mit einer $2l$-periodischen, auf $]-\infty; \infty[$ definierten C^1-Funktion. (Eine C^1-Funktion ist eine Funktion mit stetiger Ableitung; siehe auch Abschnitt A.1.) Wir setzen $l = \pi$ voraus, was auch mühelos durch eine Koordinatentransformation erreicht werden könnte (siehe Übungsaufgabe 7 zu Abschnitt 5.2)

Die Fourierreihe einer solchen Funktion $f(x)$ ist

$$f(x) = \frac{1}{2} A_0 + \sum_{n=1}^{\infty} (A_n \cos nx + B_n \sin nx) \tag{5.56}$$

mit den Koeffizienten

$$A_n = \int_{-\pi}^{\pi} f(y) \cos ny \, \frac{dy}{\pi} \qquad (n = 0, 1, 2, \ldots)$$

$$B_n = \int_{-\pi}^{\pi} f(y) \sin ny \, \frac{dy}{\pi} \qquad (n = 1, 2, \ldots).$$

Die N-te Partialsumme der Reihe ist

$$S_N(x) = \frac{1}{2}A_0 + \sum_{n=1}^{N}(A_n \cos nx + B_n \sin nx). \tag{5.57}$$

Wir wollen beweisen, daß $S_N(x)$ mit $N \to \infty$ gegen $f(x)$ konvergiert. Punktweise Konvergenz bedeutet, daß beim Grenzprozeß x wie eine Konstante behandelt wird.

Der erste Schritt besteht darin, die Formeln für die Koeffizienten in die Partialsumme einzusetzen und die Terme neu zu ordnen. Wir erhalten dann

$$S_N(x) = \int_{-\pi}^{\pi} \left[1 + 2\sum_{n=1}^{N}(\cos ny \cos nx + \sin ny \sin nx)\right] f(y)\frac{dy}{2\pi}.$$

In den runden Klammern steht der Kosinus einer Differenz zweier Winkel, so daß wir die Formel zu

$$S_N(x) = \int_{-\pi}^{\pi} K_N(x-y)f(y)\frac{dy}{2\pi} \tag{5.58}$$

mit

$$K_N(\theta) = 1 + 2\sum_{n=1}^{N} \cos n\theta \tag{5.59}$$

vereinfachen können.

Im zweiten Schritt untersuchen wir die Eigenschaften dieser Funktion, die *Dirichlet-Kern* genannt wird. Wir beachten, daß $K_N(\theta)$ die Periode 2π hat, und daß die Formel

$$\int_{-\pi}^{\pi} K_N(\theta)\frac{d\theta}{2\pi} = 1 + 0 + 0 + \ldots + 0 = 1.$$

gilt. Es ist eine bemerkenswerte Tatsache, daß sich für K_N ein geschlossener Ausdruck finden läßt, nämlich

$$K_N(\theta) = \frac{\sin(N+\frac{1}{2})\theta}{\sin\frac{1}{2}\theta}. \tag{5.60}$$

Beweis von (5.60). Am einfachsten arbeitet man im Komplexen. Nach der De Moivreschen Formel für komplexe Exponenten ist

$$\begin{aligned}K_N(\theta) &= 1 + \sum_{n=1}^{N}(e^{in\theta} + e^{-in\theta}) = \sum_{n=-N}^{N} e^{in\theta} \\ &= e^{-iN\theta} + \ldots + 1 + \ldots + e^{iN\theta}.\end{aligned}$$

$K_N(\theta)$ ist also eine endliche geometrische Reihe mit dem Anfangsglied $e^{-iN\theta}$, dem Quotienten $e^{i\theta}$ und dem Endglied $e^{iN\theta}$. Wir können summieren und erhalten

$$\begin{aligned}K_N(\theta) &= \frac{e^{-iN\theta} - e^{i(N+1)\theta}}{1 - e^{i\theta}} \\ &= \frac{e^{-i(N+\frac{1}{2})\theta} - e^{+i(N+\frac{1}{2})\theta}}{e^{\frac{1}{2}i\theta} - e^{-\frac{1}{2}i\theta}} \\ &= \frac{\sin[(N+\frac{1}{2})\theta]}{\sin\frac{1}{2}\theta}.\end{aligned}$$

5.5 Vollständigkeit und das Gibbssche Phänomen

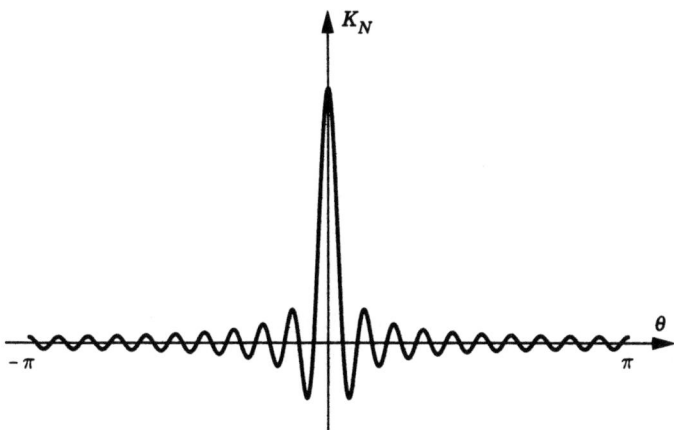

Bild 5.6

□

In Bild 5.6 ist die Funktion $K_N(\theta)$ skizziert. (Sie hat Ähnlichkeit mit dem Diffusionskern, der Quellfunktion aus Abschnitt 2.4, wenn man vom oszillarorischen Charakter einmal absieht)

Der dritte Schritt besteht im Zusammenfügen der Formeln (5.58) und (5.60). Setzt man $\theta = x - y$ und nützt man aus, daß K_N eine gerade Funktion ist, so erhält Formel (5.58) die Gestalt

$$S_N(x) = \int_{-\pi}^{\pi} K_N(\theta) f(x+\theta) \frac{d\theta}{2\pi}.$$

Das Integrationsintervall müßte eigentlich $[x - \pi; x + \pi]$ sein. Da aber K_N und f die Periode 2π haben, kann man über jedes Intervall der Länge 2π integrieren. Als nächstes subtrahieren wir die Konstante $f(x)$, verwenden Formel (5.60) und erhalten

$$S_N(x) - f(x) = \int_{-\pi}^{\pi} K_N(\theta)[f(x+\theta) - f(x)] \frac{d\theta}{2\pi}$$

oder

$$S_N(x) - f(x) = \int_{-\pi}^{\pi} g(\theta) \sin\left[(N + \frac{1}{2})\theta\right] \frac{d\theta}{2\pi}, \qquad (5.61)$$

wobei

$$g(\theta) = \frac{f(x+\theta) - f(x)}{\sin \frac{1}{2}\theta}. \qquad (5.62)$$

Beachten Sie, daß x nach wie vor fest ist. Wir haben jetzt nur noch zu zeigen, daß das Integral (5.61) mit $N \to \infty$ gegen Null strebt.

Darin besteht der vierte Schritt. Wir bemerken, daß die Funktionen

$$\phi_N(\theta) = \sin\left[(N + \frac{1}{2})\theta\right] \qquad (N = 1, 2, 3, \ldots) \tag{5.63}$$

ein *Orthonormalsystem* über dem Intervall $]0; \pi[$ bilden, da sie gemischten Randbedingungen entsprechen (siehe Aufgabe 5.3.5). Sie bilden auch ein Orthonormalsystem über dem Intervall $]-\pi; \pi[$ und die *Besselsche Ungleichung* ist gültig:

$$\sum_{N=1}^{\infty} \frac{|(g, \phi_N)|^2}{\|\phi_N\|^2} \leq \|g\|^2. \tag{5.64}$$

Man berechnet direkt, daß $\|\phi_N\|^2 = \pi$. Wenn nun $\|g\| < \infty$, so konvergiert die Reihe (5.64), und die Summanden bilden eine Nullfolge. Es gilt dann also $(g, \phi_N) \to 0$, was gerade bedeutet, daß das Integral (5.61) gegen Null strebt.

Der letzte Schritt ist der Nachweis von $\|g\| < \infty$. Es gilt

$$\|g\|^2 = \int_{-\pi}^{\pi} \frac{[f(x + \theta) - f(x)]^2}{\sin^2 \frac{1}{2}\theta} d\theta.$$

Da der Zähler stetig ist, könnte es nur Schwierigkeiten geben, wenn der Nenner Null wird, nämlich für $\theta = 0$. An dieser Stelle erhält man mit der L'Hopitalschen Regel

$$\lim_{\theta \to 0} g(\theta) = \lim_{\theta \to 0} \frac{f(x + \theta) - f(x)}{\theta} \cdot \frac{\theta}{\sin \frac{1}{2}\theta} = 2f'(x) \tag{5.65}$$

[Die Differenzierbarkeit von f(x) wurde vorausgesetzt.] $g(\theta)$ ist also überall stetig und deshalb das Integral $\|g\|$ endlich. Damit ist der Beweis der punktweisen Konvergenz der Fourierreihe einer C^1-Funktion erbracht. □

Der Konvergenzbeweis bei unstetigen Funktionen

Wir beweisen jetzt, daß die Fourierreihe einer periodischen Funktion $f(x)$, die ebenso wie ihre Ableitung $f'(x)$ für $-\infty < x < \infty$ nur stückweise stetig ist, konvergiert und daß ihre Summe gleich $\frac{1}{2}[f(x+) + f(x-)]$ ist (siehe Satz 5.8). $f(x)$ und $f'(x)$ sind also mit Ausnahme von endlich vielen Sprungstellen stetige Funktionen.

Der Beweis beginnt wie zuvor. Wir müssen aber den dritten Schritt modifizieren, indem wir (5.61) ersetzen durch

$$S_N(x) - \frac{1}{2}[f(x+) + f(x-)]$$
$$= \int_0^{\pi} K_N(\theta)[f(x + \theta) - f(x+)]\frac{d\theta}{2\pi} + \int_{-\pi}^{0} K_N(\theta)[f(x + \theta) - f(x-)]\frac{d\theta}{2\pi}$$
$$= \int_0^{\pi} g_+(\theta) \sin\left[(N + \frac{1}{2})\theta\right] d\theta + \int_{-\pi}^{0} g_-(\theta) \sin\left[(N + \frac{1}{2})\theta\right] d\theta. \tag{5.66}$$

Zur Umformung wurde wieder (5.60) verwendet und zur Abkürzung

5.5 Vollständigkeit und das Gibbssche Phänomen

$$g_\pm(\theta) = \frac{f(x+\theta) - f(x\pm)}{\sin \frac{1}{2}\theta} \tag{5.67}$$

gesetzt. Im vierten Schritt stellen wir fest, daß die Funktionen $\sin[(N+\frac{1}{2})\theta]$ ($N = 1, 2, 3, \ldots$) sowohl über dem Intervall $]-\pi; 0[$ als auch über $]0; \pi[$ ein Orthomormalsystem bilden. Mit der Besselschen Ungleichung folgern wir wieder (siehe Übungsaufgabe 8), daß beide Integrale in (5.66) mit $N \to \infty$ gegen Null streben, sofern $\int_0^\pi \|g_+(\theta)\|^2 d\theta$ und $\int_{-\pi}^0 \|g_-(\theta)\|^2 d\theta$ endlich sind.

Damit sind wir beim fünften Schritt. Der einzig mögliche Grund für die Divergenz der Integrale könnte das Verschwinden von $\sin\frac{1}{2}\theta$ bei $\theta = 0$ sein. Der *einseitige* Grenzwert von $g_+(\theta)$ ist

$$\lim_{\theta \searrow 0} g_+(\theta) = \lim_{\theta \searrow 0} \frac{f(x+\theta) - f(x+)}{\theta} \cdot \frac{\theta}{\sin(\frac{1}{2}\theta)} = 2f'(x+), \tag{5.68}$$

wobei x ein Punkt ist, in dem die einseitige Ableitung $f'(x+)$ existiert. Wenn $f'(x+)$ nicht existiert (z.B. könnte f in x eine Sprungstelle besitzen), so ist f doch in benachbarten Punkten differenzierbar. Nach dem Mittelwertsatz gibt es ein θ^* zwischen x und $x+\theta$, so daß $[f(x+\theta) - f(x+)]/\theta = f'(\theta^*)$. Da die Ableitung beschränkt ist, ist auch $[f(x+\theta) - f(x+)]/\theta$ für kleine, positive θ beschränkt. Es folgt, daß auch $g_+(\theta)$ beschränkt und somit das Integral $\int_0^\pi |g_+(\theta)|^2 d\theta$ endlich ist. In gleicher Weise untersucht man $g_-(\theta)$. □

Der Beweis der gleichmäßigen Konvergenz

Wir beweisen Satz 5.5 für den Fall klassischer Fourierreihen. Wieder setzen wir voraus, daß $f(x)$ und $f'(x)$ stetige Funktionen der Periode 2π sind. Die Beweisidee unterscheidet sich von der vorigen erheblich. Wesentlich an ihr ist der Nachweis, daß die Koeffizienten sehr rasch gegen Null streben. Seien A_n und B_n die Fourierkoeffizienten von $f(x)$ und A'_n und B'_n die Fourierkoeffizienten von $f'(x)$. Wir integrieren partiell und erhalten

$$\begin{aligned} A_n &= \int_{-\pi}^{\pi} f(x) \cos nx \, \frac{dx}{\pi} \\ &= \frac{1}{n\pi} f(x) \sin nx \Big|_{-\pi}^{\pi} - \int_{-\pi}^{\pi} f'(x) \sin nx \, \frac{dx}{n\pi}, \end{aligned}$$

so daß die Beziehung

$$A_n = -\frac{1}{n} B'_n \quad \text{für } n \neq 0 \tag{5.69}$$

besteht. Dabei wurde die Periodizität von $f(x)$ ausgenützt. In gleicher Weise errechnet man

$$B_n = \frac{1}{n} A'_n. \tag{5.70}$$

Die Besselsche Ungleichung [für die Fourierreihe von f'(x)] liefert uns andererseits durch

$$\sum_{n=1}^{\infty}(|A'_n|^2 + |B'_n|^2) < \infty$$

die Konvergenz beider Reihen. Deshalb ist

$$\begin{aligned}
\sum_{n=1}^{\infty}(|A_n \cos nx| + |B_n \sin nx| &\leq \sum_{n=1}^{\infty}(|A_n| + |B_n|) \\
&= \sum_{n=1}^{\infty} \frac{1}{n}(|B'_n| + |A'_n|) \\
&\leq \left(\sum_{n=1}^{\infty} \frac{1}{n^2}\right)^{1/2} \left[\sum_{n=1}^{\infty}(|A'_n|^2 + |B'_n|^2)\right]^{1/2} < \infty.
\end{aligned}$$

Wir haben dabei die Schwarzsche Ungleichung verwendet (siehe Übungsaufgabe 5). Das Ergebnis besagt, daß die Fourierreihe *absolut* konvergiert.

Wir wissen bereits (aus Satz 5.8), daß der Grenzwert der Fourierreihe $f(x)$ ist. Bezeichnet S_N wieder die Partialsummen (5.57), so können wir wie folgt abschätzen

$$\begin{aligned}
\max|f(x) - S_N(x)| &\leq \sum_{n=N+1}^{\infty} |A_n \cos nx + B_n \sin nx| \\
&\leq \sum_{n=N+1}^{\infty} (|A_n| + |B_n|) < \infty. \quad (5.71)
\end{aligned}$$

Der letzte Ausdruck ist der Reihenrest einer konvergenten unendlichen Reihe, er strebt deshalb mit $N \to \infty$ gegen Null. Wir schließen daraus, daß die Fourierreihe absolut und gleichmäßig gegen $f(x)$ konvergiert. □

Das Gibbssche Phänomen

Das Gibbssche Phänomen läßt sich bei Fourierreihen an den Sprungstellen der entwickelten Funktion beobachten. Die Partialsummen $S_N(x)$ approximieren für große N die Funktion in der Nähe einer Sprungstelle wie in Bild 5.7 gezeichnet. Gibbs zeigte, daß die Partialsummen $S_N(x)$ die Sprunghöhe um ca. 18% überschwingen. Die Breite des Überschwungs strebt mit $N \to \infty$ gegen Null, während die Höhe bei jeweils 9% (unten und oben) verbleibt. Es gilt

$$\lim_{N \to \infty} \max|S_N(x) - f(x)| \neq 0, \quad (5.72)$$

obwohl $(S_N(x) - f(x))$ außerhalb jeder Sprungstelle von $f(x)$ gegen Null strebt.

Wir illustrieren Gibbs Phänomen an einem Beispiel und untersuchen die einfachste ungerade Funktion mit einem Sprung der Höhe 1, nämlich

5.5 Vollständigkeit und das Gibbssche Phänomen

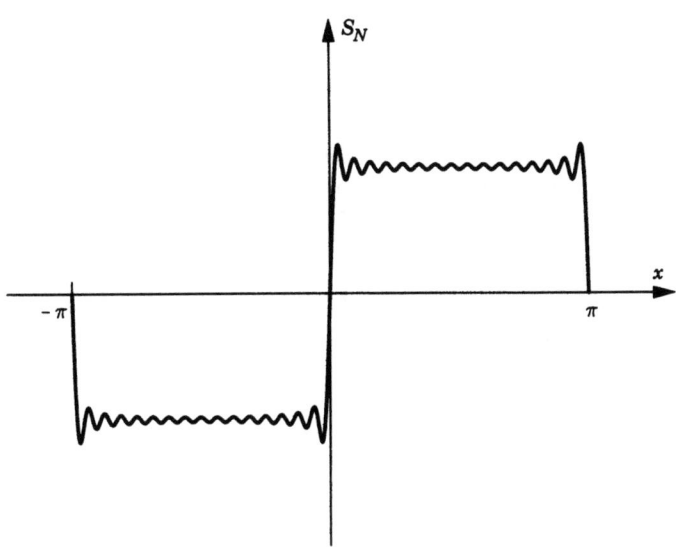

Bild 5.7

$$f(x) = \begin{cases} \frac{1}{2} & \text{für} \quad 0 < x < \pi \\ -\frac{1}{2} & \text{für} \quad -\pi < x < 0. \end{cases}$$

Sie besitzt die Fourierentwicklung

$$\sum_{n \text{ ungerade} = 1}^{\infty} \frac{2}{n\pi} \sin nx.$$

In Bild 5.7 ist die Partialsumme $S_{16}(x)$ dargestellt. Nach (5.58) und (5.60) hat $S_N(x)$ die Darstellung

$$S_N(x) = \left(\int_0^\pi - \int_{-\pi}^0 \right) K_N(x-y) \frac{dy}{4\pi}$$
$$= \left(\int_0^\pi - \int_{-\pi}^0 \right) \frac{\sin\left[(N+\frac{1}{2})(x-y)\right]}{\sin\left[\frac{1}{2}(x-y)\right]} \frac{dy}{4\pi}.$$

Sei $M = N + \frac{1}{2}$. Im ersten Integral setzen wir $\theta = M(x - y)$, im zweiten setzen wir $\theta = M(y - x)$. Dieser Variablenwechsel liefert

$$S_N(x) = \left(\int_{M(x-\pi)}^{Mx} - \int_{-M(x+\pi)}^{-Mx} \right) \frac{\sin \theta}{2M \sin(\theta/2M)} \frac{d\theta}{2\pi}$$
$$= \left(\int_{-Mx}^{Mx} - \int_{-M\pi - Mx}^{-M\pi + Mx} \right) \frac{\sin \theta}{2M \sin(\theta/2M)} \frac{d\theta}{2\pi}$$
$$= \left(\int_{-Mx}^{Mx} - \int_{M\pi - Mx}^{M\pi + Mx} \right) \frac{\sin \theta}{2M \sin(\theta/2M)} \frac{d\theta}{2\pi}. \qquad (5.73)$$

Dabei haben wir im letzten Schritt θ durch $-\theta$ ersetzt und ausgenützt, daß der Integrand eine gerade Funktion ist.

Uns interessiert das Verhalten in der Nähe der Sprungstelle, das Verhalten also für kleine x. Unter Beachtung, daß M groß ist, sieht man, daß das erste Integral in (5.73) wegen des kleinen Nenners $\sin(\theta/2M)$ das größere von beiden ist. An welcher Stelle wird das erste Integral von (5.73) maximal? Setzt man seine erste Ableitung Null, so sieht man, daß es für $\sin Mx = 0$ maximal wird. Wir setzen also $x = \pi/M$. Aus (5.73) wird dann

$$S_N\left(\frac{\pi}{M}\right) = \left(\int_{-\pi}^{\pi} - \int_{M\pi-\pi}^{M\pi+\pi}\right) \frac{\sin\theta}{2M\sin(\theta/2M)} \frac{d\theta}{2\pi}. \qquad (5.74)$$

Im *zweiten* Integral von (5.74) ist das Argument $\theta/2M$ für $M > 2$ nach unten und oben wie folgt beschränkt:

$$\frac{\pi}{4} < \left[1 - \frac{1}{M}\right]\frac{\pi}{2} \leq \frac{\theta}{2M} \leq \left[1 + \frac{1}{M}\right]\frac{\pi}{2} < \frac{3\pi}{4}.$$

Mit dieser Abschätzung ist $\sin(\theta/2M) > 1/\sqrt{2}$, das zweite Integral in (5.74) ist kleiner als

$$\int_{M\pi-\pi}^{M\pi+\pi} 1 \cdot \left[\frac{2M}{\sqrt{2}}\right]^{-1} \frac{d\theta}{2\pi} = \frac{1}{\sqrt{2}M}$$

und dieser Ausdruck geht mit $M \to \infty$ gegen Null.

Im *ersten* Integral von (5.74) ist $|\theta| \leq \pi$ und es konvergiert

$$2M\sin\frac{\theta}{2M} \to \theta \quad \text{gleichmäßig in } -\pi \leq \theta \leq \pi \quad \text{mit } M \to \infty.$$

Der Grenzprozeß $M \to \infty$ in (5.74) liefert uns

$$S_N\left(\frac{\pi}{M}\right) \to \int_{-\pi}^{\pi} \frac{\sin\theta}{\theta} \frac{d\theta}{2\pi} \simeq 0{,}59 \qquad (5.75)$$

Das sind die Gibbsschen 9% Überschwinghöhe des Sprungs der Höhe 1.

Übungsaufgaben

1. Skizzieren Sie den Dirichlet-Kern

$$K_N(\theta) = \frac{\sin(N + \frac{1}{2})\theta}{\sin\frac{1}{2}\theta}$$

für $N = 10$. Verwenden Sie, falls vorhanden, ein Computergrafik-Programm.

2. Beweisen Sie die *Schwarzsche Ungleichung* (für ein beliebiges Paar von Funktionen):

$$|(f,g)| \leq \|f\| \cdot \|g\|.$$

(*Hinweis:* Betrachten Sie $\|f + tg\|^2$ mit der reellen Zahl t. Dieser Ausdruck ist ein quadratisches Polynom in t. Bestimmen Sie sein Minimum. Spielen Sie etwas mit den Ausdrücken und Sie erhalten die Schwarzsche Ungleichung.)

5.5 Vollständigkeit und das Gibbssche Phänomen

3. Beweisen Sie die Ungleichung $l \int_0^l (f'(x))^2 dx \geq [f(l) - f(0)]^2$ für eine beliebige Funktion $f(x)$, deren Ableitung $f'(x)$ stetig ist. (*Hinweis:* Verwenden Sie die Schwarzsche Ungleichung für das Funktionenpaar $f(x)$ und 1.)

4. (a) Lösen Sie das Problem $u_t = k u_{xx}$ für $0 < x < l$, $u(x,0) = \phi(x)$, unter der unüblichen Randbedingung

$$u_x(0,t) = u_x(l,t) = \frac{u(l,t) - u(0,t)}{l}.$$

   Setzen Sie dabei voraus, daß es keine negativen Eigenwerte gibt. (*Hinweis:* Siehe Übungsaufgabe 4.3.12.)

   (b) Zeigen Sie
   $$lim_{t \to \infty} u(x,t) = A + Bx.$$
   unter der Voraussetzung, daß Sie den Grenzprozeß gliedweise vornehmen dürfen.

   (c) Zeigen Sie mit Hilfe der ersten Greenschen Identität und Aufgabe 3, daß es keine negativen Eigenwerte gibt.

   (d) Bestimmen Sie A und B aus Teil (b). (*Hinweis:* Die Reihe beginnt mit $A + Bx$. Bilden Sie das innere Produkt der Reihe für $\phi(x)$ mit jeder der Funktionen 1 und x und nützen Sie die Orthogonalität aus.)

5. Beweisen Sie die *Schwarzsche Ungleichung für Reihen*:

$$\sum a_n b_n \leq \left(\sum a_n^2\right)^{1/2} \left(\sum b_n^2\right)^{1/2}.$$

   (*Hinweis:* Beachten Sie den Hinweis zu Aufgabe 2. Beweisen Sie die Ungleichung zunächst für endliche Reihen (gewöhnliche Summen) und gehen Sie dann zur Grenze über.)

6. Betrachten Sie die Diffusionsgleichung in $[0; l]$ unter Dirichletschen Randbedingungen und mit einer beliebigen stetigen Funktion als Anfangsvorgabe. Zeigen Sie anhand ihrer Reihenentwicklung, daß die Lösung für $t > 0$ unendlich oft differenzierbar ist. (*Hinweis:* Verwenden Sie den allgemeinen Satz am Ende von Abschnitt A.2 über die Differenzierbarkeit von Reihen zusammen mit der Tatsache, daß die Exponentialfunktion für hinreichend kleine Exponenten sehr kleine Werte hat. Beachten Sie die in Abschnitt 3.5 dargestellte analoge Situation.)

7. Es sei $\int_\pi^{-\pi} [|f(x)|^2 + |g(x)|^2] dx$ endlich und $g(x) = f(x)/(e^{ix} - 1)$. Seien c_n die Koeffizienten der komplexen Fourierreihe von $f(x)$. Zeigen Sie, daß $\sum_{n=-N}^{N} c_n \to 0$ mit $N \to \infty$.

8. Zeigen Sie, daß beide Integrale in (5.66) gegen Null streben.

9. Schließen Sie die Lücken im Beweis der gleichmäßigen Konvergenz.

10. Führen Sie den Nachweis der gleichmäßigen Konvergenz für den Fall der ungeraden und der geraden Fourierreihe.

11. Zeigen Sie, daß die Fourierreihe der Funktion $|x|$ über dem Intervall $]-\pi;\pi[$ gleichmäßig gegen $|x|$ in $[-\pi;\pi]$ konvergiert.

12. Zeigen Sie, daß für eine in $[-\pi;\pi]$ definierte C^1-Funktion mit $\int_{-\pi}^{\pi} f(x) = 0$ die Ungleichung $\int_{-\pi}^{\pi} |f|^2 dx \leq \int_{-\pi}^{\pi} |f'|^2 dx$ erfüllt ist. (*Hinweis:* Verwenden Sie die Parsevalsche Gleichung.)

13. Ein sehr glatter Beweis der punktweisen Konvergenz einer Fourierreihe stammt von P. Chernoff (*American Mathematical Monthly*, May 1980). Er läuft wie folgt ab.

    (a) Sei $f(x)$ eine C^1-Funktion der Periode 2π. Zeigen Sie zunächst, daß man ohne Einschränkung $f(0) = 0$ voraussetzen kann, und daß man lediglich die Konvergenz der Fourierreihe in $x = 0$ gegen 0 beweisen muß.
    (b) Sei $g(x) = f(x)/(e^{ix} - 1)$. Zeigen Sie, daß $g(x)$ stetig ist.
    (c) Seien C_n die (komplexen) Fourierkoeffizienten von $f(x)$ und D_n die Koeffizienten der entsprechenden Reihe für $g(x)$. Zeigen Sie $\lim_{n\to\infty} D_n = 0$.
    (d) Zeigen Sie $C_n = D_{n-1} - D_n$, daß also die Reihe $\sum C_n$ eine Teleskopreihe ist.
    (e) Folgern Sie, daß die Fourierreihe von $f(x)$ für $x = 0$ gegen Null konvergiert.

5.6 Inhomogene Randbedingungen

In diesem Abschnitt untersuchen wir Probleme mit Randquellen. Wir werden sehen, daß bedenkenlose Anwendung der Separationsmethode nicht zum Ziel führt.

Wir beginnen mit der *Diffusionsgleichung mit Quellen an beiden Endpunkten*.

$$\begin{aligned} u_t &= ku_{xx} \quad 0 < x < l, \quad t > 0 \\ u(0,t) &= h(t) \quad u(l,t) = j(t) \\ u(x,0) &\equiv 0. \end{aligned} \tag{5.76}$$

Eine getrennte Lösung $u = X(x)T(t)$ wird sich nicht an die Randbedingungen anpassen lassen. Wir versuchen es deshalb mit einer etwas geänderten Vorgehnsweise.

Die Methode der Reihenentwicklung

Wir wissen bereits, daß für das zugehörige homogene Problem die Entwicklung in eine ungerade Fourierreihe die angemessene Methode ist. Die Vollständigkeitssätze sichern uns, daß jede Funktion $u(x,t)$ bei festem t in eine Fourierreihe der Form

5.6 Inhomogene Randbedingungen

$$u(x,t) = \sum_{n=1}^{\infty} u_n(t) \sin \frac{n\pi x}{l}, \qquad (5.77)$$

über dem Intervall $]0;l[$ entwickelt werden kann. Die Koeffizienten $u_n(t)$ sind dann von t abhängig, sie sind notwendigerweise gegeben durch

$$u_n(t) = \frac{2}{l} \int_0^l u(x,t) \sin \frac{n\pi x}{l} dx. \qquad (5.78)$$

Man stellt fest, daß jeder Summand der Reihe an beiden Endpunkten des Intervalls verschwindet und deshalb die vorgegebene Randbedingung verletzt, sofern $h(0) \neq 0$ und $j(l) \neq 0$. Wir versuchen uns dadurch aus der Affäre zu ziehen, daß wir nicht auf der Konvergenz der Reihe in den Endpunkten bestehen, sondern Konvergenz nur im Inneren des Intervalls verlangen. Damit befinden wir uns genau in der Situation der Sätze 5.6 und 5.7, nicht jedoch in der von Satz 5.5.

Durch gliedweise Differentiation der Reihe (5.77) erhalten wir

$$0 = u_t - k u_{xx} = \sum \left[\frac{du_n}{dt} + k u_n(t) \left(\frac{n\pi}{l}\right)^2\right] \sin \frac{n\pi x}{l}.$$

Die PDGl scheint zu erfordern, daß $du_n/dt + k\lambda_n u_n = 0$, also $u_n(t) = A_n e^{k\lambda_n t}$. Damit lassen sich aber unsere Randbedingungen nicht erfüllen. Unsere Methode versagt! Woran liegt das? Der Grund ist, daß wir nicht gliedweise differenzieren durften. Beachten Sie, was die Gefahren der Differentiation angeht, die Ausführungen nach Beispiel 3 von Abschnitt 5.4.

Wir beginnen erneut, wollen aber jetzt eine direkte Differentiation von Fourierreihen vermeiden. Nach dem Vollständigkeitssatz 5.6 ist die Entwicklung (5.77) mit den Koeffizienten (5.78) gültig, sofern $u(x,t)$ eine stetige Funktion ist. Offenbar verlangen die Anfangsbedingungen $u_n(0) = 0$. Wenn die Ableitungen von $u(x,t)$ ebenfalls stetig sind, können wir auch sie entwickeln:

$$\frac{\partial u}{\partial t} = \sum_{n=1}^{\infty} v_n(t) \sin \frac{n\pi x}{l} \qquad (5.79)$$

mit

$$v_n(t) = \frac{2}{l} \int_0^l \frac{\partial u}{\partial t} \sin \frac{n\pi x}{l} dx = \frac{du_n}{dt}. \qquad (5.80)$$

Die letzte Gleichung ist gültig, da der Integrand eine stetig differenzierbare Funktion ist, und wir deshalb die Differentiation unter dem Integralzeichen vornehmen können (siehe Abschnitt A.3). Wir entwickeln auch die zweite Ableitung von u:

$$\frac{\partial^2 u}{\partial x^2} = \sum_{n=1}^{\infty} w_n(t) \sin \frac{n\pi x}{l} \qquad (5.81)$$

mit den Koeffizienten

$$w_n(t) = \frac{2}{l} \int_0^l \frac{\partial^2 u}{\partial x^2} \sin \frac{n\pi x}{l} dx \qquad (5.82)$$

Nach Greens zweiter Identität (5.28) stimmt der letzte Ausdruck mit

$$\frac{-2}{l}\int_0^l \left(\frac{n\pi}{l}\right)^2 u(x,t)\sin\frac{n\pi x}{l} + \frac{2}{l}\left(u_x \sin\frac{n\pi x}{l} - \frac{n\pi u}{l}u\cos\frac{n\pi x}{l}\right)\Big|_0^l$$

überein. Jetzt kommen die Randbedingungen ins Spiel. Der Sinusfaktor verschwindet an beiden Intervallenden, daher ist nur der letzte Term von den Randbedingungen betroffen. Es folgt

$$w_n(t) = -\lambda_n u_n(t) - 2n\pi l^{-2}(-1)^n j(t) + 2n\pi l^{-2} h(t) \tag{5.83}$$

mit $\lambda_n = (n\pi/l)^2$. Nach (5.80) und (5.82) erfordert die PDGl.

$$v_n(t) - kw_n(t) = \frac{2}{l}\int_0^l (u_t - ku_{xx})\sin\frac{n\pi x}{l}dx = \int_0^l 0 = 0.$$

Aus (5.80) und (5.83) folgern wir, daß $u_n(t)$ die Gleichung

$$\frac{du_n}{dt} = k\{-\lambda_n u_n(t) - 2n\pi l^{-2}[(-1)^n j(t) - h(t)]\} \tag{5.84}$$

erfüllen muß. Diese GDGl. kann unter der Anfangsbedingung $u_n(0) = 0$ aus (5.76) gelöst werden. Ihre Lösung ist

$$u_n(t) = Ce^{-\lambda_0 kt} - 2n\pi l^{-2}\int_0^l e^{-\lambda_n k(t-s)}[(-1)^n j(s) - h(s)]\,ds. \tag{5.85}$$

Als zweites Beispiel lösen wir das *inhomogene Wellenproblem*

$$\begin{aligned} u_{tt} - c^2 u_{xx} &= f(x) \\ u(0,t) &= h(t) \quad u(l,t) = k(t) \\ u(x,0) &= \phi(x) \quad u_t(x,0) = \psi(x). \end{aligned} \tag{5.86}$$

Auch hier entwickeln wir wieder alles nach den Eigenfunktionen des zugehörigen homogenen Problems:

$$u(x,t) = \sum_{n=1}^\infty u_n(t)\sin\frac{n\pi x}{l},$$

u_{tt} habe die Koeffizienten $v_n(t)$, u_{xx} die Koeffizienten $w_n(t)$, $f(x,t)$ die Koeffizienten $f_n(t)$, $\phi(x)$ die Koeffizienten ϕ_n, und $\psi(x)$ habe die Koeffizienten ψ_n. Dann ist

$$v_n(t) = \frac{2}{l}\int_0^l \frac{\partial^2 u}{\partial t^2}\sin\frac{n\pi x}{l}dx = \frac{d^2 u_n}{dt^2}$$

und, genau wie zuvor

$$\begin{aligned} w_n(t) &= \frac{2}{l}\int_0^l \frac{\partial^2 u}{\partial t^2}\sin\frac{n\pi x}{l}dx \\ &= -\lambda_n u_n(t) + 2n\pi l^{-2}[h(t) - (-1)^n k(t)]. \end{aligned}$$

5.6 Inhomogene Randbedingungen

Auch hier fordert die PDGl

$$v_n(t) - c^2 w_n(t) = \frac{2}{l}\int_0^l (u_{tt} - c^2 u_{xx})\sin\frac{n\pi x}{l} dx = f_n(x).$$

$u_n(t)$ erfüllt deshalb die Gleichung

$$\frac{d^2 u_n}{dt^2} + c^2 \lambda_n u_n(t) = -2n\pi l^{-2}[(-1)^n k(t) - h(t)] + f_n(t) \qquad (5.87)$$

und die Anfangsbedingungen

$$u_n(0) = \phi_n \qquad \dot u_n(0) = \psi_n.$$

Diese Aufgabe kann explizit gelöst werden (siehe Übungsaufgabe 11).

Die Methode der Datenverschiebung

Durch geeignete Subtraktion lassen sich die Randdaten an eine andere Stelle des Problems transportieren. *Wenn man von der gesuchten Funktion $u(x,t)$ eine Funktion subtrahiert, die die Randbedingungen erfüllt, so entsteht ein neues Problem, bei dem die Randbedingungen homogen sind.* Für das eben behandelte Problem (5.86) erfüllt offenbar die Funktion

$$\tilde u(x,t) = (1-x)h(t) + xk(t)$$

die Randbedingungen. Wenn wir setzen

$$v(x,t) - \tilde u(x,t),$$

so erfüllt $v(x,t)$ auch ein Problem der Form (5.86), allerdings jetzt mit homogenen Randbedingungen und den Anfangsvorgaben $\phi(x) - \tilde u(x,0)$, sowie $\psi(x) - \tilde u_t(x,0)$. Die rechte Seite f der Gleichung wird ersetzt durch $f - \tilde u_{tt}$.

Wenn man von der gesuchten Funktion $u(x,t)$ eine Funktion subtrahiert, die die Randbedingungen und die inhomogene Gleichung erfüllt, so entsteht ein neues Problem, bei dem sowohl die Randbedingungen als auch die Gleichung homogen sind. Ein Fall, bei dem sich das sicherlich bewerkstelligen läßt, ist der Fall „stationärer Daten", wenn h, k und $f(x)$ alle von der Zeit unabhängig sind. Es ist dann nicht schwer, eine Lösung $\tilde u(x,t)$ von

$$-c^2 \tilde u_{xx} = f(x) \qquad \tilde u(0) = h \qquad \tilde u(l) = k$$

anzugeben. Die Funktion $v(x,t) = u(x,t) - \tilde u(x)$ löst die homogene Gleichung unter homogenen Randbedingungen und mit den Anfangsdaten $\phi(x) - \tilde u(x)$, sowie $\psi(x)$.

Als weiteres Beispiel betrachten wir das Problem (5.86) im Falle einfacher Periodizität:

$$f(x,t) = F(x)\cos\omega t \qquad h(t) = H\cos\omega t \qquad k(t) = K\cos\omega t,$$

das heißt, alle Daten zeigen das gleiche zeitliche Verhalten. Wir möchten eine Lösung von

$$\tilde{u}_{tt} - c^2 \tilde{u}_{xx} = F(x) \cos \omega t$$
$$\tilde{u}(o,t) = H \cos \omega t \quad \tilde{u}(l,t) = K \cos \omega t$$

subtrahieren. Eine gute Vermutung ist, daß $\tilde{u}$ die Form $\tilde{u}(x,t) = \tilde{u}_0(x) \cos \omega t$ hat. Das ist der Fall, wenn $\tilde{u}_0(x)$ die Gleichungen

$$-c^2 \tilde{u}_0 - \omega^2 \tilde{u}_0'' = F(x) \quad \tilde{u}_0(0) = H \quad \tilde{u}_0(l) = K$$

erfüllt.

Wir können auch mit Laplace-Transformationen arbeiten, einer Methode, die wir in Abschnitt 12.5 behandeln werden.

Übungsaufgaben

1. (a) Berechnen Sie die Lösung von $u_t = u_{xx}$ in $]0;1[$ mit $u_x(0,t) = 0$, $u(1,t) = 1$ und $u(x,0) = x^2$ als Reihe. Bestimmen Sie die ersten beiden Koeffizienten explizit.

   (b) Bestimmen Sie den Gleichgewichtszustand (gekennzeichnet durch den Term, der nicht gegen Null strebt).

2. Betrachten Sie Problem (5.76) und vervollständigen Sie die Berechnung der Reihen für den Fall $k(t) = 0$ und $h(t) = e^t$.

3. Lösen Sie Problem (5.76) für den Fall Neumannscher Randbdingungen.

4. Lösen Sie $u_{tt} = c^2 u_{xx} + k$ in $0 < x < l$ unter den Randbedingungen $u(0,t) = 0$, $u_x(l,t) = 0$ und unter den Anfangsbedingungen $u(x,0) = 0$, $u_t(x,0) = V$. k und V sind Konstanten.

5. Lösen Sie $u_{tt} = c^2 u_{xx} + e^t \sin 5x$ für $0 < x < \pi$ mit $u(0,t) = u(\pi,t) = 0$ und unter den Anfangsbedingungen $u(x,0) = 0$, $u_t(x,0) = 3 \sin x$.

6. Lösen Sie $u_{tt} = c^2 u_{xx} + g(x) \sin \omega t$ für $0 < x < l$ mit $u = 0$ an beiden Intervallenden und $u = u_t = 0$ für $t = 0$. Für welche Werte von ω liegt Resonanz, das heißt ein zeitliches Anwachsen der Lösung, vor?

7. Wiederholen Sie Aufgabe 6 für die gedämpfte Wellengleichung $u_{tt} = c^2 u_{xx} - r u_t + g(x) \sin \omega t$, wobei r eine positive Konstante ist.

8. Lösen Sie $u_t = k u_{xx}$ in $]0;l[$ mit $u(0,t) = 0$, $u(l,t) = At$, $u(x,0) = 0$. A ist eine positive Konstante.

9. Verwenden Sie die Subtraktionsmethode zur Lösung von $u_{tt} = 9 u_{xx}$ in $0 \leq x \leq l = 1$ mit $u(0,t) = h$, $u(1,t) = k$, $u(x,0) = u_t(x,0) = 0$. h und k sind gegebene Konstanten.

5.6 Inhomogene Randbedingungen

10. Ein Metallstab hat die Form eines Kegelstumpfes mit der Querschnittsfläche $A(x) = b(x + a)$ für $0 \leq x \leq l$, wobei a und b Konstanten sind. Nehmen Sie an, daß seine Mantelfläche isoliert ist, während Grund- und Deckfläche konstant auf der Temperatur Null gehalten werden und eine nicht spezifizierte Anfangstemperaturverteilung vorgegeben ist. Bestimmen Sie die Temperatur des Stabes. (*Hinweis:* Leiten Sie die PDGl. $(1 - x/l)^2 u_t = k((1 - x/l)^2 u_x)_x$ her.)

11. Ermitteln Sie die explizite Lösung von Problem (5.86), indem Sie mit der Untersuchung in Abschnitt 5.6 beginnen.

12. Geben Sie die Lösung von Problem (5.86) für den Fall an daß
$$f(x,t) = F(x)\cos\omega t \quad h(t) = H\cos\omega t \quad k(t) = K\cos\omega t.$$

13. Ist eine Reibungskraft vorhanden, nimmt die Wellengleichung die Form
$$u_{tt} - c^2 u_{xx} = -r u_t$$
mit der Reibungskonstanten $r > 0$ an. Betrachten Sie eine periodische Quelle an einem Ende: $u(0,t) = 0$, $u(l,t) = Ae^{i\omega t}$.

   (a) Zeigen Sie, daß PDGl. und RB. erfüllt werden von
   $$\mathcal{U}(x,t) = Ae^{i\omega t}\frac{\sin\beta x}{\sin\beta l}, \quad \text{wobei } \beta^2 c^2 = \omega^2 - ir\omega.$$

   (b) Zeigen Sie, daß unabhängig von den Anfangsbedingungen $u(x,0)$ und $u_t(x,0)$ die Funktion $\mathcal{U}(x,t)$ die asymptotische Form einer Lösung $u(x,t)$ für $t \to \infty$ ist.

   (c) Zeigen Sie, daß man mit $r \to 0$ Resonanz erhalten kann, wenn $\omega = m\pi c/l$ mit einer ganzen Zahl m.

   (d) Zeigen Sie, daß eine vorhandene Reibungskraft Resonanz verhindern kann.

6 Harmonische Funktionen

In diesem Kapitel beschäftigen wir uns mit der Laplace-Gleichung. Wir führen zwei wichtige Eigenschaften, das Maximum-Prinzip und die Rotationsinvarianz ein und bestimmen anschließend die Lösung der Laplace-Gleichung Reihendarstellung für Rechtecke, Kreise und verwandte Gebiete. Der Fall eines Kreises als Definitionsbereich führt uns zu der Poissonschen Formel.

6.1 Die Laplace-Gleichung

Ist ein durch die Diffusions- oder Wellengleichung beschriebener Prozeß stationär (unabhängig von der Zeit), so ist $u_t \equiv 0$ und $u_{tt} \equiv 0$. Dann reduzieren sich die Diffusions- und die Wellengleichung zur *Laplace-Gleichung*:

$$\begin{aligned} & & u_{xx} &= 0 & &\text{in einer Dimension} \\ \nabla \cdot \nabla u =\ & \Delta u = & u_{xx} + u_{yy} &= 0 & &\text{in zwei Dimensionen} \\ \nabla \cdot \nabla u =\ & \Delta u = & u_{xx} + u_{yy} + u_{zz} &= 0 & &\text{in drei Dimensionen} \end{aligned}$$

Eine Lösung der Laplace-Gleichung heißt *harmonische Funktion*.

In *einer* Dimension haben wir die einfache Gleichung $u_{xx} = 0$, so daß $u(x) = Ax + B$ die einzigen harmonischen Funktionen in einer Dimension sind. Diese Funktionen sind jedoch derart einfach, daß wir von ihnen schwerlich Hinweise auf harmonische Funktionen in höheren Dimensionen erwarten können.

Die inhomogene Version der Laplace-Gleichung

$$\Delta u = f \tag{6.1}$$

mit einer gegebenen Funktion f heißt *Poisson-Gleichung*.

Neben stationären Diffusionen und Wellen werden von der Laplace- und der Poisson-Gleichung weitere Sachverhalte, wie etwa die folgenden beschrieben.

1. *Elektrostatik*. Nach den Maxwellschen Gleichungen ist $rot\mathbf{E} = 0$ und $div\mathbf{E} = 4\pi\rho$, wobei ρ die Ladungsdichte ist. Die erste Gleichung zieht $\mathbf{E} = -grad\phi$ für eine skalare Funktion ϕ (*elektrisches Potential* genannt) nach sich. ϕ erfüllt deshalb die Gleichung

$$\Delta\phi = div(grad\phi) = -div\mathbf{E} = -4\pi\rho,$$

also die Poisson-Gleichung (mit $f = -4\pi\rho$).

6.1 Die Laplace-Gleichung

2. *Stetige Strömungen.* Wir betrachten eine rotationsfreie Strömung (ohne Wirbel), für die dann $rot\,\mathbf{v} = 0$ gilt, wenn $\mathbf{v} = \mathbf{v}(x,y,z)$, der Geschwindigkeitsvektor an der Stelle (x,y,z), als zeitunabhängig vorausgesetzt wird. Nimmt man weiter an, daß keine Quellen oder Senken vorhanden sind und daß die Flüssigkeit inkompressibel ist (z.B. Wasser), so ist $div\,\mathbf{v} = 0$, also $\mathbf{v} = -grad\,\phi$ mit einer skalaren Funktion ϕ (*Geschwindigkeitspotential* genannt). ϕ erfüllt dann wegen $\Delta\phi = -div\,\mathbf{v} = 0$ die Laplace-Gleichung.

3. *Analytische Funktionen einer komplexen Variablen.* Wir schreiben $z = x + iy$ und
$$f(z) = u(z) + iv(z) = u(x+iy) + iv(x+iy),$$
mit den reellwertigen Funktionen u und v. Eine analytische Funktion ist eine Funktion, die sich als Potenzreihe in z darstellen läßt. Die Potenzen sind nicht $x^m y^n$, sondern $z^n = (x+iy)^n$. Eine analytische Funktion hat somit die Form
$$f(z) = \sum_{n=0}^{\infty} a_n z^n$$
mit den komplexen Konstanten a_n. Also ist
$$u(x+iy) + iv(x+iy) = \sum_{n=0}^{\infty} a_n (x+iy)^n.$$
Formale Differentiation dieser Reihe zeigt uns
$$\frac{\partial u}{\partial x} = \frac{\partial v}{\partial y} \quad \text{und} \quad \frac{\partial u}{\partial y} = -\frac{\partial v}{\partial x}$$
(siehe Übungsaufgabe 1). Diese Gleichungen sind die *Cauchy-Riemannschen Differentialgleichungen*. Wenn wir sie differenzieren, finden wir
$$u_{xx} = v_{yx} = v_{xy} = -u_{yy}.$$
Es gilt also $\Delta u = 0$ und in gleicher Weise $\Delta v = 0$, wobei Δ der zweidimensionale Laplace-Operator ist. Real- und Imaginärteil einer analytischen Funktion sind also harmonische Funktionen.

4. *Brownsche Molekularbewegung.* Wir stellen uns vor, in einem Behälter D finde Brownsche Molekularbewegung statt. Das bedeutet, die Partikel im Inneren von D bewegen sich völlig zufällig solange sie nicht auf den Rand treffen, wo sie gestoppt werden. Wir zerlegen den Rand in zwei Teilbereiche C_1 und C_2 (siehe Bild 6.1). Bezeichnet $u(x,y,z)$ die Wahrscheinlichkeit, daß ein Teilchen, das sich anfangs im Punkt (x,y,z) befindet, in einem Punkt von C_1 gestoppt wird, so läßt sich herleiten
$$\Delta u = 0 \text{ in } D$$
$$u = 1 \text{ auf } C_1 \quad u = 0 \text{ auf } C_2.$$
u ist also Lösung eines Dirichlet-Problems.

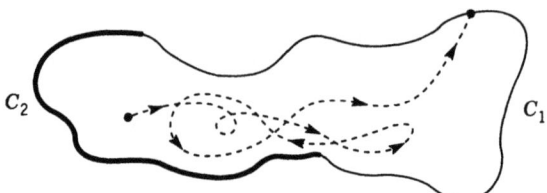

Bild 6.1

Wie wir schon in Abschnitt 1.4 gesehen haben, besteht das wesentliche mathematische Problem darin, die Laplace- oder Poisson-Gleichung in einem Gebiet D mit einer Randbedingung auf ∂D zu lösen:

$$\Delta u = f \text{ in } D$$
$$u = h \quad \text{oder} \quad \frac{\partial u}{\partial n} = h \quad \text{oder} \quad \frac{\partial u}{\partial n} + au = h \quad \text{auf} \quad \partial D.$$

In einer Dimension sind die einzigen zusammenhängenden Gebiete die Intervalle $\{a < x < b\}$. Wir werden die geometrischen Besonderheiten im zwei- oder dreidimensionalen Fall noch untersuchen.

Das Maximum-Prinzip

Wir beginnen unsere Untersuchung mit dem Maximum-Prinzip, das sich für die Laplace-Gleichung leichter darstellt, als für die Diffusionsgleichung. Unter einer *offenen Menge* verstehen wir eine Menge, die keinen ihrer Randpunkte enthält (siehe Abschnitt A.1).

Das Maximum-Prinzip. *Sei D eine zusammenhängende, beschränkte, offene Menge (im entweder zwei- oder dreidimensionalen Raum). Sei entweder $u(x,y)$ oder $u(x,y,z)$ eine harmonische Funktion in D, die in $\bar{D} = D \cup (\partial D)$ stetig ist. Dann werden der maximale und der minimale Funktionswert von u auf dem Rand von D angenommen und nirgendwo im Inneren von D, es sei denn, u ist konstant.*

Zum Beweis des Maximum-Prinzips verwenden wir die Vektorschreibweise $\mathbf{x} = (x, y)$ in zwei und $\mathbf{x} = (x, y, z)$ in drei Dimensionen. Die Radialkoordinate werde als $|\mathbf{x}| = (x^2 + y^2)^{1/2}$ bzw. $|\mathbf{x}| = (x^2 + y^2 + z^2)^{1/2}$ geschrieben. Das Maximum-Prinzip behauptet, daß es Punkte $\mathbf{x}_M$ und $\mathbf{x}_m$ auf ∂D gibt, derart daß

$$u(\mathbf{x}_m) \leq u(\mathbf{x}) \leq u(\mathbf{x}_M) \qquad (6.2)$$

für alle $\mathbf{x} \in D$ (siehe Abb. 6.2). Darüber hinaus gibt es keine Punkte im Inneren von D mit dieser Eigenschaft (es sei denn, $u \equiv const.$). Es könnte aber mehrere solche Punkte auf dem Rand geben.

Die Beweisidee für das Maximum-Prinzip (im zweidimensionalen Fall) ist die folgende. Gäbe es ein Maximum in Inneren von D, so würde dort gelten $u_{xx} \leq 0$ und $u_{yy} \leq 0$ (nach dem Zweite-Ableitungs-Test aus der Analysis). Es wäre dann

6.1 Die Laplace-Gleichung

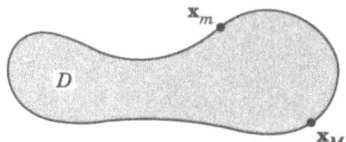

Bild 6.2

$u_{xx} + u_{yy} \leq 0$. An isolierten Maximumstellen ist $u_{xx} < 0$ und $u_{yy} < 0$, so daß wir einen Widerspruch zur Laplace-Gleichung hätten. Da aber an Maximumstellen auch $u_{xx} = u_{yy} = 0$ sein kann, müssen wir etwas genauer arbeiten.

Das tun wir. Sei $\epsilon > 0$ und $v(\mathbf{x}) = u(\mathbf{x}) + \epsilon |\mathbf{x}|^2$. Dann ist (nach wie vor in zwei Dimensionen)

$$\Delta v = \Delta u + \epsilon \Delta(x^2 + y^2) = 0 + 4\epsilon > 0 \quad \text{in } D.$$

Es ist aber (siehe oben) $\Delta v = v_{xx} + v_{yy} \leq 0$ an einer inneren Maximumstelle. $v(\mathbf{x})$ kann deshalb im Inneren von D kein Maximum besitzen.

Nun hat aber $v(\mathbf{x})$ als stetige Funktion ein Maximum *irgendwo* im Abschluß $\bar{D} = D \cup \partial D$. Wir nehmen an, das Maximum werde in $\mathbf{x}_0 \in \partial D$ angenommen. Dann gilt für alle $\mathbf{x} \in D$

$$u(\mathbf{x}) < v(\mathbf{x}) \leq v(\mathbf{x}_0) = u(\mathbf{x}_0) + \epsilon |\mathbf{x}_0|^2 \leq \max_{\mathbf{x} \in \partial D} u(\mathbf{x}) + \epsilon l^2,$$

wobei l der größte Abstand des Randes vom Ursprung ist. Weil diese Beziehung für alle $\epsilon > 0$ gilt, folgt

$$u(\mathbf{x}) \leq \max_{\partial D} u \quad \text{für alle } x \in D. \tag{6.3}$$

Dieses Maximum wird an einer Stelle $\mathbf{x}_M \in \partial D$ angenommen, so daß wir gewünschte Folgerung $u(\mathbf{x}) \leq u(\mathbf{x}_M)$ für alle $\mathbf{x} \in \bar{D}$ ziehen können.

Die Existenz einer Minimumstelle wird in ähnlicher Weise gezeigt. (Die Nichtexistenz von Extremalstellen im Inneren von D zeigen wir mit einer etwas anderen Methode in Abschnitt 6.3.) □

Die Eindeutigkeit des Dirichlet-Problems

Zum Beweis der Eindeutigkeit setzen wir voraus

$$\Delta u = f \quad \text{in } D \qquad \Delta v = f \quad \text{in } D$$
$$u = h \quad \text{auf } \partial D \qquad v = h \quad \text{auf } \partial D.$$

Wir wollen zeigen $u \equiv v$ in D. Dazu subtrahieren wir einfach die Gleichungen und setzen $w = u - v$. Es ist dann $\Delta w = 0$ in D und auf ∂D. Nach dem Maximum-Prinzip ist

$$0 = w(\mathbf{x}_m) \leq w(\mathbf{x}) \leq w(\mathbf{x}_M) = 0 \quad \text{für alle } \mathbf{x} \in D.$$

Maximum und Minimum von $w(\mathbf{x})$ sind beide Null, und das bedeutet $w \equiv 0$ und $u \equiv v$.

Invarianz in zwei Dimensionen

Die Laplace-Gleichung ist invariant unter Bewegungen. Bewegungen bestehen aus Translationen und Rotationen. Eine *Translation* in der Ebene ist eine Koordinatentransformation

$$x' = x + a \quad y' = y + b.$$

Translationsinvarianz der Laplace-Gleichung bedeutet ganz einfach $u_{xx} + u_{yy} = u_{x'x'} + u_{y'y'}$.

Eine *Rotation* in der Ebene um den Winkel α ist gegeben durch

$$\begin{aligned} x' &= x \cos \alpha + y \sin \alpha \\ y' &= -x \sin \alpha + y \cos \alpha. \end{aligned} \tag{6.4}$$

Mit der Kettenregel berechnen wir

$$\begin{aligned} u_x &= u_{x'} \cos \alpha - u_{y'} \sin \alpha \\ u_y &= u_{x'} \sin \alpha + u_{y'} \cos \alpha \\ u_{xx} &= (u_{x'} \cos \alpha - u_{y'} \sin \alpha)_{x'} \cos \alpha - (u_{x'} \cos \alpha - u_{y'} \sin \alpha)_{y'} \sin \alpha \\ u_{yy} &= (u_{x'} \sin \alpha + u_{y'} \cos \alpha)_{x'} \sin \alpha + (u_{x'} \sin \alpha + u_{y'} \cos \alpha)_{y'} \cos \alpha. \end{aligned}$$

Nach Addition erhalten wir

$$\begin{aligned} u_{xx} + u_{yy} &= (u_{x'x'} + u_{y'y'})(\cos^2 \alpha + \sin^2 \alpha) + u_{x'y'} \cdot (0) \\ &= u_{x'x'} + u_{y'y'}. \end{aligned}$$

Damit ist die Invarianz des Laplace-Operators gezeigt. In den Ingenieurwissenschaften ist der Laplace-Operator Δ ein Modell für eine *isotrope* physikalische Situation, in welcher keine Richtung vor einer anderen ausgezeichnet ist.

Die Rotationsinvarianz des zweidimensionalen Laplace-Operators

$$\Delta_2 = \frac{\partial^2}{\partial x^2} + \frac{\partial^2}{\partial y^2}$$

läßt vermuten, daß er in *Polarkoordinaten* eine besonders einfache Gestalt annimmt. Die Transformation

$$x = r \cos \theta \quad y = r \sin \theta$$

hat die Jacobi-Matrix

$$\mathcal{J} = \begin{pmatrix} \frac{\partial x}{\partial r} & \frac{\partial y}{\partial r} \\ \frac{\partial x}{\partial \theta} & \frac{\partial y}{\partial \theta} \end{pmatrix} = \begin{pmatrix} \cos \theta & \sin \theta \\ -r \sin \theta & r \cos \theta \end{pmatrix}.$$

6.1 Die Laplace-Gleichung

Ihre Inverse ist

$$\mathcal{J}^{-1} = \begin{pmatrix} \frac{\partial r}{\partial x} & \frac{\partial \theta}{\partial x} \\ \frac{\partial r}{\partial y} & \frac{\partial \theta}{\partial y} \end{pmatrix} = \begin{pmatrix} \cos\theta & -\frac{\sin\theta}{r} \\ \sin\theta & \frac{\cos\theta}{r} \end{pmatrix}.$$

(Beachten Sie $\partial r/\partial x \neq \partial x/\partial r$.) Mit der Kettenregel erhalten wir

$$\frac{\partial}{\partial x} = \cos\theta \frac{\partial}{\partial r} - \frac{\sin\theta}{r} \frac{\partial}{\partial \theta}$$
$$\frac{\partial}{\partial y} = \sin\theta \frac{\partial}{\partial r} + \frac{\cos\theta}{r} \frac{\partial}{\partial \theta}.$$

Diese *Operatoren* werden quadriert:

$$\frac{\partial^2}{\partial x^2} = \left[\cos\theta \frac{\partial}{\partial r} - \frac{\sin\theta}{r} \frac{\partial}{\partial \theta}\right]^2$$
$$= \cos^2\theta \frac{\partial^2}{\partial r^2} - 2\left(\frac{\sin\theta\cos\theta}{r}\right) \frac{\partial^2}{\partial r \partial \theta}$$
$$+ \frac{\sin^2\theta}{r^2} \frac{\partial^2}{\partial \theta^2} + \frac{\sin\theta\cos\theta}{r^2} \frac{\partial}{\partial \theta} + \frac{\sin^2\theta}{r} \frac{\partial}{\partial r}$$

$$\frac{\partial^2}{\partial y^2} = \left[\sin\theta \frac{\partial}{\partial r} + \frac{\cos\theta}{r} \frac{\partial}{\partial \theta}\right]^2$$
$$= \sin^2\theta \frac{\partial^2}{\partial r^2} + 2\left(\frac{\sin\theta\cos\theta}{r}\right) \frac{\partial^2}{\partial r \partial \theta}$$
$$+ \frac{\cos^2\theta}{r^2} \frac{\partial^2}{\partial \theta^2} - \frac{\sin\theta\cos\theta}{r^2} \frac{\partial}{\partial \theta} + \frac{\cos^2\theta}{r} \frac{\partial}{\partial r}.$$

Wir addieren beide Operatoren und siehe da:

$$\Delta_2 = \frac{\partial^2}{\partial x^2} + \frac{\partial^2}{\partial y^2} = \frac{\partial^2}{\partial r^2} + \frac{1}{r}\frac{\partial}{\partial r} + \frac{1}{r^2}\frac{\partial^2}{\partial \theta^2}. \tag{6.5}$$

Es ist auch natürlich, nach speziellen harmonischen Funktionen zu suchen, die selbst rotationsinvariant sind. In zwei Dimensionen verwenden wir deshalb Polarkoordinaten (r, θ) und suchen Lösungen, die nur von r abhängen. Nach (6.5) muß für solche Funktionen, die von θ unabhängig sind, die Gleichung

$$0 = u_{xx} + u_{yy} = u_{rr} + \frac{1}{r}u_r$$

erfüllt sein. Wir können diese gewöhnliche Differentialgleichung leicht lösen:

$$(u_r)_r = 0, \quad r u_r = c_1, \quad u = c_1 \log r + c_2.$$

Die Funktion $\log r$ wird später eine zentrale Rolle spielen.

Invarianz in drei Dimensionen

Die Laplace-Gleichung in drei Dimensionen ist invariant unter allen Bewegungen des Raumes. Wir zeigen die Rotationsinvarianz, indem wir den vorigen Beweis wiederholen, jetzt aber die Matrix-Schreibweise verwenden. Jede Drehung in drei Dimensionen wird beschrieben durch

$$\mathbf{x}' = B\mathbf{x},$$

mit einer *orthogonalen* Matrix B ($B^t B = BB^t = E$). Der Laplace-Operator ist $\Delta u = \sum_{i=1}^{3} u_{ii} = \sum_{i,j=1}^{3} \delta_{ij} u_{ij}$, wobei die tiefgestellten Indizes von u die partiellen Ableitungen bezeichnen und δ_{ij} das Kronecker-Symbol ist ($\delta_{ij} = 0$ falls $i \neq j$ und $\delta_{ij} = 1$ falls $i = j$). Es gilt dann

$$\Delta u = \sum_{k,l} \left(\sum_{i,j} b_{ki} \delta_{ij} b_{lj} \right) u_{k'l'}$$
$$= \sum_{k} u_{k'k'},$$

da

$$\sum_{i,j} b_{ki} \delta_{ij} b_{lj} = \sum_{i} b_{ki} b_{li} = (BB^t)_{kl} = \delta_{kl}$$

die neue Koeffizientenmatrix ist. In den Strich-Koordinaten nimmt Δu die übliche Form

$$\Delta u = u_{x'x'} + u_{y'y'} + u_{z'z'}$$

an.

Für den Laplace-Operator in drei Dimensionen

$$\Delta_3 = \frac{\partial^2}{\partial x^2} + \frac{\partial^2}{\partial y^2} + \frac{\partial^2}{\partial z^2}$$

ist es natürlich, *sphärische Koordinaten* (r, θ, ϕ) zu verwenden (siehe Abb. 6.3). Wir benutzen die Bezeichnungen

$$r = \sqrt{x^2 + y^2 + z^2} = \sqrt{s^2 + z^2}$$
$$s = \sqrt{x^2 + y^2}$$
$$x = s \cos \phi \qquad z = r \cos \theta$$
$$y = s \sin \phi \qquad s = r \sin \theta.$$

(*Achtung:* In manchen Analysis-Büchern sind die Buchstaben ϕ und θ vertauscht.) Der etwas trickreiche Koordinatenwechsel wird in zwei Schritten vorgenommen: $(x, y, z) \to (s, \phi, z) \to (r, \phi, \theta)$. Nach der in zwei Dimensionen durchgeführten Rechnung gilt sowohl

$$u_{zz} + u_{ss} = u_{rr} + \frac{1}{r} u_r + \frac{1}{r^2} u_{\theta\theta}$$

als auch

6.1 Die Laplace-Gleichung

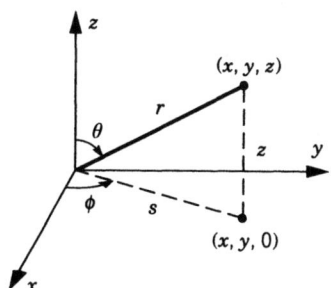

Bild 6.3

$$u_{xx} + u_{yy} = u_{ss} + \frac{1}{s}u_s + \frac{1}{s^2}u_{\phi\phi}.$$

Durch Addition dieser beiden Gleichungen verschwindet u_{ss}, und wir erhalten

$$\begin{aligned}\Delta_3 u &= u_{xx} + u_{yy} + u_{zz} \\ &= u_{rr} + \frac{1}{r}u_r + \frac{1}{r^2}u_{\theta\theta} + \frac{1}{s}u_s + \frac{1}{s^2}u_{\phi\phi}.\end{aligned}$$

Im letzten und vorletzten Summanden substituieren wir wir $s = r\sin\theta$ und im vorletzten ersetzen wir u_s durch

$$\begin{aligned}u_s &= \frac{\partial u}{\partial s} = u_r\frac{\partial r}{\partial s} + u_\theta\frac{\partial \theta}{\partial s} + u_\phi\frac{\partial \phi}{\partial s} \\ &= u_r \cdot \frac{s}{r} + u_\theta \cdot \frac{\cos\theta}{r} + u_\phi \cdot 0.\end{aligned}$$

Das führt uns zu

$$\Delta_3 u = u_{rr} + \frac{2}{r}u_r + \frac{1}{r^2}\left[u_{\theta\theta} + (\cot\theta)u_\theta + \frac{1}{\sin^2\theta}u_{\phi\phi}\right], \tag{6.6}$$

was auch als

$$\Delta_3 u = \frac{\partial^2}{\partial r^2} + \frac{2}{r}\frac{\partial}{\partial r} + \frac{1}{r^2\sin\theta}\frac{\partial}{\partial \theta}\sin\theta\frac{\partial}{\partial \theta} + \frac{1}{r^2\sin^2\theta}\frac{\partial^2}{\partial \phi^2} \tag{6.7}$$

geschrieben werden kann.

Abschließend suchen wir noch spezielle harmonische Funktionen in drei Dimensionen, die sich bei Drehungen nicht ändern, die also nur von r abhängig sind. Nach (6.7) genügen sie der GDGl.

$$0 = \Delta_3 u = u_{rr} + \frac{2}{r}u_r.$$

Diese Gleichung läßt sich als $(r^2 u_r)_r = 0$ schreiben und hat mit $r^2 u_r = c_1$ die Lösung $u = -c_1 r^{-1} + c_2$. Diese wichtige harmonische Funktion

$$\frac{1}{r} = (x^2 + y^2 + z^2)^{-1/2}$$

ist das Analogon zu der Funktion $\log(x^2 + y^2)^{1/2}$, die wir zuvor im Falle zweier Dimensionen gefunden haben. Um es ganz deutlich zu sagen: Keine dieser Funktionen ist im Ursprung endlich. In der Elektrostatik stellt sich die Funktion $u(\mathbf{x}) = r^{-1}$ als das elektrostatische Potential einer sich im Ursprung befindenden Einheitsladung heraus. Eine weitergehende Untersuchung finden Sie in Abschnitt 12.2.

Übungsaufgaben

1. Zeigen Sie, daß eine Potenzreihe der komplexen Variablen $x + iy$ die Cauchy-Riemannschen Differentialgleichungen und damit auch die Laplace-Gleichung erfüllt.

2. Bestimmen Sie die nur von r abhängigen Lösungen der Gleichung $u_{xx} + u_{yy} + u_{zz} = k^2 u$, mit der positiven Konstanten k.
   (*Hinweis:* Substituieren Sie $v = u/r$.)

3. Bestimmen Sie die nur von r abhängigen Lösungen der Gleichung $u_{xx} + u_{yy} = k^2 u$, mit der positiven Konstamten k.
   (*Hinweis:* Sehen Sie sich die Besselsche Differentialgleichung in [MF] oder in Abschnitt 10.5 an.)

4. Lösen Sie die Gleichung $u_{xx} + u_{yy} + u_{zz} = 0$ in einer sphärischen Schale $0 < a < r < b$ unter den Randbedingungen $u = A$ auf $r = a$ und $u = B$ auf $r = b$. A und B sind Konstanten.
   (*Hinweis:* Suchen Sie eine nur von r abhängige Lösung.)

5. Lösen Sie $u_{xx} + u_{yy} = 1$ in $r < a$, wobei $u(x,y)$ für $r = a$ verschwindet.

6. Lösen Sie $u_{xx} + u_{yy} = 1$ im Kreisring $a < r < b$, wobei $u(x,y)$ auf beiden Teilen des Randes $r = a$ und $r = b$ verschwindet.

7. Lösen Sie $u_{xx} + u_{yy} + u_{zz} = 1$ in der sphärischen Schale $a < r < b$, wobei $u(x,y,z)$ sowohl auf dem inneren als auch auf dem äußeren Rand verschwindet.

8. Lösen Sie $u_{xx} + u_{yy} + u_{zz} = 1$ in der spärischen Schale $a < r < b$ unter den Randbedingungen $u = 0$ für $r = a$ und $\partial u/\partial r = 0$ für $r = b$. Lassen Sie in Ihrer Lösung a gegen Null streben und interpretieren Sie das Ergebnis.

9. Eine sphärische Schale mit dem inneren Radius 1 und dem äußeren Radius 2 habe eine zeitunabhängige Temperaturverteilung. Die innere Randfläche werde auf einer Temperatur von $100°C$ gehalten, auf dem äußeren Rand gelte $\partial u/\partial r = -\gamma < 0$, wobei γ konstant ist.

    (a) Bestimmen Sie die Temperatur.
    (b) Wo ist die Temperatur am größten, wo am kleinsten?

(c) Kann γ so gewählt werden, daß die Temperatur auf dem äußeren Rand $20°C$ beträgt? (*Hinweis:* Die Temperatur hängt nur vom Radius ab.)

10. Beweisen Sie die Eindeutigkeit des Dirichlet-Problems $\Delta u = f$ in D, $u = g$ auf ∂D mit der Energieintegralmethode. Das heißt: Nach Subtraktion zweier Lösungen $w = u - v$ multiplizieren Sie die Laplace-Gleichung für w mit w selbst und wenden den Divergenzsatz an.

11. Zeigen Sie, daß das dreidimensionale Problem

$$\Delta u = f \quad \text{in } D \quad \frac{\partial u}{\partial n} = g \quad \text{auf } \partial D$$

nur dann eine Lösung besitzt, wenn

$$\iiint_D f\, dx\, dy\, dz = \iint_{\partial D} g\, dS$$

(*Hinweis:* Integrieren Sie die Gleichung.)

12. Überprüfen Sie die Gültigkeit des Maximum-Prinzips für die harmonische Funktion $(1 - x^2 - y^2)/(1 - 2x + x^2 + y^2)$ im Kreis $\bar{D} = \{x^2 + y^2 \leq 1\}$.

6.2 Rechtecke und Quader

Die Potentialgleichung kann häufig durch einen Separationsansatz gelöst werden, wenn der Definitionsbereich eine spezielle geometrische Gestalt hat. Die allgemeine Vorgehnsweise ist die gleiche wie in Kapitel 4.

(i) Suchen Sie getrennte Lösungen der PDGl.

(ii) Setzen Sie die homogenen Randbedingungen ein, um die Eigenwerte zu erhalten. In diesem Schritt spielt die Gestalt des Definitionsbereichs eine Rolle.

(iii) Summieren Sie die Reihe.

(iv) Setzen Sie die inhomogenen Anfangs- oder Randbedingungen ein.

Wir beginnen mit
$$\Delta_2 u = u_{xx} + u_{yy} = 0 \quad \text{in } D. \tag{6.8}$$

Dabei ist D das Rechteck $\{0 < x < a,\ 0 < y < b\}$. Auf jeder seiner Seiten ist eine der Standard-Randbedingungen (Neumann-, Robin-, oder inhomogene Dirichlet-Bedingung) vorgegeben.

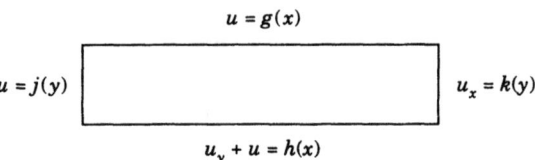

Bild 6.4

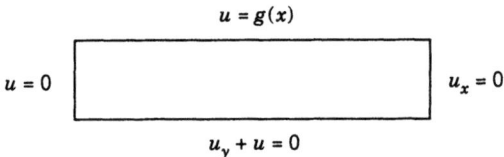

Bild 6.5

Beispiel 1.

Wir lösen (6.8) unter den in Abb.6.4 angegebenen Randbedingungen. Wenn wir die Lösung, die die Randbedingungen (g, h, j, k) erfüllt, mit u bezeichnen, so ist $u = u_1 + u_2 + u_3 + u_4$, wobei u_1 die Randvorgabe $(g, 0, 0, 0)$, u_2 die Randvorgabe $(0, h, 0, 0)$ usw. erfüllt. Der Einfachheit halber nehmen wir an, daß $h = 0$, $j = 0$ und $k = 0$ ist, so daß der Sachverhalt von Abb. 6.5 vorliegt. Wir machen jetzt den Separationsansatz $u(x,y) = X(x) \cdot Y(y)$ und erhalten

$$\frac{X''}{X} + \frac{Y''}{Y} = 0$$

Es gibt also eine Konstante λ, derart daß $X'' + \lambda X = 0$ für $0 \leq x \leq a$ und $Y'' - \lambda Y = 0$ für $0 \leq y \leq b$. Die Funktion $X(x)$ erfüllt ein homogenes eindimensionales Problem mit der Randbedingung $X(0) = X'(a) = 0$, das wir inzwischen gut zu lösen verstehen. Die Eigenwerte sind

$$\beta_n^2 = \lambda_n = \left(n + \frac{1}{2}\right)^2 \frac{\pi^2}{a^2} \quad (n = 0, 1, 2, 3, \ldots) \tag{6.9}$$

und die zugehörigen Eigenfunktionen

$$X_n(x) = \sin \frac{(n + \frac{1}{2})\pi x}{a}. \tag{6.10}$$

Als nächstes sehen wir uns die y-Variable an. Es muß gelten

6.2 Rechtecke und Quader

$$Y'' - \lambda Y = 0 \quad \text{mit } Y'(0) + Y(0) = 0.$$

(Die *inhomogenen* Randbedingungen heben wir uns für den letzten Schritt auf.) Vom vorigen Schritt wissen wir, daß $\lambda = \lambda_n > 0$ für alle n. Die Gleichung für Y hat dann reelle Exponentialfunktionen als Lösungen. Wie üblich, schreiben wir sie zweckmäßigerweise als

$$Y(y) = A \cosh \beta_n y + B \sinh \beta_n y.$$

Für $y = 0$ ist $0 = Y'(0) + Y(y) = B\beta_n + A$. Ohne Informationsverlust können wir $B = -1$ setzen und erhalten mit $A = \beta_n$ die Lösungen

$$Y(y) = \beta_n \cosh \beta_n y - \sinh \beta_n y. \tag{6.11}$$

Die Summe

$$u(x,y) = \sum_{n=0}^{\infty} A_n \sin \beta_n x \, (\beta_n \cosh \beta_n y - \sinh \beta_n y) \tag{6.12}$$

ist deshalb eine in D harmonische Funktion und erfüllt die drei homogenen Randbedingungen. Die verbleibende Randbedingung $u(0,b) = g(x)$ erfordert die Darstellung

$$g(x) = \sum_{n=0}^{\infty} A_n (\beta_n \cosh \beta_n b - \sinh \beta_n b) \cdot \sin \beta_n x$$

für $0 < x < a$. Das aber ist eine einfache Fourierreihe in den Eigenfunktionen $\sin \beta_n x$. Nach Kapitel 5 sind ihre Koeffizienten durch die Formel

$$A_n = \frac{2}{a} (\beta_n \cosh \beta_n b - \sinh \beta_n b)^{-1} \int_0^a g(x) \sin \beta_n x \, dx \tag{6.13}$$

gegeben.

Beispiel 2.

Mit der gleichen Methode läßt sich die Potentialgleichung in einem dreidimensionalen Quader $\{0 < x < a,\ 0 < y < b,\ 0 < z < c\}$ behandeln, wenn auf seinen sechs Seitenflächen Randbedingungen vorgegeben sind. Wir stellen hier Dirichlet-Bedingungen:

$$\Delta_3 u = u_{xx} + u_{yy} + u_{zz} = 0 \quad \text{in } D$$
$$D = \{0 < x < \pi,\ 0 < y < \pi,\ 0 < z < \pi\}$$
$$u(\pi, y, z) = g(y, z)$$
$$u(0, y, z) = u(x, 0, z) = u(x, \pi, z) = u(x, y, 0) = u(x, y, \pi) = 0$$

Wir lösen dieses Problem durch Trennung der Variablen und berücksichtigen zunächst die fünf *homogenen* Randbedingungen:

$$u = X(x)Y(y)Z(z), \qquad \frac{X''}{X} + \frac{Y''}{Y} + \frac{Z''}{Z} = 0$$
$$X(0) = Y(0) = Z(0) = Y(\pi) = Z(\pi) = 0$$

Jeder Quotient X''/X, Y''/Y, Z''/Z muß konstant sein. In der üblichen Weise finden wir

$$Y(y) = \sin my \qquad (m = 1, 2, \ldots)$$

und

$$Z(z) = \sin nz \qquad (n = 1, 2, \ldots),$$

so daß

$$X'' = (m^2 + n^2)X \qquad X(0) = 0.$$

Es folgt

$$X(x) = A \sinh(\sqrt{m^2 + n^2}\, x).$$

Nach Summation ist unsere vollständige Lösung

$$u(x, y, z) = \sum_{n=1}^{\infty} \sum_{m=1}^{\infty} A_{mn} \sinh(\sqrt{m^2 + n^2}\, x) \sin my \sin nz. \qquad (6.14)$$

Wir setzen abschließend die inhomogene Bedingung bei $x = \pi$ ein

$$g(y, z) = \sum \sum A_{mn} \sinh(\sqrt{m^2 + n^2}\, \pi) \sin my \sin nz$$

und erhalten eine *doppelte* Fourierreihe in den Variablen y und z. Deren Theorie ist der Theorie einfacher Fourierreihen ähnlich. In der Tat sind die Eigenfunktionen $\{\sin my \cdot \sin nz\}$ paarweise orthogonal im Quadrat $\{0 < y < \pi, 0 < z < \pi\}$ (siehe Übungsaufgabe 2) und ihre Normierungsfaktoren sind

$$\int_0^{\pi} \int_0^{\pi} (\sin my \sin nz)^2 dy\, dz = \frac{\pi^2}{4}.$$

Die Koeffizienten sind dann gegeben durch

$$A_{mn} = \frac{4}{\pi \sinh(\sqrt{m^2 + n^2}\, \pi)} \int_0^{\pi} \int_0^{\pi} g(y, z) \sin my \sin nz\, dy\, dz. \qquad (6.15)$$

Die Lösung kann also als Doppelreihe (6.14) mit den Koeffizienten A_{mn} dargestellt werden. Die vollständige Lösung von Beispiel 2 besteht aus den Formeln (6.14) und (6.15). Mit derartigen Reihen, wie auch mit dem Doppelintegral, muß man, was die Summationsreihenfolge angeht, vorsichtig sein, wenn auch in den meisten Fällen eine beliebige Summierung zum richtigen Ergebnis führt.

Übungsaufgaben

1. Lösen Sie die Gleichung $u_{xx} + u_{yy} = 0$ im Rechteck $0 < x < a, 0 < y < b$ unter den folgenden Randbedingungen:

   $u_x = -a$ auf $x = 0$ $u_x = 0$ auf $x = a$
   $u_y = b$ auf $y = 0$ $u_y = 0$ auf $y = b$

   (*Hinweis:* Beachten Sie, daß die notwendige Bedingung von Übungsaufgabe 6.1.11 erfüllt ist. Ein kurzer Weg besteht in der Vermutung, daß die Lösung ein quadratisches Polynom in x und y ist.)

2. Zeigen Sie, daß die Eigenfunktionen $\{\sin my \sin nz\}$ über dem Quadrat $\{0 < x < \pi, 0 < y < \pi\}$ orthogonal sind.

3. Bestimmen Sie die im Quadrat $D = \{0 < x < \pi, 0 < y < \pi\}$ harmonische Funktion $u(x,y)$, welche die folgenden Randbedingungen erfüllt:

   $u_y = 0$ für $y = 0$ und für $y = \pi$
   $u = 0$ für $x = 0$
   $u = \cos^2 y = \frac{1}{2}(1 + \cos 2y)$ für $x = \pi$.

4. Bestimmen Sie die im Quadrat $D = \{0 < x < 1, 0 < y < 1\}$ harmonische Funktion $u(x,y)$, welche die Randbedingungen $u(x,0) = x$, $u(x,1) = 0$, $u_x(0,y) = 0$, $u_x(1,y) = y^2$ erfüllt.

5. Lösen Sie Beispiel 1 für den Fall, daß $g(x) = h(x) = k(x) = 0$, $j(x)$ aber eine beliebige Funktion ist.

6. Lösen Sie das folgende Neumann-Problem für den Würfel $\{0 < x < 1, 0 < y < 1, 0 < z < 1\}$: $\Delta u = 0$ mit $u_z(x,y,1) = g(x,y)$ und homogenen Neumann-Bedingungen auf den anderen fünf Seitenflächen. $g(x,y)$ ist dabei eine beliebige Funktion mit dem Mittelwert Null.

7. (a) Bestimmen Sie die im halb-unendlichen Streifen $\{0 \leq x \leq \pi, 0 \leq y < \infty\}$ harmonische Funktion, welche die „Randbedingungen"

   $$u(0,y) = u(\pi,y) = 0, \quad u(x,0) = h(x), \quad \lim_{y \to \infty} u(x,y) = 0$$

   erfüllt.

   (b) Was würde schiefgehen, wenn wir auf die Bedingung im Unendlichen verzichteten?

6.3 Die Poissonsche Formel

Wesentlich interessanter ist es, das *Dirichlet-Problem für den Kreis* zu untersuchen. Die Rotationsinvarianz von Δ deutet darauf hin, daß der Kreis der angemessene Definitionsbereich für harmonische Funktionen ist.

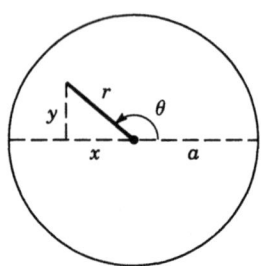

Bild 6.6

Wir untersuchen das Problem

$$u_{xx} + u_{yy} = 0 \quad \text{für } x^2 + y^2 < a^2 \tag{6.16}$$
$$u = h(\theta) \quad \text{für } x^2 + y^2 = a^2 \tag{6.17}$$

mit gegebenem Radius a und der Randvorgabe $h(\theta)$.

Natürlich besteht unsere Lösungsmethode wieder in der Trennung der Variablen, diesmal aber in *Polarkoordinaten*: $u = R(r)\Theta(\theta)$ (siehe Abb. 6.6). Mit (6.5) können wir schreiben

$$\begin{aligned} 0 &= u_{xx} + u_{yy} = u_{rr} + \frac{1}{r}u_r + \frac{1}{r^2}u_{\theta\theta} \\ &= R''\Theta + \frac{1}{r}R'\Theta + \frac{1}{r^2}R\Theta''. \end{aligned}$$

Nach Division durch $R\Theta$ und Multiplikation mit r^2 finden wir

$$\Theta'' + \lambda\Theta = 0 \tag{6.18}$$
$$r^2 R'' + rR - \lambda R = 0. \tag{6.19}$$

Diese gewöhnlichen Differentialgleichungen können leicht gelöst werden. Welche Randbedingungen sind mit ihnen verknüpft?

Für $\Theta(\theta)$ fordern wir naturgemäß periodische Randbedingungen:

$$\Theta(\theta + 2\pi) = \Theta(\theta) \quad \text{für } -\infty < \theta < \infty. \tag{6.20}$$

So wird

$$\lambda = n^2 \quad \text{und} \quad \Theta(\theta) = A\cos n\theta + B\sin n\theta \quad (n = 1, 2, \ldots). \tag{6.21}$$

Für $\lambda = 0$ ist auch $\Theta(\theta) = A$ Lösung.

Die Gleichung für R ist ebenfalls leicht zu lösen, da sie eine Eulersche DGl. ist, und ihre Lösungen von der Form $R(r) = r^\alpha$ sind. Gleichung (6.19) reduziert sich zu

$$\alpha(\alpha - 1)r^\alpha + \alpha r^\alpha - n^2 r^\alpha = 0, \tag{6.22}$$

6.3 Die Poissonsche Formel

und wegen $\lambda = n^2$ ist $\alpha = \pm n$. Damit wird $R(r) = Cr^n + Dr^{-n}$ und die separierte Lösung bekommt die Gestalt

$$u = \left(Cr^n + \frac{D}{r^n}\right)(A\cos n\theta + B\sin n\theta) \qquad (6.23)$$

für $n = 1, 2, 3, \ldots$. Für den Fall $n = 0$ brauchen wir neben $R = const.$ noch eine weitere linear unabhängige Lösung von (6.19). Wie man in Vorlesungen über gewöhnliche Differentialgleichungen lernt, ist das $R = \log r$. Damit haben wir für $n = 0$ die Lösungen

$$u = C + D\log r. \qquad (6.24)$$

(Es sind die gleichen, die wir schon zu Beginn dieses Kapitels herausgefunden haben.)

Alle Lösungen (6.23) und (6.24) sind harmonische Funktionen im Kreis D mit Ausnahme des Ursprungs ($r = 0$), in dem ein Teil der Lösungen eine Singularität besitzt. Wir haben aber bisher noch gar keine Randbedingung an die r-Variable gestellt. r durchläuft das Intervall $0 < r < a$. Für $r = 0$ werden die Lösungen r^{-n} und $\log r$ unendlich. Wir wollen solche Lösungen aussortieren und stellen mit der Forderung, daß die Lösungen für $r = 0$ endlich sind, eine „Randbedingung" in $r=0$. Durch Summation der verbleibenden Lösungen erhalten wir

$$u = \frac{1}{2}A_0 + \sum_{n=1}^{\infty} r^n(A_n \cos n\theta + B_n \sin n\theta). \qquad (6.25)$$

Zur Bestimmung der Koeffizienten schließlich verwenden wir die inhomogene Randbedingung für $r = a$. Setzt man $r = a$ in die Reihe ein, so lautet die Forderung

$$h(\theta) = \frac{1}{2}A_0 + \sum_{n=1}^{\infty} a^n(A_n \cos n\theta + B_n \sin n\theta).$$

Das ist genau die Fourierreihe von $h(\theta)$. Wie wir wissen, sind deren Koeffizienten durch die Formeln

$$A_n = \frac{1}{\pi a^n} \int_0^{2\pi} h(\phi) \cos n\phi \, d\phi \qquad (6.26)$$

$$B_n = \frac{1}{\pi a^n} \int_0^{2\pi} h(\phi) \sin n\phi \, d\phi \qquad (6.27)$$

gegeben. Die Gleichungen (6.25) bis (6.27) legen die komplette Lösung unseres Problems fest.

Wir kommen jetzt zu einer überraschenden Tatsache. *Die Reihe (6.25) kann explizit summiert werden!* Dazu setzen wir (6.26) und (6.27) direkt in (6.25) ein und erhalten

$$\begin{aligned}u(r,\theta) &= \int_0^{2\pi} h(\phi)\frac{d\phi}{2\pi} + \sum_{n=1}^{\infty} \frac{r^n}{\pi a^n} \int_0^{2\pi} h(\phi)[\cos n\phi \cos n\theta + \sin n\phi \sin n\theta]\, d\phi \\ &= \int_0^{2\pi} h(\phi)\left\{1 + 2\sum_{n=1}^{\infty} \left(\frac{r}{a}\right)^n \cos n(\theta - \phi)\right\}\frac{d\phi}{2\pi}.\end{aligned}$$

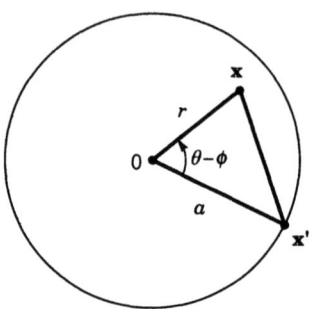

Bild 6.7

Der Ausdruck in den geschweiften Klammern ist genau der gleiche wie der, den wir in Abschnitt 5.5 als geometrische Reihe komplexer Zahlen summiert haben, nämlich

$$1 + \sum_{n=1}^{\infty} \left(\frac{r}{a}\right)^n e^{in(\theta-\phi)} + \sum_{n=1}^{\infty} \left(\frac{r}{a}\right)^n e^{-in(\theta-\phi)}$$

$$= 1 + \frac{re^{i(\theta-\phi)}}{a - re^{i(\theta-\phi)}} + \frac{re^{-i(\theta-\phi)}}{a - re^{-i(\theta-\phi)}}$$

$$= \frac{a^2 - r^2}{a^2 - 2ar\cos(\theta-\phi) + r^2}.$$

Unsere Lösung ist deshalb

$$u(r,\theta) = (a^2 - r^2) \int_0^{2\pi} \frac{h(\phi)}{a^2 - 2ar\cos(\theta-\phi) + r^2} \frac{d\phi}{2\pi}. \tag{6.28}$$

Formel (6.28), bekannt als *Poissonsche Formel*, ersetzt die drei Formeln (6.25)-(6.27) durch eine einzige. Mit ihr wird jeder Funktionswert einer in einem Kreis harmonischen Funktion durch die Funktionswerte auf dem Rand ausgedrückt.

Mit Hilfe von etwas Vektorgeometrie können wir der Poissonschen Formel eine andere Gestalt geben: Sei $\mathbf{x} = (x,y)$ ein Punkt mit den Polarkoordinaten (r,θ) (siehe Abb. 6.7). Wir stellen uns $\mathbf{x}$ als Ortsvektor des Punktes (x,y) vor, $\mathbf{x}'$ sei ein Randpunkt.

$\mathbf{x}$: Polarkoordinaten (r,θ)
$\mathbf{x}'$: Polarkoordinaten (a,ϕ).

Der Ursprung und die Punkte $\mathbf{x}$ und $\mathbf{x}'$ bilden ein Dreieck mit den Seitenlängen $r = |\mathbf{x}|$, $a = |\mathbf{x}'|$ und $|\mathbf{x} - \mathbf{x}'|$. Nach dem Kosinussatz ist

$$|\mathbf{x} - \mathbf{x}'|^2 = a^2 + r^2 - 2ar\cos(\theta-\phi).$$

Das Bogenlängenelement auf dem Kreisumfang ist $ds' = a\,d\phi$. Die Poissonsche Formel erhält deshalb die alternative Form

6.3 Die Poissonsche Formel

$$u(\mathbf{x}) = \frac{a^2 - |\mathbf{x}|^2}{2\pi a} \int_{|\mathbf{x}'|=a} \frac{u(|\mathbf{x}'|)}{|\mathbf{x} - \mathbf{x}'|^2} ds'. \quad (6.29)$$

Dabei ist $\mathbf{x} \in D$ und wir schreiben $h(\phi) = u(\mathbf{x}')$. (6.29) ist ein Linienintegral über die Kreislinie mit $ds' = a\,d\phi$, denn für einen Kreis mit Radius a ist $s' = a\phi$. In der Elektrostatik beispielsweise stellt Formel (6.29) das elektrische Potential im Inneren eines Kreiszylinders dar, in Abhängigkeit von der Ladungsverteilung auf dem Zylinder, die als jeweils konstant längs einer Erzeugenden des Zylinders angenommen wird.

In Kapitel 7 werden wir die Poissonsche Formel noch einmal herleiten, aber nach einer völlig anderen Methode. Für den Moment beschränken wir uns darauf, einen mit ihr formulierten präzisen Satz aufzustellen.

Satz 6.1 *Sei $h(\phi) = u(\mathbf{x}')$ eine auf der Kreislinie $C = \partial D$ definierte stetige Funktion. Dann ist durch die Poissonsche Formel (6.28) oder (6.29) die einzige harmonische Funktion gegeben, für welche*

$$\lim_{\mathbf{x} \to \mathbf{x}_0} u(\mathbf{x}) = h(\mathbf{x}_0) \quad \text{für alle } \mathbf{x}_0 \in C.$$

Der Satz sagt aus, daß $u(\mathbf{x})$ eine in $\bar{D} = D \cup C$ stetige Funktion ist. Sie ist darüber hinaus im Inneren von D beliebig oft differenzierbar.

Die Poissonsche Formel läßt einige wichtige Folgerungen zu. Eine wesentliche ist die folgende.

Mittelwerteigenschaft

Satz 6.2 *Sei u eine im offenen Kreis D harmonische und im Abschluß $\bar{D}$ stetige Funktion. Dann ist der Funktionswert im Kreismittelpunkt gleich dem Mittelwert der Funktionswerte auf dem Kreisumfang.*

Beweis: Wir wählen den Ursprung $\mathbf{0}$ als Kreismittelpunkt. Setzt man $\mathbf{x} = \mathbf{0}$ in Formel (6.29) (oder $r = 0$ in Formel (6.28)) ein, so wird

$$u(\mathbf{0}) = \frac{a^2}{2\pi a} \int_{|\mathbf{x}'|=a} \frac{u(\mathbf{x}')}{a^2} ds'.$$

Das ist aber gerade der Mittelwert von u auf dem Kreisumfang $|\mathbf{x}'| = a$. $\square$

Maximum-Prinzip

Wir haben in Abschnitt 6.1 das Maximum-Prinzip bereits formuliert und zum Teil bewiesen. Es folgt jetzt ein Beweis der starken Form des Maximum-Prinzips.

Beweis: Sei $u(\mathbf{x})$ harmonisch in D. Das Maximum von u werde (wegen der Stetigkeit von u in $\bar{D}$) in $\mathbf{x}_M \in \bar{D}$ angenommen. Wir haben zu zeigen, daß $\mathbf{x}_M \notin D$, es sei denn $u \equiv const$. Aus der Definition des Maximums M wissen wir, daß

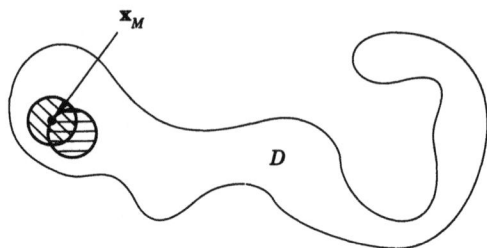

Bild 6.8

$$u(\mathbf{x}) \leq u(\mathbf{x}_M) = M \quad \text{für alle } \mathbf{x} \in D.$$

Wir nehmen an, $\mathbf{x}_M$ liege in der offenen Menge D und betrachten einen ganz in D gelegenen Kreis mit $\mathbf{x}_M$ als Mittelpunkt (siehe Abb. 6.8). Nach der Mittelwerteigenschaft ist der Funktionswert in $\mathbf{x}_M$ gleich dem Mittelwert der Funktionswerte auf dem Kreisumfang. Da der Mittelwert aber nicht größer sein kann als das Maximum, gilt die Ungleichung

$$M = u(\mathbf{x}_M) = \text{ Mittelwert auf dem Kreis } \leq M.$$

Es ist also $u(\mathbf{x}) = M$ für alle $\mathbf{x}$ des Kreisumfangs. Da diese Eigenschaft für jeden Kreis zutrifft (also auch für jeden kleineren Kreis mit demselben Mittelpunkt), gilt $u(\mathbf{x}) = M$ für alle $\mathbf{x}$ des diagonal schraffierten Bereichs von Bild 6.8. Wir wiederholen die Schlußweise für einen Kreis mit einem anderen Mittelpunkt, der aber mit dem ersten gemeinsame Punkte hat. Dann kann man folgern, daß u auf der Vereinigung beider Kreise den Wert M hat. Da das ganze Gebiet D durch solche Kreise ausgeschöpft werden kann und da D zusammenhängend ist, schließen wir, daß $u(\mathbf{x}) = M$ in ganz D, also $u \equiv \mathit{const}$. □

Differenzierbarkeit

Satz 6.3 *Sei u eine harmonische Funktion in einer offenen Menge D der Ebene. Dann hat $u(\mathbf{x}) = u(x,y)$ in D partielle Ableitungen beliebig hoher Ordnung.*

Das bedeutet also, daß $\partial u/\partial x$, $\partial u/\partial y$, $\partial^2 u/\partial x^2$, $\partial^2 u/\partial x \partial y$, $\partial u^{100}/\partial x^{100}$ usw. automatisch existieren.

Beweis: Wir führen den Beweis zunächst für den Fall, daß D ein Kreis um den Nullpunkt ist. Dazu sehen wir uns die Poissonsche Formel in der Form (6.29) an. Der Integrand ist an jeder Stelle $\mathbf{x} \in D$ beliebig oft differenzierbar. Beachten Sie, daß $\mathbf{x}' \in \partial D$, so daß $\mathbf{x} \neq \mathbf{x}'$. Nach dem Satz über die Differentiation von Integralen (siehe Abschnitt A.3) dürfen wir die Differentiation unter dem Integralzeichen vornehmen. $u(\mathbf{x})$ ist also in D differenzierbar von beliebiger Ordnung.

Ist D ein beliebiger offener Bereich und $\mathbf{x}_0 \in D$, so wählen wir einen ganz in D enthaltenen Kreis B um $\mathbf{x}_0$. Wie gerade gezeigt, ist $u(\mathbf{x})$ im Inneren von B, und damit in $\mathbf{x}_0$, differenzierbar. Da $\mathbf{x}_0 \in D$ beliebig war, ist u in allen Punkten von D von beliebiger Ordnung differenzierbar. □

Diese Differenzierbarkeitseigenschaft hat Ähnlichkeit mit derjenigen für die eindimensinale Diffusionsgleichung aus Abschnitt 3.5. Sie hat natürlich überhaupt keine Gültigkeit für die Wellengleichung.

Übungsaufgaben

1. Nehmen Sie an, u ist eine im Kreis $D = \{r < 2\}$ harmonische Funktion, die für $r = 2$ die Werte $u = 3\sin\theta + 1$ annimmt. Lösen Sie, ohne u zu berechnen, die folgenden Aufgaben.

    (a) Bestimmen Sie den maximalen Wert von u in $\bar{D}$.

    (b) Berechnen Sie den Funktionswert der Lösung u im Ursprung.

2. Lösen Sie $u_{xx} + u_{yy} = 0$ im Kreis $\{r < a\}$ unter der Randbedingung
$$u = 1 + 3\sin\theta \quad \text{auf } r = a.$$

3. Die gleiche Aufgabe wie 2., aber mit der Randbedingung $u = \sin^3\theta$. (*Hinweis:* Verwenden Sie die Identität $\sin^3\theta = 3\sin\theta - 4\sin 3\theta$.)

6.4 Kreise, Sektoren und Ringe

Die Technik der Variablentrennung in Polarkoordinaten läßt sich vorteilhaft bei Gebieten anwenden, die von Geradenstücken und von konzentrischen Kreisen begrenzt sind. In diesem Abschnitt stellen wir Ihnen einige derartige Beispiele vor. Wir erhalten die Lösung jedesmal in Reihendarstellung. (Ein schwierigeres Unterfangen, das auch nur in Spezialfällen funktioniert, ist es, die Reihen zu summieren, um Formeln vom Poisson-Typ zu erhalten.) Wir behandeln hier die folgenden Arten von Gebieten:

Den Kreissektor: $\{0 < \theta < \theta_0;\ 0 < r < a\}$
Den Kreisring: $\{0 < a < r < b\}$
Das Äußere eines Kreise: $\{a < r < \infty\}$

Wir können Dirichlet-, Neumann- oder Robin-Bedingungen stellen und erhalten damit eine Vielzahl möglicher Beispiele.

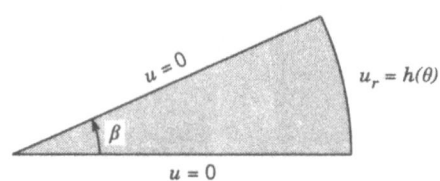

Bild 6.9

Beispiel 1. Der Kreissektor

Wir nehmen als Definitionsbereich einen Kreissektor mit den Begrenzungslinien $\theta = 0$, $\theta = \beta$ und $r = a$ und stellen Dirichlet-Bedingungen auf beiden Kreisradien, sowie eine Neumann-Bedingung auf dem Kreisbogen (siehe Abb. 6.9). Mit der Bezeichnung $u = u(r,\theta)$ lauten die Randbedingungen

$$u(r,0) = 0 = u(r,\beta), \qquad \frac{\partial u}{\partial r}(a,\theta) = h(\theta). \tag{6.30}$$

Das Verfahren der Variablentrennung läuft nun ab wie zuvor beim Kreis:

$$\Theta'' + \lambda\Theta = 0, \quad r^2 R'' + rR' - \lambda R = 0.$$

Die homogenen Bedingungen führen zu

$$\Theta'' + \lambda\Theta = 0, \qquad \Theta(0) = \Theta(\beta) = 0, \tag{6.31}$$

unserem Standard-Eigenwertproblem mit den Lösungen

$$\lambda = \left(\frac{n\pi}{\beta}\right)^2, \qquad \Theta(\theta) = \sin\frac{n\pi\theta}{\beta}. \tag{6.32}$$

Wie in Abschnitt 6.3 ist die radiale Gleichung

$$r^2 R'' + rR' - \lambda R = 0 \tag{6.33}$$

eine GDGl. mit den Lösungen $R(r) = r^\alpha$, wobei $\alpha^2 - \lambda = 0$ oder $\alpha = \pm\sqrt{\lambda} = \pm n\pi/\beta$. Die Funktionen mit den negativen Exponenten kommen für uns nicht in Frage, da wir Lösungen $u(r,\theta)$ suchen, die im Kreissektor einschließlich seinem Rand stetig sind. Die Funktionen $r^{-n\pi/\beta}$ haben aber im Ursprung, der ein Randpunkt des Kreissektors ist, eine Polstelle. Wir kommen so zu der Reihe

$$u(r,\theta) = \sum_{n=1}^{\infty} A_n r^{n\pi/\beta} \sin\frac{n\pi\theta}{\beta}. \tag{6.34}$$

6.4 Kreise, Sektoren und Ringe

Die inhomogene Randbedingung schließlich fordert

$$h(\theta) = \sum_{n=1}^{\infty} A_n \frac{n\pi}{\beta} a^{-1+n\pi/\beta} \sin\frac{n\pi\theta}{\beta}.$$

Das ist eine ungerade Fourierreihe über dem Intervall $[0;\beta]$, deren Koeffizienten durch die Formel

$$A_n = a^{1-n\pi/\beta}\frac{2}{n\pi}\int_0^\beta h(\theta)\sin\frac{n\pi\theta}{\beta}d\theta \tag{6.35}$$

gegeben sind. Die vollständige Lösung ist damit durch die Formeln (6.34) und (6.35) gegeben.

Beispiel 2. Der Kreisring

Das Dirichlet-Problem für den Kreisring (siehe Abb. 6.10) lautet

$$u_{xx} + u_{yy} = 0 \quad \text{in } 0 < a^2 < x^2 + y^2 < b^2$$
$$u = g(\theta) \quad \text{für } x^2 + y^2 = a^2$$
$$u = h(\theta) \quad \text{für } x^2 + y^2 = b^2.$$

Die separierten Lösungen sind dieselben wie die im Falle des Kreises. Wir dürfen aber jetzt die Funktionen r^{-n} und $\log r$ nicht unberücksichtigt lassen, da sie im Kreisring endlich sind. Die Lösung ist deshalb

$$u(r,\theta) = \frac{1}{2}(C_0 + D_0 \log r)$$
$$+ \sum_{n=1}^{\infty}(C_n r^n + D_n r^{-n})(A_n \cos n\theta + B_n \sin n\theta). \tag{6.36}$$

Die Koeffizienten bestimmt man, indem man $r = a$ und $r = b$ setzt (siehe Übungsaufgabe 3).

Beispiel 3. Das Äußere eines Kreises

Das Dirichlet-Problem für das Äußere eines Kreises (siehe Abb. 6.11) lautet

$$u_{xx} + u_{yy} = 0 \quad \text{für } x^2 + y^2 > a^2$$
$$u = h(\theta) \quad \text{für } x^2 + y^2 = a^2$$
$$u \text{ beschränkt für } x^2 + y^2 \to \infty.$$

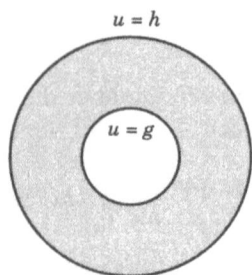

Bild 6.10

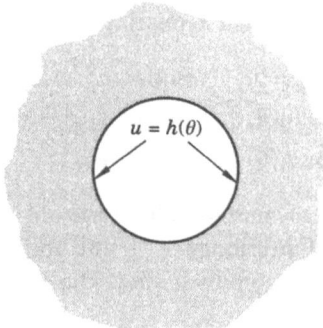

Bild 6.11

Wir gehen genauso vor, wie im Fall des Kreisinneren, müssen aber jetzt anstelle der Endlichkeit im *Ursprung* die Beschränktheit im *Unendlichen* fordern. Deshalb werden die Funktionen r^{+n} ausgeschlossen, die Funktionen r^{-n} beibehalten. Wir erhalten also

$$u(r,\theta) = \frac{1}{2}A_0 + \sum_{n=1}^{\infty} r^{-n}(A_n \cos n\theta + B_n \sin n\theta). \qquad (6.37)$$

Die Randbedingung fordert

$$h(\theta) = \frac{1}{2}A_0 + \sum_{n=1}^{\infty} a^{-n}(A_n \cos n\theta + B_n \sin n\theta),$$

mit den Fourierkoeffizienten

$$A_n = \frac{2a^n}{\pi} \int_{-\pi}^{\pi} h(\theta) \cos n\theta \, d\theta$$

6.4 Kreise, Sektoren und Ringe

und
$$B_n = \frac{2a^n}{\pi} \int_{-\pi}^{\pi} h(\theta) \sin n\theta \, d\theta$$

Damit haben wir die komplette Lösung. Hier handelt es sich um einen der seltenen Fälle, wo man einen geschlossenen Ausdruck für den Summenwert der Reihe angeben kann. Ein Vergleich mit dem Fall des Kreisinneren zeigt uns, daß der einzige Unterschied in beiden Formelgruppen darin besteht, daß r und a durch r^{-1} und a^{-1} ersetzt worden sind. Damit erhalten wir auch hier eine Poissonsche Formel, die sich von der ersteren nur an diesen Stellen unterscheidet. Unsere Lösung für $r > a$ kann geschrieben werden als

$$u(r,\theta) = (r^2 - a^2) \int_0^{2\pi} \frac{h(\phi)}{a^2 - 2ar\cos(\theta - \phi) + r^2} \frac{d\phi}{2\pi}. \quad (6.38)$$

Diese drei Beispiele demonstrieren die Technik der Variablentrennung in Polarkoordinaten. Eine Anzahl weiterer Beispiele wird in den Übungsaufgaben behandelt. Was ist wohl der allgemeinste Bereich, in dem sich die Potentialgleichung mit dieser Methode behandeln läßt?

Übungsaufgaben

1. Lösen Sie $u_{xx} + u_{yy} = 0$ im *Äußeren* eines Kreises ($\{r > a\}$) unter der Randbedingung $u = 1 + 3\sin\theta$ auf $r = a$ und der Bedingung im Unendlichen, daß u für $r \to \infty$ beschränkt bleibt.

2. Lösen Sie $u_{xx} + u_{yy} = 0$ im Kreis $r < a$ unter der Randbedingung
$$\frac{\partial u}{\partial r} - hu = f(\theta),$$
wobei $f(\theta)$ eine beliebige Funktion ist. Drücken Sie die Lösung durch die Fourierkoeffizienten von $f(\theta)$ aus.

3. Berechnen Sie die Koeffizienten des Problems für den Kreisring (Beispiel 2).

4. Leiten Sie die Poissonsche Formel (6.38) für das Kreisäußere her.

5. Bestimmen Sie die stationäre Temperaturverteilung einer ringförmigen Platte ($\{1 < r < 2\}$), deren äußerer Rand ($r = 2$) isoliert ist, während der innere Rand ($\{r = 1\}$) auf der Temperatur $\sin^2\theta$ gehalten wird. Berechnen Sie explizit alle Koeffizienten.

6. Bestimmen Sie die im Halbkreis $\{r < 1, 0 < \theta < \pi\}$ harmonische Funktion u, deren Funktionswerte auf dem Kreisdurchmesser verschwinden, und für die
$$u = \pi\sin\theta - \sin 2\theta \quad \text{auf } r = 1$$
ist.

7. Lösen Sie die Laplace-Gleichung $u_{xx} + u_{yy} = 0$ im Kreissektor der Bild 6.9, wobei als Randbedingungen $u = 0$ auf den Kreisradien und $u = h(\theta)$ auf dem Kreisbogen vorgegeben sind. Schreiben Sie die Lösung als Reihe, versuchen Sie aber nicht zu summieren.

8. Eine ringförmige Platte mit dem inneren Radius a und dem äußeren Radius b wird an ihrem äußeren Rand auf der Temperatur B gehalten, während am inneren Rand die Bedingung $\partial u/\partial r = A$ erfüllt ist. A und B sind Konstanten. Bestimmen Sie die stationäre Temperaturverteilung. (*Hinweis:* Die Temperatur genügt einer Laplace-Gleichung in zwei Dimensionen und hängt nur von r ab.)

9. Lösen Sie die Gleichung $u_{xx} + u_{yy} = 0$ im Kreissektor $\{r < a; 0 < \theta < \beta\}$ unter den Randbdingungen

$$u = \theta \text{ auf } r = a, \quad u = 0 \text{ auf } \theta = 0, \quad \text{und} \quad u = \beta \text{ auf } \theta = \beta.$$

(*Hinweis:* Suchen Sie eine von r unabhängige Lösung.)

10. Lösen Sie die Gleichung $u_{xx} + u_{yy} = 0$ im Viertelkreis $\{x^2 + y^2 < a^2, x > 0, y > 0\}$ unter den folgenden Randbedingungen:

$$u = 0 \quad \text{auf } x = 0 \text{ und auf } y = 0, \text{ sowie} \quad \frac{\partial u}{\partial r} = 1 \quad \text{auf } r = a.$$

Geben Sie die Lösung als Reihe an und berechnen Sie die ersten beiden nichtverschwindenden Terme explizit.

11. Beweisen Sie die Eindeutigkeit des Robin-Problems

$$\Delta u = 0 \text{ in } D, \quad \frac{\partial u}{\partial n} + au = 0 \text{ auf } \partial D.$$

D ist dabei ein dreidimensionaler Bereich und a eine positive Konstante.

12. (a) Beweisen Sie die folgende, noch stärkere Form des Maximum-Prinzips, die auch als Hopfsche Form des Maximum-Prinzips (oder als 2. Hopfsches Lemma) bezeichnet wird: Ist $u(\mathbf{x})$ eine nichtkonstante harmonische Funktion, die ein Maximum in $\mathbf{x}_0$ hat (notwendigerweise auf dem Rand), so ist $\partial u/\partial n > 0$ in $\mathbf{x}_0$. Dabei ist $\mathbf{n}$ der *äußere* Normaleneinheitsvektor. (Der Beweis ist schwierig: siehe [PW].)

    (b) Beweisen Sie mit Teil (a) die Eindeutigkeit des Neumann-Problems bis auf Konstanten.

13. Lösen Sie $u_{xx} + u_{yy} = 0$ im Gebiet $\{\alpha < \theta < \beta, a < r < b\}$ unter den Randbedingungen $u = 0$ auf den Seiten $\theta = \alpha$ und $\theta = \beta$ sowie $u = g(\theta)$ auf dem Bogen $r = a$ und $u = h(\theta)$ auf dem Bogen $r = b$.

14. Beantworten Sie die letzte Frage des Textes.

7 Die Greenschen Formeln und Greensche Funktionen

Die Greenschen Formeln für den Laplace-Operator führen direkt zum Maximum-Prinzip und zum Dirichletschen Prinzip der Energieminimierung. Die Greensche Funktion ist eine Art universeller Lösung für eine in einem Gebiet harmonische Funktion. Jede andere harmonische Funktion kann durch sie ausgedrückt werden. Mit der Reflexionsmethode kombiniert, führt die Greensche Funktion auf direktem Weg zu Lösungen von Randwertaufgaben in speziellen Gebieten. George Green interessierte sich zu Beginn des 19. Jahrhunderts für neue Phänomene der Elektrizität und des Magnetismus.

7.1 Die erste Greensche Formel

Bezeichnungen

In diesem Abschnitt werden wir die Vektorschreibweise und den Divergenzsatz häufig verwenden. Wir erinnern uns an die Bezeichnungen (in drei Dimensionen)

$$grad\ f = \nabla f = \text{der Vektor } (f_x, f_y, f_z)$$

$$div\mathbf{F} = \nabla \cdot \mathbf{F} = \frac{\partial F_1}{\partial x} + \frac{\partial F_2}{\partial y} + \frac{\partial F_3}{\partial z},$$

wobei $\mathbf{F} = (F_1, F_2, F_3)$ ein Vektorfeld ist. Ferner:

$$\Delta u = div\ grad\ u = \nabla \cdot \nabla u = u_{xx} + u_{yy} + u_{zz}$$

$$|\nabla u|^2 = |grad\ u|^2 = |\nabla u|^2 = u_x^2 + u_y^2 + u_z^2.$$

Achten Sie darauf, welche Art von Dreieck Sie verwenden: In physikalischen Texten findet man häufig den Laplace-Operator $\nabla \cdot \nabla$ als ∇^2 geschrieben. Schreiben Sie ihn lieber als Δ.

Wir werden fast alles in diesem Kapitel für den dreidimensionalen Fall darstellen (obwohl es auch für zwei oder gar n Dimensionen gilt). Wir schreiben

$$\iiint_D \cdots d\mathbf{x} = \iiint_D \cdots dx\, dy\, dz,$$

wobei D ein dreidimensionaler Bereich (ein Körper) ist und

$$\iint_{\partial D} \cdots dS = \iint_S \cdots dS,$$

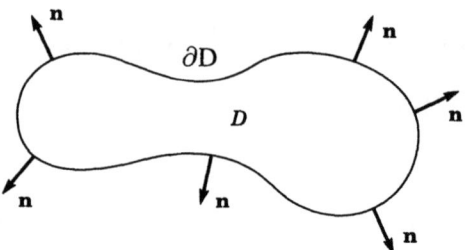

Bild 7.1

wobei $S = \partial D$ die Randfläche des Körpers D ist. Dabei bezeichnet dS, wie in der Analysis üblich, das Oberflächenelement.

Das wesentliche Hilfsmittel dieses Kapitels ist der Divergenzsatz:

$$\iiint_D \operatorname{div} \mathbf{F}\, d\mathbf{x} = \iint_{\partial D} \mathbf{F} \cdot \mathbf{n}\, dS. \tag{7.1}$$

$\mathbf{F}$ ist dabei ein Vektorfeld, D ein beschränkter Körper und $\mathbf{n}$ die äußere Einheitsnormale von ∂D (siehe Bild 7.1) (siehe Abschnitt A.3).

Die 1. Greensche Formel

Wir beginnen mit der Produktregel

$$(v u_x)_x = v_x u_x + v u_{xx}$$

und denken uns die gleiche Formel für die Ableitungen nach y und nach z aufgeschrieben. Summation der drei Gleichungen führt zur Identität

$$\nabla \cdot (v \nabla u) = \nabla v \cdot \nabla u + v \Delta u.$$

Wenn wir diese Gleichung integrieren und auf die linke Seite den Divergenzsatz anwenden, erhalten wir

$$\iint_{\partial D} v \frac{\partial u}{\partial n}\, dS = \iiint_D \nabla v \cdot \nabla u\, d\mathbf{x} + \iiint_D v \Delta u\, d\mathbf{x}, \tag{7.2}$$

wobei $\partial u/\partial n = \mathbf{n} \cdot \nabla u$ die Richtungsableitung in Richtung der äußeren Normalen ist. Das ist die *1. Greensche Formel*. Sie ist gültig für jeden Körper D und jedes Paar von Funktionen u und v. Mit $v \equiv 1$ reduziert sich die 1. Greensche Formel zu

$$\iint_{\partial D} \frac{\partial u}{\partial n}\, dS = \iiint_D \Delta u\, d\mathbf{x}. \tag{7.3}$$

Als unmittelbare Anwendung der Formel (7.3) betrachten wir das *Neumann-Problem* in einem beliebigen Bereich D, also

7.1 Die erste Greensche Formel

$$\begin{cases} \Delta u = f(x) & \text{in } D \\ \dfrac{\partial u}{\partial n} = h(x) & \text{auf } \partial D. \end{cases} \quad (7.4)$$

Nach (7.3) gilt

$$\iint_{\partial D} h\, dS = \iiint_D f\, d\mathbf{x}. \quad (7.5)$$

Wir folgern, daß die Vorgaben f und h *nicht* beliebig sein dürfen, sondern die Bedingung (7.5) erfüllen müssen. Andernfalls existiert keine Lösung. In diesem Sinne ist das Neumann-Problem (7.4) nicht vollständig korrekt gestellt. Andererseits kann man zeigen: Wenn (7.5) erfüllt ist, dann hat (7.4) eine Lösung - die Situation ist also gar nicht so übel.

Was läßt sich über die Eindeutigkeit von (7.4) aussagen? Nun, wenn man eine Konstante zu einer Lösung von (7.4) addiert, erhält man eine weitere Lösung. Für das Problem (7.4) läßt sich also weder eine Existenz- noch eine Eindeutigkeitsaussage machen.

Die Mittelwerteigenschaft

In drei Dimensionen bedeutet die Mittelwerteigenschaft, daß *der Mittelwert der Funktionswerte auf der Einheitssphäre einer jeden harmonischen Funktion übereinstimmt mit dem Funktionswert im Kugelmittelpunkt.* Um diese Behauptung zu beweisen, sei D die Kugel $\{|\mathbf{x}| < a\} = \{x^2 + y^2 + z^2 < a^2\}$. Der Rand von D ist die Sphäre (Kugeloberfläche) $\partial D = \{|\mathbf{x}| = a\}$. Sei $\Delta u = 0$ in einem Gebiet, welches D und ∂D enthält. Der äußere Normalenvektor $\mathbf{n}$ der Sphäre ∂D zeigt vom Ursprung weg, so daß

$$\frac{\partial u}{\partial n} = \mathbf{n} \cdot \nabla u = \frac{\mathbf{x}}{r} \cdot \nabla u = \frac{x}{r} u_x + \frac{y}{r} u_y + \frac{z}{r} u_z = \frac{\partial u}{\partial r},$$

wobei $r = (x^2 + y^2 + z^2)^{1/2} = |\mathbf{x}|$ die sphärische Koordinate, der Abstand des Punktes (x, y, z) vom Kugelmittelpunkt, ist. Damit wird (7.3) zu

$$\iint_{\partial D} \frac{\partial u}{\partial r} dS = 0. \quad (7.6)$$

Schreibt man dieses Integral mit sphärischen Koordinaten (r, θ, ϕ), so erhält es die Gestalt

$$\int_0^{2\pi} \int_0^{\pi} u_r(a, \theta, \phi) a^2 \sin\theta\, d\theta\, d\phi = 0,$$

da $r = a$ auf ∂D Wir dividieren diese Gleichung durch $4\pi a^2$, die Fläche von ∂D. Das Ergebnis gilt für alle $a > 0$, so daß wir uns a als Variable vorstellen können, die wir mit r bezeichnen. Die partielle Ableitung $\partial/\partial r$ wird vor das Integralzeichen gezogen (siehe Abschnitt A.3), und wir erhalten

$$\frac{\partial}{\partial r}\left[\frac{1}{4\pi} \int_0^{2\pi} \int_0^{\pi} u(r, \theta, \phi) \sin\theta\, d\theta\, d\phi\right] = 0.$$

Deshalb ist
$$\frac{1}{4\pi} \int_0^{2\pi} \int_0^\pi u(r,\theta,\phi) \sin\theta \, d\theta \, d\phi$$
unabhängig von r. Dieser Ausdruck ist genau der Mittelwert von u auf der Sphäre $\{|\mathbf{x}| = r\}$. Mit $r \to 0$ erhalten wir
$$\frac{1}{4\pi} \int_0^{2\pi} \int_0^\pi u(0) \sin\theta \, d\theta \, d\phi = u(0).$$
Daraus folgt
$$\frac{1}{\text{Fläche von } S} \iint_S u \, dS = u(0),$$
womit die Mittelwerteigenschaft in drei Dimensionen gezeigt ist.

Die gleiche Beweismethode läßt sich auch im n-dimensionalen Fall anwenden. Beachten Sie, daß wir für den Fall $n = 2$ in Abschnitt 6.3 den Beweis mit einer völlig anderen Methode geführt haben.

Das Maximumprinzip

Genau wie im Fall zweier Dimensionen in Abschnitt 6.3 leiten wir aus der Mittelwerteigenschaft das Maximum-Prinzip ab.

Ist D ein dreidimensionaler Bereich, so wird das Maximum einer in D harmonischen Funktion nicht im Inneren von D, sondern nur auf ∂D angenommen.

Es kann auch gezeigt werden, daß in einem Maximum-Punkt die Richtungsableitung in Richtung der äußeren Normalen positiv ist: $\partial u/\partial n > 0$. Die letzte Behauptung ist als Hopfsches Maximum-Prinzip oder 2. Hopfsches Lemma bekannt. Für einen Beweis siehe [PW].

Die Eindeutigkeit des Dirichlet-Problems

Wir haben in Abschnitt 6.1 einen Beweis unter Verwendung des Maximum-Prinzips geführt. Jetzt führen wir einen weiteren mit Hilfe der *Energieintegralmethode*. Wenn zwei harmonische Funktionen u_1 und u_2 dieselben Randbedingungen erfüllen, so ist ihre Differenz $u = u_1 - u_2$ auch harmonisch und erfüllt homogene Randbedingungen. Wir gehen zurück zur ersten Greenschen Formel (7.2) und setzen $v = u$ ein. Da u harmonisch ist, also $\Delta u = 0$, erhalten wir

$$\iint_{\partial D} u \frac{\partial u}{\partial n} dS = \iiint_D |\nabla u|^2 d\mathbf{x}. \tag{7.7}$$

Wegen $u = 0$ auf ∂D, verschwindet die linke Seite von (7.7) und es ist $\iiint_D |\nabla u|^2 d\mathbf{x} = 0$. Mit dem ersten Identitätssatz aus Abschnitt A.1 folgt daraus $|\nabla u|^2 \equiv 0$ in D. Eine Funktion mit verschwindendem Gradienten ist eine Konstante (sofern D zusammenhängend ist). Also ist $u \equiv C$ in ganz D. Da u auf ∂D Null ist, folgt $C = 0$. Somit ist $u(\mathbf{x}) \equiv 0$ in D, womit die Eindeutigkeit des Dirichlet-Problems gezeigt ist.

7.1 Die erste Greensche Formel

Die Eindeutigkeit des Neumann-Problems: Ist $\Delta u = 0$ in D und $\partial u/\partial n = 0$ auf ∂D, so ist u in D konstant (siehe Übungsaufgabe 2).

Das Dirichletsche Prinzip

Dieser wichtige mathematische Sachverhalt basiert auf dem physikalischen Begriff der Energie. Er besagt, daß unter allen in D definierten Funktionen $w(\mathbf{x})$, welche die Dirichletsche Randbedingung

$$w = h(\mathbf{x}) \quad \text{auf } \partial D \tag{7.8}$$

erfüllen, diejenige *harmonische* Funktion, für die (7.8) gilt, die Gesamtenergie minimiert.
Im gegenwärtigen Kontext ist die Gesamtenergie definiert als

$$E[w] = \frac{1}{2} \iiint_D |\nabla w|^2 d\mathbf{x}. \tag{7.9}$$

Es handelt sich hierbei nur um potentielle Energie; da keine Bewegung vorliegt, ist auch keine kinetische Energie vorhanden. Es ist ein allgemeines physikalisches Prinzip, daß jedes System einen Zustand geringster Energie, genannt *Grundzustand*, anstrebt. Die harmonischen Funktionen stellen den physikalisch stationären Zustand dar. Das Dirichletsche Prinzip kann mathematisch wie folgt präzisiert werden:

Satz 7.1 Das Dirichletsche Prinzip: *Sei $u(\mathbf{x})$ die eindeutig bestimmte, im Gebiet D harmonische Funktion, welche (7.8) erfüllt, und $w(\mathbf{x})$ eine beliebige in D definierte Funktion, für die (7.8) zutrifft. Dann gilt*

$$E(w) \geq E(u). \tag{7.10}$$

Zum Beweis des Dirichletschen Prinzips setzen wir $v = w - u$ und formen den quadratischen Term im Integral $E[w]$ um:

$$\begin{aligned} E[w] &= \frac{1}{2} \iiint |\nabla(u+v)|^2 d\mathbf{x} \\ &= E[u] + \iiint_D \nabla u \cdot \nabla v \, d\mathbf{x} + E[v] \end{aligned} \tag{7.11}$$

Als nächstes wenden wir die erste Greensche Formel (7.2) auf das Funktionenpaar u, v an. In (7.2) sind zwei der drei Integrale Null, denn es ist $v = 0$ auf ∂D und $\Delta u = 0$ in D. Der mittlere Ausdruck in (7.11) verschwindet deshalb und es ist

$$E[w] = E[u] + E[v].$$

Offensichtlich ist $E[v] \geq 0$, so daß wir $E[w] \geq E[u]$ folgern können. Die Energie ist also am kleinsten, wenn $w = u$, womit das Dirichletsche Prinzip bewiesen ist.

Ein weiterer Beweis geht wie folgt: Sei $u(\mathbf{x})$ eine Funktion, die Gleichung (7.8) erfüllt und die die Energie (7.9) minimiert. Sei $v(\mathbf{x})$ eine Funktion, die auf ∂D verschwindet. Dann erfüllt $u + \epsilon v$ die Randbedingung (7.8). Da die Energie für die Funktion u am kleinsten ist, gilt

$$E[u] \leq E[u + \epsilon v] = E[u] + \epsilon \iiint_D \Delta u \, v \, d\mathbf{x} + \epsilon^2 E[v] \qquad (7.12)$$

für jede Konstante ϵ. Das Minimum wird für $\epsilon = 0$ angenommen. Wie wir aus der Analysis wissen, ist dann

$$\iiint_D \Delta u \, v \, d\mathbf{x} = 0. \qquad (7.13)$$

Diese Beziehung gilt für alle auf D definierten stetigen Funktionen v. Sei nun D' ein echtes Teilgebiet von D, d.h. $\overline{D'} \subset D$, und $v(\mathbf{x}) \equiv 1$ für $\mathbf{x} \in D'$ und $v(\mathbf{x}) \equiv 0$ für $\mathbf{x} \in D \setminus D'$. Wir setzen diese Funktion v in (7.13) ein. (Da v nicht differenzierbar ist, müßte v „geglättet" werden; wir wollen hier auf diese Technik verzichten.) Aus (7.13) wird dann

$$\iiint_{D'} \Delta u \, d\mathbf{x} = 0 \quad \text{für alle Teilgebiete } D'.$$

Nach dem zweiten Identitätssatz aus Abschnitt A.1 folgt daraus $\Delta u = 0$ in D. $u(\mathbf{x})$ ist also eine harmonische Funktion. Nach dem Eindeutigkeitssatz ist sie die einzige Funktion, welche die Energie minimiert.

Übungsaufgaben

1. Leiten Sie das Maximum-Prinzip in drei Dimensionen aus der Mittelwerteigenschaft ab.

2. Beweisen Sie die Eindeutigkeit bis auf Konstanten des Neumann-Problems mit der Energieintegralmethode.

3. Beweisen Sie die Eindeutigkeit des Robin-Problems, wenn auf dem Rand die Bedingung $\partial u / \partial n + a(\mathbf{x}) u(\mathbf{x}) = 0$ mit $a(\mathbf{x}) > 0$ auf ∂D gestellt ist.

4. Verallgemeinern Sie die Energieintegralmethode zum Nachweis der Eindeutigkeit der Diffusionsgleichung in drei Dimensionen unter Dirichletschen Randvorgaben.

5. Beweisen Sie das Dirichletsche Prinzip unter Neumannschen Randbedingungen. Die Behauptung lautet, daß unter allen auf D definierten reellwertigen Funktionen $w(\mathbf{x})$ der Ausdruck

$$E[w] = \frac{1}{2} \iiint_D |\nabla w|^2 d\mathbf{x} - \iint_{\partial D} h w \, dS$$

für $w = u$ minimal wird, wenn u die Lösung des Neumann-Problems

$$-\Delta u = 0 \quad \text{in } D, \qquad \frac{\partial u}{\partial n} = h(\mathbf{x}) \quad \text{auf } \partial D$$

ist. Es wird gefordert, daß der Mittelwert der gegebenen Funktion $h(\mathbf{x})$ auf $S = \partial D$ Null ist (siehe Übungsaufgabe 6.1.11).

Beachten Sie drei Charakteristika dieses Prinzips:

7.1 Die erste Greensche Formel

(i) Die Testfunktionen $w(\mathbf{x})$ unterliegen keinerlei Einschränkungen.

(ii) Die Funktion $h(\mathbf{x})$ erscheint im Energieausdruck.

(iii) Das Funktional $E[w]$ ändert sich nicht, wenn zur Funktion $w(\mathbf{x})$ eine Konstante addiert wird.

Hinweis: Folgen Sie der Methode von Abschnitt 7.1.

6. Seien A und B zwei disjunkte räumliche Bereiche, D ihr Äußeres. Es ist also $\partial D = \partial A \cup \partial B$. Betrachten Sie eine in D definierte harmonische Funktion $u(\mathbf{x})$, die für $|\mathbf{x}| \to \infty$ gegen Null strebt, die sowohl auf ∂A als auch auf ∂B konstant ist, und die die Bedingungen

$$\iint_{\partial A} \frac{\partial u}{\partial n} dS = Q > 0 \quad \text{und} \quad \iint_{\partial B} \frac{\partial u}{\partial n} dS = 0$$

erfüllt. [*Interpretation:* $u(\mathbf{x})$ stellt das elektrostatische Potential zweier Leiter A und B dar; Q ist die Ladung von A, während B nicht geladen ist.]

(a) Zeigen Sie die Eindeutigkeit der Lösung. (*Hinweis:* Verwenden Sie das Hopfsche Maximum-Prinzip.)

(b) Zeigen Sie $u \geq 0$ in D. (*Hinweis:* Falls nicht, hat $u(\mathbf{x})$ ein negatives Minimum. Arbeiten Sie wieder mit dem Hopfschen Prinzip.)

(c) Zeigen Sie $u > 0$ in D.

7. (Die *Rayleigh-Ritz-Approximation* von in D harmonischen Funktionen mit $u = h$ auf ∂D.) Seien $w_0, w_1, \ldots, w_n$ Funktionen mit $w_0 = h$ auf ∂D und $w_1 = \ldots = w_n = 0$ auf ∂D. Die Aufgabe besteht darin, Konstanten $c_1, \ldots, c_n$ so zu bestimmen, daß für

$$w_0 + c_1 w_1 + \ldots + c_n w_n$$

die Energie minimal wird. Zeigen Sie, daß die Konstanten Lösungen des linearen Gleichungssystems

$$\sum_{k=1}^{n} (\nabla w_j, \nabla w_k) c_k = -(\nabla w_0, \nabla w_j) \quad \text{für } j = 1, 2, \ldots, n$$

sein müssen. Dabei ist

$$(\nabla w_j, \nabla w_k) = \iint_D \nabla w_j \cdot \nabla w_k \, d\mathbf{x}.$$

8. Untersuchen Sie das Problem $u_{xx} + u_{yy} = 0$ im Dreieck $\{x > 0, y > 0, 3x + y < 3\}$ unter den Randbedingungen

$$u(x, 0) = 0 \quad u(0, y) = y(3 - y) \quad u(x, 3 - 3x) = 0.$$

Wählen Sie $w_0 = y(3 - 3x - y)$ und $w_1 = xy(3 - 3x - y)$. Bestimmen Sie die Rayleigh-Ritz-Approximation $w_0 + c_1 w_1$ von u. Das heißt: Berechnen Sie die Konstante c_1 mit Hilfe von Aufgabe 7.

9. Die gleiche Aufgabenstellung wie in Aufgabe 7, mit denselben Funktionen w_0 und w_1, zusätzlich aber mit $w_2 = x^2 y(3 - 3x - y)$. Bestimmen Sie also die Rayleigh-Ritz-Approximation $w_0 + c_1 w_1 + c_2 w_2$ der Lösung u.

10. Sei $u(x, y)$ die im Einheitskreis harmonische Funktion, die die Randwerte $u(x, y) = x^2$ auf $\{x^2 + y^2 = 1\}$ annimmt. Berechnen Sie ihre Rayleigh-Ritz-Approximation der Form $x^2 + c_1(1 - x^2 - y^2)$.

7.2 Die zweite Greensche Formel

Die zweite Greensche Formel ist die höherdimensionale Version der Formel (5.28). Sie führt zu einer grundlegenden Darstellungsformel harmonischer Funktionen, die wir im nächsten Abschnitt benötigen.

Der mittlere Term in (7.2) ändert sich nicht, wenn man u und v vertauscht. Wenn wir (7.2) für das Funktionenpaar u, v und für das Paar v, u aufschreiben und anschließend beide Gleichungen subtrahieren, so erhalten wir

$$\iiint_D (u\Delta v - v\Delta u) d\mathbf{x} = \iint_{\partial D} \left(u \frac{\partial v}{\partial n} - v \frac{\partial u}{\partial n} \right) dS. \quad (7.14)$$

Das ist die *zweite Greensche Formel*. Wie Formel (7.2) gilt auch sie für jedes Funktionenpaar u und v. Sie führt zu der folgenden natürlichen Definition. Eine Randbedingung heißt *symmetrisch* für den Operator Δ, wenn die rechte Seite von (7.14) für jedes Funktionenpaar, das die Randbedingungen erfüllt, verschwindet. Jede der drei klassischen Randbedingungen (Dirichlet-, Neumann- und Robin-) ist symmetrisch.

Eine Darstellungsformel für harmonische Funktionen

Durch diese Formel wird jede *harmonische* Funktion durch ein Randintegral ausgedrückt. Sie besagt:
Ist $\Delta u = 0$ in D, so gilt für jeden Punkt $\mathbf{x}_0 \in D$

$$u(\mathbf{x}_0) = \iint_{\partial D} \left[-u(\mathbf{x}) \frac{\partial}{\partial n} \left(\frac{1}{|\mathbf{x} - \mathbf{x}_0|} \right) + \frac{1}{|\mathbf{x} - \mathbf{x}_0|} \frac{\partial u}{\partial n} \right] \frac{dS}{4\pi}. \quad (7.15)$$

An dieser Formel ist die um den Vektor $\mathbf{x}_0$ verschobene Fundamentallösung r^{-1} beteiligt, die wir schon in Abschnitt 5.1 gefunden haben.

Beweis von (7.15). Die Darstellungsformel (7.15) ist ein Spezialfall von (7.14) mit der Festlegung $v(\mathbf{x}) = (-4\pi|\mathbf{x} - \mathbf{x}_0|)^{-1}$. Die rechte Seite von (7.15) stimmt offenbar mit der rechten Seite von (7.14) überein. Es ist aber $\Delta u = 0$ und $\Delta v = 0$, so daß die linke Seite von (7.14) verschwindet. Woher kommt dann aber die linke Seite von (7.15)? Der Grund liegt in der Polstelle von $v(\mathbf{x})$ im Punkt $\mathbf{x}_0$. Es ist nicht erlaubt, die Formel (7.14) auf ganz D anzuwenden. Wir schneiden deshalb eine kleine Kugel um $\mathbf{x}_0$ aus D heraus. D_ϵ bezeichne das Gebiet D ohne diese Kugel (mit Radius ϵ und dem Mittelpunkt $\mathbf{x}_0$) (siehe Bild 7.2).

7.2 Die zweite Greensche Formel

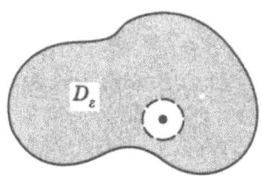

Bild 7.2

Der Einfachheit halber sei $\mathbf{x}_0$ der Ursprung. Dann ist $v(\mathbf{x}) = -1/(4\pi r)$, mit $r = (x^2 + y^2 + z^2)^{1/2} = |\mathbf{x}|$. Schreiben wir (7.14) mit dieser Festlegung von v erneut auf, so erhalten wir, da $\Delta u = \Delta v = 0$ in D_ϵ

$$-\iint_{\partial D_\epsilon} \left[u \cdot \frac{\partial}{\partial n} \left(\frac{1}{r} \right) - \frac{\partial u}{\partial n} \cdot \frac{1}{r} \right] dS = 0.$$

Der Rand von D_ϵ besteht aber jetzt aus zwei Teilen: dem ursprünglichen Rand von D und der Sphäre $r = \epsilon$. Auf der Sphäre ist $\partial/\partial n = -\partial/\partial r$. Das Randintegral läßt sich daher in zwei Teilintegrale zerlegen:

$$-\iint_{\partial D} \left[u \cdot \frac{\partial}{\partial n} \left(\frac{1}{r} \right) - \frac{\partial u}{\partial n} \cdot \frac{1}{r} \right] dS = -\iint_{r=\epsilon} \left[u \cdot \frac{\partial}{\partial n} \left(\frac{1}{r} \right) - \frac{\partial u}{\partial n} \cdot \frac{1}{r} \right] dS. \quad (7.16)$$

Diese Gleichung (7.16) ist gültig für jedes kleine $\epsilon > 0$. Unsere Darstellungsformel (7.15) würde aus (7.16) folgen, wenn wir zeigen, daß die rechte Seite von (7.16) mit $\epsilon \to 0$ gegen $4\pi u(0)$ strebt.

Auf der kleinen Kugeloberfläche ($r = \epsilon$) ist

$$\frac{\partial}{\partial r} \left(\frac{1}{r} \right) = -\frac{1}{r^2} = -\frac{1}{\epsilon^2},$$

so daß die rechte Seite von (7.16) übereinstimmt mit

$$\frac{1}{\epsilon^2} \iint_{r=\epsilon} u \, dS + \frac{1}{\epsilon} \iint_{r=\epsilon} \frac{\partial u}{\partial r} dS = 4\pi \overline{u} + 4\pi \epsilon \overline{\frac{\partial u}{\partial r}}. \quad (7.17)$$

$\overline{u}$ bezeichnet den Mittelwert von $u(\mathbf{x})$ auf der Sphäre $|\mathbf{x}| = r = \epsilon$ und $\overline{\partial u/\partial r}$ den Mittelwert von $\partial u/\partial n$ auf dieser Sphäre. Mit $\epsilon \to 0$ strebt der Ausdruck (7.17) gegen

$$4\pi u(0) + 4\pi \cdot 0 \cdot \frac{\partial u}{\partial r}(0) = 4\pi u(0), \quad (7.18)$$

da u stetig und $\partial u/\partial r$ beschränkt ist. Die rechte Seite von (7.16) wird also tatsächlich zur linken Seite von (7.15), womit der Beweis erbracht ist. □

Ist $\Delta u = 0$ im ebenen Bereich D und $\mathbf{x}_0$ ein Punkt im Inneren von D, so lautet die entsprechende Darstellungsformel in zwei Dimensionen

$$u(\mathbf{x}_0) = \frac{1}{2\pi} \int_{\partial D} \left[u(\mathbf{x}) \frac{\partial}{\partial n} \log |\mathbf{x} - \mathbf{x}_0| - \frac{\partial u}{\partial n} \log |\mathbf{x} - \mathbf{x}_0| \right] ds. \qquad (7.19)$$

Die rechte Seite ist ein Linienintegral über die Randkurve, log bezeichnet den natürlichen Logarithmus und ds das Bogenelement der Randkurve.

Übungsaufgaben

1. Leiten Sie die Darstellungsformel (7.19) für harmonische Funktionen in zwei Dimensionen her.

2. Sei $\phi(\mathbf{x})$ eine im ganzen Raum definierte C^2-Funktion, die außerhalb einer Kugel verschwindet. Zeigen Sie, daß dann gilt

$$\phi(0) = - \iiint \frac{1}{|\mathbf{x}|} \Delta \phi(\mathbf{x}) \frac{d\mathbf{x}}{4\pi}.$$

Integriert wird über den Bereich, in dem $\phi(\mathbf{x})$ von Null verschieden ist.

3. Leiten Sie die Mittelwerteigenschaft in drei Dimensionen dadurch her, daß Sie in der Darstellungsformel (7.15) D als Kugel mit dem Mittelpunkt $\mathbf{x}_0$ wählen.

7.3 Greensche Funktionen

Mit den Grennschen Formeln wollen wir nun das Dirichlet-Problem untersuchen. Die Darstellungsformel (7.15) verwendet die folgenden zwei Eigenschaften der Funktion $v(\mathbf{x}) = (-4\pi|\mathbf{x} - \mathbf{x}_0|)^{-1}$: sie ist harmonisch, außer in $\mathbf{x}_0$, und sie hat dort eine gewisse Singularität. Unser Ziel ist es, diese Funktion so zu modifizieren, daß einer der Terme in (7.15) verschwindet. Die modifizierte Funktion ist dann die Greensche Funktion für das Gebiet D.

Definition. Die *Greensche Funktion* $G(\mathbf{x})$ für den Operator $-\Delta$ und für das Gebiet D im Punkt $\mathbf{x}_0 \in D$ ist eine für alle $\mathbf{x} \in D$ definierte Funktion mit den Eigenschaften:

(i) $G(\mathbf{x})$ besitzt stetige zweite Ableitungen, und es gilt $\Delta G = 0$ in D, ausgenommen der Punkt $\mathbf{x} = \mathbf{x}_0$.

(ii) $G(\mathbf{x}) = 0$ für $\mathbf{x} \in \partial D$

(iii) Die Funktion $G(\mathbf{x}) + 1/(4\pi|\mathbf{x} - \mathbf{x}_0|)$ ist in $\mathbf{x}_0$ endlich, hat stetige zweite Ableitungen in D und ist harmonisch in $\mathbf{x}_0$.

Man kann zeigen, daß eine derartige Greensche Funktion existiert. Sie ist nach Übungsaufgabe 1 eindeutig bestimmt. Die übliche Bezeichnung für die Greensche Funktion ist $G(\mathbf{x}, \mathbf{x}_0)$.

7.3 Greensche Funktionen

Satz 7.2 *Ist $G(\mathbf{x}, \mathbf{x}_0)$ die Greensche Funktion, so ist die Lösung des Dirichlet-Problems gegeben durch die Formel*

$$u(\mathbf{x}_0) = \iint_{\partial D} u(\mathbf{x}) \frac{\partial G(\mathbf{x}, \mathbf{x}_0)}{\partial n} dS. \qquad (7.20)$$

Beweis: Wir gehen zurück zur Darstellungsformel (7.15):

$$u(\mathbf{x}_0) = \iint_{\partial D} \left(u \frac{\partial v}{\partial n} - \frac{\partial u}{\partial n} v \right) dS \qquad (7.21)$$

und setzen wie zuvor $v(\mathbf{x}) = -(4\pi |\mathbf{x} - \mathbf{x}_0|)^{-1}$. Die Greensche Funktion schreiben wir als $G(\mathbf{x}, \mathbf{x}_0) = v(\mathbf{x}) + H(\mathbf{x})$. (Hiermit wird $H(\mathbf{x})$ definiert.) Dann ist $H(\mathbf{x})$ wegen (ii) und (iii) in ganz D harmonisch. Wir wenden die zweite Greensche Formel (7.14) auf das Funktionenpaar $u(\mathbf{x})$ und $H(\mathbf{x})$ an:

$$0 = \iint_{\partial D} \left(u \frac{\partial H}{\partial n} - \frac{\partial u}{\partial n} H \right) dS. \qquad (7.22)$$

Addition von (7.21) und (7.22) liefert

$$u(\mathbf{x}_0) = \iint_{\partial D} \left(u \frac{\partial G}{\partial n} - \frac{\partial u}{\partial n} G \right) dS.$$

Nach (ii) verschwindet G auf ∂D, so daß der zweite Term verschwindet. Übrig bleibt Formel (7.20). □

Der einzige Nachteil an dieser schönen Formel ist, daß es im allgemeinen nicht leicht ist, G explizit zu bestimmen. Trotzdem werden wir im nächsten Abschnitt mit Hilfe einer Reflexionsmethode die Greensche Funktion für gewisse spezielle Gebiete auffinden und damit für diese Gebiete das Dirichlet-Problem lösen.

Die Symmetrie der Greenschen Funktion

Für jedes Gebiet D gibt es eine Greensche Funktion $G(\mathbf{x}, \mathbf{x}_0)$. Sie ist symmetrisch, das heißt

$$G(\mathbf{x}, \mathbf{x}_0) = G(\mathbf{x}_0, \mathbf{x}) \qquad \text{für } \mathbf{x} \neq \mathbf{x}_0. \qquad (7.23)$$

Beweis von (7.23): Wir wenden die zweite Greensche Formel auf das Funktionenpaar $u(\mathbf{x}) = G(\mathbf{x}, \mathbf{a})$ und $v(\mathbf{x}) = G(\mathbf{x}, \mathbf{b})$ im Gebiet D_ϵ an. D_ϵ entsteht aus D durch Herausnehmen zweier kleiner Kugeln mit dem Radius ϵ um die Punkte $\mathbf{a}$ und $\mathbf{b}$ (siehe Bild 7.3). Der Rand von D_ϵ besteht also aus drei Teilen: dem ursprünglichen Rand ∂D, sowie den beiden Sphären $|\mathbf{x} - \mathbf{a}| = \epsilon$ und $|\mathbf{x} - \mathbf{b}| = \epsilon$. Dann ist

$$\iiint_{D_\epsilon} (u \Delta v - v \Delta u) d\mathbf{x} = \iint_{\partial D} \left(u \frac{\partial v}{\partial n} - v \frac{\partial u}{\partial n} \right) dS + A_\epsilon + B_\epsilon, \qquad (7.24)$$

wobei A_ϵ durch

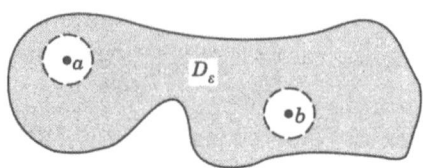

Bild 7.3

$$A_\epsilon = \iint_{|\mathbf{x}-\mathbf{a}|=\epsilon} \left(u\frac{\partial v}{\partial n} - v\frac{\partial u}{\partial n}\right) dS$$

und B_ϵ durch das gleiche Integral mit **b** als Kugelmittelpunkt festgelegt wird. Da sowohl u als auch v in D_ϵ harmonisch sind, verschwindet die linke Seite von (7.24). Da sowohl u als auch v auf ∂D Null sind, verschwindet das Integral über ∂D. Deshalb ist

$$A_\epsilon + B_\epsilon = 0 \quad \text{für jedes } \epsilon.$$

Wir berechnen jetzt die einzelnen Grenzwerte für $\epsilon \to 0$. In A_ϵ setzen wir $r = |\mathbf{x}-\mathbf{a}|$. Dann ist

$$\lim_{\epsilon \to 0} A_\epsilon = \lim_{\epsilon \to 0} \iint_{r=\epsilon} \left(-\frac{1}{4\pi r} + H\right)\frac{\partial v}{\partial n} - v\frac{\partial}{\partial n}\left(-\frac{1}{4\pi r} + H\right) r^2 \sin\theta \, d\theta d\phi.$$

θ und ϕ sind die Raumwinkel von $\mathbf{x} - \mathbf{a}$, H ist eine stetige Funktion. Nun ist auf der Kugeloberfläche $\partial/\partial n = -\partial/\partial r$, so daß von den vier Termen des letzten Integrals nur der dritte einen nichtverschwindenden Beitrag zum Grenzwert liefert (aus dem gleichen Grund wie bei der Herleitung der Formel (7.15)). Wir erhalten somit

$$\lim_{\epsilon \to 0} A_\epsilon = \lim_{\epsilon \to 0} \int_0^{2\pi} \int_0^\pi v \frac{1}{4\pi\epsilon^2} \epsilon^2 \sin\theta \, d\theta \, d\phi = v(\mathbf{a})$$

nach Kürzen von ϵ^2. Eine ganz ähnliche Berechnung zeigt uns $\lim B_\epsilon = -u(\mathbf{b})$. Es folgt

$$0 = \lim_{\epsilon \to 0}(A_\epsilon + B_\epsilon) = v(\mathbf{a}) - u(\mathbf{b}) = G(\mathbf{a}, \mathbf{b}) - G(\mathbf{b}, \mathbf{a}).$$

Damit ist die Symmetrieeigenschaft (7.23) bewiesen. □

In der Elektrostatik interpretiert man $G(\mathbf{x}, \mathbf{x}_0)$ als das elektrische Potential innerhalb eines Körpers mit der leitenden Randfläche $S = \partial D$, wenn im Punkt $\mathbf{x}_0$ eine Ladung vorliegt. Die Symmetrieeigenschaft (7.23) ist als das *Prinzip der Wechselwirkung* bekannt. Es behauptet, daß eine Quelle im Punkt **a** auf einen Punkt **b** dieselbe Wirkung ausübt, wie eine sich in **b** befindende Quelle auf den Punkt **a**.

Mit Hilfe der Greenschen Funktion sind wir auch in der Lage, die *Poisson-Gleichung* zu lösen.

7.4 Halbräume und Kugeln

Satz 7.3 *Die Lösung des Problems*

$$\Delta u = f \quad \text{in } D \quad u = h \quad \text{auf } \partial D \tag{7.25}$$

ist gegeben durch

$$u(\mathbf{x}_0) = \iint_{\partial D} h(\mathbf{x}) \frac{\partial G(\mathbf{x}, \mathbf{x}_0)}{\partial n} dS + \iiint_D f(\mathbf{x}) G(\mathbf{x}, \mathbf{x}_0) d\mathbf{x}. \tag{7.26}$$

Der Beweis wird als Übungsaufgabe behandelt.

Übungsaufgaben

1. Beweisen Sie die Eindeutigkeit der Greenschen Funktion. (*Hinweis:* Untersuchen Sie die Differenz zweier Greenscher Funktionen.)

2. Beweisen Sie Satz 7.3, der mit der Greenschen Funktion die Poisson-Gleichung löst.

3. Führen Sie die Berechnung des Grenzwerts von A_ϵ im Beweis der Symmetrie der Greenschen Funktion ausführlich durch.

7.4 Halbräume und Kugeln

Wir lösen jetzt das Dirichlet-Problem der Potentialgleichung in Halbräumen und Kugeln, indem wir die Greensche Funktion für diese Gebiete durch eine Reflexionsmethode gewinnen.

Der Halbraum

Als erstes bestimmen wir die Greensche Funktion für einen Halbraum, einem Gebiet, das aus allen Punkten auf einer Seite einer Ebene besteht. Obwohl ein Halbraum ein nicht beschränktes Gebiet ist, behält doch alles, was die Greensche Funktion betrifft, seine Gültigkeit, wenn wir „Randbedingungen im Unendlichen" vorschreiben. Wir fordern, daß die Funktionen und ihre Ableitungen mit $|\mathbf{x}| \to \infty$ gegen Null streben.

In Koordinatenschreibweise sei $\mathbf{x} = (x, y, z)$. Als Halbraum wählen wir $D = \{z > 0\}$, den Bereich oberhalb der x, y-Ebene (siehe Bild 7.4). Zu jedem Punkt $\mathbf{x} = (x, y, z) \in D$ gibt es einen an der x, y-Ebene gespiegelten Punkt $\mathbf{x}^* = (x, y, -z)$, der nicht zu D gehört.

Wir wissen bereits, daß die Funktion $1/(4\pi|\mathbf{x} - \mathbf{x}_0|$ zwei der drei Eigenschaften einer Greenschen Funktion, nämlich (i) und (iii), erfüllt. Wir werden sie etwas umformen, um auch (ii) zu erhalten.

Unsere Behauptung ist:

$$G(\mathbf{x}, \mathbf{x}_0) = -\frac{1}{4\pi|\mathbf{x} - \mathbf{x}_0|} + \frac{1}{4\pi|\mathbf{x} - \mathbf{x}_0^*|} \tag{7.27}$$

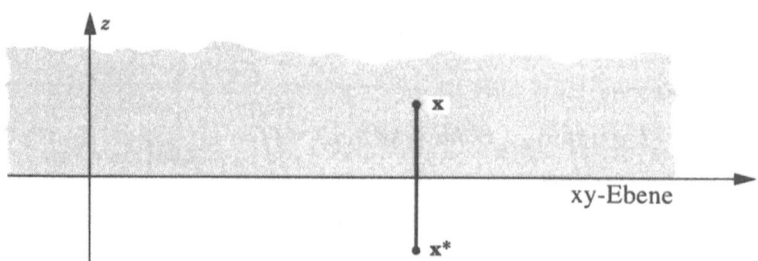

Bild 7.4

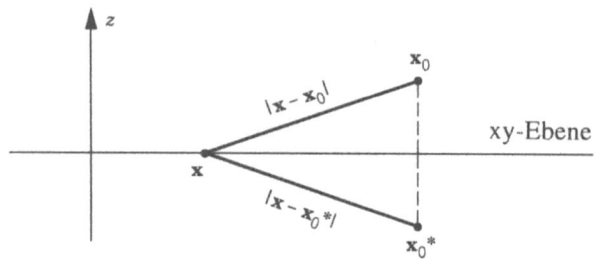

Bild 7.5

ist die Greensche Funktion von D. In Koordinatenschreibweise lautet sie

$$G(\mathbf{x}, \mathbf{x}_0) = -\frac{1}{4\pi}[(x - x_0)^2 + (y - y_0)^2 + (z - z_0)^2]^{-1/2} + \frac{1}{4\pi}[(x - x_0)^2 + (y - y_0)^2 + (z + z_0)^2]^{-1/2}.$$

Beachten Sie, daß sich beide Terme nur durch das Vorzeichen im letzten Quadrat unterscheiden. Wir beweisen die Behauptung, indem wir jede der drei Eigenschaften von G überprüfen.

(i) Natürlich ist G endlich und differenzierbar, ausgenommen an der Stelle $\mathbf{x}_0$. Ebenso ist $\Delta G = 0$ erfüllt.

(iii) Da $\mathbf{x}_0^*$ außerhalb von D liegt, hat die Funktion $1/4\pi|\mathbf{x} - \mathbf{x}_0^*|$ in D keine Singularität, G hat seine eigentliche Singularität in $\mathbf{x}_0$.

(ii) Das ist die wesentliche Eigenschaft, die überprüft werden muß. Sei $\mathbf{x} \in \partial D$, die z-Koordinate ist also Null. Aus Bild 7.5 erkennen wir $|\mathbf{x} - \mathbf{x}_0| = |\mathbf{x} - \mathbf{x}_0^*|$. Daraus folgt $G(\mathbf{x}, \mathbf{x}_0) = 0$.

Das Erfülltsein dieser drei Eigenschaften sagt uns, daß $G(\mathbf{x}, \mathbf{x}_0)$ die Greensche Funktion für das Gebiet D ist. Wir verwenden sie jetzt dazu, um mit Formel (7.20) das Dirichlet-Problem

7.4 Halbräume und Kugeln

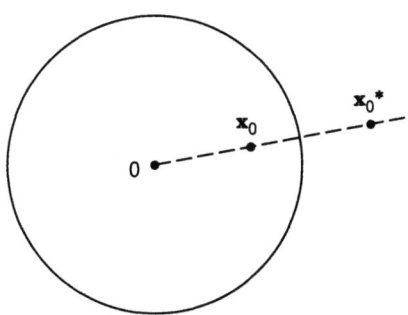

Bild 7.6

$$\Delta u = 0 \quad \text{für } z > 0, \quad u(x,y,0) = h(x,y) \tag{7.28}$$

zu lösen. Beachten Sie, daß $\partial G/\partial n = -\partial G/\partial z|_{z=0}$, da n nach unten (ins Äußere von D) zeigt. Weiterhin ist für $z = 0$

$$\begin{aligned}\frac{\partial G}{\partial z} &= \frac{1}{4\pi}\left(\frac{z+z_0}{|\mathbf{x}-\mathbf{x}_0^*|^3} - \frac{z-z_0}{|\mathbf{x}-\mathbf{x}_0|^3}\right) \\ &= \frac{1}{2\pi}\frac{z_0}{|\mathbf{x}-\mathbf{x}_0|^3}\end{aligned}$$

(weil $|\mathbf{x}-\mathbf{x}_0| = |\mathbf{x}-\mathbf{x}_0^*|$ für $z = 0$). Die Lösung von (7.28) ist deshalb

$$u(x_0,y_0,z_0) = \frac{z_0}{2\pi}\iint [(x-x_0)^2 + (y-y_0)^2 + z_0^2]^{-3/2} h(x,y)dxdy. \tag{7.29}$$

Beide Integrale erstrecken sich über $]-\infty,\infty[$. Beachten Sie, daß im Integranden $z = 0$ ist. In Vektorschreibweise nimmt (7.29) die folgende Gestalt an

$$u(\mathbf{x}_0) = \frac{z_0}{2\pi}\iint_{\partial D}\frac{h(\mathbf{x})}{|\mathbf{x}-\mathbf{x}_0|^3}dS. \tag{7.30}$$

Diese Formel gibt die Lösung des Dirichlet-Problems für den Halbraum an.

Die Kugel

Die Greensche Funktion für die Kugel $D = \{|\mathbf{x}| < a\}$ vom Radius a kann auf ähnliche Weise mit der Reflexionsmethode gefunden werden. In diesem Fall müssen wir jedoch an der Sphäre $\{|\mathbf{x}| = a\}$, dem Rand von D, spiegeln.

Wir fixieren einen Punkt $\mathbf{x}_0$ im Inneren der Kugel (d.h. $|\mathbf{x}_0| < a$). Sein *Spiegelpunkt* $\mathbf{x}_0^*$ ist durch zwei Eigenschaften festgelegt. Zum einen liegt er auf der Verbindungsgeraden von $\mathbf{x}_0$ mit dem Kugelmittelpunkt $\mathbf{0}$, zum anderen ist sein Abstand vom Ursprung durch die Formel $|\mathbf{x}_0||\mathbf{x}_0^*| = a^2$ festgelegt. Es ist also

$$\mathbf{x}_0^* = \frac{a^2 \mathbf{x}_0}{|\mathbf{x}_0|^2}. \tag{7.31}$$

Ist $\mathbf{x}$ ein beliebiger Punkt, so führen wir die Bezeichnungen $|\mathbf{x} - \mathbf{x}_0| = \rho$ und $|\mathbf{x} - \mathbf{x}_0^*| = \rho^*$ ein. Die Greensche Funktion für die Kugel ist dann

$$G(\mathbf{x}, \mathbf{x}_0) = -\frac{1}{4\pi\rho} + \frac{a}{|\mathbf{x}_0|} \frac{1}{4\pi\rho^*}, \tag{7.32}$$

falls $\mathbf{x}_0 \neq \mathbf{0}$. Um diese Formel zu beweisen, müssen wir wieder die drei Eigenschaften (i), (ii) und (iii) überprüfen. Den Fall $\mathbf{x}_0 = \mathbf{0}$ betrachten wir gesondert.

Als erstes stellen wir fest, daß G außer in $\mathbf{x} = \mathbf{x}_0$ keine Singularität aufweist, denn $\mathbf{x}_0^*$ liegt außerhalb der Kugel. Die Funktionen $1/\rho$ und $1/\rho^*$ sind in D mit Ausnahme von $\mathbf{x}_0$ harmonisch, da sie Translationen von $1/r$ sind. (i) und (iii) sind somit erfüllt.

Zum Beweis von (ii) zeigen wir, daß ρ^* proportional zu ρ ist für alle Punkte $\mathbf{x}$ auf der Kugeloberfläche $|\mathbf{x}| = a$. Das können wir einsehen, wenn wir den beiden kongruenten Dreiecken in Bild 7.7 die folgende Gleichheit entnehmen

$$\left| \frac{r_0}{a} \mathbf{x} - \frac{a}{r_0} \mathbf{x}_0 \right| = |\mathbf{x} - \mathbf{x}_0|, \tag{7.33}$$

dabei ist $r_0 = |\mathbf{x}_0|$. Die linke Seite von (7.33) stimmt überein mit

$$\frac{r_0}{a} \left| \mathbf{x} - \frac{a^2}{r_0^2} \mathbf{x}_0 \right| = \frac{r_0}{a} \rho^*.$$

Deshalb ist

$$\frac{r_0}{a} \rho^* = \rho \quad \text{für alle } |\mathbf{x}| = a, \tag{7.34}$$

und die oben definierte Funktion

$$-\frac{1}{4\pi\rho} + \frac{a}{|\mathbf{x}_0|} \frac{1}{4\pi\rho^*} \tag{7.35}$$

ist Null auf der Sphäre $|\mathbf{x}| = a$. Damit ist (ii) und die Richtigkeit der Formel (7.32) bewiesen.

Wir können (7.32) auch in der Form

$$G(\mathbf{x}, \mathbf{x}_0) = -\frac{1}{4\pi|\mathbf{x} - \mathbf{x}_0|} + \frac{1}{4\pi|r_0 \mathbf{x}/a - a\mathbf{x}_0/r_0|} \tag{7.36}$$

schreiben.

Im Fall $\mathbf{x}_0 = \mathbf{0}$ ist die Greensche Funktion

$$G(\mathbf{x}, \mathbf{0}) = -\frac{1}{4\pi|\mathbf{x}|} + \frac{1}{4\pi a} \tag{7.37}$$

(siehe Übungsaufgabe 10).

Wir benutzen jetzt (7.32) dazu, die Lösungsformel des Dirichlet-Problems für die Kugel zu gewinnen:

7.4 Halbräume und Kugeln

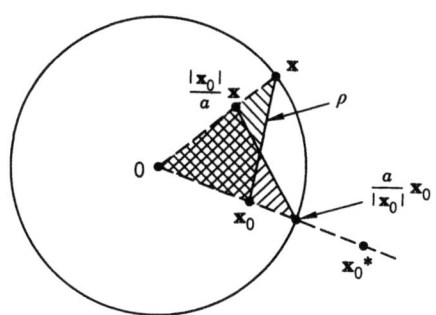

Bild 7.7

$$\Delta u = 0 \text{ in } |x| < a, \quad u = h \text{ auf } |x| = a. \tag{7.38}$$

Aus Kapitel 6 wissen wir bereits, daß $u(0)$ der Mittelwert von $h(\mathbf{x})$ auf der Sphäre ist, wir betrachten also $\mathbf{x}_0 \neq 0$. Um (7.20) anwenden zu können, müssen wir $\partial G/\partial n$ auf $|\mathbf{x}| = a$ berechnen. ($\mathbf{x}_0$ ist als fest zu betrachten und die Ableitungen werden bezüglich $\mathbf{x}$ gebildet.)

Wir hatten $\rho^2 = |\mathbf{x} - \mathbf{x}_0|^2$ gesetzt. Durch Differentiation erhalten wir $2\rho \nabla \rho = 2(\mathbf{x} - \mathbf{x}_0)$, also $\nabla \rho = (\mathbf{x} - \mathbf{x}_0)/\rho$, sowie $\nabla(\rho^*) = (\mathbf{x} - \mathbf{x}_0^*)/\rho$. Damit können wir nach Differentiation von (7.32) schreiben

$$\nabla G = \frac{\mathbf{x} - \mathbf{x}_0}{4\pi \rho^3} - \frac{a}{r_0} \frac{\mathbf{x} - \mathbf{x}_0^*}{4\pi \rho^{*3}}. \tag{7.39}$$

Es war $\mathbf{x}_0^* = (a/r_0)^2 \mathbf{x}_0$. Ist $|\mathbf{x}| = a$, so ist $\rho^* = (a/r_0)\rho$. Setzt man diese Ausdrücke in den letzten Term von ∇G ein, so erhält man

$$\nabla G = \frac{1}{4\pi \rho^3}\left[\mathbf{x} - \mathbf{x}_0 - \left(\frac{r_0}{a}\right)^2 \mathbf{x} + \mathbf{x}_0\right] \tag{7.40}$$

auf der Kugeloberfläche, also ist

$$\frac{\partial G}{\partial n} = \frac{\mathbf{x}}{a} \cdot \nabla G = \frac{a^2 - r_0^2}{4\pi a \rho^3}. \tag{7.41}$$

(7.20) nimmt dann die Form an

$$u(\mathbf{x}_0) = \frac{a^2 - |\mathbf{x}_0|^2}{4\pi a} \iint_{|\mathbf{x}|=a} \frac{h(\mathbf{x})}{|\mathbf{x} - \mathbf{x}_0|^3} dS. \tag{7.42}$$

Das ist die Lösungsformel von (7.38), die dreidimensionale Version der Poissonschen Formel. In klassischer Weise schreibt man sie mit sphärischen Koordinaten als

$$u(r_0, \theta_0, \phi_0) = \frac{a(a^2 - r_0^2)}{4\pi} \int_0^{2\pi} \int_0^{\pi} \frac{h(\theta, \phi)}{(a^2 + r_0^2 - 2ar_0 \cos\psi)^{3/2}} \sin\theta d\theta d\phi, \tag{7.43}$$

wobei ψ den Winkel zwischen $\mathbf{x}_0$ und $\mathbf{x}$ angibt.

Auf fast die gleiche Art können wir die Reflexionsmethode *in zwei Dimensionen* dazu verwenden, die Poissonsche Formel für

$$u_{xx} + u_{yy} = 0 \quad \text{in } x^2 + y^2 = a^2, \quad u = h \quad \text{auf } x^2 + y^2 = a^2$$

erneut herzuleiten. Beginnt man mit der Funktion $(1/2\pi)\log r$, so findet man (siehe Übungsaufgabe 11)

$$G(\mathbf{x}.\mathbf{x}_0) = \frac{1}{2\pi}\log\rho - \frac{1}{2\pi}\log\left(\frac{a}{r_0}\rho^*\right) \tag{7.44}$$

und erhält daraus

$$u(\mathbf{x}_0) = \frac{a^2 - |\mathbf{x}_0|^2}{2\pi a}\int_{|\mathbf{x}|=a}\frac{h(\mathbf{x})}{|\mathbf{x}-\mathbf{x}_0|^2}ds,$$

also genau dieselbe Poissonsche Formel (6.29) die wir früher auf völlig anderem Weg gefunden hatten.

Übungsaufgaben

1. Bestimmen Sie die eindimensionale Greensche Funktion für das Intervall $]0;l[$. Die drei definierenden Eigenschaften lauten in diesem Fall
   - (i) Sie löst $G''(x) = 0$ für $x \neq x_0$ (sie ist 'harmonisch').
   - (ii) $G(0) = G(l) = 0$.
   - (iii) $G(x)$ ist in x_0 stetig und $G(x) + \frac{1}{2}|x - x_0|$ ist harmonisch in x_0.

2. Verifizieren Sie direkt aus (7.29) oder (7.30), daß die Lösung des Halbraum-Problems im Unendlichen die Bedingung

   $$u(\mathbf{x}) \to 0 \quad \text{mit } |\mathbf{x}| \to \infty$$

   erfüllt. Setzen Sie voraus, daß $h(x,y)$ stetig ist und außerhalb eines Kreises verschwindet.

3. Folgern Sie aus (7.29), daß die Randbedingung erfüllt ist: $u(x,y,z) \to h(x,y)$ mit $z \to 0$. (*Hinweis:* Wechseln Sie die Variablen $s^2 = [(x-x_0)^2+(y-y_0)^2]/z_0^2$ und verwenden Sie die Tatsache, daß $\int_0^\infty s(s^2+1)^{-3/2}ds = 1$.)

4. Folgern Sie aus (7.29), daß die Lösung in$\{z > 0\}$ Ableitungen beliebiger Ordnung besitzt. Setzen Sie voraus, daß $h(x,y)$ stetig ist und außerhalb eines Kreises verschwindet. (*Hinweis:* Siehe Abschnitt A.3 für die Differentiation unter dem Integralzeichen.)

5. Die Funktion xy ist harmonisch in der Halbebene $\{y > 0\}$ und verschwindet auf der Randkurve $\{y = 0\}$. Die Funktion 0 hat dieselben Eigenschaften. Erklären Sie, ob man daraus folgern kann, daß die Lösung des Dirichlet-Problems der Laplace-Gleichung nicht eindeutig ist.

7.4 Halbräume und Kugeln

6. (a) Bestimmen Sie die Greensche Funktion für die Halbebene $\{(x,y) : y > 0\}$.

   (b) Lösen Sie mit ihr das Dirichlet-Problem für die Halbebene bei Randwerten $h(x)$.

   (c) Berechnen Sie die Lösung, für die $u(x,0) = 1$.

7. (a) Sei $u(x,y) = f(y/x)$ eine harmonische Funktion. Lösen Sie die von f erfüllte GDGl.

   (b) Zeigen Sie $\partial u/\partial r \equiv 0$, wenn wie üblich $r = \sqrt{x^2 + y^2}$.

   (c) Sei $v(x,y)$ eine in $\{y > 0\}$ harmonische Funktion mit $\partial v/\partial r \equiv 0$. Zeigen Sie, daß dann v eine Funktion des Quotienten x/y ist.

   (d) Bestimmen Sie die Randwerte $\lim_{y \to 0} u(x,y) = h(y)$.

   (e) Zeigen Sie, daß die Ergebnisse von (c) und (d) mit der allgemeinen Formel aus Aufgabe 6 übereinstimmen.

8. (a) Bestimmen Sie mit Aufgabe 7 die in der Halbebene $\{y > 0\}$ harmonische Funktion, welche die Randbedingung $h(x) = 1$ für $x > 0$, $h(x) = 0$ für $x < 0$ erfüllt.

   (b) Gleiche Aufgabenstellung wie unter (a), aber für die Randvorgabe $h(x) = 1$ für $x > a$, $h(x) = 0$ für $x < a$. (*Hinweis:* Nehmen Sie eine Translation der unter (a) gefundenen Lösung vor.)

   (c) Verwenden Sie Teil (b), um das Problem für eine beliebige Treppenfunktion $h(x)$ zu lösen. Sie ist definiert durch

   $$h(x) = c_j \quad \text{für } a_{j-1} < x < a_j \text{ und } 1 \leq j \leq n,$$

   wobei $-\infty = a_0 < a_1 < \cdots < a_{n-1} < a_n = \infty$ und die c_j konstant sind.

9. Bestimmen Sie die Greensche Funktion für den „schiefen" Halbraum $\{(x,y,z) : ax + by + cz > 0\}$. (*Hinweis:* Beginnen Sie entweder ganz von vorn und spiegeln Sie an der schiefen Ebene oder führen Sie im Doppelintegral (7.29) eine passende lineare Koordinatentransformation durch.)

10. Verifizieren Sie Formel (7.37), die die Greensche Funktion $G(\mathbf{x}, \mathbf{0})$ darstellt, wenn das zweite Argument der Kugelmittelpunkt ist.

11. (a) Zeigen Sie, daß (7.44) die Greensche Funktion für den Kreis ist.

    (b) Verwenden Sie sie dazu, die Poissonsche Formel auf andere Art herzuleiten.

12. Bestimmen Sie das elektrostatische Potential einer Punktladung, die sich außerhalb einer geerdeten Kugel befindet. (*Hinweis:* Es handelt sich darum, die Greensche Funktion für das Kugeläußere zu bestimmen. Tun Sie das mit der Reflexionsmethode.)

13. Bestimmen Sie die Greensche Funktion für die Halbkugel $D = \{x^2 + y^2 + z^2 < a^2, z > 0\}$. (*Hinweis:* Am einfachsten verwenden Sie die Lösung für die ganze Kugel und spiegeln an der Ebene.)

14. Gleiche Aufgabenstellung wie 14, aber für die Achtelkugel
$$D = \{x^2 + y^2 + z^2 < a^2, x > 0, y > 0, z > 0\}.$$

15. (a) Zeigen Sie: Ist $v(x,y)$ harmonisch, so auch $u(x,y) = v(x^2 - y^2, 2xy)$.
    (b) Zeigen Sie, daß durch die Transformation $(x,y) \mapsto (x^2 - y^2, 2xy)$ der erste Quadrant auf die Halbebene $\{y > 0\}$ abgebildet wird. (*Hinweis:* Verwenden Sie Polarkoordinaten.)

16. Bestimmen Sie mit den Aufgaben 15 und 7 diejenige im ersten Quadranten harmonische Funktion, welche die Randwerte $u(x,0) = A$, $u(0,y) = B$ annimmt. A und B sind Konstanten. (*Hinweis:* $u(x,0) = v(x^2,0)$, usw.)

17. (a) Bestimmen Sie die Greensche Funktion für den Quadranten
$$Q = \{(x,y) : x > 0, y > 0\}.$$
    (*Hinweis:* Verwenden Sie entweder die Reflexionsmethode oder führen Sie die Aufgabe mit der Transformation aus Aufgabe 15 auf den Fall der Halbebene zurück.)
    (b) Lösen Sie das Dirichlet-Problem
    $$u_{xx} + u_{yy} = 0 \text{ in } Q, \quad u(0,y) = g(y) \text{ für } y > 0, \quad u(x,0) = h(x) \text{ für } x > 0$$
    mit Hilfe der in (a) gefundenen Greenschen Funktion.

18. (a) Bestimmen Sie die Greensche Funktion für den Oktanten $\mathcal{O} = \{(x,y,z) : x > 0, y > 0, z > 0\}$ mit der Reflexionsmethode.
    (b) Lösen Sie mit Hilfe von (a) das Dirichlet-Problem
    $$u_{xx} + u_{yy} = 0 \quad \text{in } \mathcal{O}$$
    $u(0,y,z) = 0$, $u(x,0,z) = 0$, $u(x,y,0) = h(x,y)$ für $x,y,z > 0$.

19. Betrachten Sie den vierdimensionalen Laplace-Operator $\Delta u = u_{xx} + u_{yy} + u_{zz} + u_{ww}$. Zeigen Sie, daß $r^{-3/2}$ seine Fundamentallösung ist, wenn $r^2 = x^2 + y^2 + z^2 + w^2$.

20. Bestimmen Sie mit Aufgabe 19 die Greensche Funktion für den Hyper-Halbraum $\{(x,y,z,w) : w > 0\}$.

21. Die *Neumann-Funktion* $N(x,y)$ für ein Gebiet D wird definiert wie die Greensche Funktion, mit dem Unterschied, daß (ii) ersetzt wird durch die Neumannsche Randbedingung

7.4 Halbräume und Kugeln

$(ii)^*$ $\dfrac{\partial N}{\partial n} = 0$ für $x \in \partial D$.

Formulieren und beweisen Sie eine zu Satz 7.2 analoge Aussage, in welcher die Lösung des Neumann-Problems mit Hilfe der Neumannsche Funktion dargestellt wird.

22. Lösen Sie das Neumann-Problem für die Halbebene: $\Delta u = 0$ in $\{y > 0\}$, $\partial u / \partial y = h(x)$ auf $\{y = 0\}$ und $u(x, y)$ ist im Unendlichen beschränkt. (Hinweis: Untersuchen Sie das Problem, welches von $v = \partial u / \partial y$ erfüllt wird.)

23. Lösen Sie das Neumann-Problem für den Quadranten $\{x > 0, y > 0\}$.

24. Lösen Sie das Neumann-Problem für die Halbebene $\{z > 0\}$.

25. Lösen Sie das Neumann-Problem für die Kugel $\{r < a\}$.

26. Die nichtkonstante Funktion $u(\mathbf{x})$ erfülle die Ungleichung $\Delta u \geq 0$ in einem dreidimensionalen Gebiet D. Zeigen Sie, daß sie ihr Maximum nicht im Inneren von D annehmen kann. Dies ist ein Maximum-Prinzip für sogenannte *subharmonische Funktionen*.
(*Hinweis:* Sei $f = \Delta u$ und h die Restriktion von u auf ∂D. Sei $B \subset D$ eine Kugel um $\mathbf{x}_0$. Wenden Sie die Formeln (7.37) und (7.42) zusammen mit (7.26) auf die Kugel B an. Zeigen Sie, daß $u(\mathbf{x}_0)$ höchstens gleich dem Mittelwert von h auf ∂D ist. Fahren Sie im Beweis weiter fort wie in Abschnitt 6.3.)

8 Numerisches Lösen

Wir habe Lösungsformeln für viele partielle Differentialgleichungen gefunden. Es gibt aber genügend viele Probleme der Praxis, die nicht einfach durch eine Formel gelöst werden können. Selbst wenn es eine Lösungsformel gibt, kann diese so kompliziert sein, daß es vorzuziehen ist, eine typische Lösung durch ihren Graphen zu veranschaulichen. Der Inhalt dieses Kapitels ist es, den Lösungsprozeß einer PDGl. mit ihren Nebenbedingungen zu ersetzen durch eine endliche Anzahl arithmetischer Operationen, die dann von einem Computer durchgeführt werden können. Alle bisher aufgetretenen Probleme lassen sich auf diese Weise behandeln. Diese Vorgehensweise birgt aber auch Gefahren. Wenn die Lösungsmethode nicht sorgfältig gewählt wird, kann es passieren, daß die numerisch ermittelte Lösung nicht überall die wahre Lösung annähert. Die andere Gefahr besteht darin, daß die Berechnung (eines schwierigen Problems) mehr Rechenzeit in Anspruch nehmen kann, als in der Praxis zur Verfügung steht (Jahre, Jahrtausende,...). Sinn dieses Kapitels ist es, die wichtigsten Berechnungstechniken an Beispielen mit einfachen Gleichungen vorzuführen. einfachen Gleichungen als Beispielen.

8.1 Vorteile und Gefahren

Die bekannteste Methode, die *Differenzenmethode*, besteht darin, jede Ableitung durch einen Differenzenquotienten zu ersetzen. Wir betrachten als Beispiel die Funktion $u(x)$ einer Variablen und wählen eine *Schrittweite* Δx. Wir approximieren den Funktionswert $u(j\Delta x)$ an der Stelle $x = j\Delta x$ durch die Zahl u_j:

$$u_j \sim u(j\Delta x).$$

Dann sind die drei üblichen Approximationen für die *erste Ableitung* $\dfrac{\partial u}{\partial x}(j\Delta x)$:

$$\text{Die Rückwärtsdifferenz:} \quad \frac{u_j - u_{j-1}}{\Delta x} \tag{8.1}$$

$$\text{Die Vorwärtsdifferenz:} \quad \frac{u_{j+1} - u_j}{\Delta x} \tag{8.2}$$

$$\text{Die zentrale Differenz:} \quad \frac{u_{j+1} - u_{j-1}}{2\Delta x}. \tag{8.3}$$

Jede von ihnen ist eine korrekte Approximation, denn nach der Taylorentwicklung ist

$$u(x + \Delta x) = u(x) + u'(x)\Delta x + \frac{1}{2}u''(x)(\Delta x)^2 + \frac{1}{6}u'''(x)(\Delta x)^3 + O(\Delta x)^4.$$

8.1 Vorteile und Gefahren

(Sie ist gültig, wenn $u(x)$ eine C^4-Funktion ist.) Ersetzen wir Δx durch $-\Delta x$, so erhalten wir

$$u(x - \Delta x) = u(x) - u'(x)\Delta x + \frac{1}{2}u''(x)(\Delta x)^2 - \frac{1}{6}u'''(x)(\Delta x)^3 + O(\Delta x)^4.$$

Aus diesen beiden Ausdrücken leiten wir ab, daß

$$\begin{aligned}u'(x) &= \frac{u(x) - u(x - \Delta x)}{\Delta x} + O(\Delta x)\\ &= \frac{u(x + \Delta x) - u(x)}{\Delta x} + O(\Delta x)\\ &= \frac{u(x + \Delta x) - u(x - \Delta x)}{2\Delta x} + O(\Delta x)^2.\end{aligned}$$

Unter $O(\Delta x)$ ist ein Ausdruck zu verstehen, der durch eine mit Δx multiplizierte Konstante beschränkt ist, usw. Ersetzt man x durch $j\Delta x$, so erkennt man, daß (8.1) und (8.2) korrekte Approximationen der Ordnung $O(\Delta x)$ und (8.3) eine solche der Ordnung $= O(\Delta x)^2$ ist.

Für die *zweite Ableitung* ist die einfachste Approximation die

$$\text{zentrale zweite Differenz:} \quad u''(j\Delta x) \sim \frac{u_{j+1} - 2u_j + u_{j-1}}{(\Delta x)^2}. \tag{8.4}$$

Diese Approximation wird dadurch gerechtfertigt, daß dieselben beiden Taylorreihen wie oben nach Addition die Gleichung liefern

$$u''(x) = \frac{u(x + \Delta x) - 2u(x) + u(x + \Delta x)}{(\Delta x)^2} + O(\Delta x)^2.$$

Das heißt, (8.4) gilt mit einem Fehler der Ordnung $O(\Delta x)^2$.

Für Funktionen zweier Variablen $u(x,t)$ wählen wir eine Schrittweite in beiden Variablen. Wir schreiben

$$u(j\Delta x, n\Delta t) \sim u_j^n.$$

n ist dabei ein hochgestellter Index, keine Potenz. Dann können wir beispielsweise $\partial u/\partial t$ durch die Vorwärtsdifferenz

$$\frac{\partial u}{\partial t}(j\Delta x, n\Delta t) \sim \frac{u_j^{n+1} - u_j^n}{\Delta t} \tag{8.5}$$

approximieren. In gleicher Weise ist

$$\frac{\partial u}{\partial x}(j\Delta x, n\Delta t) \sim \frac{u_{j+1}^n - u_j^n}{\Delta x} \tag{8.6}$$

die Approximation von $\partial u/\partial x$ durch die Vorwärtsdifferenz. Ähnliche Ausdrücke erhalten wir für die Differenzen (8.1) bis (8.4) sowohl für die t- als auch für die x-Variable.

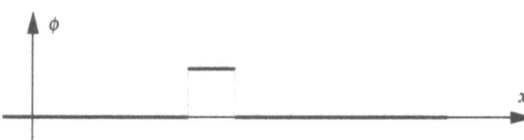

Bild 8.1

In der Numerik werden beim Rechnen mit derartigen Approximationen zwei Arten von Fehlern unterschieden. *Abschneidefehler* sind solche, die dadurch hervorgerufen werden, daß die Eingangsgrößen mit Fehlern behaftet sind, hier sind das die $O(\Delta x)$-Terme. Obwohl der Eingangsfehler von der Größenordnung $O(\Delta x)$ ist, kann der Fehler in der Lösung (der Abschneidefehler) größer oder kleiner sein. Der Abschneidefehler setzt sich in komplizierter Weise aus vielen kleinen Fehlern zusammen. Wir wollen erreichen, daß der Abschneidefehler zusammen mit den Schrittweiten gegen Null strebt. Ist Δx klein, so ist $O(\Delta x)^2$ ein sehr viel kleinerer Fehler als $O(\Delta x)$. Die Fehler in (8.1)-(8.4) sind genau genommen *lokale* Abschneidefehler. Sie entstehen durch die Approximation der einzelnen Terme einer Differentialgleichung. Der *globale* Abschneidefehler einer Lösung der Gleichung ensteht durch Akkumulierung der einzelnen lokalen Fehler. Der Übergang von lokalen zu globalen Abschneidefehlern ist im allgemeinen zu kompliziert, als daß wir ihn hier im einzelnen nachvollziehen wollen.

Rundungsfehler treten in der Numerik auf, da ein Computer bei jedem Rechenschritt nur mit einer gewissen Anzahl von Dezimalstellen, meistens 8 oder 16, rechnet. Wenn beispielsweise alle Zahlen auf acht Stellen gerundet werden, kann bei größeren Berechnungen das Herausfallen der neunten Stelle durch Akkumulierung zu einem großen Fehler führen. Wir müssen also Vorsorge treffen, daß sich diese kleinen Fehler nicht anhäufen.

Beispiel 1.

Wir lösen das einfache Problem

$$u_t = u_{xx}, \quad u(x,0) = \phi(x)$$

mit Hilfe endlicher Differenzen. Für u_t verwenden wir die vorwärts genommene Differenz, für u_{xx} die zentrale. Die *Differenzengleichung* lautet dann

$$\frac{u_j^{n+1} - u_j^n}{\Delta t} = \frac{u_{j+1}^n - 2u_j^n + u_{j-1}^n}{(\Delta x)^2}. \qquad (8.7)$$

Sie enthält Abschneidefehler der Größenordnung $O(\Delta t)$ auf der linken Seite und $O(\Delta x)^2$ auf der rechten. Wir wählen einen sehr kleinen Wert für Δx und setzen $\Delta t = (\Delta x)^2$. Dann vereinfacht sich (8.7) zu

8.1 Vorteile und Gefahren

$$u_j^{n+1} = u_{j+1}^n - u_j^n + u_{j-1}^n. \tag{8.8}$$

$\phi(x)$ soll eine ganz einfache Sprungfunktion sein (siehe Bild 8.1), die durch die Werte ϕ_j approximiert werden kann:

$$x \to \quad 0 \ 0 \ 0 \ 0 \ 0 \ 1 \ 0 \ 0 \ 0 \ 0 \ 0.$$

Eine Gesamtrechnung kann durchgeführt werden, indem man 'mit der Zeit fortschreitet'. Das bedeutet folgendes: $\phi(x)$ liefert u_j^0. Mit dem 'Rechenschema' (8.8) läßt sich u_j^1 berechnen, anschließend liefert (8.8) u_j^2 usw. Wir können die Rechenvorschrift (8.8) schematisch in dem Diagramm

$$\begin{array}{ccc} & * & \\ \bullet +1 & \bullet -1 & \bullet +1 \end{array}$$

(genannt *Schablone*) veranschaulichen. Damit wird ausgedrückt, daß man u_j^{n+1} erhält, wenn man die drei Nachbarn der unteren Zeile in der angegebenen Weise addiert oder subtrahiert. Das Ergebnis dieser einfachen Rechnung ist in Bild 8.2 dargestellt. (Rechnen Sie nach!) Die Werte von u_j^n sind an der Stelle (j,n) plaziert. Man könnte annehmen, daß es sich um eine Näherungslösung handelt.

Unser Ergebnis ist entsetzlich! Es ist nirgendwo in der Nähe der wahren Lösung der PDGl. Wir wissen vom Maximum-Prinzip, daß die Werte der wahren Lösung dieser Diffusionsgleichung zwischen Null und Eins liegen müssen, die Differenzengleichung liefert uns aber eine 'Approximation' mit Werten von 19 und größer!

Im nächsten Abschnitt werden wir analysieren, was hier schief lief.

$n=4$	1	−4	10	−16	19	−16	10	−4	1
$n=3$	0	1	−3	6	−7	6	−3	1	0
$n=2$	0	0	1	−2	3	−2	1	0	0
$n=1$	0	0	0	1	−1	1	0	0	0
$n=0$	0	0	0	0	1	0	0	0	0	$\to x$

Bild 8.2

Übungsaufgaben

1. Die Taylorentwicklung, die wir in Abschnitt 8.1 aufgeschrieben haben ist gültig, wenn u eine C^4-Funktion ist. Ist $u(x)$ nur eine C^3-Funktion, so läßt sich allenfalls sagen, daß die Taylorentwicklung bis auf einen $o(\Delta x)^3$-Fehler gilt. (Diese Bezeichnung meint, daß der Fehler von der Form $(\Delta x)^3$ mal einem Faktor, der mit $\Delta x \to 0$ gegen Null strebt, ist.) Ist u nur eine C^2-Funktion, so gilt die Entwicklung bis auf einen $o(\Delta x)^2$-Fehler, usw.

(a) $u(x)$ sei eine C^3-Funktion. Wie groß ist der Fehler in der ersten Ableitung, wenn man sie durch die zentrale Differenz approximiert?

(b) Wie groß ist er, wenn $u(x)$ eine C^2-Funktion ist?

2. (a) Wie groß ist der Fehler, wenn man bei einer C^3-Funktion die *zweite* Ableitung durch die zentrale zweite Differenz approximiert?

(b) Wie groß ist er, wenn $u(x)$ eine C^2-Funktion ist?

3. Die erste Ableitung $u'(x)$ einer glatten Funktion soll mit einem Fehler der Ordnung $O(\Delta x)^4$ approximiert werden. Welche Differenzen-Approximation kann man nehmen?

8.2 Approximationen von Diffusionen

Wir nehmen die Untersuchung der Diffusionsgleichung $u_t = u_{xx}$ wieder auf. In unserem Verfahren ist nichts offensichtlich falsch, denn jede Ableitung wurde mit kleinen Abschneidefehlern angemessen approximiert. Irgendwie haben sich die kleinen Fehler aufgeschaukelt. Der Fehler liegt, und das ist zu diesem Zeitpunkt noch nicht offensichtlich, in der Wahl des Verhältnisses der Schrittweiten Δx und Δt zueinander. Wir machen jetzt keine Annahmen über dieses Verhältnis und setzen

$$s = \frac{\Delta t}{(\Delta x)^2}. \tag{8.9}$$

Wie zuvor können wir (8.7) nach u_j^{n+1} auflösen:

$$u_j^{n+1} = s(u_{j+1}^n + u_{j-1}^n) + (1-2s)u_j^n. \tag{8.10}$$

Man nennt dieses Verfahren *explizit*, da sich die Werte des $(n+1)$-ten Schrittes explizit aus den Werten zu früheren Zeitpunkten berechnen lassen.

Beispiel 1.

Um konkret zu sein, betrachten wir das Standard-Problem

$$\begin{aligned} u_t &= u_{xx} & \text{für } 0 < x < \pi,\ t > 0 \\ u &= 0 & \text{für } x = 0, \pi \end{aligned}$$

$$u(x,0) = \phi(x) = \begin{cases} x & \text{in } \left]0; \frac{\pi}{2}\right[\\ \pi - x & \text{in } \left]\frac{\pi}{2}; 0\right[\end{cases}.$$

Nach Abschnitt 5.1 ist seine exakte Lösung

$$u(x,t) = \sum_{k=1}^{\infty} b_k \sin kx\, e^{-k^2 t}, \tag{8.11}$$

8.2 Approximationen von Diffusionen

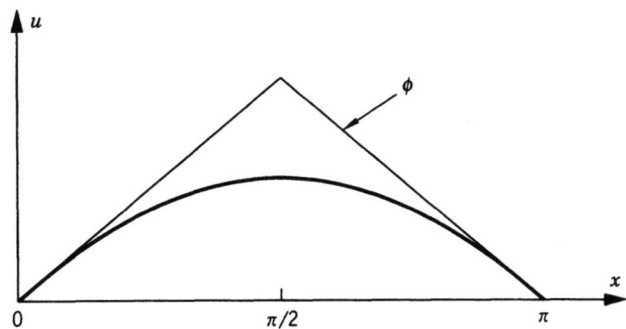

Bild 8.3

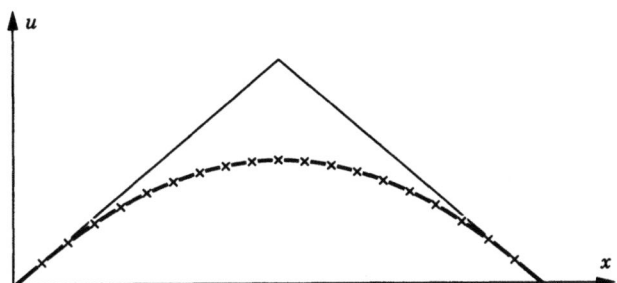

Bild 8.4

wobei $b_k = (-1)^{(k+1)/2}/\pi k^2$ für ungerade k und $b_k = 0$ für gerade k. Ihr Graph ist in Bild 8.3 für ein $t > 0$ ($t = 3\pi^2/80$) dargestellt.

Wir approximieren dieses Problem durch das Verfahren (8.10) für $j = 0, 1, \ldots J - 1$ und $n = 0, 1, 2, \ldots$ zusammen mit den diskretisierten Anfangs- und Randbedingungen

$$u_0^n = u_J^n = 0 \quad \text{und} \quad u_j^0 = \phi(j\Delta x).$$

Für $J = 20$, $\Delta x = \pi/20$ und $s = \frac{5}{11}$ ist das Ergebnis der Rechnung (aus [RM], Seite 6) in Bild 8.4 zu sehen (genau unser Ziel!). Wenn wir aber die Berechnung für $J = 20$, $\Delta x = \pi/20$ und $s = \frac{5}{9}$ wiederholen, sieht das Ergebnis so aus wie in Bild 8.5 (wilde Oszillationen wie in Abschnitt 8.1!). Bei der Wahl $s = \frac{5}{11}$ ist das Verhalten stabil, bei $s = \frac{5}{9}$ offenbar instabil.

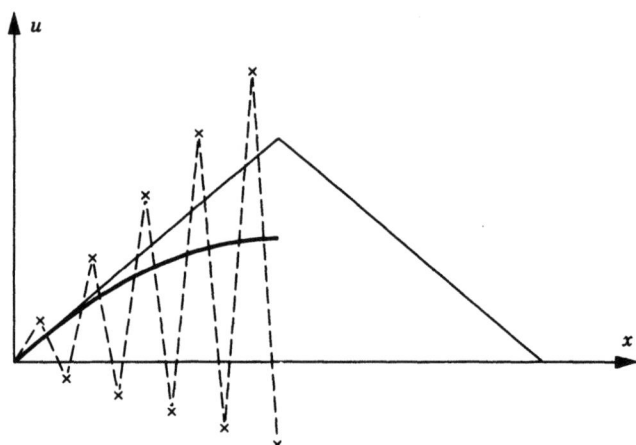

Bild 8.5

Ein Stabilitätskriterium

Es stellt sich heraus, daß der wesentliche Unterschied zwischen beiden Berechnungen in der Tatsache begründet ist, daß s einmal größer, das andere mal kleiner ist als $\frac{1}{2}$. Einen Hinweis darauf hätte uns das Rechenschema (8.10) direkt geben können, denn für $s < \frac{1}{2}$ sind die Koeffizienten in (8.10) positiv. Um aber einzusehen, daß es sich dabei um das Stabilitätskriterium handelt, trennen wir die Variablen in der *Differenzengleichung*. Wir suchen also nach einer Lösung von Gleichung (8.10) in der Form

$$u_j^n = X_j T_n. \tag{8.12}$$

Dann ist

$$\frac{T_{n+1}}{T_n} = 1 - 2s + s\frac{X_{j+1} + X_{j-1}}{X_j}. \tag{8.13}$$

Beide Seiten von Gleichung (8.12) müssen mit einer von j und n unabhängigen Konstanten ξ übereinstimmen. Wir erhalten damit

$$T_n = \xi^n T_0, \tag{8.14}$$

sowie

$$s\frac{X_{j+1} + X_{j-1}}{X_j} + 1 - 2s = \xi. \tag{8.15}$$

Zur Lösung von Gleichung (8.15) stellen wir fest, daß sie die diskrete Version einer GDGl. 2. Ordnung ist, die Sinus- und Kosinusfunktionen als Lösung hat. Wir vermuten deshalb, daß die Lösungen von (8.15) die Gestalt

$$X_j = A\cos j\theta + B\sin j\theta,$$

mit einem gewissen θ und beliebigen Konstanten A und B haben. Die Randbedingung $X_0 = 0$ für $j = 0$ zieht $A = 0$ nach sich. Wir können also $B = 1$ setzen und erhalten $X_j = \sin j\theta$.

8.2 Approximationen von Diffusionen

Aus der Randbedingung $X_j = 0$ für $j = J$ folgt $\sin J\theta = 0$, somit ist $J\theta = k\pi$ mit einer ganzen Zahl k. Die Diskretisierung zerlegte das Intervall $]0; \pi[$ in J gleichgroße Teilintervalle der Länge Δx, das bedeutet $J = \pi/\Delta x$. Also ist $\theta = k\Delta x$ und

$$X_j = \sin(jk\Delta x). \tag{8.16}$$

Jetzt erhält (8.15) die Gestalt

$$s\frac{\sin((j+1)k\Delta x) - \sin((j-1)k\Delta x)}{\sin(jk\Delta x)} + 1 - 2s = \xi$$

oder

$$\xi = \xi(k) = 1 - 2s[1 - \cos(k\Delta x)]. \tag{8.17}$$

Gemäß (8.14) wird das zeitliche Wachstum $t = n\Delta t$ der k-ten Welle durch die Potenzen $\xi(k)^n$ bestimmt. Wir ersehen daraus:

wenn nicht $|\xi(k)| \leq 1$ für alle k, so ist das Verfahren instabil

und man wird die wahre (exakte) Lösung möglicherweise nicht approximieren. (Zur Erinnerung: Die wahre Lösung strebt mit $t \to \infty$ gegen Null.) Wir untersuchen nun (8.17), um herauszufinden, wann $|\xi(k)| \leq 1$. Da der Faktor $1 - \cos(k\Delta x)$ Werte zwischen 0 und 2 annimmt, gilt $1 - 4s \leq \xi(k) \leq 1$. Stabilität erfordert $1 - 4s \geq -1$, oder

$$\frac{\Delta t}{(\Delta x)^2} = s \leq \frac{1}{2}. \tag{8.18}$$

Damit haben wir die erforderliche Stabilitätsbedingung gefunden.

Mit dieser Bedingung läßt sich die in Abschnitt 8.1 beobachtete Instabilität erkären. Sie bedeutet praktisch, daß die Zeitschritte ziemlich klein gehalten werden müssen. Trifft man beispielsweise die offenbar vernünftige Wahl $\Delta x = 0,01$, so darf Δt höchstens $0,00005$ sein. Die Lösung bis zum Zeitpunkt $t = 1$ zu bestimmen, würde damit 20000 Zeitschritte erfordern!

Die durchgeführte Untersuchung zeigt, daß die Welle mit der Nummer k, für die $\xi(k) = -1$ ist, die Stabilität am meisten gefährdet. Die kritische Situation tritt ein, wenn $\cos(k\Delta x) = -1$, das heißt, wenn $k = \pi/\Delta x$. In der Praxis ist das schon eine recht hohe Wellenzahl.

Die vollständige Lösung des Differenzenverfahrens (8.10) zusammen mit den diskreten Randbedingungen ist übrigens die „Fourierreihe"

$$u_n^j = \sum_{k=-\infty}^{\infty} b_k \sin(jk\Delta x)[\xi(k)]^n. \tag{8.19}$$

Sehen wir uns an, woran es liegt, daß diese „diskrete" Reihe gegen die „wahre" Reihe (8.11) konvergiert. Die Taylorreihe von (8.17) ist

$$\xi(k) = 1 - 2sk^2(\Delta x)^2/2! + \cdots \simeq 1 - k^2\Delta t,$$

wenn $k\Delta x$ klein ist. Bildet man die n-te Potenz und setzt man $j\Delta x = x$, sowie $n\Delta t = t$, so wird mit $\Delta t \to 0$

$$\xi(k)^n \simeq (1 - k^2 \Delta t)^{t/\Delta t} \simeq e^{-k^2 t},$$

unter Verwendung des wohlbekannten Grenzwerts für die Exponentialfunktion. Es sieht also so aus, als würde die Reihe (8.19) gegen die Reihe (8.11) konvergieren. Natürlich stellt diese Überlegung wirklich keinen Konvergenzbeweis dar (da wir wissen, daß für $s > \frac{1}{2}$ schon keine Konvergenz vorliegt). Wir übergehen einen Beweis für $s \leq \frac{1}{2}$, für den eine sehr sorgfältige Untersuchung der Approximationen erforderlich wäre.

Das vorgestellte Beispiel deutet an, daß die allgemeine Vorgehnsweise bei der Stabilitätsbestimmung eines Wellen- oder Diffusionsproblems darin besteht, in der Differenzengleichung eine Variablentrennung vorzunehmen. Für die Zeitfunktion erhalten wir eine zu (8.14) ähnliche Gleichung, die einen *Wachstumsfaktor* $\xi(k)$ enthält. In der vorangegangenen Untersuchung verwendeten wir die Stabilitätsbedingung $|\xi(k)| \leq 1$. Man kann diese Bedingung verschärfen und zeigen, daß

$$|\xi(k)| \leq 1 + O(\Delta t) \quad \text{für alle } k \tag{8.20}$$

und für kleine Δt die korrekte notwendige Bedingung für die Stabilität ist. (Wir verzichten auf den Beweis.) Diese Bedingung heißt *von Neumannsche Stabilitätsbedingung* [RM]. Der zusätzliche Term in (8.20) ist für unser behandeltes Beispiel unerheblich, spielt aber eine wichtige Rolle bei Problemen, deren exakte Lösungen zeitlich anwachsen (wie in Übungsaufgabe 11).

Wir hätten den Schritt von (8.15) nach (8.17) mit der Annahme, daß die X_j Exponentialfunktionen sind

$$X_j = (e^{ik\Delta x})^j \tag{8.21}$$

einfacher machen können. (Nach dieser Methode ist in den Übungsaufgaben vorzugehen.) Setzen wir (8.21) in (8.15) ein, so erhalten wir sofort

$$\xi = 1 - 2s + s(e^{ik\Delta x} + e^{-ik\Delta x})$$

und entdecken damit Gleichung (8.17) für den Wachstumsfaktor ξ erneut.

Neumannsche Randbedingungen

Wir nehmen an, unsere Diffusionsgleichung ist im Intervall $0 \leq x \leq l$ definiert und die Randbedingungen sind

$$u_x(0, t) = g(t) \quad \text{und} \quad u_x(l, t) = h(t).$$

Die einfachsten Approximationen sind zwar

$$\frac{u_1^n - u_0^n}{\Delta x} = g^n \quad \text{und} \quad \frac{u_J^n - u_{J-1}^n}{\Delta x} = h^n,$$

doch würden sie einen lokalen Abschneidefehler der Ordnung $O(\Delta x)$ einbringen, größer als die $O(\Delta x)^2$-Fehler in der Gleichung. Um nur $O(\Delta x)^2$-Fehler zu haben, ziehen wir deshalb die Verwendung von zentralen Differenzen für die Ableitungen am Rande vor.

8.2 Approximationen von Diffusionen

Wir können das einrichten, wenn wir zusätzlich zu den Punkten $u_0^n, \ldots u_J^n$ noch die „Geisterpunkte" u_{-1}^n und u_{J+1}^n einführen. Die diskreten Randbedingungen lauten dann

$$\frac{u_1^n - u_{-1}^n}{2\Delta x} = g^n \quad \text{und} \quad \frac{u_{J+1}^n - u_{J-1}^n}{2\Delta x} = h^n. \tag{8.22}$$

Im n-ten Zeitschritt können wir mit dem Rechenschema der PDGl. die Werte $u_0^n, \ldots, u_J^n$ berechnen und anschließend die Werte in den Geisterpunkten mit (8.22) bestimmen.

Das Crank-Nicolson-Verfahren

Wir könnten versuchen, die einschränkende Stabilitätsbedingung (8.17) zu vermeiden, indem wir ein anderes Verfahren verwenden. Es gibt davon eine ganze Klasse, die unabhängig von den Werten von s stabil sind. Wir bezeichnen die zentrale zweite Differenz mit

$$\frac{u_{j+1}^n - 2u_j^n + u_{j-1}^n}{(\Delta x)^2} = (\delta^2 u)_j^n,$$

wählen eine Zahl θ zwischen 0 und 1 und betrachten das Differenzenschema

$$\frac{u_j^{n+1} - u_j^n}{\Delta t} = (1-\theta)(\delta^2 u)_j^n + \theta(\delta^2 u)_j^{n+1}. \tag{8.23}$$

Wir nennen es ein θ-*Schema*. Für $\theta = 0$ ist es unser altes Schema, für $\theta > 0$ heißt es *implizit*, da u^{n+1} auf beiden Seiten der Gleichung auftritt. (8.23) besagt, daß wir eine Menge von algebraischen Gleichungen ($n=1$) zu lösen haben, um die u_j^1 zu berechnen, eine andere Menge ($n=2$), um u_j^2 zu ermitteln, usw.

Auch hier läßt sich die Stabilität analysieren, wenn man eine separierte Lösung

$$u_j^n = (e^{ik\Delta x})^j (\xi(k))^n$$

wie zuvor einsetzt. Wir erhalten

$$\xi(k) = \frac{1 - 2(1-\theta)s(1 - \cos k\Delta x)}{1 + 2\theta s(1 - \cos k\Delta x)},$$

mit $s = \Delta t/(\Delta x)^2$ (siehe Übungsaufgabe 9).

Wann ist die Stabilitätsbedingung $|\xi(k)| \leq 1$ für alle k erfüllt? Offensichtlich ist $\xi(k) \leq 1$, die Bedingung $\xi(k) \geq -1$ erfordert, daß

$$s(1 - 2\theta)(1 - \cos k\Delta x) \leq 1.$$

(Warum?) Wenn also $1 - 2\theta \leq 0$, so ist die Bedingung immer erfüllt. Das bedeutet

$$\text{Ist } \frac{1}{2} \leq \theta < 1, \quad \text{so ist das Verfahren bei jeder Wahl von } s \text{ stabil.} \tag{8.24}$$

Man nennt ein solches Verfahren *uneingeschränkt stabil*.

Im Spezialfall $\theta = \frac{1}{2}$ heißt es *Crank-Nicolson-Verfahren*. Es läßt sich mit der folgenden Schablone veranschaulichen:

$$\frac{1}{2}\frac{s}{1+s}\bullet \qquad * \qquad \bullet\frac{1}{2}\frac{s}{1+s}$$
$$\frac{1}{2}\frac{s}{1+s}\bullet \quad \frac{1-s}{1+s}\bullet \quad \bullet\frac{1}{2}\frac{s}{1+s}$$

Ist $\theta < \frac{1}{2}$, so ist $s \leq (2-4\theta)^{-1}$ eine notwendige Bedingung für die Stabilität. Man erwartet also, daß (8.23) stabil ist, wenn

$$\frac{\Delta t}{(\Delta x)^2} = s < \frac{1}{2-4\theta}. \qquad (8.25)$$

Übungsaufgaben

1. (a) Lösen Sie das Problem $u_t = u_{xx}$ im Intervall $[0;4]$ unter den Bedingungen $u = 0$ an beiden Endpunkten und $u(x,0) = x(4-x)$. Verwenden Sie ein Vorwärtsdifferenzenverfahren mit $\Delta x = 1$ und $\Delta t = 0.25$. Berechnen Sie vier Zeitschritte (bis $t = 1$).
   (b) Behandeln Sie das gleiche Problem mit $\Delta x = 0.5$ und $\Delta t = 0.0625 = \frac{1}{16}$. Auch hier sind vier Zeitschritte (bis $t = 0.25$) zu berechnen.
   (c) Vergleichen Sie beide Ergebnisse miteinander. Wie groß ist ihr Unterschied bei $x = 2.0$, $t = 0.25$?

2. Gleiche Aufgabe wie 1, aber mit $\Delta x = 1$ und $\Delta t = 1$. Rechnen Sie per Hand oder mit dem Computer bis $t = 7$.

3. Lösen Sie $u_t = u_{xx}$ im Intervall $[0;5]$ unter den Bedingungen $u(0,t) = 0$ und $u(5,t) = 1$ für $t \geq 0$, sowie $u(x,0) = 0$ für $0 < x < 5$.
   (a) Berechnen Sie $u(3,3)$ bei Verwendung der Gittergrößen $\Delta x = 1$ und $\Delta t = 0.5$.
   (b) Schreiben Sie die exakte Lösung als unendliche Reihe und berechnen Sie $u(3,3)$ auf drei Dezimalen genau. Vergleichen Sie mit dem Ergebnis aus (a).

4. Lösen Sie per Hand das Problem $u_t = u_{xx}$ im Intervall $[0;1]$ mit $u_x = 0$ an beiden Randpunkten. Verwenden Sie das Vorwärtsverfahren (8.10) für die PD-Gl. und das Schema (8.22) für die Randbedingungen. Rechnen Sie mit $\Delta x = \frac{1}{5}, \Delta t = \frac{1}{100}$ und beginnen Sie mit den Anfangsbedingungen 0 0 64 0 0 0. Führen Sie die Berechnung für vier Zeitschritte durch.

5. Lösen Sie mit dem Vorwärtsdifferenzenverfahren (8.10) die Gleichung $u_t = u_{xx}$ in $[0;5]$ unter den gemischten Randbedingungen $u(0,t) = 0$ und $u_x(5,t) = 0$ für $t \geq 0$ und der Anfangsbedingung $u(x,0) = 25 - x^2$ für $0 < x < 5$. Arbeiten Sie mit $\Delta x = 1$, $\Delta t = \frac{1}{2}$. Berechnen Sie den Näherungswert von $u(3,3)$.

6. Gleiche Aufgabe wie 5, aber unter den Bedingungen $u_x(0,t) = u(5,t) = 0$ und $u(x,0) = x$.

8.2 Approximationen von Diffusionen

7. Zeigen Sie, daß der lokale Abschneidefehler im Crank-Nicolson-Verfahren von der Ordnung $O((\Delta x)^2 + (\Delta t)^2)$ ist.

8. (a) Schreiben Sie das Crank-Nicolson-Verfahren ($\theta = \frac{1}{2}$) auf für die Gleichung $u_t = u_{xx}$.

    (b) Betrachten Sie die Lösung im Intervall $0 \leq x \leq 1$ mit $u = 0$ an beiden Endpunkten. Setzen Sie $u(x,0) = \phi(x)$ voraus mit $\phi(1-x) = \phi(x)$. Zeigen Sie mit Hilfe des Eindeutigkeitssatzes, daß die Lösung eine bezüglich $x = \frac{1}{2}$ gerade Funktion ist [d.h. $u(x,t) = u(1-x,t)$].

    (c) Sei $\Delta x = \Delta t = \frac{1}{6}$. Die Anfangsdaten seien 0 0 0 1 0 0 0. Berechnen Sie die Lösung mit dem Crank-Nicolson-Verfahren für einen Zeitschritt ($t = \frac{1}{6}$). (*Hinweis:* Verkürzen Sie die Berechnungen mit Teil (b).)

9. Berechnen Sie die noch fehlenden Details für die Herleitung der Stabilitätsbedingungen (8.24) und (8.25) des θ-Schemas (8.23) der Diffusionsgleichung.

10. Diskretisieren Sie die Diffusionsgleichung $u_t = u_{xx}$ durch zentrale Differenzen sowohl für u_t als auch für u_{xx}.

    (a) Schreiben Sie das Verfahren auf. Ist es explizit oder implizit?

    (b) Zeigen Sie, daß es unabhängig von Δx und Δt instabil ist.

11. Betrachten Sie die Gleichung $u_t = au_{xx} + bu$ mit den Konstanten a und b und $a > 0$. Diskretisieren Sie durch Vorwärtsdifferenzen für u_t, zentrale Differenzen für u_{xx} und berücksichtigen Sie den letzten Term durch bu_j^n.

    (a) Schreiben Sie das Berechnungsverfahren auf und setzen Sie $s = \Delta t/(\Delta x)^2$.

    (b) Unter welcher Bedingung an s ist das Verfahren stabil? (*Hinweis:* Überprüfen Sie Bedingung (8.20).)

12. (a) Diskretisieren Sie die nichtlineare PDGl. $u_t = u_{xx} + (u)^3$ mit Vorwärtsdifferenzen und berücksichtigen Sie $(u)^3$ durch $(u_j^n)^3$. Setzen Sie $s = \frac{1}{4}$, $\Delta t = 1$ verwenden Sie die Anfangsbedingungen $u_j^0 = 1$ für $j = 0$ und $u_j^0 = 0$ für $j \neq 0$. Berechnen Sie per Hand u_0^3.

    (b) Vergleichen Sie das Ergebnis mit der Lösung der Gleichung, die den nichtlinearen Term nicht enthält.

    (c) Lösen Sie die GDGl. $dv/dt = (v)^3$ unter der Anfangsbedingung $v(0) = 1$ exakt. Erklären Sie damit die Größe von u_0^3 aus Teil (a).

    (d) Wiederholen Sie Teil (a) mit denselben Anfangsbedingungen für die Gleichung $u_t = u_{xx} - (u)^3$. Vergleichen Sie beide Ergebnisse, erläutern Sie das Ergebnis des Vergleichs.

13. Betrachten Sie das folgende Differenzenverfahren für die Diffusionsgleichung:

$$\frac{u_j^{n+1} - u_j^{n-1}}{2\Delta t} = \frac{u_{j+1}^n + u_{j-1}^n - u_j^{n+1} - u_j^{n-1}}{(\Delta x)^2}.$$

Es verwendet zentrale Differenzen für u_t und eine modifizierte Form zentraler Differenzen für u_{xx}.

(a) Berechnen Sie u_j^{n+1} in Abhängigkeit von s und Werten der zurückliegenden Zeitschritte.

(b) Zeigen Sie, daß das Verfahren für alle s stabil ist.

14. (a) Geben Sie ein explizites Differenzenverfahren für die Gleichung $u_t = u_{xx} + u_{yy}$ an.

(b) Wie lautet die Stabilitätsbedingung dieses Verfahrens in Abhängigkeit von $s_1 = \Delta t/(\Delta x)^2$ und $s_2 = \Delta t/(\Delta y)^2$?

15. Geben Sie das Crank-Nicolson-Verfahren für die Gleichung $u_t = u_{xx} + u_{yy}$ an.

8.3 Approximationen von Wellen

In diesem Abschnitt führen wir die Untersuchung, wie man einige sehr einfache PD-Gln durch endliche Differenzen approximieren kann, fort. Obwohl die Gleichungen einfach sind, können doch die Methoden, die wir entwickeln werden, für kompliziertere, sogar nichtlineare Gleichungen verwendet werden. Bei der eindimensionalen Wellengleichung $u_{tt} = c^2 u_{xx}$ entsteht das einfachste Differenzenverfahren bei Verwendung von zentralen Differenzen für beide Ableitungen:

$$\frac{u_j^{n+1} - 2u_j^n + u_j^{n-1}}{(\Delta t)^2} = c^2 \frac{u_{j+1}^n - 2u_j^n + u_{j-1}^n}{(\Delta x)^2}. \tag{8.26}$$

Hier handelt es sich um ein explizites Verfahren, denn der $(n+1)$-te Zeitschritt erscheint nur auf der linken Seite der Gleichung. Wir setzen diesmal $s = c^2(\Delta t)^2/(\Delta x)^2$ und können wie folgt auflösen:

$$u_j^{n+1} = s(u_{j+1}^n + u_{j-1}^n) + 2(1-s)u_j^n - u_j^{n-1}. \tag{8.27}$$

Die schematische Darstellung der Rechenvorschrift ist

$$
\begin{array}{cccc}
n+1 & & * & \\
n & \bullet & \bullet & \bullet \\
 & s & 2-2s & s \; . \\
n-1 & & \bullet & \\
 & & -1 & \\
\end{array}
$$

Beachten Sie, daß die Werte des $(n+1)$-ten Zeitschrittes von den *beiden* vorangegangenen Zeitschritten abhängen, da die Wellengleichung eine zeitliche Ableitung zweiter Ordnung enthält. Als Anfangsbedingung müssen deshalb die *beiden* Zeilen u_j^0 und u_j^1 vorgegeben werden.

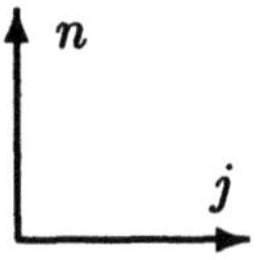

8.3 Approximationen von Wellen

```
          8  -12   4  -13  -22  13   4  -12  8    n = 4
 ↑ n      4   -2  -3    6   -3  -2   4            n = 3
 |            2    1   -2    1   2                n = 2
 |                 1    2    1                    n = 1
 |___ j            1    2    1                    n = 0
```

Bild 8.6

```
1 1 0 0 0 0 0 1 1
1 1 0 0 0 1 1
1 1 0 1 1                    *
1 2 1                    +1    0    +1
1 2 1                         -1
```

Bild 8.7

Beispiel 1.

Wenn wir $s = 2$ wählen, vereinfacht sich das Verfahren zu

$$u_j^{n+1} = 2(u_{j+1}^n + u_{j-1}^n - u_j^n) - u_j^{n-1}. \qquad (8.28)$$

Die Lösung kann leicht per Hand, wie in Bild 8.6 dargestellt, berechnet werden, wenn die beiden unteren Zeilen vorgegeben sind. Diese schreckliche Lösung hat überhaupt keine Ähnlichkeit mit der wahren Lösung der Wellengleichung, welche sich aus einem Paar von Wellen, die nach rechts bzw. nach links wandern, zusammensetzt. Das Differenzenverfahren ist für $s = 2$ in hohem Maße instabil.

Beispiel 2.

Mit $s = 1$ gilt $\Delta x = c\Delta t$ und das Verfahren lautet

$$u_j^{n+1} = u_{j+1}^n + u_{j-1}^n - u_j^{n-1}. \qquad (8.29)$$

Dieselben Anfangsdaten wie eben führen zu dem in Bild 8.7 dargestellten Ergebnis. Diesmal eine hervorragende Approximation der wahren Lösung!

Anfangsbedingungen

Wie haben wir mit Anfangsbedingungen umzugehen? Wir approximieren die Bedingungen $u(x,0) = \phi(x)$ und $\partial u/\partial t(x,0) = \psi(x)$ durch

$$u_j^0 = \phi(j\Delta x), \qquad \frac{u_j^1 - u_j^{-1}}{2\Delta t} = \psi(j\Delta x). \qquad (8.30)$$

$$\begin{array}{cccccccccccc}
\tfrac{1}{2} & 1 & \tfrac{1}{2} & 0 & 0 & 0 & 0 & 0 & 0 & \tfrac{1}{2} & 1 & \tfrac{1}{2} & & n=5 \\
& \tfrac{1}{2} & 1 & \tfrac{1}{2} & 0 & 0 & 0 & 0 & 0 & \tfrac{1}{2} & 1 & \tfrac{1}{2} & & n=4 \\
& & \tfrac{1}{2} & 1 & \tfrac{1}{2} & 0 & 0 & 0 & \tfrac{1}{2} & 1 & \tfrac{1}{2} & & & n=3 \\
& & & \tfrac{1}{2} & 1 & \tfrac{1}{2} & 0 & \tfrac{1}{2} & 1 & \tfrac{1}{2} & & & & n=2 \\
& & & & \tfrac{1}{2} & 1 & 1 & 1 & \tfrac{1}{2} & & & & & n=1 \\
& & & & & 1 & 2 & 1 & & & & & & n=0
\end{array}$$

Bild 8.8

Diese Approximation wurde gewählt, damit sich ihr lokaler Abschneidefehler der Ordnung $O(\Delta x)^2$ gut mit dem $(O(\Delta x)^2 + O(\Delta t)^2)$-Diskretisierungsfehler des Verfahrens (8.27) verträgt. (Die Wahl einer einfacheren Approximation der Anfandsbedingungen mit einem $O(\Delta x)$-Fehler könnte die Lösung mit einem viel zu großen Fehler belasten.) Wir führen die Abkürzungen $\phi_j = \phi(j\Delta x)$ und $\psi_j = \psi(j\Delta x)$ ein. Für den Fall $n=0$ lautet (8.27) dann

$$u_j^1 + u_j^{-1} = s(u_{j+1}^0 + u_{j-1}^0) + 2(1-s)u_j^0.$$

Zusammen mit (8.30) haben wir damit

$$\begin{aligned} u_j^0 &= \phi_j \\ u_j^1 &= \frac{s}{2}(\phi_{j+1} + \phi_{j-1}) + (1-s)\phi_j + \psi_j \Delta t, \end{aligned} \qquad (8.31)$$

die ersten beiden Zeilen des Rechenschemas. Wir schreiben dann zeitlich fort und berechnen mit (8.27) die Werte u_j^2, u_j^3 usw.

Beispiel 3.

Die Anfangsbedingungen seien

$$\phi(x) = 0\,0\,0\,0\,0\,0\,1\,2\,1\,0\,0\,0\,0\,0\,0$$

und $\psi(x) \equiv 0$. Wir wählen wieder $s = 1$. Aus (8.31) erhalten wir dann die Startwerte (die ersten beiden Zeilen)

$$\begin{array}{ccccccccccccc}
0 & 0 & 0 & 0 & 0 & \tfrac{1}{2} & 1 & 1 & 1 & \tfrac{1}{2} & 0 & 0 & 0 & 0 & 0 \\
0 & 0 & 0 & 0 & 0 & 0 & 1 & 2 & 1 & 0 & 0 & 0 & 0 & 0 & 0.
\end{array}$$

Wenn wir mit (8.29) weiterarbeiten, erhalten wir die in Bild 8.8 dargestellte Lösung. Sie stellt sogar eine noch bessere Approximation der wahren Lösung dar als Bild 8.7.

8.3 Approximationen von Wellen

Stabilität

Mit der Methode von Abschnitt 8.2 soll jetzt die Stabilität des Verfahrens analysiert werden. Wieder geben die Koeffizienten in (8.27) einen Hinweis. Für $s \leq 1$ sind sie alle nichtnegativ. Es wird sich herausstellen, daß diese einfache Beobachtung auch hier schon die richtige Stabilitätsbedingung ist. Wir wollen aber genauer vorgehen und trennen die Variablen

$$u_j^n = (\eta)^j (\xi)^n \quad \text{mit } \eta = e^{ik\Delta x}.$$

Aus (8.26) erhalten wir

$$\xi + \frac{1}{\xi} - 2 = s\left(\eta + \frac{1}{\eta} - 2\right) = 2s[\cos(k\Delta x) - 1]. \tag{8.32}$$

Zur Abkürzung setzen wir $p = s[\cos(k\Delta x) - 1]$. (8.32) kann dann als

$$\xi^2 - 2(1+p)\xi + 1 = 0, \quad \text{mit den Lösungen } \xi = 1 + p \pm \sqrt{p^2 + 2p} \tag{8.33}$$

geschrieben werden.

Wir stellen fest, daß $p \leq 0$ ist. Ist $p < -2$, so sind beide Lösungen reell, eine von ihnen muß kleiner sein als -1. Für sie ist $|\xi| > 1$ und das Verfahren ist instabil. Ist $p > -2$, so ist $p^2 + 2p < 0$ und die Lösungen $1 + p \pm i\sqrt{-p^2 - 2p}$ sind konjugiert komplex zueinander. Für diese Lösungen ist

$$|\xi|^2 = (1+p)^2 - p^2 - 2p = 1.$$

ξ ist also von der Form $\xi = \cos\theta + i\sin\theta$ mit einer reellen Zahl θ. In diesem Fall zeigen die Lösungen ein zeitlich oszillatorisches Verhalten (wie es von Lösungen der Wellengleichung erwartet wird). Für $p = -2$ schließlich ist $\xi = -1$. Wir haben damit als eine *notwendige Bedingung für die Stabilität* erhalten: $p \geq -2$ für alle k. Das bedeutet

$$s \leq \frac{2}{1 - \cos(k\Delta x)} \quad \text{für alle } k.$$

Stabilität erfordert also

$$s = c^2 \frac{(\Delta t)^2}{(\Delta x)^2} \leq 1. \tag{8.34}$$

Man kann sich die Bedingung (8.34) auf hübsche Weise veranschaulichen. Mit jedem Zeitschritt Δt breiten sich die Werte der numerischen Lösung um eine Einheit Δx aus. Der Bruch $\Delta x/\Delta t$ ist damit die Ausbreitungsgeschwindigkeit im numerischen Verfahren. Die Ausbreitungsgeschwindigkeit bei einer exakten Lösung der Wellengleichung ist c. Unsere Stabilitätsbedingung besagt also, daß die numerische Ausbreitungsgeschwindigkeit höchstens so groß sein darf wie die stetige. In Bild 8.9 sind die Abhängigkeitsbereiche der wahren und der numerischen Lösung für den Fall $c = 1$ und $\Delta t/\Delta x = 2$ (damit ist $s = 4$) dargestellt. Der numerisch ermittelte Funktionswert im Punkt P macht keinen Gebrauch von den Anfangswerten in den Bereichen B und C, was er eigentlich müßte. Das Verfahren führt dann also zu einer völlig fehlerhaften Lösung.

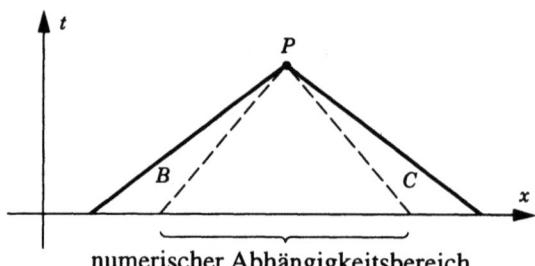

Bild 8.9

$$\begin{array}{llllllll}
1 & -1 & 1 & -1 & 1 & -1 & 1 & \quad n=4 \\
  & 1 & -1 & 1 & -1 & 1 & & \quad n=3 \\
  &   & 1 & -1 & 1 & & & \quad n=2 \\
  &   &   & 1 & & & & \quad n=1 \\
  &   &   & 1 & & & & \quad n=0 \\
\end{array}$$

Bild 8.10

Auf der anderen Seite arbeiten selbst stabile Verfahren nicht besonders gut, wenn es gilt, Singularitäten der wahren Lösung zu verkraften. Als Beispiel sehen Sie in Bild 8.10 eine Lösung mit dem Verfahren (8.29) ($s = 1$). Die Anfangsbedingung ist hier „singulär", denn sie macht einen plötzlichen Sprung nach oben und nach unten. Die Lösung in Bild 8.10 ist zwar nicht so instabil wie die aus Bild 8.6, sie ist aber sicherlich eine armselige Näherung der wahren Lösung. (Sie ist höchstens eine gute Approximation für jemanden mit unscharfen Brillengläsern.) Die Schwierigkeit besteht hier darin, daß die Anfangsfunktion $\phi(x)$ an einer Stelle einen signifikanten „Sprung" aufweist; in den früheren Fällen, dargestellt in Bild 8.7 und 8.8, erfolgte eine allmähliche Änderung der Anfangsdaten. Für die Behandlung von Problemen mit Singularitäten, wie etwa von Stoßwellen, müssen raffiniertere Verfahren angewendet werden.

Es gibt auch implizite Verfahren (wie das Crank-Nicolson-Verfahren) zur Behandlung der Wellengleichung, wir brauchen sie hier jedoch nicht so dringend, da die Stabilitätsbedingung (8.34) des expliziten Verfahrens es nicht erfordert, daß Δt sehr viel kleiner als Δx sein muß.

Beispiel 4.

Als interessanteres Beispiel einer PDGl. betrachten wir die *nichtlineare* Wellengleichung

$$u_{tt} - \Delta u + u + [u]^7 = 0 \qquad (8.35)$$

in drei Dimensionen (x, y, z). $[u]^7$ ist die siebente Potenz. (r, θ, ϕ) seien

8.3 Approximationen von Wellen

die üblichen sphärischen Koordinaten. Um eine Berechnung zu ermöglichen, suchen wir nur Lösungen, die von θ und ϕ unabhängig sind. Nach (6.7) nimmt die Gleichung dann die Gestalt

$$u_{tt} - u_{rr} - \frac{2}{r}u_r + u + [u]^7 = 0$$

an, eine Variante der eindimensionalen Wellengleichung. Um sich von dem mittleren Ausdruck zu befreien, ist die Variablenänderung $v(r,t) = ru(r,t)$ zweckmäßig. Man erhält dann

$$\begin{cases} v_{tt} - v_{rr} + v + r^{-6}v^7 = 0 & (0 < r < \infty) \\ v(0,t) = 0 \end{cases} \qquad (8.36)$$

Die letzte Bedingung ergibt sich aus der Definition von v.

Wir verwenden jetzt unser Verfahren (8.26) mit $s = 1$ und geeigneten Zusatztermen:

$$\frac{v_j^{n+1} - 2v_j^n + v_j^{n-1}}{(\Delta t)^2} = \frac{v_{j+1}^n - 2v_j^n + v_{j-1}^n}{(\Delta r)^2}$$
$$+ \frac{1}{2}(v_j^{n+1} + v_j^{n-1}) + (j\Delta r)^{-6}\frac{(v_j^{n+1})^8 - (v_j^{n-1})^8}{v_j^{n+1} - v_j^{n-1}}. \qquad (8.37)$$

Ein Grund für die Behandlung der Zusatzterme liegt darin, daß im Verfahren eine von n unabhängige konstante Energie auftritt, dem diskreten Analogon zum Fall der stetigen Energie aus Abschnitt 2.2 (siehe Übungsaufgabe 9). Die für die Gittergrößen $\Delta r = \Delta t = 0.002$ und gewisse Anfangsdaten berechnete Lösung ist grafisch dargestellt in Bild 8.11 (siehe [SV]). Die Wirkung des nichtlinearen Terms wird sichtbar in den Schwingungen mit ziemlich großer Amplitude, die im Ursprung gespiegelt werden.

Übungsaufgaben

1. (a) Schreiben Sie das Differenzenverfahren (8.27) für die Wellengleichung für den Fall $s = \frac{1}{4}$ auf und zeichnen Sie das Berechnungsschema.
   (b) Berechnen Sie die Lösung per Hand für fünf Zeitschritte und mit denselben Startwerten wie in Bild 8.7.
   (c) Überzeugen Sie sich davon, daß die Lösung nicht übermäßig genau ist, aber wenigstens 'im Rahmen' bleibt. Beachten Sie bei der Interpretation, daß $\Delta x/\Delta t = 2$.

2. Berechnen Sie per Hand für ein paar Zeitschritte das numerische Schema (8.27) für die Gleichung $u_{tt} = u_{xx}$ unter den Anfangsbedingungen $u(x,0) = 0$ und

$$\psi_j = 0\ 0\ 0\ 0\ 1\ 2\ 1\ 0\ 0\ 0\ 0.$$

Verwenden Sie das Startschema (8.31).

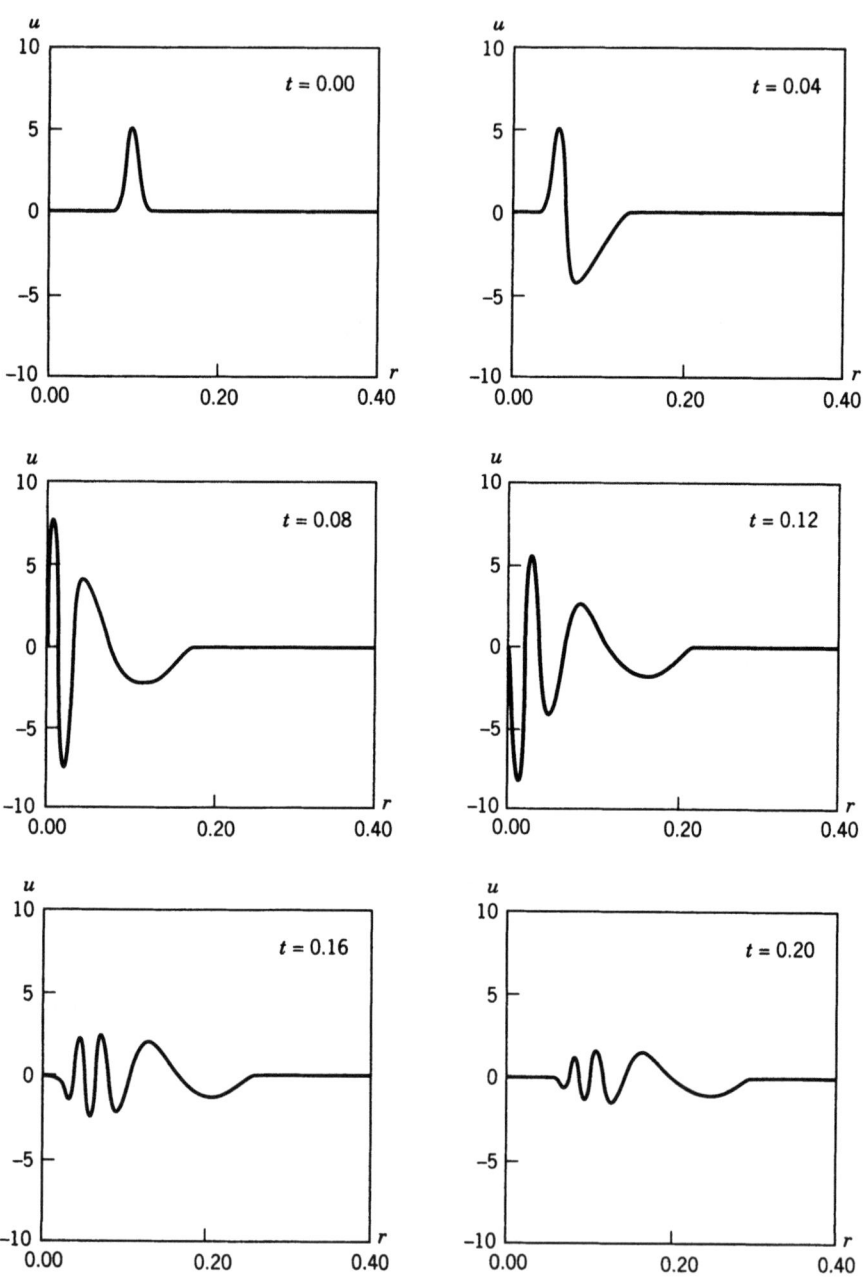

Bild 8.11

8.3 Approximationen von Wellen

(a) Führen Sie die Rechnung mit $\Delta t = 1$, $\Delta x = 2$ durch.

(b) Führen Sie die Rechnung mit $\Delta t = 1$, $\Delta x = 1$ durch.

(c) Vergleichen Sie beide Ergebnisse.

3. (a) Verwenden Sie das Verfahren (8.27) mit $\Delta x = \Delta t = 0.2$ zur näherungsweisen Lösung von $u_{tt} = u_{xx}$ unter den Anfangsbedingungen $u(x,0) = x^2$ und $u_t(x,0) = 1$. Lösen Sie im Bereich $\{0 \leq t \leq 1; |x| \leq 2 - t\}$.

   (b) Lösen Sie die Aufgabe exakt und vergleichen Sie beide Ergebnisse.

4. (a) Verwenden Sie das Verfahren (8.27) mit $\Delta x = \Delta t = 0.25$ zur näherungsweisen Lösung von $u_{tt} = u_{xx}$ über dem Intervall $0 \leq x \leq 1$ mit $u = 0$ an beiden Intervallenden, sowie $u(x,0) = \sin \pi x$ und $u_t(x,0) = 0$. Zeigen Sie die Periodizität der Lösung.

   (b) Vergleichen Sie Ihr Resultat mit der exakten Lösung. Wie groß ist ihre Periode?

5. Berechnen Sie per Hand für ein paar Zeitschritte die Lösung von $u_{tt} = u_{xx}$ über dem endlichen Intervall $0 \leq x \leq 1$ unter den Bedingungen $u_x = 0$ an beiden Enden sowie den Anfangsbedingungen

$$u(x,0) = 0\ 0\ 0\ 0\ 1\ 2\ 1\ 0\ 0\ 0 \text{ und } u_t(x,0) \equiv 0.$$

Arbeiten Sie mit $\Delta t = \Delta x = \frac{1}{6}$. Verwenden Sie zentrale Differenzen für die Randableitungen wie in (8.22) und die $O(\Delta x)^2$-Anfangsvorgaben wie in (8.31). Läßt sich eine Reflexion in den Randpunkten feststellen?

6. Betrachten Sie die Wellengleichung auf der Halbgeraden $0 < x < \infty$ unter der Randbedingung $u = 0$ für $x = 0$. Berechnen Sie die Lösung per Hand bis zu 10 Zeitschritten mit den Startwerten $u_4^0 = u_5^0 = u_4^1 = u_5^1 = 1$ und $u_j^0 = u_j^1 = 0$ für alle anderen j ($j = 1, 2, \ldots$). Beachten Sie die Reflexion am Rand und vergleichen Sie mit Abschnitt 3.2.

7. Lösen Sie per Hand die nichtlineare Gleichung $u_{tt} = u_{xx} + u^3$ bis zu $t = 4$, indem Sie dieselben Anfangsbedingungen wie in Bild 8.8 verwenden. Ersetzen Sie den kubischen Term durch $(u_j^n)^3$ und arbeiten Sie mit $\Delta t = \Delta x = 1$. Wie wirkt sich der nichtlineare Term aus? Vergleichen Sie mit dem linearen Problem aus Bild 8.8.

8. Wiederholen Sie Aufgabe 7 mit dem Computer und verwenden Sie ein Differenzenverfahren wie in (8.37) mit $\Delta t = \Delta x = 1$.

9. Betrachten Sie das Verfahren (8.37) für die nichtlineare Wellengleichung (8.35). Die *diskrete Energie* werde definiert durch

$$\frac{E_n}{\Delta r} = \frac{1}{2} \sum_j \left(\frac{v_j^{n+1} - v_j^n}{\Delta t} \right)^2 + \frac{1}{2} \sum_j \left(\frac{v_{j+1}^{n+1} - v_j^{n+1}}{\Delta r} \right) \left(\frac{v_{j+1}^n - v_j^n}{\Delta r} \right)$$

$$+ \frac{1}{4} \sum_j [(v_j^{n+1})^2 - (v_j^n)^2] + \frac{1}{16} \sum_j \frac{(v_j^{n+1})^8 + (v_j^n)^8}{(j\Delta r)^6}.$$

Zeigen Sie durch Multiplikation von (8.37) mit $\frac{1}{2}(v_j^{n+1} - v_j^{n-1})$ die Gültigkeit von $E_n = E_{n-1}$. Schließen Sie daraus, daß E_n von n unabhängig ist.

10. Betrachten Sie die Gleichung $u_t = u_x$. Approximieren Sie beide Ableitungen durch vorwärts genommene Differenzen.

    (a) Wie lautet das Differenzenverfahren?

    (b) Zeichnen Sie das Berechnungsschema.

    (c) Bestimmen Sie die separierten Lösungen.

    (d) Zeigen Sie, daß das Verfahren stabil ist, wenn $0 < \Delta t / \Delta x \leq 1$.

11. Betrachten Sie die Gleichung erster Ordnung $u_t + au_x = 0$.

    (a) Lösen Sie sie exakt unter der Anfangsbedingung $u(x, 0) = \phi(x)$.

    (b) Schreiben Sie das Differenzenverfahren auf, wenn u_t durch vorwärtsgenommene und u_x durch zentrale Differenzen approximiert wird.

    (c) Für welche Δx und Δt ist das Verfahren stabil?

8.4 Approximationen der Laplace-Gleichung

Das Dirichlet-Problem der Laplace-Gleichung in Gebieten von unregelmäßiger Form behandelt man üblicherweise numerisch und versucht nicht, die Greensche Funktion zu finden. Wie bei anderen Gleichungen können auch hier die wesentlichen Ideen der numerischen Berechnung auf komplizierte Gleichungen übertragen werden. Bei der Laplace-Gleichung
$$u_{xx} + u_{yy} = 0$$
erfolgt die Approximation in natürlicher Weise durch zentrale Differenzen
$$\frac{u_{j+1,k} - 2u_{j,k} + u_{j-1,k}}{(\Delta x)^2} + \frac{u_{j,k+1} - 2u_{j,k} + u_{j,k-1}}{(\Delta y)^2} = 0. \tag{8.38}$$
Hier ist $u_{j,k}$ eine Approximation von $u(j\Delta x, k\Delta y)$. Die relative Größe der Gittergrößen stellt sich als unproblematisch heraus, so daß wir $\Delta x = \Delta y$ wählen können. (8.38) kann man dann schreiben als
$$u_{j,k} = \frac{1}{4}(u_{j+1,k} + u_{j-1,k} + u_{j,k+1} + u_{j,k-1}). \tag{8.39}$$
$u_{j,k}$ ist also der *Mittelwert* der vier benachbarten Werte. Das Berechnungsschema ist

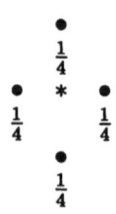

8.4 Approximationen der Laplace-Gleichung

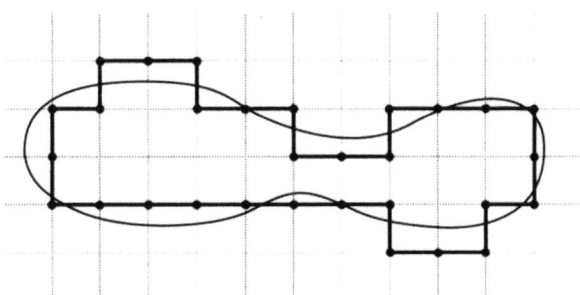

Bild 8.12

Formel (8.39) hat einige hübsche Eigenschaften. Am evidentesten ist die *Mittelwerteigenschaft*, die vollständig analog zur selben Eigenschaft der Laplace-Gleichung ist. In ihrer diskreten Version (8.39) werden die Differenzengleichung und die Mittelwerteigenschaft identisch! Man folgert sofort, daß die Lösung $u_{j,k}$ weder ihr Maximum noch ihr Minimum in einem inneren Punkt annehmen kann, es sei denn, sie ist konstant; andernfalls könnte ihr Wert nicht der Durchschnitt der Nachbarwerte sein. Wenn also (8.39) in einem Gebiet gilt, werden Maximum und Minimum auf dem Rand angenommen.

Zur Lösung des Dirichlet-Problems von $u_{xx} + u_{yy} = 0$ in D mit gegebenen Randvorgaben überziehen wir D mit einem Gitter und approximieren damit D durch eine Vereinigung von Quadraten (siehe Bild 8.38). Die diskrete Lösung hat dann das „diskrete Gebiet" als Definitionsbereich. Unsere Aufgabe ist es, das Innere mit Werten zu belegen, die (8.39) erfüllen. Im Gegensatz zu zeitabhängigen Problemen ist bei der Berechnung keine Marschrichtung vorgegeben. Ist N die Anzahl der inneren Gitterpunkte, so stellt (8.39) ein System von N linearen Gleichungen in N Unbekannten dar. Wird der x- und der y-Bereich in jeweils 100 Teile zerlegt, erhalten wir 10 000 kleine Quadrate. N kann also sehr groß sein. Das Gleichungssystem, das wir auf diese Weise erhalten, hat *genau eine* Lösung. Zum Beweis nehmen wir an, wir hätten zwei Lösungen $\{u_{j,k}\}$ und $\{v_{j,k}\}$ von (8.39) in D mit identischen Randwerten. Dann erfüllt auch ihre Differenz $\{u_{j,k} - v_{j,k}\}$ Gleichung (8.39) in D unter homogenen Randbedingungen. Nach dem oben aufgestellten Maximum-Prinzip ist dann $u_{j,k} - v_{j,k} \leq 0$, nach dem Minimum-Prinzip ist $u_{j,k} - v_{j,k} \geq 0$, also ist $u_{j,k} = v_{j,k}$ und das Gleichungssystem hat höchstens eine Lösung. Dann ist aber die Determinante dieses quadratischen Gleichungssystems von Null verschieden, woraus folgt, daß es genau eine Lösung gibt.

Beispiel 1.

Als simpelstes Beispiel lösen wir (8.39) in einem Quadrat mit Randwerten, wie in Bild 8.13(a) angegeben. Das System besteht aus vier Gleichungen, eine für jeden inneren Punkt. Die Lösung ist in Bild 8.13(b)

```
     0  0  0  0              0  0  0  0
     0        24             0  2  7  24
     0        0              0  1  2  0
     0  0  0  0              0  0  0  0
         (a)                       (b)
```

Bild 8.13

dargestellt. Beachten Sie, daß in der Tat jeder innere Wert das arithmetische Mittel der vier Nachbarwerte ist.

Die Jacobi-Iteration

Zur Lösung von (8.39) stehen, da kein Lösungsaufbau in Zeitschritten möglich ist, mehrere Verfahren zur Verfügung. Eines ist die Jacobi-Iteration. Man startet mit einer beliebigen ersten Approximation $u_{j,k}^{(1)}$ der Lösung und berechnet sukzessive

$$u_{j,k}^{(n+1)} = \frac{1}{4}[u_{j+1,k}^{(n)} + u_{j-1,k}^{(n)} + u_{j,k+1}^{(n)} + u_{j,k-1}^{(n)}]. \tag{8.40}$$

Es kann gezeigt werden, daß für alle j und k die $u_{j,k}^{(n)}$ mit $n \to \infty$ gegen $u_{j,k}$, also gegen die Lösung von (8.39), konvergieren. Die Konvergenz erfolgt jedoch sehr langsam, so daß die Jacobi-Iteration in der Praxis nicht verwendet wird.

Es sollte festgestellt werden, daß (8.40) genau dieselbe Rechnung darstellt, wie wenn man die Wärmeleitungsgleichung $v_t = v_{xx} + v_{yy}$ mit zentralen Differenzen für v_{xx} und v_{yy}, vorwärts genommenen Differenzen für v_t, mit $\Delta x = \Delta y$, sowie $\Delta t = (\Delta x)^2/4$ (siehe Übungsaufgabe 11) löst. In Wirklichkeit lösen wir das Dirichlet-Problem dadurch, daß wir in der diskretisierten Lösung $v(x,t)$ den Grenzwert für $t \to \infty$ bilden.

Das Gauß-Seidel-Verfahren

Diese Methode hat eine andere Konvergenzgeschwindigkeit. Es kommt bei diesem Verfahren auf die Reihenfolge der Operationen an. Wir berechnen die $u_{j,k}^{n+1}$ einer Zeile auf einmal, beginnen in der untersten Zeile und schreiten von links nach rechts fort. Sobald eine Berechnung beendet ist, ersetzen wir die alten Werte durch die gerade berechneten. Im einzelnen bedeutet das

$$u_{j,k}^{(n+1)} = \frac{1}{4}[u_{j+1,k}^{(n)} + u_{j-1,k}^{(n+1)} + u_{j,k+1}^{(n)} + u_{j,k-1}^{(n+1)}]. \tag{8.41}$$

8.4 Approximationen der Laplace-Gleichung

Die neuen Werte (mit dem hochgestellten Index $n+1$), die unterhalb und links von der Stelle (j,k) stehen, werden zur Berechnung des neuen Wertes dieser Stelle verwendet. Es stellt sich heraus, daß das Gauß-Seidel-Verfahren etwa doppelt so schnell wie das Jacobi-Verfahren arbeitet.

Das SOR-Verfahren

Dieses Verfahren (successive overrelaxation method) arbeitet noch schneller. Man berechnet die Näherungen nach der Formel

$$u_{j,k}^{(n+1)} = u_{j,k}^{(n)} + \omega[u_{j+1,k}^{(n)} + u_{j-1,k}^{(n)} + u_{j,k+1}^{(n+1)} - 4u_{j,k}^{(n)}]. \quad (8.42)$$

Im Fall $\omega = \frac{1}{4}$ stimmt es mit dem Gauß-Seidel-Verfahren überein. Es mag überraschen, ist aber eine Tatsache, daß eine Änderung von ω eine wesentliche Veränderung im Verhalten des Verfahrens bewirkt. In der Praxis ist die Wahl des Relaxationsfaktors ω eine Kunst, deren Untersuchung wir spezialisierteren Texten überlassen. Beachten Sie nochmals, daß der Grenzwert $u_{j,k} = \lim u_{j,k}^{(n)}$, sofern er existiert, die Gleichung

$$u_{j,k} = u_{j,k} + \omega(u_{j+1,k} + u_{j-1,k} + u_{j,k+1} + u_{j,k-1} - 4u_{j,k})$$

und damit auch (8.39) erfüllt.

Übumgsaufgaben

1. Stellen Sie das lineare Gleichungssystem für die vier unbekannten Werte aus Bild 8.13(a) auf. Verwenden Sie die Matrixschreibweise und lösen Sie es. Sie sollten das in Bild 8.13(b) dargestellte Ergebnis erhalten.

2. Behandeln Sie das Beispiel aus Bild 8.13(a) mit dem Jacobischen Iterationsverfahren. Beginnen Sie mit den Startwerten Null und führen Sie sechs Iterationen durch.

3. Führen Sie in der vorigen Aufgabe vier Iterationsschritte nach Gauß-Seidel durch.

4. Lösen Sie das Beispiel von Bild 8.13(a) unter den folgenden Randbedingungen (zeilenweise von oben nach unten gelesen): $0, 48, 0, 0;\ 0, *, *, 24;\ 0, *, *, 0;$ $0, 0, 0, 0$.

5. Betrachten Sie die PDGl. $u_{xx} + u_{yy} = 0$ in $0 \leq x \leq 1$, $0 \leq y \leq 1$ unter den Randbedingungen

$$\begin{aligned} u &= 0 & &\text{auf } x = 0, \text{ auf } x = 1 \text{ und auf } y = 1 \\ u &= 324x^2(1-x) & &\text{auf } y = 0. \end{aligned}$$

Berechnen Sie die Approximation der Lösung durch endliche Differenzen mit dem sehr groben Gitter $\Delta x = \Delta y = \frac{1}{3}$. (*Hinweis:* Sie können wie in Bild 8.13 schematisieren.)

6. (a) Geben Sie die Berechnungsvorschrift zur Approximation der Gleichung $u_{xx} + u_{yy} = f(x,y)$ durch zentrale Differenzen an.

   (b) Lösen Sie mit $\Delta x = \Delta y = 0.5$ das Problem $u_{xx} + u_{yy} = 1$ im Quadrat $\{0 \leq x \leq 1;\ 0 \leq y \leq 1\}$ mit $u = 0$ auf dem Rand.

   (c) Wiederholen Sie Aufgabe (b) mit $\Delta x = \Delta y = \frac{1}{3}$.

   (d) Berechnen Sie den wahren Wert im Quadratmittelpunkt und vergleichen Sie Ihr Ergebnis mit (b).

7. Lösen Sie $u_{xx} + u_{yy} = 0$ in $\{0 \leq x \leq 1;\ 0 \leq y \leq 1\}$ unter den Randbedingungen $u(x,0) = u(0,y) = 0$, $u(x,1) = x$, $u(y,1) = y$. Arbeiten Sie mit $\Delta x = \Delta y = \frac{1}{4}$, so daß es also neun innere Näherungswerte mit (8.39) zu berechnen gibt.

   (a) Führen Sie zwei Iterationsschritte mit dem Jacobi-Verfahren durch und nehmen Sie als Startvorgabe an, daß alle neun Werte gleich 1 sind.

   (b) Führen Sie zwei Iterationsschritte mit dem Gauß-Seidel-Verfahren durch unter derselben Startvorgabe.

   (c) Vergleichen Sie die Ergebnisse von (b) und (c) mit der wahren Lösung.

8. Formulieren Sie das Differenzenverfahren für $u_{xx} + u_{yy} = f(x,y)$ in $\{0 \leq x \leq 1;\ 0 \leq y \leq 1\}$ unter der Neumann-Bedingung $\partial u/\partial n = g(x,y)$ auf dem Rand. Berechnen Sie die $u_{j,k}$ für $-1 \leq j \leq N+1$ und $-1 \leq k \leq N+1$ und verwenden Sie zentrale Differenzen der Form $(u_{j,N+1} - u_{j,N-1}/2\Delta x$ für die Normalableitung. [D.h. also, führen Sie die Geisterpunkte aus (8.22) ein.]

9. Bestimmen Sie mit Aufgabe 8 eine Näherung der im Einheitsquadrat harmonischen Funktion, die den Randbedingungen $u_x(0,y) = 0$, $u_x(1,y) = -1$, $u_y(x,0) = 0$, $u_y(x,1) = 1$ genügt. Formulieren Sie das Gauß-Seidel-Verfahren zur Lösung des Differenzenschemas und berechnen Sie zwei Iterationsschritte, wenn $\Delta x = \Delta y = \frac{1}{3}$. Vergleichen Sie mit der wahren Lösung $u = \frac{1}{2}y^2 - \frac{1}{2}x^2$. Sie können ein Computerprogramm verwenden.

10. Versuchen Sie die gleiche Aufgabe wie 9 unter den Randbedingungen $u_x(0,y) = 0$, $u_x(1,y) = 1$, $u_y(x,0) = 0$, $u_y(x,1) = 1$ zu lösen. Was ist falsch?

11. Zeigen Sie, daß die Durchführung der Jacobi-Iteration (8.40) gleibedeutend ist mit dem Lösen der zweidimensionalen Diffusionsgleichung $v_t = v_{xx} + v_{yy}$ bei zentralen Differenzen für v_{xx} und v_{yy} und Vorwärtsdifferenzen für v_t, sowie $\Delta x = \Delta y$ und $\Delta t = (\Delta x)^2/4$.

12. Gleiche Aufgabenstellung wie 11 (Lösen der Diffusionsgleichung) für $\Delta t = \omega(\Delta x)^2$. Vergleichen Sie das Vorgehen mit dem SOR-Verfahren.

8.5 Die Finite-Elemente-Methode

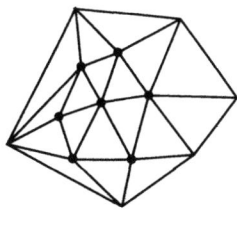

$N = 1$ $N = 7$

Bild 8.14

8.5 Die Finite-Elemente-Methode

Alle numerischen Berechnungsverfahren reduzieren eine PDGl auf eine diskrete Form. Es gibt aber neben den Differenzenverfahren noch andere Methoden. Es soll hier kurz die Finite-Elemente-Methode vorgestellt werden. Die zugrundeliegende Idee besteht darin, den Definitionsbereich in einfache Teilbereiche (Polygone) zu zerlegen und und die Lösung durch extrem einfache, auf diesen Teilbereichen definierte Funktionen zu approximieren. In einer Form, in der diese Methode auftritt–diesen Fall wollen wir hier untersuchen–sind die einfachen Teilbereiche Dreiecke und die einfachen Funktionen sind linear. Die Finite-Elemente-Methode wurde von Ingenieuren entwickelt, um auch unregelmäßig berandete Gebiete in den Griff zu bekommen. Wenn D etwa ein Kreis ist, kann man bei Verwendung eines Differenzenverfahrens in Schwierigkeiten geraten, einfach deshalb, weil sich ein Kreis nicht übermäßig genau in Rechtecke zerlegen läßt.

Wir betrachten das Dirichlet-Problem der Poisson-Gleichung in der Ebene

$$-\Delta u = f \text{ in } D, \quad u = 0 \text{ auf } \partial D. \tag{8.43}$$

Als erstes wird D *trianguliert*; das heißt, D wird approximiert durch einen Bereich D_N, der aus einer endlichen Anzahl von Dreiecken besteht (siehe Bild 8.14). Die Eckpunkte im Inneren bezeichnen wir mit $V_1, \ldots V_N$.

Als nächstes wählen wir N *Ansatzfunktionen* $v_1(x,y), \ldots, v_N(x,y)$, eine für jedes innere Dreieck. Jede Ansatzfunktion $v_i(x,y)$ wird so gewählt, daß sie den Funktionswert 1 in „ihrem" Eckpunkt V_i hat und in allen anderen Eckpunkten Null ist (siehe Bild 8.15). Im Inneren eines jeden Dreiecks ist jede Ansatzfunktion eine *lineare* Funktion: $v_i(x,y) = a + bx + cy$. (Die Koeffizienten a, b, c sind für jede Ansatzfunktion und für jedes Dreieck unterschiedlich.) Durch diese Vorschriften sind die $v_i(x,y)$ eindeutig festgelegt. Ihr Graph ist einfach eine Pyramide der Höhe 1 mit der Spitze bei V_i, sie ist identisch Null in allen Dreiecken, die V_i nicht als Eckpunkt haben.

Wir werden die Lösung $u(x,y)$ durch eine Linearkombination der $v_i(x,y)$ approximieren:

$$U_N(x,y) = U_1 v_1(x,y) + \ldots + U_N v_N(x,y). \tag{8.44}$$

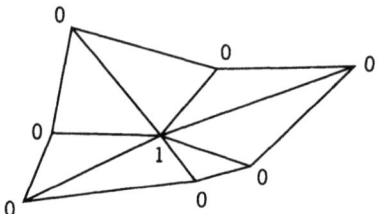

Bild 8.15

Wie müssen wir die Koeffizienten $U_1, \ldots, U_N$ wählen?

Zur Motivierung unserer Auswahl müssen wir etwas abschweifen. Wir formulieren das Problem (8.43) um unter Zuhilfenahme der ersten Greenschen Formel (Formel (7.2) aus Abschnitt 7.1). Dazu multiplizieren wir die Poisson-Gleichung mit einer beliebigen, auf dem Rand von D verschwindenden Funktion $v(x,y)$. Wir erhalten dann

$$\iint_D \nabla u \cdot \nabla v \, dx \, dy = \iint_D fv \, dx \, dy. \tag{8.45}$$

Statt nun die Gültigkeit von (8.45) für $u_N(x,y)$ und *alle* Funktionen $v(x,y)$ zu fordern, verlangen wir nur deren Gültigkeit für die ersten N speziellen Ansatzfunktionen $v = v_j$ $(j = 1, \ldots, N)$. Mit $u(x,y) = u_N(x,y)$ und $v(x,y) = v_j(x,y)$ wird (8.45) zu

$$\sum_{i=1}^{N} U_i \left(\iint_D \nabla v_i \cdot \nabla v_j \, dx \, dy \right) = \iint_D fv_j \, dx \, dy.$$

Es entsteht ein System von N linearen Gleichungen $(j = 1, \ldots, N)$ in den N Unbekannten $U_1, \ldots, U_N$. Wenn wir die Bezeichnungen

$$m_{ij} = \iint_D \nabla v_i \cdot \nabla v_j \, dx \, dy \quad \text{und} \quad f_j = \iint_D fv_j \, dx \, dy \tag{8.46}$$

einführen, nimmt das System die Gestalt

$$\sum_{i=1}^{N} m_{ij} U_i = f_j \quad (j = 1, \ldots, N) \tag{8.47}$$

an.

Die Finite-Elemente-Methode besteht darin, die m_{ij} und die f_j aus (8.46) zu berechnen und anschließend (8.47) zu lösen. Der Näherungswert der Lösung $u(x,y)$ ist dann durch (8.44) gegeben.

Die Ansatzfunktionen v_j sind explizit vollständig darstellbar, sie sind nur abhängig von der Art der Triangulierung des Definitionsbereiches. Die genäherte Lösung u_N ist so festgelegt, daß sie auf dem Rand D_N verschwindet. Im Eckpunkt $V_k = (x_k, y_k)$ des k-ten Dreiecks ist

8.5 Die Finite-Elemente-Methode

$$u_N(x_k, y_k) = U_1 v_1(x_k, y_k) + \ldots + U_N v_N(x_k, y_k) = U_k,$$

da $v_i(x_k, y_k)$ gleich 0 für $i \neq k$ und gleich 1 für $i = k$ ist. *Die Koeffizienten sind also die Funktionswerte der Näherungslösung in den Eckpunkten der Dreiecke.*

Die Näherungslösung $u_N(x, y)$ ist eine stetige und stückweise lineare (linear auf jedem Dreieck) Funktion, einfach weil sie eine Summe derartiger Funktionen ist. Sie ist die einzige stückweise lineare und stetige Funktion, für die $u_N(x_k, y_k) = U_k$ ($k = 1, \ldots, N$).

Beachten Sie auch, daß die Matrix m_{ij} „schwach besetzt" ist: $m_{ij} = 0$, wenn V_i und V_j keine benachbarten Eckpunkte sind. Weiterhin ist für ein Paar benachbarter Eckpunkte m_{ij} leicht zu berechnen, da v_{ij} auf jedem Dreieck linear ist.

Die Finite-Elemente-Methode tritt in der Praxis nicht nur in der Form von linearen Ansatzfunktionen auf triangulierten Gebieten auf. Zwei weitere Versionen in zwei Variablen sind die folgenden:

(i) *Bilineare Elemente in Rechtecken:* D wird in Rechtecke zerlegt, und die Lösung auf jedem dieser Rechtecke mit Hilfe der Ansatzfunktionen $v_i(x, y) = a + bx + cy + dxy$ approximiert. Jedem Eckpunkt $V_k = (x_k, y_k)$ eines Rechtecks ist die die Ansatzfunktion v_k zugeordnet.

(ii) *Quadratische Elemente in Dreiecken:* D wird in Dreiecke zerlegt und die Ansatzfunktionen haben die Gestalt $v_i(x, y) = a + bx + cy + dx^2 + exy + fy^2$. Jedem der sechs „Knoten" eines Dreiecks, das ist ein Eckpunkt oder eine Seitenmitte, ist eine Ansatzfunktion zugeordnet.

Näheres finden Sie in [TR].

Übungsaufgaben

1. Betrachten Sie das Problem $u_{xx} + u_{yy} = -4$ im Einheitsquadrat mit $u(0, y) = 0$, $u(1, y) = 0$, $u(x, 0) = 0$, $u(x, 1) = 0$. Zerlegen Sie das Quadrat durch seine Diagonalen in vier Dreiecke. Berechnen Sie den Näherungswert von $u(\frac{1}{2}, \frac{1}{2})$ im Mittelpunkt.

2. (a) Berechnen Sie die Fläche A des Dreiecks mit den Eckpunkten (x_1, y_1), (x_2, y_2) und (x_3, y_3).

   (b) Sei T ein Dreieck, das nach Triangulierung des Gebietes ensteht. Es habe die Eckpunkte (x_1, y_1), (x_2, y_2) und (x_3, y_3). Die dem Eckpunkt (x_1, y_1) zugeordnete lineare Ansatzfunktion sei $v(x, y)$. Berechnen Sie $v(x, y)$.

3. (*Lieneare Elemente auf Intervallen*) In einer Dimension sind Intervalle die geometrischen Bausteine der Finiten-Elemente-Methode. Die Ansatzfunktionen $v_j(x)$ seien definiert durch

$$v_j(x) = \begin{cases} 1 - j + x & \text{für} \quad j - 1 \leq x \leq j \\ 1 + j - x & \text{für} \quad j \leq x \leq j + 1 \\ 0 & \text{sonst.} \end{cases}$$

$v_j(x)$ ist also stetig und stückweise linear und es gilt $v_j(j) = 1$, sowie $v_j(k) = 0$ für alle $k \neq j$.

(a) Zeigen Sie, daß $\int [v_j(x)]^2 dx = 2$ und $\int v_j(x) v_{j+1}(x) \, dx = -1$.

(b) Leiten Sie her, daß das eindimensionale Analogon der Matrix m_{ij} eine Tridiagonalmatrix mit 2 auf der Diagonalen und -1 daneben ist.

4. (*Finite Elemente für die Wellengleichung*) Betrachten Sie das Problem $u_{tt} = u_{xx}$ in $[0; l]$ mit $u = 0$ an beiden Endpunkten und irgendeiner Anfangsbedingung. Der Einfachheit halber sei l eine ganze Zahl, und das Intervall äquidistant unterteilt. Jedem der $l - 1 = N$ inneren Punkte sei die in Aufgabe 3 definierte Ansatzfunktion zugeordnet. Die Näherungslösung wird definiert durch $u_N(x,t) = U_1(t) v_1(x) + \cdots + U_N(t) v_N(x)$, wobei die Koeffizienten unbekannte Funktionen von t sind.

(a) Zeigen Sie, daß

$$\sum_{i=1}^{N} U_i''(t) \int_0^l v_i(x) v_j(x) \, dx + \sum_{i=1}^{N} U_i(t) \int_0^l \frac{\partial v_i}{\partial x} \frac{\partial v_j}{\partial x} dx = 0$$

für $j = 1, \ldots, N$ eine sinnvolle Forderung ist.

(b) Zeigen Sie, daß die Finite-Elemente-Methode in diesem Fall zu einem System von gewöhnlichen Differentialgleichungen führt: $K d^2 U/dt^2 + MU = 0$ mit der Anfangsbedingung $U(0) = \Phi$. K und M sind dabei $N \times N$-Matrizen, $U(t)$ eine vektorwertige Funktion und Φ ein Vektor mit N Komponenten.

5. (*Bilineare Elemente in Rechtecken*) Bestimmen Sie die Werte U_1, U_2, U_3, U_4 der bilinearen Funktion $v(x,y) = a + bx + cy + dxy$ in den Eckpunkten des Rechtecks $(0,0), (A,0), (0,B), (A,B)$. (*Hinweis:* Schreiben Sie v als $v(x,y) = U_1 f_1(x,y) + \cdots U_4 f_4(x,y)$.)

9 Wellen im Raum

Wir leiten den Satz von der Erhaltung der Energie und das Kausalitätsprinzip in zwei und drei Dimensionen für die Wellengleichung im gesamten Raum her. In Abschnitt 9.3 untersuchen wir die Geometrie der Charakteristiken und lösen die inhomogene Wellengleichung. Abschnitt 9.4 behandelt die Diffusionsgleichung, die Schrödinger-Gleichung und den harmonischen Oszillator. Die Energieniveaus des Wasserstoffatoms werden im letzen Abschnitt hergeleitet.

9.1 Energie und Kausalität

Wir setzen uns jetzt die Behandlung der Wellengleichung

$$u_{tt} - c^2 \Delta u = 0 \tag{9.1}$$

im gesamten zwei- oder dreidimensionalen Raum zum Ziel. Wie zuvor konzentrieren wir uns auf den dreidimensionalen Fall

$$u_{tt} = c^2(u_{xx} + u_{yy} + u_{zz}).$$

Diese Gleichung ist invariant unter (i) Translationen von Raum und Zeit, (ii) Rotationen des Raums und (iii) unter Lorentz-Transformationen (siehe Übungsaufgabe 4).

Der charakteristische Kegel

Der Begriff der Charakteristik ist hier ebenso grundlegend, wie im eindimensionalen Fall, jetzt sind die Charakteristiken aber Flächen. Wenn wir eine Charakteristik der eindimensionalen Wellengleichung $x - x_0 = c(t - t_0)$ um die $t = t_0$-Achse rotieren lassen, erhalten wir den Hyperkegel

$$|\mathbf{x} - \mathbf{x}_0| = [(x - x_0)^2 + (y - y_0)^2 + (z - z_0)^2]^{1/2} = c|t - t_0|, \tag{9.2}$$

einen Kegel im vierdimensionalen Raum. Die durch (9.2) definierte Punktmenge wird *charakteristischer Kegel* oder *Lichtkegel* im Punkt $(\mathbf{x}_0, t_0)$ genannt. Der Grund für die letzte Bezeichnung liegt darin, daß in der Theorie des Elektromagnetismus c die Lichtgeschwindigkeit ist, und man sich den Kegel als die Vereinigung aller vom Punkt $(\mathbf{x}_0, t_0)$ ausgehenden Lichtstrahlen vorstellen kann.

Das Innere des Kegels, die Punktmenge $\{|\mathbf{x} - \mathbf{x}_0| < c|t - t_0|\}$, ist die Vereingungsmenge der beiden Halbkegel, die die Zukunft $(t > t_0)$ und die Vergangenheit $(t < t_0)$ bezüglich t_0 darstellen (siehe Abbildung 9.1). Der charakteristische Kegel

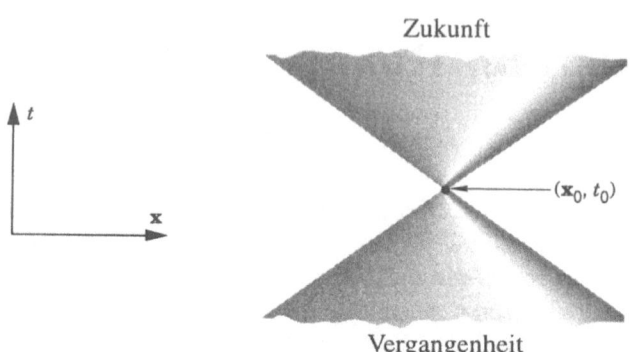

Bild 9.1

ist zu jedem festen Zeitpunkt t eine gewöhnliche Kugeloberfläche, und die Zukunft ($t > t_0$) ist eine Kugel, die aus all den Punkten besteht, die von einem Teilchen ausgehend von $(\mathbf{x}_0, t_0)$ in der Zeit $t - t_0$ erreicht werden können, wenn es mit einer Geschwindigkeit kleiner als c wandert. Mit $t \to \infty$ wachsen die Kugeln konzentrisch mit der Geschwindigkeit c an. Der charakteristische Kegel ist das Musterbeispiel einer *charakteristischen Mannigfaltigkeit*, wie sie in Abschnitt 9.3 untersucht werden.

Als geometrische Übung soll jetzt der äußere Normalenvektor des charakteristischen Kegels (9.2) berechnet werden. Wir haben es mit einer dreidimensionalen Hyperfläche im vierdimensionalen Raum zu tun, die durch die Gleichung

$$\phi(x, y, z, t) = (x - x_0)^2 + (y - y_0)^2 + (z - z_0)^2 - c^2(t - t_0)^2 = 0$$

gegeben ist. Sie ist eine Niveaufläche von ϕ, ihr Normalenvektor ist also der Gradient von $\phi(x, y, z, t)$. (Wir sprechen hier von Vektoren mit *vier* Komponenten.)

$$grad\,\phi = (\phi_x, \phi_y, \phi_z, \phi_t) = 2(x - x_0, y - y_0, z - z_0, -c^2(t - t_0)).$$

Die Normaleneinheitsvektoren sind

$$\begin{aligned}\mathbf{n} &= \pm \frac{grad\,\phi}{|grad\,\phi|} \\ &= \pm \frac{(x - x_0, y - y_0, z - z_0, -c^2(t - t_0))}{(c^4(t - t_0)^2 + (x - x_0)^2 + (y - y_0)^2 + (z - z_0)^2)^{1/2}}.\end{aligned}$$

Mit $r^2 = (x - x_0)^2 + (y - y_0)^2 + (z - z_0)^2$ vereinfacht sich die Gleichung des Kegels zu $r = \pm c(t - t_0)$. Wir können damit auch die Formel für $\mathbf{n}$ vereinfachen:

$$\mathbf{n} = \pm \left(\frac{x - x_0}{\sqrt{(c^2 + 1)r^2}}, \cdots, \frac{-c^2(t - t_0)}{\sqrt{(c^4 + c^2)(t - t_0)^2}} \right)$$

oder

$$\mathbf{n} = \pm \frac{c}{\sqrt{c^2 + 1}} \left(\frac{x - x_0}{cr}, \frac{y - y_0}{cr}, \frac{z - z_0}{cr}, -\frac{t - t_0}{|t - t_0|} \right). \qquad (9.3)$$

9.1 Energie und Kausalität

Dies sind der äußere und der innere Normaleneinheitsvektor des charakteristischen Kegels im vierdimensionalen Raum.

Die Energieerhaltung

Der Begriff der Energieerhaltung ist für Gleichungen der mathematischen Physik fundamental. Wir folgen der Vorgehensweise von Abschnitt 2.2, multiplizieren die Wellengleichung (9.1) mit u_t und führen die gleichen algebraischen Umformungen durch:

$$0 = (u_{tt} - c^2 \Delta u) u_t = (\frac{1}{2} u_t^2 + \frac{1}{2} c^2 |\nabla u|^2)_t - c^2 \nabla \cdot (u_t \nabla u) \qquad (9.4)$$

(siehe auch Abschnitt 7.1). Wir integrieren diese Identität über den ganzen Raum. Das Integral über den letzten Ausdruck verschwindet, wenn die Ableitungen von $u(\mathbf{x}, t)$ mit $|\mathbf{x}| \to \infty$ (in geeignetem Sinne) gegen Null streben. Unter dieser Voraussetzung erhalten wir

$$0 = \iiint \frac{\partial}{\partial t} \left(\frac{1}{2} u_t^2 + \frac{1}{2} c^2 |\nabla u|^2 \right) d\mathbf{x}. \qquad (9.5)$$

(Integriert wird über den ganzen $\mathbb{R}^3$.) Die Ableitung nach der Zeit kann vor das Integral gezogen werden (nach Abschnitt A.3). Somit ist die *(gesamte) Energie*

$$E = \frac{1}{2} \iiint (u_t^2 + c^2 |\nabla u|^2) \, d\mathbf{x} \qquad (9.6)$$

eine (von t unabhängige) *Konstante*. Der erste Term ist die *kinetische Energie*, der zweite die *potentielle Energie*.

Das Kausalitätsprinzip

Wir betrachten eine Lösung der Wellengleichung unter den Anfangsbedingungen

$$u(\mathbf{x}, 0) = \phi(\mathbf{x}) \qquad u_t(\mathbf{x}, 0) = \psi(\mathbf{x}).$$

Sei $\mathbf{x}_0$ ein beliebiger Punkt des Raumes und t_0 ein beliebiger Zeitpunkt. Das Kausalitätsprinzip besagt, daß der Wert $u(\mathbf{x}_0, t_0)$ nur abhängt von den Werten von $\phi(\mathbf{x})$ und $\psi(\mathbf{x})$ in der Kugel $\{|\mathbf{x} - \mathbf{x}_0| \leq ct_0\}$. Diese Kugel ist der Schnitt des vollen Lichtkegels mit der Anfangshyperebene $\{t = 0\}$ (siehe Bild 9.2).
Beweis: Wir beginnen mit der Energie-Identität (9.4) in ausgeschriebener Form

$$\partial_t(\frac{1}{2} u_t^2 + \frac{1}{2} c^2 |\nabla u|^2) + \partial_x(-c^2 u_t u_x) + \partial_y(-c^2 u_t u_y) + \partial_z(-c^2 u_t u_z) = 0, \qquad (9.7)$$

mit der Abkürzung $\partial_t = \partial/\partial t$ usw. Diesmal integrieren wir (9.7) über den Kegelstumpf F im vierdimensionalen Raum mit der Grundfläche B, der Deckfläche T und der Mantelfläche K. F ist ein Teil des vollen Lichtkegels (siehe Abbildung 9.3)
  Wir interpretieren (9.7) als Aussage, daß die Divergenz eines gewissen vierdimensionalen Vektorfeldes verschwindet. Das ist wie geschaffen für die vierdimensionale

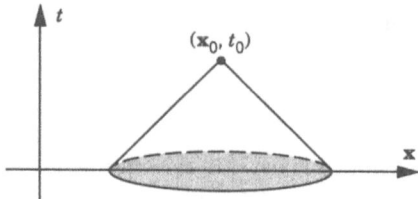

Bild 9.2

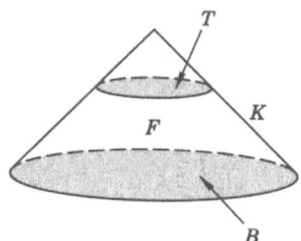

Bild 9.3

Version des Divergenzsatzes (siehe Abschnitt A.3)! Der Kegelstumpf F ist vier- sein Rand ∂F ist dreidimensional. Es bezeichne (n_x, n_y, n_z, n_t) den äußeren Normalenvektor von ∂F und dV das dreidimensionale Volumenelement von ∂F. Wir erhalten dann

$$\iiint_{\partial F} [n_t(\frac{1}{2}u_t^2 + \frac{1}{2}c^2|\nabla u|^2) - n_x(c^2 u_t u_x) - n_y(c^2 u_t u_y) - n_z(c^2 u_t u_z)]dV = 0. \quad (9.8)$$

Nun ist $\partial F = T \cup B \cup K$, das Integral (9.8) läßt sich also in drei Summanden zerlegen:

$$\iiint_T + \iiint_B + \iiint_K = 0.$$

Auf der Deckfläche T zeigt der Normalenvektor „direkt nach oben". Mit $\mathbf{n} = (n_x, n_y, n_z, n_t) = (0, 0, 0, 1)$ erhalten wir einfach

$$\iiint_T (\frac{1}{2}u_t^2 + \frac{1}{2}c^2|\nabla u|^2)\,d\mathbf{x}.$$

Auf der Grundfläche B ist $\mathbf{n} = (-1, 0, 0, 0)$ der Normalenvektor, so daß wir

$$\iiint_B (-1)(\frac{1}{2}u_t^2 + \frac{1}{2}|\nabla u|^2)\,d\mathbf{x} = -\iiint_B (\frac{1}{2}\psi^2 + \frac{1}{2}c^2|\nabla \phi|^2)\,d\mathbf{x}$$

erhalten.

9.1 Energie und Kausalität

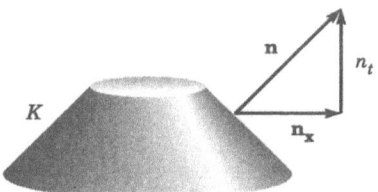

Bild 9.4

Das Integral über den Kegelmantel ist komplizierter, wir behaupten aber, es ist *nichtnegativ*. Zum Beweis setzen wir Formel (9.3) für **n** in das Integral über K ein. Wir müssen in (9.3) das Pluszeichen nehmen, denn die *äußere* Normale hat auf K eine positive t-Komponente (siehe Abbildung 9.4). Wie zuvor setzen wir $r = |\mathbf{x} - \mathbf{x}_0|$ und beachten $t < t_0$. Dann lautet das Integral über K

$$\frac{c}{\sqrt{c^2+1}} \iiint_K \left[\frac{1}{2} u_t^2 + \frac{1}{2} c^2 |\nabla u|^2 + \frac{x-x_0}{cr}(-c^2 u_t u_x) \right.$$
$$\left. + \frac{y-y_0}{cr}(-c^2 u_t u_y) + \frac{z-z_0}{cr}(-c^2 u_t u_z) \right] dV. \qquad (9.9)$$

Der letzte Integrand läßt sich abgekürzt schreiben als

$$I = \frac{1}{2} u_t^2 + \frac{1}{2} c^2 |\nabla u|^2 - c u_t u_r \qquad (9.10)$$

mit $\nabla u = (u_x, u_y, u_z)$,

$$\hat{\mathbf{r}} = \frac{\mathbf{x} - \mathbf{x}_0}{|\mathbf{x} - \mathbf{x}_0|} = \left(\frac{x-x_0}{r}, \frac{y-y_0}{r}, \frac{z-z_0}{r} \right)$$

und der Radialableitung

$$u_r = u_x \frac{\partial x}{\partial r} + u_y \frac{\partial y}{\partial r} + u_z \frac{\partial z}{\partial r} = \hat{\mathbf{r}} \cdot \nabla u.$$

Quadratische Ergänzung in (9.10) zeigt uns

$$I = \frac{1}{2}(u_t - c u_r)^2 + \frac{1}{2} c^2 (|\nabla u|^2 - u_r^2) = \frac{1}{2}(u_t - c u_r)^2 + \frac{1}{2} c^2 |\nabla u - u_r \hat{\mathbf{r}}|^2. \qquad (9.11)$$

Der Integrand und damit auch das Integral (9.9) ist also nichtnegativ, was wir zeigen wollten. Mit diesen Berechnungen gewinnen wir aus (9.8) die Ungleichung

$$\iiint_T (\frac{1}{2} u_t^2 + \frac{1}{2} c^2 |\nabla u|^2) \, d\mathbf{x} \leq \iiint_B (\frac{1}{2} \psi^2 + \frac{1}{2} c^2 |\nabla \phi|^2) \, d\mathbf{x}. \qquad (9.12)$$

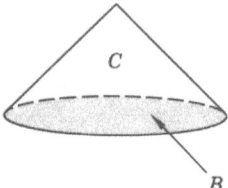

Bild 9.5

Nehmen wir an, ϕ und ψ verschwinden auf B. Dann folgern wir aus (9.12) mit dem ersten Ideditätssatz aus Abschnitt A.1, daß der Integrand $\frac{1}{2}u_t^2 + \frac{1}{2}c^2|\nabla u|^2$ und mit ihm auch u_t und ∇u auf T verschwinden. Da wir die Höhe des Kegelstumpfes F beliebig variieren können, müssen u_t und ∇u in dem gesamten oberhalb von B liegenden Teil des vollen Kegels C verschwinden (siehe Abbildung 9.5). u ist also konstant im Kegel C. Wegen $u = 0$ auf B folgt $u \equiv 0$ in C. Insbesondere ist $u(x_0, y_0, z_0, t_0) = 0$.

Bilden wir wie in Abschnitt 2.2 die Differenz zweier Lösungen u und v von (9.1), die auf B übereinstimmen, so ist $u(x_0, y_0, z_0, t_0) = v(x_0, y_0, t_0, t_0)$. Damit ist das Kausalitätsprinzip bewiesen. □

Der volle Kegel C heißt der *Abhängigkeitsbereich* oder die *Vergangenheit* des Puntes $(\mathbf{x}_0, t_0)$. Wie in Abschnitt 2.2 können wir unser Ergebnis auch wie folgt formulieren (wir setzen $t_0 = 0$):

Korollar 9.1 *Die Anfangsdaten $\phi(\mathbf{x}_0)$ und $\psi(\mathbf{x}_0)$ eines Raumpunktes $\mathbf{x}_0$ beeinflussen die Lösung nur innerhalb des vollen Lichtkegels mit der Spitze in $(\mathbf{x}_0, 0)$.*

Das heißt: *Der Einflußbereich eines Punktes ist der volle Lichtkegel, der von diesem Punkt ausgeht.* Wir haben also *allein aus der PDGl.* bewiesen, daß sich keine Welle schneller als mit Lichtgeschwindigkeit ausbreiten kann!

Dasselbe Kausalitätsprinzip hat in zwei Raumdimensionen Gültigkeit.

Übungsaufgaben

1. Bestimmen Sie alle dreidimensionalen ebenen Wellen; das heißt alle Lösungen der Wellengleichung von der Form $u(\mathbf{x}, t) = f(\mathbf{k} \cdot \mathbf{x} - ct)$, wobei $\mathbf{k}$ ein fester Vektor und f eine Funktion einer Variablen ist.

2. Überprüfen Sie, daß $(c^2 t^2 - x^2 - y^2 - z^2)^{-1}$ die Wellengleichung überall, außer auf dem Lichkegel erfüllt.

3. Überprüfen Sie, daß $(c^2t^2 - x^2 - y^2)^{-1/2}$ die zweidimensionale Wellengleichung überall, außer auf dem Kegel $\{x^2 + y^2 = c^2t^2\}$ erfüllt.

4. (*Lorentz-Invarianz der Wellengleichung*). Wir betrachten die Ortsvektoren der Punkte des Raum-Zeit-Kontinuums als Vektoren mit vier Komponenten (x, y, z, t). Γ sei eine Diagonalmatrix mit den Diagonalelementen 1, 1, 1, -1. Eine Matrix L heißt eine *Lorentz-Transformation*, wenn L invertierbar ist und wenn gilt $L^{-1} = \Gamma L^t \Gamma$. L^t ist die Transponierte von L.

   (a) Zeigen Sie, daß mit L und M auch LM und L^{-1} Lorentz-Transformationen sind.

   (b) Für Vektoren $\mathbf{v} = (x, y, z, t)$ werde durch $m(\mathbf{v}) = x^2 + y^2 + z^2 - t^2$ die *Lorentz-Metrik* definiert. Zeigen Sie, daß L genau dann eine Lorentz-Transformation ist, wenn $m(L\mathbf{v}) = m(\mathbf{v})$ für alle Vektoren $\mathbf{v} = (x, y, z, t)$.

   (c) Sei $u(x, y, z, t)$ eine Funktion, L eine Lorentz-Transformation und
   $$U(x, y, z, t) = u(L(x, y, z, t)).$$
   Zeigen Sie die Gültigkeit von
   $$U_{xx} + U_{yy} + U_{zz} - U_{tt} = u_{xx} + u_{yy} + u_{zz} - u_{tt}.$$

   (d) Geben Sie eine geometrische Interpretation der Lorentz-Transformation. (*Hinweis:* Betrachten Sie die Niveau-Mengen von $m(\mathbf{v})$.)

5. Beweisen Sie das Kausalitätsprinzip in zwei Raumdimensionen.

6. (a) Leiten Sie den Energieerhaltungssatz für die Wellengleichung in einem Gebiet D unter Dirichlet- oder Neumannschen Randbedingungen ab.

   (b) Was läßt sich aussagen, wenn eine Robin-Bedingung vorgegeben ist?

7. Zeigen Sie, daß die durch (9.6) definierte Energie abnimmt, wenn die Randbedingung $\partial u/\partial n + b\, \partial u/\partial t = 0$ mit $b > 0$ vorgegeben ist.

8. Die Gleichung $u_{tt} - c^2 \Delta u + m^2 u = 0$ mit $m > 0$ heißt *Klein-Gordon-Gleichung*.

   (a) Was ist die Gesamtenergie? Zeigen Sie, daß sie konstant ist.

   (b) Beweisen Sie für diese Gleichung die Gültigkeit des Kausalitätsprinzips.

9.2 Die Wellengleichung im Raum

Wir wollen eine explizite Lösungsformel (ähnlich der d'Alembertschen Formel (2.10)) für das Problem

$$u_{tt} = c^2(u_{xx} + u_{yy} + u_{zz}) \tag{9.13}$$
$$u(\mathbf{x}, 0) = \phi(\mathbf{x}) \qquad u_t(\mathbf{x}, 0) = \psi(\mathbf{x}). \tag{9.14}$$

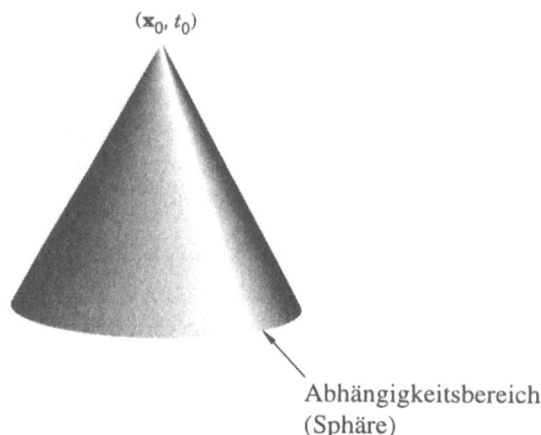

Bild 9.6

herleiten. Die Formel lautet

$$u(\mathbf{x}_0, t_0) = \frac{1}{4\pi c^2 t_0} \iint_S \psi(\mathbf{x})\, dS + \frac{\partial}{\partial t_0}\left[\frac{1}{4\pi c^2 t_0} \iint_S \phi(\mathbf{x})\, dS\right], \qquad (9.15)$$

wobei S eine Sphäre mit dem Mittelpunkt $\mathbf{x}_0$ und dem Radius ct_0 ist. Diese berühmte Formel geht auf Poisson zurück, ist aber unter dem Namen *Kirchhoffsche Formel* bekannt.

Wir werden Formel (9.15) gleich herleiten, zunächst soll sie aber mit dem Kausalitätsprinzip in Verbindung gebracht werden. Formel (9.15) sagt aus, daß der Wert $u(\mathbf{x}_0, t_0)$ nur abhängt von den Werten von $\psi(\mathbf{x})$ und $\phi(\mathbf{x})$ auf der Kugeloberfläche (Sphäre) $S = \{|\mathbf{x} - \mathbf{x}_0| = ct_0\}$ und nicht von Werten von $\psi(\mathbf{x})$ und $\phi(\mathbf{x})$ im Inneren dieser Kugel. Diese Behauptung kann zu der Aussage umformuliert werden, daß die Werte von ψ und ϕ in einem Raumpunkt $\mathbf{x}_1$ die Lösung der Wellengleichung nur auf der Oberfläche $\{|\mathbf{x} - \mathbf{x}_0| = ct\}$ des von $(\mathbf{x}_1, 0)$ ausgehenden Lichtkegels beeinflussen. In den Bildern 9.6 und 9.2 ist diese Eigenschaft illustriert, sie wird *Huygenssches Prinzip* genannt und besagt, daß die Ausbreitungsgeschwindigkeit jeder Lösung der dreidimensionalen Wellengleichung (die z. B. ein elektromagnetisches Signal im Vakuum beschreibt) genau gleich der Lichtgeschwindigkeit c ist, nicht größer, aber auch nicht kleiner.

Durch dieses Prinzip sind wir in der Lage, Bilder scharf zu sehen. Es bedeutet auch, daß jeder Klang sich mit einer genau festgelegten Geschwindigkeit ohne „Echo" in der Luft ausbreitet, wenn man von Inhomogenitäten der Luft und von reflektierenden Wänden absieht. So kann ein Hörer zu einem Zeitpunkt t genau das hören, was ein Musiker zum Zeitpunkt $t - d/c$ gespielt hat, wobei d der Abstand des Musikinstruments vom Hörer ist, und nicht etwa eine Mischung von Tönen, die zu verschiedenen früheren Zeitpunkten gespielt wurden.

Beweis der Kirchhoffschen Formel (9.15)

Wir benutzen die *Methode des sphärischen Mittels*. Der Mittelwert (das Mittel) von

9.2 Die Wellengleichung im Raum

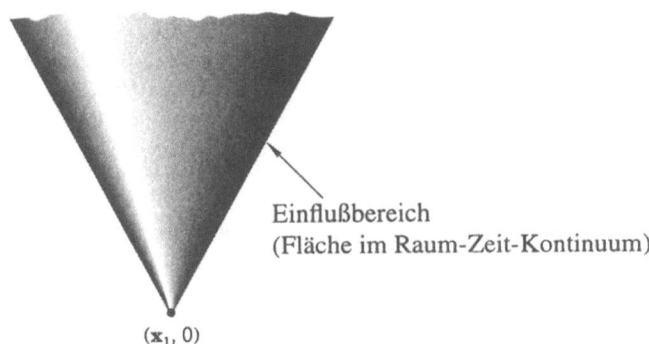

Einflußbereich
(Fläche im Raum-Zeit-Kontinuum)

$(\mathbf{x}_1, 0)$

Bild 9.7

$u(\mathbf{x}, t)$ auf der Sphäre $\{|\mathbf{x}| = r\}$ mit dem Mittlpunkt $\mathbf{0}$ und dem Radius r werde mit $\bar{u}(r, t)$ bezeichnet. Das heißt:

$$\bar{u}(r,t) = \frac{1}{4\pi r^2} \iint_{|\mathbf{x}|=r} u(\mathbf{x}, t)\, dS$$
$$= \frac{1}{4\pi} \int_0^{2\pi} \int_0^\pi u(\mathbf{x}, t) \sin\theta\, d\theta\, d\phi, \qquad (9.16)$$

wobei x, y, z durch die sphärischen Koordinaten r, θ und ϕ ausgedrückt sind. Wir zeigen zunächst, daß $\bar{u}$ die PDGl.

$$(\bar{u})_{tt} = c^2 (\bar{u})_{rr} + 2c^2 \frac{1}{r}(\bar{u})_r \qquad (9.17)$$

erfüllt.

Beweis von (9.17). Der Einfachheit halber nehmen wir $c = 1$ an. Gleichung (9.17) folgt aus der Rotationsinvarianz von Δ. Nach Übungsaufgabe 1 ist $\Delta(\bar{u}) = \overline{(\Delta u)}$. Der Laplace-Ausdruck des Mittelwerts ist also gleich dem Mittelwert des Laplace-Ausdrucks. Es gilt deshalb

$$\Delta(\bar{u}) = \overline{(\Delta u)} = \overline{(u_{tt})} = (\bar{u})_{tt}.$$

$\bar{u}$ erfüllt dieselbe PDGl. wie u. Aus (6.7) wissen wir, daß

$$\Delta \bar{u} = \bar{u}_{rr} + \frac{2}{r} \bar{u}_r + \text{Ableitungen nach den Winkeln}.$$

Die Ableitungen nach den Winkeln müssen aber verschwinden, da $\bar{u}$ nur von r abhängt. (9.17) ist damit bewiesen.

Um einen weiteren Beweis von (9.17) anzugeben, wenden wir den Divergenzsatz auf die Gleichung $u_{tt} = \Delta u$ über dem Bereich $D = \{|\mathbf{x}| \leq r\}$ an. Es ist dann

$$\iiint_D u_{tt}\, d\mathbf{x} = \iiint_D \Delta u\, d\mathbf{x} = \iint_{\partial D} \frac{\partial u}{\partial n}\, dS. \qquad (9.18)$$

Mit sphärischen Koordinaten läßt sich (9.18) ausführlich schreiben als

$$\int_0^r \int_0^{2\pi} \int_0^{\pi} u_{tt} \rho^2 \sin\theta\, d\theta\, d\phi\, d\rho = \int_0^{2\pi} \int_0^{\pi} \frac{\partial u}{\partial r} r^2 \sin\theta\, d\theta\, d\phi$$

oder

$$\int_0^r \rho^2 \overline{u_{tt}}(\rho, t)\, d\rho = r^2 \frac{\Delta \bar{u}(r,t)}{\Delta r}. \qquad (9.19)$$

Differenzieren wir (9.19) nach r, so erhalten wir auf der linken Seite den Integranden und auf der rechten zwei Terme wie folgt:

$$r^2 \overline{u_{tt}} = (r^2 \bar{u}_r)_r = r^2 \bar{u}_{rr} + 2r\bar{u}_r.$$

Division durch r^2 liefert abermals Gleichung (9.17).

Wir fahren im Beweis von (9.15) fort und setzen

$$v(r, t) = r\bar{u}(r, t)$$

in die PDGl. (9.17) ein. Dann ist $v_r = r\bar{u}_r + \bar{u}$ und $v_{rr} = r\bar{u}_{rr} + 2\bar{u}_r$. Gleichung (9.17) vereinfacht sich dann zu

$$v_{tt} = c^2 v_{rr}. \qquad (9.20)$$

Natürlich ist Gleichung (9.20) nur gültig für $0 \leq r < \infty$. Die Funktion $v = r\bar{u}$ verschwindet für $r = 0$

$$v(0, t) = 0 \qquad (\text{in } r = 0) \qquad (9.21)$$

und erfüllt die Anfangsbedingungen

$$v(r, 0) = r\bar{\phi}(r), \qquad v_r(r, 0) = r\bar{\psi}(r) \qquad (\text{für } t = 0). \qquad (9.22)$$

Wir sind damit auf ein eindimensionales Problem auf der Halbachse gestoßen: die PDGl. ist (9.20), die Randbedingung ist (9.21) und die Anfangsbedingung ist (9.22). Dieses Problem wurde schon in Abschnitt 3.2 durch die Formel (nach (3.12))

$$v(r, t) = \frac{1}{2c} \int_{ct-r}^{ct+r} s\bar{\psi}(s)\, ds + \frac{\partial}{\partial t}\left[\frac{1}{2c} \int_{ct-r}^{ct+r} s\bar{\phi}(s)\, ds\right] \qquad (9.23)$$

für $0 \leq r \leq ct$ und durch eine andere Formel für $r \geq ct$ gelöst.

Der nächste Schritt ist, den Wert von u für $r = 0$ zu ermitteln:

$$u(0, t) = \bar{u}(0, t) = \lim_{r \to 0} \frac{v(r, t)}{r}$$
$$= \lim_{r \to 0} \frac{v(r, t) - v(0, t)}{r} = \frac{\partial v}{\partial r}(0, t). \qquad (9.24)$$

Durch Differentiation von (9.23) erhalten wir

$$\frac{\partial v}{\partial r} = \frac{1}{2c}[(ct+r)\bar{\psi}(ct+r) + (ct-r)\bar{\psi}(ct-r)] + \cdots,$$

9.2 Die Wellengleichung im Raum

wobei $\cdots$ gleichartige, von $\bar{\phi}$ abhängige Terme bezeichnet. Wenn wir $r = 0$ setzen, vereinfacht sich der Ausdruck zu

$$\frac{\partial v}{\partial r}(0,t) = \frac{1}{2c} 2ct\bar{\psi}(ct) = t\bar{\psi}(ct).$$

Das ist die rechte Seite von (9.24) und wir schließen

$$u(\mathbf{0},t) = t\bar{\psi}(ct) = \frac{1}{4\pi c^2 t} \iint_{|\mathbf{x}|=ct} \psi(\mathbf{x})\,dS + \cdots. \tag{9.25}$$

(9.25) stimmt mit dem ersten Term in Formel (9.15) überein für den Fall, daß der Raumpunkt der Ursprung ist und die Zeit mit t bezeichnet wird. Dieser erste Term ist nichts anderes als die Zeit t multipliziert mit dem Mittelwert von ψ auf der Sphäre um den Nullpunkt mit Radius ct.

Als nächstes unterziehen wir (9.25) einer Translation. Ist $\mathbf{x}_0$ irgendein Raumpunkt, so setzen wir

$$w(\mathbf{x},t) = u(\mathbf{x}+\mathbf{x}_0, t).$$

w ist eine Lösung der Wellengleichung mit den Anfangsdaten $\phi(\mathbf{x}+\mathbf{x}_0)$ und $\psi(\mathbf{x}+\mathbf{x}_0)$. Wir können das Ergebnis (9.25) auf $w(\mathbf{x},t)$ anwenden und erhalten

$$u(\mathbf{x}_0, t) = w(\mathbf{0},t) = \frac{1}{4\pi c^2 t} \iint_{|\mathbf{x}|=ct} \psi(\mathbf{x}+\mathbf{x}_0)\,dS + \cdots$$

$$= \frac{1}{4\pi c^2 t} \iint_{|\mathbf{x}-\mathbf{x}_0|=ct} \psi(\mathbf{x})\,dS + \cdots. \tag{9.26}$$

Das ist genau der erste Term in (9.15).

Eine kleine Überlegung zeigt, daß man den zweiten Term in (9.3) auf die gleiche Weise erhalten kann. Wenn wir nämlich im ersten Term von (9.23) ψ durch ϕ ersetzen und die Ableitung nach der Zeit bilden, erhalten wir den zweiten Term. Die beiden Terme in (9.15) stehen in der gleichen Beziehung zueinander. □

Lösungen in zwei Raumdimensionen

Wir werden sehen, daß das Huygenssche Prinzip in zwei Dimensionen *nicht* gilt! Dazu wollen wir das Problem

$$u_{tt} = c^2(u_{xx} + u_{yy}) \tag{9.27}$$

$$u(x,y,0) = \phi(x,y), \quad u_t(x,y,0) = \psi(x,y) \tag{9.28}$$

lösen. Der Grundgedanke dabei ist, $u(x,y,t)$ als eine *von z unabhängige* Lösung eines dreidimensionalen Problems aufzufassen. Die Lösung muß daher durch die Kirchhoffsche Formel gegeben sein. Wieder nehmen wir der Einfachheit halber an, daß $\phi \equiv 0$ und daß $(x_0, y_0) = (0,0)$. Nach Formel (9.25) für das dreidimensionale Problem ist

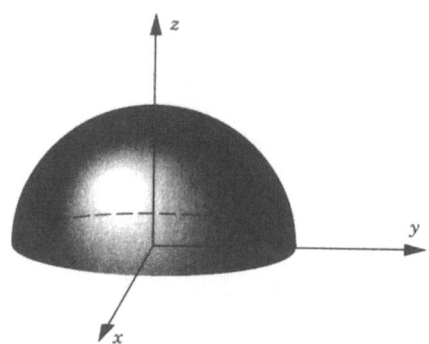

Bild 9.8

$$u(0,0,t) = \frac{1}{4\pi c^2 t} \iint_{x^2+y^2+z^2=c^2t^2} \psi(x,y)\, dS$$

die korrekte Lösungsformel für (9.27), (9.28). Wir können dieses Flächenintegral über die obere Halbsphäre weiter vereinfachen. Drückt man das Flächenelement dS der Halbsphäre (siehe Abbildung 9.15) durch die x,y-Koordinaten aus, so erhält man das Doppelintegral

$$u(0,0,t) = \frac{1}{4\pi c^2 t} \iint_{x^2+y^2+z^2\leq c^2t^2} \psi(x,y) \left[1 + \left(\frac{\partial z}{\partial x}\right)^2 + \left(\frac{\partial z}{\partial y}\right)^2\right]^{1/2} dx\, dy. \tag{9.29}$$

Der Klammerausdruck in (9.29) wird umgeformt zu

$$[\,\cdot\,] = 1 + \left(-\frac{x}{z}\right)^2 + \left(-\frac{y}{z}\right)^2 = \frac{c^2t^2}{z^2} = \frac{c^2t^2}{c^2t^2 - x^2 - y^2}.$$

Dann wird aus (9.29)

$$u(0,0,t) = \frac{1}{2\pi c} \iint_{x^2+y^2\leq c^2t^2} \frac{\psi(x,y)}{(c^2t^2 - x^2 - y^2)^{1/2}} dx\, dy. \tag{9.30}$$

Das ist die Lösungsformel für den Punkt $(0,0,t)$. In einem beliebigen Punkt ist

$$\begin{aligned}u(x_0,y_0,t_0) &= \iint_D \frac{\psi(x,y)}{[c^2t_0^2 - (x-x_0)^2 - (y-y_0)^2]^{1/2}} \frac{dx\, dy}{2\pi c} \\&+ \frac{\partial}{\partial t_0} \iint_D \frac{\phi(x,y)}{[c^2t_0^2 - (x-x_0)^2 - (y-y_0)^2]^{1/2}} \frac{dx\, dy}{2\pi c},\end{aligned} \tag{9.31}$$

dabei ist D der Kreis $\{(x-x_0)^2 + (y-y_0)^2 \leq c^2t_0^2\}$. (Warum?)

Unsere Formel (9.31) zeigt, daß der Funktionswert $u(x_0,y_0,t_0)$ abhängt von den Werten von $\phi(x,y)$ und $\psi(x,y)$ *im Inneren* des Kegels

$$(x-x_0)^2 + (y-y_0)^2 \leq c^2 t_0^2.$$

9.2 Die Wellengleichung im Raum

Das hat zur Folge, daß das *Huygenssche Prinzip in zwei Dimensionen falsch ist*. Wenn man beispielsweise einen Kieselstein in einen ruhigen Teich fallen läßt, werden auf der Oberfläche Wellen erzeugt, die (genähert) die zweidimensionale Wellengleichung mit einer gewissen Geschwindigkeit c erfüllen; x und y sind die horizontalen Koordinaten. Ein Wasserkäfer, der sich in der Entfernung δ vom Eintauchpunkt befindet, spürt eine erste Welle zum Zeitpunkt $t = \delta/c$ und erfährt danach weitere Wellenbewegungen. Diese Wellen klingen mit t^{-1} ab (entsprechend Übungsaufgabe 18), bleiben aber, zumindest theoretisch, für alle Zeiten bestehen. (In der Realität hat die Wellengleichung, wenn die Wellen klein genug geworden sind, keine wirkliche Bedeutung mehr, da andere physikalische Effekte zu dominieren beginnen.)

Man kann darüber spekulieren, wie sich das auf das Leben in Flachland, einer zweidimensionalen Welt auswirken würde. Die Kommunikation wäre schwierig, da Licht- und Schallwellen nicht scharf ein- und wieder aussetzen, sondern für alle Zeiten bestehen bleiben. Es wäre eine lärmerfüllte Welt! Löst man die Wellengleichung in N Raumdimensionen, so stellt sich heraus, daß nur für ungeradzahlige Dimensionen Signale scharf transportiert werden (d.h. das Huygenssche Prinzip ist gültig). So ist drei die „beste aller möglichen" Dimensionen, die kleinste nämlich, für die das Huygenssche Prinzip gilt!

Die Methode der sphärischen Mittelbildung kann für jede ungerade Dimension ≥ 5 verallgemeinert werden. Von jeder ungeraden Dimension $n = 2m + 1$ können wir zur geraden Dimension $2m$ „absteigen", und erhalten eine Lösungsformel, die uns die Ungültigkeit des Huygensschen Prinzips in $2m$ Dimensionen zeigt [CH].

Übungsaufgaben

1. Zeigen Sie, daß für jede Funktion u gilt $\Delta(\bar{u}) = \overline{(\Delta u)}$; d.h. der Laplaceausdruck des Mittelwertes ist gleich dem Mittelwert des Laplaceausdrucks. (*Hinweis:* Schreiben Sie Δu mit sphärischen Koordinaten und zeigen Sie, daß die Winkelterme auf Sphären um den Nullpunkt den Mittelwert Null haben.)

2. Zeigen Sie die Gültigkeit von (9.15) für die Funktion $u(x, y, z, t) \equiv t$.

3. Lösen Sie die Wellengleichung in drei Dimensionen mit den Anfangsdaten $\phi \equiv 0$, $\psi(x, y, z) = y$ mit Hilfe von (9.15).

4. Lösen Sie die Wellengleichung in drei Dimensionen mit den Anfangsdaten $\phi \equiv 0$, $\psi(x, y, z) = x^2 + y^2 + z^2$. (*Hinweis:* Verwenden Sie (9.17).)

5. Wo verschwindet eine dreidimensionale Welle, wenn ihre Anfangsdaten ϕ und ψ außerhalb einer Kugel verschwinden.

6. (a) Sei S eine Sphäre mit dem Mittelpunkt $\mathbf{x}$ und dem Radius R. Welchen Flächeninhalt hat $S \cap \{|\mathbf{x}| < \rho\}$, der Teil von S also, der in einer Kugel um $\mathbf{0}$ mit dem Radius ρ liegt?

(b) Lösen Sie die Wellengleichung in drei Dimensionen für $t > 0$ unter den Anfangsbedingungen $\phi(\mathbf{x}) \equiv 0$, $\psi(\mathbf{x}) = A$ für $|\mathbf{x}| < \rho$ und $\psi(\mathbf{x}) = 0$ für $|\mathbf{x}| > \rho$, A ist eine Konstante. Skizzieren Sie die Bereiche im Raum-Zeit-Diagramm, die von Ihrer Lösung betroffen sind. (Diese Aufgabe entspricht der des Hammerschlages aus Abschnitt 2.1.)

(c) Skizzieren Sie den Graphen der Lösung (u gegen $|\mathbf{x}|$) für $t = \frac{1}{2}$, 1 und 2, wenn $\rho = c = A = 1$. (Das sind „Filmbilder" der Lösung.)

(d) Skizzieren Sie den Graphen von u gegen t für $|\mathbf{x}| = \frac{1}{2}$ und 2, wenn $\rho = c = A = 1$. (Das sieht ein stationärer Beobachter.)

(e) Sei $|\mathbf{x}_0| < \rho$. Bewegen Sie sich auf der Welle längs einem von $(\mathbf{x}_0, 0)$ ausgehenden Lichtstrahl, d.h. betrachten Sie $u(\mathbf{x}_0 + t\mathbf{v}, t)$, wenn $|\mathbf{v}| = c$. Zeigen Sie, daß
$$\lim_{t \to \infty} t \cdot u(\mathbf{x}_0 + t\mathbf{v}, t)$$
existiert. (*Hinweis:* (a) Machen Sie eine Fallunterscheidung danach, ob eine Kugel die andere enthält oder nicht. (b) Verwenden Sie die Kirchhoffsche Formel.)

7. (a) Lösen Sie die Wellengleichung in drei Dimensionen für $t > 0$ unter den Anfangsbedingungen $\phi(\mathbf{x}) = A$ für $|\mathbf{x}| < \rho$ und $\phi(\mathbf{x}) = 0$ für $|\mathbf{x}| > \rho$ und $\psi(\mathbf{x}) \equiv 0$. A ist eine Konstante. (Diese Aufgabe ähnelt der der gezupften Saite.) (*Hinweis:* Differenzieren Sie die Lösung aus Aufgabe 6(b).)

(b) Verdeutlichen Sie Ihre Lösung durch eine Skizze im Raum-Zeit-Diagramm. Wo hat die Lösung Sprung-Unstetigkeiten?

(c) Sei $|\mathbf{x}_0| < \rho$. Bewegen Sie sich auf der Welle längs einem von $(\mathbf{x}_0, 0)$ ausgehenden Lichtstrahl, d.h. betrachten Sie $u(\mathbf{x}_0 + t\mathbf{v}, t)$, wenn $|\mathbf{v}| = c$. Zeigen Sie, daß
$$\lim_{t \to \infty} t \cdot u(\mathbf{x}_0 + t\mathbf{v}, t)$$
existiert.

8. Arbeiten Sie die Herleitung des zweiten Terms von (9.15) aus.

9. (a) Zeigen Sie: Ist $u(x, y, z, t)$ eine Lösung der Wellengleichung in drei Dimensionen, deren Anfangswerte außerhalb einer Kugel verschwinden, so ist $u(x, y, z, t) = 0$ für einen festen Punkt (x, y, z), wenn t nur hinreichend groß ist.

(b) Beweisen Sie, daß $u(x, y, z, t)$ mit $t \to \infty$ *gleichmäßig* von der Ordnung $O(t^{-1})$ ist. Zeigen Sie also, daß $t \cdot u(x, y, z, t)$ eine beschränkte Funktion von x, y, z und t ist. (*Hinweis:* Verwenden Sie die Kirchhoffsche Formel.)

10. Leiten Sie die Mittelwerteigenschaft für harmonische Funktionen mit folgender Methode her: Eine harmonische Funktion kann als eine von der Zeit t unabhängige Welle aufgefaßt werden, so daß also ihr Mittelwert $\bar{u}(r, t) = \bar{u}(r)$ Gleichung (9.17) erfüllt. Folgern Sie $\bar{u}(r) = u(\mathbf{0})$.

9.2 Die Wellengleichung im Raum

11. Bestimmen Sie alle sphärischen Lösungen (Kugelwellen) der Wellengleichung in drei Dimensionen, das sind die Lösungen, die nur von r und von t abhängen. (*Hinweis:* Siehe (9.17).)

12. Lösen Sie die dreidimensionale Wellengleichung in $\{r \neq 0, t > 0\}$ unter verschwindenden Anfangsbedingungen und unter der Grenzbedingung

$$\lim_{r \to 0} 4\pi r^2 u_r(r,t) = g(t).$$

Setzen Sie $g(0) = g'(0) = g''(0) = 0$ voraus.

13. Lösen Sie die Wellengleichung im Halbraum $\{(x,y,z,t)|z > 0\}$ unter der Neumann-Bedingung $\partial u/\partial z = 0$ auf $z = 0$, der Anfangsbedingung $\phi(x,y,z) \equiv 0$ und bei beliebigem $\psi(x,y,z)$. (*Hinweis:* Beachten Sie (9.15) und verwenden Sie die Reflexionsmethode.)

14. Warum läßt sich die Methode der sphärischen Mittelbildung in zwei Raumdimensionen nicht anwenden?

15. Führen Sie die Herleitung der allgemeinen Lösungsformel (9.31) aus dem Spezialfall (9.30) durch.

16. (a) Lösen Sie die Wellengleichung in zwei Dimensionen für $t > 0$ unter den Anfangsbedingungen $\phi(\mathbf{x}) \equiv 0$, $\psi(\mathbf{x}) = A$ für $|\mathbf{x}| < \rho$ und $\psi(\mathbf{x}) = 0$ für $|\mathbf{x}| > \rho$. A ist eine Konstante. Berechnen Sie das Integral nicht.

    (b) Bestimmen Sie unter den gleichen Bedingungen eine einfache Formel für $u(\mathbf{0},t)$ durch Umformen des Integrals.

17. Verwenden Sie das Ergebnis von Aufgabe 16 zur Berechnung des Grenzwerts

$$\lim_{t \to \infty} t \cdot u(\mathbf{0},t).$$

18. Zeigen Sie, daß für jede Lösung der Wellengleichung in zwei Dimensionen, deren Anfangswerte außerhalb eines Kreises verschwinden, $u(x,y,t)$ bei festem (x,y) mit $t \to \infty$ von der Ordnung $O(t^{-1})$ ist, daß also $t \cdot u(x,y,t)$ bei festem x und y eine beschränkte Funktion von t ist. Beachten Sie den Unterschied zum dreidimensionalen Fall. (*Hinweis:* Verwenden Sie Formel (9.31).)

19. Zeigen Sie unter den Voraussetzungen von Aufgabe 18, daß

$$u(x,y,t) = O(t^{-1/2}) \text{ gleichmäßig mit } t \to \infty.$$

20. Führen Sie die „Absteigemethode" von zwei Dimensionen zu einer in der folgenden Weise durch: Stellen Sie sich auf den Standpunkt, Sie kennen die d'Alembertsche Lösungsformel nicht. Betrachten Sie die Lösung von $u_{tt} = c^2 u_{xx}$ unter der Anfangsbedingung $\phi(x) \equiv 0$ und bei beliebigem $\psi(x)$ als eine von y unabhängige Lösung des zweidimensionalen Problems. Setzen Sie sie in (9.31) ein und formen Sie das Integral um.

9.3 Strahlen, Singularitäten und Quellen

In diesem Abschnitt untersuchen wir die Geometrie der Charakteristiken, die in der Relativitätstheorie vorkommenden geometrischen Begriffe, sowie die Tatsache, daß Wellen sich entlang der Charakteristiken ausbreiten. Wir werden auch die inhomogene Wellengleichung lösen.

Charakteristiken

Ein *Lichtstrahl* ist der Weg eines Punktes im dreidimensionalen Raum, der sich auf einer Geraden mit der Geschwindigkeit c bewegt. Der Weg wird durch $|dx/dt| = c$ oder

$$\mathbf{x} = \mathbf{x}_0 + \mathbf{v}_0 t \quad \text{mit } |\mathbf{v}_0| = c \tag{9.32}$$

beschrieben.

Wir haben bereits gesehen, daß der geometrische Begriff des Lichtkegels $\{(\mathbf{x},t)|\ |\mathbf{x}| = ct\}$ grundlegend für die Wellengleichung ist. Der Lichtkegel wird gebildet aus allen *Weltlinien*

$$(\mathbf{x}, t) = (\mathbf{x}_0, t_0) + \tau(\mathbf{v}_0, 1) \tag{9.33}$$

mit $(\mathbf{x}_0, t_0) = (\mathbf{0}, 0)$. Die Lichtstrahlen (9.32) mit $\mathbf{x}_0 = \mathbf{0}$ sind orthogonal zu den Sphären $\{\mathbf{x} \mid |\mathbf{x} - \mathbf{x}_0| = ct\}$.

Betrachten wir nun eine Fläche S im Raum-Zeit-Kontinuum. Unter einem *Zeitschnitt* versteht man die senkrechte Projektion S_t von $S \cap \{t = const.\}$ in den x-Raum. S ist eine dreidimensionale Fläche im vierdimensionalen Raum, und jedes S_t ist eine gewöhnliche zweidimensionale Fläche. S heißt eine *charakteristische Fläche*, wenn sie eine Vereinigung von Weltlinien (9.33) ist, und jeder zugehörige Lichtstrahl (9.32) orthogonal zu den Zeitschnitten S_t ist.

Der folgende Satz gibt eine analytischere Beschreibung der charakteristischen Flächen. Dazu nehmen wir an, daß S Niveaufläche einer Funktion der Form $f(\mathbf{x},t) = t - \gamma(\mathbf{x})$ ist, also $S = \{(\mathbf{x},t)|t - \gamma(\mathbf{x}) = k\}$ mit einer Konstanten k. Die Zeitschnitte sind dann $S_t = \{\mathbf{x}|t - \gamma(\mathbf{x}) = k\}$.

Satz 9.1 *Alle Niveauflächen von $f(\mathbf{x},t) = t - \gamma(\mathbf{x})$ sind genau dann charakteristische Flächen, wenn $|\nabla\gamma(\mathbf{x})| = 1/c$.*

Beweis. Wir nehmen zunächst an, daß alle Niveauflächen von $t - \gamma(\mathbf{x})$ charakteristisch sind. Sei $\mathbf{x}_0$ ein beliebiger Raumpunkt und S diejenige Niveaufläche von $t - \gamma(\mathbf{x})$, die den Punkt $(\mathbf{x}_0, 0)$ enthält. Dann ist $S = \{(\mathbf{x},t)|t - \gamma(\mathbf{x}) = -\gamma(\mathbf{x}_0)\}$. Da $(\mathbf{x}_0, 0) \in S$, und da S charakteristisch ist, gibt es eine in S enthaltene Weltlinie der Form (9.33), für die $\mathbf{v}_0$ orthogonal zu allen S_t ist. Da die Weltlinie in S liegt, erfüllt sie die Gleichung

$$t - \gamma(\mathbf{x}_0 + \mathbf{v}_0 t) = -\gamma(\mathbf{x}_0) \tag{9.34}$$

für alle t. Differentiation von (9.34) nach t liefert $1 - \mathbf{v}_0 \cdot \nabla\gamma(\mathbf{x}_0 + \mathbf{v}_0 t) = 0$. Mit $t = 0$ erhalten wir $\mathbf{v}_0 \cdot \nabla\gamma(\mathbf{x}_0) = 1$.

9.3 Strahlen, Singularitäten und Quellen   249

Andererseits ist der Vektor $\nabla\gamma(\mathbf{x}_0)$ Normalenvektor des Zeitschnitts $S_0 = \{\mathbf{x}|\gamma(\mathbf{x}) = \gamma(\mathbf{x}_0)\}$. Da auch $\mathbf{v}_0$ Normalenvektor ist, sind beide parallel und es gilt $1 = |\mathbf{v}_0 \cdot \nabla\gamma(\mathbf{x}_0)| = |\mathbf{v}_0||\nabla\gamma(\mathbf{x}_0)| = c|\nabla\gamma(\mathbf{x}_0)|$. Es folgt $|\nabla\gamma(\mathbf{x}_0)| = 1/c$. Damit ist eine Richtung des Satzes bewiesen. Die Umkehrung wird in Übungsaufgabe 2 behandelt. □

Beispiel 1.

Betrachtet man eine beliebige Fläche S_0 im dreidimensionalen Raum als Zeitschnitt für $t = 0$, so läßt sich eine charakteristische Fläche S dadurch konstruieren, daß man in jedem Punkt $\mathbf{x}_0 \in S$ eine Weltlinie zeichnet, deren Vektor $\mathbf{v}_0$ orthogonal zu S_0 ist, und die gegenüber dem $\mathbf{x}$-Raum die Steigung $1/c$ hat. Auf diese Weise führt beispielsweise die Ebene $S_0 = \{\mathbf{x}|a_1 x + a_2 y + a_3 z = b\}$ mit $a_1^2 + a_2^2 + a_3^2 = 1$ zur charakteristischen Fläche $S = \{(\mathbf{x},t)|a_1 x + a_2 y + a_3 z - ct = b\}$, aber auch zu $S' = \{(\mathbf{x},t)|a_1 x + a_2 y + a_3 z + ct = b\}$. In ähnlicher Weise führt die Sphäre $S_0 = \{\mathbf{x}||\mathbf{x} - \mathbf{x}_0| = R\}$ zu dem Paar von charakteristischen Flächen $S = \{(\mathbf{x},t)||\mathbf{x} - \mathbf{x}_0| = R \pm ct\}$.

Relativistische Geometrie

In der Relativitätstheorie ist die folgende Terminologie gebräuchlich. Die *Vergangenheit* (oder *Historie*) des Punktes $(\mathbf{0},0)$ ist die Menge $\{(\mathbf{x},t)|ct < -|\mathbf{x}|\}$, seine *Zukunft* ist $\{(\mathbf{x},t)|ct > |\mathbf{x}|\}$ und seine *Gegenwart* ist $\{(\mathbf{x},t)| - |\mathbf{x}| < ct < |\mathbf{x}|\}$. Ein vierdimensionaler Vektor $(\mathbf{v}, v^0)$ heißt (siehe Abbildung 9.9)

zeitartig, wenn $|v^0| > c|\mathbf{v}|$,
raumartig, wenn $|v^0| < c|\mathbf{v}|$,
charakteristisch (oder *Null*), wenn $|v^0| = c|\mathbf{v}|$.

Ein zeitartiger Vektor zeigt entweder in die Zukunft oder in die Vergangenheit. Eine Gerade im Raum-Zeit-Kontinuum heißt *Strahl* oder *bicharakteristisch*, wenn ihr Richtungsvektor charakteristisch ist. Ihre Projektion in den $\mathbf{x}$-Raum ist (ein durch (9.32) definierter) Lichtstrahl.

Eine charakteristische Fläche im Raum-Zeit-Kontinuum läßt sich auch dadurch beschreiben, daß ihr (vierdimensionaler) Normalenvektor charakteristisch ist. Hat S die Darstellung $S = \{(\mathbf{x},t)|t = \gamma(\mathbf{x})\}$, so ist $(\nabla\gamma(\mathbf{x}), -1)$ Normalenvektor. S ist charakteristische Fläche, wenn dieser Vektor charakteristisch ist. In Übereinstimmung mit Satz 9.1 bedeutet das $1 = |v^0| = c|\mathbf{v}| = c|\nabla\gamma(\mathbf{x})|$.

Eine Fläche $\{(\mathbf{x},t)|t - \gamma(\mathbf{x}) = k\}$ heißt *raumartig*, wenn alle ihre Normalenvektoren zeitartig sind, d.h. wenn $|\nabla\gamma(\mathbf{x})| < 1/c$. Die Anfangsfläche $\{(\mathbf{x},t)|t = 0\}$ beispielsweise, als Fläche im Raum-Zeit-Kontinuum betrachtet, ist raumartig, da $\gamma \equiv 0$. *Es sind die raumartigen Flächen, auf denen in natürlicher Weise Anfangsbedingungen vorgegeben werden können*, wie der folgende Satz zum Ausdruck bringt.

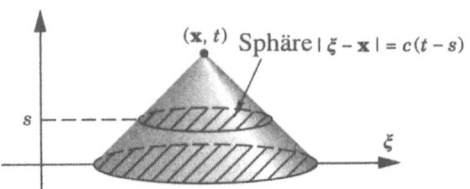

Bild 9.9

Satz 9.2 *Sei S eine raumartige Fläche. Dann besitzt das Anfangswertproblem*

$$u_{tt} = c^2 \Delta u \quad \text{im Raum-Zeit-Kontinuum}$$
$$u = \phi \quad \text{und} \quad \frac{\partial u}{\partial n} = \psi \quad \text{auf } S, \tag{9.35}$$

wobei $\partial/\partial n$ die Ableitung in Richtung der Normalen von S angibt, eine eindeutig bestimmte Lösung.

Wird S als $S = \{(\mathbf{x}, t) | \, t = \gamma(\mathbf{x})\}$ dargestellt, so bedeutet die zweite Anfangsbedingung in (9.35) explizit

$$u_t - \nabla \gamma \cdot \nabla u = [1 + |\nabla \gamma|^2]^{1/2} \psi \quad \text{für } t = \gamma(\mathbf{x}). \tag{9.36}$$

(Warum?) Wir übergehen den Beweis von Satz 9.2.

Singularitäten

Wir stellen Ihnen hier eine weitere grundlegende Eigenschaft der charakteristischen Flächen vor, die auch in weiterführenden Texten bewiesen wird.

Satz 9.3 *Die einzigen Flächen, auf denen Singularitäten von Lösungen der Wellengleichung transportiert werden, sind die charakteristischen Flächen.*

Die Beweisidee besteht darin, daß Informationen entlang Lichtstrahlen transportiert werden (vgl. Abschnitt 2.5), und eine Singularität eine sehr spezielle Art von Information ist. Eine Lösung hat in einem Punkt eine *Singularität*, wenn sie oder eine ihrer Ableitungen beliebiger Ordnung dort unstetig ist. Bei der gezupften Saite beispielsweise aus Abschnitt 2.1 besteht die Singularität in der Sprungstelle der ersten Ableitung; sie wird offenbar entlang den Charakteristiken weitertransportiert.

Beispiel 2.

Im folgenden wird ein Beispiel einer Singularität ausführlicher betrachtet. Die vorgegebene Funktion sei

9.3 Strahlen, Singularitäten und Quellen

$$u(\mathbf{x},t) = \tfrac{1}{2}v(\mathbf{x},t)[t-\gamma(\mathbf{x})]^2 \quad \text{für } \gamma(\mathbf{x}) \leq t$$
$$u(\mathbf{x},t) = 0 \quad \text{für } \gamma(\mathbf{x}) \geq t, \tag{9.37}$$

wobei $v(\mathbf{x},t)$ eine auf $S = \{(\mathbf{x},t)|\, t = \gamma(\mathbf{x})\}$ nichtverschwindende C^2-Funktion ist. $u(\mathbf{x},t)$ ist nur eine C^1-Funktion, da ihre zweite Ableitung auf S Sprünge aufweist. Wir wollen zeigen: *Wenn $u(\mathbf{x},t)$ die Wellengleichung löst, dann ist die Fläche S charakteristisch.*

Auf der Seite $\{\gamma(\mathbf{x}) < t\}$ von S berechnen wir

$$u_t = v(t-\gamma) + \tfrac{1}{2}v_t(t-\gamma)^2,$$
$$u_{tt} = v + 2v_t(t-\gamma) + \tfrac{1}{2}v_{tt}(t-\gamma)^2,$$
$$\nabla u = -v\nabla\gamma(t-\gamma) + \tfrac{1}{2}\nabla v(t-\gamma)^2,$$
$$\Delta u = \nabla\cdot\nabla u = v|\nabla\gamma|^2 - v\Delta\gamma(t-\gamma) - 2\nabla v\cdot\nabla\gamma(t-\gamma) + \tfrac{1}{2}\Delta v(t-\gamma)^2.$$

Auf der Seite $\{\gamma(\mathbf{x}) < ct\}$ ist also

$$\begin{aligned}
0 &= u_{tt} - c^2\Delta u \\
&= v(1 - c^2|\nabla\gamma|^2) + (2v_t + c^2 v\Delta\gamma + 2c^2\nabla v\cdot\nabla\gamma)(t-\gamma) \\
&\quad + \frac{1}{2}(v_{tt} - c^2\Delta v)(t-\gamma)^2.
\end{aligned} \tag{9.38}$$

Natürlich ist auf der anderen Seite $\{\gamma(\mathbf{x}) > t\}$ von S alles Null. Damit $u(\mathbf{x},t)$ auf beiden Seiten der Fläche Lösung ist, muß der Ausdruck (9.38) auf der Fläche $\{(\mathbf{x},t)\,|\,t-\gamma(\mathbf{x})=0\}$ verschwinden. Setzen wir $t=\gamma(\mathbf{x})$ in (9.38) ein, so sieht man, daß auf S $v(1-c^2|\nabla\gamma|^2) = 0$ oder $|\nabla\gamma| = 1/c$ gelten muß. Das heißt aber, daß S charakteristische Fläche ist, und die Behauptung ist bewiesen. Die Gleichung $|\nabla\gamma| = 1/c$ tritt auch in der Beugungstheorie auf und heißt dort *Eikonalgleichung*. Sie ist eine nichtlineare PDGl. erster Ordnung für γ.

Da der erste Term auf der rechten Seite von (9.38) Null ist, läßt sich (9.38) nach Division durch $(t-\gamma)$ vereinfachen zu

$$0 = (2v_t + c^2 v\Delta\gamma + 2c^2\nabla v\cdot\nabla\gamma) + \frac{1}{2}(v_{tt} - c^2\Delta v)(t-\gamma). \tag{9.39}$$

Diese Gleichung gilt wieder auf einer Seite von S. Durch Anpassung auf S folgt, daß (9.39) für $t=\gamma(\mathbf{x})$ gilt, also

$$v_t + c^2\nabla\gamma\cdot\nabla v = -\frac{1}{2}c^2(\Delta\gamma)v. \tag{9.40}$$

Man nennt Gleichung (9.40) *Transportgleichung*. Sie ist eine lineare PDGl. erster Ordnung, die von v auf S erfüllt wird.

Zum Verständnis der Gleichung beachten wir, daß $\mathcal{D} = \partial_t + c^2 \nabla \gamma \cdot \nabla$ eine Richtungsableitung tangential zu S ist. In der Tat ist $\mathcal{D}$ Ableitung in Richtung des Lichtstrahls $dx/dt = c^2 \nabla \gamma$ mit $|dx/dt| = c^2 |\nabla \gamma| = c$. Deshalb wird $v(\mathbf{x}, t)$ durch die Differentialgleichung (9.40) entlang dem Lichtstrahl „transportiert". Gleichung (9.40) kann mit den Methoden aus Abschnitt 1.2 gelöst werden. Wir können folgern, daß $v \neq 0$ ist entlang dem ganzen Strahl, da nach Voraussetzung $v \neq 0$ an der Stelle ist, wo der Strahl S trifft.

Die Wellengleichung mit einer Quelle

Wir lösen jetzt das dreidimensionale Problem

$$u_{tt} - c^2 \Delta u = f(\mathbf{x}, t)$$
$$u(\mathbf{x}, 0) \equiv 0, \qquad u_t(\mathbf{x}, 0) \equiv 0 \tag{9.41}$$

unter Verwendung der Operatorenmethode aus Abschnitt 3.4.

Die in Abschnitt 9.2 gefundene Lösung des *homogenen* Problems unter den Anfangsvorgaben ϕ und ψ war

$$(\partial_t \mathcal{S}(t_0)\phi)(\mathbf{x}_0) + (\mathcal{S}(t_0)\psi)(\mathbf{x}_0),$$

wobei

$$(\mathcal{S}(t_0)\psi)(\mathbf{x}_0) = \frac{1}{4\pi c^2 t_0} \iint_S \psi(\mathbf{y}) \, dS_\mathbf{y} \tag{9.42}$$

und $S_\mathbf{y} = \{|\mathbf{y} - \mathbf{x}_0| = c t_0\}$ eine Sphäre ist. Wir entfernen jetzt die tiefgestellten Indizes „0". Der Operator $\mathcal{S}(t)$ ist der *Quelloperator*.

Wie in Abschnitt 3.4 kann die eindeutig bestimmte Lösung von (9.41) mit Hilfe des Quelloperators durch

$$u(\mathbf{x}, t) = \int_0^t \mathcal{S}(t - s) f(\mathbf{x}, s) \, ds \tag{9.43}$$

dargestellt werden. Diese Formel wird manchmal *Duhamelsche Formel* genannt. Im Integranden von (9.43) wirkt der Operator $\mathcal{S}(t-s)$ auf $f(\mathbf{x}, s)$ wie auf eine Funktion von $\mathbf{x}$ allein, wobei s die Rolle eines Parameters spielt. Formel (9.43) bedeutet, daß wir in (9.42) t_0 durch $(t - s)$, $\mathbf{x}_0$ durch $\mathbf{x}$ und $\psi(\mathbf{y})$ durch $f(\mathbf{y}, s)$ ersetzen müssen. Dann wird

$$\begin{aligned}
u(\mathbf{x}, t) &= \int_0^t \frac{1}{4\pi c^2 (t - s)} \iint_{\{|\mathbf{y} - \mathbf{x}| = c(t-s)\}} f(\mathbf{y}, s) \, dS_\mathbf{y} \, ds \\
&= \frac{1}{4\pi c} \int_0^t \iint_{\{|\mathbf{y} - \mathbf{x}| = c(t-s)\}} \frac{f(\mathbf{y}, t - |\mathbf{y} - \mathbf{x}|/c)}{|\mathbf{y} - \mathbf{x}|} dS_\mathbf{y} \, ds,
\end{aligned} \tag{9.44}$$

wobei wir auf S die Substitution $s = t - |\mathbf{y} - \mathbf{x}|/c$ vorgenommen haben.

9.3 Strahlen, Singularitäten und Quellen

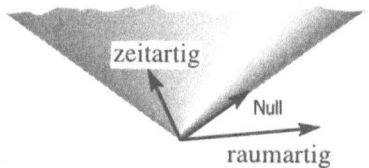

Bild 9.10

Der letzte Ausdruck ist ein iteriertes Integral in sphärischen Koordinaten. Der Integrationsbereich im Raum-Zeit-Kontinuum ist der in Bild 9.10 dargestellte volle Halbkegel. Die y-Koordinaten durchlaufen für jedes feste s einen ebenen Schnitt des Kegels, also die Sphäre $\{|y-x| = c(t-s)\}$, s durchläuft die Werte von 0 bis t. Damit läßt sich das iterierte Integral als dreifaches Integral mit dem Volumenelement $dy = dS_y\, ds$ schreiben und wir erhalten die Lösungsformel

$$u(\mathbf{x}, t) = \frac{1}{4\pi c} \iiint_{\{|y-x| \leq ct\}} \frac{f(\mathbf{y}, t - |\mathbf{y}-\mathbf{x}|/c)}{|\mathbf{y}-\mathbf{x}|} d\mathbf{y}. \tag{9.45}$$

Das Ergebnis besagt, daß man, um (9.41) zu lösen, die Funktion $f(\mathbf{y},s)$ mit dem „Potential" $1/(4\pi c|\mathbf{y}-\mathbf{x}|)$ multiplizieren und über den in die Vergangenheit gerichteten Kegel integrieren muß. Dieser Kegel ist genau der Abhängigkeitsbereich des gegebenen Punktes $(\mathbf{x},t)$; er besteht aus all den Punkten der Vergangenheit ($0 \leq s \leq t$), von denen aus der Punkt $(\mathbf{x},t)$ über einen Lichtstrahl erreicht werden kann.

Es ist interessant, diese Formel mit der Lösungsformel der Poisson-Gleichung im gesamten dreidimensionalen Raum zu vergleichen. Wir betrachten Formel (7.26) ohne das Randintegral und mit $G = -1/(4\pi r)$. Wenn wir $\mathbf{x}_0$ in $\mathbf{x}$ und $\mathbf{x}$ in $\mathbf{y}$ umbenennen, so besagt (7.26), daß die beschränkte Lösung der Poisson-Gleichung $-\Delta w = f$ im gesamten dreidimensionalen Raum gegeben ist durch

$$w(\mathbf{x}) = \frac{1}{4\pi c} \iiint \frac{f(\mathbf{y})}{|\mathbf{y}-\mathbf{x}|} d\mathbf{y}. \tag{9.46}$$

Der einzige Unterschied zwischen (9.45) und (9.46) besteht darin, daß die Zeit durch die Größe $|\mathbf{y}-\mathbf{x}|/c$ „retardiert" ist. In der Darstellungsformel (9.45) wird deshalb das Potential als *retardiert* bezeichnet.

Übungsaufgaben

1. Sei S eine charakteristische Fläche, für die $S \cap \{t=0\}$ die Sphäre $\{x^2 + y^2 + z^2 = a^2\}$ ist. Beschreiben Sie S geometrisch.

2. Beweisen Sie die Umkehrung von Satz 9.1. Zeigen Sie also, daß eine Niveaufläche von $t - \gamma(\mathbf{x})$ charakteristisch ist, wenn $\gamma(\mathbf{x})$ die nichtlineare PDGl.

$$|\nabla \gamma(\mathbf{x})| = \frac{1}{c} \qquad (*)$$

erfüllt.
(*Hinweis:* Differenzieren Sie die Gleichung (*), um $\sum \gamma_{ij}(\mathbf{x})\gamma_j(\mathbf{x}) = 0$ zu erhalten, wobei die tiefgestellten Indizes die partiellen Ableitungen bezeichnen. Zeigen Sie, daß eine Kurve, welche die GDGl. $d\mathbf{x}/dt = c^2 \nabla \gamma(\mathbf{x})$ erfüllt, auch die Gleichung $d^2\mathbf{x}/dt^2 = 0$ erfüllt, also ein Strahl ist. Zeigen Sie, daß $t - \gamma(\mathbf{x})$ längs eines Strahles konstant ist. Folgern Sie dann, daß eine Niveaufläche von $t - \gamma(\mathbf{x})$ charakteristisch ist.)

3. Beweisen Sie Satz 9.2 im eindimensionalen Fall. Das bedeutet: Ist C eine raumartige Kurve in der x,t-Ebene, so gibt es eine eindeutig bestimmte Lösung von $u_{tt} = c^2 u_{xx}$ mit $u = \phi$ und $\partial u/\partial n = \psi$ auf C.

4. Überprüfen Sie, daß die zweiten Ableitungen der durch (9.37) gegebenen Lösung auf der Fläche $S = \{t = \gamma(\mathbf{x})\}$ Sprungstellen besitzen.

5. Überprüfen Sie die Richtigkeit von (9.45) für das Beispiel $u(x,y,z,t) = t^2$ und $f(x,y,z,t) \equiv 2$.

6. Zeigen Sie, daß die eindeutig bestimmte Lösung von (9.41) sich mit Hilfe des Quelloperators durch die einfache Formel (9.45) ausdrücken läßt.

7. Lösen Sie $u_{tt} - c^2 \Delta u = f(\mathbf{x})$, wobei $f(\mathbf{x}) = A$ für $|\mathbf{x}| < \rho$, $f(\mathbf{x}) = 0$ für $|\mathbf{x}| > \rho$. A ist eine Konstante und die Anfangsvorgaben sind identisch Null. Skizzieren Sie die Bereiche im Raum-Zeit-Kontinuum, die Ihr Ergebnis illustrieren. (*Hinweis:* Verwenden Sie (9.45) und bestimmen Sie den Inhalt des Schnitts zweier Kugeln oder verwenden Sie (9.43) und Übungsaufgabe 9.2.6.)

8. Arbeiten Sie den Übergang von Formel (9.43) zu Formel (9.45) explizit unter Verwendung von sphärischen Koordinaten aus.

9. Vereinfachen Sie Formel (9.45) zur Lösung von $u_{tt} - c^2 \Delta u = f(x,t)$, wenn f kugelsymmetrisch ist, d.h. $f = f(r,t)$.

9.4 Die Diffusions- und die Schrödinger-Gleichung

Die Diffusionsgleichung in drei Dimensionen

Wir betrachten das Diffusionsproblem im gesamten dreidimensionalen Raum

$$\frac{\partial u}{\partial t} = k\Delta u = k\left(\frac{\partial^2 u}{\partial x^2} + \frac{\partial^2 u}{\partial y^2} + \frac{\partial^2 u}{\partial z^2}\right) \qquad (9.47)$$

$$u(\mathbf{x},0) = \phi(\mathbf{x}). \qquad (9.48)$$

9.4 Die Diffusions- und die Schrödinger-Gleichung

Mit unseren Kenntnissen aus Kapitel 2 ist es sehr leicht zu lösen.

Satz 9.4 *Ist $\phi(\mathbf{x})$ eine stetige und beschränkte Funktion, so ist die Lösung von (9.47), (9.48) für jedes $t > 0$ gegeben durch*

$$u(\mathbf{x},t) = \frac{1}{(4\pi kt)^{3/2}} \iiint \exp\left(-\frac{|\mathbf{x}-\mathbf{x}'|^2}{4kt}\right) \phi(\mathbf{x}')\, d\mathbf{x}'. \qquad (9.49)$$

Die Integrationsvariable $\mathbf{x}' = (x', y', z')$ durchläuft den ganzen Raum.

Beweis: Zur Herleitung von (9.49) bezeichne

$$S(z,t) = \frac{1}{(4\pi kt)^{1/2}} e^{-z^2/4kt}$$

die *ein*dimensionale Quellfunktion. Sei

$$S_3(x,y,z,t) = S(x,t)S(y,t)S(z,t) \qquad (9.50)$$

das Produkt dreier solcher Quellfunktionen mit verschiedenen Variablen. Dann ist

$$\begin{aligned}
\frac{\partial S_3}{\partial t} &= \frac{\partial S}{\partial t}(x,t)\cdot S(y,t)\cdot S(z,t) + \text{(zwei gleichartige Ausdrücke)} \\
&= k\frac{\partial^2 S}{\partial x^2}(x,t)\cdot S(y,t)\cdot S(z,t) + S(x,t)\cdot k\frac{\partial^2 S}{\partial y^2}\cdot S(z,t) \\
&\quad + S(x,t)\cdot S(y,t)\cdot k\frac{\partial^2 S}{\partial z^2} \\
&= k\left(\frac{\partial^2}{\partial x^2} + \frac{\partial^2}{\partial y^2} + \frac{\partial^2}{\partial z^2}\right)(S(x,t)S(y,t)S(z,t)) \\
&= k\Delta S_3.
\end{aligned}$$

$S_3(\mathbf{x},t)$ erfüllt also die dreidimensionale Diffusionsgleichung.

Wir behaupten, daß S_3 Quellfunktion des dreidimensionalen Problems ist. Dazu stellen wir fest, daß

$$\iiint S_3(\mathbf{x},t)\, d\mathbf{x} = \left(\int S(x,t)\, dx\right)\left(\int S(y,t)\, dy\right)\left(\int S(z,t)\, dz\right) = 1^3 = 1. \qquad (9.51)$$

Für den Spezialfall, daß $\phi(x,y,z)$ nur von z abhängt, gilt nach Satz 3.2

$$\begin{aligned}
&\lim_{t\to 0} \iiint S_3(\mathbf{x}-\mathbf{x}',t)\phi(z')\, d\mathbf{x}' \\
&= \left[\int S(x-x',t)\, dx'\right]\cdot\left[\int S(y-y',t)\, dy'\right]\cdot\left[\lim_{t\to 0}\int S(z-z',t)\phi(z')\, dz'\right] \\
&= 1\cdot 1\cdot \lim_{t\to 0}\int S(z-z',t)\phi(z')\, dz' = \phi(z).
\end{aligned}$$

Ist $\phi(\mathbf{x})$ ein Produkt $\phi(x)\psi(y)\zeta(z)$, so können wir in gleicher Weise die Gültigkeit von

$$\lim_{t \to 0} \iiint S_3(\mathbf{x} - \mathbf{x}', t) \phi(\mathbf{x}') \, d\mathbf{x}' = \phi(\mathbf{x}) \tag{9.52}$$

zeigen. Gleichung (9.52) gilt auch für Linearkombinationen solcher Produkte, sowie (nach Übungsaufgabe 2) für jede stetige, beschränkte Funktion $\phi(\mathbf{x})$. Aus den Gleichungen (9.51) und (9.52) folgt, daß $S_3(\mathbf{x}, t)$ die Quellfunktion ist.

Damit erhalten wir die eindeutige, beschränkte Lösung von (9.47), (9.48):

$$u(\mathbf{x}, t) = \iiint S_3(\mathbf{x} - \mathbf{x}', t) \phi(\mathbf{x}') \, d\mathbf{x}'.$$

S_3 hat die explizite Darstellung

$$\begin{aligned} S_3(\mathbf{x}, t) &= \left(\frac{1}{\sqrt{4\pi kt}} e^{-x^2/4kt} \right) \cdot \left(\frac{1}{\sqrt{4\pi kt}} e^{-y^2/4kt} \right) \cdot \left(\frac{1}{\sqrt{4\pi kt}} e^{-z^2/4kt} \right) \\ &= \frac{1}{(4\pi kt)^{3/2}} e^{-(x^2+y^2+z^2)/4kt}, \end{aligned} \tag{9.53}$$

womit (9.49) hergeleitet ist. Ein vollständiger Beweis, einschließlich der Konvergenz des dreifachen Integrals usw. kann auch direkt wie in Abschnitt 3.5 durchgeführt werden. □

Die Schrödinger-Gleichung

In Kapitel 1.3 haben wir gesehen, daß das einfachste Atom durch die PDGl.

$$-ihu_t = \frac{h^2}{2m} \Delta u + \frac{e^2}{r} u \tag{9.54}$$

beschrieben wird. Das Potential e^2/r ist ein variabler Koeffizient.

Als einfaches Aufwärmproblem untersuchen wir die *freie* Schrödinger-Gleichung

$$-i \frac{\partial u}{\partial t} = \frac{1}{2} \Delta u \tag{9.55}$$

in drei Raumdimensionen. Wir haben in (9.54) $h = m = 1$ gesetzt und den Potentialterm vernachlässigt. Gleichung (9.55) hat eine verdächtige Ähnlichkeit mit der Diffusionsgleichung. Der einzige Unterschied ist, daß $k = i/2$ imaginär statt reell ist. Das Auftreten von $i = \sqrt{-1}$ hat zur Folge, daß die Lösungen von (9.54) Wellencharakter erhalten, da der Zeitfaktor nach Trennung der Variablen (siehe weiter unten) die oszillatorische Gestalt

$$T(t) = e^{i\lambda t} = \cos \lambda t + i \sin \lambda t$$

hat.

Wir suchen nach Lösungen von (9.55), die mit $|\mathbf{x}| \to \infty$ gegen Null streben. Es ist nicht schwer zu zeigen, daß

9.4 Die Diffusions- und die Schrödinger-Gleichung

$$u(\mathbf{x}, t) = \frac{1}{(2\pi i t)^{3/2}} \iiint \exp\left(-\frac{|\mathbf{x} - \mathbf{x}'|^2}{2it}\right) \phi(\mathbf{x}') \, d\mathbf{x}' \qquad (9.56)$$

die Lösung von (9.55) ist, die der Anfangsbedingung $u(\mathbf{x}, 0) = \phi(\mathbf{x})$ genügt. (9.56) stimmt bis auf das i mit der Lösungsformel für die Diffusionsgleichung überein.

Komplexe Zahlen besitzen zwei Quadratwurzeln, welche ist nun im Faktor vor dem Integral gemeint? Zur Beantwortung dieser Frage und zur Begründung der Formel (9.56) gehen wir wie folgt vor. Zunächst scheint Formel (9.56) für jede Wahl der Wurzel korrekt zu sein. Wir nehmen an, daß $\phi(\mathbf{x}')$ für große $|\mathbf{x}'|$ verschwindet und lösen die genäherte Gleichung

$$\frac{\partial u_\epsilon}{\partial t} = \frac{+\epsilon + i}{2} \Delta u_\epsilon, \qquad u_\epsilon(\mathbf{x}, 0) = \phi(\mathbf{x}), \qquad (9.57)$$

deren Lösung von der reellen Zahl $\epsilon > 0$ abhängt. Gleichung (9.57) kann genau wie die Diffusionsgleichung mit $k = (\epsilon + i)/2$ gelöst werden. Die Lösungsformel ist

$$u_\epsilon(\mathbf{x}, t) = \frac{1}{(2\pi t)^{3/2}(\epsilon + i)^{3/2}} \iiint \exp\left[-\frac{|\mathbf{x} - \mathbf{x}'|^2}{2(\epsilon + i)t}\right] \phi(\mathbf{x}') \, d\mathbf{x}'. \qquad (9.58)$$

Hier bezeichnet $(\epsilon + i)^{1/2}$ die eindeutig bestimmte Wurzel mit *positivem* Realteil. Da $\epsilon > 0$ ist, hat der Exponent des Integranden einen negativen Realteil, und das Integral konvergiert. Aus diesem Grund macht die Rechtfertigung von Formel (9.58) keine Schwierigkeit. (Wir müssen den *positiven* Realteil nehmen, denn andernfalls würde der Realteil der Exponentialfunktion mit $|\mathbf{x} - \mathbf{x}'| \to \infty$ zu stark anwachsen, und wir erhielten keine beschränkte Lösung.)

Mit $\epsilon \searrow 0$ erhalten wir die durch Formel (9.56) gegebene Lösung von (9.55), wobei $i^{1/2}$ die Wurzel aus i mit positivem Realteil ist. Das bedeutet

$$\lim_{\epsilon \searrow 0}(\epsilon + i)^{1/2} = \frac{1+i}{\sqrt{2}}.$$

Dieser Faktor ist der richtige in Formel (9.56). [Die hier gegebene Begründung ist kein strenger Beweis von (9.56), sie verhilft aber zur richtigen Sicht.]

Eine andere Methode, mit der man (9.55) zu lösen versuchen könnte, wäre die Trennung der Variablen: $u(\mathbf{x}, t) = T(t)X(\mathbf{x})$. Im eindimensionalen Fall würde das zu

$$-2i\frac{T'}{T} = \frac{X''}{X} = -\lambda \qquad (9.59)$$

führen. Es gibt aber keine Lösungen von $X'' + \lambda X = 0$, welche die Bedingung im Unendlichen, nämlich $X(x) \to 0$ für $x \to \pm\infty$, erfüllen. (Sie könnte bei $+\infty$ erfüllt werden, dann aber nicht bei $-\infty$ und umgekehrt.) Die Bedingung im Unendlichen verhindert also die Existenz von Eigenwerten, und die Methoden von Kapitel 5 versagen. (Die Methode der Variablentrennung kann jedoch gerettet werden, wenn wir die Fourier-Transformation verwenden. Siehe dazu Abschnitt 12.3.)

Der harmonische Oszillator

Das Auftreten eines Potentialterms in der Schrödinger-Gleichung, wie in Gleichung (9.54), hat manchmal die Existenz von Eigenwerten zur Folge. Als Beispiel untersuchen wir die in der Quantenmechanik auftretende Gleichung des harmonischen Oszillators, hier in einer Dimension. In passend gewählten Einheiten lautet sie

$$-iu_t = u_{xx} - x^2 u \quad (-\infty < x < \infty). \tag{9.60}$$

Wir fordern
$$u \to 0 \quad \text{für } x \to \infty.$$

Diese Forderung wird für die Eigenfunktionen von Bedeutung sein.

Wir trennen die Variablen $u = T(t)v(x)$ und erhalten

$$-i\frac{T'}{T} = \frac{v'' - x^2 v}{v} = -\lambda.$$

Die Konstante λ wird als „Energie" des harmonischen Oszillators interpretiert. $v(x)$ genügt also der GDGl.

$$v'' + (\lambda - x^2)v = 0. \tag{9.61}$$

Wegen des variablen Koeffizienten ist (9.61) nicht leicht zu lösen. Der einfachste Fall liegt für $\lambda = 1$ vor, die Lösungen sind dann $ce^{-x^2/2}$. (Rechnen Sie das nach!) Für *beliebiges* λ liegt es deshalb nahe, die Substitution

$$v(x) = w(x)e^{-x^2/2}$$

zu versuchen. Das führt zu einer Gleichung für w,

$$(x^2 - \lambda)e^{-x^2/2}w = (x^2 - \lambda)v = v'' = [w'' - 2xw' + (x^2 - 1)w]e^{-x^2/2},$$

oder
$$w'' - 2xw' + (\lambda - 1)w = 0. \tag{9.62}$$

Diese Gleichung ist als *Hermitesche Differentialgleichung* bekannt.

(9.62) wird nun mit dem Potenzreihenansatz

$$w(x) = a_0 + a_1 x + a_2 x^2 + \ldots = \sum_{k=0}^{\infty} a_k x^k \tag{9.63}$$

gelöst. Nach Einsetzen in (9.62) erhalten wir

$$\sum_{k=0}^{\infty} k(k-1)a_k x^{k-2} - \sum_{k=0}^{\infty}(2k - \lambda + 1)a_k x^k = 0.$$

Durch Koeffizientenvergleich gelangen wir zu den Gleichungen

$$2a_2 = (1 - \lambda)a_0, \quad 6a_3 = (3 - \lambda)a_1, \quad \text{usw.}$$

Allgemein also

9.4 Die Diffusions- und die Schrödinger-Gleichung

$$(k+2)(k+1)a_{k+2} = (2k+1-\lambda)a_k \qquad (k=0,1,2,3,\ldots). \qquad (9.64)$$

Mit dieser „Rekursionsformel" können wir alle Koeffizienten bestimmen, vorausgesetzt, wir kennen die ersten beiden, a_0 und a_1. Diese beiden Koeffizienten können beliebig sein. Ist $a_0 = 0$, so ist die Lösung eine ungerade Funktion, ist $a_1 = 0$, so ist die Lösung gerade.

Es gibt einen einfachen Sonderfall: Ist $\lambda = 2k+1$ mit einer festen ganzen Zahl k, so folgt aus (9.64), daß $a_{k+2} = 0$, $a_{k+4} = 0$ usw. Wir erhalten dann als Lösung ein gerades oder ungerades Polynom (abhängig davon, ob k gerade oder ungerade ist) vom Grade k. Man nennt dieses Polynom (nach Multiplikation mit einem geeigneten Normierungsfaktor) das *Hermitesche Polynom* $H_k(x)$. Die ersten fünf Hermiteschen Polynome sind:

$$H_0(x) = 1 \qquad (\lambda = 1, a_1 = a_2 = 0)$$
$$H_1(x) = 2x \qquad (\lambda = 3, a_0 = a_3 = 0)$$
$$H_2(x) = 4x^2 - 2 \qquad (\lambda = 5, a_1 = a_4 = 0)$$
$$H_3(x) = 8x^3 - 12x \qquad (\lambda = 7, a_0 = a_5 = 0)$$
$$H_4(x) = 16x^4 - 48x^2 + 12 \qquad (\lambda = 9, a_1 = a_6 = 0)$$

Wir haben damit einige getrennte Lösungen von Gleichung (9.61) der Form

$$v_k(x) = H_k(x)e^{-x^2/2} \qquad \text{falls } \lambda = 2k+1$$

gefunden. Die zugehörigen Lösungen von (9.60) sind

$$u_k(x,t) = e^{-i(2k+1)t} H_k(x) e^{-x^2/2}$$

für $k = 0, 1, 2, \ldots$ Beachten Sie, daß wie gefordert, $u_k(x,t) \to 0$ mit $x \to \pm\infty$.

Zurückgehend zur Potenzreihe (9.63) können wir zeigen, daß es unter der Voraussetzung $\lambda \neq 2k+1$ keine Reihe gibt, die die Bedingung im Unendlichen erfüllt. Die einzigen Eigenwerte (Energieniveaus) sind deshalb die ungeraden natürlichen Zahlen (siehe Übungsaufgabe 7).

Übungsaufgaben

1. Suchen Sie eine einfache Lösungsformel für die dreidimensionale Diffusionsgleichung mit $\phi(x,y,z) = xy^2z$. (*Hinweis:* Siehe Übungsaufgabe 2.4.9.)

2. (a) Beweisen Sie die Gültigkeit von (9.52) für Produkte der Form $\phi(x)\psi(y)\zeta(z)$ und damit auch für jede endliche Summe solcher Produkte.

   (b) Leiten Sie (9.52) für eine beliebige beschränkte, stetige Funktion $\phi(\mathbf{x})$ her. Sie dürfen die Tatsache verwenden, daß es eine Folge von endlichen Summen von Produkten wie in (a) gibt, die gleichmäßig gegen $\phi(\mathbf{x})$ konvergiert.

3. Bestimmen Sie eine Lösung der Diffusionsgleichung im Halbraum $\{(x,y,z) | z > 0\}$ unter der Neumann-Bedingung $\partial u/\partial z = 0$ auf $z = 0$. (*Hinweis:* Verwenden Sie die Reflexionsmethode.)

4. Bestimmen Sie die ersten vier Hermiteschen Polynome aus der Rekursionsformel (9.64).

5. Zeigen Sie, daß alle Hermiteschen Polynome durch die Formel

$$H_k(x) = (-1)^k e^{x^2} \frac{d^k}{dx^k} e^{-x^2}$$

gegeben sind.

6. Zeigen Sie direkt mit der GDGl. (9.61), daß die Funktionen $H_k(x)e^{-x^2/2}$ über dem Intervall $]-\infty;\infty[$ paarweise orthogonal sind, d.h.

$$\int_{-\infty}^{\infty} H_k(x)H_l(x)e^{-x^2}\,dx = 0 \quad \text{für } k \neq l.$$

(*Hinweis:* Siehe Abschnitt 5.3)

7. (a) Zeigen Sie: Ist $\lambda \neq 2k+1$, so ist jede Lösung der Hermiteschen Differentialgleichung eine unendliche Potenzreihe und kein Polynom.
   (b) Beweisen Sie, daß es in diesem Fall keine Lösung der Hermiteschen DGl. gibt, die die Bedingung im Unendlichen erfüllt. (*Hinweis:* Ermitteln Sie aus der Rekursionsformel (9.64) das Verhalten von a_k für $k \to \infty$. Vergleichen Sie Ihr Ergebnis mit der Potenzreihenentwicklung von e^{x^2} und folgern Sie, daß sich $u(x,t)$ für $|x| \to \infty$ verhält wie e^{x^2}.)

9.5 Das Wasserstoffatom

Wir kommen nun wieder zum Wasserstoffatom zurück, dessen Verhalten durch die PDGl.

$$iu_t = \frac{1}{2}\Delta u - \frac{1}{r}u \qquad (9.65)$$

beschrieben wird. Die Einheiten wurden so gewählt, daß $e = m = h = 1$. Gleichung (9.65) soll im gesamten Raum erfüllt werden. Wir haben $r = |\mathbf{x}| = (x^2+y^2+z^2)^{1/2}$ gesetzt und fordern außerdem, daß

$$\iiint |u(\mathbf{x},t)|^2\,d\mathbf{x} < \infty. \qquad (9.66)$$

Diese Forderung kann als *Verschwinden im Unendlichen* interpretiert werden (siehe Beispiel 7 aus Abschnitt 1.3).

Obwohl es sich hier um ein Problem für den ganzen Raum handelt, soll doch eine Trennung der Variablen vorgenommen werden. Es wird sich herausstellen, daß wie beim harmonischen Oszillator das Vorhandensein des Potentialterms dazu führt, daß Eigenwerte existieren. Mit $u(\mathbf{x},t) = T(t)v(\mathbf{x})$ ist wie gehabt

$$2i\frac{T'}{T} = \frac{-\Delta v - \frac{2}{r}v}{v} = \lambda$$

9.5 Das Wasserstoffatom

eine Konstante. Die Lösungen haben also die Gestalt $u = v(\mathbf{x})e^{-i\lambda/2}$, wobei v der Gleichung

$$-\Delta v - \frac{2}{r}v = \lambda v \qquad (9.67)$$

genügt. In der Quantenmechanik heißt λ die *Energie des gebundenen Zustandes* $u(\mathbf{x}, t)$. Bohr entdeckte 1913, daß für die Energieniveaus des Wasserstoffelektrons nur bestimmte (mit Quadratzahlen verbundene) Werte möglich sein können. Wir werden Bohrs Beobachtung mathematisch verifizieren. Zunächst suchen wir kugelsymmetrische Lösungen von (9.67): $v(\mathbf{x}) = R(r)$. Später, in Abschnitt 10.7, bestimmen wir weitere. Nach (6.7) reduziert sich dann Gleichung (9.67) zu

$$-R_{rr} - \frac{2}{r}R_r - \frac{2}{r}R = \lambda R \qquad (9.68)$$

in $0 < r < \infty$ mit der *Bedingung im Unendlichen*

$$\int_0^\infty |R(r)|^2 r^2 \, dr < \infty. \qquad (9.69)$$

Wir fordern weiterhin

$$R(0) \text{ ist endlich.} \qquad (9.70)$$

Wie beim harmonischen Oszillator ist diese GDGl. nicht leicht zu lösen. Nach einigen Variablentransformationen ergibt sich aus (9.68) die *Laguerresche Differentialgleichung*. Es stellt sich heraus, daß alle Eigenwerte λ negativ sind. Im Moment *setzen wir $\lambda < 0$ voraus*.

Üblicherweise nimmt man die angesprochenen Transformationen zuerst vor. Wir stellen fest, daß bei Fehlen des zweiten und dritten Terms in (9.68) (was „im Unendlichen" zutrifft), die Differentialgleichung $-R'' = \lambda R$ die Lösungen $e^{\pm \beta r}$ mit $\beta = \sqrt{-\lambda}$ besitzt. Wir sind nur an Lösungen interessiert, die im Unendlichen verschwinden, wählen also den negativen Exponeneten. $e^{-\beta r}$ könnte als Approximation einer Lösung von (9.68) betrachtet werden. Jedenfalls sind wir dadurch motiviert, den Variablenwechsel

$$w(r) = e^{+\beta r} R(r) \quad \text{mit } \beta = \sqrt{-\lambda} \qquad (9.71)$$

zu versuchen. Es ist dann $R = we^{-\beta r}$, $R_r = (w_r - \beta w)e^{-\beta r}$ und $R_{rr} = (w_{rr} - 2\beta w_r + \beta^2 w)e^{-\beta r}$, so daß aus (9.68) die Gleichung

$$-w_{rr} + 2\left(\beta - \frac{1}{r}\right)w_r + \left(2(\beta - 1)\frac{1}{r}\right)w = 0$$

oder

$$\frac{1}{2}rw_{rr} - \beta r w_r + w_r + (1-\beta)w = 0 \qquad (9.72)$$

entsteht.

Zum Verständnis von Gleichung (9.72) stellen wir fest, daß $r = 0$ eine schwache Singularität der Gleichung ist. Dieser Begriff wird in Abschnitt A.4 behandelt. Wir lösen die Gleichung durch einen Potenzreihenansatz (damit erhalten wir einige, aber nicht alle Lösungen), suchen also nach Lösungen von (9.72) der Form

$$w(r) = \sum_{k=0}^{\infty} 1^{\infty} a_k r^k = a_0 + a_1 r + a_2 r^2 + \ldots$$

Es gilt nun, die Koeffizienten zu bestimmen. Durch Einsetzen in (9.72) erhalten wir

$$\frac{1}{2} \sum_{k=0}^{\infty} k(k-1) a_k r^{k-1} - \beta \sum_{k=0}^{\infty} k a_k r^k + \sum_{k=0}^{\infty} k a_k r^{k-1} + (1-\beta) \sum_{k=0}^{\infty} a_k r^k = 0.$$

In der zweiten und vierten Summe ersetzen wir die Summationsvariable k durch $k-1$ und fassen zusammen

$$\sum_{k=0}^{\infty} [\frac{1}{2} k(k-1) + k] a_k r^{k-1} + \sum_{k=1}^{\infty} [-\beta(k-1) + (1-\beta)] a_{k-1} r^{k-1} = 0.$$

Durch Koeffizientenvergleich erhalten wir die Gleichungen

$$\frac{k(k+1)}{2} a_k = (\beta k - 1) a_{k-1} \quad (k = 1, 2, \ldots), \tag{9.73}$$

also

$$\begin{aligned}
a_1 &= (\beta - 1) a_0 & 3 a_2 &= (2\beta - 1) a_1 \\
6 a_3 &= (3\beta - 1) a_2 & 10 a_4 &= (4\beta - 1) a_3 \\
15 a_5 &= (5\beta - 1) a_4 & 21 a_6 &= (6\beta - 1) a_5 \quad \text{usw.}
\end{aligned}$$

Ist β der Kehrwert einer natürlichen Zahl, so bricht die Folge der Koeffizienten ab, und wir erhalten ein Polynom als Lösung von (9.72)!

Da $v(\mathbf{x}) = R(r) = w(r) e^{-\beta r}$, haben wir dann Produkte aus Polynomen mit abklingenden Exponentialfunktionen als Lösungen. Diese streben mit $r \to \infty$ gegen Null, so daß auch die Bedingung im Unendlichen (9.66) erfüllt ist.

Die ersten Lösungen von (9.72) und (9.67) sind

n	β	λ	$w(r)$	$v(\mathbf{x})$
1	1	-1	1	e^{-r}
2	$\frac{1}{2}$	$-\frac{1}{4}$	$1 - \frac{1}{2} r$	$e^{-r/2}(1 - \frac{1}{2} r)$
3	$\frac{1}{3}$	$-\frac{1}{9}$	$1 - \frac{2}{3} r + \frac{2}{27} r^2$	$e^{-r/3}(1 - \frac{2}{3} r + \frac{2}{27} r^2)$
4	$\frac{1}{4}$	$-\frac{1}{16}$		

Im Zustand niedrigster Energie (dem Grundzustand) fällt $v(\mathbf{x}) = e^{-r}$ exponentiell mit dem Abstand zum Proton ab und verschwindet nirgends. Der zweite Energiezustand entspricht $n = 2$, er verschwindet für einen einzigen Wert von r (hat einen *Knoten*). *Der n-te Energiezustand hat $(n-1)$ Knoten. Seine Energie ist $\lambda = -\beta^2 = -1/n^2$.* Die kleinsten möglichen Energieniveaus sind deshalb

$$-1, \quad -\frac{1}{4}, \quad -\frac{1}{9}, \ldots,$$

in Übereinstimmung mit den Experimenten von Bohr. Diese Energieniveaus führen zu Spektrallinien, deren Frequenzen proportional zur Energiedifferenz sind.

9.5 Das Wasserstoffatom

Weitere Lösungen

Für $\beta = 1/n$ gibt es natürlich noch eine weitere, zu der von uns gefundenen linear unabhängige Lösung der GDGl. zweiter Ordnung (9.72). Diese Lösung ist jedoch für $r = 0$ singulär und interssiert uns daher nicht.

Was passiert im Fall $\beta \neq 1/n$? Der Faktor $(\beta k - 1)$ verschwindet dann nirgends und unsere Rekursionsgleichungen (9.73) sehen für große k näherungsweise aus wie $(k^2/2)a_k \sim (\beta k)a_{k-1}$ oder $a_k \sim (2\beta/k)a_{k-1}$. Das sind aber die Koeffizienten der Taylorentwicklung von $e^{2\beta r}$. $R(r)$ hat also genähert die Gestalt

$$e^{-\beta r}e^{+2\beta r} = e^{+\beta r}.$$

Eine derartige Lösung erfüllt nicht die Bedingung im Unendlichen (9.66). Wir sehen so, daß $\lambda = 1/n$ für $n = 1, 2, 3, \ldots$ die einzigen Eigenwerte sind. (Diese Begründung ist nicht sehr streng, führt aber zu einer richtigen Einsicht.)

Sind die Eigenfunktionen vollständig? Auf keinen Fall, und zwar aus zwei Gründen: Zum einen gibt es eine Menge von Eigenfunktionen, die eine Winkelabhängigkeit (Spin) besitzen, also nicht kugelsymmetrisch sind (siehe Abschnitt 10.7). Zum anderen gibt es ein *stetiges Spektrum*, da unser Definitionsbereich der ganze Raum und nicht ein Teil davon ist (siehe Abschnitt 13.4). Physikalisch gesehen entspricht dem stetigen Spektrum der „freie Zustand" eines Elektrons, das am Potential gestreut wird. Näheres finden Sie in guten Büchern über Quantenmechanik, wie [St], [MF] oder [AJS].

Übungsaufgaben

1. Verifizieren Sie die Formeln für die ersten drei Lösungen der Schrödinger-Gleichung für das Wasserstoffatom.

2. Wenn in der Gleichung für das Wasserstoffatom $\lambda > 0$ ist, warum kann man dann erwarten, daß Gleichung (9.68) keine Lösung besitzt, die die Bedingung im Unendlichen erfüllt?

10 Randwertaufgaben in der Ebene und im Raum

In den Kapiteln 4 und 5 lösten wir eindimensionale Wellen- und Diffusionsprobleme mit der Methode der Variablentrennung und mit Hilfe von Fourierreihen. In diesem Kapitel übertragen wir diese Methode auf höherdimensionale Probleme und beginnen mit einem allgemeinen Überblick. Abschnitt 2 beschäftigt sich mit der ebenen Kreisscheibe, Abschnitt 3 mit der Kugel im Raum. Aufgaben mit Rotationssymmetrien führen unweigerlich zu Besselfunktionen und (in drei Dimensionen) zu Legendrefunktionen, die in den Abschnitten 5 und 6 behandelt werden. In Abschnitt 4 untersuchen wir die Knotenpunktmenge der Eigenfunktionen und in Abschnitt 7 schließlich vervollständigen wir unsere Betrachtung des Wasserstoffatoms, indem wir Zustände mit Drehimpuls untersuchen.

10.1 Überarbeitung der Fourierschen Methode

Wir wollen die Wellen- und die Diffusionsgleichung

$$u_{tt} = c^2 \Delta u \quad \text{und} \quad u_t = k\Delta u$$

in einem beliebigen beschränkten Gebiet D unter einer der klassischen Randbedingungen und unter der üblichen Anfangsbedingung lösen. Mit Δ bezeichnen wir

$$\Delta = \frac{\partial^2}{\partial x^2} + \frac{\partial^2}{\partial y^2} \quad \text{oder} \quad \frac{\partial^2}{\partial x^2} + \frac{\partial^2}{\partial y^2} + \frac{\partial^2}{\partial z^2}$$

in zwei oder drei Dimensionen. Der Kürze wegen verwenden wir die Vektorschreibweise $\mathbf{x}$ für (x, y) oder (x, y, z). Die folgende Untersuchung ist in jeder Dimension gültig, wir legen uns auf drei Dimensionen fest. Der Definitionsbereich D ist dann ein dreidimensionales Gebiet, sein Rand ∂D eine Fläche.

Im ersten Schritt trennen wir nur die Zeitvariable, setzen also

$$u(x, y, z, t) = T(t)v(x, y, z). \tag{10.1}$$

Dann gilt

$$-\lambda = \frac{T''}{c^2 T} = \frac{\Delta v}{v} \quad \text{oder} \quad -\lambda = \frac{T'}{kT} = \frac{\Delta v}{v}, \tag{10.2}$$

10.1 Überarbeitung der Fourierschen Methode

je nachdem ob wir es mit der Wellen- oder der Diffusionsgleichung zu tun haben. In *jeden* Fall stoßen wir auf das Eigenwertproblem

$$-\Delta v = \lambda v \quad \text{in } D$$
$$v \text{ erfüllt (D), (N), (R) auf } \partial D. \tag{10.3}$$

Wenn dieses Problem die Eigenwerte λ_n (alle positiv) und die zugehörigen Eigenfunktionen $v_n(\mathbf{x}) = v_n(x, y, z)$ besitzt, so ist

$$u(\mathbf{x},t) = \sum_n [A_n \cos(\sqrt{\lambda_n} ct) + B_n \sin(\sqrt{\lambda_n} ct)] v_n(\mathbf{x}) \tag{10.4}$$

Lösung der Wellengleichung, und

$$u(\mathbf{x},t) = \sum_n [A_n e^{-\lambda_n kt}] v_n(\mathbf{x}) \tag{10.5}$$

Lösung der Diffusionsgleichung. Wie üblich werden die Koeffizienten durch die Anfangsbedingungen bestimmt. Dazu müssen wir aber wissen, daß die Eigenfunktionen orthogonal sind. Das ist unser nächstes Ziel. Noch eine Bemerkung zur Bezeichnung in (10.4) und (10.5): In drei Dimensionen ist der Summationsindex n ein *Dreifachindex* [etwa (l,m,n)] und die verschiedenen Reihen sind *Dreifachreihen*, eine Reihe für jede Koordinate.

Orthogonalität

Unsere Untersuchung der Orthogonalität und der Vollständigkeit ist praktisch eine Wiederholung von Abschnitt 5.3. Wir definieren das *innere Produkt*

$$(f, g) = \iiint_D f(\mathbf{x})\overline{g(\mathbf{x})}\, d\mathbf{x} \quad \text{wobei } d\mathbf{x} = dx\, dy\, dz$$

als dreifaches Integral. (In zwei Dimesionen wäre es ein Doppelintegral.) Wenn wir mit $\nabla \cdot$ die Divergenz bezeichnen und die Identität

$$u(\Delta v) - (\Delta u)v = \nabla \cdot [u(\nabla v) - (\nabla u)v] \tag{10.6}$$

(bitte nachrechnen!) über D integrieren, so erhalten wir mit dem Divergenzsatz (Abschnitt A.3) die *zweite Greensche Formel*:

$$\iiint_D [u(\Delta v) - (\Delta u)v]\, d\mathbf{x} = \iint_{\partial D} \left(u\frac{\partial v}{\partial n} - \frac{\partial u}{\partial n} v \right) dS. \tag{10.7}$$

Die rechte Seite von (10.7) ist ein Oberflächenintegral und $\partial u/\partial n = n \cdot \nabla u$ ist die Ableitung in Richtung der Flächennormalen.

Wenn sowohl u als auch v homogene Dirichlet-Bedingungen ($u = v = 0$ auf ∂D) erfüllen, verschwindet das Randintegral. Das gleiche gilt für Neumann- oder Robin-Bedingungen. Ist beispielsweise

$$\frac{\partial u}{\partial n} + au = 0 = \frac{\partial v}{\partial n} + av \quad \text{auf } \partial D,$$

so ist $u(\partial v)/\partial n) - (\partial u/\partial n)v = -uav + uav = 0$. Wir sagen deshalb, daß jede der drei klassischen Randbedingungen symmetrisch ist, da in jedem Fall

$$(u, \Delta v) = (\Delta u, v)$$

für alle Funktionen, die die Randbedingungen erfüllen, gilt.

Nehmen wir nun an, daß u und v reelle Eigenfunktionen sind:

$$-\Delta u = \lambda_1 u \quad \text{und} \quad -\Delta v = \lambda_2 v \quad \text{in } D, \tag{10.8}$$

wobei u und v auf ∂D (D) [oder (N) oder (R)] erfüllen. Nach (10.7) ist dann

$$(\lambda_1 - \lambda_2)(u, v) = (u, \Delta v) - (\Delta u, v) = 0, \tag{10.9}$$

womit wir die Orthogonalität von u und v für $\lambda_1 \neq \lambda_2$ gezeigt haben. Mit der gleichen Begründung wie in Abschnitt 5.3 können wir zeigen, daß alle Eigenwerte reell sind. Wir fassen diese Fakten in dem folgenden Satz zusammen.

Satz 10.1 *Gegeben ist eines der Probleme (10.3). Dann sind alle Eigenwerte reell. Die Eigenfunktionen können reellwertig gewählt werden. Die zu verschiedenen Eigenwerten gehörenden Eigenfunktionen sind orthogonal. Die Eigenfunktionen können so gewählt werden, daß sie Orthonormalsystem bilden.*

Die letzte Aussage wird im folgenden bewiesen.

Mehrfache Eigenwerte

Ein Eigenwert heißt *doppelt (dreifach,...)*, wenn es zwei (drei...) zugehörige linear unabhängige Eigenfunktionen gibt. Er hat die *Vielfachheit* m, wenn es m zugehörige linear unabhängige Eigenfunktionen gibt, anders ausgedrückt, wenn der „Eigenraum" von λ die Dimension m hat.

Seien $w_1, \ldots, w_m$ linear unabhängige Eigenfunktionen zum Eigenwert λ der Vielfachheit m. Sie sind nicht notwendigerweise orthogonal. Wir können aber stets eine neue Menge von Eigenfunktionen konstruieren, die orthogonal *ist*. Dies geschieht mit Hilfe des *Gram-Schmidtschen Orthonormierungsverfahrens*, das wie folgt abläuft.

Sei $\{w_1, \ldots, w_m\}$ eine beliebige (endliche oder unendliche) Menge linear unabhängiger Vektoren in einem Vektorraum V mit innerem Produkt. Als erstes normieren wir w_1:

$$u_1 = \frac{w_1}{\|w_1\|}.$$

Als zweites subtrahieren wir von w_2 die zu u_1 parallele Komponente und normieren anschließend. Das heißt, wir definieren

$$v_2 = w_2 - (w_2, u_1)u_1 \quad \text{und} \quad u_2 = \frac{v_2}{\|v_2\|}. \tag{10.10}$$

10.1 Überarbeitung der Fourierschen Methode

Es ist mit einer Rechnung oder durch eine Zeichnung leicht zu sehen, daß u_1 und u_2 orthogonal sind. Als drittes subtrahieren wir von w_3 die in der u_1, u_2-Ebene gelegene Komponente und normieren, wir definieren also

$$v_3 = w_3 - (w_3, u_2)u_2 - (w_3, u_1)u_1 \quad \text{und} \quad u_3 = \frac{v_3}{\|v_3\|}, \qquad (10.11)$$

und so fort. In jedem Schritt subtrahieren wir von einem Vektor die in dem bis dahin ermittelten Raum gelegenen Komponenten. Dann ist $\{u_1, u_2, u_3, \ldots\}$ eine orthogonale Menge von Vektoren. Es ist

$$\begin{aligned}
(v_2, u_1) &= (w_2 - (w_2, u_1)u_1, u_1) = (w_2, u_1) - (w_2, u_1)(u_1, u_1) = 0, \\
(v_3, u_1) &= (w_3 - (w_3, u_2)u_2 - (w_3, u_1)u_1, u_1) \\
&= (w_3, u_1) - (w_3, u_2)(u_2, u_1) - (w_3, u_1)(u_1, u_1) \\
&= (w_3, u_1) - (w_3, u_2) \cdot 0 - (w_3, u_1) \cdot 1 = 0
\end{aligned}$$

usw. Beispiele mit einer größeren Menge von Vektoren finden Sie in den Übungsaufgaben.

Allgemeine Fourierreihen

Nach Satz 10.1 können wir Fourierreihen betrachten, die mit Eigenfunktionen in D gebildet werden. Ist

$$\phi(\mathbf{x}) = \sum_n A_n v_n(\mathbf{x}), \qquad (10.12)$$

wobei $v_n(\mathbf{x})$ die orthogonalen Eigenfunktionen von (10.3) sind, so ist

$$A_n = \frac{(\phi, v_n)}{(v_n, v_n)} = \frac{\iiint_D \phi(\mathbf{x})\overline{v_n(\mathbf{x})}\, d\mathbf{x}}{\iiint_D |v_n(\mathbf{x})|^2\, d\mathbf{x}}. \qquad (10.13)$$

Die Frage des Vorzeichens der Eigenwerte wird im nächsten Satz behandelt.

Satz 10.2 *Alle Eigenwerte sind positiv im Fall einer Dirichlet-Bedingung. Sie sind größer oder gleich Null im Fall einer Neumann-Bedingung, wie auch im Fall einer Robin-Bedingung $\partial u/\partial n + au = 0$, sofern $a \geq 0$.*

Beweis. Wir benützen die 1. Greensche Formel (7.2) mit $u \equiv v$:

$$\iiint_D (-\Delta v)\bar{v}\, d\mathbf{x} = \iiint_D |\nabla v|^2\, d\mathbf{x} - \iint_{\partial D} v\frac{\partial \bar{v}}{\partial n}\, dS.$$

Ist im Dirichletschen Fall v eine Eigenfunktion von (10.3) zum Eigenwert λ, so erhalten wir

$$\lambda \iiint_D |v|^2\, d\mathbf{x} = \iiint_D |\nabla v|^2\, d\mathbf{x} \geq 0.$$

Das letzte Integral kann nicht Null sein, denn dann wäre $\nabla v(\mathbf{x})$ identisch Null und damit $v(\mathbf{x}) \equiv C$ eine konstante Funktion. Aufgrund der Randbedingung wäre dann $C = 0$. Im Dirichletschen Fall ist deshalb $\lambda > 0$. Die anderen Fälle werden in Übungsaufgabe 7 behandelt. □

Neben der Orthogonalität sollten die Eigenfunktionen vollständig sein. Wir verschieben diese Untersuchung auf Kapitel 11. Für jetzt möge die Feststellung genügen, daß das Systems der Eigenfunktionen immer dann vollständig ist, wenn der Rand ∂D des Gebietes nicht allzu irregulär ist (das ist bei den praktischen Problemstellungen normalerweise der Fall). Vollständigkeit der Eigenfunktionen von (10.3) im quadratischen Mittel bedeutet

$$\left\| \phi - \sum_{n \leq N} A_n v_n \right\|^2 = \iiint_D \left| \phi(\mathbf{x}) - \sum_{n \leq N} A_n v_n(\mathbf{x}) \right|^2 d\mathbf{x} \to 0 \qquad (10.14)$$

mit $N \to \infty$.

Bisher haben wir gesehen, wie ein Wellen- oder Diffusionsproblem unter Rand- und Anfangsbedingungen in das Eigenwertproblem (10.3) übergeführt werden kann. Als Aufgabe bleibt, die Lösungen von (10.3) zu finden. Wenn wir spezielle Rechnungen durchführen wollen, müssen wir für das Gebiet D eine spezielle Gestalt vorgeben, so daß wir auch die Raumvariablen trennen können (in kartesischen Koordinaten, Polarkoordinaten oder in anderen Koordinaten). Bei harmonischen Funktionen haben wir das bereits getan. Die Fragestellungen, die wir jetzt behandeln werden, sind denen bei harmonischen Funktionen ähnlich, abgesehen von dem Parameter λ.

Beispiel 1.

Wir betrachten den *Würfel* $Q = \{0 < x < \pi, 0 < y < \pi, 0 < z < \pi\}$ und lösen das Problem

DGl: $u_t = k\Delta u$ in Q

RB: $u = 0$ auf ∂Q (10.15)

AB: $u = \phi(\mathbf{x})$ für $t = 0$.

Die Trennung der Zeitvariable, wie in der allgemeinen Untersuchung zuvor, führt zu dem Eigenwertproblem

$$-\Delta v = \lambda v \quad \text{in } Q, \qquad v = 0 \quad \text{auf } \partial Q. \qquad (10.16)$$

Da die Kanten von Q parallel zu den Achsen verlaufen, können wir erfolgreich die x, y und z-Variable trennen: $v = X(x)Y(y)Z(z)$,

$$\frac{X''}{X} + \frac{Y''}{Y} + \frac{Z''}{Z} = -\lambda.$$

10.1 Überarbeitung der Fourierschen Methode

Die separierten Randbedingungen sind

$$X(0) = X(\pi) = Y(0) = Y(\pi) = Z(0) = Z(\pi) = 0.$$

Die Lösungen sind natürlich

$$v(x,y,z) = \sin lx \sin my \sin nz = v_{lmn}(\mathbf{x}), \qquad (10.17)$$

mit

$$\lambda = l^2 + m^2 + n^2 = \lambda_{lmn} \qquad (1 \le l,m,n < \infty) \qquad (10.18)$$

Beachten Sie den Dreifachindex! Wir erhalten

$$u(\mathbf{x},t) = \sum_n \sum_m \sum_l A_{lmn} e^{-(l^2+m^2+n^2)kt} \sin lx \sin my \sin nz. \qquad (10.19)$$

Die Orthogonalität der Eigenfunktionen zieht

$$A_{lmn} = (2/\pi)^3 \int_0^\pi \int_0^\pi \int_0^\pi \phi(x,y,z) \sin lx \sin my \sin nz \, dx\, dy\, dz \qquad (10.20)$$

nach sich. Beachten Sie, daß in diesem Fall die Orthogonalität der Funktionen $v_{lmn}(x,y,z)$ eine Konsequenz der Tatsache ist, daß die separierten Eigenfunktionen $\sin lx$, $\sin my$ und $\sin nz$ jeweils ein Orthogonalsystem bilden. Es ist nämlich

$$\iiint_Q v_{lmn}(\mathbf{x}) v_{l'm'n'}(\mathbf{x}) \, d\mathbf{x} = \left(\int_0^\pi \sin lx \sin l'x \, dx \right)$$
$$\left(\int_0^\pi \sin my \sin m'y \, dy \right) \left(\int_0^\pi \sin nz \sin n'z \, dz \right) = 0,$$

sofern nur ein Index von dem entsprechendem gestrichenem Index verschieden ist.

Wir werden die gleiche Tatsache bei Polarkoordinaten, Zylinderkoordinaten und Kugelkoordinaten beobachten. Das Studium der rotationssymmetrischen Fälle ist Gegenstand unserer nächsten Untersuchungen.

Übungsaufgaben

1. Lösen Sie die Wellengleichung im Quadrat $S = \{0 < x < \pi, 0 < y < \pi\}$ unter homogenen Neumann-Bedingungen auf dem Rand und unter den Anfangsbedingungen $u(x,y,0) \equiv 0$, $u_t(x,y,0) = \sin^2 x$.

2. Lösen Sie die Wellengleichung im Rechteck $R = \{0 < x < a, 0 < y < b\}$ unter homogenen Dirichlet-Bedingungen auf dem Rand und unter den Anfangsbedingungen $u(x,y,0) = xy(b-y)(a-x)$, $u_t(x,y,0) \equiv 0$.

3. Im Würfel $]0, a[^3$ diffundiert eine Substanz, deren Moleküle sich proportional zur Konzentration vermehren. Es gilt deshalb die PDGl. $u_t = k\Delta u + \gamma u$ mit einer Konstanten γ. Setzen Sie $u = 0$ auf allen sechs Seitenflächen voraus. Unter welcher Bedingung für γ wächst die Konzentration nicht unbeschränkt an?

4. Untersuchen Sie das Eigenwertproblem $-\Delta v = \lambda$ im Einheitsquadrat $D = \{0 < x < 1, 0 < y < 1\}$ unter Dirichlet-Bedingungen $v = 0$ auf der Grundlinie und beiden vertikalen Seiten und unter der Robin-Bedingung $\partial v/\partial y = 0$ auf $\{y = 1\}$.

   (a) Zeigen Sie, daß alle Eigenwerte positiv sind.

   (b) Stellen Sie eine Gleichung für die Eigenwerte λ auf. Zeigen Sie, daß die Eigenwerte mit Hilfe der Lösungen der Gleichung $s + \tan s = 0$ ausgedrückt werden können.

   (c) Bestimmen Sie die Lösungen der letzten Gleichung grafisch. Geben Sie eine Näherungsformel für den n-ten Eigenwert für großes n an.

5. Bestimmen Sie die Dimension eines jeden der folgenden Vektorräume:

   (a) Der Lösungsraum von $u'' + x^2 u = 0$.

   (b) Der Eigenraum des Eigenwerts $(2\pi/l)^2$ des Operators d^2/dt^2 auf dem Intervall $]-l, l[$ unter periodischen Randbedingungen.

   (c) Die Menge der im Einheitskreis harmonischen Funktionen unter Neumannschen Randbedingungen.

   (d) Der Eigenraum des Eigenwerts $\lambda = 25\pi^2$ von $-\Delta$ im Einheitsquadrat $]0, l[^2$ unter homogenen Dirichlet-Bedingungen auf allen vier Seiten.

   (e) Der Raum aller Lösungen von $u_{tt} = c^2 u_{xx}$ in $-\infty < x < \infty$, $-\infty < t < \infty$.

6. Veranschaulichen Sie grafisch das Gram-Schmidtsche Orthonormierungsverfahren zunächst mit zwei nicht orthogonalen, linear unabhängigen Vektoren w_1, w_2 der Ebene, dann mit drei Vektoren des Raums.

7. Beweisen Sie Satz 10.2 für den Fall von Neumann- und von Robin-Bedingungen.

10.2 Die schwingende Membran

Betrachten Sie eine Membran als kreisförmige Deckfläche $D = \{x^2 + y^2 < a^2\}$ einer Trommel. Ihre kleinen Transversalschwingungen gehorchen der Wellengleichung in D unter Dirichletschen Randbedingungen. Wir stellen uns deshalb das Problem

$$\begin{cases} u_{tt} = c^2(u_{xx} + u_{yy}) & \text{in } D \\ u = 0 & \text{auf } \partial D \\ u, u_t \text{ sind gegebene Funktionen für } t = 0. \end{cases} \quad (10.21)$$

10.2 Die schwingende Membran

Zur Lösung dieses Problems gehen wir natürlich zu Polarkoordinaten über wie in Abschnitt 6.3. Wir schreiben

$$c^{-2}u_{tt} = u_{rr} + \frac{1}{r}u_r + \frac{1}{r^2}u_{\theta\theta}. \tag{10.22}$$

Die Variablentrennung $u(r,\theta,t) = T(t)R(r)\Theta(\theta)$ liefert

$$\frac{T''}{c^2 T} = \frac{R''}{R} + \frac{R'}{rR} + \frac{\Theta''}{r^2\Theta}. \tag{10.23}$$

Mit dem üblichen Argument folgt, daß T''/c^2T eine Konstante ist (wir nennen sie $-\lambda$), und daß Θ''/Θ eine Konstante ist (wir nennen sie $-\gamma$). Damit erhalten wir drei GDGln

$$T'' + c^2\lambda T = 0 \tag{10.24}$$

$$\Theta'' + \gamma\Theta = 0 \tag{10.25}$$

$$R'' + \frac{1}{r}R' + \left(\lambda - \frac{\gamma}{r^2}\right)R = 0 \tag{10.26}$$

Wir werden (10.24) zuletzt lösen, da hier die inhomogenen Anfangsbedingungen zu berücksichtigen sind.

Bei Gleichung (10.25) liegen, genau wie in Abschnitt 6.3, periodische Randbedingungen $\Theta(\theta + 2\pi) = \Theta(\theta)$ vor und wir können das Ergebnis von dort übernehmen:

$$\gamma = n^2 \quad \text{und} \quad \Theta(\theta) = A_n \cos n\theta + B_n \sin n\theta \quad (n = 1, 2, \ldots) \tag{10.27}$$

und $\Theta(\theta) = \frac{1}{2}A_0$, für $\gamma = 0$.

Für den radialen Faktor haben wir die Gleichung

$$R_{rr} + \frac{1}{r}R_r + \left(\lambda - \frac{n^2}{r^2}\right)R = 0 \tag{10.28}$$

für $0 < r < a$ unter den Randbedingungen

$$\begin{cases} R(0) \text{ ist endlich} \\ R(a) = 0 \end{cases} \tag{10.29}$$

zu lösen. Falls $n = 0$ ist Gleichung (10.28) eine Eulersche Differentialgleichung, die wir schon in Abschnitt 6.3 gelöst haben. Wegen $R(a) = 0$ erhalten wir nur die triviale Lösung $R(r) \equiv 0$. (Kein Wunder, denn nach Satz 10.2 sind alle Eigenwerte von $-\Delta$ positiv.) Sei also nun $\lambda > 0$. Mit der Substitution $\rho = \sqrt{\lambda}r$ läßt sich (10.28) durch

$$R_r = R_\rho \frac{d\rho}{dr} = \sqrt{\lambda}, \quad R_{rr} = \lambda R_{\rho\rho}$$

in die Standardform

$$R_{\rho\rho} + \frac{1}{\rho}R_\rho + \left(1 - \frac{n^2}{\rho^2}\right)R = 0. \tag{10.30}$$

bringen. Diese Gleichung heißt *Besselsche Differentialgleichung* der Ordnung n. Mit ihr sind wir nun zum drittenmal auf eine nicht direkt lösbare GDGl. gestoßen, die ersten beiden Male geschah dies in den Abschnitten 9.4 und 9.5.

Lösungen der Besselschen Gleichung (10.30)

Diese Gleichung ist eine lineare GDGl zweiter Ordnung und hat als solche einen zweidimensionalen Lösungsraum. Für $\rho = 0$ sind die Koeffizienten nicht definiert, man spricht von einem *singulären Punkt*. Es handelt sich hier jedoch um eine Art von Singularität, die am wenigsten Schwierigkeiten bereitet, eine sogenannte *schwache Singularität* (siehe Abschnitt A.4). Zur Erinnerung, auch die Eulersche DGl. besitzt eine schwache Singularität und hat im allgemeinen Lösungen der Form $R(\rho) = c\rho^\alpha + D\rho^\beta$. Zur Lösung der Besselsche DGl. machen wir den Ansatz

$$R(\rho) = \rho^\alpha \sum_{k=0}^\infty a_k \rho^k, \quad a_0 \neq 0 \tag{10.31}$$

und bestimmen die Koeffizienten a_k nach Einsetzen von (10.31) in (10.30). Wir erhalten

$$\rho^\alpha \sum_{k=0}^\infty [(\alpha+k)(\alpha+k-1)a_k\rho^{k-2} + (\alpha+k)a_k\rho^{k-2}$$
$$+ a_k\rho^k - n^2 a_k \rho^{k-2}]. \tag{10.32}$$

In der dritten Summe ändern wir die Summationsvariable

$$\sum_{k=0}^\infty a_k \rho^k = \sum_{k=2}^\infty a_{k-2} \rho^{k-2}$$

und vergleichen die Koeffizienten der gleichen Potenzen von ρ:

$k = 0:$ $\quad [\alpha(\alpha-1) + \alpha - n^2]a_0 = 0$
$k = 1:$ $\quad [(\alpha+1)\alpha + \alpha + 1 - n^2]a_1 = 0$
$k \geq 2:$ $\quad [(\alpha+k)(\alpha+k-1) + \alpha + k - n^2]a_k + a_{k-2} = 0.$

Aus der ersten Gleichung entnehmen wir $\alpha^2 = n^2$, da $a_0 \neq 0$. Wir haben also die Wahl zwischen $\alpha = +n$ und $\alpha = -n$. Beginnen wir mit $\alpha = +n$. Aus der zweiten Gleichung $[(\alpha+1)^2 - n^2]a_1 = 0$ folgt dann $a_1 = 0$. Die unendlich vielen Gleichungen für $k = 2, 3, 4, \ldots$ (genannt *Rekursionsgleichungen*) bestimmen dann a_k aus a_{k-2}:

$$a_k = -\frac{a_{k-2}}{(\alpha+k)^2 - n^2} \quad (k = 2, 3, \ldots) \tag{10.33}$$

Durch diese Formel sind mit zwei vorgegebenen aufeinanderfolgenden Koeffizienten auch alle nachfolgenden Koeffizienten bestimmt. Wegen $a_1 = 0$ folgt $a_k = 0$ für alle ungeraden k. Es ist üblich, den Koeffizienten a_0 durch $a_0 = 2^{-n}/n!$ festzulegen. Dann erhält man als eine spezielle Lösung die Funktion

$$\begin{aligned} J_n(\rho) &= \frac{\rho^n}{2^n n!} \left[1 - \frac{\rho^2}{2^2(n+1)} + \frac{\rho^4}{2! 2^4 (n+1)(n+2)} - \cdots \right] \\ &= \sum_{j=0}^\infty (-1)^j \frac{(\frac{1}{2}\rho)^{n+2j}}{j!(n+j)!}. \end{aligned} \tag{10.34}$$

10.2 Die schwingende Membran

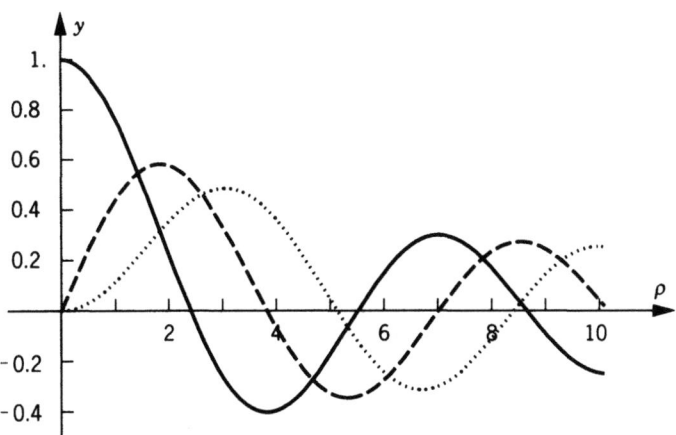

Bild 10.1

Diese Lösung heißt *Besselfunktion der Ordnung n* (siehe Bild 10.1). Sie hat unendlich viele Nullstellen. Man kann beweisen, daß $J_n(\rho)$ die asymptotische Gestalt hat

$$J_n(\rho) \sim \sqrt{\frac{2}{\pi\rho}} \cos\left(\rho - \frac{\pi}{4}\right) + O\left(\frac{1}{\rho}\right) \quad \text{für } \rho \to \infty. \tag{10.35}$$

Die Besselfunktion $J_n(\rho)$ ist (bis auf einen konstanten Faktor) die einzige Lösung der Besselschen Differentialgleichung, die im singulären Punkt $\rho = 0$ endlich ist. Alle anderen Lösungen von (10.26) haben in der Nähe von $\rho = 0$ ein Aussehen wie $C\rho^{-n}$, $n > 0$ (und in ihrer Entwicklung tritt der Ausdruck $\rho^n \log \rho$ auf). Im Fall $n = 0$ verhalten sich die anderen Lösungen in der Nähe von $\rho = 0$ wie $C \log \rho$. Eine Untersuchung dieser Eigenschaften und weitere Informationen über die Besselsche Differentialgleichung finden Sie in Abschnitt 10.5.

Entwicklung nach Eigenfunktionen

Kehren wir zur Gleichung der schwingenden Membran zurück, die uns auf (10.28) und (10.29) geführt hat. Da $R(0)$ endlich sein muß, gilt $R = cJ_n(\rho)$ mit einer Konstanten c. Die getrennten Lösungen sind also

$$J_n(\sqrt{\lambda}a)(A_n \cos n\theta + B_n \sin n\theta). \tag{10.36}$$

Als nächstes berücksichtigen wir die *Randbedingung* $u = 0$ für $r = a$. Danach muß λ als Lösung der Gleichung

$$J_n(\sqrt{\lambda}a) = 0 \tag{10.37}$$

gewählt werden. Nach Bild 10.1 hat jede Besselfunktion unendlich viele positive Nullstellen. Wir nennen sie

$$0 < \lambda_{n1} < \lambda_{n2} < \lambda_{n3} < \cdots$$

Durch Summation erhalten wir die allgemeine Lösung von (10.21)

$$\begin{aligned}u(r,\theta,t) &= \sum_{m=1}^{\infty} J_0(\sqrt{\lambda_{0m}}r)(C_{0m}\cos\sqrt{\lambda_{0m}}ct + D_{0m}\sin\sqrt{\lambda_{0m}}ct)\\ &+ \sum_{m,n=1}^{\infty} J_n(\sqrt{\lambda_{nm}}r)(A_{nm}\cos n\theta + B_{nm}\sin n\theta)\\ &\quad \times (C_{nm}\cos\sqrt{\lambda_{nm}}ct + D_{nm}\sin\sqrt{\lambda_{nm}}ct).\end{aligned} \qquad (10.38)$$

Das sieht ziemlich schrecklich aus! Wir werden in Kürze einige handliche Beispiele angeben.

Zuvor wollen wir aber noch die *Anfangsbedingungen* $u(r.\theta,0) = \phi(r,\theta)$, sowie $u_t(r,\theta,0) = \psi(r,\theta)$ einsetzen. Mit der Abkürzung $\beta_{nm} = \sqrt{\lambda_{nm}}$ muß gelten

$$\begin{aligned}\Phi(r,\theta) &= \sum_{m=1}^{\infty} C_{0m} J_0(\beta_{0m}r)\\ &+ \sum_{m,n=1}^{\infty} C_{nm} J_n(\beta_{nm}r)(A_{nm}\cos n\theta + B_{nm}\sin n\theta),\end{aligned} \qquad (10.39)$$

sowie

$$\begin{aligned}\Psi(r,\theta) &= \sum_{m=1}^{\infty} c\beta_{0m} D_{0m} J_0(\beta_{0m}r)\\ &+ \sum_{m,n=1}^{\infty} c\beta_{nm} D_{nm} J_n(\beta_{nm}r)(A_{nm}\cos n\theta + B_{nm}\sin n\theta).\end{aligned} \qquad (10.40)$$

(Warum?) Diese Entwicklungen sind Beispiele allgemeiner Fourierreihen, die wir in Abschnitt 10.1 untersucht haben. Die Koeffizienten sind danach durch die folgenden Formeln gegeben:

$$\begin{aligned}C_{0m} &= \frac{1}{2\pi j_{0m}} \int_0^a \int_{-\pi}^{\pi} \phi(r,\theta) J_0(\beta_{0m}r)\, r\, d\theta\, dr\\ C_{nm} A_{nm} &= \frac{1}{\pi j_{nm}} \int_0^a \int_{-\pi}^{\pi} \phi(r,\theta) J_n(\beta_{nm}r)\cos n\theta\, r\, d\theta\, dr \qquad (10.41)\\ C_{nm} B_{nm} &= \text{(gleicher Ausdruck mit } \sin n\theta\text{)}\end{aligned}$$

Mit gleichartigen Formeln lassen sich die Koeffizienten D_{nm} in Abhängigkeit von $\psi(r,\theta)$ ausdrücken. Zur Abkürzung haben wir mit j_{nm} den Ausdruck

$$j_{nm} = \int_0^a [J_n(\beta_{nm}r)]^2 r\, dr = \frac{1}{2}a^2[J_n'(\beta_{nm}a)]^2 \qquad (10.42)$$

bezeichnet. Der Wert des letzten Integrals ergibt sich aus Formel (10.88), Formel (10.41) folgt aus der Orthogonalität der Eigenfunktionen

10.2 Die schwingende Membran

$$J_n(\beta_{nm}r)\begin{pmatrix}\cos\\\sin\end{pmatrix}(n\theta) \tag{10.43}$$

bezüglich des inneren Produkts auf der Kreisscheibe D

$$(f,g) = \iint_D f\,\bar{g}\,dx\,dy = \int_{-\pi}^{\pi}\int_0^a f\,\bar{g}\,r\,dr\,d\theta. \tag{10.44}$$

Die Formeln (10.41) sind Spezialfälle der Formeln aus Abschnitt 10.1.

Orthogonalität liegt nicht nur vor bezüglich der ganzen Kreisscheibe D, sondern bereits für $\sin n\theta$ und $\cos n\theta$ über dem Intervall $-\pi < x < \pi$ und für die Besselfunktionen über dem Intervall $0 < r < a$. Die letzte Orthogonalitätsaussage bedeutet ausgeschrieben

$$\int_0^a J_n(\beta_{nm}r)J_n(\beta_{np}r)\,r\,dr = 0 \quad \text{für } m \neq p. \tag{10.45}$$

Beachten Sie, daß der Index n in beiden Faktoren des Integranden derselbe ist, und daß der zusätzliche Faktor r von Formel (10.44) herrührt.

Beispiel 1. Die radialen Schwingungen einer Membran

Wir schlagen zum Zeitpunkt $t = 0$ auf den Mittelpunkt einer kreisförmigen Trommel und beobachten die entstehenden Schwingungen. Die Anfangsbedingungen für die Gleichung der schwingenden Membran sind dann

$$u(x,y,0) = 0 \quad \text{und} \quad u_t(x,y,0) = \psi(r). \tag{10.46}$$

($\psi(r)$ ist dabei in der Nähe von $r = 0$ konzentriert.) Wegen $\phi(r,\theta) = 0$ sind alle C_{nm} gleich Null (siehe Übungsaufgabe 1). Da $\psi(r)$ unabhängig von θ ist, gilt darüber hinaus $D_{nm}A_{nm} = D_{nm}B_{nm} = 0$ für $n \neq 0$. Von Formel (10.38) bleibt damit nur die Reihe

$$u(r,t) = \sum_{m=1}^{\infty} D_{0m}J_0(\beta_{0m}r)\sin(\beta_{0m}ct) \tag{10.47}$$

mit

$$c\beta_{0m}D_{0m} = \frac{(\psi,J_0)}{(J_0,J_0)} = \frac{\int_0^a \psi(r)J_0(\beta_{0m}r)\,r\,dr}{\int_0^a [J_0(\beta_{0m}r)]^2\,r\,dr}$$

übrig. Nach (10.88) sind die Koeffizienten durch die Formel

$$D_{0m} = \frac{\int_0^a \psi(r)J_0(\beta r)\,r\,dr}{\frac{1}{2}a^2 c\beta[J_1(\beta a)]^2}, \tag{10.48}$$

wobei wir abkürzend $\beta = \beta_{0m}$ geschrieben haben, gegeben.

Der tiefste hörbare Ton ist der mit der *Grundfrequenz* $\beta_{01}c = z_1 c/a$, wobei z_1 die kleinste positive Nullstelle von J_0 ist. Der numerische Wert ist $z_1 = 2.405$. (Dies ist auch die Grundfrequenz der allgemeineren (nichtradialen) Schwingungen einer Membran.) Interessant ist der Vergleich mit dem eindimensionalen Fall einer schwingenden Saite, bei der die niedrigste Frequenz $\pi c/l$ ist.

Übungsaufgaben

1. Zeigen Sie, daß unter der Anfangsbedingung (10.46) alle $\cos\sqrt{\lambda}ct$-Terme in (10.38) verschwinden. Zeigen Sie auch $D_{nm}A_{nm} = D_{nm}B_{nm} = 0$ für $n \neq 0$.

2. Bestimmen Sie die Schwingungen einer kreisförmigen Trommel (der Rand ist eingespannt) unter den Anfangsbedingungen $u = 1 - r^2/a^2$ und $u_t \equiv 0$ für $t = 0$.

3. Gegeben ist eine kreisförmige Trommel mit Radius a und der Wellengeschwindigkeit c_d, sowie eine Violinsaite der Länge l und der Wellengeschwindigkeit c_v. Welche Länge muß die Violinsaite haben, damit die Grundfrequenzen gleich sind?

4. Bestimmen Sie alle Lösungen der Wellengleichung der Form $u = e^{-i\omega t}f(r)$, die für $r = \sqrt{x^2 + y^2} = 0$ endlich sind.

5. Lösen Sie die Diffusionsgleichung für eine Kreisscheibe mit Radius a, wenn $u = B$ auf dem Rand und $u = 0$ für $t = 0$ vorgegeben ist. B ist eine Konstante. (*Hinweis:* Die Lösung wird radialsymmetrisch ausfallen.)

6. Lösen Sie die gleiche Aufgabe wie 5 für den Kreisring $\{a^2 < x^2 + y^2 < b^2\}$ mit $u = B$ auf dem gesamten Rand.

7. Sei D der Halbkreis $\{x^2 + y^2 < b^2, y > 0\}$. Betrachten Sie die Diffusionsgleichung unter den Bedingungen $u = 0$ auf ∂D und $u = \phi(r, \theta)$ für $t = 0$. Schreiben Sie die vollständige Reihenentwicklung der Lösung $u(r, \theta, t)$ einschließlich der Formeln für die Koeffizienten auf.

10.3 Schwingungen in einer Kugel

Wir untersuchen die Wellengleichung unter Dirichletschen Randbedingungen, wenn D eine Kugel um den Nullpunkt mit Radius a ist. Nach Trennung der Zeitvariablen $u(\mathbf{x}, t) = T(t)v(\mathbf{x})$ gelangenen wir, wie in Abschnitt 10.1 beschrieben, zu dem Eigenwertproblem

$$\begin{cases} -\Delta v = \lambda v & \text{in } D \\ v = 0 & \text{auf } \partial D \end{cases}. \tag{10.49}$$

10.3 Schwingungen in einer Kugel

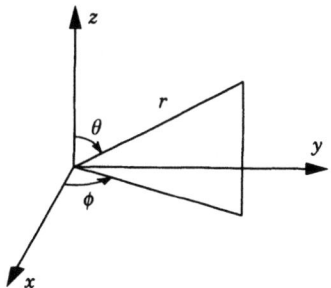

Bild 10.2

Natürlich trennen wir die räumlichen Variablen in sphärischen Koordinaten (siehe Bild 10.2)

$$0 \leq r < a \quad x = r \sin\theta \cos\phi$$
$$0 \leq \phi < 2\pi \quad y = r \sin\theta \sin\phi$$
$$0 \leq \theta \leq \pi \quad z = r \cos\theta$$

(*Achtung:* In manchen Büchern sind θ und ϕ vertauscht!) Mit diesen Koordinaten erhält unsere Gleichung die Gestalt

$$0 = \Delta v + \lambda v$$
$$= v_{rr} + \frac{2}{r}v_r + \frac{1}{r^2}\left[\frac{1}{\sin^2\theta}v_{\phi\phi} + \frac{1}{\sin\theta}(\sin\theta\, v_\theta)_\theta\right] + \lambda v.$$

Wir trennen jetzt die r-Koordinate:

$$v = R(r) \cdot Y(\theta,\phi).$$

Damit wird

$$\lambda r^2 + \frac{r^2 R_{rr} + 2r R_r}{R} + \frac{(1/\sin^2\theta)Y_{\phi\phi} + (1/\sin\theta)(\sin\theta\, Y_\theta)_\theta}{Y} = 0.$$

Da die ersten beiden Summanden nur von r abhängen, der dritte nur von den Winkeln, erhalten wir daraus eine Gleichung für R

$$R_{rr} + \frac{2}{r}R_r + \left(\lambda - \frac{\gamma}{r^2}\right)R = 0 \tag{10.50}$$

und eine Gleichung für Y

$$\frac{1}{\sin^2\theta}Y_{\phi\phi} + \frac{1}{\sin\theta}(\sin\theta\, Y_\theta)_\theta + \gamma Y = 0, \tag{10.51}$$

dabei ist γ die Separationskonstante.

Gleichung (10.50) ähnelt der Besselschen Differentialgleichung, sie ist aber keine wegen des Koeffizienten $2/r$ anstelle von $1/r$. Durch die Variablentransformation

$$w(r) = \sqrt{r}R(r), \qquad R(r) = r^{-1/2}w(r) \tag{10.52}$$

bekommen wir diesen Sachverhalt in den Griff, denn Gleichung (10.50) geht über in die Gleichung

$$w_{rr} + \frac{1}{r}w_r + \left(\lambda - \frac{\gamma + \frac{1}{4}}{r^2}\right)w = 0. \tag{10.53}$$

Wir suchen Lösungen von (10.53), die den Bedingungen

$$w(0) \text{ ist endlich} \quad \text{und} \quad w(a) = 0 \tag{10.54}$$

genügen. Wie in Abschnitt 10.2 ist jedes konstante Vielfache der Besselfunktion

$$w(r) = J_{\sqrt{\gamma + \frac{1}{4}}}(\sqrt{\lambda}\, r) \tag{10.55}$$

Lösung. Die „Ordnung" der Besselfunktion ist hier $n = \sqrt{\gamma + \frac{1}{4}}$. (Siehe Abschnitt 10.5 für die Untersuchung von Besselfunktionen beliebiger reeller Ordnung.) Für den radialen Faktor erhalten wir somit

$$R(r) = \frac{J_{\sqrt{\gamma + \frac{1}{4}}}(\sqrt{\lambda}\, r)}{\sqrt{r}}. \tag{10.56}$$

Gehen wir nun zu der von den Winkeln abhängigen Funktion $Y(\theta, \phi)$ über. Es soll Gleichung (10.51) unter den „Randbedingungen"

$$\begin{cases} Y(\theta, \phi) & \text{ist } 2\pi\text{-periodisch in } \phi \\ Y(\theta, \phi) & \text{ist endlich bei } \theta = 0, \pi \end{cases} \tag{10.57}$$

gelöst werden. Eine solche Funktion heißt *Kugelfunktion* oder *sphärisch harmonisch*. (Der Grund für die letztere Bezeichnung ist: Eine in D harmonische Funktion, die dem Fall $\lambda = 0$ entspricht, besitzt eine Entwicklung in den r, θ, ϕ-Variablen als unendliche Reihe von sphärisch harmonischen Funktionen.) Beachten Sie, daß die Kugelfunktionen auf der Kugeloberfläche definiert sind.

Zur Lösung von (10.51) unter den Randbedingungen (10.57) trennen wir die Variablen ein letztes Mal

$$Y(\theta, \phi) = p(\theta)q(\phi)$$

und erhalten

$$\frac{q''}{q} + \frac{\sin\theta\,(\sin\theta\, p_\theta)_\theta}{p} + \gamma \sin^2\theta = 0. \tag{10.58}$$

Der erste Term in (10.58) muß eine Konstante sein, wir nennen sie $(-\alpha)$. $q(\phi)$ ist also Lösung des Problems

$$q_{\phi\phi} + \alpha q = 0, \quad q(\phi) \text{ ist } 2\pi\text{-periodisch.} \tag{10.59}$$

Das ist eine uns bekannte Aufgabe. Wir kennen die Eigenwerte $\alpha = m^2$ ($m = 0, 1, 2, \ldots$), und die Eigenfunktionen sind

10.3 Schwingungen in einer Kugel

$$q(\phi) = A\cos m\phi + B\sin m\phi.$$

Aus (10.58) erhalten wir schließlich, wenn wir den ersten Term $(-m^2)$ setzen, die Gleichung für θ

$$\frac{(d/d\theta)[\sin\theta\,(dp/d\theta)]}{\sin\theta} + \left(\gamma - \frac{m^2}{\sin^2\theta}\right)p = 0 \qquad (10.60)$$

unter den Bedingungen

$$p \text{ ist endlich für } \theta = 0, \pi. \qquad (10.61)$$

Führen wir die Variable $s = \cos\theta$ ein, so wird mit $\sin^2\theta = 1 - \cos^2\theta = 1 - s^2$ Gleichung (10.61) übergeführt in

$$\frac{d}{ds}\left[(1-s^2)\frac{dp}{ds}\right] + \left(\gamma - \frac{m^2}{1-s^2}\right)p = 0. \qquad (10.62)$$

Die neue Randbedingung lautet

$$p(s) \text{ ist endlich für } s = \pm 1. \qquad (10.63)$$

Beachten Sie das singuläre Verhalten der Koeffizienten von (10.62) bei $s = \pm 1$. Dies ist eine Folge der Entartung des Koordinatensystems im Nord- und Südpol der Kugel und ist auch der Grund für die ungewöhnliche Randbedingung (10.63).

Die GDGl. (10.62) heißt *zugeordnete Legendre-Gleichung*. Auch sie läßt sich am einfachsten durch Potenzreihen lösen. Einzelheiten erfahren Sie in Abschnitt 10.6. Im Moment müssen wir nur die folgenden Grundtatsachen wissen: Die Eigenwerte des Problems (10.62), (10.63) sind

$$\gamma = l(l+1), \qquad l \text{ ganzzahlig}, l \geq m \qquad (10.64)$$

mit den zugehörigen Eigenfunktionen (zu jedem konstanten Zeitpunkt)

$$P_l^m(s) = \frac{(-1)^m}{2^l l!}(1-s^2)^{m/2}\frac{d^{l+m}}{ds^{l+m}}[(s^2-1)^l]. \qquad (10.65)$$

Die Funktionen (10.65) heißen zugeordnete *Legendre-Funktionen*. Sie sind Polynome in s multipliziert mit einer Potenz von $\sqrt{1-s^2}$. Beachten Sie, daß sie bei $s = \pm 1$ endlich sind.

Zum Abschluß wollen wir alles zusammenfügen. Die separierten Lösungen von (10.49) sind

$$\begin{aligned}v &= R(r)p(\theta)q(\phi) \\ &= \frac{J_{l+\frac{1}{2}}(\sqrt{\lambda}\,r)}{\sqrt{r}}P_l^m(\cos\theta)\,(A\cos m\phi + B\sin m\phi),\end{aligned}$$

da $\sqrt{\gamma + \frac{1}{4}} = \sqrt{l(l+1) + \frac{1}{4}} = l + \frac{1}{2}$. Wie üblich lassen sich die letzten Sinus- und Kosinusfaktoren durch $e^{im\phi}$ und $e^{-im\phi}$ ersetzen. Wenn wir schließlich die Randbedingung $v = 0$ für $r = a$ berücksichtigen, erhalten wir die Eigenwertgleichung

$$J_{l+\frac{1}{2}}(\sqrt{\lambda}\,a) = 0. \tag{10.66}$$

Ihre Lösungen bezeichnen wir mit $\lambda = \lambda_{l1}, \lambda_{l2}, \lambda_{l3}, \ldots$ Die dem Eigenwert λ_{lj} zugehörigen Eigenfunktionen lassen sich schreiben als

$$v_{lmj}(r,\theta,\phi) = \frac{J_{l+\frac{1}{2}}(\sqrt{\lambda_{lj}}\,r)}{\sqrt{r}} \cdot P_l^m(\cos\theta) \cdot e^{im\phi}, \tag{10.67}$$

wobei $m = -l, \ldots, 0, \ldots, +l$, da wir die komplexe Schreibweise verwenden. Der Eigenwert λ_{lj} hat also die Vielfachheit $2l+1$, denn soviel verschiedene Werte kann m annehmen. Die gesamte Menge der Eigenfunktionen für

$$m = -l, \ldots, l; \quad l = 0, \ldots, \infty; \quad j = 1, \ldots, \infty \tag{10.68}$$

ist orthogonal und vollständig! *Orthogonalität* bedeutet in diesem Fall, daß

$$\int_0^{2\pi}\int_0^{\pi}\int_0^{a} v_{lmj}(r,\theta,\phi) \cdot v_{l'm'j'}(r,\theta,\phi) \cdot r^2 \sin\theta\, dr\, d\theta\, d\phi = 0 \tag{10.69}$$

für alle verschiedenen Tripel $(l,m,j) \neq (l',m',j')$.

Beispiel 1.

Löse die Wärmeleitungsgleichung in einer Kugel vom Radius a mit $u = 0$ auf ∂D und unter der Anfangsbedingung $u(\mathbf{x},0) = g(\mathbf{x})$. Die exakte Lösung ist

$$u(\mathbf{x},t) = \sum_{l=0}^{\infty}\sum_{j=1}^{\infty}\sum_{m=-l}^{l} A_{lmj} e^{-k\lambda_{lj}t} \frac{J_{l+\frac{1}{2}}(\sqrt{\lambda_{lj}}\,r)}{\sqrt{r}} P_l^m(\cos\theta)\, e^{im\phi}$$

(10.70)

mit den Koeffizienten

$$A_{lmj} = \frac{\iiint_D \overline{v_{lmj}(\mathbf{x})}\, g(\mathbf{x})\, d\mathbf{x}}{\iiint_D |v_{lmj}(\mathbf{x})|^2\, d\mathbf{x}}.$$

Das rasche Abklingen der Exponentialfunktion zeigt, daß die Lösung für große t das Aussehen des ersten Terms der Reihe, also desjenigen mit dem kleinsten λ_{lj}, hat.

Kehren wir zu den allgemeinen Eigenschaften der Eigenfunktionen zurück. Auch hier können wir zeigen, daß eine *getrennte Orthogonalitätsbedingung* in jeder Variablen erfüllt ist. In der ϕ-Variablen ist

$$\int_0^{2\pi} e^{im\phi} e^{-im'\phi}\, d\phi = 0 \quad \text{für } m \neq m'.$$

In der θ-Variablen ist

10.3 Schwingungen in einer Kugel

$$\int_0^\pi P_l^m(\cos\theta)\, P_{l'}^m(\cos\theta)\, \sin\theta\, d\theta = 0 \quad \text{für } l \neq l'$$

bei gleichem Index m; oder, ausgedrückt mit $s = \cos\theta$

$$\int_{-1}^1 P_l^m(s)\, P_{l'}^m(s)\, ds = 0 \quad \text{für } l \neq l'.$$

In der r-Variablen ist

$$\int_0^a J_{l+\frac{1}{2}}(\sqrt{\lambda_{lj}}\, r)\, J_{l+\frac{1}{2}}(\sqrt{\lambda_{lj'}}\, r)\, r\, dr = 0 \quad \text{für } j \neq j'$$

bei gleichem Index l. Auch die Normierungsfaktoren der Legendre-Funktionen

$$\int_0^\pi [P_l^m(\cos\theta)]^2 \sin\theta\, d\theta = \frac{2}{2l+1} \frac{(l+m)!}{(l-m)!} \tag{10.71}$$

können in Abschnitt 10.6 gefunden werden.

Kugelfunktionen

Die Funktionen

$$Y_l^m(\theta,\phi) = P_l^m(\cos\theta)\, e^{im\phi}$$

sind sphärisch harmonisch. Ihr Indexbereich ist

$$-l \leq m \leq l, \quad 0 \leq l < \infty.$$

Sie sind Eigenfunktionen des Problems (10.51), (10.57). Gleichung (10.51) ist die Gleichung für die Eigenfunktionen des Laplace-Operators auf der Kugeloberfläche. Sie bilden ein vollständiges System:

Satz 10.3 *Jede auf der Kugeloberfläche $\{r = a\}$ definierte quadratintegrable Funktion kann in eine Reihe nach den Kugelfunktionen $Y_l^m(\theta,\phi)$ entwickelt werden.*

Sieht man von konstanten Faktoren ab, die beliebig sein können, sind die ersten Kugelfunktionen die folgenden:

l	m				
0	0	1			
1	0	$\cos\theta = \dfrac{z}{r}$			
1	± 1	$\sin\theta\cos\phi = \dfrac{x}{r}$		und	$\sin\theta\sin\phi = \dfrac{y}{r}$
2	0	$3\cos^2\theta - 1 = \dfrac{3z^2 - 1}{r^2}$			
3	± 1	$\sin\theta\cos\theta\cos\phi = \dfrac{xz}{r^2}$		und	$\dfrac{yz}{r^2}$
2	± 2	$\sin^2\theta\cos^2\theta = \dfrac{x^2 - z^2}{r^2}$		und	$\dfrac{xy}{r^2}$

Siehe auch Abschnitt 10.6, in dem die ersten zugeordneten Legendre-Funktionen aufgeführt sind, aus denen sich diese Tabelle ableitet.

Beispiel 2.

Löse das Dirichlet-Problem

$$\Delta u = 0 \quad \text{in der Kugel } D$$
$$u = g \quad \text{auf } \partial D$$

durch Trennung der Variablen. (Diese Aufgabe ist das dreidimensionale Analogon zu dem in Abschnitt 6.3 behandeltem zweidimensionalen Problem für den Kreis.) Wenn wir die Variablen trennen, erhalten wir exakt die Gleichungen (10.50) und (10.51) mit der Ausnahme, daß λ nicht vorkommt. Durch das Fehlen des λ-Terms ist die Gleichung für R vom Eulerschen Typ und hat somit die Lösung

$$R(r) = r^\alpha \quad \text{mit } \alpha(\alpha - 1) + 2\alpha - \gamma = 0, \text{ oder } \alpha^2 + \alpha - \gamma = 0.$$

Gleichung (10.51) unter der Randbedingung (10.57) wurde schon gelöst: $Y = Y_l^m(\theta, \phi)$ mit $\gamma = l(l+1)$. Deshalb ist

$$0 = \alpha^2 + \alpha - l(l+1) = (\alpha - l)(\alpha + l + 1).$$

Wir verwerfen die negative Nullstelle $\alpha = -l - 1$, da sie zu einer Singularität der Lösung im Nullpunkt führen würde. Es ist also $\alpha = l$ und wir erhalten die getrennten Lösungen

$$r^l \cdot P_l^m(\cos\theta) \cdot e^{im\phi}. \tag{10.72}$$

Die komplette Lösung ist

$$u = \sum_{l=0}^{\infty} \sum_{m=-l}^{l} A_{lm}\, r^l\, P_l^m(\cos\theta)\, e^{im\phi}. \tag{10.73}$$

Die Koeffizienten müssen jetzt noch durch Entwicklung von $g(\theta, \phi)$ nach den Kugelfunktionen bestimmt werden.

Es ist eine bemerkenswerte Tatsache, daß die im *Kugelinneren* harmonischen Funktionen (10.72) Polynome(!) in den kartesischen Koordinaten x, y, z sind. Man beweist das unter Verwendung der zuvor erwähnten Tatsache, daß die zugeordneten Legendre-Funktionen von der Form $(\sqrt{1-s^2})^m p(s)$ sind, wobei $p(s)$ ein Polynom und m eine ganze Zahl ist. Die in der Kugel harmonischen Funktionen (10.72) haben deshalb die Gestalt

$$r^l \cdot \sin^m\theta \cdot p(\cos\theta) \cdot e^{im\phi}$$

mit einem Polynom p vom Grad $l-m$. Es ist ein gerades Polynom, wenn $l-m$ gerade ist, und es ist ein ungerades Polynom, wenn $l-m$ ungerade ist. Damit können wir (10.72) schreiben als

$$(r\sin\theta\, e^{i\phi})^m \cdot r^{l-m}\, p\left(\frac{z}{r}\right). \tag{10.74}$$

In jedem Fall treten im letzten Faktor $r^{l-m}p(z/r)$ nur gerade Potenzen von r auf, er ist also ein Polynom in den Variablen z und r^2. Die Funktion (10.72) ist deshalb ein Produkt aus dem Polynom $(x+iy)^m$ mit einem Polynom in z und $x^2 + y^2 + z^2$, insgesamt also ein Polynom in x, y und z.

10.3 Schwingungen in einer Kugel

Übungsaufgaben

1. Berechnen Sie die Normierungsfaktoren der Kugelfunktionen unter Verwendung geeigneter Eigenschaften der Legendre-Funktionen.

2. Verifizieren Sie die Formeln für die ersten sechs Kugelfunktionen der angegebenen Tabelle.

3. Zeigen Sie für die Kugelfunktionen die Gültigkeit von $Y_l^m = (-1)^m \overline{Y_l^{-m}}$.

4. Lösen Sie die Wellengleichung in der Kugel $\{r < a\}$ unter den Bedingungen
$$\partial u/\partial r = 0 \text{ auf } \{r = a\}$$
$$u = z = r\cos\theta \text{ für } t = 0 \quad \text{und} \quad u_t \equiv 0 \text{ für } t = 0.$$

5. Lösen Sie die Diffusionsgleichung in einer Kugel vom Radius a unter den Bedingungen $u = B$ auf dem Rand und $u = C$ für $t = 0$. B und C sind Konstanten. (*Hinweis:* Die Lösung ist kugelsymmetrisch.)

6. (*Ein Rezept für "Eier Fourier" nach J. Goldstein.*) Denken Sie sich ein Ei als eine homogene Kugel vom Radius π cm. Es wird mit einer Anfangstemperatur von 20°C in einen Topf mit siedendem Wasser (100°C) gelegt. Wie lange dauert es, bis der Mittelpunkt eine Temperatur von 50°C erreicht? Setzen Sie eine Diffusionskonstante von $k = 6 \times 10^{-3}$ cm²/s voraus. (*Hinweis:* Die Temperatur ist eine Funktion von r und t. Approximieren Sie $u(0,t)$ durch den ersten Term der Entwicklung.)

7. (a) Betrachten Sie die Diffusionsgleichung in einer Kugel vom Radius a unter den Bedingungen $\partial u/\partial r = B$ auf dem Rand und $u = C$ für $t = 0$. B und C sind Konstanten. Bestimmen Sie in der Entwicklung der Lösung den nicht abnehmenden Term. (*Hinweis:* Der Term ist nur vom Radius abhängig.)

   (b) Bestimmen Sie die abnehmenden Terme, sowie eine einfache Gleichung für die Eigenwerte.

8. (a) Sei B die Kugel $\{x^2 + y^2 + z^2 < a^2\}$. Bestimmen Sie alle *radialen* Eigenfunktionen von $-\Delta$ in B unter Neumannschen Randbedingungen. „Radial" bedeutet „nur vom Abstand r vom Ursprung abhängig". (*Hinweis:* Eine einfache Methode besteht in dem Ansatz $v(r) = ru(r)$.)

   (b) Bestimmen Sie eine einfache explizite Formel für die Eigenwerte.

   (c) Stellen Sie die Lösung von $u_t = k\Delta u$ in B, $u_r = 0$ auf ∂B, $u(\mathbf{x},0) = \phi(r)$ als unendliche Reihe dar, einschließlich der Formel für die Koeffizienten.

   (d) Warum hängt $u(\mathbf{x},t)$ aus (c) nur von r und t ab?

9. Lösen Sie die Diffusionsgleichung in der Kugel $\{x^2 + y^2 + z^2 < a^2\}$ mit $u = 0$ auf dem Rand und unter der radialen Anfangsbedingung $u(\mathbf{x},0) = \phi(r)$, wobei $r^2 = x^2 + y^2 + z^2$. (*Hinweis:* Siehe Hinweis zu Aufgabe 8(a).)

10. Bestimmen Sie die im *Äußeren* $\{r > a\}$ einer Kugel harmonische Funktion, die der Randbedingung $\partial u/\partial r = -\cos\theta$ auf $\{r = a\}$ genügt, und die im Unendlichen beschränkt ist.

11. Bestimmen Sie die in der Halbkugel $\{x^2 + y^2 + z^2 < a^2, z > 0\}$ harmonische Funktion, die der Randbedingung $u = f(z)$ auf der Halbsphäre $\{z = (a^2 - x^2 - y^2)^{1/2}\}$ und $u \equiv 0$ auf der Kreisscheibe $\{z = 0; x^2 + y^2 < a^2\}$ genügt. Geben Sie auch die Formel für die Koeffizienten an. (*Hinweis:* Verwenden Sie sphärische Koordinaten und setzen Sie die Lösung als ungerade Funktion über die x, y-Ebene hinaus fort.)

12. Eine Substanz diffundiert im unbeschränkten Raum und hat eine Anfangskonzentration von $\phi(r) = 1$ für $r < a$ und $\phi(r) = 0$ für $r > a$. Bestimmen Sie eine Formel für die Konzentration zu späteren Zeiten. (*Hinweis:* Die Lösung ist radial. Durch die Substitution $v = ru$ erhält man ein eindimensionales Problem auf der Halbachse.)

13. Lösen Sie Aufgabe 12 unter Verwendung der numerischen Methoden aus Abschnitt 8.2 mit einem Computer.

10.4 Knoten

Sei $v(\mathbf{x})$ eine Eigenfunktion des Laplace-Operators

$$-\Delta v = \lambda v \quad \text{in } D \qquad (10.75)$$

unter einer der üblichen Randbedingungen. Ihre *Knotenpunktmenge* $\mathcal{N}$ ist definiert als die Menge aller Punkte $\mathbf{x} \in D$, für die $v(\mathbf{x}) = 0$ ist. Nach dieser Definition (D ist offen) gehören Randpunkte nicht zur Knotenpunktmenge.
Im eindimensionalen Fall beispielsweise, unter Dirichlet-Bedingungen, ist $v_n(x) = \sin(n\pi x/l)$ im Intervall $0 < x < l$. Diese Eigenfunktion schneidet die x-Achse im Intervall $]0; l[$ in $n-1$ Punkten. $\mathcal{N}$ besteht also aus diesen $n-1$ Punkten.
Die Bedeutung der Knotenpunktmenge besteht darin, daß sie es erlaubt, die Bereiche, in denen $v(\mathbf{x})$ positiv oder negativ ist, zu erkennen, denn diese Bereiche werden gerade durch die Knotenpunktmenge berandet. In einer, zwei oder drei Raumdimensionen ist die Knotenpunktmenge eine Menge von Punkten, Kurven bzw. Flächen.
Eine Interpretation der Knotenpunkte bei Wellen ist die folgende: Wie wir wissen, löst die Funktion

$$u(\mathbf{x}, t) = A(\cos\sqrt{\lambda}ct + B\sin\sqrt{\lambda}ct)v(\mathbf{x}) \qquad (10.76)$$

für alle A und B die Wellengleichung $u_{tt} = c^2 \Delta u$ in D, wenn $v(\mathbf{x})$ die vorgegebene Randbedingung ist. Die Knotenpunktmenge ist stationär. Das heißt, daß sich ein Knotenpunkt $\mathbf{x} \in \mathcal{N}$ nicht bewegt, da für einen solchen Punkt $u(\mathbf{x}, 0) = 0$ für alle Zeiten t gilt. Wenn etwa ein Gitarrenspieler einen Finger auf eine Saite legt,

10.4 Knoten

eliminiert er gewisse Obertöne. Wenn er seinen Finger genau in der Saitenmitte auflegt, werden alle Obertöne, deren Frequenzen ungerade Vielfache von $\pi ct/l$ sind, eliminiert, da nur diejenigen Eigenfunktionen Nullstellen in der Saitenmitte haben, deren Frequenzen gerade Vielfache der Grundfrequenz $\pi ct/l$ sind. Die Knotenpunktmenge alter chinesischer Glocken bilden interessante Muster, anhand derer sich die hervorgerufenen Glockentöne präzise erklären lassen (siehe [Sh]).

Beispiel 1. Das Quadrat

In zwei Raumdimensionen ist die Knotenpunktmenge im allgemeinen erheblich interessanter als in einer. Wir betrachten das Dirichlet-Problem im Quadrat $\{0 < x < \pi;\ 0 < y < \pi\}$. Genau wie in Abschnitt 10.1 ist

$$v_{nm}(x,y) = \sin nx \sin my \quad \text{und} \quad \lambda_{nm} = n^2 + m^2. \tag{10.77}$$

Die kleinsten vier Eigenwerte samt zugehörigen Eigenfunktionen sind:

λ	$\mathbf{v(x,y)}$
2	$A \sin x \sin y$
5	$A \sin 2x \sin y + B \sin x \sin 2y$
8	$A \sin 2x \sin 2y$
10	$A \sin 3x \sin y + B \sin x \sin 3y$

Die Eigenwerte $\lambda = 5$ und $\lambda = 10$ sind doppelt. Da die Eigenwerte von der Form $m^2 + n^2$ sind, reduziert sich das Problem der Vielfachheit zur Frage: *Auf wieviel Arten läßt sich eine gegebene positive ganze Zahl λ als Summe zweier Quadratzahlen darstellen?*

Die Knotenlinien der Eigenfunktionen $\sin nx \sin my$ sind einfach Strecken parallel zu den Koordinatenachsen. Im Fall mehrfacher Eigenwerte kann es aber viele andere Knotenlinien geben. Die Nullstellenmenge der Eigenfunktion $A \sin mx \sin ny + B \sin nx \sin my$ im Quadrat sind dafür ein Beispiel. In Bild 10.3 sind einige Knotenlinien im Fall mehrfacher Eigenwerte gezeichnet, die Eigenfunktionen (10.77) sind mit u_{nm} bezeichnet.

Beispiel 2. Die Kugel

Wir betrachten die Kugel $D = \{r < a\}$ mit den Eigenfunktionen

$$v_{lmj}(r,\phi,\theta) = r^{-\frac{1}{2}} J_{l+\frac{1}{2}}(r\sqrt{\lambda_{lj}}) P_l^m(\cos\theta)(A\cos m\phi + B \sin m\phi). \tag{10.78}$$

Ihre Knotenpunktmenge ist eine Vereinigung von Flächen der folgenden Art.

(i) Sphären in D, die den Nullstellen der Besselfunktion entsprechen.

(ii) Vertikale Ebenen $\phi = $ const.

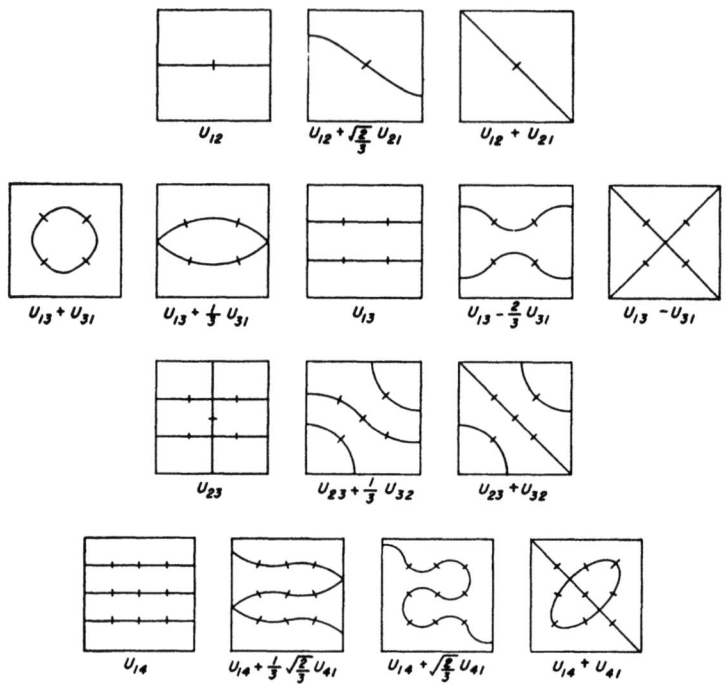

Bild 10.3

(iii) Horizontale Ebenen $\theta =$ const.

Es gibt $j-1$ Sphären, m vertikale Ebenen und $l-m$ horizontale Ebenen. Die vertikalen und die horizontalen Ebenen schneiden eine jede Sphäre (mit dem Nullpunkt als Mittelpunkt) in Großkreisen durch die Pole (konstanter Längengrad) bzw. in horizontalen Kreisen (konstanter Breitengrad). Sie zerlegen die Sphäre in Teilbereiche, die *Tessera* genannt werden und in denen die Werte der Eigenfunktion ein einheitliches Vorzeichen haben. Näheres finden Sie in [St] oder [TS].

In wie viele Teilbereiche kann die Knotenpunktmenge einen allgemeinen Bereich D zerlegen? Das folgende Resultat begrenzt die Möglichkeiten. (D ist als „zusammenhängend" vorausgesetzt.)

Satz 10.4 (i) *Die erste Eigenfunktion $v_1(\mathbf{x})$ (diejenige, die zum kleinsten Eigenwert gehört) hat keine Knoten.*

(ii) *Für $n \geq 2$ zerlegt die n-te Eigenfunktion $v_n(\mathbf{x})$ (zum n-ten Eigenwert, Vielfachheiten mitgezählt) das Gebiet D in wenigstens zwei, höchstens n Teilbereiche.*

In einer Dimension gibt es beispielsweise $n-1$ Knotenpunkte, sie zerlegen das Intervall $]0;l[$ in genau n Teilintervalle. Im abgebildeten Fall des Quadrats sind die Eigenwerte $2, 5, 5, 8, 10, 10, \ldots$ Der fünfte und sechste Eigenwert in dieser Liste ist $\lambda = 10$. Seine Eigenfunktionen zerlegen das Quadrat in zwei, drei oder vier Teilbereiche (zweite Zeile in Bild 10.3).

Man sieht leicht, warum die Knotenpunktmenge von $v_n(\mathbf{x})$ das Gebiet D in mindestens zwei Teile zerlegt. Nach (i) ist $v_1(\mathbf{x}) \neq 0$ für alle $x \in D$. Da D zusammenhängend und v_1 stetig ist, können wir $v_1(\mathbf{x}) > 0$ für alle $\mathbf{x} \in D$ annehmen. Wir wissen, daß $v_n(\mathbf{x})$ orthogonal zu $v_1(\mathbf{x})$ ist:

$$\iiint_D v_n(\mathbf{x}) \, v_1(\mathbf{x}) \, d\mathbf{x} = 0. \tag{10.79}$$

$v_n(\mathbf{x})$ kann deshalb kein einheitliches Vorzeichen in D haben. $v_n(\mathbf{x})$ ist also irgendwo in D positiv und irgendwo negativ. Aus Stetigkeitsgründen werden diese Punktmengen durch die Knotenpunktmenge von $v_n(\mathbf{x})$ getrennt. Die anderen Behauptungen des Satzes werden in den Übungsaufgaben 11.6.9 und 11.6.10 bewiesen.

Übungsaufgaben

1. Geben Sie die kleinsten neun verschiedenen Eigenwerte, deren Eigenfunktionen durch (10.77) gegeben sind, des Dirichlet-Problems für das Quadrat an. Was sind ihre Vielfachheiten?

2. Zeichnen Sie die Knotenpunktmenge der Eigenfunktion

   $$v(x, y) = \sin 3x \sin y + \sin x \sin 3y \quad \text{im Quadrat }]0; \pi[^2.$$

   (*Hinweis:* Stellen Sie mit Hilfe einer Formel für $\sin 3x$ die Eigenfunktion dar als $v(x, y) = 2 \sin x \sin y (\cos x + \cos y)(4 \cos x \cos y - 1)$. Zeigen Sie, daß die Knotenpunktmenge aus drei Kurven im Inneren des Quadrats besteht.)

3. Kleine Änderungen der Eigenfunktionen können die Art der Knotenpunktmenge drastisch verändern. Zeigen Sie mit einem Computerprogramm, daß die Knotenpunkte der Eigenfunktion $\sin 24x \sin y + \sin x \sin 24y$ das Quadrat $]0; \pi[^2$ in 12 Teilbereiche zerlegt, daß aber die Knotenpunkte der Funktion $\sin 24x \sin y + \nu \sin x \sin 24y$ mit ν in der Nähe von 1, das Quadrat in nur zwei Teilbereiche zerlegt. Zeigen Sie, daß die Gestalt der Knotenpunktmenge die von Bild 10.4 ist.

10.5 Besselfunktionen

Wir haben bei rotations- und kugelsymmetrischen Problemen gesehen, daß der radiale Faktor der Eigenfunktionen die *Besselsche Differentialgleichung*

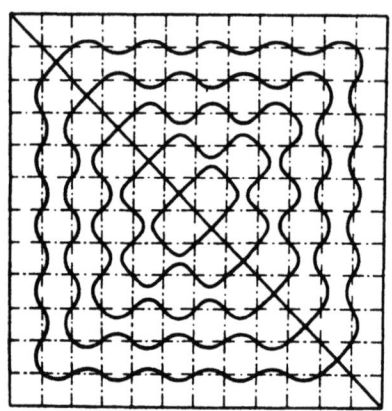 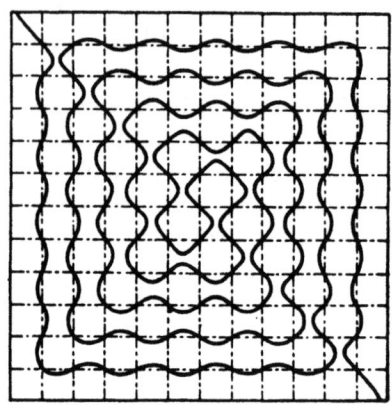

Bild 10.4

$$\frac{d^2u}{dz^2} + \frac{1}{z}\frac{du}{dz} + \left(1 - \frac{s^2}{z^2}\right)u = 0 \tag{10.80}$$

erfüllt. Sinn dieses Abschnitts ist es, die wichtigsten Eigenschaften ihrer Lösungen zusammenzustellen. Bei einigen Eigenschaften verzichten wir auf den Beweis. Es gibt dicke Bücher, die sich mit Besselfunktionen beschäftigen, wie etwa [Bo].

In Abschnitt 10.2 lösten wir die Besselsche Differentialgleichung für den Fall, daß ihre Ordnung s ganzzahlig ist. Jetzt lassen wir für s eine beliebige reelle Zahl zu und schreiben die zu erwartende Lösung als

$$u(z) = z^\alpha \sum_{k=0}^\infty a_k z^k \quad (a_0 \neq 0). \tag{10.81}$$

Genau wie in Abschnitt 10.2 erhalten wir für den Exponenten α und für die Koeffdizienten die Gleichungen

$$\alpha = \pm s, \quad a_k = 0 \text{ für } k \text{ ungerade}$$
$$a_k = -\frac{a_{k-2}}{(\alpha+k)^2 - s^2} \quad (k = 2, 4, 6, \ldots). \tag{10.82}$$

Die Besselfunktion

Die Besselfunktion ist definiert als die spezielle Lösung von (10.80) mit dem Exponenten $\alpha = +s$ und dem ersten Koeffizienten $a_0 = [2^s \Gamma(s+1)]^{-1}$. Γ bezeichnet hier die Gammafunktion (siehe Abschnitt A.5). Die Wahl von a_0 ist eigentlich beliebig; wir haben hier die allgemein übliche Wahl getroffen. Für die Gammafunktion ist $\Gamma(s+1) = s!$, falls s eine positive ganze Zahl ist. Für beliebige reelle s ist

$$\Gamma(s+1) = s\Gamma(s) = \cdots = s(s-1)\cdots(s-n)\Gamma(s-n).$$

10.5 Besselfunktionen

Mit $k = 2j$ folgt deshalb aus (10.82)
$$a_{2j} = (-1)^j [2^{2j+s} \Gamma(j+1) \Gamma(j+s+1)]^{-1},$$
so daß nach (10.81) die Besselfunktion gegeben ist durch

$$J_s(z) = \sum_{j=0}^{\infty} \frac{(-1)^j}{\Gamma(j+1)\Gamma(j+s+1)} \left(\frac{z}{2}\right)^{2j+s}. \tag{10.83}$$

Diese Reihe stellt eine Lösung von (10.80) dar für jede reelle Zahl $s \neq 0, -1, -2, \ldots$ (Ist s eine nichtpositive ganze Zahl, so wäre die Reihe nicht definiert, da die Gammafunktion dort Polstellen besitzt.)

Für gegebenes nicht ganzzahliges s bilden die Funktionen $J_s(z)$ und $J_{-s}(z)$ ein Paar linear unabhängiger Lösungen von Gleichung (10.80). Die Gesamtheit der Lösungen von (10.80) ist dann $AJ_s(z) + BJ_{-s}(z)$ mit beliebigen Konstanten A und B. Beachten Sie, daß $J_{-s}(z)$ in $z = 0$ unendlich ist.

Nullstellen

Die Nullstellen von $J_s(z)$ sind die Lösungen der Gleichung $J_s(z) = 0$. Es kann gezeigt werden, daß es unendlich viele gibt: $0 < z_1 < z_2 < \cdots$. Jede Nullstelle ist einfach, d.h. $J_s'(z_j) \neq 0$. Zwischen zwei Nullstellen von J_s liegt eine Nullstelle von J_{s+1} und umgekehrt. Wir sagen deshalb, daß die Nullstellen von J_s und J_{s+1} einander trennen. Es gilt sogar, daß sich die Nullstellen von zwei beliebigen linear unabhängigen Lösungen von (10.80) trennen. Die ersten Nullstellen von $J_0(z)$ sind $z = 2,405.., 5,520.., 8,654.., 11,79..,\ldots$ (siehe Bild 10.1)

Asymptotisches Verhalten

Es kann gezeigt werden, daß für $z \to \infty$ die Besselfunktion die Gestalt

$$J_s(z) = \sqrt{\frac{2}{\pi z}} \cos\left(z - \frac{s\pi}{2} - \frac{\pi}{4}\right) + O(z^{-3/2}) \tag{10.84}$$

hat. (Das bedeutet, daß $[J_s(z) - \sqrt{2/\pi z} \cos(z - s\pi/2 - \pi/4)] z^{3/2}$ für $z \to \infty$ beschränkt bleibt.) Ihr Graph hat Ähnlichkeit mit einer gedämpften Kosinusschwingung.

Rekursionsgleichungen

Hierbei handelt es sich um Gleichungen, die die Besselfunktionen zu verschiedenen Werten von s in Beziehung setzen. Drei derartige Gleichungen sind

$$J_{s\pm 1}(z) = \frac{s}{z} J_s(z) \mp J_s'(z) \tag{10.85}$$

$$J_{s-1}(z) + J_{s+1}(z) = \frac{2s}{z} J_s(z) \tag{10.86}$$

Die ersten beiden Gleichungen (10.85) folgen leicht aus der Reihendarstellung (10.83), während (10.86) aus (10.85) folgt (siehe Übungsaufgabe 3).

Normierungsfaktoren

In den Abschnitten 10.2 und 10.3 verwendeten wir den Wert des bestimmten Integrals
$$\int_0^a [J_s(z)]^2 z\, dz = \frac{1}{2}a^2[J_s'(a)]^2 + \frac{1}{2}(a^2 - s^2)[J_s(a)]^2. \tag{10.87}$$
Zum Beweis von (10.87) beachten wir, daß $J_s(z)$ Lösung der Besselschen Gleichung $(zu')' + z^{-1}(z^2 - s^2)u = 0$ ist. Nach Multiplikation dieser Gleichung mit $2zu'$ erhalten wir die Identität
$$[(zu')^2 + (z^2 - s^2)u^2]' = 2zu^2.$$
Integration zwischen 0 und a liefert
$$2\int_0^a zu^2 dz = (zu')^2 + (z^2 - s^2)u^2\big|_0^a = a^2 u'(a)^2 + (a^2 - s^2)u(a)^2,$$
da $u(0) = 0$ für $s \neq 0$. Damit ist (10.87) bewiesen.

Ist speziell βa eine Nullstelle von $J_s(z)$, so vereinfacht sich (10.87) zu
$$\int_0^a [J_s(\beta r)]^2 r\, dr = \frac{1}{2}a^2[J_s'(\beta a)]^2 = \frac{1}{2}a^2[J_{s\pm 1}(\beta a)]^2, \tag{10.88}$$
der letzte Ausdruck kommt dabei aus (10.85).

Besselfunktionen halbganzer Ordnung

Damit sind Besselfunktionen $J_s(z)$ der Ordnung $s = n + \frac{1}{2}$ mit einer ganzen Zahl n gemeint. (Wir sind solchen Funktionen bereits in Abschnitt 10.3 begegnet.) In diesem Fall erweist sich der Variablenwechsel $u = z^{-1/2}v$ als besonders wirkungsvoll, denn die Besselsche Gleichung (10.80) geht dann über in
$$v'' + \left(1 + \frac{s^2 - \frac{1}{4}}{z^2}\right)v = 0 \tag{10.89}$$
(siehe Übungsaufgabe 4).

Im einfachsten Fall $s = \frac{1}{2}$ lautet die Gleichung $v'' + v = 0$ und hat die Lösungen $v = A\cos z + B\sin z$. Dann ist $u(z) = A(\cos z)/\sqrt{z} + B(\sin z)/\sqrt{z}$. Die Besselfunktion $J_{1/2}(z)$ ist diejenige, die für $z = 0$ endlich ist. Nach geeigneter Wahl von B ist
$$J_{1/2}(z) = \sqrt{\frac{2}{\pi z}}\sin z. \tag{10.90}$$
In ähnlicher Weise ist $J_{-1/2}(z) = \sqrt{2/\pi z}\cos z$. Die Rekursionsgleichungen (10.85) liefern eine explizite Formel für alle Besselfunktionen mit halbganzem Index, nämlich
$$J_{n+\frac{1}{2}}(z) = (-1)^n \frac{2}{\pi} z^{n+\frac{1}{2}} \left(z^{-1}\frac{d}{dz}\right)^n \frac{\sin z}{z}. \tag{10.91}$$

10.5 Besselfunktionen

Weitere Lösungen der Besselschen Gleichung

Ist s keine ganze Zahl, definiert man die *Neumann-Funktion* durch

$$N_s(z) = \frac{\cos \pi s}{\sin \pi s} J_s(z) - \frac{1}{\sin \pi s} J_{-s}(z). \tag{10.92}$$

(Diese Funktion steht in keiner Beziehung zur Neumann-Funktion aus Übungsaufgabe 7.4.21.) Natürlich ist (10.92) eine weitere spezielle Lösung von (10.80). Man kann zeigen, daß mit $z \to \infty$ für diese Lösung gilt

$$N_s(z) = \sqrt{\frac{2}{\pi z}} \sin\left(z - \frac{s\pi}{2} - \frac{\pi}{4}\right) + O(z^{-3/2}). \tag{10.93}$$

Ein weiteres Paar von Lösungen bilden die *Hankel-Funktionen*:

$$\begin{aligned}H_s^{(\pm)}(z) &= J_s(z) \pm i N_s(z) \\ &= \sqrt{\frac{2}{\pi z}} \exp\left[\pm i\left(z - \frac{s\pi}{2} - \frac{\pi}{4}\right)\right] + O(z^{-3/2}).\end{aligned} \tag{10.94}$$

Ihr spezielles Verhalten für große z unterscheidet die Neumann- und die Hankel-Funktionen von den anderen Lösungen.

Besselfunktionen ganzzahliger Ordnung s=n

Wie wir früher gesehen haben, tritt für $s = n$ der Fall ein, in welchem der Potenzreihenansatz nur die eine Lösung $J_n(z)$ der Besselschen Gleichung (10.80) liefert. Eine zweite, von ihr linear unabhängige Lösung ist die Neumann-Funktion $N_n(z)$, die definiert wird durch

$$\begin{aligned}N_n(z) &= \lim_{s \to n} N_s(z) = \pi^{-1} \lim_{s \to n} \frac{\partial}{\partial s}[J_s(z) - (-1)^n J_{-s}(z)] \\ &= \frac{2}{\pi} J_n(z) \log\left(\frac{z}{2}\right) + \sum_{k=-n}^{\infty} a_k z^k\end{aligned} \tag{10.95}$$

mit gewissen Koeffizienten a_k. Wir verzichten auf die Herleitung dieser Formeln.

Zwei Identitäten

Zwei interessante Identitäten für Besselfunktionen ganzzahliger Ordnung sind

$$e^{iz \sin \theta} = \sum_{n=-\infty}^{\infty} e^{in\theta} J_n(z) \tag{10.96}$$

und

$$J_n(z) = \frac{1}{\pi} \int_{-\pi}^{\pi} \cos(z \sin \theta - n\theta) \, d\theta. \tag{10.97}$$

Zum Beweis von (10.96) und (10.97) ersetzen wir die Variable z durch r und fassen r und θ als Polarkoordinaten der x,y-Ebene auf. Die Funktion $e^{ir\sin\theta} = e^{iy}$ ist periodisch in θ, wir können sie in eine komplexe Fourierreihe entwickeln

$$e^{ir\sin\theta} = \sum_{n=-\infty}^{\infty} g_n(r)e^{in\theta}.$$

Ihre Koeffizienten sind

$$g_n(r) = \frac{1}{2\pi}\int_{-\pi}^{\pi} e^{ir\sin\theta - in\theta}\,d\theta = \frac{1}{\pi}\int_{-\pi}^{\pi} \cos(r\sin\theta - n\theta)\,d\theta.$$

Es genügt also zu beweisen, daß $g_n(r) = J_n(r)$. Durch zweimalige partielle Integration erhalten wir

$$\begin{aligned}
2\pi n^2 g_n(r) &= n^2 \int_{-\pi}^{\pi} e^{ir\sin\theta} \cdot e^{-in\theta}\,d\theta \\
&= nr \int_{-\pi}^{\pi} e^{ir\sin\theta}\cos\theta \cdot e^{-in\theta}\,d\theta \\
&= \int_{-\pi}^{\pi} e^{ir\sin\theta - in\theta} \cdot (r^2\cos^2\theta + ir\sin\theta)\,d\theta. \quad (10.98)
\end{aligned}$$

Durch Differentiation dieses Integrals nach r finden wir mit Abschnitt A.3

$$\begin{aligned}
&r^2 g_n'' + r g_n' + (r^2 - n^2)g_n \\
&= \frac{1}{2\pi}\int_{-\pi}^{\pi} e^{ir\sin\theta - in\theta}(-r^2\sin^2\theta + ir\sin\theta + r^2 - n^2)\,d\theta. \quad (10.99)
\end{aligned}$$

Wegen $-r^2\sin^2\theta + r^2 = r^2\cos^2\theta$ und Gleichung (10.98) verschwindet das letzte Integral:

$$\begin{aligned}
&\frac{1}{2\pi}\int_{-\pi}^{\pi} e^{ir\sin\theta - in\theta}(r^2\cos^2\theta + ir\sin\theta - n^2)\,d\theta \\
&= \frac{1}{2\pi}2\pi n^2 g_n(r) - \frac{n^2}{2\pi}\int_{-\pi}^{\pi} e^{ir\sin\theta - in\theta}\,d\theta = 0.
\end{aligned}$$

$g_n(r)$ erfüllt also die Besselsche DGl der Ordnung n. Um welche Lösung handelt es sich? Da $g_n(0)$ endlich ist, ist $g_n(r) = A_n J_n(r)$ mit einer Konstanten A_n. Die k-ten Ableitungen im Nullpunkt sind

$$g_n^{(k)}(0) = \frac{i^k}{2\pi}\int_{-\pi}^{\pi} e^{in\theta}\sin^k\theta\,d\theta.$$

Wenn wir den Sinus mit Hilfe der Exponentialfunktion ausdrücken, sehen wir

$$0 = g_n(0) = g_n'(0) = \cdots = g_n^{(n-1)}(0) \text{ und } g_n^{(n)}(0) = 2^{-n}.$$

Da auch $J_n^{(n)}(0) = 2^{-n}$, folgern wir $g_n(r) \equiv J_n(r)$, womit die Formeln (10.96) und (10.97) bewiesen sind.

10.5 Besselfunktionen

Übungsaufgaben

1. Beweisen Sie die Formeln

$$J_0(z) = 1 - \left(\frac{z}{2}\right)^2 + \frac{1}{(2!)^2}\left(\frac{z}{2}\right)^4 - \frac{1}{(3!)^2}\left(\frac{z}{2}\right)^6 + \cdots$$

und

$$J_1(z) = -J_0'(z) = \frac{z}{2} - \frac{1}{2!}\left(\frac{z}{2}\right)^3 + \frac{3}{(3!)^2}\left(\frac{z}{2}\right)^5 + \cdots.$$

2. Geben Sie einfache Formeln für $J_{3/2}$ und $J_{-3/2}$ an.

3. Leiten Sie die Rekursionformeln (10.85) und (10.86) her.

4. Zeigen Sie, daß die Besselsche Gleichung durch die Substitution $u = z^{-1/2}v$ in Gleichung (10.89) übergeführt wird.

5. Zeigen Sie: Ist u eine Lösung der Besselschen DGl., so löst $v = z^\alpha u(\lambda z^\beta)$ die Differentialgleichung

$$v'' + \frac{1-2\alpha}{z}v' + \left[(\lambda\beta z^{\beta-1})^2 - \frac{s^2\beta^2 - \alpha^2}{z^2}\right]v = 0.$$

6. Verwenden Sie (10.90) und die Rekursionsgleichungen zur Berechnung von $J_{3/2}$ und $J_{5/2}$. Verifizieren Sie (10.91) in diesen Fällen.

7. Bestimmen Sie alle Lösungen der GDGl. $xu'' - u' + xu = 0$. (*Hinweis:* Substituieren Sie $u = xv$.)

8. Zeigen Sie, daß $H_{1/2}^{(\pm)}(z) = \sqrt{2/\pi z}e^{\pm i(z-\pi/2)}$ gilt (nicht asymptotisch, sondern exakt).

9. (a) Zeigen Sie, daß $u(r,t) = e^{i\omega t}H_s^{(\pm)}(\omega r/c)$ die Wellengleichung in drei Dimensionen löst.
   (b) Zeigen Sie, daß u asymptotisch die Form $(1+i)\sqrt{c/\pi\omega r}e^{i\omega(t\pm r/c)}$ hat. Das Pluszeichen liefert eine hereinkommende Welle (näherungsweise eine Funktion von $t + r/c$), das Minuszeichen eine auslaufende Welle (näherungsweise eine Funktion von $t - r/c$).

10. Zeigen Sie, daß die durch (10.95) gegebenen drei Definitionen der Neumann-Funktion äquivalent sind.

11. Stellen Sie die Beweisschritte in der Herleitung von (10.96) und (10.97) ausführlich dar.

12. Zeigen Sie die Gültigkeit von $\cos(x\sin\theta) = J_0(x) + \sum_{k=1}^{\infty} J_{2k}(x)\cos 2k\theta$.

13. Setzen Sie $t = e^{i\theta}$ in (10.96) ein, um die berühmte Gleichung

$$e^{(1/2)z(t-1/t)} = \sum_{n=-\infty}^{\infty} J_n(z) t^n$$

zu erhalten. Die Funktion auf der linken Seite der Gleichung heißt *erzeugende Funktion* für die Besselfunktionen ganzzahliger Ordnung. Ihre Reihenentwicklung nach Potenzen von t hat die ganzzahligen Besselfunktionen als Koeffizienten.

14. Lösen Sie die Gleichung $-u_{xx} - u_{yy} + k^2 u = 0$ in der Kreisscheibe $\{x^2 + y^2 < a^2\}$ unter $u \equiv 1$ auf dem Rand. Drücken Sie Ihr Ergebnis durch Besselfunktionen mit imaginärem Argument $J_s(iz)$ aus.

15. Lösen Sie die Gleichung $-u_{xx} - u_{yy} + k^2 u = 0$ im *Äußeren* der Kreisscheibe $\{x^2 + y^2 < a^2\}$ unter $u \equiv 1$ auf dem Rand des Kreises und der Bedingung $u(x,y)$ ist im Unendlichen beschränkt. Drücken Sie Ihr Ergebnis durch Hankelfunktionen mit imaginärem Argument $H_s(iz)$ aus.

16. Lösen Sie die Gleichung $-u_{xx} - u_{yy} - u_{zz} + k^2 u = 0$ in der Kugel $\{x^2 + y^2 + z^2 < a^2\}$ unter $u \equiv 1$ auf der Randsphäre. Drücken Sie Ihr Ergebnis durch elementare Funktionen aus.

17. Lösen Sie die Gleichung $-u_{xx} - u_{yy} - u_{zz} + k^2 u = 0$ im *Äußeren* der Kugel $\{x^2 + y^2 + z^2 < a^2\}$ unter $u \equiv 1$ auf der Randsphäre sowie unter der Bedingung $u(x,y,z)$ ist im Unendlichen beschränkt. Drücken Sie Ihr Ergebnis durch elementare Funktionen aus.

18. Suchen Sie eine Gleichung für die Eigenwerte und bestimmen Sie die Eigenfunktionen von $-\Delta$ in der Kreisscheibe $\{x^2 + y^2 < a^2\}$ unter der Robin-Bedingung $\partial v/\partial r + hv = 0$ auf dem Rand des Kreises. h ist konstant.

19. Suchen Sie eine Gleichung für die Eigenwerte und bestimmen Sie die Eigenfunktionen von $-\Delta$ im Kreisring $\{a^2 < x^2 + y^2 < b^2\}$ unter Dirichlet-Bedingungen auf beiden Kreisen.

10.6 Legendre-Funktionen

Bei kugelsymmetrischen Problemen, wie in Abschnitt 10.3, sind wir auf die *Legendre-Differentialgleichung*

$$[(1-z^2)u']' + \gamma u = 0 \tag{10.100}$$

gestoßen, wobei γ durch $\gamma = l(l+1)$ mit einer ganzen Zahl $l \geq 0$ gegeben war. Sinn dieses Abschnitts ist eine Zusammenstellung der wichtigsten Eigenschaften ihrer Polynom-Lösungen. Bei einigen Eigenschaften verzichten wir auf den Beweis. Weitergehende Details finden Sie in [Sa] oder [MF].

Legendre-Polynome

Die GDGl. (10.100) hat für $1 - z^2 = 0$, also $z = \pm 1$ „singuläre Punkte". (Eine kurze Diskussion singulärer Differentialgleichungen finden Sie in Abschnitt A.4.) Gleichung (10.100) kann leicht durch einen Potenzreihenansatz

$$u(z) = \sum_{k=0}^{\infty} a_k x^k$$

gelöst werden. Nach Einsetzen erhalten wir

$$\sum_{k=0}^{\infty} k(k-1)a_k z^{k-2} - \sum_{k=0}^{\infty} (k^2 + k - \gamma)a_k z^k = 0.$$

In der ersten Summe ersetzen wir $k-2$ durch k, führen einen Koeffizientenvergleich durch und erhalten so

$$a_{k+2} = a_k \frac{k(k+1) - \gamma}{(k+2)(k+1)} \qquad (k = 0, 1, 2, \ldots). \tag{10.101}$$

a_0 und a_1 sind beliebige Konstanten. Da $\gamma = l(l+1)$ mit einer ganzen Zahl l, folgt aus (10.101), daß $a_{l+2} = a_{l+4} = \cdots = 0$.

Wir erhalten damit immer eine Lösung mit einer nur endlichen Anzahl von nichtverschwindenden Koeffizienten, also ein Polynom. Es heißt Legendre-Polynom $P_l(z)$. Ist l gerade, so enthält $P_l(z)$ nur gerade Potenzen von z, ist l ungerade, so ist $P_l(z)$ ungerade. Die ganze Zahl l heißt Grad von $P_l(z)$. Nach spezieller Festlegung des ersten Koeffizienten a_0 bzw. a_1 erhalten mit (10.101) die Legendre-Polynome die Gestalt

$$P_l(z) = \frac{1}{2^l} \sum_{j=0}^{m} \frac{(-1)^j}{j!} \frac{(2l-2j)!}{(l-2j)!(l-j)!} z^{l-2j}. \tag{10.102}$$

Dabei ist $m = l/2$, wenn l gerade ist, und $m = (l-1)/2$, wenn l ungerade ist. Die ersten sechs Legendre-Polynome sind die folgenden:

l	$P_l(z)$
0	1
1	z
2	$\frac{1}{2}(3z^2 - 1)$
3	$\frac{1}{2}(5z^3 - 3z)$
4	$\frac{1}{8}(35z^4 - 30z^2 + 3)$
5	$\frac{1}{8}(63z^5 - 70z^3 + 15z)$

Die $P_l(z)$ genügen der *Rekursionsgleichung*

$$(l+1)P_{l+1}(z) - (2l+1)zP_l(z) + lP_{l-1}(z) = 0 \qquad (10.103)$$

(siehe Übungsaufgabe 1). Wie in Anschnitt 10.3 erwähnt, erfüllen sie die *Orthogonalitätsrelation*

$$\int_{-1}^{1} P_l(z)P_{l'}(z)\,dz = 0 \quad \text{für } l \ne l'. \qquad (10.104)$$

Normierungsfaktoren

Die Normierungsfaktoren sind

$$\int_{-1}^{1} [P_l(z)]^2\,dz = \frac{2}{2l+1}. \qquad (10.105)$$

Wir wollen (10.105) beweisen. Bildet man das innere Produkt von (10.103) mit P_{l-1}, und nützt man die Orthogonalitätsrelation (10.104) aus, so wird

$$(2l+1)(zP_l, P_{l-1}) = l(P_{l-1}, P_{l-1}).$$

Ersetzt man in (10.103) l durch $l-1$ und bildet das innere Produkt mit P_l, so wird

$$(2l+1)(zP_{l-1}, P_l) = l(P_l, P_l).$$

Wir kombinieren diese beiden Gleichungen miteinander und erhalten

$$(2l+1)(P_l, P_l) = (2l-1)(P_{l-1}, P_{l-1}).$$

Diese Gleichung gilt für $l = 2, 3, \ldots$, aber auch für $l = 1$. Das innere Produkt von P_l mit sich läßt sich damit schrittweise zurückführen auf das innere Produkt von P_0 mit sich:

$$\begin{aligned}
(P_l, P_l) &= \frac{2(l-1)+1}{2l+1}(P_{l-1}, P_{l-1}) \\
&= \frac{2(l-2)+1}{2l+1}(P_{l-2}, P_{l-2}) = \cdots \\
&= \frac{3}{2l+1}(P_1, P_1) = \frac{1}{2l+1}(P_0, P_0) = \frac{2}{2l+1}.
\end{aligned}$$

Die Formel von Rodrigues

Die Formel von Rodrigues gibt eine explizite Darstellung der Legendre-Polynome. Sie lautet

$$P_l(z) = \frac{1}{2^l l!} \frac{d^l}{dz^l}(z^2 - 1)^l. \qquad (10.106)$$

Aus ihr folgt $P_l(1) = 1$. Der Beweis dieser Formel wird in Übungsaufgabe 2 erbracht.

10.6 Legendre-Funktionen

Nullstellen

Im Intervall $-1 < z < 1$ hat $P_l(z)$ genau l paarweise verschiedene Nullstellen. Die k-te Ableitung $d^k P_l/dz^k$ hat genau $l-k$ Nullstellen für $1 \leq k \leq l$. Keine der Ableitungen verschwindet an einem Endpunkt des Intervalls.

Wir beweisen diese Behauptungen mit der Formel von Rodrigues. Das Polynom $Q(z) = (z^2 - 1)^l$ hat keine Nullstellen im Intervall $]-1;1[$, es verschwindet an den Endpunkten ± 1. Nach dem Satz von Rolle aus der elementaren Analysis hat die erste Ableitung $Q'(z)$ mindestens eine Nullstelle im Inneren. $Q'(z)$ verschwindet für $l > 1$ auch bei ± 1. Ebenso hat die zweite Ableitung $Q''(z)$ wenigstens zwei Nullstellen in $]-1;1[$, sie werden von den Nullstellen von $Q'(z)$ getrennt. Die dritte Ableitung $Q'''(z)$ hat wenigstens drei Nullstellen, die von den Nullstellen von $Q''(z)$ getrennt werden usw. Damit hat das Polynom $P_l(z)$, das bis auf einen Faktor mit der l-ten Ableitung von Q übereinstimmt, wenigstens l Nullstellen. Da es ein Polynom vom Grade l ist, hat es genau l Nullstellen. Ab jetzt ändert sich das Spiel, denn $Q^{(l)}$ verschwindet nicht mehr bei ± 1. Da die Nullstellen von $Q^{(l)}$ nur $l-1$ Teilintervalle definieren, steht nur fest, daß $Q^{(l+1)}$ wenigstens $l-1$ Nullstellen besitzt. Da $Q^{(l+1)}$ nach (10.106) im wesentlichen mit P'_l, einem Polynom vom Grad $l-1$ übereinstimmt, hat es genau $l-1$ Nullstellen. In gleicher Weise hat $Q^{(l+2)}$, das bis auf einen Faktor gleich P''_l ist, genau $l-2$ Nullstellen usw.

Die erzeugende Funktion

Die Gleichung

$$(1 - 2tz + t^2)^{-1/2} = \sum_{l=0}^{\infty} P_l(z) t^l \qquad (10.107)$$

ist gültig für $|z| < 1$ und für $|t| < 1$. Die Funktion auf der linken Seite von (10.107) heißt die erzeugende Funktion für die Legendre-Polynome, weil sie alle als Koeffizienten in der Potenzreihenentwicklung auftreten.

Zum Beweis von (10.107) stellt man zunächst fest, daß die linke Seite $g(t, z)$ von (10.107) für $|t| < 1$ eine analytische Funktion in t ist, was nichts anderes heißt, als daß es eine Potenzreihenentwicklung

$$g(t, z) = \sum_{l=0}^{\infty} Q_l(z) t^l \qquad (10.108)$$

gibt, mit Koeffizienten $Q_l(z)$. (Der mit analytischen Funktionen noch nicht vertraute Leser kann, um (10.108) zu erhalten, die Funktion $g(t, z)$ in eine Binomialreihe mit der Variablen $2tz - t^2$ entwickeln, die Potenzen von $2tz - t^2$ ausrechnen und die Reihe nach Potenzen von t neu ordnen.)

Durch Differentiation sieht man, daß $g(t, z)$ die PDGl.

$$[(1 - z^2) g_z]_z + t [tg]_{tt} = 0$$

erfüllt. (Bitte nachrechnen!) Setzt man die Entwicklung (10.108) in diese PDGl. ein, so findet man

$$\sum_{l=0}^{\infty}[(1-z^2)Q_l'(z)]'t^l + \sum_{l=0}^{\infty}l(l+1)Q_l(z)t^l = 0.$$

Q_l erfüllt also die Legendre-Differentialgleichung!

Setzt man $z=1$ in die Definition von $g(t,z)$ ein, so folgt

$$g(t,1) = (1-2t+t^2)^{-1/2} = (1-t)^{-1} = \sum_{l=0}^{\infty} t^l,$$

woraus $Q_l(1) = 1$ ersichtlich ist. Damit ist festgelegt, *welche* Lösung der Legendre-Gleichung Q_l darstellt, nämlich $Q_l \equiv P_l$. (10.107) ist damit bewiesen.

Die zugeordneten Legendre-Funktionen

Unter der zugeordneten Legendre-Gleichung versteht man

$$[(1-z^2)u']' + \left(\gamma - \frac{m^2}{1-z^2}\right)u = 0, \tag{10.109}$$

wobei $\gamma = l(l+1)$ und $m \leq l$ mit ganzen Zahlen m und l.

Wir definieren die zugeordneten Legendre-Funktionen durch

$$P_l^m(m) = (1-z^2)^{m/2}\frac{d^m}{dz^m}P_l(z). \tag{10.110}$$

die ganze Zahl m ist ein hochgestellter Index, keine Potenz. Wir wollen zeigen, daß (10.110) eine Lösung von (10.109) ist. Dazu muß $v = (d^m/dz^m)P_l(z)$ die m-mal differenzierte Legendre-Gleichung erfüllen:

$$(1-z^2)v'' - 2(m+1)zv' + [\gamma - m(m+1)]v = 0.$$

Durch die Substitution $v(z) = (1-z^2)^{-m/2}w(z)$ erhalten wir die Gleichung

$$[(1-z^2)w']' + \left(\gamma - \frac{m^2}{1-z^2}\right)w = 0,$$

also gerade (10.109).

Die Orthogonalitätseigenschaft der zugeordneten Legendre-Funktionen wurde schon in Abschnitt 10.3 behandelt, sie besagt, daß P_l^m und $P_{l'}^m$ über dem Intervall $]-1;1[$ orthogonal sind. Die Normierungsfaktoren sind

$$\int_{-1}^{1}[P_l^m(z)]^2\,dz = \frac{2(l+m)!}{(2l+1)(l-m)!}. \tag{10.111}$$

Die Formel von Rodrigues für die zugeordneten Funktionen folgt unmittelbar aus Formel (10.106), die den Fall $m=0$ darstellt. Der Beweis wird dem Leser überlassen.

Übungsaufgaben

1. Zeigen Sie, daß die Legendre-Funktionen Die Rekursionsgleichung (10.103) erfüllen.

2. (a) Beweisen Sie die Formel von Rodrigues (10.106).
   (b) Folgern Sie $P_l(1) = 1$.

3. Zeigen Sie $P_{2n}(0) = (-1)^n (2n)!/2^{2n}(n!)^2$.

4. Zeigen Sie $\int_{-1}^{1} x^2 P_l(x)\,dx = 0$ für $l \geq 3$.

5. Sei $f(x) = x$ für $0 \leq x < 1$ und $f(x) = 0$ für $-1 < x \leq 0$. Bestimmen Sie die Koeffizienten a_l in der Entwicklung $f(x) = \sum_{l=0}^{\infty} a_l P_l(x)$ von $f(x)$ nach den Legendre-Funktionen über dem Intervall $]-1;1[$.

6. Bestimmen Sie die in der Kugel $\{x^2 + y^2 + z^2 < a^2\}$ harmonische Funktion mit $u = \cos^2 \theta$ auf dem Rand.

7. Bestimmen Sie die in der Kugel $\{x^2 + y^2 + z^2 < a^2\}$ harmonische Funktion, die der Randbedingung $u = A$ auf der oberen Halbsphäre $\{x^2 + y^2 + z^2 = a^2, z > 0\}$ und $u = B$ auf der unteren Halbsphäre $\{x^2 + y^2 + z^2 = a^2, z < 0\}$ genügt. A und B sind Konstanten.

8. Lösen Sie die Diffusionsgleichung im Kugelsektor $\{x^2 + y^2 + z^2 < a^2; \theta < \alpha\}$ unter der Randbedingung $u = 0$ auf der gesamten Randfläche und unter allgemeiner, nicht weiter spezifizierter Anfangsbedingung. (*Hinweis:* Die Aufgabe führt auf Legendre-Funktionen von nichtganzzahliger Ordnung.)

10.7 Drehimpulse in der Quantenmechanik

In diesem Abschnitt greifen wir wieder Abschnitt 9.5 auf. Wir betrachten die Schrödinger-Gleichung mit einem radialen Potential $V(r)$, wobei $r = |\mathbf{x}| = (x^2 + y^2 + z^2)^{1/2}$, untersuchen also die Gleichung

$$iu_t = -\frac{1}{2}\Delta u + V(r)u \qquad (10.112)$$

im gesamten Raum unter der „Randbedingung"

$$\iiint |u(\mathbf{x},t)|^2\,d\mathbf{x} < \infty. \qquad (10.113)$$

Durch $u(\mathbf{x},t) = v(\mathbf{x})e^{-i\lambda/2}$ trennen wir die Zeitvariable und erhalten für v die Gleichung

$$-\Delta v + 2V(r)v = \lambda v.$$

Beachten Sie, daß λ als Energie interpretiert wird.

Im nächsten Schritt trennen wir mit $v = R(r)Y(\theta, \phi)$ die radiale Variable und erhalten

$$\lambda r^2 - 2r^2 V(r) + \frac{r^2 R_{rr} + 2r R_r}{R} + \frac{1}{Y}\left\{\frac{1}{\sin^2\theta}Y_{\phi\phi} + \frac{1}{\sin\theta}[(\sin\theta)Y_\theta]_\theta\right\} = 0.$$

Da die Variable r nur in den ersten drei Ausdrücken auftritt, ist die Gleichung für R

$$R_{rr} + \frac{2}{R}R_r + \left[\lambda - 2V(r) - \frac{\gamma}{r^2}\right]R = 0, \qquad (10.114)$$

während die Gleichung für Y genau mit (10.51) übereinstimmt. $Y(\theta,\phi)$ ist also eine Kugelfunktion:

$$Y(\theta,\phi) = Y_l^m(\theta,\phi) = P_l^m(\cos\theta)e^{im\phi}, \qquad (10.115)$$

für $|m| \leq l$ (siehe Abschnitt 10.3.) Weiter ist $\gamma = l(l+1)$. Der Index l heißt *Bahnquantenzahl*, m heißt *magnetische Quantenzahl*.

In der Quantenmechanik wird der *Drehimpulsoperator* definiert als das Vektorprodukt

$$\mathbf{L} = -i\mathbf{x} \times \nabla = -i\begin{pmatrix} y\partial_z - z\partial_y \\ z\partial_x - x\partial_z \\ x\partial_y - y\partial_x \end{pmatrix} = \begin{pmatrix} L_x \\ L_y \\ L_z \end{pmatrix}. \qquad (10.116)$$

Wir werden jetzt begründen, daß der Operator $\mathbf{L}$ die Kugelfunktionen als Eigenfunktionen besitzt. In sphärischen Koordinaten nimmt $\mathbf{L}$ die folgende Gestalt an (siehe Übungsaufgabe 1)

$$\begin{cases} L_x = i(\cot\theta\cos\phi\,\partial_\phi + \sin\phi\,\partial_\theta) \\ L_y = i(\cot\theta\sin\phi\,\partial_\phi - \cos\phi\,\partial_\theta) \\ L_z = -i\,\partial_\phi. \end{cases} \qquad (10.117)$$

Deshalb ist

$$\begin{aligned} |\mathbf{L}|^2 &= L_x^2 + L_y^2 + L_z^2 \\ &= -\frac{1}{\sin^2\theta}\frac{\partial^2}{\partial\phi^2} - \frac{1}{\sin\theta}\frac{\partial}{\partial\theta}\sin\theta\frac{\partial}{\partial\theta}, \end{aligned} \qquad (10.118)$$

was genau mit dem Winkelanteil des negativen Laplace-Operators übereinstimmt! Mit (10.51) erhalten wir deshalb die Gleichung

$$|\mathbf{L}|^2(Y_l^m) = l(l+1)Y_l^m. \qquad (10.119)$$

Wegen der expliziten Gestalt von L_z gilt auch die Gleichung

$$L_z(Y_l^m) = mY_l^m. \qquad (10.120)$$

Die Wirkung der Operatoren L_x und L_y auf die Kugelfunktionen ist nicht ganz so einfach. Wenn wir mit

$$L_\pm = L_x \pm L_y$$

10.7 Drehimpulse in der Quantenmechanik

die in der Quantenmechanik üblichen Bezeichnungen für den *Erzeugungs-* und den *Vernichtungsoperator* verwenden, so gilt

$$L_+(Y_l^m) = [(l-m)(l+m+1)]^{1/2} Y_l^{m+1}$$
$$L_-(Y_l^m) = [(l+m)(l-m+1)]^{1/2} Y_l^{m-1}. \qquad (10.121)$$

In der Quantenmechanik kann es keine reine Rotation um eine festgelegte Achse geben. Denn wenn wir ein Koordinatensystem so wählen könnten, daß die z-Achse die Rotationsachse wäre, so wären unsere Lösungen von ϕ, aber nicht von θ abhängig. Für die Kugelfunktionen bedeutete das $m \neq 0$ und $l = 0$. Das kann aber wegen $|m| \leq l$ nicht sein. Der Physiker erklärt das damit, daß eine Rotationsachse höchstens in Form eines Mittelwertes definiert werden kann. Mit einer gewissen Wahrscheinlichkeit treten immer noch Bewegungen auf, die keine Rotationen um diese Achse sind.

Das Wasserstoffatom

Die radiale Gleichung (10.114) kann nur für gewisse Potentiale $V(r)$ analytisch gelöst werden. Wir greifen den Fall des *Wasserstoffatoms*, in welchem $V(r) = 1/r$ ist, wieder auf. Nach Trennung der Zeitvariablen müssen wir uns mit der Gleichung

$$R_{rr} + \frac{2}{r}R_r + \left[\lambda + \frac{2}{r} - \frac{l(l+1)}{r^2}\right]R = 0. \qquad (10.122)$$

beschäftigen. Der Fall $l = 0$ wurde bereits in Abschnitt 9.5 untersucht. Wie dort lauten auch jetzt wieder die die Randbedingungen: $R(0)$ ist endlich und $R(\infty) = 0$. Im folgenden werden wir nach derselben Methode wie in Abschnitt 9.5 vorgehen.

Wir betrachten nur den Fall $\lambda < 0$ und setzen $\beta = \sqrt{-\lambda}$, sowie $w(r) = e^{\beta r} R(r)$. Dann erhalten wir für $w(r)$ die Gleichung

$$w_{rr} + 2\left(\frac{1}{r} - \beta\right) w_r + \left[\frac{2(1-\beta)}{r} - \frac{l(l+1)}{r^2}\right] w = 0. \qquad (10.123)$$

Wieder suchen wir die Lösung in Form einer Potenzreihe $w(r) = \sum_{k=0}^{\infty} a_k r^k$ und erhalten nach Einsetzen in (10.123)

$$\sum k(k-1) a_k r^{k-2} + 2 \sum k a_k r^{k-2} - 2\beta \sum k a_k r^{k-1}$$
$$+ 2(1-\beta) \sum a_k r^{k-1} - l(l+1) \sum a_k r^{k-2}.$$

Nach Änderung des Summationsindexes k in $k-1$ in der dritten und vierten Summe wird daraus

$$\sum_{k=0}^{\infty} [k(k-1) + 2k - l(l+1)] a_k r^{k-2}$$
$$+ \sum_{k=1}^{\infty} [-2\beta(k-1) + (2-2\beta)] a_{k-1} r^{k-2} = 0$$

oder

$$\sum_{k=0}^{\infty}[k(k+1)-l(l+1)]a_k r^{k-2} + \sum_{k=1}^{\infty} 2(1-k\beta)a_{k-1}r^{k-2} = 0. \tag{10.124}$$

Wir sind damit zu den Rekursionsgleichungen

$$k=0: \quad l(l+1)a_0 = 0$$
$$k=1: \quad [2-l(l+1)]a_1 = -2(1-\beta)a_0$$
$$k=2: \quad [6-l(l+1)]a_2 = -2(1-2\beta)a_1$$
$$k=3: \quad [10-l(l+1)]a_3 = -2(1-3\beta)a_2$$

oder allgemein

$$[k(k+1)-l(l+1)]a_k = -2(1-k\beta)a_{k-1} \tag{10.125}$$

gekommen. Da l eine nichtnegative ganze Zahl sein muß, gilt $a_0 = 0$ für $l \neq 0$. Aus (10.125) ist ersichtlich, daß dann jeder Koeffizient bis hin zum l-ten verschwindet:

$$a_0 = a_1 = \cdots a_{l-1} = 0.$$

Der Koeffizient a_l kann völlig beliebig gewählt werden. Nach seiner Festlegung lassen sich alle nachfolgenden Koeffizienten durch ihn ausdrücken. Ein Polynom als Lösung wird es nur geben, wenn einer dieser nachfolgenden Koeffizienten Null ist und damit auch alle Koeffizienten mit größerem Index verschwinden. Dieser Fall tritt ein, wenn $\beta = 1/n$ und n eine ganze Zahl größer als l ist. Die Eigenwerte sind dann (wie in Abschnitt 9.5)

$$\lambda = -\frac{1}{n^2}. \tag{10.126}$$

Der Index n heißt *Hauptquantenzahl*.

Für jede ganze Zahl l mit $0 \leq l < n$ haben wir damit Eigenfunktionen der Form

$$v_{nlm}(r,\theta,\phi) = e^{-r/n} L_n^l(r) \cdot Y_l^m(\theta,\phi) \tag{10.127}$$

erhalten. Diese Funktionen sind die Wellenfunktionen des Wasserstoffatoms. Wir haben dabei für die Polynome die (nicht übliche) Bezeichnung $w(r) = L_n^l(r)$ verwendet. Die GDGl. (10.122) ist der *zugeordneten Laguerre-Gleichung* verwandt. Die Polynome $L_n^l(r)$ haben die Gestalt

$$L(r) = \sum_{k=l}^{n-1} a_k r^k = a_l r^l + \cdots + a_{n-1} r^{n-1}. \tag{10.128}$$

(die *zugeordneten Laguerre-Polynome* sind $r^{-l}L(r)$.) Die Eigenfunktionen gehorchen der PDGl.

$$-\Delta v_{nlm} - \frac{2}{r}v_{nlm} = -\frac{1}{n^2}v_{nlm} \tag{10.129}$$

für alle ganzen Zahlen n, l, m mit $0 \leq |m| \leq n-1$.

10.7 Drehimpulse in der Quantenmechanik

Wir schließen, daß

$$e^{it/2n^2} \cdot e^{-r/n} \cdot L_n^l(r) \cdot Y_l^m(\theta, \phi) \qquad (10.130)$$

die getrennten Lösungen der Schrödinger-Gleichung für das Wasserstoffatom sind. Zu beachten ist jedoch, daß hier, wie schon in Abschnitt 9.5, die Eigenfunktionen $v_{nlm}(\mathbf{x})$ *kein* vollständiges System für die Funktionen dreier Variablen bilden.

Wir haben gesehen, daß es zum Eigenwert $\lambda_n = -1/n^2$ *viele* Eigenfunktionen gibt, jeweils eine für jedes Paar l, m von ganzen Zahlen mit $0 \leq l < n$ und $|m| \leq l$. Zu jedem l gibt es also $2l+1$ Eigenfunktionen und damit insgesamt $\sum_{l=0}^{n-1}(2l+1) = n^2$ Eigenfunktionen für jedes λ_n. (In der Physik werden die Werte von l traditionsgemäß mit den Buchstaben $s(l = 0)$, $p(l = 1)$, $d(l = 2)$ und $f(l = 3)$ bezeichnet, ein Vermächtnis aus der Frühzeit der Beobachtungen von Spektrallinien. Als Referenz sei [Ed] erwähnt.)

Übungsaufgaben

1. Zeigen Sie, daß der Drehimpulsoperator in sphärischen Koordinaten durch (10.117) gegeben ist.

2. Beweisen Sie die Gleichung $L_x L_y - L_y L_x = iL_z$, sowie die beiden Gleichungen, die aus dieser durch zyklische Vertauschung der Indizes hervorgehen.

3. (a) Geben Sie explizit die Eigenfunktion der PDGl. (10.129) für den Fall $n = 1$ an.

   (b) Wie lauten die vier Eigenfunktionen im Fall $n = 2$?

   (c) Wie lauten die neun Eigenfunktionen im Fall $n = 3$?

4. Zeigen Sie: Ist β nicht der Kehrwert einer ganzen Zahl, so besitzt die GDGl. (10.122) keine Lösung, die im Unendlichen verschwindet.

5. (a) Die Schrödinger-Gleichung in *zwei* Dimensionen lautet in Polarkoordinaten

$$iu_t = -\frac{1}{2}(u_{rr} + \frac{1}{r}u_r + \frac{1}{r^2}u_{\theta\theta}) + V(r)u,$$

wenn V ein nur von r abhängiges Potential ist. Bestimmen Sie die getrennten Eigenfunktionen $u = T(t)R(r)\Theta(\theta)$, dabei soll für die Funktion $R(r)$ nur die Differentialgleichung, die sie erfüllt, angegeben weden.

   (b) Setzen Sie $V(r) = r^2$ voraus und substituieren Sie $R(r) = e^{-\rho/2}\rho^{|m|/2}L(\rho)$ mit $\rho = r^2$. Zeigen Sie, daß dann $L(\rho)$ ein zugeordnetes Laguerre-Polynom ist.

11 Allgemeine Eigenwertprobleme

Eigenwerte sind die wichtigsten Größen bei partiellen Differentialgleichungen. Es ist aber nur für einige spezielle Gebiete, wie sie in den Abschnitten 10.2 und 10.3 betrachtet werden, möglich, explizite Formeln für die Eigenwerte des Laplace-Operators anzugeben. Kann man über die Eigenwerte des Laplace-Operators bei Gebieten von beliebiger Gestalt Aussagen treffen? Die Antwort ist Ja, und sie ist Gegenstand dieses Kapitels.

Wir werden zunächst zeigen, daß die Eigenwerte unter gewissen Nebenbedingungen immer die Energie minimieren. Mit dieser Eigenschaft entwickeln wir in Abschnitt 2 eine praktische Methode zur Berechnung der Eigenwerte. In Abschnitt 3 beweisen wir die Vollständigkeit der Eigenfunktionen, Abschnitt 4 beschäftigt sich mit allgemeineren Eigenwertproblemen, einschließlich der Sturm-Liouville-Probleme. In Abschnitt 6 schließlich untersuchen wir die Größe des n-ten Eigenwerts bei großem n.

11.1 Die Eigenwerte sind Minima der potentiellen Energie

Das wichtigste Eigenwertproblem bei Dirichletschen Randbedingungen ist

$$-\Delta u = \lambda u \text{ in } D, \quad u = 0 \text{ auf } \partial D, \tag{11.1}$$

wobei D eine beliebige offene Menge im dreidimensionalen Raum mit stückweise glattem Rand ist. In diesem Kapitel bezeichnen wir die Eigenwerte mit

$$0 < \lambda_1 \leq \lambda_2 \leq \lambda_3 \leq \ldots \leq \lambda_n \leq \ldots \tag{11.2}$$

Jeder Eigenwert wird dabei entsprechend seiner Vielfachheit wiederholt. (Aus Abschnitt 10.1 wissen wir, daß sie alle positiv sind.) Jedes Gebiet D hat seine eigene spezielle Folge von Eigenwerten.

Wie üblich setzen wir

$$(f, g) = \iiint_D f(\mathbf{x})\overline{g(\mathbf{x})}\, d\mathbf{x} \quad \text{und} \quad \|f\| = (f, g)^{1/2} = \left(\iiint_D |f(\mathbf{x})|^2\, d\mathbf{x}\right)^{1/2}.$$

Alles, was wir hier in drei Dimensionen ausarbeiten, ist auch in zwei Dimensionen gültig (oder in beliebigen Dimensionen, was den hier betrachteten Sachverhalt betrifft). Wir haben bereits in Abschnitt 7.1 gesehen (Dirichletsches Prinzip), daß eine Funktion, die die Energie minimiert und die einer inhomogenen Randbedingung genügt, eine harmonische Funktion ist. Wir werden jetzt zeigen, daß auch das Eigenwertproblem äquivalent ist zu einer Minimierungsaufgabe für die Energie.

11.1 Die Eigenwerte sind Minima der potentiellen Energie

Es könnte hilfreich sein, hier etwas innezuhalten und sich an Minimierungsaufgaben der elementaren Analysis zu erinnern. Ist $E(u)$ eine differenzierbare Funktion einer Variablen und u eine Stelle, an der die Funktion ein lokales Minimum besitzt, so ist ihre Ableitung an dieser Stelle Null: $E'(u) = 0$. Die Methode der Lagrangeschen Multiplikatoren beruht auf der folgenden Tatsache. Ist $E(\mathbf{u})$ eine skalare Funktion der Vektorvariablen $\mathbf{u}$, die unter der Nebenbedingung $F(\mathbf{u}) = 0$ ein Minimum besitzt, so genügt $\mathbf{u}$ an dieser Minimumstelle der Gleichung $\nabla E(\mathbf{u}) = \lambda \nabla F(\mathbf{u})$ mit einer konstanten Zahl λ. Die Konstante λ heißt *Lagrangescher Multiplikator*.

Wir betrachten jetzt das *Minimierungsproblem*

$$m = \min\left\{ \frac{\|\nabla w\|^2}{\|w\|^2} \ \Big|\ w = 0 \text{ auf } \partial D,\ w \not\equiv 0 \right\} \quad (11.3)$$

mit der C^2-Funktion $w(\mathbf{x})$. Diese Aufgabenstellung bedeutet, daß wir unter allen C^2-Funktionen $w(\mathbf{x})$, die auf dem Rand von D verschwinden und in D nicht identisch Null sind, diejenigen suchen, die den Wert des Quotienten

$$Q = \frac{\|\nabla w\|^2}{\|w\|^2} \quad (11.4)$$

minimieren. Man nennt Q den *Rayleigh-Quotienten*.

Was ist unter einer Lösung von (11.3) zu verstehen? Wir meinen damit eine C^2-Funktion, die in D von der Nullfunktion verschieden und auf ∂D Null ist, derart, daß

$$\frac{\|\nabla u\|^2}{\|u\|^2} \leq \frac{\|\nabla w\|^2}{\|w\|^2} \quad (11.5)$$

für alle w mit $w = 0$ auf ∂D und $w \not\equiv 0$. Beachten Sie, daß mit $u(\mathbf{x})$ auch jedes konstante Vielfache $Cu(\mathbf{x})$, $C \neq 0$, Lösung von (11.3) ist.

Satz 11.1 Minimumprinzip für den ersten Eigenwert *Sei $u(\mathbf{x})$ eine Lösung von (11.3). Dann stimmt der Wert des Minimums mit dem ersten (kleinsten) Eigenwert λ_1 von (11.1) überein, und $u(\mathbf{x})$ ist die zugehörige Eigenfunktion.*

Das bedeutet

$$\lambda_1 = m = \min\left\{ \frac{\|\nabla w\|^2}{\|w\|^2} \right\} \quad \text{und} \quad -\Delta u = \lambda_1 u \quad \text{in } D. \quad (11.6)$$

Inhalt dieses Satzes ist: *Der erste Eigenwert ist das Minimum der Energie.* Diese Eigenschaft ist bei den meisten physikalischen Systemen gültig. Man nennt die erste Eigenfunktion $u(\mathbf{x})$ den *Grundzustand*. Er ist der Zustand geringster Energie.

Beweis: Unter einer *Testfunktion* verstehen wir eine C^2-Funktion $w(\mathbf{x})$ mit $w = 0$ auf ∂D und $w \not\equiv 0$. Sei m der minimale Wert des Rayleigh-Quotienten unter allen Testfunktionen. Natürlich ist m nichtnegativ. Sei $u(\mathbf{x})$ eine Lösung von (11.3). Nach Voraussetzung gilt dann

$$m = \frac{\iiint |\nabla u|^2\, d\mathbf{x}}{\iiint |u|^2\, d\mathbf{x}} \leq \frac{\iiint |\nabla w|^2\, d\mathbf{x}}{\iiint |w|^2\, d\mathbf{x}}$$

für alle Testfunktionen $w(\mathbf{x})$. Wir führen die Abkürzung $\int$ anstelle von $\iiint d\mathbf{x}$ ein. Sei $v(\mathbf{x})$ irgendeine andere Testfunktion und sei $w(\mathbf{x}) = u(\mathbf{x}) + \epsilon v(\mathbf{x})$ mit einer beliebigen Konstante ϵ. Dann hat

$$f(\epsilon) = \frac{\int |\nabla(u + \epsilon v)|^2}{\int |u + \epsilon v|^2} \tag{11.7}$$

ein Minimum bei $\epsilon = 0$ und es ist $f'(0) = 0$. Nach Entwicklung beider Quadrate in (11.7)

$$f(\epsilon) = \frac{\int(|\nabla u|^2 + 2\epsilon \nabla u \cdot \nabla v + \epsilon^2 |\nabla v|^2)}{\int(u^2 + 2\epsilon uv + \epsilon^2 v^2)}$$

läßt sich die Ableitung leicht berechnen:

$$0 = f'(0) = \frac{(\int u^2)(2\int \nabla u \cdot \nabla v) - (\int |\nabla u|^2)(2\int uv)}{(\int u^2)^2}.$$

Es ist also

$$\int \nabla u \cdot \nabla v = \frac{\int |\nabla u|^2}{\int u^2} \int uv = m \int uv. \tag{11.8}$$

Nach der ersten Greenschen Formel ((7.2) aus Kapitel 7) und mit der Randbedingung $v = 0$ können wir (11.8) schreiben als

$$\iiint (\Delta u + mu)(v)\, d\mathbf{x} = 0.$$

(Bitte nachrechnen!) Diese Gleichung gilt für alle Testfunktionen $v(\mathbf{x})$. Da $v(\mathbf{x})$ im Inneren von D beliebig sein kann, schließen wir wie in Abschnitt 7.1 auf die Gültigkeit von $\Delta u + mu = 0$ in D. Der minimale Wert von Q ist deshalb ein Eigenwert von $-\Delta$, und $u(\mathbf{x})$ ist die zugehörige Eigenfunktion!

Um einzusehen, daß m der *kleinste* Eigenwert von $-\Delta$ ist, sei $-\Delta v_j = \lambda_j v_j$, wobei λ_j irgendein Eigenwert ist. Nach Definition von m als das Minimum von Q und wegen (7.2) gilt

$$m \leq \frac{\int |\nabla v_j|^2}{\int v_j^2} = \frac{\int (-\Delta v_j)(v_j)}{\int v_j^2}$$

$$= \frac{\int (\lambda_j v_j) v_j}{\int v_j^2} = \lambda_j. \tag{11.9}$$

m ist also kleiner als jeder andere Eigenwert. Damit ist Satz 11.1 bewiesen. □

Eine zu (11.6) äquivalente Formulierung ist

$$\lambda_1 = \min \iiint |\nabla w|^2\, d\mathbf{x} \tag{11.10}$$

unter den Bedingungen $w \in C^2$, $w = 0$ auf ∂D und $\iiint w^2\, d\mathbf{x} = 1$ (siehe Übungsaufgabe 2). λ_1 *minimiert* also die *potentielle Energie* unter diesen Bedingungen.

11.1 Die Eigenwerte sind Minima der potentiellen Energie

Beispiel 1.

Der minimale Wert von $\int_0^1 [w'(x)]^2\, dx$ unter allen Funktionen w mit $\int_0^1 w^2\, dx = 1$ und $w(0) = w(1) = 0$ ist der erste Eigenwert von $-d^2/dx^2$ unter Dirichlet-Bedingungen und stimmt deshalb mit π^2 überein. (Wer hätte sich vorher vorstellen könne, daß dieses Minimum überhaupt etwas mit der Zahl π zu tun hat?) Bei einer direkten Herleitung dieser Tatsache muß man ziemlich trickreich vorgehen (siehe Übungsaufgabe 3).

Weitere Eigenwerte

Alle anderen durch (11.2) aufgelisteten Eigenwerte sind ebenfalls Minima, aber, wie wir jetzt zeigen werden, unter anderen Einschränkungen.

Satz 11.2 Ein Minimumprinzip für den n-ten Eigenwert. *Seien* $\lambda_1, \ldots, \lambda_{n-1}$ *die ersten $n-1$ gegebenen Eigenwerte mit den zugehörigen Eigenfunktionen* $v_1(\mathbf{x}), \ldots, v_{n-1}(\mathbf{x})$. *Dann ist*

$$\lambda_n = \min\left\{ \frac{\|\nabla w\|^2}{\|w\|^2} \;\middle|\; w \not\equiv 0,\; w = 0 \text{ auf } \partial D,\; w \in C^2, \right.$$
$$\left. 0 = (w, v_1) = (w, v_2) = \ldots = (w, v_{n-1}) \right\}, \tag{11.11}$$

vorausgesetzt, das Minimum existiert. Die minimierende Funktion ist die n-te Eigenfunktion $v_n(\mathbf{x})$.

Dieses Minimierungsproblem ist das gleiche wie (11.3), mit der zusätzlichen Einschränkung allerdings, daß die Testfunktionen zu allen Eigenfunktionen mit einem Index kleiner als n orthogonal sind. Bezeichnen wir abkürzend die Minimierungsaufgabe (11.11) für den n-ten Eigenwert mit $(MP)_n$, so können wir sagen, daß wegen der größeren Anzahl von Einschränkungen der Minimalwert von $(MP)_n$ größer oder gleich dem Minimalwert von $(MP)_{n-1}$, und dieser wieder größer oder gleich dem Minimalwert von $(MP)_1$ ausfallen muß. Satz 11.2 sagt aus, daß man bei Kenntnis der ersten $n-1$ Eigenwerte samt ihren Eigenfunktionen den nächsten Eigenwert $\lambda_n \geq \lambda_{n-1}$ als Lösung von $(MP)_n$ erhält.

Beweis von Satz 11.2 $u(\mathbf{x})$ bezeichne die minimierende Funktion von $(MP)_n$, die nach Voraussetzung existieren soll. m^* sei der Minimalwert, so daß m^* der Wert des Rayleigh-Quotienten für die Funktion $u(\mathbf{x})$ ist. Für u gilt also: $u = 0$ auf ∂D, u ist orthogonal zu $v_1, \ldots, v_n$ und der Wert des Quotienten Q ist für u kleiner als für jede andere Funktion w, welche die Bedingungen in $(MP)_n$ erfüllt. Wie im Beweis von Satz 11.1 setzen wir $w = u + \epsilon v$, mit einer Funktion v, die denselben Einschränkungen unterliegt. Genau wie zuvor gilt dann für alle Testfunktionen v, die zu $v_1, \ldots, v_n$ orthogonal sind

$$\iiint (\Delta u + m^* u) v\, d\mathbf{x} = 0. \tag{11.12}$$

Weiter ist mit der zweiten Greenschen Formel (7.14)

$$\iiint (\Delta u + m^* u) v_j \, d\mathbf{x} = \iiint u(\Delta v_j + m^* v_j) \, d\mathbf{x}$$
$$= (m^* - \lambda_j) \iiint u v_j \, d\mathbf{x} = 0, \qquad (11.13)$$

da u orthogonal zu v_j für $j = 1\ldots, n-1$ ist. Sei nun $h(\mathbf{x})$ eine beliebige Testfunktion (eine C^2-Funktion mit $h = 0$ auf ∂D und $h \not\equiv 0$). Wir setzen

$$v(\mathbf{x}) = h(\mathbf{x}) - \sum_{k=1}^{n-1} c_k v_k(\mathbf{x}), \quad \text{wobei } c_k = \frac{(h, v_k)}{(v_k, v_k)}. \qquad (11.14)$$

Dann ist $(v, v_j) = 0$ für $j = 1, \ldots, n-1$. (Bitte nachrechnen!) Diese Funktion v ist der „Anteil" von h, der orthogonal zu jeder der $n-1$ Funktionen $v_1, \ldots, v_{n-1}$ ist. v genügt also allen geforderten Einschränkungen und erfüllt Gleichung (11.12). Da h Linearkombination von v und den v_k ist, folgt aus (11.12) und (11.13) mit der Linearität des Integrals

$$\iiint (\Delta u + m^* u) h \, d\mathbf{x} = 0 \qquad (11.15)$$

für alle Testfunktionen h. Auch hier können wir wieder auf die Gültigkeit der Gleichung $-\Delta u = m^* u$ schließen, die besagt, daß m^* Eigenwert ist. Der Nachweis von $m^* = \lambda_n$ wird in Übungsaufgabe 4 behandelt. □

Der Nachweis der *Existenz* von Lösungen der Aufgaben $(MP)_1$ und $(MP)_n$ ist eine delikate mathematische Aufgabe, die wir hier vermieden haben. Die ersten Beweise in der Mitte des 19ten Jahrhunderts wiesen erhebliche Lücken auf, die zu schließen mehr als 50 Jahre dauerte! In der Tat gibt es Gebiete D mit derart unangenehmen Berandungen, daß die Aufgabe $(MP)_1$ überhaupt keine Lösung besitzt. Weitergehende Informationen finden Sie in [Ga] oder [CH].

Übungsaufgaben

1. Bestimmen Sie eine Funktion $f(x)$ mit $f(0) = f(3) = 0$, $\int_0^3 [f(x)]^2 dx = 1$ und $\int_0^3 [f'(x)]^2 dx = 1$, sofern das möglich ist. Andernfalls begründen Sie, warum das unmöglich ist.

2. Zeigen Sie, daß Satz 11.1 zu (11.10) umformuliert werden kann.

3. Konstruieren Sie wie folgt einen direkten (aber unmotivierten) Beweis zu Beispiel 1 ohne Verwendung irgendwelcher Kenntnisse über Eigenwerte. Sei $w(x)$ eine C^2-Funktion mit $w(0) = w(1) = 0$.

    (a) Quadrieren Sie in $\int_0^1 [w'(x) - \pi w(x) \cot(\pi x)]^2 dx$ den Integranden und integrieren Sie den dabei entstehenden Produktterm partiell.

11.2 Berechnung der Eigenwerte

(b) Zeigen Sie $w^2(x)\cot(\pi x) \to 0$ mit $x \to 0$ oder 1.

(c) Folgern Sie, daß

$$\int_0^1 [w'(x)]^2 dx - \pi^2 \int_0^1 [w(x)]^2 dx = \int_0^1 [w'(x) - \pi w(x)\cot(\pi x)]^2 dx \geq 0.$$

(d) Zeigen Sie: Ist $w(x) = \sin \pi x$, so herrscht in (c) die Gleichheit, und das Minimum in Beispiel 1 ist π^2.

4. Im Beweis von Satz 11.2 wurde gezeigt, daß $-\Delta u = m^* u$. Zeigen Sie jetzt, daß $m^* = \lambda_n$.

5. (a) Zeigen Sie, daß der kleinste Eigenwert λ_1 von $-\Delta$ unter der *Robin*-Bedingung $\partial u/\partial n + a(\mathbf{x})u = 0$ gegeben ist durch

$$\lambda_1 = \min\left\{\frac{\iiint_D |\nabla w|^2\, d\mathbf{x} + \iint_{\partial D} aw^2\, dS}{\iiint_D w^2\, d\mathbf{x}}\right\}$$

unter allen C^2-Funktionen $w(\mathbf{x})$, für die $w \not\equiv 0$.

(b) Zeigen Sie, daß λ_1 wächst, wenn $a(\mathbf{x})$ wächst.

11.2 Berechnung der Eigenwerte

In vielen ingenieurwissenschftlichen Anwendungen sind die Eigenwerte, insbesondere der kleinste, besonders wichtig. Die nützlichsten Techniken zu ihrer Berechnung basieren auf der Eigenschaft, daß die gesuchten Eigenwerte die Energie minimieren. Wir beginnen mit dem ersten Eigenwert. Nach (11.6) wissen wir, daß

$$\lambda_1 \leq \frac{\|\nabla w\|^2}{\|w\|^2} \tag{11.16}$$

für alle w, die auf dem Rand verschwinden. Eine extrem glückliche Wahl der Testfunktion w würde uns die Gleichheit liefern (nämlich $w = v_1$), da wir aber v_1 nicht im voraus kennen, sollten wir mit einer einigermaßen geschickten Wahl, mit der wir eine einigermaßen gute Näherung erhalten, zufrieden sein.

Beispiel 1.

Wir wollen den ersten Eigenwert von $-u'' = \lambda u$ im Intervall $0 \leq x \leq l$ unter Dirichlet-Bedingungen $u(0) = u(l) = 0$ finden und stellen uns auf den Standpunkt, daß wir die korrekte Antwort $\lambda_1 = \pi^2/l^2$ noch nicht kennen. Als einfache Testfunktion wählen wir das quadratische Polynom $w(x) = x(l-x)$, das offensichtlich die Randbedingungen erfüllt. Sein Rayleigh-Quotient ist

$$\frac{\|w'\|^2}{\|w\|^2} = \frac{\int_0^l (l-2x)^2\, dx}{\int_0^l x^2(l-x)^2\, dx} = \frac{10}{l^2}, \tag{11.17}$$

eine überraschend gute Approximation des exakten Wertes $\lambda_1 = \pi^2/l^2 \approx 9{,}87/l^2$.

Weitere Beispiele finden Sie in den Übungsaufgaben. Natürlich geht es nicht immer so gut wie in diesem einfachen Beispiel, da eine geschickte Wahl der Testfunktion oft Glückssache ist. Wir können aber dem Glück etwas nachhelfen, indem wir Linearkombinationen von Testfunktionen zulassen. Das ist Gegenstand der folgenden Überlegungen.

Die Rayleigh-Ritz-Approximation

Seien $w_1, \ldots, w_n$ n beliebige Testfunktionen (C^2-Funktionen, die auf ∂D verschwinden). Wir setzen

$$a_{jk} = (\nabla w_j, \nabla w_k) = \iiint_D \nabla w_j \cdot \nabla w_k\, d\mathbf{x}$$

und

$$b_{jk} = (w_j, w_k) = \iiint_D w_j \cdot w_k\, d\mathbf{x}.$$

Sei A die symmetrische $n \times n$-Matrix (a_{jk}) und B die symmetrische $n \times n$-Matrix (b_{jk}). Dann sind *die Nullstellen des Polynoms*

$$\det(A - \lambda B) \tag{11.18}$$

Approximationen der ersten n Eigenwerte $\lambda_1, \ldots, \lambda_n$.

Beispiel 2.

Wir betrachten die radialen Schwingungen einer kreisförmigen Membran vom Radius 1:

$$-\Delta u = -u_{rr} - \frac{1}{r} u_r = \lambda u \quad (0 < r < 1), \quad u = 0 \text{ für } r = 1. \tag{11.19}$$

Dann ist $-(r u_r)_r = \lambda r u$ und der Rayleigh-Quotient ist

$$Q = \frac{\iint |\nabla u|^2\, dx}{\iint u^2\, dx} = \frac{\int_0^1 r u_r^2\, dr}{\int_0^1 r u^2\, dr}. \tag{11.20}$$

Von den Testfunktionen wird gefordert, daß sie die Randbedingungen $u_r(0) = 0 = u(1)$ erfüllen. Ein einfaches Paar solcher Funktionen ist $1 - r^2$ und $(1 - r^2)^2$. Mit ihnen ist

11.2 Berechnung der Eigenwerte

$$A = \begin{pmatrix} \int_0^1 4r^2 r\, dr & \int_0^1 8r^2(1-r^2)r\, dr \\ \int_0^1 8r^2(1-r^2)r\, dr & \int_0^1 16r^2(1-r^2)^2 r\, dr \end{pmatrix} = \begin{pmatrix} 1 & \frac{2}{3} \\ \frac{2}{3} & \frac{2}{3} \end{pmatrix}$$

und

$$B = \begin{pmatrix} \int_0^1 (1-r^2)^2 r\, dr & \int_0^1 (1-r^2)^3 r\, dr \\ \int_0^1 (1-r^2)^3 r\, dr & \int_0^1 (1-r^2)^4 r\, dr \end{pmatrix} = \begin{pmatrix} \frac{1}{6} & \frac{1}{8} \\ \frac{1}{8} & \frac{1}{10} \end{pmatrix}$$

Wir berechnen die Determinante (11.18) und erhalten für die Nullstellen die quadratische Gleichung

$$det(A - \lambda B) = \left(1 - \frac{\lambda}{6}\right)\left(\frac{2}{3} - \frac{\lambda}{10}\right) - \left(\frac{2}{3} - \frac{\lambda}{8}\right)^2$$

oder $\lambda^2/960 - 2\lambda/45 + 2/9 = 0$. Die Lösungen dieser quadratischen Gleichung sind Approximationen der Eigenwewrte. Es sind $\lambda_1 \sim 5,784$ und $\lambda_2 \sim 36,9$. Die wahren Eigenwerte, die mit gewissen Nullstellen von Besselfunktionen in Verbindung stehen (wie wir aus Abschnitt 10.2 wissen), sind $\lambda_1 \sim 5,783$ und $\lambda_2 \sim 27,3$. Die Näherung des ersten Eigenwerts ist erstaunlich gut, die des zweiten etwas armselig. Um λ_2 besser zu approximieren, könnten wir mit zwei anderen Testfunktionen arbeiten oder es mit dreien versuchen.

Betrachtung zur Rayleigh-Ritz-Approximation.

Seien $w_1, \ldots, w_n$ beliebige Testfunktionen. Eine *Approximation* der Lösung des Minimierungsproblems $(MP)_n$ wollen wir als Linearkombination der $w_1(\mathbf{x}), \ldots, w_n(\mathbf{x})$ darstellen:

$$w(\mathbf{x}) = \sum_{k=1}^n c_k w_k(\mathbf{x}). \tag{11.21}$$

Wären wir extrem schlau, so wäre $w(\mathbf{x})$ bereits eine Eigenfunktion. Dann würde gelten $-\Delta w = \lambda w$ und λ wäre sowohl Eigenwert wie auch Wert des Rayleigh-Quotienten. Es folgte $(\nabla w, w_j) = \lambda(w, w_j)$ und durch Einsetzen von (11.21) in die letzte Gleichung

$$\sum_k a_{jk} c_k = \lambda \sum_k b_{jk} c_k. \tag{11.22}$$

In Matrixschreibweise lautet (11.22) $A\mathbf{c} = \lambda B \mathbf{c}$ mit $\mathbf{c} \in \mathbb{R}^n$. Wegen $w \neq 0$ müßte dann $\mathbf{c} \neq \mathbf{0}$ sein, was nach sich zieht, daß $A - \lambda B$ singulär ist, d.h. $det(A - \lambda B) = 0$. Wir sind zwar nicht so extrem schlau, werden aber trotzdem die letzte Determinante zur Approximation der Eigenwerte heranziehen.

Das Minimum-Maximum-Prinzip

In Wirklichkeit ist uns eine *exakte* Formel lieber als eine Approximation. Zur Motivierung der Vorgehnsweise schreiben wir die Nullstellen des Polynoms (11.18) als

$$\lambda_1^* \leq \ldots \leq \lambda_n^*$$

und berachten deren größte, λ_n^*. Mit etwas linearer Algebra sieht man, daß

$$\lambda_n^* = \max_{\mathbf{c} \neq 0} \frac{A\mathbf{c} \cdot \mathbf{c}}{B\mathbf{c} \cdot \mathbf{c}} \qquad (11.23)$$

(siehe Übungsaufgabe 9). Deshalb ist

$$\begin{aligned}\lambda_n^* &= \max \frac{\sum a_{jk} c_j c_k}{\sum b_{jk} c_j c_k} \\ &= \max \frac{(\nabla(\sum c_j w_j), \nabla(\sum c_k w_k))}{(\sum c_j w_j, \sum c_n w_n)},\end{aligned}$$

wobei das Maximum über alle n-Tupel $c_1, \ldots, c_n$, deren Komponenten nicht alle Null sind, gebildet wird. Es folgt

$$\lambda_n^* = \max \left\{ \frac{\|\nabla w\|^2}{\|w\|^2} \,\middle|\, \text{über alle Funktionen } w, \text{ die nichttriviale Linearkombinationen von } w_1, \ldots, w_n \text{ sind} \right\}. \qquad (11.24)$$

Formel (11.24) führt zu dem Minimum-Maximum-Prinzip, in dem behauptet wird, daß *der kleinstmögliche Wert von λ_n^* gleich dem n-ten Eigenwert λ_n ist.* λ_n ist also das Minimum eines Maximums!

Satz 11.3 Das Minimum-Maximum-Prinzip. *Seien $w_1, \ldots, w_n$ beliebige Testfunktionen und sei λ_n^* durch 11.24 definiert. Dann ist der n-te Eigenwert gegeben durch*

$$\lambda_n = \min \lambda_n^*, \qquad (11.25)$$

wobei das Minimum über alle möglichen Auswahlen der n Testfunktionen $w_1, \ldots, w_n$ gebildet wird.

Wir beginnen mit n fest vorgegebenen Testfunktionen $w_1, \ldots, w_n$ und wählen Konstanten $c_1, \ldots, c_n$, die nicht alle Null sind, derart, daß die Linearkombination $w(\mathbf{x}) \equiv \sum_{j=1}^n c_j w_j(\mathbf{x})$ orthogonal zu jeder der ersten $n-1$ Eigenfunktionen $v_1(\mathbf{x}), \ldots, v_{n-1}(\mathbf{x})$ ist. Es ist also

$$(w, v_k) = \sum_{j=1}^n c_j (w_j, w_k) = 0 \quad \text{für } k = 1, \ldots, n-1. \qquad (11.26)$$

Eine derartige Wahl ist möglich, da die n Konstanten $c_1, \ldots, c_n$ als Lösungen der $n-1$ linearen, homogenen Gleichungen (11.26) bestimmt werden können. Da es weniger Gleichungen als Unbekannte sind, gibt es immer eine nichttriviale Lösung.

11.2 Berechnung der Eigenwerte

Nach dem Minimum-Prinzip für den n-ten Eigenwert (in Abschnitt 11.1) gilt $\lambda_n \leq \|\nabla w\|^2/\|w\|^2$. Da andererseits das Maximum in (11.24) über alle möglichen Linearkombinationen gebildet wird, folgt $\|\nabla w\|^2/\|w\|^2 \leq \lambda_n^*$ und somit

$$\lambda_n \leq \frac{\|\nabla w\|^2}{\|w\|^2} \leq \lambda_n^*. \tag{11.27}$$

Die letzte Ungleichung ist für jede Wahl der n Testfunktionen $w_1, \ldots, w_n$ erfüllt, es folgt $\lambda_n \leq \min \lambda_n^*$, wobei das Minimum über alle solche Auswahlen gebildet wird. Damit ist der erste Teil von (11.25) bewiesen.

Zum Nachweis der Gleichheit in (11.25) nehmen wir eine ganz spezielle Wahl der Testfunktionen $w_1, \ldots, w_n$ vor. Wir wählen sie als die ersten n Eigenfunktionen: $v_1 = w_1, \ldots, v_n = w_n$ und setzen voraus, daß sie normiert sind: $\|v_j\| = 1$. Mit dieser Wahl der Testfunktionen ist

$$\lambda_n^* = \max_{c_1, \ldots, c_n} \frac{\|\nabla(\sum c_j v_j)\|^2}{\|\sum c_j v_j\|^2}. \tag{11.28}$$

Unter Verwendung der ersten Greenschen Formel folgern wir wie in (11.9), daß der letzte Quotient mit $\sum c_j^2 \lambda_j / \sum c_j^2$ übereinstimmt, und dieser Ausdruck ist höchstens gleich $\sum c_j^2 \lambda_n / \sum c_j^2 = \lambda_n$. Mit (11.28) folgt $\lambda_n^* \leq \lambda_n$ für unsere spezielle Wahl der Testfunktionen. Da nach (11.27) die umgekehrte Beziehung $\lambda_n \leq \lambda_n^*$ für jede Auswahl der Testfunktionen erfüllt ist, schließen wir

$$\lambda_n = \lambda_n^* \quad \text{für unsere spezielle Auswahl.} \tag{11.29}$$

λ_n ist also das Minimum von λ_n^*, genommen über alle möglichen n-elementigen Teilmengen der Menge aller Testfunktionen. Das ist das Minimum-Maximum-Prinzip. □

Das Rayleigh-Ritz-Verfahren erinnert an die Finite-Elemente-Methode aus Abschnitt 8.5. Letztere unterscheidet sich von ihm durch die Verwendung stückweise linearer oder anderer sehr einfacher, „stückweise" definierter Ansatzfunktionen.

Übungsaufgaben

1. Wählen Sie für das Eigenwertproblem $-u'' = \lambda u$ im Intervall $]0;1[$ mit $u(0) = u(1) = 0$ als Testfunktionen die beiden Funktionen $x - x^2$ und $x^2 - x^3$. Berechnen Sie die Rayleigh-Ritz-Approximation der ersten beiden Eigenwerte und vergleichen Sie diese mit den exakten Werten.

2. Behandeln Sie Aufgabe 1 mit den beiden Testfunktionen $w_1 = x - x^2$ und der stückweise linearen Funktion w_2, die definiert ist durch $w_2(0) = 0$, $w_2(\frac{1}{4}) = 1$, $w_2(\frac{3}{4}) = -1$ und $w_2(1) = 0$. Vergleichen Sie das Ergebnis mit Aufgabe 1.

3. Betrachten Sie $-\Delta$ im Quadrat $]0;\pi[^2$ unter Dirichletschen Randbedingungen. Berechnen Sie den Rayleigh-Quotienten mit der Testfunktion $xy(\pi-x)(\pi-y)$ und vergleichen Sie ihn mit dem ersten Eigenwert.

4. Betrachten Sie $-\Delta$ in der Kugel $\{x^2+y^2+z^2 = r^2 < a^2\}$ unter Dirichletschen Randbedingungen.

   (a) Berechnen Sie den Rayleigh-Quotienten mit der Testfunktion $(1-r)$ und vergleichen Sie ihn mit dem ersten Eigenwert.

   (b) Wiederholen Sie (a) mit der Testfunktion $\cos\frac{1}{2}\pi r$.

5. Wählen Sie für das Eigenwertproblem $-u'' = \lambda u$ im Intervall $]0;1[$ unter den *gemischten* Randbedingungen $u'(0) = u(1) = 0$ als Testfunktion $1 - x^2$ und berechnen Sie den Rayleigh-Quotienten. Vergleichen Sie ihn mit dem ersten Eigenwert.

6. Wählen Sie für das Eigenwertproblem $-u'' = \lambda u$ im Intervall $]0;1[$ unter den *gemischten* Randbedingungen $u'(0) = u(1) = 0$ als Testfunktionen $1 - x^2$ und $1 - x^3$.

   (a) Berechnen Sie die 2×2-Matrizen A und B.

   (b) Berechnen Sie die Nullstellen von (11.18).

   (c) Wie nahe liegen die Nullstellen den ersten beiden Eigenwerten?

7. (a) Wie groß ist der erste Eigenwert von $-\Delta$ im Einheitskreis unter Dirichletschen Randbedingungen?

   (b) Berechnen Sie den Rayleigh-Quotienten der Funktion $1 - r$ und vergleichen Sie ihn mit dem exakten Wert.

8. Schätzen Sie den ersten Eigenwert von $-\Delta$ unter Dirichlet-Bedingungen im Dreieck $\{x + y < 1,\ x > 0,\ y > 0\ \}$ ab:

   (a) Unter Verwendung des Rayleigh-Quotienten mit der Testfunktion $xy(1 - x - y)$.

   (b) Mit der Rayleigh-Ritz-Approximation bei zwei Testfunktionen Ihrer Wahl.

9. (a) Zeigen Sie: Ist λ_n^* der größte Eigenwert der reellen symmetrischen $n \times n$-Matrix A, so ist

$$\lambda_n^* = \max_{\mathbf{c} \neq 0} \frac{A\mathbf{c} \cdot \mathbf{c}}{\|\mathbf{c}\|^2}.$$

   (b) Ist B eine weitere reelle symmetrische, zusätzlich jedoch positiv definite Matrix, und ist λ_n^* die größte Nullstelle der Gleichung $det(A - \lambda B) = 0$, so gilt

$$\lambda_n^* = \max_{\mathbf{c} \neq 0} \frac{A\mathbf{c} \cdot \mathbf{c}}{B\mathbf{c} \cdot \mathbf{c}}.$$

11.3 Vollständigkeit

Wir beginnen diesen Abschnitt mit einer Untersuchung der Neumannschen Randbedingung. Danach werden wir auf sehr einfachem Wege die Vollständigkeit der Eigenfunktionen für *allgemeine Gebiete* beweisen.

Die Neumannsche Randbedingung

Wir geben $\partial u/\partial n = 0$ auf ∂D vor und bezeichnen die Eigenwerte mit $\tilde{\lambda}_j$, die Eigenfunktionen mit $\tilde{v}_j(\mathbf{x})$. Dann ist

$$\begin{aligned} -\Delta \tilde{v}_j(\mathbf{x}) &= \tilde{\lambda}_j \tilde{v}_j(\mathbf{x}) \quad \text{in } D \\ \frac{\partial \tilde{v}_j}{\partial n} &= 0 \quad \text{auf } \partial D. \end{aligned} \quad (11.30)$$

Wir ordnen die Eigenwerte der Größe nach:

$$0 = \tilde{\lambda}_1 \leq \tilde{\lambda}_2 \leq \tilde{\lambda}_3 \leq \ldots \tilde{\lambda}_n \leq \ldots$$

(Dies ist nicht dieselbe Art der Numerierung wie in Abschnitt 4.2.) Die erste Eigenfunktion $\tilde{v}_1(\mathbf{x})$ ist eine Konstante.

Satz 11.4 *Definiert man im Falle einer Neumann-Bedingung als „Testfunktion" eine beliebige C^2-Funktion $w(\mathbf{x})$ mit $w \not\equiv 0$, so sind alle vorangegangenen Eigenschaften der Eigenwerte des Dirichlet-Problems [das Minimum-Prinzip, (11.6) und $(MP)_n$, die Rayleigh-Ritz-Approximation und das Minimum-Maximum-Prinzip] auch für das Neumann-Problem gültig.*

Die Testfunktionen unterliegen keiner Einschränkung auf dem Rand des Gebietes. Es wird *nicht* verlangt, daß sie eine Neumann- oder irgendeine andere Bedingung erfüllen. Aus diesem Grund wird die Neumann-Bedingung manchmal als *freie Bedingung* bezeichnet, im Gegensatz zur „festen" Dirichlet-Bedingung. (Diese Terminologie ist auch aus physikalischen Gründen sinnvoll.)

Wir wiederholen die verschiedenen Schritte der vorangegangenen Beweise. Unterschiede gibt es nur, wo der Rand ins Spiel kommt. Der Beweis von Satz 11.1 kann bis zur Formel (11.8)

$$\iiint_D (-\nabla u \cdot \nabla v + muv) \, d\mathbf{x} = 0,$$

übernommen werden. Diese Formel gilt jetzt für alle C^2-Funktionen $v(\mathbf{x})$, die keiner Einschränkung auf ∂D unterliegen. Die erste Greensche Formel erlaubt die Umformung in

$$\iiint_D (\Delta u + mu) v \, d\mathbf{x} = \iint_{\partial D} \frac{\partial u}{\partial n} v \, dS. \quad (11.31)$$

Wählen wir in (11.31) $v(\mathbf{x})$ beliebig *in D* und $v = 0$ auf ∂D, so erhalten wir wieder $\Delta u + mu = 0$ in D.

Die linke Seite von (11.31) verschwindet demnach für jede Testfunktion $v(\mathbf{x})$. Es ist

$$\iint_{\partial D} \frac{\partial u}{\partial n} v \, dS = 0 \qquad (11.32)$$

für *alle Testfunktionen* v. Diese Testfunktionen können auf ∂D beliebig gewählt werden. Wir wählen sie so, daß sie auf ∂D mit $\partial u/\partial n$ übereinstimmen. Dann folgt aus (11.32), daß das Integral über $(\partial u/\partial n)^2$ verschwindet. Mit dem ersten Identitätssatz aus Abschnitt A.1 schließen wir auf $\partial u/\partial n = 0$ auf ∂D, die Neumann-Bedingung ist also erfüllt.

Die gleiche Modifikation nimmt man im Beweis von Satz 11.2 vor und beweist so das Minimum-Prinzip für den n-ten Eigenwert. Der Beweis des Minimum-Maximum-Prinzips bleibt vollständig unverändert, der Unterschied besteht nur darin, daß die Testfunktionen aus einer größeren Funktionenklasse stammen. □

Vollständigkeit

Satz 11.5 *Die Eigenfunktionen sind vollständig im L^2-Sinne, sowohl im Fall einer Dirichlet- als auch im Fall einer Neumann-Bedingung.*

Dieser Satz sagt folgendes aus. Sind λ_n die Eigenwerte und $v_n(\mathbf{x})$ die zugehörigen Eigenfunktionen, die als paarweise orthogonal vorausgesetzt werden können, $f(\mathbf{x})$ eine L^2-Funktion in D, d.h. $\|f\| < \infty$, und ist $c_n = (f, v_n)/(v_n, v_n)$, so gilt

$$\|f - \sum_{n=1}^{N} c_n v_n\|^2 = \iiint_D |f(\mathbf{x}) - \sum_{n=1}^{N} c_n v_n(\mathbf{x})|^2 \, d\mathbf{x} \to 0 \text{ mit } N \to \infty. \qquad (11.33)$$

Der Beweis von Satz 11.5, der gleich geführt wird, gründet sich auf (i) der Existenz der in Abschnitt 11.1 untersuchten Minima und (ii) der Tatsache, daß die Folge der Eigenwerte λ_n mit $n \to \infty$ unbeschränkt wächst (diese Eigenschaft wird in Abschnitt 11.6 bewiesen).

Wir beweisen (11.33) nur für den Spezialfall, daß $f(\mathbf{x})$ eine Testfunktion ist. In weiterführenden Texten wird die Gültigkeit von (11.33) für beliebige L^2-Funktionen gezeigt. Wir beginnen mit dem Fall einer Dirichlet-Bedingung. Dann ist $f(\mathbf{x})$ eine C^2-Funktion, die auf ∂D verschwindet. Wir bezeichnen die Differenz von f mit der Summe der ersten N Terme ihrer Fourierentwicklung mit

$$r_N(\mathbf{x}) = f(\mathbf{x}) - \sum_{n=1}^{N} c_n v_n(\mathbf{x}). \qquad (11.34)$$

Aufgrund der Orthogonalität ist

11.3 Vollständigkeit

$$(r_N, v_j) = \left((f - \sum_{n=1}^{N} c_n v_n), v_j\right)$$

$$= (f, v_j) - \sum_{n=1}^{N} c_n(v_n, v_j)$$

$$= (f, v_j) - c_j(v_j, v_j) = 0$$

für $j = 1, 2, \ldots, N$. Der Restterm $r_N(\mathbf{x})$ ist also eine Testfunktion und erfüllt die Einschränkungen von $(MP)_n$. Nach Satz 11.2 gilt

$$\lambda_N = \min_w \frac{\|\nabla w\|^2}{\|w\|^2} \leq \frac{\|\nabla r_N\|^2}{\|r_N\|^2}. \tag{11.35}$$

Als nächstes berechnen wir $\|\nabla r_N\|$ und schreiben die auftretenden Integrale in Kurzform:

$$\|\nabla r_N\|^2 = \int \left|\nabla \left[f - \sum_{n=1}^{N} c_n v_n\right]\right|^2$$

$$= \int \left(|\nabla f|^2 - 2\sum_n c_n \nabla f \cdot \nabla v_n + \sum_{n,m} c_n c_m \nabla v_n \cdot \nabla v_m\right) \tag{11.36}$$

Wir wenden auf die Summanden des mittleren und des letzten Terms den ersten Greenschen Satz an und nützen die Randbedingung ($f = v_n = 0$ auf ∂D) aus. Dann wird

$$\int \nabla f \cdot \nabla v_n = -\int f \Delta v_n = \lambda_n \int f v_n, \tag{11.37}$$

sowie

$$\int \nabla v_n \cdot \nabla v_m = -\int v_n \Delta v_m = \delta_{mn} \lambda_n \int v_n^2, \tag{11.38}$$

mit $\delta_{mn} = 0$ für $m \neq n$ und $\delta_{mn} = 1$ für $m = n$. Der Ausdruck (11.36) vereinfacht sich so zu

$$\|r_N\|^2 = \int |\nabla f|^2 - 2\sum_n c_n \lambda_n (f, v_n) + \sum_{n,m} \delta_{n,m} c_n^2 \lambda_n (v_n, v_n). \tag{11.39}$$

Mit der Definition der c_n lassen sich die beiden letzten Summen zusammenfassen, so daß wir die Gleichung

$$\|r_N\|^2 = \int |\nabla f|^2 - \sum_n c_n^2 \lambda_n (v_n, v_n)$$

erhalten. Alle Summen laufen von 1 bis N. Durch Weglassen der letzten Summe kommen wir zu der Abschätzung

$$\|r_N\|^2 \leq \int |\nabla f|^2 = \|\nabla f\|^2, \tag{11.40}$$

und durch Kombination von (11.40) mit (11.35) zu

$$\|r_N\|^2 \leq \frac{\|\nabla r_N\|^2}{\lambda_N} \leq \frac{\|\nabla f\|^2}{\lambda_N}. \qquad (11.41)$$

Man beachte $\lambda_N > 0$.

Wir werden in Abschnitt 11.6 zeigen, daß $\lambda_N \to \infty$. Dann strebt die rechte Seite von (11.41) gegen Null, da der Zähler eine feste Zahl ist. Damit ist (11.33) für den Fall bewiesen, daß $f(\mathbf{x})$ eine Testfunktion und die Randbedingung vom Dirichletschen Typ ist.

Auch für den Fall einer Neumann-Bedingung, setzen wir voraus, daß $f(\mathbf{x})$ eine Testfunktion ist. Wir verwenden $\tilde{\lambda}_j$ und $\tilde{v}_j(\mathbf{x})$ als Bezeichnung für die Eigenwerte und die Eigenfunktionen. Dann läuft der Beweis genauso ab wie der gerade (ohne Schlangen) geführte. Beachten Sie, daß auch (11.37) und (11.38) gelten, da die Eigenfunktionen $\tilde{v}_j(\mathbf{x})$ die Neumann-Bedingungen erfüllen. Der einzige Unterschied zum vorigen Beweis besteht darin, daß der erste Eigenwert verschwindet: $\tilde{\lambda}_1 = 0$. Es ist jedoch $\tilde{\lambda}_2 > 0$ (siehe Übungsaufgabe 1). Wenn wir zur Ungleichung (11.41) kommen, müssen wir deshalb nur $N \geq 2$ voraussetzen. $\square$

Einige Folgerungen aus der Vollständigkeit werden in Abschnitt 11.5 gezogen, in Abschnitt 11.6 beweisen wir $\lambda_N \to \infty$.

Übungsaufgaben

1. Wir wissen bereits, daß der kleinste Eigenwert bei Neumannschen Randbedingungen $\tilde{\lambda}_1 = 0$ ist (mit der zugehörigen konstanten Eigenfunktion). Zeigen Sie: $\tilde{\lambda}_2 > 0$. Gleichwertig damit ist die Behauptung: Null ist einfacher Eigenwert.

2. Sei $f(\mathbf{x})$ eine auf D und $g(\mathbf{x})$ eine auf ∂D definierte Funktion. Betrachten Sie die Aufgabe: Minimiere das Funktional

$$\frac{1}{2}\iiint_D |\nabla w|^2\, d\mathbf{x} - \iiint_D fw\, d\mathbf{x} - \iint_{\partial D} gw\, dS$$

unter allen C^2-Funktionen $w(\mathbf{x})$, für die $\iiint w^2\, d\mathbf{x} = 1$ ist. Zeigen Sie, daß eine Lösung dieser Minimierungsaufgabe zu einer Lösung des Neumann-Problems

$$-\Delta u = f \quad \text{in } D \qquad \frac{\partial u}{\partial n} = g \quad \text{auf } \partial D$$

führt.

3. Sei $f(\mathbf{x})$ eine auf D und $g(\mathbf{x})$ eine auf ∂D definierte Funktion. Betrachten Sie die Aufgabe: Minimiere das Funktional

$$\frac{1}{2}\iiint_D |\nabla w|^2\, d\mathbf{x} - \iiint_D fw\, d\mathbf{x} - \iint_{\partial D} g\frac{\partial w}{\partial n}\, dS$$

unter allen C^2-Funktionen $w(\mathbf{x})$, für die $\iiint w^2\, d\mathbf{x} = 1$ ist. (Beachten Sie im letzten Integral den Unterschied zu Aufgabe 2.) Zeigen Sie, daß eine Lösung dieser Minimierungsaufgabe zu einer Lösung des Dirichlet-Problems

$$-\Delta u = f \quad \text{in } D \quad u = g \quad \text{auf } \partial D$$

führt.

11.4 Symmetrische Differentialoperatoren

Unser Ziel ist es aufzuzeigen, wie weit die ganze Theorie dieses Kapitels (und großer Teile dieses Buchs!) auf Gleichungen mit variablen Koeffizienten verallgemeinert werden kann. In den Anwendungen entsprechen variable Koeffizienten Inhomogenitäten im physikalischen Medium.

Wir untersuchen die PDGl.

$$-\nabla \cdot (p\nabla u) + qu = \lambda m u \tag{11.42}$$

in einem Gebiet D, in welchem die Koeffizienten p, q und m Funktionen von $\mathbf{x}$ sind. Ausführlicher geschrieben lautet die Gleichung

$$-\sum \frac{\partial}{\partial x_j}\left(p(\mathbf{x})\frac{\partial u}{\partial x_j}\right) + q(\mathbf{x})u(\mathbf{x}) = \lambda m(\mathbf{x})u(\mathbf{x}). \tag{11.43}$$

Wenn wir $\mathbf{x} = (x, y, z)$ als $\mathbf{x} = (x_1, x_2, x_3)$ schreiben, läuft die Summe von 1 bis 3. Wir setzen voraus, daß $p(\mathbf{x})$ eine C^1-Funktion ist und daß $q(\mathbf{x})$ und $m(\mathbf{x})$ stetige Funktionen und $p(\mathbf{x})$ und $q(\mathbf{x})$ in D positiv sind. Unter dem *Dirichletschen Eigenwertproblem* verstehen wir die Suche nach Lösungen $u(\mathbf{x})$ von (11.42) in D und Zahlen λ, so daß die Randbedingung

$$u = 0 \quad \text{auf } \partial D \tag{11.44}$$

erfüllt ist.

Satz 11.6 *Alle früheren Ergebnisse (Sätze 11.1, 11.2, 11.3, 11.5 und die Rayleigh-Ritz-Approximation) bleiben für das Dirichletsche Eigenwertproblem (11.42), (11.44) gültig, wenn man folgende Änderungen vornimmt:*

(i) *Der Rayleigh-Quotient ist jetzt definiert durch*

$$Q = \frac{\iiint_D [p(\mathbf{x})|\nabla w(\mathbf{x})|^2 + q(\mathbf{x})[w(\mathbf{x})]^2]\, d\mathbf{x}}{\iiint_D m(\mathbf{x})[w(\mathbf{x})]^2\, d\mathbf{x}}. \tag{11.45}$$

(ii) *Das innere Produkt ist jetzt definiert durch*

$$(f, g) = \iiint_D m(\mathbf{x})\, f(\mathbf{x})\, \overline{g(\mathbf{x})}\, d\mathbf{x}. \tag{11.46}$$

Die Testfunktionen $w(\mathbf{x})$ sind die gleichen wie zuvor, nämlich alle C^2-Funktionen, die (11.44) *erfüllen.*

Das *Neumannsche Eigenwertproblem* besteht aus der PDGl. (11.42) zusammen mit der Anfangsbedingung $\partial u/\partial n = 0$. Wie zuvor erhalten wir die gleichen Ergebnisse, wobei die Testfunktionen beliebige C^2-Funktionen ohne weitere Einschränkungen sind.

Das *Robinsche Eigenwertproblem* besteht aus der PDGl. (11.42) zusammen mit der Randbedingung

$$\frac{\partial u}{\partial n} + a(\mathbf{x})u(\mathbf{x}) = 0 \quad \text{auf } \partial D, \tag{11.47}$$

wobei $a(\mathbf{x})$ eine gegebene stetige Funktion ist. Der Rayleigh-Quotient ist im Robinschen Fall definiert durch

$$Q = \frac{\iiint_D [p|\nabla w|^2 + qw^2]\,d\mathbf{x} + \iint_{\partial D} aw^2\,dS}{\iiint_D mw^2\,d\mathbf{x}}. \tag{11.48}$$

Die Testfunktionen unterliegen keiner Einschränkung auf ∂D, alles andere bleibt gleich.

Beispiel 1.

In Abschnitt 9.5 haben wir das Eigenwertproblem für das Wasserstoffatom $-\Delta v - (2/r)v = \lambda v$ untersucht. In diesem Fall war das Potential $q(\mathbf{x}) = -2/|\mathbf{x}|$ und $m(\mathbf{x}) = p(\mathbf{x}) \equiv 1$.

Beispiel 2.

Wärmeleitung in einem inhomogenen Medium (Beispiel 5 von Abschnitt 1.3) führt zum Eigenwertproblem $\nabla \cdot (\kappa \nabla v) = \lambda c\rho v$, wobei κ, c, ρ Funktionen von $\mathbf{x}$ sind.

Sturm-Liouville-Probleme

Mit diesem Namen bezeichnet man den *eindimensionalen* Fall von Gleichung (11.42) zusammen mit einer Menge „symmetrischer" Randbedingungen. Die reelle Variable x durchläuft ein Intervall $D = [a; b]$, und die in D definierte Differentialgleichung ist

$$-(pu')' + qu = \lambda mu \quad \text{für } a < x < b. \tag{11.49}$$

Was bedeutet die Symmetrie der Randbedingungen für (11.49) (in $x = a$ und $x = b$)? Der Grundgedanke ist der gleiche wie in Abschnitt 5.3, allerdings müssen jetzt die variablen Koeffizienten Berücksichtigung finden. Wir nennen ein Paar von Randbedingungen füe die GDGl. (11.49) *symmetrisch*, wenn

11.4 Symmetrische Differentialoperatoren

$$(fg' - f'g)p\Big|_{x=a}^{x=b} = 0. \tag{11.50}$$

Der einzige Unterschied zu Abschnitt 5.3 besteht also im Auftreten der Funktion $p(x)$ in (11.50).

In den meisten Texten werden Sturm-Liouville-Probleme mit den Methoden für GDGlen behandelt. Diese Methoden sind weniger raffiniert, dafür etwas deutlicher als die von uns verwendeten. Für solche Untersuchungen sei der Leser auf [CL] oder [CH] verwiesen. Die wesentlichen Ergebnisse in diesen Büchern sind die gleichen wie bei uns: Die Eigenwerte λ_n streben gegen ∞ und die Eigenfunktionen sind vollständig.

Beispiel 3.

Bei der Untersuchung des Dirichlet-Problems für den Kreisring in Abschnitt 6.4 trennten wir die Variablen und kamen zu der radialen Gleichung

$$r^2 R'' + rR' - \lambda R = 0 \quad \text{oder} \quad (rR')' = \lambda r^{-1} R$$

für $a < r < b$ und den Randbedingungen $R(a) = R(b) = 0$. In diesem Fall ist $m(r) = r^{-1}$ und $p(r) = r$.

Singuläre Sturm-Liouville-Probleme

Oft begegnet man Sturm-Liouville-Problemen von einem der folgenden Typen:

(i) Der Koeffizient $p(x)$ verschwindet an einem oder beiden Endpunkten $x = a$ oder $x = b$.

(ii) Einer oder mehrere der Koeffizienten $p(x)$, $q(x)$ oder $m(x)$ werden bei a oder b unendlich.

(iii) Einer der Endpunkte ist selbst unendlich: $a = -\infty$ oder $b = \infty$.

Wenn (i), (ii) oder (iii) zutrifft, heißt das Sturm-Liouville-Problem singulär. Die Randbedingung in einem singulären Endpunkt ist gegenüber den üblichen Randbedingungen normalerweise modifiziert. Am einfachsten ist das anhand von Beispielen zu verstehen. Einigen sind wir in diesem Buch bereits begegnet.

Beispiel 4.

Beim Studium der schwingenden Membran stießen wir in Abschnitt 10.2 auf die Besselsche Differentialgleichung

$$(rR')' - \frac{n^2}{r} R = \lambda r R \quad \text{in } [0; a]$$

mit $R(0)$ endlich und $R(a) = 0$. Dies ist ein Beispiel für ein singuläres Problem, da $p(r) = r$ im rechten Randpunkt verschwindet. Die Randbedingung im linken Endpunkt ist die Forderung der Endlichkeit.

Beispiel 5.

Beim Studium der Schwingungen im Inneren einer Kugel genügte in Abschnitt 10.3 der θ-Teil der Kugelflächenfunktionen der GDGl.

$$-\left(\sin\theta\, p'(\theta)\right)' + \frac{m^2}{\sin\theta} p(\theta) = \gamma \sin\theta\, p(\theta) \quad \text{in }]0;\pi[$$

mit $p(0)$ und $p(\pi)$ endlich. Beachten Sie, daß $\sin\theta > 0$ in $0 < \theta < \pi$. Da aber $\sin\theta = 0$ für $\theta = 0$ und für $\theta = \pi$, ist das Problem in den Endpunkten singulär. Und das sowohl wegen (i) als auch wegen (ii). In jedem dieser Randpunkte liegt eine Endlichkeitsforderung vor.

Beispiel 6.

Beim Studium der quantenmechanischen Probleme in Abschnitt 10.7 genügte der radiale Teil der Wellenfunktion der GDGl.

$$R'' + \frac{2}{r}R' + \left[\lambda - 2V(r) - \frac{\gamma}{r^2}\right] R = 0$$

oder

$$-(r^2 R')' + [2r^2 V(r) + \gamma] R = \lambda r^2 R \quad \text{in } 0 < r < \infty.$$

Gleichgültig wie man die Gleichung schreibt, sie ist an beiden Randpunkten singulär. Für $r = 0$ verlangen wir die Endlichkeit, für $r \to \infty$ verlangen wir daß die Funktionswerte gegen Null streben.

Übungsaufgaben

1. (a) Bestimmen Sie die Eigenwerte und die Eigenfunktionen des Problems

    $$-(xu')' = \frac{\lambda}{x} u \quad \text{im Intervall } 1 < x < b$$

    unter den Randbedingungen $u(1) = u(b) = 0$ exakt.
   (b) Wie lautet die Orthogonalitätsbedingung?
    (*Hinweis:* Üblicherweise nimmt man den Variablenwechsel $x = e^s$ vor.)

2. Wiederholen Sie Aufgabe 1 mit den Randbedingungen $u'(1) = 0$ und $u'(b) + hu(b) = 0$. Bestimmen Sie die Eigenwerte graphisch.

11.5 Vollständigkeit und Trennung der Variablen 323

3. Betrachten Sie das Eigenwertproblem $-v'' - xv = \lambda v$ in $]0; \pi[$ mit $v(0) = v(\pi) = 0$.

   (a) Berechnen Sie den Rayleigh-Quotienten dieser Gleichung für die Testfunktion $w(x) = \sin x$.

   (b) Bestimmen Sie den ersten Eigenwert exakt, indem Sie mit Airy-Funktionen aus einer Formelsammlung oder einem Handbuch arbeiten. Vergleichen Sie mit (a).

4. Lösen Sie die Aufgabe $(x^2 u_x)_x + x^2 u_{yy} = 0$ unter den Bedingungen $u(1, y) = u(2, y) \equiv 0$ und $u(x, 1) = u(x, -1) = f(x)$, wobei $f(x)$ eine gegebene Funktion ist.

5. Gegeben ist die PDGl. $u_{tt} = (1/x)(xu_x)_x$ über dem Intevall $0 < x < l$. Die Randbedingungen sind $|u(0)| < \infty$ und $u(l, t) = \cos \omega t$. Bestimmen Sie die Entwicklung der Lösung nach Eigenfunktionen.

6. Zeigen Sie, daß die Robinsche Randbedingung für jeden Sturm-Liouville-Operator symmetrisch ist.

7. Betrachten Sie den Operator $v \mapsto (pv^{(m)})^{(m)}$, wobei der hochgestellte Index die m-te Ableitung bezeichnet. v ist auf einem Intervall definiert und die Randbedingungen sind $v = v' = v'' = \ldots = v^{(m-1)} = 0$ an beiden Intervallenden. Zeigen Sie, daß alle Eigenwerte reell sind.

11.5 Vollständigkeit und Trennung der Variablen

In diesem Abschnitt zeigen wir, daß es uns die Vollständigkeit der Eigenfunktionen (Abschnitt 11.3) ermöglicht, (i) das inhomogene elliptische Problem zu lösen und (ii), die Technik der Variablentrennung vollauf zu rechtfertigen.

Das inhomogene elliptische Problem

Wir beginnen mit der Lösung der elliptischen PDGl.

$$-\nabla \cdot (p(\mathbf{x})\nabla u) + q(\mathbf{x})u(\mathbf{x}) = am(\mathbf{x})u(\mathbf{x}) + f(\mathbf{x}) \quad \text{in } D \qquad (11.51)$$

unter homogenen Dirichlet-, Neumann- oder Robin-Bedingungen. p, q, m sind Funktionen, die die Bedingungen von Abschnitt 11.4 erfüllen, f ist eine gegebene reelle Funktion und a eine Konstante.

Satz 11.7 *(a) Ist a kein Eigenwert (des zugehörigen homogenen Problems mit $f \equiv 0$), so gibt es eine eindeutig bestimmte Lösung für jede Funktion $f(\mathbf{x})$ (mit $\iiint f^2 (1/m)\, d\mathbf{x} < \infty$).*

(b) Ist a ein Eigenwert des homogenen Problems, so gibt es, abhängig von $f(\mathbf{x})$, entweder keine oder unendlich viele Lösungen.

Beweis: Satz 11.6 heißt die *Fredholmsche Alternative*. Wir betrachten zunächst den Fall (a), daß a kein Eigenwert ist. Die Eigenwerte seien λ_n und die zugehörigen Eigenfunktionen $v_n(\mathbf{x})$ ($n = 1, 2, \ldots$). δ sei der Abstand der Konstanten a zum nächstgelegenen Eigenwert λ_n. Zur Abkürzung schreiben wir $\int$ anstelle von $\iiint_D$. Unter einer *Lösung* verstehen wir eine Funktion $u(\mathbf{x})$, welche die Gleichung (11.51) und eine der drei Standard-Randbedingungen erfüllt. Aufgrund der Vollständigkeit der Eigenfunktionen wissen wir, daß sich $u(\mathbf{x})$ in die Reihe

$$u(\mathbf{x}) = \sum_{n=1}^{\infty} \frac{(u, v_n)}{(v_n, v_n)} v_n(\mathbf{x}) \tag{11.52}$$

entwickeln läßt. Das innere Produkt ist dabei $(f, g) = \int f g m \, d\mathbf{x}$ und die Reihe konvergiert im L^2-Sinne.

Wir multiplizieren Gleichung (11.51) mit v_n, integrieren über D und erhalten

$$-\int \nabla \cdot (p\nabla u) v_n \, d\mathbf{x} + \int q u v_n \, d\mathbf{x} = a \int m u v_n \, d\mathbf{x} + \int f v_n \, d\mathbf{x}. \tag{11.53}$$

Wenn wir den Divergenzsatz (im wesentlichen die zweite Greensche Formel) auf den ersten Term anwenden und ausnützen, daß sowohl u als auch v_n die Randbedingungen erfüllen, wird aus dem ersten Integral $-\int u \nabla \cdot (p\nabla v_n) \, d\mathbf{x}$. Wenn man noch berücksichtigt, daß v_n die PDGl. erfüllt, erfährt Gleichung (11.53) eine wesentliche Vereinfachung. Sie reduziert sich zu

$$(\lambda_n - a) \int m u v_n \, d\mathbf{x} = \int f v_n \, d\mathbf{x}. \tag{11.54}$$

Das bedeutet $(u, v_n) = (\lambda_n - a)^{-1} \int f v_n \, d\mathbf{x}$. Durch Einsetzen in (11.52) erhalten wir

$$u(\mathbf{x}) = \sum_{n=1}^{\infty} \frac{\int f v_n \, d\mathbf{x}}{(\lambda_n - a) \int v_n^2 m \, d\mathbf{x}} v_n(\mathbf{x}), \tag{11.55}$$

eine explizite Darstellung der Lösung in Form einer Reihe, die nur die Funktion $f(\mathbf{x})$, die Eigenwerte und die Eigenfunktionen enthält.

Warum konvergiert die Reihe (11.55) im L^2-Sinne? Wegen $|\lambda_n - a| \geq \delta$ ist

$$|u(\mathbf{x})| \leq \sum_{n=1}^{\infty} \frac{|\int f v_n \, d\mathbf{x}|}{\delta (v_n, v_n)} v_n(\mathbf{x}).$$

Wir dürfen $\|v_n\| = 1$ voraussetzen. Mit der Schwarzschen Ungleichung (Übungsaufgabe 5.5.2) und der Parsevalschen Gleichung (5.54) folgt

$$\|u\|^2 \leq \frac{1}{\delta^2} \sum_{n=1}^{\infty} \left| \int f v_n \, d\mathbf{x} \right|^2 \leq \frac{1}{\delta^2} \int f^2 \frac{1}{m} \, d\mathbf{x} < \infty. \tag{11.56}$$

11.5 Vollständigkeit und Trennung der Variablen

Damit ist Teil (a) von Satz 11.7 bewiesen.

Zum Beweis von Teil (b) setzen wir voraus, daß es eine natürliche Zahl N gibt mit $a = \lambda_N$. Aus Gleichung (11.54) mit $n = N$ folgt dann $\int f v_N \, d\mathbf{x} = 0$. Im Falle $\int f v_N \, d\mathbf{x} \neq 0$ kann es also keine Lösung geben. Ist aber $\int f v_N \, d\mathbf{x} = 0$, so gibt es unendlich viele Lösungen, nämlich

$$u(\mathbf{x}) = \sum_{n \neq N}^{\infty} \frac{\int f v_n \, d\mathbf{x}}{(\lambda_n - \lambda_N)(v_n, v_n)} v_n(\mathbf{x}) + C v_N(\mathbf{x}), \tag{11.57}$$

wobei C eine beliebige Konstante ist. □

Überarbeitung der Variablentrennung

Der einfachste Fall ist die *Trennung der Zeitvariablen*. Wir betrachten unser Standardproblem

$$u_t = k \Delta u \quad \text{in } D, \quad u(\mathbf{x}, 0) = \phi(\mathbf{x}), \quad u = 0 \quad \text{auf } \partial D, \tag{11.58}$$

könnten aber auch Neumann- oder Robin-Bedingungen vorgeben. Die Eigenwerte und die Eigenfunktionen bezeichnen wir wieder mit λ_n und v_n. Dann ist $-\Delta v_n = \lambda_n v_n$ in D, die v_n erfüllen die Randbedingung und sind vollständig. Unter der Voraussetzung $\int_D (|u|^2 + |\nabla u|^2) \, d\mathbf{x} < \infty$ und gewissen Differenzierbarkeitsvoraussetzungen können wir zeigen, daß sich eine Lösung in der üblichen Weise als eine Reihe

$$u(\mathbf{x}, t) = \sum_{n=1}^{\infty} A_n e^{-\lambda_n k t} v_n(\mathbf{x}) \tag{11.59}$$

darstellen läßt.

Zum Beweis entwickeln wir ganz einfach $u(\mathbf{x}, t)$ für jedes feste t in eine Reihe nach dem vollständigen System der Eigenfunktionen:

$$u(\mathbf{x}, t) = \sum_{n=1}^{\infty} a_n(t) v_n(\mathbf{x}). \tag{11.60}$$

Aufgrund der Vollständigkeit existieren die Koeffizienten $a_n(t)$, weitere Eigenschaften sind noch nicht bekannt. Wenn wir die Differenzierbarkeit der Reihe voraussetzen (nach Abschnitt A.2 kann gliedweise differenziert werden), erhalten wir nach Einsetzen in die PDGl. (11.58)

$$\sum \left(\frac{da_n}{dt} \right) v_n = k \sum a_n \Delta v_n = -k \sum a_n \lambda_n v_n. \tag{11.61}$$

Ein Koeffizientenvergleich der Reihen in (11.61) liefert uns für a_n die GDGl. $da_n/dt = -\lambda_n k a_n$ mit den Lösungen $a_n(t) = A_n e^{-\lambda_n k t}$. Damit ist, wie gewünscht, die Richtigkeit der Darstellung (11.59) gezeigt.

In Abschnitt 12.1 werden wir einen allgemeineren Differenzierbarkeitsbegriff einführen, mit dem wir den Übergang von (11.60) nach (11.61) erheblich direkter rechtfertigen können.

Wir wollen jetzt begründen, warum man die *Trennung der Raumvariablen* vornehmen darf. Der Einfachheit halber sei $D = D_1 \times D_2$ ein Rechteck, D_1 ist ein Intervall der x-Achse, D_2 eines auf der y-Achse. (Es ist klar, daß man auch allgemeinere Gebiete betrachten kann, wie etwa einen Kreisring bei Verwendung von Polarkoordinaten usw.) Wir schreiben $\mathbf{x} = (x,y)$ mit $x \in D_1$ und $y \in D_2$, $\Delta = \partial_{xx} + \partial_{yy}$ und stellen eine der drei Standard-Randbedingungen. Der Operator $-\partial_{xx}$ habe die reellen Eigenfunktionen $v_n(x)$ mit den Eigenwerten α_n, $-\partial_{yy}$ habe die Eigenfunktionen $w_n(x)$ zu den Eigenwerten β_n.

Satz 11.8 *Die Menge der Produkte* $\{v_n(x)w_m(x) \,|\, n = 1, 2, \ldots; m = 1, 2, \ldots\}$ *ist ein vollständiges System von Eigenfunktionen für* $-\Delta$ *in* D *unter den gegebenen Randbedingungen.*

Beweis: Wir stellen fest, daß jedes Produkt $v_n(x)w_m(x)$ eine Eigenfunktion ist, da

$$-\Delta(v_n w_m) = (-\partial_{xx} v_n)w_m + v_n(-\partial_{yy} w_m) = (\alpha_n + \beta_m)v_n w_m. \qquad (11.62)$$

Der zugehörige Eigenwert ist $\alpha_n + \beta_m$. Die Eigenfunktionen sind paarweise orthogonal, da

$$\iint v_n w_m v_{n'} w_{m'} \, dx \, dy = \left(\int v_n v_{n'} \, dx\right) \cdot \left(\int w_m w_{m'} \, dy\right) = 0,$$

wenn nur entweder $n \neq n'$ oder $m \neq m'$.

Nach Abschnitt 11.3 sind die Eigenfunktionen für alle drei Probleme (in D, in D_1 und in D_2) vollständig. Zu den Eigenfunktionen von $-\Delta$ im Rechteck D gehören die Produkte $v_n w_m$. Nehmen wir nun an, daß es eine Eigenfunktion $u(x,y)$ gibt, die nicht von der Form eines solchen Produkts ist. Dann gilt für eine Zahl λ in D die Gleichung $-\Delta u = \lambda u$, und u erfüllt die Randbedingung. Wäre λ von einer der Summen $\alpha_n + \beta_m$ verschieden, so wüßten wir (aus Abschnitt 10.1), daß u orthogonal zu allen Produkten $v_n w_m$ ist, also

$$0 = (u, v_n w_m) = \int \left[\int u(x,y) v_n(x) \, dx\right] w_m(y) \, dy. \qquad (11.63)$$

Mit der Vollständigkeit der w_m folgt dann

$$\int u(x,y) v_n(x) \, dx = 0 \qquad \text{für alle } y, \qquad (11.64)$$

und die Vollständigkeit der u_n zieht $u(x,y) = 0$ für alle x,y nach sich. $u(x,y)$ war also keine Eigenfunktion. Es bleibt noch der Fall auszuschließen, daß u Eigenfunktion zu einem Eigenwert der Form $\lambda = \alpha_n + \beta_m$ ist. Das könnte für ein oder mehrere Paare m, n der Fall sein. Wäre λ eine derartige Summe, so betrachten wir die Differenz

11.6 Asymptotisches Verhalten der Eigenwerte

$$\psi(x,y) = u(x,y) - \sum c_{nm} v_n(x) w_m(y), \tag{11.65}$$

wobei sich die Summe über alle Paare n, m erstreckt, für die $\lambda = \alpha_n + \beta_m$ ist, und $c_{nm} = (u, v_n w_m)/\|v_n w_m\|^2$ gesetzt wird. Die durch (11.65) definierte Funktion ψ wurde so konstruiert, daß sie zu *allen* Produkten $v_n w_m$ orthogonal ist, sowohl falls $\alpha_n + \beta_m = \lambda$ als auch falls $\alpha_n + \beta_m \neq \lambda$. Mit der gleichen Begründung wie oben folgt $\psi(x,y) \equiv 0$. Dann ist aber $u(x,y) = \sum c_{nm} v_n(x) w_m(y)$, wobei über alle n, m mit $\alpha_n + \beta_m = \lambda$ summiert wird. u ist also keine neue Eigenfunktion, sondern eine Linearkombination derjenigen Produkte $v_n w_m$, die denselben Eigenwert λ haben. Damit ist der Beweis von Satz 11.8 erbracht. □

Übungsaufgaben

1. Verifizieren Sie, daß alle Funktionen (11.57) Lösungen von (11.51) sind, sofern $a = \lambda_N$ ein Eigenwert ist und $\int f v_N \, dx = 0$. Warum konvergiert die Reihe in (11.57)?

2. Zeigen Sie mit Hilfe der Vollständigkeit, daß die Lösungen der Wellengleichung in einem beliebigen Gebiet D unter einer Standard-Randbedingung die übliche Reihenentwicklung

$$u(\mathbf{x}, t) = \sum_{n=1}^{\infty} [A_n \cos(\sqrt{\lambda_n} ct) + B_n \sin(\sqrt{\lambda_n} ct)] v_n(\mathbf{x})$$

besitzen. Zeigen Sie, daß die Reihe im L^2-Sinne konvergiert.

3. Zeigen Sie detailiert, daß die durch (11.65) definierte Funktion $\psi(x,y)$ identisch Null ist.

11.6 Asymptotisches Verhalten der Eigenwerte

Das Hauptanliegen dieses Abschnitts ist es nachzuweisen, daß gilt $\lambda_n \to \infty$. Wir werden sogar zeigen, *wie* schnell die Eigenwerte nach Unendlich streben. Für den Fall einer Dirichletschen Randbedingung ist das Inhalt des folgenden Satzes.

Satz 11.9 *Die Eigenwerte des zweidimensionalen Problems $-\Delta u = \lambda u$ in einem beliebigen Gebiet D der Ebene unter der Randbedingung $u = 0$ auf ∂D genügen der Beziehung*

$$\lim_{n \to \infty} \frac{\lambda_n}{n} = \frac{4\pi}{A}, \tag{11.66}$$

wobei A der Flächeninhalt von D ist.

Die Eigenwerte des entsprechenden dreidimensionalen Problems genügen der Beziehung

$$\lim_{n\to\infty} \frac{\lambda_n^{3/2}}{n} = \frac{6\pi^2}{V}, \qquad (11.67)$$

dabei ist V das Volumen von D.

Beispiel 1. Das Intervall

Wir vergleichen Satz 11.9 mit dem *eindimensionalen* Fall, in welchem die Eigenwerte zu $\lambda_n = n^2\pi^2/l^2$ bestimmt wurden. In diesem Fall ist

$$\lim_{n\to\infty} \frac{\lambda_n^{1/2}}{n} = \frac{\pi}{l}, \qquad (11.68)$$

wobei l die Intervallänge ist. Das gleiche Ergebnis (11.68) leiteten wir in Abschnitt 4.2 für das eindimensionale Neumann-Problem und in Abschnitt 4.3 für das Robin-Problem her.

Beispiel 2. Das Rechteck

Der ebene Definitionsbereich ist hier $D = \{0 < x < a; 0 < y < b\}$. Wir zeigten in Abschnitt 10.1 ausführlich, daß

$$\lambda_n = \frac{l^2\pi^2}{a^2} + \frac{m^2\pi^2}{b^2} \qquad (11.69)$$

die Eigenwerte zu den Eigenfunktionen $\sin(l\pi x/a)\cdot\sin(m\pi y/b)$ sind. Da diese Eigenwerte in natürlicher Weise durch Paare natürlicher Zahlen indiziert sind, ist ein Zusammenhang zwischen (11.69) und (11.66) nur schwer zu sehen. Es ist deshalb üblich, eine *Zählfunktion*

$$N(\lambda) \equiv \text{Anzahl der Eigenwerte kleiner oder gleich } \lambda \qquad (11.70)$$

einzuführen. Wenn die Eigenwerte der Größe nach wie in (11.2) aufgeschrieben werden, ist $N(\lambda_n) = n$. Jetzt können wir unter Verwendung von (11.69) $N(\lambda)$ auf andere Weise ausdrücken. Wir definieren $N(\lambda)$ als die Anzahl der ganzzahligen Gitterpunkte (l, m), die in der Viertelellipse

$$\frac{l^2}{a^2} + \frac{m^2}{b^2} \leq \frac{\lambda}{\pi^2} \qquad (l > 0, m > 0) \qquad (11.71)$$

der l, m-Ebene enthalten sind (siehe Bild 11.1). Jeder solche Gitterpunkt ist der rechte obere Eckpunkt eines in der Viertelellipse gelegenen achsenparallelen Einheitsquadrats. $N(\lambda)$ ist deshalb höchstens gleich dem Flächeninhalt dieser Viertelellipse:

$$N(\lambda) \leq \frac{\lambda ab}{4\pi}. \qquad (11.72)$$

11.6 Asymptotisches Verhalten der Eigenwerte

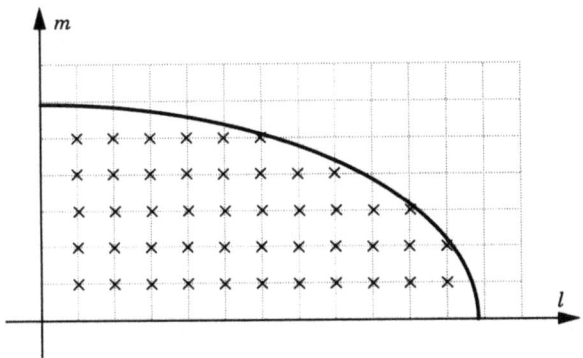

Bild 11.1

Für große λ unterscheiden sich $N(\lambda)$ und dieser Flächeninhalt näherungsweise um die Länge des Ellipsenbogens, der von der Größenordnung $\sqrt{\lambda}$ ist. Genauer gesagt:

$$\frac{\lambda ab}{4\pi} - C\sqrt{\lambda} \leq N(\lambda) \leq \frac{\lambda ab}{4\pi} \tag{11.73}$$

mit einer Konstanten C. Wenn wir $\lambda = \lambda_n$ und $N(\lambda) = n$ setzen, nimmt (11.73) die Gestalt

$$\frac{\lambda_n ab}{4\pi} - C\sqrt{\lambda_n} \leq n \leq \frac{\lambda_n ab}{4\pi} \tag{11.74}$$

an, wobei die Konstante C nicht von n abhängt. Nach Division durch n schließen wir

$$\lim_{n\to\infty} \frac{\lambda_n}{n} = \frac{4\pi}{ab}, \tag{11.75}$$

das ist die Aussage von Satz 11.9 für ein Rechteck.

Im Fall einer Neumann-Bedingung besteht der einzige Unterschied darin, daß l und m Null sein dürfen, das Ergebnis ist jedoch das gleiche:

$$\lim_{n\to\infty} \frac{\tilde{\lambda}_n}{n} = \frac{4\pi}{ab} \tag{11.76}$$

Zum Beweis von Satz 11.9 benötigen wir ein Maximum-Prinzip, das Ähnlichkeit mit dem Minimum-Prinzip aus Abschnitt 11.1 hat, aber allgemeinere Nebenbedingungen enthält. Seine Grundidee besteht darin, daß jede andere Orthogonalitätsbedingung als die von Abschnitt 11.1 zu kleineren Minimalwerten des Rayleigh-Quotienten führt.

Satz 11.10 Das Maximin-Prinzip *Sei $n \geq 2$ eine feste natürliche Zahl und seien $y_1(\mathbf{x}), \ldots, y_{n-1}(\mathbf{x})$ fest vorgegebene Testfunktionen. Wir setzen*

$$\lambda_{n^*} = \min \frac{\|\nabla w\|^2}{\|w\|^2} \tag{11.77}$$

über alle Testfunktionen w, die zu $y_1, \ldots, y_{n-1}$ orthogonal sind. Dann ist

$$\lambda_n = \max \lambda_{n^*} \tag{11.78}$$

über jede Wahl der $n - 1$ Testfunktionen $y_1, \ldots, y_{n-1}$

Beweis: $y_1, \ldots, y_{n-1}$ seien fest vorgegebene Testfunktionen und $w(\mathbf{x}) = \sum_{j=1}^n c_j v_j(\mathbf{x})$ eine Linearkombination der ersten n Eigenfunktionen, die so gewählt ist, daß sie zu $y_1, \ldots, y_{n-1}$ orthogonal ist. Das heißt, die Konstanten $c_1, \ldots, c_n$ sind Lösungen des linearen Gleichungssystems

$$0 = \left(\sum_{j=1}^n c_j v_j, y_k\right) = \sum_{j=1}^n (v_j, v_k) c_j \quad \text{(für } k = 1 \ldots, n - 1\text{)}.$$

Da dieses Gleichungssystem aus $n - 1$ Gleichungen für n Unbekannte besteht, gibt es eine nichttriviale Lösung $c_1, \ldots, c_n$. Nach Definition (11.77) von λ_{n^*} ist deshalb

$$\begin{aligned}\lambda_{n^*} &\leq \frac{\|\nabla w\|^2}{\|w\|^2} = \frac{\sum_{j,k} c_j c_k (-\Delta v_j, v_k)}{\sum_{j,k} c_j c_k (v_j, v_k)} \\ &= \frac{\sum_{j=1}^n \lambda_j c_j^2}{\sum_{j=1}^n c_j^2} \leq \frac{\sum_{j=1}^n \lambda_n c_j^2}{\sum_{j=1}^n c_j^2} = \lambda_n,\end{aligned} \tag{11.79}$$

wobei wir wieder $\|v_j\| = 1$ gesetzt haben. Ungleichung (11.79) ist für jede Wahl der $y_1, \ldots, y_{n-1}$ gültig, woraus $\lambda_{n^*} \leq \lambda_n$ folgt. Damit ist der erste Teil von (11.78) bewiesen.

Zum Nachweis der Gleichheit in (11.78) genügt es, spezielle Funktionen $y_1, \ldots, y_{n-1}$ anzugeben, für die $\lambda_{n^*} = \lambda_n$. Wir wählen die ersten $n - 1$ Eigenfunktionen: $y_1 = v_1, \ldots, y_{n-1} = v_{n-1}$. Nach dem Minimum-Prinzip für den n-ten Eigenwert aus Abschnitt 11.1 wissen wir, daß für diese Wahl gilt

$$\lambda_{n^*} = \lambda_n. \tag{11.80}$$

Das Maximin-Prinzip (11.78) folgt direkt aus (11.79) und (11.80). □

Das gleiche Maximin-Prinzip gilt auch bei *Neumannschen Randbedingungen*, wenn wir „freie" Testfunktionen verwenden, also solche, die keiner Randbedingung unterliegen. Wir bezeichnen die Eigenwerte des Neumann-Problems mit $\tilde{\lambda}_j$ und betrachten jetzt das Dirichlet- und das Neumann-Problem gleichzeitig.

Satz 11.11 $\tilde{\lambda}_j \leq \lambda_j$ *für alle $j = 1, 2, \ldots$*

11.6 Asymptotisches Verhalten der Eigenwerte

Beweis: Wir beginnen mit dem jeweils ersten Eigenwert. Nach den Sätzen 11.1 und 11.4 lassen sich $\tilde{\lambda}_j$ und λ_j als dasselbe Minimum des Rayleigh-Quotienten ausdrücken. Der Unterschied besteht darin, daß die Testfunktionen für λ_1 einer Zusatzbedingung unterliegen (nämlich $w = 0$ auf ∂D). Unter weniger Einschränkungen sind die Chancen, klein zu sein, für $\tilde{\lambda}_1$ größer. Also ist $\tilde{\lambda}_1 \leq \lambda_1$.

Sei nun $n \geq 2$. Mit der gleichen Begründung, dem Vorliegen einer Zusatzbedingung, gilt

$$\tilde{\lambda}_{n^*} \leq \lambda_{n^*}. \tag{11.81}$$

Wir bilden das Maximum auf beiden Seiten von (11.81) über jede Wahl der Testfunktionen $y_1, \ldots, y_{n-1}$. Nach dem Maximin-Prinzip dieses Abschnitts (Satz 11.10 und seinem Neumannschen Analogon) folgt

$$\tilde{\lambda}_n = \max \tilde{\lambda}_{n^*} \leq \max \lambda_{n^*} = \lambda_n.$$

□

Beispiel 3.

Für das Intervall $]0; l[$ in einer Dimension sind die Eigenwerte $\lambda_n = n^2 \pi^2 / l^2$ und $\tilde{\lambda}_n = (n-1)^2 \pi^2 / l^2$ (bei Verwendung der gegenwärtigen Numerierung, nach der n von 1 ab läuft). Offensichtlich ist $\tilde{\lambda}_n < \lambda_n$.

Das durch Satz 11.11 dargestellte allgemeine Prinzip lautet

Jede Zusatzbedingung läßt das Maximum-Minimum anwachsen (11.82)

Wir können dieses Prinzip wie folgt dazu verwenden, eine Monotonieeigenschaft der Eigenwerte bezüglich des Definitionsbereichs D zu beweisen.

Satz 11.12 *Vergrößert man den Definitionsbereich, so vermindert man jeden Eigenwert.*

Das heißt: Ist D in D' enthalten, so ist $\lambda_n \geq \lambda'_n$ und $\tilde{\lambda}_n \geq \tilde{\lambda}'_n$, wobei sich die mit einem Strich bezeichneten Eigenwerte auf das größere Gebiet D' beziehen (siehe Bild 11.2).

Beweis: Wir betrachten, im Fall des Dirichlet-Problems, den Maximum-Minimum-Ausdruck (11.78) für D. Ist $w(\mathbf{x})$ eine Testfunktion für D, so setzen wir sie zu einer Testfunktion auf D' fort, indem wir sie außerhalb von D Null setzen, das heißt

$$w'(\mathbf{x}) = \begin{cases} w(\mathbf{x}) & \text{für } \mathbf{x} \in D \\ 0 & \text{für } \mathbf{x} \in D' \setminus D. \end{cases} \tag{11.83}$$

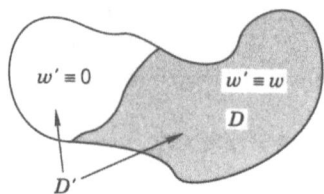

Bild 11.2

Dadurch entspricht jeder Testfunktion von D eine von D' (aber nicht umgekehrt). Verglichen mit allen Testfunktionen von D', unterliegen diejenigen von D der Zusatzbedingung, auf dem Rest von D' zu verschwinden. Nach dem allgemeinen Prinzip (11.82) ist das Maximum-Minimum für D größer oder gleich dem für D'. Es folgt $\lambda_n \geq \lambda'_n$, was wir beweisen wollten. Wir haben bei unserer Überlegung die Schwierigkeit außer Acht gelassen, daß die fortgesetzte Funktion $w'(\mathbf{x})$ nicht notwendigerweise eine C^2-Funktion und damit keine Testfunktion ist. Immerhin ist $w'(\mathbf{x})$ noch stetig. Eine strenge Rechtfertigung unserer Überlegungen finden Sie in [CH] oder [Ga].

Die gleiche Begründung kann man im Fall einer Neumann-Bedingung anstellen. Das Maximum-Minimum-Prinzip für das Neumann-Problem lautet

$$\tilde{\lambda}_n = \max \tilde{\lambda}_{n^*} \qquad \text{wobei } \tilde{\lambda}_{n^*} = \min \frac{\|\nabla w\|^2}{\|w\|^2}, \tag{11.84}$$

und die zugelassenen Testfunktionen $w(\mathbf{x})$ unterliegen keiner Randbedingung. Wie zuvor können diese Testfunktionen auf das größere Gebiet D' fortgesetzt werden, indem man sie außerhalb von D Null setzt. Dann können die neuen Testfunktionen $w'(\mathbf{x})$ aber *unstetig* sein auf dem Teil des Randes von D, der im Inneren von D' liegt (siehe Bild 11.2). Auf jeden Fall gibt es aber mehr Testfunktionen für D' als für D. Das Maximum-Minimum wird also für D unter mehr Einschränkungen gebildet, so daß $\tilde{\lambda}_n \geq \tilde{\lambda}'_n$ gefolgert werden kann. Wieder finden Sie eine strenge Beweisführung in [CH]. □

Teilgebiete

Unser nächster Schritt beim Beweis von Satz 11.9 ist eine *Zerlegung des Gebietes D in Teilgebiete* $D_1, \ldots, D_m$ durch Einfügen eines Systems glatter Flächen $S_1, S_2, \ldots$ in D (siehe Bild 11.3). Die Dirichletschen Eigenwerte in D seien $\lambda_1 \leq \lambda_2 \leq \ldots$, die Neumannschen $\tilde{\lambda}_1 \leq \tilde{\lambda}_2 \leq \ldots$ Für jeden Teilbereich $D_1, D_2, \ldots, D_m$ gibt es eine

11.6 Asymptotisches Verhalten der Eigenwerte

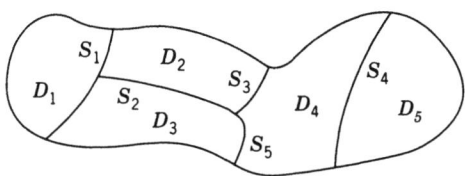

Bild 11.3

eigene Menge von Eigenwerten. Wir fassen *alle* Dirichletschen Eigenwerte *aller* Teilgebiete zu einer einzigen aufsteigenden Folge zusammen: $\mu_1 \leq \mu_2 \leq \ldots$ Auch alle Neumannschen Eigenwerte werden zu einer einzigen wachsenden Folge zusammengefaßt: $\tilde{\mu}_1 \leq \tilde{\mu}_2 \leq \ldots$ Nach dem Maximum-Prinzip ist jede dieser Zahlen ein Maximum über Testfunktionen $y_1, \ldots, y_{n-1}$ über einem Minimum über zu $y_1, \ldots, y_{n-1}$ orthogonalen Testfunktionen w. Obwohl jedes μ_n Dirichletscher Eigenwert eines einzelnen Teilgebietes ist, können, wie oben untersucht, die Testfunktionen auf ganz D erklärt werden, indem man sie mit dem Wert Null in den anderen Teilgebieten fortsetzt. Verglichen mit den Testfunktionen für λ_n in D, genügt also jede der Testfunktionen für μ_n der eigenen Zusatzbedingung, auf den inneren Rändern zu verschwinden. Nach dem allgemeinen Prinzip (11.82) folgt

$$\lambda_n \leq \mu_n \quad \text{für alle } n = 1, 2, \ldots \tag{11.85}$$

Die Testfunktionen, mit denen die $\tilde{\lambda}_n$ für das Neumann-Problem in D definiert werden, sind beliebige C^2-Funktionen. Wie oben lassen sich die $\tilde{\mu}_n$ charakterisieren durch

$$\tilde{\mu}_n = \max \tilde{\mu}_{n^*} \quad \tilde{\mu}_{n^*} = \min \frac{\|\nabla w\|^2}{\|w\|^2}, \tag{11.86}$$

wobei die zugelassenen Testfunktionen beliebig und in jedem Teilgebiet orthogonal zu $y_1, \ldots, y_{n-1}$ sind. Diese Testfunktionen können aber auf *den inneren Rändern Unstetigkeiten aufweisen*, sie kommen also aus einer sehr viel größeren Funktionenklasse als die Testfunktionen für $\tilde{\lambda}_n$, die in ganz D stetig sein müssen. Nach (11.82) folgt $\tilde{\mu}_n \leq \tilde{\lambda}_n$ für jedes n. Zuasmmen mit Satz 11.11 und Formel (11.85) haben wir damit die folgende Ungleichung bewiesen:

Satz 11.13

$$\tilde{\mu}_n \leq \tilde{\lambda}_n \leq \lambda_n \leq \mu_n.$$

Beispiel 4.

Sei D eine Vereinigung endliche vieler Rechtecke $D = D_1 \cup D_2 \cup \ldots$ der Ebene (siehe Bild 11.4). Jedem einzelnen μ_n ist ein Rechteck D_p (wobei p von n abhängt) zugeordnet. $A(D_p)$ bezeichne den Flächeninhalt von D_p. Sei $M(\lambda)$ die Zählfunktion der Folge $\mu_1, \mu_2, \ldots$, die definiert war durch

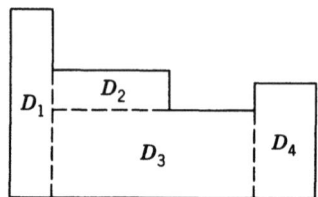

Bild 11.4

$$M(\lambda) = \text{Anzahl der } \mu_1, \mu_2, \ldots, \text{ die } \lambda \text{ nicht überschreiten.} \qquad (11.87)$$

Durch Addition der im Inneren von D gelegenen Gitterpunkte erhalten wir

$$\lim_{\lambda \to \infty} \frac{M(\lambda)}{\lambda} = \sum_p \frac{A(D_p)}{4\pi} = \frac{A(D)}{4\pi}, \qquad (11.88)$$

wie im Fall eines einzelnen Rechtecks. Da $M(\mu_n) = n$, erhält (11.88) durch Kehrwertbildung die Gestalt

$$\lim_{n \to \infty} \frac{\mu_n}{n} = \frac{4\pi}{A(D)}. \qquad (11.89)$$

In ähnlicher Weise ist

$$\lim_{n \to \infty} \frac{\tilde{\mu}_n}{n} = \frac{4\pi}{A(D)}. \qquad (11.90)$$

Mit Satz 11.13 folgt die Gleichheit der Grenzwerte $\lim \lambda_n/n = \lim \tilde{\lambda}_n/n = 4\pi/A(D)$. Damit ist Satz 11.9 für eine Vereinigung von Rechtecken bewiesen.

Ist nun D ein beliebiges ebenes Gebiet, so kann man es durch eine Vereinigung von Rechtecken approximieren, wie bei der Konstruktion des Doppelintegrals (oder wie in Abschnitt 8.4). Mit Hilfe von Satz 11.13 ist es dann möglich, Satz 11.9 zu beweisen. Wir übergehen die Einzelheiten und verweisen auf einen vollständigen Beweis in [CH].

Räumliche Gebiete

Im dreidimensionalen Fall kann man in der gleichen Weise vorgehen. Wir beschränken uns jedoch auf ein elementares Beispiel.

11.6 Asymptotisches Verhalten der Eigenwerte

Beispiel 5. Der Quader

Sei $D = \{0 < x < a, 0 < y < b, 0 < z < c\}$. Wie in Beispiel 2 gibt die Zählfunktion genähert das Volumen des Ellipsoids

$$\frac{l^2}{a^2} + \frac{m^2}{b^2} + \frac{k^2}{c^2} \leq \frac{\lambda}{\pi^2}$$

im ersten Oktanden an. Für große λ ist deshalb

$$\begin{aligned}N(\lambda) &\sim \frac{1}{8}\frac{4\pi}{3}\frac{a\lambda^{1/2}}{\pi}\frac{b\lambda^{1/2}}{\pi}\frac{c\lambda^{1/2}}{\pi} \\ &= \lambda^{3/2}\frac{abc}{6\pi^2}.\end{aligned} \quad (11.91)$$

Das gleiche Ergebnis erhalten wir im Neumannschen Fall. Mit $\lambda = \lambda_n$ und $N(\lambda) = n$ folgern wir

$$\lim_{n\to\infty} \frac{\lambda_n^{3/2}}{n} = \frac{6\pi^2}{abc} = \lim_{n\to\infty} \frac{\tilde{\lambda}_n^{3/2}}{n}. \quad (11.92)$$

Für eine Vereinigung von endlich vielen Quadern mit dem Gesamtvolumen $V(D)$ schließen wir

$$\lim_{n\to\infty} \frac{\lambda_n^{3/2}}{n} = \frac{6\pi^2}{V(D)} = \lim_{n\to\infty} \frac{\tilde{\lambda}_n^{3/2}}{n}.$$

Ein algemeines räumliches Gebiet schließlich läßt sich durch eine Vereinigung von Quadern approximieren.

Im allgemeinsten Fall eines *symmetrischen Differentialoperators* wie (11.42) modifiziert sich die Aussage von Satz 11.9 (in drei Dimensionen) zu

$$\begin{aligned}\lim_{n\to\infty} \frac{\lambda_n^{3/2}}{n} &= \lim_{n\to\infty} \frac{\tilde{\lambda}_n^{3/2}}{n} \\ &= \frac{6\pi^2}{\int\int\int_D [m(\mathbf{x})/p(\mathbf{x})]^{3/2}\,d\mathbf{x}}.\end{aligned} \quad (11.93)$$

Übungsaufgaben

1. Zeigen Sie, daß aus (11.74) (11.75) folgt.

2. (a) Verifizieren Sie Satz 11.9 für eine kreisförmige Membran (D ist ein Kreis) direkt aus den Ergebnissen von Abschnitt 10.2 und den Eigenschaften der Besselfunktionen.

   (b) Machen Sie das gleiche für den Neumannschen Fall.

3. (a) Verifizieren Sie Satz 11.9 für eine Kugel direkt aus den Ergebnissen von Abschnitt 10.2 und den Eigenschaften der Besselfunktionen.

   (b) Machen Sie das gleiche für den Neumannschen Fall.

4. Erkären Sie, warum λ_2 *sowohl* ein Minimum-Maximum, *als auch* ein Maximum-Minimum ist.

5. Schätzen Sie die ersten beiden Eigenwerte von $-\Delta$ für die Ellipse $\{x^2 + y^2/4 < 1\}$ unter Dirichlet-Bedingungen ab, indem Sie die Monotonie der Eigenwerte bezüglich des Definitionsbereiches ausnützen. Arbeiten Sie mit einbeschriebenen oder umbeschriebenen Kreisen oder Rechtecken, für die wir die genauen Werte bereits kennen.

   (a) Geben Sie obere Schranken an.

   (b) Geben Sie untere Schranken an.

6. Beim Beweis von Satz 11.9 für allgemeine Gebiete D muß man D durch eine Vereinigung von Rechtecken approximieren. Dies ist eine delikate Grenzwertaufgabe. Geben Sie die wesentlichen Schritte an, die zur Durchführung des Beweises nötig sind.

7. Leiten Sie mit Hilfe einer Näherung für den Inhalt der Ellipsoidoberfläche (ähnlich wie bei (11.73)) Formeln her, die aus (11.91) eine präzisere Aussage machen.

8. Erklären Sie, warum man die Aussage von Satz 11.9 im Falle eines symmetrischen Differentialoperators zur Formel (11.93) modifizieren muß.

9. Betrachten Sie das Dirichlet-Problem für $-\Delta$ in einem Gebiet D. Zeigen Sie mit der im folgenden dargestellten Methode, daß die erste Eigenfunktion $v_1(\mathbf{x})$ *in D keine Nullstelle hat.*

   (a) Nehmen Sie an, daß in einem Punkt $\mathbf{x} \in D$ $v_1(\mathbf{x})$ verschwindet. Zeigen Sie, daß dann weder $D^+ = \{\mathbf{x} \in D \,|\, v_1(\mathbf{x}) > 0\}$ noch $D^- = \{\mathbf{x} \in D \,|\, v_1(\mathbf{x}) < 0\}$ leer sind. (*Hinweis:* Verwenden Sie das Maximum-Prinzip aus Übungsaufgabe 7.4.25.)

   (b) Setzen Sie
   $$v^+(\mathbf{x}) = \begin{cases} v_1(\mathbf{x}) & \text{falls } \mathbf{x} \in D^+ \\ 0 & \text{falls } \mathbf{x} \in D^- \end{cases} \quad \text{und} \quad v^-(\mathbf{x}) = v_1(\mathbf{x}) - v^+(\mathbf{x}).$$

   Beachten Sie, daß $|v_1| = v^+ - v^-$. Unter Berücksichtigung von $v_1 = 0$ auf ∂D kann gefolgert werden: $\nabla v^+ = \nabla v_1$ in D^+ und $\nabla v^+ = 0$ außerhalb von D^+. Eine gleichartige Folgerung kann für ∇v^- gezogen werden Zeigen Sie, daß der Rayleigh-Quotient Q für die Funktion $|v_1|$ mit λ_1 übereinstimmt. Deshalb sind sowohl v_1 als auch $|v_1|$ Eigenfunktionen zum Eigenwert λ_1.

11.6 Asymptotisches Verhalten der Eigenwerte

(c) Zeigen Sie mit dem Maximum-Prinzip für $|v_1|$, daß entweder $v_1 > 0$ in ganz D oder $v_1 < 0$ in ganz D.

(d) Folgern Sie, daß λ_1 einfacher Eigenwert ist. (*Hinweis:* Ist $u(\mathbf{x})$ eine weitere Eigenfunktion zum Eigenwert λ_1, so sei w die Komponente von u, die orthogonal zu v_1 ist. Nach Teil (c), angewendet auf w, ist dann $w > 0$ oder $w < 0$ oder $w \equiv 0$ in D. Schließen Sie $w \equiv 0$ in D.)

10. Zeigen Sie, daß die Knotenpunktmenge der n-ten Eigenfunktion $v_n(\mathbf{x})$ das Gebiet D in *höchstens* n Teilgebiete zerlegt, wenn (der Einfachheit halber) alle Eigenwerte paarweise voneinander verschieden vorausgesetzt werden und eine Dirichlet-Bedingung vorgegeben ist. Gehen Sie nach folgender Methode vor:

    (a) Nehmen Sie an, daß $D_0 = \{\mathbf{x} \in D \,|\, v_n(\mathbf{x}) \neq 0\}$ in wenigstens $n+1$ paarweise disjunkte offene Teilgebiete $D_0 = D_1 \cup D_2 \cup \ldots \cup D_{n+1}$ zerfällt. Setzen Sie $w_j(\mathbf{x}) = v_n(\mathbf{x})$ für $\mathbf{x} \in D_j$ und $w_j(\mathbf{x}) = 0$ sonst. Nehmen Sie an, daß $\nabla w_j(\mathbf{x}) = \nabla v_n(\mathbf{x})$ für $\mathbf{x} \in D_j$ und $\nabla w_j(\mathbf{x}) = 0$ sonst. Zeigen Sie, daß der Rayleigh-Quotient für w_j mit λ_n übereinstimmt.

    (b) Zeigen Sie, daß der Rayleigh-Quotient auch für jede Linearkombination $w = c_1 w_1 + \ldots + c_{n+1} w_{n+1}$ mit λ_n übereinstimmt.

    (c) Seien $y_1, \ldots, y_n$ Testfunktionen. Wählen Sie die $n+1$ Koeffizienten c_j derart, daß w zu jeder der Testfunktionen $y_1, \ldots, y_n$ orthogonal ist. Schließen Sie mit dem Maximum-Prinzip, daß $\lambda_{n+1} \leq \|\nabla w\|^2 / \|w\|^2 = \lambda_n$ und folgern Sie, daß $\lambda_{n+1} = \lambda_n$, was einen Widerspruch zur Annahme darstellt.

12 Distributionen und Transformationen

Ziel dieses Kapitels ist es, in zwei wichtige Techniken einzuführen, die beide ein neues Licht auf partielle Differentialgleichungen werfen. Die erste ist die Theorie der Distributionen, die eine knappe und elegante Interpretation der Greenschen Funktionen erlaubt. Die zweite ist die Technik der Fouriertransformation und der ihr verwandten Laplacetransformation. Sie gestatten einen neuen, ganz andersartigen Zugang zu vielen Problemen, denen wir in diesem Buch bereits begegnet sind. Einige der Beispiele dieses Kapitels erfordern Kenntnisse der Kapitel 7 oder 9.

12.1 Distributionen

An einigen Stellen dieses Buches stießen wir auf Funktionen, die wie *Delta-Funktionen* aussahen: so etwa der Diffusionskern aus Abschnitt 2.4 oder der Dirichlet-Kern aus Abschnitt 5.5. Sie sehen grob so aus wie in Bild 12.1 dargestellt. Was versteht man nun genau unter einer Delta-Funktion? Man verlangt, daß sie in $x = 0$ unendlich ist, daß sie für alle $x \neq 0$ verschwindet und daß gilt $\int_{-\infty}^{\infty} \delta(x)\,dx = 1$. Natürlich ist das unmöglich für Funktionen im klassischen Sinne. Das dahinter stehende physikalische Konzept ist jedoch klar und einfach. Die Delta-Funktion soll einen Massenpunkt, eine Einheitsmasse, die sich im Ursprung befindet, darstellen. Die Idealisierung, daß man eine Masse in Gestalt eines mathematischen Punktes lokalisieren will, ist für die begrifflichen Schwierigkeiten verantwortlich. Wie können wir dem ganzen einen Sinn geben? Sicherlich ist die Delta-Funktion keine Funktion. Sie ist ein allgemeineres Gebilde, genannt Distribution. So wie eine Funktion als Vorschrift angesehen werden kann, nach der Zahlen Zahlen zugeordnet werden, definiert man eine Distribution als *Vorschrift* (oder *Transformation* oder *Funktional*), nach der *Funktionen* Zahlen zugeordnet werden.

Definition 12.1 Die *Delta-Funktion* ist eine Vorschrift, die einer *Funktion* $\phi(x)$ die Zahl $\phi(0)$ zuordnet.

Um eine genaue Definition zu geben, müssen wir festlegen, welche Funktionen $\phi(x)$ zugelassen sind. Unter einer *Testfunktion* $\phi(x)$ verstehen wir eine reelle C^{∞}-Funktion (eine Funktion, deren Ableitungen beliebig hoher Ordnung existieren), die außerhalb eines beschränkten Intervalls verschwindet. Damit ist $\phi : \mathbb{R} \to \mathbb{R}$ differenzierbar für alle $-\infty < x < \infty$ und es ist $\phi(x) \equiv 0$ für alle großen x (in der Nähe von $+\infty$) und alle kleinen x (in der Nähe von $-\infty$)(siehe Bild 12.1). Mit $\mathcal{D}$ werde die Menge aller Testfunktionen bezeichnet.

Definition 12.2 Eine *Distribution* f ist ein *lineares* und *stetiges* Funktional (eine

12.1 Distributionen

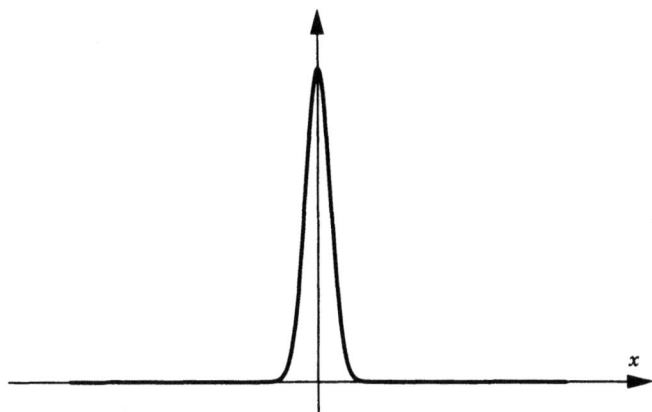

Bild 12.1

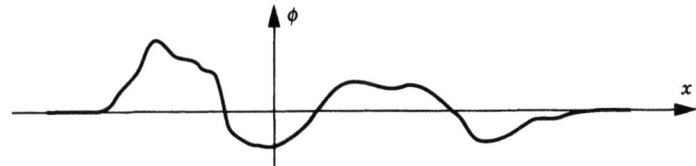

Bild 12.2

Zuordnungsvorschrift): $\mathcal{D} \to \mathbb{R}$. Ist $\phi \in \mathcal{D}$ eine Testfunktion, so bezeichnen wir die zugeordnete reelle Zahl mit (f, ϕ).

Linearität bedeutet, daß

$$(f, a\phi + b\psi) = a(f, \phi) + b(f, \psi) \tag{12.1}$$

für alle Konstanten a, b und alle Testfunktionen ϕ, ψ gelten soll.

Unter der *Stetigkeit* eines Funktionals verstehen wir das folgende: Ist (ϕ_n) eine Folge von Testfunktionen, die außerhalb eines gemeinsamen Intervalls verschwinden und die gleichmäßig gegen eine Testfunktion ϕ konvergieren, und gelten dieselben Voraussetzungen für die Ableitungen, so ist

$$(f, \phi_n) \to (f, \phi) \qquad \text{mit } n \to \infty. \tag{12.2}$$

Wir geben gelegentlich eine Distribution f auch durch $\phi \mapsto (f, \phi)$ an.

Beispiel 1.

Gemäß der ersten Definition ist die Delta-Funktion die Distribution $\phi \mapsto \phi(0)$. Sie wird mit δ symbolisiert. In der Integrationstheorie wird sie als Einheitsmassenpunkt bezeichnet. Die Delta-Funktion ist eine Distribution, da (12.1) und (12.2) erfüllt sind. (Warum?)

Beispiel 2.

Das Funktional $\phi \mapsto \phi''(5)$ ist eine Distribution. Es ist linear wegen $(a\phi + b\psi)''(5) = a\phi''(5) + b\psi''(5)$. Es ist stetig, da offensichtlich $\phi_n''(5) \to \phi''(5)$ mit $n \to \infty$, wenn $\phi_n \to \phi, \phi_n' \to \phi'$ und $\phi_n'' \to \phi''$ gleichmäßig konvergieren.

Beispiel 3.

Sei f eine integrierbare Funktion. Wir ordnen ihr die Distribution

$$\phi \mapsto \int_{-\infty}^{\infty} f(x)\phi(x)\,dx. \tag{12.3}$$

Der Nachweis, daß hiermit eine Distribution definiert ist, wird in Übungsaufgabe 1 behandelt. f selbst wird hier als Distribution betrachtet.

Nach Beispiel 3 ist es üblich, die Bezeichnung (*es ist aber nur eine Bezeichnung*)

$$\int_{-\infty}^{\infty} \delta(x)\phi(x)\,dx = \phi(0) \tag{12.4}$$

zu verwenden und von der Delta-Funktion als von einer Funktion zu sprechen.

Konvergenz von Distributionen

Ist (f_N) eine Folge von Distributionen und f eine weitere Distribution, so sagt man, f_N *konvergiere schwach gegen* f, wenn

$$(f_N, \phi) \to (f, \phi) \quad \text{mit } N \to \infty \tag{12.5}$$

für alle Testfunktionen ϕ.

Beispiel 4.

Die Quellfunktion für die Diffusionsgleichung auf der ganzen reellen Achse ist $S(x,t) = 1/\sqrt{4\pi kt}\, e^{-x^2/4kt}$ für $t > 0$. Wir bewiesen in Abschnitt 3.5, daß

12.1 Distributionen

$$\int_{-\infty}^{\infty} S(x,t)\phi(x)\,dx \to \phi(0) \quad \text{mit } t \to 0. \tag{12.6}$$

Da wir für jedes t die Funktion $S(x,t)$ als Distribution wie in Beispiel 3 betrachten können, bedeutet das

$$S(x,t) \to \delta(x) \quad \text{schwach mit } t \to 0. \tag{12.7}$$

Beispiel 5.

Sei $K_N(\theta)$ der *Dirichlet-Kern* aus Abschnitt 5.5. Er ist durch die Formeln

$$K_N(\theta) = 1 + 2\sum_{n=1}^{N} \cos n\theta = \frac{\sin[(N+\tfrac{1}{2})\theta]}{\sin\tfrac{1}{2}\theta} \tag{12.8}$$

gegeben. Wir haben bewiesen, daß

$$\int_{-\pi}^{\pi} K_N(\theta)\phi(\theta)\,d\theta \to 2\pi\phi(0) \quad \text{mit } N \to \infty \tag{12.9}$$

für jede periodische C^1-Funktion $\phi(x)$. Es kann nachgewiesen werden, daß man auf die Forderung der Periodizität verzichten kann (da wir uns jetzt nur mit dem Fall $x = 0$ aus Abschnitt 5.5 befassen). Es gilt deshalb

$$K_N(\theta) \to 2\pi\delta(\theta) \quad \text{schwach mit } N \to \infty \text{ im Intervall }]-\pi;\pi[. \tag{12.10}$$

Ableitungen von Distributionen

Die Ableitung einer Distribution existiert immer und ist eine Distribution. Zur Motivierung der Definition sei $f(x)$ eine C^1-Funktion und $\phi(x)$ eine Testfunktion. Partielle Integration zeigt uns

$$\int_{-\infty}^{\infty} f'(x)\phi(x)\,dx = -\int_{-\infty}^{\infty} f(x)\phi'(x)\,dx, \tag{12.11}$$

da $\phi(x) = 0$ für große $|x|$.

Definition 12.3 Für jede Distribution f definieren wir ihre *Ableitung* f' durch die Formel

$$(f',\phi) = -(f,\phi') \quad \text{für alle Testfunktionen } \phi. \tag{12.12}$$

Der Nachweis der Linearität und der Stetigkeit ist Inhalt von Übungsaufgabe 2. Die meisten der üblichen Differentiationregeln sind auch für Distributionen gültig. Man sieht leicht: Wenn $f_N \to f$ schwach, so $f'_N \to f'$ schwach. (Warum?)

Beispiel 6.

Wir sehen direkt aus Definition 12.1, daß die Ableitungen der Delta-Funktion gegeben sind durch

$$(\delta', \phi) = -(\delta, \phi') = -\phi'(0) \qquad (12.13)$$

$$(\delta'', \phi) = -(\delta', \phi') = +(\delta, \phi'') = +\phi''(0) \quad \text{usw.} \qquad (12.14)$$

Beispiel 7.

Die *Heavyside-Funktion* (oder Stufenfunktion) ist definiert durch $H(x) = 1$ für $x > 0$ und $H(x) = 0$ für $x < 0$. Für jede Testfunktion ist $(H', \phi) = -(H, \phi') = -\int_{-\infty}^{\infty} H(x) \phi'(x)\, dx = -\int_0^\infty \phi'(x)\, dx = -\phi(x)|_0^\infty = \phi(0)$, somit

$$H' = \delta. \qquad (12.15)$$

Beispiel 8.

Aus Kapitel 5 und dem Vergleichssatz von Abschnitt A.2 wissen wir, daß die Reihe

$$\frac{\pi}{2} - \sum_{n \text{ ungerade}} \frac{4}{n^2 \pi} \cos nx \qquad (12.16)$$

in $[-\pi; \pi]$ gleichmäßig gegen die Betragsfunktion $|x|$ konvergiert. Wenn wir die Reihe mit einer Testfunktion multiplizieren und integrieren, sehen wir, daß (12.16) als eine Reihe von Distributionen in $]-\pi; \pi[$ schwach konvergiert. Die abgeleitete Reihe konvergiert also auch schwach. Das bedeutet

$$\sum_{n \text{ ung.}} \frac{4}{n\pi} \sin nx = \begin{cases} 1 & \text{für} \quad 0 < x < \pi \\ -1 & \text{für} \quad -\pi < x < 0 \end{cases} = 2H(x) - 1. \qquad (12.17)$$

Wie wir in Kapitel 5 gezeigt haben, ist (12.17) sogar punktweise erfüllt. Wir können beliebig weitere schwache Ableitungen bilden. Wenn wir (12.17) nochmals differenzieren und durch 2 dividieren, erhalten wir

$$\sum_{n \text{ ung.}} \frac{2}{\pi} \cos nx = \delta(x) \quad \text{in }]-\pi; \pi[. \qquad (12.18)$$

Das bedeutet aber

$$\sum_{n \text{ ung.}} \int_{-\pi}^{\pi} \phi(x) \cos nx \, dx = \frac{\pi \phi(0)}{2} \qquad (12.19)$$

für alle C^∞-Funktionen, die in der Nähe von $\pm \pi$ verschwinden.

12.1 Distributionen

Beispiel 9.

Wir betrachten die komplexe Reihe $\sum_{-\infty}^{\infty} e^{inx}$. Natürlich divergiert sie (z.B. für $x = 0$). Der Dirichlet-Kern (12.8) kann aber als ihre Partialsumme

$$K_N(x) = \sum_{n=-N}^{N} e^{inx} \quad (12.20)$$

geschrieben werden. Aus (12.10) wissen wir $K_N(x) \to 2\pi\delta$ für $N \to \infty$, so daß wir aus (12.20) erhalten

$$\sum_{n=-\infty}^{\infty} e^{inx} = 2\pi\delta(x) \quad \text{im schwachen Sinne in }]-\pi;\pi[. \quad (12.21)$$

Distributionen in drei Dimensionen

Eine Testfunktion $\phi(\mathbf{x}) = \phi(x,y,z)$ ist eine reelle C^∞-Funktion, die außerhalb einer Kugel verschwindet. Sei $\mathcal{D}$ die Menge aller Testfunktionen der Variablen $\mathbf{x}$. Dann ist die Definition einer Distribution identisch mit der Definition im eindimensionalen Fall.

Die „Delta-Funktion" δ ist definiert als das Funktional $\phi \mapsto \phi(\mathbf{0})$. Seine partielle Ableitung $\partial\delta/\partial z$ ist definiert als das Funktional $\phi \mapsto -(\partial\phi/\partial z)(\mathbf{0})$. Ist $f(\mathbf{x})$ eine gewöhnliche integrierbare Funktion, so kann sie durch die Vorschrift $\phi \mapsto \int_{-\infty}^{\infty}\int_{-\infty}^{\infty}\int_{-\infty}^{\infty} f(\mathbf{x})\phi(\mathbf{x})\,d\mathbf{x}$ auch als Distribution betrachtet werden.

Beispiel 10.

Sei S die Sphäre $\{\,|\mathbf{x}| = a\,\}$. Dann wird die Distribution $\phi \mapsto \iint_S \phi\,dS$ mit $\delta(|\mathbf{x}|-a)$ bezeichnet. Diese Bezeichnung ist sinnvoll, wie die nachfolgende formale Rechnung zeigt

$$\begin{aligned}\iiint \delta(|\mathbf{x}|-a)\phi(\mathbf{x})\,d\mathbf{x} &= \int_0^\infty \int_0^{2\pi}\int_0^\pi \phi(\mathbf{x})\sin\theta\,d\theta\,d\psi\,\delta(r-a)\,r^2\,dr \\ &= a^2 \int_0^{2\pi}\int_0^\pi \phi(\mathbf{x})\sin\theta\,d\theta\,d\psi \\ &= \iint_S \phi\,dS.\end{aligned}$$

Beispiel 11.

Sei C eine glatte Raumkurve. Das Kurvenintegral über C definiert dann eine Distribution $\phi \mapsto \int_C \phi\,ds$, wobei ds das Bogenelement ist.

Übungsaufgaben

1. Zeigen Sie direkt aus der Definition, daß $\phi \mapsto \int_{-\infty}^{\infty} f(x)\phi(x)\,dx$ eine Distribution ist, wenn $f(x)$ eine auf jeder beschränkten Menge integrierbare Funktion ist.

2. Sei f eine Distribution. Zeigen Sie, daß das durch $(f', \phi) = -(f, \phi')$ definierte Funktional f' die Linearitäts- und Stetigkeitsforderung erfüllt und deshalb auch eine Distribution ist.

3. Zeigen Sie, daß die Ableitung ein linearer Operator auf dem Vektorraum der Distributionen ist.

4. Verwenden Sie die Ergebnisse von Kapitel 5 direkt zum Beweis von (12.19) für alle C^1-Funktionen, die in der Nähe von $\pm\pi$ verschwinden.

5. Eine Folge $f_n(x)$ von L^2-Funktionen konvergiere gegen die Funktion $f(x)$ im quadratischen Mittel. Zeigen Sie, daß sie dann auch schwach, im distributiven Sinne, konvergiert.

6. (a) Zeigen Sie, daß das Produkt $\delta(x)\delta(y)\delta(z)$ ein sinnvoller Ausdruck als dreidimensionale Distribution ist.

   (b) Zeigen Sie $\delta(\mathbf{x}) = \delta(x)\delta(y)\delta(z)$, wobei das erste δ die dreidimensionale Delta-Funktion ist.

7. Zeigen Sie, daß das Quadrat $[\delta(x)]^2$ als Distribution keinen Sinn ergibt.

8. Zeigen Sie, daß Beispiel 10 eine Distribution liefert.

9. Zeigen Sie, daß Beispiel 11 eine Distribution liefert.

10. Sei $\chi_a(x) = 1/2a$ für $-a < x < a$ und $\chi_a(x) = 0$ für $|x| > a$. Zeigen Sie: $\chi_a(x) \to \delta$ im schwachen Sinne mit $a \to 0$.

12.2 Nochmals Greensche Funktionen

Mit Hilfe der eingeführten Distributionen interpretieren wir in diesem Abschnitt die Greenschen Funktionen und die Quellfunktionen für die wichtigsten partiellen Differentialgleichungen erneut.

Der Laplace-Operator

In Abschnitt 6.1 haben wir gesehen, daß $1/r$ mit $r = |\mathbf{x}|$ eine harmonische Funktion im dreidimensionalen Raum ohne den Nullpunkt ist. Sei nun $\phi(\mathbf{x})$ eine Testfunktion. Nach Übungsaufgabe 7.2.2 gilt die Gleichung

12.2 Nochmals Greensche Funktionen

$$\phi(0) = -\iiint \frac{1}{r} \Delta\phi(\mathbf{x}) \frac{d\mathbf{x}}{4\pi}.$$

Diese Gleichung macht die Aussage

$$\Delta\left(-\frac{1}{4\pi r}\right) = \delta(\mathbf{x}). \qquad (12.22)$$

Da $\delta(\mathbf{x})$ außerhalb des Ursprungs verschwindet, drückt Formel (12.22) aus, daß $1/r$ außerhalb des Nullpunkts harmonisch ist und im Nullpunkt nicht.

Wir betrachten das Dirichlet-Problem für die Poisson-Gleichung

$$\Delta u = f \quad \text{in } D, \quad u = 0 \quad \text{auf } \partial D.$$

Nach Satz 7.3 ist seine Lösung

$$u(\mathbf{x}_0) = \iiint_D G(\mathbf{x}, \mathbf{x}_0) f(\mathbf{x}) \, d\mathbf{x} \qquad (12.23)$$

mit der Greenschen Funktion $G(\mathbf{x}, \mathbf{x}_0)$. Wir fixieren den Punkt $\mathbf{x}_0 \in D$ und schreiben die linke Seite von (12.23) als

$$u(\mathbf{x}_0) = \iiint_D \delta(\mathbf{x} - \mathbf{x}_0) u(\mathbf{x}) \, d\mathbf{x}.$$

Wir stellen uns auf den Standpunkt, daß $u(\mathbf{x})$ eine Testfunktion ist, die außerhalb von D verschwindet und können die rechte Seite von (12.23) schreiben als

$$u(\mathbf{x}_0) = \iiint_D G(\mathbf{x}, \mathbf{x}_0) \Delta u(\mathbf{x}) \, d\mathbf{x} = \iiint_D \Delta G(\mathbf{x}, \mathbf{x}_0) u(\mathbf{x}) \, d\mathbf{x},$$

wobei ΔG im distributiven Sinn zu verstehen ist. Da $u(\mathbf{x})$ eine beliebige auf D definierte Testfunktion sein kann, folgern wir

$$\Delta G(\mathbf{x}, \mathbf{x}_0) = \delta(\mathbf{x} - \mathbf{x}_0) \quad \text{in } D. \qquad (12.24)$$

Damit haben wir eine Formel gefunden, mit der man die Greensche Funktion besser verstehen kann. Nach Abschnitt 7.3 ist die Funktion $G(\mathbf{x}, \mathbf{x}_0) + (4\pi|\mathbf{x} - \mathbf{x}_0|)^{-1}$ in ganz D einschließlich $\mathbf{x}_0$ harmonisch. Deshalb erhalten wir

$$\Delta G = -\Delta \frac{1}{4\pi|\mathbf{x} - \mathbf{x}_0|} = \delta(\mathbf{x} - \mathbf{x}_0) \quad \text{in } D,$$

dasselbe Resultat also wie (12.24). $G(\mathbf{x}, \mathbf{x}_0)$ ist die einzige Distribution, die die PDGl. (12.24) und die Randbedingung

$$G = 0 \quad \text{für } \mathbf{x} \in \partial D \qquad (12.25)$$

erfüllt.

$G(\mathbf{x}, \mathbf{x}_0)$ kann interpretiert werden als stationäre Temperaturverteilung in einem Objekt D, dessen Rand auf der Temperatur Null gehalten wird und das im Punkt $\mathbf{x}_0$ eine Einheitswärmequelle besitzt.

Die Diffusionsgleichung

Wir betrachten die eindimensionale Diffusionsgleichung auf der ganzen reellen Achse. Wie wir in Beispiel 4 des vorigen Abschnitts gesehen haben, genügt die Quellfunktion S der Problemstellung

$$S_t = k\Delta S \quad (-\infty < x < \infty,\ 0 < t < \infty), \qquad S(x,0) = \delta(x). \tag{12.26}$$

Sie ist für $t > 0$ eine Funktion, die für $t \searrow 0$ als Distribution aufgefaßt wird.

Sei $R(x,t) = S(x - x_0, t - t_0)$ für $t > t_0$ und sei $R(x,t) \equiv 0$ für $t < t_0$. Dann erfüllt R die inhomogene Diffusionsgleichung

$$R_t - k\Delta R = \delta(x - x_0)\delta(t - t_0) \quad \text{für } -\infty < x < \infty,\ -\infty < t < \infty \tag{12.27}$$

(siehe Übungsaufgabe 7). Diese Interpretation ist nach Abschnitt 9.4 auch für höherdimensionale Probleme gültig.

Die Wellengleichung

Die Quellfunktion für die Wellengleichung ist die Lösung des Problems

$$\begin{aligned} S_{tt} &= c^2 \Delta S \quad (-\infty < x,y,z < \infty,\ -\infty < t < \infty) \\ S(\mathbf{x},0) &= 0 \quad S_t(\mathbf{x},0) = \delta(\mathbf{x}). \end{aligned} \tag{12.28}$$

Sie wird *Riemann-Funktion* genannt. Um eine Formel für sie zu finden, sei $\psi(\mathbf{x})$ eine beliebige Testfunktion und

$$u(\mathbf{x},t) = \int S(\mathbf{x} - \mathbf{y}, t)\psi(\mathbf{y})\,d\mathbf{y}. \tag{12.29}$$

Dann erfüllt $u(\mathbf{x},t)$ die Wellengleichung und die Anfangsbedingungen $u(\mathbf{x},0) \equiv 0$ und $u_t(\mathbf{x},0) = \psi(\mathbf{x})$.

Nun muß in *einer* Raumdimension (12.29) für $t \geq 0$ nach Abschnitt 2.1 die Gestalt

$$\int_{-\infty}^{\infty} S(x - y, t)\psi(y)\,dy = u(x,t) = \frac{1}{2c}\int_{x-ct}^{x+ct} \psi(y)\,dy$$

annehmen. $S(x - y, t)$ ist deshalb entweder gleich $\frac{1}{2}c$ oder gleich Null, abhängig davon, ob $y - x$ im Intervall $]-ct;+ct[$ liegt oder nicht. Wenn wir $x - y$ durch x ersetzen, können wir folgern

$$S(x,t) = \begin{cases} \dfrac{1}{2c} & \text{für } |x| < ct \\ 0 & \text{für } |x| > ct. \end{cases}$$

Das läßt sich mit Hilfe der Heavyside-Funktion schreiben als

$$S(x,t) = \frac{1}{2c}H(c^2 t^2 - x^2)\operatorname{sgn}(t) \quad \text{für } c^2 t^2 \neq x^2. \tag{12.30}$$

12.2 Nochmals Greensche Funktionen

Beachten Sie, daß die Riemann-Funktion als Funktion, nicht als Distribution, entlang den Charakteristiken eine Sprung-Unstetigkeit aufweist, die vom Verhalten der Heavyside-Funktion im Ursprung herrührt. Wir haben damit ein Beispiel für die Ausbreitung von Singularitäten, wie wir sie in Abschnitt 9.3 untersucht haben.

In *drei* Raumdimensionen leiteten wir die Lösunsformel

$$\iiint S(\mathbf{x}-\mathbf{y},t)\psi(\mathbf{y})\,d\mathbf{y} = u(\mathbf{x},t) = \frac{1}{4\pi c^2 t}\iint_{|\mathbf{x}-\mathbf{y}|=ct}\psi(\mathbf{y})\,dS_y$$
$$= \frac{1}{4\pi c^2 t}\iiint \delta(ct-|\mathbf{x}-\mathbf{y}|)\psi(\mathbf{y})\,d\mathbf{y}$$

für $t \geq 0$ her mit einer gegenüber Abschnitt 9.2 geringfügig geänderten Bezeichnung. In diesem Fall ist $S(\mathbf{x},t) = 1/(4\pi c^2 t)\delta(ct-|\mathbf{x}|)$ die Riemann-Funktion für $t \geq 0$. Nach Übungsaufgabe 8 können wir sie schreiben als

$$S(\mathbf{x},t) = \frac{1}{2\pi c}\delta(c^2 t^2 - |\mathbf{x}|^2)\,\mathrm{sgn}(t). \tag{12.31}$$

Formel (12.31) ist sowohl für negative als auch für positive t gültig. Wie (12.30) haben wir sie in der relativistischen Form geschrieben. $S(\mathbf{x},t)$ ist eine Distribution, die außerhalb des Lichtkegels, wo sie eine Delta-Funktion ist, verschwindet. Die Tatsache, daß sie im *Inneren* des Kegels verschwindet, ist äquivalent zur Gültigkeit des Huygensschen Prinzips.

In *zwei* Raumdimensionen lautet die entsprechende Formel für $t > 0$

$$S(\mathbf{x},t) = \begin{cases} \dfrac{1}{2\pi c}(c^2 t^2 - |\mathbf{x}|^2)^{-1/2} & \text{für } |\mathbf{x}| < ct \\ 0 & \text{für } |\mathbf{x}| > ct \end{cases} \tag{12.32}$$

(siehe Übungsaufgabe 9). In diesem Fall ist die Riemann-Funktion eine im Inneren des Lichtkegels glatte Funktion (abhängig nur von der relativistischen Größe $c^2 t^2 - |\mathbf{x}|^2$), die auf dem Kegelmantel singulär wird. Sie wird unendlich, wenn man sich dem Kegelmantel von innen nähert.

Rand- und Anfangsbedingungen

Wir betrachten einen Diffusionsprozeß im Inneren eines beschränkten dreidimensionalen Gebiets unter Dirichletschen Randbedingungen. Die Quellfunktion ist definiert als die Lösung des Problems

$$\begin{aligned} S_t &= k\Delta S & \text{für } \mathbf{x} \in D \\ S &= 0 & \text{für } \mathbf{x} \in \partial D \\ S &= \delta(\mathbf{x}-\mathbf{x}_0) & \text{für } t=0 \end{aligned} \tag{12.33}$$

Wir bezeichnen sie mit $S(\mathbf{x},\mathbf{x}_0,t)$. $u(\mathbf{x},t)$ bezeichne die Lösung des vorstehenden Problems unter der Anfangsbedingung $u(\mathbf{x},0) = \phi(\mathbf{x})$. Seien λ_n und $X_n(x)$ die Eigenwerte und die (normierten) Eigenfunktionen für das Gebiet D wie in Kapitel 11. Dann ist

$$u(\mathbf{x},t) = \sum_{n=1}^{\infty} c_n e^{-\lambda_n kt} X_n(\mathbf{x})$$

$$= \sum_{n=1}^{\infty} \left[\iiint_D \phi(\mathbf{y}) X_n(\mathbf{y})\,d\mathbf{y} \right] e^{-\lambda_n kt} X_n(\mathbf{x})$$

$$= \iiint_D \left[\sum_{n=1}^{\infty} e^{-\lambda_n kt} X_n(\mathbf{x}) X_n(\mathbf{y}) \right] \phi(\mathbf{y})\,d\mathbf{y},$$

vorausgesetzt, die Vertauschung der Summation mit der Integration ist zulässig. Wir erhalten deshalb die Formel

$$S(\mathbf{x},\mathbf{x}_0,t) = \sum_{n=1}^{\infty} e^{-\lambda_n kt} X_n(\mathbf{x}) X_n(\mathbf{x}_0). \tag{12.34}$$

Die Frage der Konvergenz dieser Reihe ist jedoch eine delikate Angelegenheit und wird von uns nicht weiter verfolgt.

Übungsaufgaben

1. Interpretieren Sie $G(\mathbf{x},\mathbf{x}_0)$ als stationäre Welle oder als stationäre Diffusion einer Substanz.

2. Eine unendliche Saite, für $t < 0$ in Ruhelage, erhält zum Zeitpunkt $t = 0$ an der Stelle x_0 plötzlich einen transversalen Schlag, der eine Anfangsgeschwindigkeit von $V\delta(x - x_0)$ verursacht. V ist eine Konstante. Bestimmen Sie die Gestalt der Saite für $t > 0$.

3. Eine bei $x = 0$ eingespannte unendliche Saite ($0 < x < \infty$), für $t < 0$ in Ruhelage, erhält zum Zeitpunkt $t = 0$ an der Stelle $x_0 > 0$ plötzlich einen transversalen Schlag, der eine Anfangsgeschwindigkeit von $V\delta(x - x_0)$ verursacht. V ist eine Konstante. Bestimmen Sie die Gestalt der Saite für $t > 0$.

4. Sei $S(x,t)$ die Quellfunktion (Riemann-Funktion) der eindimensionalen Wellengleichung. Berechnen Sie $\partial S/\partial t$ und bestimmen Sie die PDGl. und die Anfangsbedingung, die von ihr erfüllt wird.

5. Eine nur im Ursprung von außen einwirkende Kraft führt zu der Wellengleichung $u_{tt} = c^2 \Delta u + \delta(\mathbf{x})f(t)$ bei verschwindenden Anfangsbedingungen. Bestimmen Sie die Lösung.

6. Geben Sie die Formel für die allgemeine Lösung der inhomogenen Wellengleichung an, ausgedrückt durch die Quellfunktion $S(\mathbf{x},t)$.

7. Sei $R(x,t) = S(x - x_0, t - t_0)$ für $t > t_0$ und $R(x,t) \equiv 0$ für $t < t_0$. Rechnen Sie nach, daß R die inhomogene Diffusionsgleichung

$$R_t - k\Delta R = \delta(x - x_0)\delta(t - t_0)$$

erfüllt.

12.3 Fourier-Transformationen

8. Weisen Sie nach, daß $\delta(a^2 - x^2) = \delta(a-x)/2a$ für $a > 0$ und $x > 0$ ist. Folgern Sie, daß
$$S(\mathbf{x},t) = \frac{1}{2\pi c}\delta(c^2 t^2 - |\mathbf{x}|^2)$$
die Riemann-Funktion für die Wellengleichung in drei Dimensionen ist.

9. Leiten Sie Formel (12.32) für die Riemann-Funktion der Wellengleichung in zwei Dimensionen her.

10. Betrachten Sie eine äußere Kraft $f(t)$, die auf der z-Achse wirkt, aber von z unabhängig ist. Sie führt zur Wellengleichung
$$u_{tt} = c^2(u_{xx} + u_{yy}) + \delta(x)\delta(y)f(t)$$
bei verschwindenden Anfangsbedingungen. Finden Sie die Lösung.

11. Leiten Sie für $a \neq b$ die folgende Gleichung her:
$$\delta[(\lambda - a)(\lambda - b)]\frac{1}{|a-b|}[\delta(\lambda - a) + \delta(\lambda - b)].$$

12.3 Fourier-Transformationen

So wie Probleme auf endlichen Intervallen zu Fourier-Reihen führen, so führen Probleme auf der ganzen reellen Achse zu Fourier-Integralen. Zum Verständnis dieses Zusammenhangs betrachten wir eine auf dem Intervall $]-l;l[$ definierte Funktion $f(x)$. Ihre Fourier-Reihe lautet in komplexer Schreibweise

$$f(x) = \sum_{-\infty}^{\infty} c_n e^{in\pi x/l}$$

und hat die Koeffizienten

$$c_n = \frac{1}{2l}\int_{-l}^{l} f(y)e^{-in\pi y/l}\,dy.$$

(Wie üblich ist die komplexe Schreibweise bequemer.) Das Fourier-Integral entsteht, wenn man l gegen Unendlich streben läßt. Dieser Grenzprozeß ist aber einer der verzwicktesten in der ganzen Mathematik, da sich der Integrationsbereich zusammen mit dem Integranden ändert. Wenn wir $k = n\pi/l$ setzen und die Koeffizienten in die Reihe einsetzen, erhalten wir

$$f(x) = \frac{1}{2\pi}\sum_{-\infty}^{\infty}\left[\int_{-l}^{l} f(y)e^{-iky}\,dy\right]e^{ikx}\frac{\pi}{l}. \qquad (12.35)$$

Mit $l \to \infty$ dehnt sich das Intervall auf die ganze reelle Achse aus, und die Punkte $k = n\pi/l$ rücken näher zusammen. Wir dürfen erwarten, daß nach dem Grenzübergang k zu einer stetigen Variablen und die Summe zu einem Integral wird. Der Abstand zwischen zwei aufeinanderfolgenden ks ist $\Delta k = \pi/l$, nach dem Grenzübergang dürfte daraus dk werden. Wir *erwarten* somit das Ergebnis

$$f(x) = \frac{1}{2\pi} \int_{-\infty}^{\infty} \left[\int_{-\infty}^{\infty} f(y) e^{-iky} \, dy \right] e^{ikx} \, dk. \tag{12.36}$$

Das ist in der Tat das richtige Ergebnis, wenn wir auch keinen strengen Beweis führen wollen (siehe etwa [Fo]). Er beruht auf einer stetigen Version der Vollständigkeitseigenschaft von Fourierreihen.

Ein anderer Weg zum Aufstellen von Gleichung (12.36) ist

$$f(x) = \int_{-\infty}^{\infty} F(k) e^{ikx} \frac{dk}{2\pi} \tag{12.37}$$

mit

$$F(k) = \int_{-\infty}^{\infty} f(x) e^{-ikx} \, dx. \tag{12.38}$$

$F(k)$ heißt die *Fouriertransformierte* von $f(x)$. Beachten Sie, daß der Zusammenhang fast umkehrbar ist: $f(x)$ sieht fast so aus wie die Fouriertransformierte von $F(k)$, der einzige Unterschied ist das Minuszeichen im Exponenten und der Faktor $1/2\pi$. Die Variablen x und k spielen duale Rollen; k wird die Frequenzvariable genannt.

Es folgt eine Tabelle mit einigen wichtigen Transformationen.

	f(x)	**F(k)**	
Delta-Funktion	$\delta(x)$	1	(12.39)
Rechteckimpuls	$H(a - |x|)$	$\frac{2}{k} \sin ak$	(12.40)
Exponentialfunktion	$e^{-a|x|}$	$\frac{2a}{a^2 + k^2}$	(12.41)
Heavyside-Funktion	$H(x)$	$\pi\delta(k) + \frac{1}{ik}$	(12.42)
Signum-Funktion	$H(x) - H(-x)$	$\frac{2}{ik}$	(12.43)
Konstante	1	$2\pi\delta(k)$	(12.44)
Gauß-Funktion	$e^{-x^2/2}$	$\sqrt{2\pi} e^{-k^2/2}$	(12.45)

12.3 Fourier-Transformationen

Einige davon werden in den Übungsaufgaben behandelt. Besonders interessant ist die letzte (12.45): Die Fouriertransformierte einer Gauß-Funktion ist eine Gauß-Funktion! Zur Herleitung von (12.45) ergänzen wir den Exponenten zu einem Quadrat:

$$F(k) = \int_{-\infty}^{\infty} e^{-x^2/2} e^{ikx} \, dx = \int_{-\infty}^{\infty} e^{-(x+ik)^2/2} \, dx \cdot e^{+i^2 k^2/2}$$
$$= \int_{-\infty}^{\infty} e^{-y^2/2} \, dy \cdot e^{-k^2/2} = \sqrt{2\pi} e^{-k^2/2},$$

dabei wurde mit $y = x + ik$ substituiert. Dieser Variablenwechsel ist nicht ganz fair, da ik komplex ist. Er kann jedoch mit einer „Änderung des Integrationsweges", wie er in jeder Vorlesung über komplexe Analysis behandelt wird, begründet werden. Der letzte Umformungsschritt verwendet die Formel aus Übungsaufgabe 2.4.7.

Ein weiteres Beispiel, das wir später benötigen (und dessen Herleitung man auf Seite 406 in [MOS] findet), ist das folgende:

Die Transformierte von $\frac{1}{2} J_0(\sqrt{1-x^2}) H(1-x^2)$ ist $\dfrac{\sin\sqrt{k^2+1}}{\sqrt{k^2+1}}$, (12.46)

J_0 ist dabei die Besselfunktion der Ordnung Null.

Eigenschaften der Fouriertransformation

Sei $F(k)$ die Transformierte von $f(x)$ und $G(k)$ die Transformierte von $g(x)$. Dann gelten die in der folgenden Tabelle zusammengefaßten Regeln:

	Funktion	Transformierte
(i)	$\dfrac{df}{dx}$	$ikF(k)$
(ii)	$xf(x)$	$i\dfrac{dF}{dk}$
(iii)	$f(x-a)$	$e^{iak} F(k)$
(iv)	$e^{iax} f(x)$	$F(k-a)$
(v)	$af(x) + bg(x)$	$aF(k) + bG(k)$
(vi)	$f(ax)$	$\dfrac{1}{a} F\left(\dfrac{k}{a}\right)$

Beispiel 1.

Nach (iii) ist die Transformierte von $\delta(x-a)$ das Produkt aus e^{iak} mit der Transformierten von $\delta(x)$. Deshalb gilt:

Die Transformierte von $\dfrac{1}{2}\delta(x+a) + \dfrac{1}{2}\delta(x-a)$ ist $\cos ak$. (12.47)

Eine weitere wichtige Eigenschaft ist die Parsevalsche Gleichung (in diesem Zusammenhang auch *Satz von Plancherel* genannt). Sie lautet

$$\int_{-\infty}^{\infty} |f(x)|^2 \, dx = \int_{-\infty}^{\infty} |F(k)|^2 \frac{dk}{2\pi}. \tag{12.48}$$

Wenn eines dieser Integrale endlich ist, so auch das andere. In gleicher Weise ist

$$\int_{-\infty}^{\infty} f(x)\overline{g(x)} \, dx = \int_{-\infty}^{\infty} F(k)\overline{G(k)} \frac{dk}{2\pi}. \tag{12.49}$$

Die Heisenbergsche Unschärferelation

In der Quantenmechanik wird k als Impulsvariable und x als Ortsvariable bezeichnet. Die Wellenfunktionen $f(x)$ sind stets normiert, es ist $\int_{-\infty}^{\infty} |f(x)|^2 \, dx = 1$. Um konkret zu sein, sei $f(x)$ eine Testfunktion. Der erwartete Wert für das Quadrat des Ortes ist $\bar{x}^2 = \int_{-\infty}^{\infty} |xf(x)|^2 \, dx$, der für das Quadrat des Impulses ist $\bar{k}^2 = \int_{-\infty}^{\infty} |kF(k)|^2 \, dk/2\pi$. Die Unschärferelation macht die Aussage

$$\bar{x} \cdot \bar{y} \geq \frac{1}{2}. \tag{12.50}$$

$\bar{x}$ und $\bar{y}$ können also nicht beide nahe bei Null liegen. Das Prinzip kann so interpretiert werden, daß man nicht genau bestimmen kann, ob sowohl der Ort als auch der Impuls nahe bei Null sind. Mit anderen Worten, wenn man eine genaue Bestimmung des Ortes vornehmen kann, ist es nicht möglich, gleichzeitig den Impuls genau zu bestimmen. Bei unserer Wahl der Einheiten haben wir die sehr kleine Plancksche Konstante, die auf der rechten Seite von (12.50) erscheinen sollte, nicht aufgeführt.

Beweis von (12.50) : Nach der Schwarzschen Ungleichung (siehe Übungsaufgabe 5.5.2) gilt

$$\left| \int_{-\infty}^{\infty} xf(x)f'(x) \, dx \right| \leq \left[\int_{-\infty}^{\infty} |xf(x)|^2 \, dx \right]^{1/2} \left[\int_{-\infty}^{\infty} |f'(x)|^2 \, dx \right]^{1/2}. \tag{12.51}$$

Mit der Definition von $\bar{x}$ und $\bar{k}$, der Eigenschaft (i) von Fouriertransformierten und mit der Parsevalschen Gleichung läßt sich die rechte Seite von (12.51) umformen zu

$$\bar{x} \left[\int_{-\infty}^{\infty} |ikK(k)|^2 \frac{dk}{2\pi} \right]^{1/2} = \bar{x}\bar{k}. \tag{12.52}$$

Integriert man andererseits die linke Seite von (12.51) partiell, so erhält man

$$\int_{-\infty}^{\infty} xf(x)f'(x) \, dx = \frac{1}{2}x[f(x)]^2 \Big|_{-\infty}^{\infty} - \int_{-\infty}^{\infty} \frac{1}{2}[f(x)]^2 \, dx = 0 - \frac{1}{2}, \tag{12.53}$$

da $f(x)$ normiert ist. (12.51) erhält so die Gestalt $\frac{1}{2} \leq \bar{x}\bar{k}$, womit (12.50) bewiesen ist. □

12.3 Fourier-Transformationen

Die Faltung

Ein nützlicher Begriff ist die Faltung zweier Funktionen. Sind $f(x)$ und $g(x)$ zwei Funktionen einer reellen Variablen, so definiert man ihre Faltung (geschrieben als $f * g$) durch

$$(f * g)(x) = \int_{-\infty}^{\infty} f(x-y) g(y)\, dy.$$

Wir haben gesehen, daß viele Formeln, die partielle Differentialgleichungen betreffen, Faltungsintegrale sind, z.B.(2.24). Die interessanteste Eigenschaft der Faltung ist ihr Zusammenhang zur Fouriertransformation.

Ist $F(k)$ die Fouriertransformierte von $f(x)$ und $G(k)$ diejenige von $g(x)$, so ist das *Produkt* $F(k)G(k)$ die Fouriertransformierte der Faltung $(f * g)(x)$. Zum Beweis bestimmen wir die Fouriertransformierte von $f * g$:

$$\int (f * g)(x) e^{ikx}\, dx = \iint f(x-y) g(y)\, dy\, e^{-ikx}\, dx.$$

Wenn wir die Integrationsreihenfolge vertauschen und im inneren Integral mit $z = x - y$ substituieren, erhalten wir

$$\iint f(z) e^{-ik(y+z)}\, dz\, g(y)\, dy = \int f(z) e^{-ikz}\, dz \cdot \int g(y) e^{-iky}\, dy$$
$$= F(k) \cdot G(k).$$

Die Faltung spielt auch eine wichtige Rolle in der Wahrscheinlichkeitsrechnung.

Die Fouriertransformation für Funktionen dreier Variablen

In drei Dimensionen wird die Fouriertransformation definiert durch

$$F(\mathbf{k}) = \int_{-\infty}^{\infty}\int_{-\infty}^{\infty}\int_{-\infty}^{\infty} f(\mathbf{x}) e^{-i\mathbf{k}\cdot\mathbf{x}}\, d\mathbf{x},$$

wobei $\mathbf{x} = (x, y, z)$, $\mathbf{k} = (k_1, k_2, k_3)$ und $\mathbf{k} \cdot \mathbf{x} = xk_1 + yk_2 + zk_3$. Durch die Formel

$$f(\mathbf{x}) = \int_{-\infty}^{\infty}\int_{-\infty}^{\infty}\int_{-\infty}^{\infty} F(\mathbf{k}) e^{+i\mathbf{k}\cdot\mathbf{x}} \frac{d\mathbf{k}}{(2\pi)^3}$$

gewinnt man $f(\mathbf{x})$ zurück.

Übungsaufgaben

1. Rechnen Sie jede Formel in der Tabelle der Fouriertransformationen nach.

2. Überprüfen Sie jede Eintragung in der Tabelle der Eigenschaften von Fouriertransformationen.

3. Zeigen Sie

$$\frac{1}{2\pi^2 cr}\int_0^\infty \sin kct \sin kr\, dk = \frac{1}{8\pi^2 cr}\int_{-\infty}^\infty [e^{ik(ct-r)} - e^{ik(ct+r)}]\, dk$$

$$= \frac{1}{4\pi cr}[\delta(ct-r) - \delta(ct+r)].$$

4. Beweisen Sie die folgenden Eigenschaften der Faltung:

   (a) $f * g = g * f$.

   (b) $(f * g)' = f' * g = f * g'$, dabei bezeichnet ' die Ableitung in einer Variablen.

   (c) $f * (g * h) = (f * g) * h$.

5. (a) Zeigen Sie die Gültigkeit von $\delta * f = f$ für jede Distribution f, wenn δ die Delta-Funktion ist.

   (b) Zeigen Sie die Gültigkeit von $\delta' * f = f'$ für jede Distribution f, wenn ' die Ableitung bezeichnet..

6. Sei $f(x)$ eine stetige Funktion, definiert für $-\infty < x < \infty$, deren Fouriertransformierte $F(k)$

   $$F(k) = 0 \quad \text{für } |k| > \pi$$

   erfüllt. Eine solche Funktion heißt *bandbeschränkt*.

   (a) Zeigen Sie

   $$f(x) = \sum_{-\infty}^\infty f(n)\frac{\sin[\pi(x-n)]}{\pi(x-n)}.$$

   Eine bandbeschränkte Funktion $f(x)$ ist also vollständig bestimmt durch die Funktionswerte in den ganzen Zahlen.

   (b) Sei $F(k) = 1$ im Intervall $]-\pi;\pi[$ und $F(k) = 0$ außerhalb dieses Intervalls. Berechnen Sie beide Seiten der Formel von (a) getrennt und bestätigen Sie so deren Gleichheit.

   (*Hinweise*: (a) Drücken Sie $f(x)$ durch $F(k)$ aus. Beachten Sie, daß $f(n)$ der n-te Fourierkoeffizient von $F(k)$ über $[-\pi;\pi]$ ist. Folgern Sie: $F(k) = \sum f(n)e^{-ink}$ in $[-\pi;\pi]$. Setzen Sie das in die Darstellung von $f(x)$ ein und vertauschen Sie die Summation mit der Integration.)

7. (a) Sei $f(x)$ eine auf $]-\infty;\infty[$ stetige Funktion, die für große $|x|$ verschwindet. Zeigen Sie, daß die Funktion

   $$g(x) = \sum_\infty^\infty f(x+2\pi n)$$

   2π-periodisch ist.

(b) Zeigen Sie: Ist $F(k)$ die Fouriertransformierte von $f(x)$, so sind die Fourierkoeffizienten c_m von $g(x)$ über dem Intervall $]-\pi;\pi[$ gegeben durch $c_m = F(m)/2\pi$.

(c) Setzen Sie $x = 0$ in der Fourierreihe von $g(x)$ über $]-\pi;\pi[$, um die *Poissonsche Summenformel*

$$\sum_{-\infty}^{\infty} f(2\pi n) = \sum_{-\infty}^{\infty} \frac{1}{2\pi} F(n)$$

zu erhalten.

8. Sei $\chi_a(x)$ die Funktion aus Übungsaufgabe 12.1.10. Berechnen Sie ihre Fouriertransformierte $\hat{\chi}_a(k)$ und verwenden Sie sie zum Nachweis von $\hat{\chi}_a \to 1$ schwach mit $a \to 0$.

9. Lösen Sie die GDGl. $-u_{xx} + a^2 u = \delta$ mit der Delta-Funktion δ mit Hilfe von Fouriertransformationen.

12.4 Quellfunktionen

In diesem Abschnitt zeigen wir, wie man die Fouriertransformation nutzbringend einsetzen kann, um durch geschickte Vorüberlegungen die Quellfunktion einer PDGl. zu finden.

Diffusion

Die Quellfunktion ist definiert als die eindeutig bestimmte Lösung des Problems

$$S_t = \Delta S \quad (-\infty < x < \infty,\ 0 < t < \infty), \qquad S(x,0) = \delta(x). \tag{12.54}$$

Die Diffusionskonstante haben wir 1 gesetzt. Wir stellen uns auf den Standpunkt, daß wir keinerlei Kenntnis von der Gestalt von $S(x,t)$ besitzen und nehmen nur an, daß $S(x,t)$ für jedes feste t als Distribution in x eine Fouriertransformierte besitzt. Wir nennen die Transformierte

$$\hat{S}(k,t) = \int_{-\infty}^{\infty} S(x,t) e^{-ikx}\, dx.$$

(k ist hier die Frequenzvariable, nicht die Diffusionskonstante.) Nach Eigenschaft (i) der Fouriertransformation erhält die PDGl. die Gestalt

$$\frac{\partial \hat{S}}{\partial t} = (ik)^2 \hat{S} = -k^2 \hat{S}, \quad \hat{S}(k,0) = 1. \tag{12.55}$$

Das ist eine für jedes k leicht zu lösende GDGl. Ihre Lösung ist

$$\widehat{S}(k,t) = e^{-k^2 t}. \tag{12.56}$$

Alles, was wir jetzt tun müssen, ist es, eine Funktion zu finden, die diese Transformierte besitzt. Die Variable t ist jetzt fest. Unsere Tabelle zeigt uns, daß $F(k) = e^{-(1/2)k^2}$ die Transformierte von $f(x) = e^{-(1/2)x^2}/\sqrt{2\pi}$ ist. Nach Eigenschaft (iv) ist für jedes $a > 0$ $(1/a)e^{-(1/2)k^2/a^2}$ die Transformierte von $e^{-(1/2)a^2 x^2}$. Wählen wir $a = \sqrt{t/2}$, so finden wir $\sqrt{2t}e^{-k^2 t}$ als die Transformierte von $e^{-x^2/4t}/\sqrt{2\pi}$. Die Transformierte von $1/\sqrt{4\pi t}e^{-x^2/4t}$ ist also $e^{-k^2 t}$. Damit erhalten wir $S(x,t) = 1/\sqrt{4\pi t}e^{-x^2/4t}$, was mit dem Ergebnis von Abschnitt 2.4 übereinstimmt.

Wellen

Nach Definition erfüllt die Quellfunktion der *ein*dimensionalen Wellengleichung die Gleichungen

$$S_{tt} = c^2 S_{xx}, \quad S(x,0) = 0, \quad S_t(x,0) = \delta(x). \tag{12.57}$$

Mit der gleichen Vorgehnsweise wie bei Diffusionen gelangen wir zu

$$\frac{\partial^2 \widehat{S}}{\partial t^2} = c^2 k^2 \widehat{S}, \quad \widehat{S}(k,0) = 0 \quad \frac{\partial \widehat{S}}{\partial t}(k,0) = 1. \tag{12.58}$$

Diese GDGl. hat die Lösung

$$\widehat{S}(k,t) = \frac{1}{kc}\sin kct = \frac{e^{ikct} - e^{-ikct}}{2ikc}. \tag{12.59}$$

Nach (12.37) ist dann

$$S(x,t) = \int_{-\infty}^{\infty} \frac{e^{ik(x+ct)} - e^{ik(x-ct)}}{4\pi ikc}\,dk. \tag{12.60}$$

Nach unserer Tabelle ist $2/ik$ die Transformierte von $\operatorname{sgn}(x) \equiv H(x) - H(-x)$. Eigenschaft (iii) der Fouriertransformationen sagt uns, daß dann $e^{iak}/2ikc$ die Transformierte von $\operatorname{sgn}(x+a)/4c$ ist. Aus (12.59) und (12.60) erhalten wir schließlich für $t > 0$

$$S(x,t) = \frac{\operatorname{sgn}(x+ct) - \operatorname{sgn}(x-ct)}{4c} = \begin{cases} (1-1)/4c = 0 & \text{für } |x| > ct > 0 \\ (1+1)/4c = 1/2c & \text{für } |x| < ct, \end{cases}$$

$$S(x,t) = \frac{H(c^2 t^2 - x^2)}{2c}. \tag{12.61}$$

In *drei* Dimensionen habe die Quellfunktion die Fouriertransformierte $\widehat{S}(\mathbf{k},t)$, sie erfüllt die Gleichungen

$$\frac{\partial^2 \widehat{S}}{\partial t^2} = -c^2(k_1^2 + k_2^2 + k_3^2)\widehat{S}, \quad \widehat{S}(\mathbf{k},0) = 0, \quad \frac{\partial \widehat{S}}{\partial t}(\mathbf{k},0) = 1,$$

12.4 Quellfunktionen

wobei $\mathbf{k} = (k_1, k_2, k_3)$. Setzt man $k^2 = |\mathbf{k}|^2 = (k_1^2 + k_2^2 + k_3^2)$, so ist (12.59) auch Lösung dieser GDGl. und wir erhalten für $S(\mathbf{x}, t)$

$$S(\mathbf{x}, t) = \iiint \frac{1}{kc} \sin kct \, e^{i\mathbf{k}\cdot\mathbf{x}} \frac{d\mathbf{k}}{8\pi^3}. \tag{12.62}$$

Dieses Integral wird üblicherweise unter Verwendung von sphärischen Koordinaten in den **k**-Variablen berechnet. Wir wählen die Polachse (die „z"-Achse) in Richtung von **x** und bezeichnen die sphärischen Koordinaten mit k, θ und ϕ. Mit $r = |\mathbf{x}|$ ist $\mathbf{k} \cdot \mathbf{x} = kr \cos \theta$ und

$$S(\mathbf{x}, t) = \int_0^{2\pi} \int_0^{\pi} \int_0^{\infty} (kc)^{-1} \sin kct \, e^{ikr\cos\theta} k^2 \sin\theta \frac{dk \, d\theta \, d\phi}{8\pi^3}. \tag{12.63}$$

Die Integrale über ϕ und θ können ausgewertet werden und wir erhalten

$$\frac{1}{2\pi^2 cr} \int_0^{\infty} \sin kct \sin kr \, dk.$$

Wenn wir die komplexe Schreibweise verwenden und an einigen Stellen k durch $-k$ ersetzen, so wird daraus (nach Übungsaufgabe 12.3.3)

$$\frac{1}{8\pi^2 cr} \int_{-\infty}^{\infty} [e^{ik(ct-r)} - e^{ik(ct+r)}] \, dk = \frac{1}{4\pi cr}[\delta(ct - r) - \delta(ct + r)]. \tag{12.64}$$

Beachten Sie, daß die charakteristischen Variablen wieder auftauchen! Für $t > 0$ ist $ct + r > 0$, so daß $\delta(ct + r)$ verschwindet. Deshalb ist für $t > 0$

$$S(\mathbf{x}, t) = \frac{1}{4\pi cr}\delta(ct - r) = \frac{1}{4\pi c^2 t}\delta(ct - r) \tag{12.65}$$

in Übereinstimmung mit unserem früheren Ergebnis.

Die Laplace-Gleichung in der Halbebene

Wir bearbeiten nochmals das Problem aus Abschnitt 7.4

$$\begin{aligned} u_{xx} + u_{yy} &= 0 \quad \text{in der Halbebene } y > 0 \\ u(x, 0) &= \delta(x) \quad \text{auf der Geraden } y = 0 \end{aligned} \tag{12.66}$$

Wir können nicht bezüglich der y-Variablen transfomieren, aber bezüglich x, denn diese Variable läuft von $-\infty$ bis ∞. Sei

$$U(k, y) = \int_{-\infty}^{\infty} e^{-ikx} u(x, y) \, dx \tag{12.67}$$

diese Fouriertransformierte. Dann erfüllt U die GDGl.

$$-k^2 U + U_{yy} = 0 \quad \text{für } y > 0, \quad U(k, 0) = 1. \tag{12.68}$$

Deren Lösungen sind $e^{\pm yk}$. Der positive Exponent kommt für uns nicht in Frage, da dann U mit $|k| \to \infty$ exponentiell anwachsen würde und keine Fouriertransformierte besäße. Sei also $U(k,y) = e^{-y|k|}$. Dann ist

$$u(x,y) = \int_{-\infty}^{\infty} e^{ikx} e^{-y|k|} \frac{dk}{2\pi}. \qquad (12.69)$$

Dieses uneigentliche Integral konvergiert natürlich für $y > 0$. Es wird in zwei Teile zerlegt und direkt integriert zu

$$\begin{aligned} u(x,y) &= \frac{1}{2\pi(ix-y)} e^{ikx-ky} \Big|_0^{\infty} + \frac{1}{2\pi(ix+y)} e^{ikx+ky} \Big|_{-\infty}^{0} \\ &= \frac{1}{2\pi}\left(\frac{1}{y-ix} + \frac{1}{y+ix}\right) = \frac{y}{\pi(x^2+y^2)}, \end{aligned} \qquad (12.70)$$

in Übereinstimmung mit dem Ergebnis von Übungsaufgabe 7.4.6.

Übungsaufgaben

1. Lösen Sie die Wärmeleitungsgleichung mit einem Konvektionsterm, nämlich $u_t = \kappa u_{xx} + \mu u_x$ in $-\infty < x < \infty$ unter der Anfangsbedingung $u(x,0) = \phi(x)$ mit Hilfe der Fouriertransformation. Setzen Sie voraus, daß $u(x,t)$ beschränkt und daß $\kappa > 0$ ist.

2. Finden Sie mit Hilfe der Fouriertransformation bezüglich der x-Variablen diejenige in der Halbebene $\{y > 0\}$ harmonische Funktion, die auf $\{y = 0\}$ der Neumann-Bedingung $\partial u/\partial y = h(x)$ genügt.

3. Bestimmen Sie mit der Fouriertransformation die im dreidimensionalen Raum definierte und dort beschränkte Lösung der Gleichung $-\Delta u + m^2 u = \delta(\mathbf{x})$ mit $m > 0$.

4. Zeigen Sie: Ist $p(x)$ ein Polynom und $f(x)$ eine auf $[a;b]$ stetige Funktion, so ist $g(x) = \int_a^b p(x-s) f(s)\, ds$ ebenfalls ein Polynom.

5. Lösen Sie die Laplace-Gleichung im dreidimensionalen Halbraum $\{(x,y,z)|\ z > 0\}$ mit $u(x,y,0) = \delta(x,y)$ (δ bezeichnet die Delta-Funktion) durch die folgende Vorgehnsweise:

    (a) Zeigen Sie
    $$u(x,y,z) = \int_{-\infty}^{\infty} e^{ikx+ily} e^{-z\sqrt{k^2+l^2}} \frac{dk\, dl}{4\pi^2}.$$

    (b) Sei $\rho = \sqrt{k^2+l^2}$, $r = \sqrt{x^2+y^2}$ und θ der Winkel zwischen (x,y) und (k,l), so daß also $xk + yl = \rho r \cos\theta$. Zeigen Sie
    $$u(x,y,z) = \int_0^{2\pi} \int_0^{\infty} e^{i\rho\cos\theta} e^{-z\rho} \rho\, d\rho\, \frac{d\theta}{4\pi^2}.$$

(c) Berechnen Sie das ρ-Integral und benutzen Sie eine ausführliche Formelsammlung zur Auswertung des θ-Integrals.

6. Lösen Sie mit der Fouriertransformation die Gleichung $u_{xx} + u_{yy} = 0$ im Streifen $\{0 < y < 1, -\infty < x < \infty\}$ unter den Bedingungen $u(x,0) = 0$ und $u(x,1) = f(x)$.

12.5 Die Technik der Laplacetransformation

Die Laplacetransformation ist eng verwandt zur Fouriertransformation. In diesem Abschnitt werden wir sie nur auf die *Zeit*- nicht auf die Raumvariable anwenden. Sie erlaubt es uns, einige PDGl-Probleme auf sehr einfachem Wege zu lösen.
Wir definieren die *Laplacetransformation* einer Funktion $f(t)$ durch

$$F(s) = \int_0^\infty f(t) e^{-st} \, dt. \tag{12.71}$$

(Die einzigen wesentlichen Unterschiede zur Fouriertransformation bestehen darin, daß die Exponentialfunktion reell, und die Variable die Zeit ist.) Die Laplacetransformierte der Funktion $f(t) \equiv 1$ beispielsweise ist $F(s) = \int_0^\infty 1 \cdot e^{-st} \, dt = 1/s$ für $s > 0$. Ist $f(t)$ eine beliebige beschränkte Funktion, so ist $F(s)$ für $s > 0$ wohldefiniert.
Es folgt eine Tabelle mit einigen wichtigen Transformationen.

$f(t)$	$F(s)$	
e^{at}	$\dfrac{1}{s-a}$	(12.72)
$\cos\omega t$	$\dfrac{s}{s^2+\omega^2}$	(12.73)
$\sin\omega t$	$\dfrac{\omega}{s^2+\omega^2}$	(12.74)
$\cosh at$	$\dfrac{s}{s^2-a^2}$	(12.75)
$\sinh at$	$\dfrac{a}{s^2-a^2}$	(12.76)
t^k	$\dfrac{k!}{s^{k+1}}$	(12.77)
$H(t-b)$	$\dfrac{1}{s}e^{-bs}$	(12.78)
$\delta(t-b)$	e^{-bs}	(12.79)
$a(4\pi t^3)^{-1/2}e^{-a^2/4t}$	$e^{-a\sqrt{s}}$	(12.80)
$(\pi t)^{-1/2}e^{-a^2/4t}$	$\dfrac{1}{\sqrt{s}}e^{-a\sqrt{s}}$	(12.81)
$1-\mathcal{E}rf\dfrac{a}{\sqrt{4t}}$	$\dfrac{1}{s}e^{-a\sqrt{s}}$	(12.82)

Einige *Eigenschaften* der Laplacetransformation werden im folgenden tabellarisch zusammengefaßt. $F(s)$ und $G(s)$ sind dabei die Laplacetransformierten von $f(t)$ bzw. $g(t)$.

12.5 Die Technik der Laplacetransformation

	Funktion	Transformierte
(i)	$af(t) + bg(t)$	$aF(s) + bG(s)$
(ii)	$\dfrac{df}{dt}$	$aF(s) - f(0)$
(iii)	$\dfrac{d^2 f}{dt^2}$	$s^2 F(s) - sf(0) - f'(0)$
(iv)	$e^{bt} f(t)$	$F(s - b)$
(v)	$\dfrac{f(t)}{t}$	$\int_s^\infty F(s')\, ds'$
(vi)	$t f(t)$	$-\dfrac{dF}{ds}$
(vii)	$H(t - b) f(t - b)$	$e^{-bs} F(s)$
(viii)	$f(ct)$	$\dfrac{1}{c} F\left(\dfrac{s}{c}\right)$
(ix)	$\int_0^t g(t - t') f(t')\, dt'$	$F(s) G(s)$

Die letzte Eigenschaft besagt, daß die Transformierte einer „Faltung" zweier Funktionen das Produkt der beiden Transformierten ist.

Beispiel 1.

Nach (12.74) und (v) ist die Laplacetransformierte von $(\sin t)/t$

$$\int_s^\infty \frac{ds'}{s'^2 + 1} = \frac{\pi}{2} - \tan^{-1} s = \tan^{-1} \frac{1}{s}.$$

Komplexe Integration zusammen mit dem Residuenkalkül ist eine nützliche Technik zur Berechnung von Laplacetransformationen, sie geht aber über das Anliegen dieses Buches hinaus. Wir beschränken uns darauf, die Inversionsformel anzugeben:

$$f(t) = \int_{\alpha - i\infty}^{\alpha + i\infty} e^{st} F(s) \frac{ds}{2\pi i}. \tag{12.83}$$

Dies ist ein Integral über die vertikale Gerade $s = \alpha + i\beta$ in der komplexen Ebene, wobei $-\infty < \beta < \infty$. Für weitere Informationen über Laplacetransformationen siehe etwa [We].

Beispiel 2.

Eine wirkungsvolle Möglichkeit zur Lösung der GDGl.

$$u_{tt} + \omega^2 u = f(t) \text{ unter der AB. } u(0) = u'(0) = 0$$

ist die folgende: Nach den obigen Eigenschaften genügt die Laplacetransformierte $U(s)$ der Lösung $u(t)$ der Gleichung

$$s^2 U(s) + \omega^2 U(s) = F(s).$$

Es ist also $U(s) = F(s)/(s^2+\omega^2)$. Nun ist $\omega/(s^2+\omega^2)$ die Laplacetransformierte von $\sin \omega t$, so daß wir mit Eigenschaft (ix) unserer Tabelle die Lösung $u(t)$ als das Faltungsintegral

$$u(t) = \int_0^t \frac{1}{\omega} \sin[\omega(t-t')] f(t')\, dt'$$

darstellen können.

Wir demonstrieren die Anwendung der Laplactransformation auf PDGln für einige eindimensionale Probleme. Obwohl jedes von ihnen auf andere Weise gelöst werden kann, stellt die Laplacetransformation eine einfache Alternativmethode dar. Sie ist besonders bei inhomogenen Randbedingungen eine nützliche Methode und liefert einen alternativen Zugang zu den Problemen von Abschnitt 5.6. Wir beginnen mit einem wirklich einfachen inhomogenen Beispiel.

Beispiel 3.

Löse die Diffusionsgleichung $u_t = k u_{xx}$ in $]0;l[$ unter den Bedingungen

$$u(0,t) = u(l,t) = 1, \quad u(x,0) = 1 + \sin\frac{\pi x}{l}.$$

Mit den Eigenschaften (i) und (ii) und unter Beachtung, daß sich die partiellen Ableitungen nach x auf die (bezüglich t gebildete) Transformierte übertragen, sehen wir, daß die Laplacetransformierte $U(x,s)$ die Gleichung

$$sU(x,s) - u(x,0) = k U_{xx}(x,s)$$

erfüllt. Aus der Randbedingung wird $U(0,s) = U(l,s) = 1/s$, wenn man etwa (12.72) mit $a = 0$ verwendet. Wir haben also eine GDGl. mit der Variablen x und gewissen Randbedingungen erhalten. Man sieht leicht, daß

$$U(x,s) = \frac{1}{s} + \frac{1}{s + k\pi^2/l^2} \sin\frac{\pi x}{l}$$

die Lösung ist. (Bitte nachrechnen!) Als Funktion von s hat dieser Ausdruck die Form $s^{-1} + b(s-a)^{-1}$ mit $b = \sin(\pi x/l)$ und $a = -k\pi^2/l^2$. Der erste Eintrag (12.72) in unserer Tabelle der Laplacetransformationen gibt uns Lösung der gestellten Aufgabe:

$$u(x,t) = 1 + be^{at} = 1 + e^{-k\pi^2 t/l^2} \sin\frac{\pi x}{l}.$$

12.5 Die Technik der Laplacetransformation

Beispiel 4.

Löse die Wellengleichung $u_{tt} = c^2 u_{xx}$ in $]0; \infty[$ unter den Bedingungen

$$u(0,t) = f(t), \quad u(x,0) = u_t(x,0) \equiv 0.$$

Wir setzen $u(x,t) \to 0$ für $x \to \infty$ voraus. Da die Anfangsvorgaben homogen sind, erfüllt die Laplacetransformierte die Gleichungen

$$s^2 U = c^2 U_{xx}, \quad U(0,s) = F(s).$$

Die allgemeine Lösung dieser GDGl. ist

$$U(x,s) = a(s)e^{-sx/c} + b(s)e^{+sx/c},$$

die Koeffizienten $a(s)$ und $b(s)$ müssen noch bestimmt werden. Aufgrund der Voraussetzung für u können wir erwarten, daß $U(x,s) \to 0$ mit $x \to \infty$. Deshalb ist $b(s) \equiv 0$ und $U(x,s) = F(s)e^{-sx/c}$. Mit Eigenschaft (vii) erhalten wir als Lösung direkt

$$u(x,t) = H\left(t - \frac{x}{c}\right) f\left(t - \frac{x}{c}\right).$$

Die Lösung ist also von der Bauart der Lösungsformel (3.45).

Beispiel 5.

Löse die Diffusionsgleichung $u_t = k u_{xx}$ in $]0; \infty[$ unter den Bedingungen

$$u(0,t) = f(t), \quad u(x,0) \equiv 0$$

und $u(x,t) \to 0$ mit $x \to +\infty$. Die Laplacetransformierte genügt den Gleichungen

$$sU = k U_{xx}, \quad U(0,s) = F(s), \quad U(+\infty) = 0.$$

Die Lösung ist $U(x,s) = F(s)e^{-x\sqrt{s/k}}$, da der positive Exponent nicht zugelassen ist. Nach (12.80) ist die Funktion $e^{-x\sqrt{s/k}}$ die Laplacetransformierte von $E(x,t) = [x/(2\sqrt{k\pi} t^{3/2})]e^{-x^2/4kt}$. Mit der Faltungseigenschaft (ix) ist dann

$$u(x,t) = \int_0^t E(t-t')f(t')\,dt'$$

$$= \frac{x}{2\sqrt{k\pi}} \int_0^t \frac{1}{(t-t')^{3/2}} e^{-x^2/4k(t-t')} f(t')\,dt'$$

die Lösungsformel.

Im Fall $f(t) \equiv 1$ beispielsweise kann das letzte Integral durch die Substitution $p = x[4k(t - t')]^{-1/2}$ vereinfacht werden und wir erhalten als Lösung

$$u(x,t) = \frac{2}{\sqrt{\pi}} \int_{x/\sqrt{4kt}}^{\infty} e^{-p^2} dp = 1 - \mathcal{E}rf \frac{x}{\sqrt{4kt}}.$$

Eine andere Lösungsmethode wurde in Übungsaufgabe 3.3.2 behandelt.

Übungsaufgaben

1. Verifizieren Sie die Formeln (12.72) bis (12.79) in der Tabelle der Laplacetransformationen.

2. Verifizieren Sie jeden Eintrag in der Tabelle der Eigenschaften von Laplacetransformationen.

3. Bestimmen Sie $f(t)$, wenn die Laplacetransformierte $F(s) = 1/[s(s^2 + 1)]$ ist.

4. Zeigen Sie, daß für jedes $k > -1$ die Laplacetransformierte von t^k durch die Funktion $\Gamma(k + 1)/s^{k+1}$ gegeben ist. $\Gamma(p)$ ist dabei die Gammafunktion. (*Hinweis:* Verwenden Sie Eigenschaft (viii) der Laplacetransformationen.)

5. Lösen Sie $u_{tt} = c^2 u_{xx}$ für $0 < x < l$, $u(0,t) = u(l,t) = 0$, $u(x,0) = \sin(\pi x/l)$, $u_t(x,0) = -\sin(\pi x/l)$ mit Laplacetransformationen.

6. Lösen Sie mit Laplacetransformationen das Problem

$$u_{tt} = c^2 u_{xx} + \cos \omega t \sin \pi x \quad \text{für } 0 < x < 1$$
$$u(0,t) = u(1,t) = u(x,0) = u_t(x,0) = 0.$$

Setzen Sie $\omega > 0$ voraus und seien Sie im Fall $\omega = c\pi$ besonders sorgfältig. Überprüfen Sie Ihr Ergebnis durch Differentiation.

7. Lösen Sie $u_t = k u_{xx}$ in $]0;l[$, $u_x(0,t) = 0$, $u_x(lt) = 0$ und $u(x,0) = 1 + \cos(2\pi x/l)$ mit Laplacetransformationen.

13 Partielle Differentialgleichungen der Physik

Dieses Kapitel besteht aus fünf voneinander unabhängigen Abschnitten. Abschnitt 13.1 erfordert Kenntniss von Abschnitt 9.2, Abschnitt 13.2 setzt nur Kapitel 1 voraus, Teile von 13.3 benötigen Kenntnis von 10.3, für Abschnitt 13.4 ist Abschnitt 9.5 und für 13.5 ist Kapitel 12 erforderlich.

13.1 Elektromagnetismus

Der Elektromagnetismus beschreibt die Wirkungen geladener Teilchen aufeinander. Geladene Teilchen erzeugen ein elektrisches Feld **E** und, wenn sie sich bewegen, auch ein magnetisches Feld **B**. Diese Felder sind Vektorfelder, das heißt, sie sind vektorwertige Funktionen von Raum und Zeit: $\mathbf{E}(\mathbf{x},t)$ und $\mathbf{B}(\mathbf{x},t)$, mit $\mathbf{x}=(x,y,z)$. Maxwell behauptete, daß diese beiden Funktionen universell durch die Gleichungen

$$\text{(I)}\ \frac{\partial \mathbf{E}}{\partial t}=c\nabla\times\mathbf{B} \qquad \text{(III)}\ \nabla\cdot\mathbf{E}=0$$
$$\text{(II)}\ \frac{\partial \mathbf{B}}{\partial t}=-c\nabla\times\mathbf{E} \qquad \text{(IV)}\ \nabla\cdot\mathbf{B}=0 \tag{13.1}$$

beschrieben werden. c ist dabei die Lichtgeschwindigkeit, jedenfalls im Vakuum. Diese Gleichungen geben exakt die Ausbreitung elektromagnetischer Wellen wieder, wie Lichtwellen, Radiowellen usw, sofern keine Interferenz vorliegt. Die Maxwellschen Gleichungen sind Gegenstand dieses Abschnitts. Beachten Sie, daß es sich um zwei Vektorgleichungen und zwei skalare Gleichungen handelt.

Ist Interferenz vorhanden, wird der physikalische Sachverhalt durch die *inhomogenen* Maxwell-Gleichungen beschrieben:

$$\text{(I)}\ \frac{\partial \mathbf{E}}{\partial t}=c\nabla\times\mathbf{B}-4\pi\mathbf{J} \qquad \text{(III)}\ \nabla\cdot\mathbf{E}=4\pi\rho$$
$$\text{(II)}\ \frac{\partial \mathbf{B}}{\partial t}=-c\nabla\times\mathbf{E} \qquad \text{(IV)}\ \nabla\cdot\mathbf{B}=0 \tag{13.2}$$

Dabei ist $\rho(\mathbf{x},t)$ die Ladungsdichte und $\mathbf{J}(\mathbf{x},t)$ die Stromdichte. Aus den Gleichungen (13.2) läßt sich die *Kontinuitätsgleichung* $\partial\rho/\partial t=\nabla\cdot\mathbf{J}$ ableiten (siehe Übungsaufgabe 1).

Spezialfälle der Maxwellschen Gleichungen haben eigene Namen. (II) heißt Faradaysches Gesetz, (III) heißt Coulombsches Gesetz. Sofern **E** nicht von der Zeit abhängt, reduziert sich (I) zur Gleichung $c\nabla\times\mathbf{B}=4\pi\mathbf{J}$, die unter dem Namen

Ampèresches Gesetz bekannt ist. Unangenehmerweise erfordert das Ampèresche Gesetz $\nabla \cdot \mathbf{J} = 0$. Um der mathematischen Konsistenz willen schlug Maxwell im Fall $\nabla \cdot \mathbf{J} \neq 0$ vor, den Term $\partial \mathbf{E}/\partial t$ hinzuzufügen und kam so zu dem vollständigen System der Gleichungen (13.2).

Wie wir wissen, können inhomogene lineare Gleichungen gelöst werden, sobald die zugehörigen homogenen Gleichungen gelöst sind. Wir konzentrieren uns deshalb zunächst darauf, die homogenen Gleichungen (13.1) zu lösen. Die den Gleichungen (13.1) zugeordneten Anfangsbedingungen seien

$$\mathbf{E}(\mathbf{x}, 0) = \mathbf{E}^0(\mathbf{x}), \qquad \mathbf{B}(\mathbf{x}, 0) = \mathbf{B}^0(\mathbf{x}). \tag{13.3}$$

Die Vektorfelder $\mathbf{E}^0(\mathbf{x})$ und $\mathbf{B}^0(\mathbf{x})$ können bis auf die offensichtliche, von (III) und (IV) herrührende Einschränkung $\nabla \cdot \mathbf{E}^0 = \nabla \cdot \mathbf{B}^0 = 0$, beliebig sein.

Unser Hauptziel ist es, (13.1) und (13.3) im ganzen dreidimensionalen Raum, d.h. ohne Randbedingung, zu lösen. Das geschieht sehr einfach durch Zurückführung auf die Wellengleichung, die wir bereits in Kapitel 9 gelöst haben.

Lösung von (13.1), (13.3)

Zunächst stellen wir fest, daß $\mathbf{E}$ die Wellengleichung erfüllt. In der Tat folgt aus (I) und (III)

$$\frac{\partial^2 \mathbf{E}}{\partial t^2} = \frac{\partial}{\partial t}(c \nabla \times \mathbf{B}) = c \nabla \times \frac{\partial \mathbf{B}}{\partial t} = c \nabla \times (-c \nabla \times \mathbf{E}).$$

Nach einer bekannten Vektoridentität stimmt das letzte Resultat wegen $\nabla \cdot \mathbf{E} = 0$ (Gleichung (III) von (13.1)) mit $c^2(\Delta \mathbf{E} - \nabla(\nabla \cdot \mathbf{E})) = c^2 \Delta \mathbf{E}$ überein. Also ist

$$\frac{\partial^2 \mathbf{E}}{\partial t^2} = c^2 \Delta \mathbf{E}, \tag{13.4}$$

was so zu verstehen ist, daß jede Komponente von $\mathbf{E} = (E_1, E_2, E_3)$ die Wellengleichung erfüllt. Das gleiche gilt für das magnetische Feld:

$$\frac{\partial^2 \mathbf{B}}{\partial t^2} = c^2 \Delta \mathbf{B}. \tag{13.5}$$

Nun erfüllt $\mathbf{E}$ die Anfangsbedingungen

$$\mathbf{E}(\mathbf{x}, 0) = \mathbf{E}^0(\mathbf{x}) \qquad \text{und} \qquad \frac{\partial \mathbf{E}}{\partial t}(\mathbf{x}, 0) = c \nabla \times \mathbf{B}^0(\mathbf{x}). \tag{13.6}$$

In gleicher Weise gelten für $\mathbf{B}$ die Anfangsbedingungen

$$\mathbf{B}(\mathbf{x}, 0) = \mathbf{B}^0(\mathbf{x}) \qquad \text{und} \qquad \frac{\partial \mathbf{B}}{\partial t}(\mathbf{x}, 0) = c \nabla \times \mathbf{E}^0(\mathbf{x}). \tag{13.7}$$

Wir zeigen jetzt, daß jede Lösung von (13.4)-(13.7) eine Lösung unseres Problems (13.1),(13.3) ist.

13.1 Elektromagnetismus

Nehmen wir an, **E** und **B** erfüllen (13.4)-(13.7). Dann sind offensichtlich die Anfangsbedingungen (13.3) erfüllt, so daß wir nur (13.1) überprüfen müssen. Wir beginnen mit Gleichung (III). Sei $u = \nabla \cdot \mathbf{E}$. Wir wissen, daß $(\partial^2/\partial t^2 - \Delta)u = \nabla \cdot (\partial^2/\partial t^2 - \Delta)\mathbf{E} = 0$ ist. Die skalare Funktion $u(\mathbf{x},t)$ erfüllt also die Wellengleichung und die Anfangsbedingungen $u(\mathbf{x},0) = \nabla \cdot \mathbf{E}^0 = 0$ (nach Voraussetzung) und $\partial u/\partial t(\mathbf{x},0) = \nabla \cdot (c\nabla \times \mathbf{B}^0) = 0$ (da die Divergenz der Rotation eines jeden Vektorfeldes Null ist). Wegen der Eindeutigkeit der Lösungen der Wellengleichung erhalten wir $u(\mathbf{x},t) \equiv 0$, womit (III) bewiesen ist.

Wie steht es mit (I)? Sei $\mathbf{F} = \partial \mathbf{E}/\partial t - c\nabla \times \mathbf{B}$. Dann ist $(\partial^2/\partial t^2 - \Delta)\mathbf{F} = 0$, da sowohl **E** als auch **B** die Wellengleichung erfüllen. Die Anfangswerte von $\mathbf{F}(\mathbf{x},t)$ sind $\mathbf{F}(\mathbf{x},0) = c\nabla \times \mathbf{B}^0 - c\nabla \times \mathbf{B}^0 = 0$ und

$$\frac{\partial \mathbf{F}}{\partial t} = \frac{\partial^2 \mathbf{E}}{\partial t^2} - c\nabla \times \left.\frac{\partial \mathbf{B}}{\partial t}\right|_{t=0}$$
$$= c^2 \Delta \mathbf{E}^0 - c\nabla \times (-c\nabla \times \mathbf{E}^0)$$
$$= c^2 \nabla(\nabla \cdot \mathbf{E}^0) = 0$$

nach einer weiteren bekannten Vektoridentität. Auch hier folgt $\mathbf{F}(\mathbf{x},t) \equiv 0$, und (I) ist bewiesen. Der Nachweis von (II) und (IV) wird den Übungsaufgaben überlassen.

Wir lösen jetzt die Gleichungen (13.4) und (13.6) für **E**. Jede einzelne Komponente von $\mathbf{E}(\mathbf{x},t)$ erfüllt die Wellengleichung unter einer gegebenen Anfangsbedingung. Wir können deshalb Formel (9.15) anwenden und erhalten

$$\mathbf{E}(\mathbf{x}_0,t_0) = \frac{1}{4\pi c^2 t_0} \iint_S c\nabla \times \mathbf{B}^0 \, dS + \frac{\partial}{\partial t_0} \frac{1}{4\pi c^2 t_0} \iint_S \mathbf{E}^0 \, dS,$$

wobei $S = \{|\mathbf{x}-\mathbf{x}_0| = ct_0\}$ die Sphäre mit dem Mittelpunkt $\mathbf{x}_0$ und dem Radius ct_0 ist. Die zeitliche Ableitung im letzten Term können wir unter Verwendung sphärischer Koordinaten berechnen und erhalten

$$\mathbf{E}(\mathbf{x}_0,t_0) = \frac{1}{4\pi c^2 t_0} \iint_S \left(\nabla \times \mathbf{B}^0 + \frac{1}{ct_0}\mathbf{E}^0 + \frac{\partial \mathbf{E}^0}{\partial r}\right) dS, \qquad (13.8)$$

wobei $r = |\mathbf{x} - \mathbf{x}_0|$ gesetzt wurde. Auf gleiche Weise erhalten wir

$$\mathbf{B}(\mathbf{x}_0,t_0) = \frac{1}{4\pi c^2 t_0} \iint_S \left(-\nabla \times \mathbf{E}^0 + \frac{1}{ct_0}\mathbf{B}^0 + \frac{\partial \mathbf{B}^0}{\partial r}\right) dS. \qquad (13.9)$$

(13.8) und (13.9) sind die Lösungsformeln für das Problem (13.1),(13.3). Eine weitergehende Untersuchung finden Sie in [Ja] oder [Fd].

Übungsaufgaben

1. Leiten Sie die Kontinuitätsgleichung $\partial \rho/\partial t = \nabla \cdot \mathbf{J}$ aus den Maxwellschen Gleichungen her.

2. Leiten Sie die Gleichungen der Elektrostatik aus den Maxwellschen Gleichungen her, indem Sie $\partial \mathbf{E}/\partial t = \partial \mathbf{B}/\partial t \equiv 0$ voraussetzen.

3. (a) Aus $\nabla \cdot \mathbf{B} = 0$ folgt, daß es eine vektorwertige Funktion $\mathbf{A}$ derart gibt, daß $\nabla \times \mathbf{A} = \mathbf{B}$.

   (b) Folgern Sie aus den Maxwellschen Gleichungen, daß es auch eine skalare Funktion u gibt mit $-\nabla u = \mathbf{E} + c^{-1} \partial \mathbf{A}/\partial t$.

   (c) Folgern Sie aus (13.2) die Gültigkeit von

   $$-c^{-1}\nabla \cdot \frac{\partial \mathbf{A}}{\partial t} - \Delta u = 4\pi \rho$$

   und

   $$\frac{1}{c^2}\frac{\partial^2 \mathbf{A}}{\partial t^2} - \Delta \mathbf{A} + \nabla\left(\nabla \cdot \mathbf{A} + c^{-1}\frac{\partial u}{\partial t}\right) = \frac{4\pi}{c}\mathbf{J}.$$

   (d) Zeigen Sie, daß nach der Ersetzung von $\mathbf{A}$ durch $\mathbf{A} + \nabla \lambda$ und u durch $u - (1/c)\partial \lambda/\partial t$ die Gleichungen in (a) und (b) für das neue $\mathbf{A}$ und das neue u ihre Gültigkeit behalten.

   (e) Zeigen Sie, daß die skalare Funktion λ aus (d) so gewählt werden kann, daß das neue $\mathbf{A}$ und das neue u die Gleichung $\nabla \cdot \mathbf{A} + c^{-1}\partial u/\partial t = 0$ erfüllt.

   (f) Schließen Sie, daß die neuen Potentiale die Gleichungen

   $$\frac{1}{c^2}\frac{\partial^2 u}{\partial t^2} - \Delta u = 4\pi\rho \quad \text{und} \quad \frac{1}{c^2}\frac{\partial^2 \mathbf{A}}{\partial t^2} - \Delta \mathbf{A} = \frac{4\pi}{c}\mathbf{J}$$

   erfüllen. $\mathbf{A}$ heißt das *Vektorpotential* und u das *skalare Potential*. Die Gleichungen in (f) sind inhomogene Wellengleichungen. Die Transformation in Teil (d) ist das einfachste Beispiel einer *Gauge-Transformation*.

4. Zeigen Sie, daß jede Komponente von $\mathbf{E}$ und $\mathbf{B}$ die Wellengleichung erfüllt.

5. Leiten Sie sorgfältig die Lösungsformeln (13.8) und (13.9) der Maxwellschen Gleichungen her.

6. Beweisen Sie, daß (II) und (IV) aus den Lösungsformeln (13.8) und (13.9) folgen.

7. Beweisen Sie, daß (13.3) direkt aus (13.8) und (13.9) folgt.

8. Lösen Sie die inhomogenen Maxwell-Gleichungen.

13.2 Strömungen und Schall

Als wesentliche Größen zur Modellbildung einer Strömung (eines Gases oder einer Flüssigkeit) dienen uns das Geschwindigkeitsfeld $\mathbf{v}(\mathbf{x}, t)$ und die Massendichte $\rho(\mathbf{x}, t)$. $\mathbf{v}(\mathbf{x}, t)$ ist der Geschwindigkeitsvektor der Strömung an der Stelle $\mathbf{x}$ zur Zeit t, die Massendichte $\rho(\mathbf{x}, t)$ ist ein Skalar. Wir werden mit ihnen die Eulerschen Bewegungsgleichungen der Strömung aufstellen.

Strömungen

Die erste Gleichung drückt lediglich die *Massenerhaltung* aus. Ist D ein Gebiet, so ist die Masse, die sich zur Zeit t in D befindet, durch $M(t) = \iiint_D \rho\, d\mathbf{x}$ gegeben. Nur über den Rand von D kann Flüssigkeit das Gebiet verlassen. Die Austrittsrate in Richtung der äußeren Normalen $\mathbf{n}$ eines Randpunkts ist $\rho \mathbf{v} \cdot \mathbf{n}$. Somit gilt

$$\iiint_D \frac{\partial \rho}{\partial t}\, d\mathbf{x} = \frac{d}{dt} \iiint \rho\, d\mathbf{x} = - \iint_{\partial D} \rho \mathbf{v} \cdot \mathbf{n}\, dS. \tag{13.10}$$

Das Minuszeichen gibt an, daß die Masse in D abnimmt, wenn Flüssigkeit austritt. Nach dem Divergenzsatz stimmt der letzte Ausdruck mit $-\iiint_D \nabla \cdot (\rho \mathbf{v})\, d\mathbf{x}$ überein. Da diese Formel für alle Gebiete D gilt, dürfen wir den zweiten Identitätssatz aus Abschnitt A.1 anwenden und folgern

$$\frac{\partial \rho}{\partial t} = -\nabla \cdot (\rho \mathbf{v}). \tag{13.11}$$

Diese Gleichung heißt *Kontinuitätsgleichung*.

Als nächstes bilanzieren wir die Kräfte der sich in D befindenden Flüssigkeit. Dabei handelt es sich um die Anwendung des Newtonschen Gesetzes der *Impulserhaltung*. Wenn wir den Impuls in der gleichen Weise wie die Masse bilanzieren, erhalten wir

$$\frac{d}{dt} \iiint_D \rho v_i\, d\mathbf{x} + \iint_{\partial D} \rho v_i \mathbf{v} \cdot \mathbf{n}\, dS + \iint_{\partial D} p n_i\, dS = \iiint_D \rho F_i\, d\mathbf{x}, \tag{13.12}$$

dabei ist $p(\mathbf{x}, t)$ der Druck und $F(\mathbf{x}, t)$ die gesamte im Punkt $\mathbf{x}$ einwirkende „äußere" Kraft. Der Index i durchläuft alle drei Komponenten. Der erste Ausdruck in (13.12) ist die Änderungsrate des Impulses, der zweite der Impulsfluß über den Rand, der dritte die vom Druck auf den Rand herrührende mittlere Kraft und der vierte die mittlere äußere Kraft. Wenn wir den Divergenzsatz auf den zweiten und den dritten Term anwenden, erhalten wir

$$\iiint_D \left[\frac{\partial (\rho v_i)}{\partial t} + \nabla \cdot (\rho v_i \mathbf{v}) + \frac{\partial p}{\partial x_i} - \rho F_i \right] d\mathbf{x} = 0. \tag{13.13}$$

Da D beliebig ist, verschwindet der Integrand in der letzten Formel. Durch Berechnen der Ableitungen in diesem Integranden erhalten wir

$$\rho \left[\frac{\partial v_i}{\partial t} + \mathbf{v} \cdot \nabla v_i \right] + v_i \left[\frac{\partial \rho}{\partial t} + \nabla \cdot (\rho \mathbf{v}) \right] = -\frac{\partial p}{\partial x_i} + \rho F_i.$$

Der zweite Klammerausdruck verschwindet wegen (13.11). Damit gelangen wir zur *Bewegungsgleichung*

$$\frac{\partial \mathbf{v}}{\partial t} + (\mathbf{v} \cdot \nabla) \mathbf{v} = \mathbf{F} - \frac{1}{\rho} \nabla p. \tag{13.14}$$

Abschließend brauchen wir noch eine Gleichung für den Druck $p(\mathbf{x}, t)$. Sie hat üblicherweise die Gestalt

$$p(\mathbf{x}, t) = f(\rho(\mathbf{x}, t)), \tag{13.15}$$

wobei f eine empirisch bestimmte, wachsende Funktion ist. Man nennt diese Gleichung *Zustandsgleichung*. Für ein Gas hat die Zustandsgleichung oft die Form $p = c\rho^\gamma$, wobei c und γ Konstanten sind. In diesem Fall ist die Entropie konstant und die Strömung wird adiabatisch genannt.

Die Gleichungen der Strömumngsmechanik sind die Kontinuitätsgleichung, die Zustandsgleichung und die Bewegungsgleichung. Sie bilden ein System von fünf skalaren Gleichungen für die fünf skalaren Unbekannten p, ρ und die drei Komponenten von $\mathbf{v}$. Im Gegensatz zu den Maxwellschen Gleichungen sind sie hochgradig nichtlinear und deshalb schwer zu analysieren. Wir wissen alle, wie turbulent eine Strömung werden kann, und diese Turbulenz ist eine Konsequenz des nichtlinearen Charakters der Gleichungen.

Schall

Wir betrachten die Schallausbreitung in einem Gas und nehmen an, daß keine äußeren Kräfte vorhanden sind ($\mathbf{F} = \mathbf{0}$). Schall ist das Ergebnis von Luftschwingungen, die unter normalen Umständen ziemlich klein sind. Die Wellen sind Longitudinalwellen, da sich die einzelnen Moleküle in derselben Richtung bewegen in der sich die Welle ausbreitet. Die Kleinheit der Schwingungen wird uns zur *linearen* Wellengleichung führen. Wir wissen, daß die Gleichungen (13.11),(13.14) und (13.15) auch für Bewegungen der Luft gelten, sie also durch

$$\frac{\partial \rho}{\partial t} + \nabla \cdot (\rho \mathbf{v}) = 0 \quad \text{und} \quad \frac{\partial \mathbf{v}}{\partial t} + (\mathbf{v} \cdot \nabla)\mathbf{v} = -\frac{1}{\rho}\nabla(f(\rho)) \tag{13.16}$$

beschrieben werden.

Ruhende Luft hat die konstante Dichte $\rho = \rho_0$ und der Gechwindigkeitsvektor verschwindet in diesem Fall: $\mathbf{v} = \mathbf{0}$. Wir setzen voraus, daß die Schwingungen, die die ruhende Luft stören, so klein sind, daß

$$\rho(\mathbf{x}, t) = \rho_0 + O(\epsilon) \quad \text{und} \quad \mathbf{v} = O(\epsilon), \tag{13.17}$$

wobei $O(\epsilon)$ eine kleine (positive) Größe ist. Wir schreiben die Kontinuitätsgleichung als

$$\frac{\partial \rho}{\partial t} + \rho_0 \nabla \cdot \mathbf{v} = -\nabla \cdot ((\rho - \rho_0)\mathbf{v}).$$

Wenn wir die Funktionen $1/\rho$ und $f'(\rho)$ in Taylorreihen nach Potenzen von $\rho - \rho_0$ entwickeln, erhalten die Bewegungsgleichungen (13.16) die Gestalt

$$\frac{\partial \mathbf{v}}{\partial t} + (\mathbf{v} \cdot \nabla)\mathbf{v} = -\left[\frac{1}{\rho_0} - \frac{1}{\rho_0^2}(\rho - \rho_0) + O(\rho - \rho_0)^2\right]$$
$$\times \left[f'(\rho_0) + f''(\rho_0)(\rho - \rho_0) + O(\rho - \rho_0)^2\right]\nabla(\rho - \rho_0).$$

Wir setzen voraus, daß $\rho - \rho_0$ und $\mathbf{v}$ samt ihren ersten Ableitungen klein sind von der Ordnung $O(\epsilon)$. Wenn wir die Glieder der Ordnung $O(\epsilon)^2$ vernachlässigen, erhalten wir die Näherungsgleichungen

13.2 Strömungen und Schall

$$\frac{\partial \rho}{\partial t} + \rho_0 \nabla \cdot \mathbf{v} = 0, \qquad \frac{\partial \mathbf{v}}{\partial t} = -\frac{f'(\rho_0)}{\rho_0} \nabla \rho. \tag{13.18}$$

Man nennt sie die *linearisierten Gleichungen der Akustik*.

Aus (13.18) folgt

$$\begin{aligned}
\frac{\partial^2 \rho}{\partial t^2} &= -\rho_0 \nabla \cdot \frac{\partial \mathbf{v}}{\partial t} \\
&= -\rho_0 \nabla \cdot \left(-\frac{f'(\rho_0)}{\rho_0} \nabla \rho\right) \\
&= f'(\rho_0) \Delta \rho.
\end{aligned}$$

ρ erfüllt also die *Wellengleichung* mit der Wellengeschwindigkeit

$$c_0 = \sqrt{f'(\rho_0)}.$$

Wenn wir die Geschwindigkeit $\mathbf{v}$ untersuchen, stellen wir fest, daß ihre Rotation die Gleichung

$$\frac{\partial}{\partial t} \nabla \times \mathbf{v} = \nabla \times \frac{\partial \mathbf{v}}{\partial t} = -\frac{f'(\rho_0)}{\rho_0} \nabla \times \nabla \rho = \mathbf{0}$$

erfüllt. Wir nennen $\nabla \times \mathbf{v}$ ein *Wirbelfeld*. Setzen wir voraus, daß $\nabla \times \mathbf{v} = \mathbf{0}$ zur Zeit $t = 0$, so bedeutet dies, daß die Luftbewegung zu Beginn *rotationsfrei* ist. Dann verschwindet das Wirbelfeld ($\nabla \times \mathbf{v} = \mathbf{0}$) für alle t, die Bewegung bleibt also wirbelfrei. Das hat die Gültigkeit von

$$\frac{\partial}{\partial x_i} \frac{\partial v_j}{\partial x_j} = \frac{\partial}{\partial x_j} \frac{\partial v_i}{\partial x_j}$$

und damit von $\nabla(\nabla \cdot \mathbf{v}) = \Delta \mathbf{v}$ zur Folge. Wir schließen weiter

$$\begin{aligned}
\frac{\partial \mathbf{v}}{\partial t^2} &= -\frac{f'(\rho_0)}{\rho_0} \nabla \frac{\partial \rho}{\partial t} \\
&= -\frac{f'(\rho_0)}{\rho_0} \nabla(-\rho_0 \nabla \cdot \mathbf{v}) \\
&= f'(\rho_0) \nabla(\nabla \cdot \mathbf{v}) = f'(\rho_0) \Delta \mathbf{v}.
\end{aligned}$$

Sowohl ρ als auch alle drei Komponenten von $\mathbf{v}$ erfüllen also die Wellengleichung bei gleicher Geschwindigkeit c_0. Natürlich ist c_0 die Schallgeschwindigkeit und c_0^2 die Ableitung des Drucks nach der Dichte.

Beispiel

Für Luft bei normalem Atmosphärendruck gilt genähert $p = f(\rho) = p_0(\rho/\rho_0)^{7/5}$, mit $p_0 = 1,033 \text{kg/cm}^2$ und $\rho_0 = 0,001293 \text{g/cm}^3$. Daher ist $c_0 = \sqrt{(1,4)p_0/\rho_0} = 336 \text{m/s}$.

Weitere Informationen über Strömungen finden Sie in [Me], über Akustik in [MI].

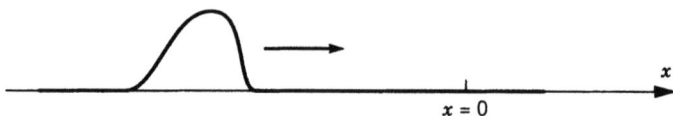

Bild 13.1

Übungsaufgaben

1. Setzen Sie in (13.14) voraus, daß **v** ein Gradient ist ($\mathbf{v} = \nabla\phi$), daß $\mathbf{F} = 0$, und daß $p = f(\rho)$ ist. Zeigen Sie, daß dann $\int dp/\rho + \partial\phi/\partial t + \frac{1}{2}|\nabla\phi|^2 =$ const. (*Hinweis:* Setzen Sie $\mathbf{v} = \nabla\phi$ in (13.14) ein.)

2. Zeigen Sie insbesondere, daß bei einer stetigen Strömung einem niedrigen Druck eine hohe Geschwindigkeit entspricht. (*Hinweis:* Setzen Sie $\partial\phi/\partial t = 0$.)

13.3 Streuung

Ein Streuproblem oder auch ein Beugungsproblem besteht aus einer ankommenden Welle, einer Wechselwirkung und einer auslaufenden Welle. Da die Wechselwirkung selbst sehr komplizierte Effekte aufweisen kann, konzentrieren wir uns auf den „vorher → nachher"-Prozeß, der *Streuprozeß* genannt wird.

Die inhomogene Saite

Als erstes Beispiel betrachten wir eine unendliche, schwingende Saite, die aus zwei verschiedenen Materialien hergestellt ist. Ihre Dichte sei $\rho(x) = \rho_1$ für $x < 0$ und ρ_2 für $x > 0$. Eine Welle wandert entlang der linken Hälfte der Saite mit der Geschwindigkeit $c_1 = \sqrt{T/\rho_1}$ und entlang der rechten Hälfte mit der Geschwindigkeit $c_2 = \sqrt{T/\rho_2}$. Jede Welle erfüllt also die Gleichung

$$u_{tt} = c^2(x) u_{xx} \quad \text{mit } c(x) = \begin{cases} c_1 & \text{für } x < 0 \\ c_2 & \text{für } x > 0. \end{cases} \tag{13.19}$$

Sei $u(x,t) = f(x - c_1 t)$ mit $f(s) = 0$ für $s > 0$ eine von links kommende Welle. Man nennt sie *ankommende* oder *einfallende Welle* (siehe Bild 13.1). Was wird mit dieser Welle geschehen?

Aus Abschnitt 2.1 wissen wir, daß

$$u(x,t) = \begin{cases} F(x - c_1 t) + G(x + c_2 t) & \text{für } x < 0 \text{ und alle } t \\ H(x - c_2 t) + K(x + c_2 t) & \text{für } x > 0 \text{ und alle } t \end{cases} \tag{13.20}$$

13.3 Streuung

Obwohl $c(x)$ bei $x = 0$ unstetig ist, verlangt die Physik, daß $u(x,t)$ und $u_x(x,t)$ überall stetig sind. (Warum?) Die Anfangsbedingungen sind

$$u(x,0) = f(x) \quad \text{und} \quad u_t(x,0) = -c_1 f'(x). \tag{13.21}$$

(Warum?) Insbesondere sind die Anfangsdaten Null für $x > 0$. Durch Kombination von (13.20) und (13.21) erhält man

$$u(x,t) = f(x - c_1 t) + \frac{c_2 - c_1}{c_2 + c_1} f(-c_1 t - x) \quad \text{für } x < 0 \tag{13.22}$$

und

$$u(x,t) = \frac{2c_2}{c_2 + c_1} f\left(\frac{c_1}{c_2}(x - c_2 t)\right) \quad \text{für } x > 0 \tag{13.23}$$

(siehe Übungsaufgabe 1).

Dieses Ergebnis kann wie folgt interpretiert werden. Der erste Term in (13.22) stellt eine ankommende Welle dar, der zweite eine *reflektierte Welle*, die mit der Geschwindigkeit c_1 und dem Reflexionskoeffizienten $(c_2 - c_1)/(c_2 + c_1)$ nach links wandert. Der Ausdruck (13.23) ist die *übertragene* Welle, die mit der Geschwindigkeit c_2 und einem Übertragungskoeffizienten $2c_2/(c_2 + c_1)$ nach rechts wandert.

Bei diesem Beispiel ist das Medium einer abrupten Änderung in einem einzelnen Punkt unterworfen. In allgemeineren Situationen werden die Wirkungen beliebiger Unregelmäßigkeiten oder *Inhomogenitäten* des Mediums untersucht. Wir könnten beispielsweise die Gleichung

$$u_{tt} - \nabla \cdot (p \nabla u) + qu = 0 \tag{13.24}$$

untersuchen, für die mit $\mathbf{x} = (x,y,z)$ die Funktionen $p = p(\mathbf{x})$ und $q = q(\mathbf{x})$ die Inhomogenitäten darstellen. Wenn wir die Forderungen $p(\mathbf{x}) \to c^2 > 0$ und $q(\mathbf{x}) \to 0$ mit $|\mathbf{x}| \to \infty$ stellen, bedeutet das eine „Lokalisierung" der Inhomogenitäten. Ein weiteres Beispiel für einen Streuprozeß ist die Streuung an einem starren Körper. Davon handelt unser nächstes Beispiel.

Streuung einer ebenen Welle an einer Sphäre

Sei $\{|\mathbf{x}| = R\}$ eine Sphäre, auf der wir Dirichlet-Bedingungen vorgeben. Die einfallende Welle sei $Ae^{i(\omega t - kz)}$ mit Konstanten A, ω und k, die der Gleichung $\omega^2 = c^2 k^2$ genügen. Diese Funktion ist eine Lösung der Wellengleichung, die zugehörige Welle wandert mit der Geschwindigkeit c entlang der z-Achse und wird eine *ebene fortschreitende Welle* genannt. Das Streuproblem besteht darin,

$$\begin{aligned} u_{tt} - c^2 \Delta u &= 0 && \text{für } |\mathbf{x}| > R \\ u &= 0 && \text{auf } |\mathbf{x}| = R \\ u(x,t) &\sim Ae^{i(\omega t - kz)} && \text{mit } t \to -\infty \end{aligned} \tag{13.25}$$

zu lösen. Da wir erwarten, daß sich die Lösung zeitlich wie $e^{i\omega t}$ verhält, suchen wir nach einer Lösung der Gestalt

$$u(x,t) = Ae^{i(\omega t - kz)} + e^{i\omega t}v(\mathbf{x}). \tag{13.26}$$

Das macht erforderlich, daß die reflektierte Welle $v(\mathbf{x})$ das Problem

$$\omega^2 v + c^2 \Delta v = 0 \quad \text{für } |\mathbf{x}| > R$$
$$v = -Ae^{-ikz} \quad \text{auf } |\mathbf{x}| = R \tag{13.27}$$

v genügt in ∞ einer „auslaufenden Ausstrahlungsbedingung"

löst.

Die *auslaufende Ausstrahlungsbedingng* besagt, daß $e^{i\omega t}v(\mathbf{x})$ keinen einlaufenden Anteil besitzt: es soll sich um eine reine auslaufende Welle handeln. Beispielsweise ist die Kugelwelle $e^{i\omega t}e^{\pm ikr}/r$ einlaufend mit dem Pluszeichen und auslaufend mit dem Minuszeichen (bei positiven k und ω). Für die auslaufende Welle ist rv beschränkt, und es gilt $r(\partial v/\partial r + ikv) \to 0$ mit $r \to \infty$. Damit lautet das Problem für $v(\mathbf{x})$:

$$\Delta v + k^2 v = 0 \quad \text{für } |\mathbf{x}| > R$$
$$v = -Ae^{ikz} \quad \text{auf } |\mathbf{x}| = R \tag{13.28}$$
$$rv \text{ beschränkt und } r\left(\frac{\partial v}{\partial r} + ikv\right) \to 0 \text{ mit } r \to \infty \ .$$

Um die Lösung von (13.28) zu ermitteln, machen wir Gebrauch von den Methoden aus Kapitel 10. Wegen der Symmetrie des Problems bietet sich die Verwendung von Kugelkoordinaten an, die Lösung $v(\mathbf{x})$ wird dann von ϕ unabhängig sein. Wie in Abschnitt 10.3 entwickeln wir $v(\mathbf{x})$ nach den Kugelfunktionen. Wegen $\Delta v = -k^2 v$ hat die Entwicklung die Gestalt

$$v(r,\theta) = \sum a_l R_{l+\frac{1}{2}}(kr) P_l(\cos\theta). \tag{13.29}$$

Dabei erfüllt $R_{l+\frac{1}{2}}$ die Besselsche Gleichung und die P_l sind Legendrepolynome. Da v unabhängig vom Winkel ϕ ist, ist der zugehörige Index m Null.

Die auslaufende Ausstrahlungsbedingung legt das asymptotische Verhalten für $r \to \infty$ fest. Wir suchen in Abschnitt 10.5 nach den benötigten Fakten. Nach (10.94) mit $s = l + \frac{1}{2}$ und $z = kr$ wissen wir

$$H_s^+(kr) \sim \sqrt{\frac{2}{\pi kr}} e^{i(kr - s\pi/2 - \pi/4)} \quad \text{mit } r \to \infty.$$

Unter allen Lösungen der Besselschen Gleichung ist sie die einzige, nach der wir suchen. Es ist also $R_{l+\frac{1}{2}} = H_{l+\frac{1}{2}}^+$.

Die Koeffizienten in (13.29) werden durch die Randbedingung in (13.28) festgelegt. Mit $r = R$ fordern wir

$$-Ae^{-ikR\cos\theta} = \sum_{l=0}^{\infty} a_l H_{l+\frac{1}{2}}^+(kR) P_l(\cos\theta). \tag{13.30}$$

13.3 Streuung

Zur Bestimmung der a_l benötigen wir eine dreidimensionale Version der Identität (10.96) wie folgt.

Als offensichtliche Lösung von $\Delta w + w = 0$ besitzt $e^{iz} = e^{-ir\cos\theta}$ wie in Abschnitt 10.3 eine Entwicklung nach Kugelfunktionen der Form

$$e^{-ir\cos\theta} = \sum_{l=0}^{\infty} b_l \frac{1}{\sqrt{r}} J_{l+\frac{1}{2}}(r) P_l(\cos\theta) \tag{13.31}$$

Mit der Orthogonalität der Legendrepolynome und durch die Werte der Normierungsfaktoren aus Abschnitt 10.6 folgern wir

$$b_l \frac{1}{\sqrt{r}} J_{l+\frac{1}{2}}(r) = \frac{2l+1}{2} \int_{-1}^{1} e^{-irs} P_l(s)\, ds \tag{13.32}$$

(siehe Übungsaufgabe 3).

Wir vergleichen das asymptotische Verhalten mit $r \to \infty$ auf beiden Seiten von (13.32). Aus der rechten Seite von (13.32) erhalten wir nach zweimaliger partieller Integration

$$(l+\tfrac{1}{2}) \left[\frac{i}{r} e^{-irs} P_l(s) \Big|_{-1}^{1} - \left(\frac{i}{r}\right)^2 e^{-irs} P_l'(s) \Big|_{-1}^{1} + \left(\frac{i}{r}\right)^2 \int_{-1}^{1} e^{-irs} P_l''(s)\, ds \right].$$

Von diesen drei Termen dominiert der erste, da er den Faktor $1/r$ anstelle von $1/r^2$ trägt. Die rechte Seite von (13.32) ist also

$$(l+\tfrac{1}{2}) \frac{i}{r} \left[e^{ir} P_l(1) - e^{ir} P_l(-1) \right] + O\left(\frac{1}{r^2}\right)$$

$$= \frac{2}{r}(-i)^l (l+\tfrac{1}{2}) \sin\left(r - \frac{l\pi}{2}\right) + O\left(\frac{1}{r^2}\right) \tag{13.33}$$

nach Übungsaufgabe 4. Andererseits verhält sich nach (10.84) die rechte Seite von (13.32) asymptotisch wie

$$b_l \frac{1}{\sqrt{r}} \sqrt{\frac{2}{\pi r}} \cos\left[r - \left(l+\frac{1}{2}\right)\frac{\pi}{2} - \frac{\pi}{4}\right] = b_l \sqrt{\frac{2}{\pi}} \frac{1}{r} \sin\left(r - \frac{l\pi}{2}\right). \tag{13.34}$$

Der Vergleich von (13.33) mit (13.34) zeigt uns

$$b_l = \sqrt{2\pi}(-i)^l (l+\frac{1}{2}).$$

Dieses Ergebnis in (13.31) eingesetzt liefert uns die Entwicklung

$$e^{-ir\cos\theta} = \sqrt{2\pi} \sum_{l=0}^{\infty} (-i)^l (l+\frac{1}{2}) \frac{1}{\sqrt{r}} J_{l+\frac{1}{2}}(r) P_l(\cos\theta). \tag{13.35}$$

Wir multiplizieren (13.35) mit $-A$ und ersetzen r durch kR. Dann muß dieser Ausdruck mit (13.30) übereinstimmen, so daß wir

$$a_l H^+_{l+\frac{1}{2}}(kr) = -A\sqrt{2\pi}(-i)^l(l+\frac{1}{2})\frac{J_{l+\frac{1}{2}}(kR)}{\sqrt{kR}}$$

erhalten. Dies ist die Formel für die Koeffizienten in (13.29). Wir haben somit den folgenden Satz bewiesen.

Satz 13.1 *Die Streuung der ebenen Welle $Ae^{ik(ct-z)}$ an der Kugel $|\mathbf{x}| = R$ unter Dirichletschen Randbedingungen führt zu der Lösung*

$$u(\mathbf{x},t) = Ae^{ik(ct-z)} - Ae^{ikct}\sqrt{\frac{2\pi}{kR}}\sum_{l=0}^{\infty}(-i)^l\left(l+\frac{1}{2}\right)$$
$$\cdot \frac{J_{l+\frac{1}{2}}(kR)}{H_{l+\frac{1}{2}}(kR)} H_{l+\frac{1}{2}}(kr) P_l(\cos\theta).$$

Näheres über die Streuung finden Sie in [MF],[AJS] oder [AS].

Übungsaufgaben

1. Leiten Sie (13.22) und (13.23) aus (13.21) und (13.20) ab.

2. Ein Massenpunkt M ist mit einer Feder im Ursprung einer unendlichen homogenen Saite befestigt. Die Schwingungen der Saite gehorchen dann der Wellengleichung (Ausbreitungsgeschwindigkeit c) unter den Sprungbedingungen

$$T[u_x(0+,t) - u_x(0-,t)] = ku(0-,t) + Mu_{tt}(0-,t)$$
$$= ku(0+,t) + Mu_{tt}(0+,t).$$

   Bestimmen Sie die reflektierte und die übertragene Welle, wenn eine Welle $f(x-ct)$ von links (d.h. $f(x-ct) = 0$ für $x \geq 0, t \leq 0$) fortschreitet. Setzen Sie der Einfachheit halber $c = T = k = M = 1$.

3. Leiten Sie Formel (13.32) her unter Ausnützung der Orthogonalität der Legendrepolynome.

4. Leiten Sie (13.33) her.

5. Wiederholen Sie das Streuproblem an einer Sphäre für den Fall Neumannscher Randbedingungen. (Man kann sich darunter die Schallstreuung an einer starren Kugeloberfläche vorstellen.)

6. Behandeln Sie das Streuproblem für einen unendlich langen Zylinder unter Dirichlet-Bedingungen. (*Hinweis:* Siehe Abschnitt 10.5)

7. Lösen Sie das Streuproblem für eine Punktquelle außerhalb einer Ebene:

$$\Delta v + k^2 v = \delta(x^2 + y^2 + (z-a)^2) \quad \text{in } z > 0, \quad v = 0 \quad \text{auf } z = 0.$$

Welches ist die „reflektierte" oder „gestreute" Welle? (*Hinweis:* Lösen Sie zunächst die Gleichung im ganzen Raum ohne eine Randbedingung. Verwenden Sie dann die Methode der Reflexion wie in Abschnitt 7.4.)

13.4 Das stetige Spektrum

In der Quantenmechanik werden sehr viele Phänomene durch die Schrödinger-Gleichung

$$iu_t = -\Delta u + V(\mathbf{x})u$$

mit dem reellen Potential $V(\mathbf{x})$ beschrieben. Durch die Variablentrennung $v(\mathbf{x},t) = e^{i\lambda t}\psi(\mathbf{x})$ erhalten wir

$$-\Delta\psi + V(\mathbf{x})\psi = \lambda\psi. \qquad (13.36)$$

λ ist ein Eigenwert, wenn (13.36) eine nichttriviale Lösung ψ mit $\iiint |\psi|^2\, d\mathbf{x} < \infty$ hat. Die Menge all dieser Eigenwerte heißt das *diskrete Spektrum* (oder Punktspektrum). Eine zugehörige Eigenfunktion $\psi(\mathbf{x})$ heißt ein *gebundener Zustand*. In diesem Abschnitt setzen wir voraus, daß das Potential $V(\mathbf{x})$ mit $|\mathbf{x}| \to \infty$ hinreichend schnell gegen Null strebt. Dann müssen sich die Lösungen von (13.36) für $|\mathbf{x}| \to \infty$ verhalten wie die Lösungen von $-\Delta\psi = \lambda\psi$.

Die einfachere Gleichung $-\Delta\psi = \lambda\psi$ hat mit $|\mathbf{k}|^2 = \lambda$ die harmonischen ebenen Wellen $\psi(\mathbf{x},\mathbf{k}) = e^{-i\mathbf{x}\cdot\mathbf{k}}$ als Lösungen. In Kapitel 12 untersuchten wir derartige Probleme mit Hilfe von Fouriertransformationen. Die ebenen Wellen, die wir jetzt betrachten, sind aber wegen $\iiint |\psi|^2\, d\mathbf{x} = \infty$ keine Eigenfunktionen. Wir sagen deshalb, daß die Menge der positiven reellen Zahlen λ ($0 < \lambda < \infty$) das *stetige Spektrum* des Operators $-\Delta$ bildet. Es liegt an dem stetigen Spektrum, daß die übliche Fourierentwicklung durch das Fourierintegral zu ersetzen ist.

Auch Problem (13.36) mit dem Potential V besitzt ein stetiges Spektrum. Das bedeutet, daß es für $\lambda = |\mathbf{k}|^2 > 0$ eine Lösung $f(\mathbf{x},\mathbf{k})$ von (13.36) derart gibt, daß

$$f(\mathbf{x},\mathbf{k}) \sim e^{-i\mathbf{k}\cdot\mathbf{x}} \quad \text{mit } |\mathbf{x}| \to \infty.$$

Problem (13.36) kann ebenso auch gebundene Zustände als Lösungen besitzen.

Für das *Wasserstoffatom*, bei dem das Potential $V(\mathbf{x}) = c/r$ ($c =$ const.) war, fanden wir in den Abschnitten 9.5 und 10.7 heraus, daß das stetige Spektrum (den gebundenen Zuständen zugehörig) aus den negativen Kehrwerten der Quadratzahlen $\{-1/n^2\}$ besteht. Als das stetige Spektrum stellt sich das ganze Intervall $[0;\infty[$ heraus. Das gesamte Spektrum, stetig oder diskret, ist in Bild 13.2 skizziert. Das Potential c/r des Wasserstoffatoms hat eine Singularität im Ursprung, es strebt für $r \to \infty$ nicht besonders schnell gegen Null. Für ein anderes Potential, das

Stetiges Spektrum

Bild 13.2

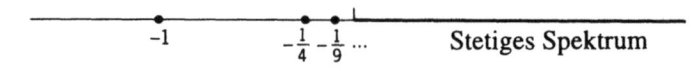

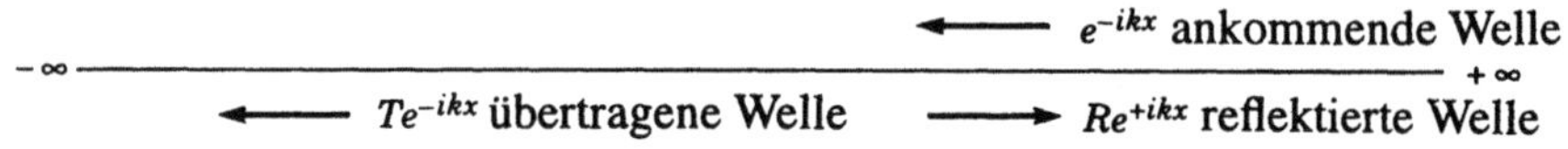

Bild 13.3

glatt ist und mit $r \to \infty$ rasch gegen Null strebt (exponentiell oder wenigstens schneller als eine gewisse Potenz), konnte gezeigt werden, daß das stetige Spektrum $[0; \infty[$ ist und das diskrete Spektrum aus einer *endlichen* Anzahl negativer Zahlen $\lambda_N \leq \ldots \leq \lambda_1 < 0$ mit $N \geq 0$ besteht. Siehe [RS] Vol. IV, S. 98, [Dd] S. 117 oder [AS].

Wir untersuchen jetzt das stetige Spektrum vom Gesichtspunkt der Streutheorie. Der Einfachheit halber nehmen wir uns den eindimensionalen Fall vor und schreiben (13.36) in der Form

$$-\psi_{xx} + V(x)\psi = k^2\psi \qquad (-\infty < x < \infty), \tag{13.37}$$

wobei $\lambda = k^2 > 0$ das stetige Spektrum ist. Die Rolle des Streuers übernimmt das Potential $V(x)$, für das wir

$$\int_{-\infty}^{\infty} (1 + x^2)V(x)\,dx < \infty \tag{13.38}$$

voraussetzen. Ist e^{-ikx} eine von $x = +\infty$ kommende Welle, so wird es eine reflektierte Welle geben, die nach $+\infty$ zurückläuft, und eine übertragene Welle, die nach $-\infty$ fortschreitet (siehe Bild 13.3):

$$\begin{aligned}\psi(x) &\sim e^{-ikx} + Re^{+ikx} &\text{mit } x \to +\infty \\ \psi(x) &\sim Te^{-ikx} &\text{mit } x \to -\infty\end{aligned} \tag{13.39}$$

Der Reflexionskoeffizient R ist ebenso wie der Übertragungskoeffizient T von k abhängig. Es kann gezeigt werden, daß es unter der Bedingung (13.38) für jedes k eine eindeutige Lösung gibt, welche die Eigenschaften (13.39) hat (siehe [AS] oder [Dd]).

Satz 13.2 *Für den Reflexionskoeffizienten R und den Übertragungskoeffizienten T gilt die Beziehung*

$$|R|^2 + |T|^2 = 1.$$

13.4 Das stetige Spektrum

R und T gehorchen also dem Lehrsatz des Pythagoras. Natürlich folgt, daß sowohl $|R|$ als auch $|T|$ kleiner oder gleich 1 sind.

Beweis: Seien $f(x)$ und $g(x)$ Lösungen von (13.37) mit

$$f(x) \sim e^{-ikx} \quad \text{für } x \to -\infty \quad \text{und} \quad g(x) \sim e^{+ikx} \quad \text{für } x \to +\infty. \tag{13.40}$$

(Genauer: $e^{ikx}f(x) \to 1$ mit $x \to -\infty$ usw.) Es kann gezeigt werden, daß $f(x)$ und $g(x)$ existieren und eindeutig sind. Ihre konjugiert Komplexen $\bar{f}(x)$ und $\bar{g}(x)$ sind ebenfalls Lösungen (warum?), für sie gilt

$$\bar{f}(x) \sim e^{+ikx} \quad \text{für } x \to -\infty \quad \text{und} \quad \bar{g}(x) \sim e^{-ikx} \quad \text{für } x \to +\infty. \tag{13.41}$$

Nun sind g und $\bar{g}$ linear unabhängig, da sie bei $+\infty$ linear unabhängige Bedingungen erfüllen. *Jede* Lösung der GDGl. (13.37), also auch f, kann als Linearkombination von g und $\bar{g}$ mit komplexen Konstanten a und b dargestellt werden:

$$f(x) = ag(x) + b\bar{g}(x) \tag{13.42}$$

(Alle diese Funktionen und Konstanten hängen von k ab.) Die Wronski-Determinante $W(g,\bar{g}) = g\bar{g}_x - g_x\bar{g}$ ist unabhängig von x, da

$$\begin{aligned}\frac{dW}{dx} &= g\bar{g}_{xx} + g_x\bar{g}_x - g_x\bar{g}_x - g_{xx}\bar{g} = g\bar{g}_{xx} - g_{xx}\bar{g} \\ &= g \cdot (V(x) - k^2)\bar{g} - (V(x) - k^2)g \cdot \bar{g} = 0\end{aligned}$$

nach (13.37). Andererseits gilt aber für $x \to \infty$

$$W(g,\bar{g}) \sim (e^{ikx})(-ike^{-ikx}) - (ike^{ikx})(e^{-ikx}) \sim -2ik.$$

Es ist also $W(g,\bar{g}) \equiv -2ik$ für alle x. Ebenso zeigt man $W(f,\bar{f}) \equiv +2ik$ für alle x. Mit (13.42) und der Tatsache $W(g,g) = 0 = W(\bar{g},\bar{g})$ folgt

$$\begin{aligned}W(f,\bar{f}) &= W(ag + b\bar{g}, \bar{a}\bar{g} + \bar{b}g) = a\bar{a}W(g,\bar{g}) + b\bar{b}W(\bar{g},g) \\ &= (|a|^2 - |b|^2)W(g,\bar{g}).\end{aligned}$$

Es ist also $2ik = (|a|^2 - |b|^2)(-2ik)$, bzw.

$$|a|^2 - |b|^2 = -1. \tag{13.43}$$

Wir kehren zur Funktion $\psi(x)$, die durch die Bedingung (13.39) definiert ist, zurück. Vergleicht man (13.39) mit (13.41), so sieht man

$$\psi(x) = \bar{g}(x) + Rg(x) \quad \text{(aus der Bedingung bei } +\infty\text{)}$$

und

$$\psi(x) = Tf(x) \quad \text{(aus der Bedingung bei } -\infty\text{)}$$

Also ist $Tf(x) = \bar{g}(x) + Rg(x)$. Aus (13.42) folgt $a = R/T$ und $b = 1/T$. Setzt man das in (13.43) ein, so folgt $|R/T|^2 - |1/T|^2 = -1$ oder

$$|R|^2 + |T|^2 = 1.$$

□

Weitere Informationen über das stetige Spektrum finden Sie in [RS] oder [AS].

Übungsaufgaben

1. Bestimmen Sie alle Eigenwerte (das diskrete Spektrum) von

$$-\psi'' + q\psi = \lambda\psi \quad \text{mit } \psi(-x) = \psi(x) \quad (-\infty < x < \infty).$$

Dabei sei $q(x) = -Q$ für $|x| < 1$ und $q(x) = 0$ außerhalb dieses Intervalls. Die Tiefe Q ist eine positive Konstante. Man nennt $q(x)$ ein *Rechteckpotential*. (*Hinweis:* Zeigen Sie zunächst, daß $-Q < \lambda < 0$. Die Eigenfunktionen und ihre ersten Ableitungen müssen stetig sein.)

2. Bestimmen Sie alle Eigenwerte (das diskrete Spektrum) von

$$-\psi'' + q\psi = \lambda\psi \quad [-\infty < x < \infty)$$

für das Potential $q(x) = -Q\delta(x)$, einer Konstanten, multipliziert mit der Delta-Funktion. (*Hinweis:* Die Eigenfunktionen in diesem Fall sind nur stetig.)

13.5 Die Gleichungen der Elementarteilchen

In den letzten 50 Jahren haben verschiedene PDGl.-Modelle vom hyperbolischen Typ eine wesentliche Rolle für das Verständnis von Elementarteilchen, wie Elektronen, Protonen, Neutronen, Mesonen, Quarks usw. gespielt. Wir werden hier einige dieser Gleichungen beschreiben. Für ein tieferes Studium siehe [MF] oder [BI].

Eine der einfachsten ist die *Klein-Gordon-Gleichung*

$$u_{tt} - c^2\Delta u + m^2 u = 0 \tag{13.44}$$

in drei Dimensionen, wobei m die Masse des Teilchens ist. Sie ist vom hyperbolischen Typ (siehe Abschnitt 1.6), ein Unterschied zur Wellengleichung besteht nur im letzten Term. Ihre Lösung geben wir am Ende dieses Abschnitts an. Wesentlich schwieriger zu behandeln ist die *nichtlineare Klein-Gordon-Gleichung*

$$u_{tt} - c^2\Delta u + m^2 u + gu^3 = 0 \tag{13.45}$$

mit einer Konstanten g. Diese Gleichung stellt ein Modell für Mesonen dar.

Die Dirac-Gleichung

Die Dirac-Gleichung für ein Elektron wurde erdacht als eine Art „Quadratwurzel" aus der Klein-Gordon-Gleichung. Sie lautet

$$c^{-1}\gamma^0 \frac{\partial u}{\partial t} + \gamma^1 \frac{\partial u}{\partial x} + \gamma^2 \frac{\partial u}{\partial y} + \gamma^3 \frac{\partial u}{\partial z} + imu = 0, \tag{13.46}$$

wobei m die Masse, $i = \sqrt{-1}$ und $\gamma^0, \gamma^1, \gamma^2, \gamma^3$ gewisse 4×4-*Matrizen* sind. Die Koeffizientenmatrizen sind

13.5 Die Gleichungen der Elementarteilchen

$$\gamma^0 = \begin{pmatrix} 1 & & & \\ & 1 & & \\ & & -1 & \\ & & & -1 \end{pmatrix} \qquad \gamma^j = \begin{pmatrix} 0 & 0 & & -\sigma^j \\ 0 & 0 & & \\ & & 0 & 0 \\ -\sigma^j & & 0 & 0 \end{pmatrix}$$

für $j = 1, 2, 3$, wobei

$$\sigma^1 = \begin{pmatrix} 0 & 1 \\ 1 & 0 \end{pmatrix} \qquad \sigma^2 = \begin{pmatrix} 0 & -i \\ i & 0 \end{pmatrix} \qquad \sigma^3 = \begin{pmatrix} 1 & 0 \\ 0 & -1 \end{pmatrix}$$

die 2×2 Pauli-Matrizen sind. Die Lösung $u(x, y, z, t)$ stellt an jeder Stelle des Raum-Zeit-Kontinuums einen vierdimensionalen komplexen Vektor dar. Die Koeffizienten-Matrizen haben die folgenden Eigenschaften:

$$(\gamma^0)^* = \gamma^0, \quad (\gamma^j)^* = \gamma^j \qquad \text{für } j = 1, 2, 3, \tag{13.47}$$

wobei * die Transposition und komplexe Konjugation bezeichnet,

$$(\gamma^0)^2 = I, \quad (\gamma^j)^2 = -I \qquad \text{für } j = 1, 2, 3 \tag{13.48}$$

und

$$\gamma^\alpha \gamma^\beta + \gamma^\beta \gamma^\alpha = 0 \qquad \text{für } \alpha, \beta = 0, 1, 2, 3. \tag{13.49}$$

Die Dirac-Gleichung ist im Operator-Sinne Quadratwurzel der Klein-Gordon-Gleichung, was besagt, daß

$$\left(\frac{1}{c} \gamma^0 \frac{\partial}{\partial t} + \gamma^1 \frac{\partial}{\partial x} + \gamma^2 \frac{\partial}{\partial y} + \gamma^3 \frac{\partial}{\partial z} + im \right)^2 = \frac{1}{c^2} \frac{\partial^2}{\partial t^2} - \Delta + m^2$$

(siehe Übungsaufgabe 2).

In den berühmten Gleichungen der Quantenelektrodynamik (QED) werden die Maxwellschen und die Diracsche Gleichung durch nichtlineare Terme miteinander kombiniert. Wir wollen sie hier nicht aufschreiben. Durch sie wird die Wechselwirkung zwischen Elektronen (dargestellt durch die Dirac-Gleichung) und Photonen (dargestellt durch die Maxwellschen Gleichungen) beschrieben. Die Vorhersagen dieser Theorie stimmen bis zu zwölf Größenordnungen mit experimentellen Ergebnissen überein und machen sie damit zu einer der genauesten Theorien der theoretischen Physik.

Eichfeldtheorie

Durch diese Theorie versuchen Physiker heutzutage die vier fundamentalen Kräfte der Natur (Gravitation und Elektromagnetismus, starke und schwache Wechselwirkung) unter einem einheitlichen Gesichtspunkt zu beschreiben. Auf der Ebene der partiellen Differentialgleichungen beruht die Eichfeldtheorie auf den *Yang-Mill-Gleichungen*. Diese Gleichungen sind den Maxwellschen Gleichungen ähnlich, ihre Lösungen sind aber matrixwertig. Wenn wir der Einfachheit halber $c = 1$ setzen, lauten sie

(I) $\begin{cases} D_0B_1 = D_3E_2 - D_2E_3 \\ D_0B_2 = D_1E_3 - D_3E_1 \\ D_0B_3 = D_2E_1 - D_1E_2 \end{cases}$ (II) $\begin{cases} D_0E_1 = D_2B_3 - D_3B_2 \\ D_0E_2 = D_3B_1 - D_1B_3 \\ D_0E_3 = D_1B_2 - D_2B_1 \end{cases}$

(III) $D_1B_1 + D_2B_2 + D_3B_3 = 0$ (IV) $D_1E_1 + D_2E_2 + D_3E_3 = 0$.

Die Operatoren D_1, D_2 und D_3 sind hier *nichtlineare* Versionen der üblichen partiellen Ableitungen. Diese *kovarianten Differentiationsoperatoren* sind definiert durch

$$D_0U = \frac{\partial U}{\partial t} - A_0U + UA_0$$
$$D_kU = \frac{\partial U}{\partial x_k} - A_kU + UA_k \qquad (13.50)$$

für $k = 1, 2, 3$ und $\mathbf{x} = (x_1, x_2, x_3) = (x, y, z)$. Die Unbekannten der Yang-Mill-Gleichungen sind die 10 Variablen

$$E_1, E_2, E_3, B_1, B_2, B_3, A_0, A_1, A_2, A_3,$$

alles komplexe 2×2-Matrizen. Schließlich kommen zu (I) bis (IV) noch weitere Gleichungen

(V) $\quad E_k = \dfrac{\partial A_0}{\partial x_k} + \dfrac{\partial A_k}{\partial t} + A_1A_0 - A_0A_1$

und

(VI) $\quad B_1 = \dfrac{\partial A_2}{\partial x_3} + \dfrac{\partial A_3}{\partial x_2} + A_3A_2 - A_2A_3$

und ähnliche Gleichungen für B_2 und B_3 (die aus (VI) durch zyklische Vertauschung der Indizes hervorgehen).

Für die Yang-Mill-Gleichungen ist die *Gesamtenergie* durch

$$\mathcal{E} = \frac{1}{2} \iiint (|E_1|^2 + |E_2|^2 + |E_3|^2 - |B_1|^2 - |B_2|^2 - |B_3|^2)\, d\mathbf{x} \qquad (13.51)$$

und der *Gesamtimpuls* durch

$$\mathcal{P}_1 = \iiint (B_2E_3 - B_3E_2)\, d\mathbf{x} \quad \text{usw. (zyklisch)} \qquad (13.52)$$

definiert. Diese Größen sind Invarianten (siehe Übungsaufgabe 3).

Das Besondere an den Yang-Mill-Gleichungen ist ihre *Eichinvarianz*: Ist $G(\mathbf{x}, t)$ eine unitäre 2×2-Matrixfunktion mit der Determinante 1 und ist (E_k, B_k, A_k, A_0) ($k = 1, 2, 3$) eine Lösung von (I)-(VI), so ist mit

$$E'_k = G^{-1}E_kG, \qquad B'_k = G^{-1}B_kG.$$
$$A'_k = G^{-1}A_kG + G^{-1}\frac{\partial G}{\partial x_k}, \quad A'_0 = G^{-1}A_0G + G^{-1}\frac{\partial G}{\partial t} \qquad (13.53)$$

(für $k = 1, 2, 3$) auch (E'_k, B'_k, A'_k, A'_0) eine Lösung. Diese Invarianz hat weitreichende Konsequenzen, die bis hin zu den physikalischen Grundprizipien gehen.

Wir haben die Gleichungen der Eichfeldtheorie beschrieben mit der *Eichgruppe* $\mathcal{G}$ der regulären 2×2-Matrizen. Allgemeinere Eichfeldtheorien verwenden umfassendere Eichgruppen.

13.5 Die Gleichungen der Elementarteilchen

Die Lösung der Klein-Gordon-Gleichung

Wir lösen zunächst in *einer Dimension* das Problem

$$u_{tt} - c^2 u_{xx} + m^2 u = 0 \quad (-\infty < x < \infty)$$
$$u(x,0) = \phi(x) \quad u_t(x,0) = \psi(x) \tag{13.54}$$

mit den positiven Konstanten c und m unter Verwendung der Fouriertransformation wie in Abschnitt 12.4. Die Quellfunktion hat die Fouriertransformierte $\widehat{S}(k,t)$ für die gilt

$$\frac{\partial^2 \widehat{S}}{\partial t^2} = -c^2 k^2 \widehat{S} - m^2 \widehat{S}, \quad \widehat{S}(k,0) = 0, \quad \frac{\partial \widehat{S}}{\partial t}(k,0) = 1.$$

Diese GDGl. hat die Lösung

$$\widehat{S}(k,t) = \frac{\sin\left[t\sqrt{c^2 k^2 + m^2}\right]}{\sqrt{c^2 k^2 + m^2}}. \tag{13.55}$$

Wir erhalten damit für S

$$S(x,t) = \int_{-\infty}^{\infty} \frac{\sin\left[t\sqrt{c^2 k^2 + m^2}\right]}{\sqrt{c^2 k^2 + m^2}} e^{ikx} \frac{dk}{2\pi}.$$

Glücklicherweise stimmt $\widehat{S}$ mit der in (12.46) angegebenen Fouriertransformierten (fast) überein, so daß wir mit Übungsaufgabe 5 die Darstellung

$$S(x,t) = \frac{1}{2c} J_0\left(m\sqrt{t^2 - \frac{x^2}{c^2}}\right) \quad \text{für } |x| < ct \tag{13.56}$$

und $S(x,t) = 0$ für $|x| > ct \geq 0$ gewinnen. Diese Quellfunktion hat also die gleiche Sprung-Unstetigkeit auf dem Lichtkegel wie die der Wellengleichung. In der Tat konvergiert sie mit $m \to 0$ gegen die Quellfunktion der Wellengleichung (12.30).

In *drei Dimensionen* führt dieselbe Methode zur Formel

$$S(x,t) = \iiint_{-\infty}^{\infty} \frac{\sin\left[t\sqrt{c^2 k^2 + m^2}\right]}{\sqrt{c^2 k^2 + m^2}} e^{i\mathbf{k}\cdot\mathbf{x}} \frac{d\mathbf{k}}{8\pi^3}. \tag{13.57}$$

Dabei ist $k^2 = |\mathbf{k}|^2$. Wir müssen jetzt zu Kugelkoordinaten übergehen. θ bezeichne den Winkel zwischen $\mathbf{k}$ und $\mathbf{x}$, und es sei $r = |\mathbf{x}|$. Dann erhält (13.57) die Gestalt

$$S(\mathbf{x},t) = \int_0^{2\pi} \int_0^{\pi} \int_0^{\infty} \frac{\sin\left[t\sqrt{c^2 k^2 + m^2}\right]}{\sqrt{c^2 k^2 + m^2}} e^{ikr\cos\theta} \frac{k^2 \sin\theta \, dk \, d\theta \, d\phi}{8\pi^3}. \tag{13.58}$$

Die Integration über ϕ und über θ kann leicht durchgeführt werden und wir erhalten

$$S(\mathbf{x},t) = \frac{1}{2\pi^2 r} \int_0^{\infty} \frac{\sin\left[t\sqrt{c^2 k^2 + m^2}\right]}{\sqrt{c^2 k^2 + m^2}} k \sin kr \, dk. \tag{13.59}$$

Wir schreiben jetzt $k\sin kr$ als $\partial(-\cos kr)/\partial r$, ziehen die Differentiation vor das Integralzeichen und nützen aus, daß der Integrand eine gerade Funktion von k ist. Dann wird

$$S(\mathbf{x},t) = -\frac{1}{4\pi^2 r}\frac{\partial}{\partial r}\int_{-\infty}^{\infty}\frac{\sin[t\sqrt{c^2k^2+m^2}]}{\sqrt{c^2k^2+m^2}}e^{ikr}\,dk. \qquad (13.60)$$

Mit Übungsaufgabe 6 können wir weiter umformen zu

$$S(\mathbf{x},t) = -\frac{1}{4\pi cr}\frac{\partial}{\partial r}\left[H\left(t^2 - \frac{r^2}{c^2}\right)J_0\left(m\sqrt{t^2 - \frac{r^2}{c^2}}\right)\right]. \qquad (13.61)$$

Wenn wir noch die Ableitung berechnen und ausnützen, daß $J_0' = -J_1$ und $J_0(0) = 1$, erhalten wir schließlich

$$\begin{aligned}S(\mathbf{x},t) &= \frac{1}{2\pi c}\delta(c^2t^2 - r^2) \\ &\quad - mH(c^2t^2 - r^2)\frac{J_1[(m/c)\sqrt{c^2t^2 - r^2}]}{4\pi c^2\sqrt{c^2t^2 - r^2}}.\end{aligned} \qquad (13.62)$$

Diese Formel bedeutet, daß sich die Quellfunktion der Klein-Gordon-Gleichung in drei Dimensionen additiv zusammensetzt aus einer Delta-Funktion auf dem Lichtkegel und einer Besselfunktion im Inneren des Kegels. Im Falle $m = 0$ reduziert sie sich zum Fall der Wellengleichung.

Übungsaufgaben

1. Beweisen Sie die Eigenschaften (13.47),(13.48) und (13.49) von Dirac-Matrizen.

2. Beweisen Sie, daß der Dirac-Operator die Quadratwurzel des Klein-Gordon-Operators ist.

3. Zeigen Sie für die Yang-Mill-Gleichungen, daß die Energie $\mathcal{E}$ und der Impuls $\mathcal{P}$ Invarianten sind.

4. Beweisen Sie die Eichinvarianz der Yang-Mill-Gleichungen.

5. Verwenden Sie Formel (12.46) in der Tabelle der Fouriertransformierten zur Durchführung des letzten Schrittes in der Herleitung von Formel (13.56) für die eindimensionale Klein-Gordon-Gleichung.

6. Schließen Sie die letzten Lücken bei der Herleitung von Formel (13.62).

7. Bestimmen Sie die Lösung der eindimensionalen Klein-Gordon-Gleichung wie folgt durch die „Absteigemethode". Nennen Sie die Lösung $u(x,t)$ und definieren Sie $v(x,y,t) = e^{imy/c}u(x,t)$. Zeigen Sie, daß v die zweidimensionale Wellengleichung erfüllt. Verwenden Sie die Lösungsformel aus Kapitel 9 unter der Vorgabe $\phi(x) \equiv 0$ zur Bestimmung von $v(0,0,t)$ und transformieren Sie das zu

13.5 Die Gleichungen der Elementarteilchen

$$u(0,t) = \int_{|x|<ct} \int_{|y|<\mu} e^{imy} \frac{1}{\sqrt{\mu^2 - y^2}} dy\, \psi(x) \frac{dx}{2\pi}$$

mit $\mu = \sqrt{t^2 - x^2}$. Entnehmen Sie einer Integralsammlung, daß das innere Integral mit $\pi J_0(m\mu)$ übereinstimmt.

8. Die *Telegrafengleichung* oder *dissipative Wellengleichung* lautet

$$u_{tt} - c^2 \Delta u + \nu u_t = 0$$

mit dem Dissipationskoeffizienten $\nu > 0$. Zeigen Sie, daß die Energie abnimmt:

$$\frac{d\mathcal{E}}{dt} = -\nu \iiint u_t^2 \, d\mathbf{x} \leq 0.$$

9. Lösen Sie die Telegrafengleichung mit $\nu = 1$ in einer Dimension wie folgt. Substituieren Sie $u(x,t) = e^{-t^2/2} v(x,t)$ und zeigen Sie $u_{tt} - c^2 u_{xx} - \frac{1}{4} u = 0$. Dies ist die Klein-Gordon-Gleichung mit der imaginären Masse $m = i/2$. Leiten Sie die Quellfunktion für die Telegrafengleichung her.

14 Nichtlineare partielle Differentialgleichungen

Bei nichtlinearen Gleichungen versagt das Superpositionsprinzip. Die Methode der Entwicklung nach Eigenfunktionen und die Transformationsmethoden können deshalb keine Anwendung finden. Es treten neue Phänomene auf, wie Stoßwellen und Solitone (Solitärwellen). Wir werden uns jetzt mit diesen Dingen beschäftigen. Der Schlußteil von Abschnitt 14.1 erfordert Kenntnis von Abschnitt 12.1, für 14.2 ist Kenntnis von 13.4 erforderlich, für 14.3 benötigen Sie Abschnitt 7.1 und für 14.4 lediglich Kapitel 4.

14.1 Stoßwellen

Stoßwellen treten auf bei Explosionen, dem Verkehrsfluß, Gletscherwellen, dem Abbremsen von Flugzeugen, dem Schallschutz usw. Sie werden durch nichtlineare hyperbolische PDGln modelliert. Der einfachste Typ ist

$$u_t + a(u)u_x = 0, \tag{14.1}$$

eine Gleichung erster Ordnung. Ein System von zwei Gleichungen ähnlichen Typs ist

$$\rho_t + (\rho v)_x = 0 \quad \text{und} \quad v_t + vv_x + \rho^{-1}f(\rho)_x = 0,$$

dem wir in Abschnitt 13.2 begegnet sind. In diesem Abschnitt beschränken wir uns auf die Untersuchung der Gleichung (14.1). Wir beginnen mit einem sehr speziellen, aber typischem Beispiel.

Beispiel 1.

Die Gleichung

$$u_t + uu_x = 0 \tag{14.2}$$

ist nichtlinear und deshalb sehr viel subtiler als die linearen Gleichungen aus Abschnitt 1.2. Trotzdem werden wir die geometrische Methode verwenden. Die Charakteristiken von (14.2) sind die Lösungen der GDGl.

$$\frac{dx}{dt} = u(x,t). \tag{14.3}$$

14.1 Stoßwellen

Wegen der Nichtlinearität der PDGl. (14.2) hängt diese charakteristische Gleichung (14.3) von der gesuchten Funktion $u(x,t)$ selbst ab. Jede Lösung $u(x,t)$ von (14.2) liefert eine eigene Charakteristikenschar. Nach dem Existenz- und Eindeutigkeitssatz für GDGln (siehe Abschnitt A.4) gibt es zu jedem Punkt (x_0, t_0) eine eindeutige Lösungskurve, die durch diesen Punkt verläuft. Wenn wir also eine feste Lösung der PDGl. betrachten, so ist die zugehörige Charakteristikenschar eine Menge von Kurven, die die x,t-Ebene lückenlos ausfüllen.

Auf den ersten Blick scheint es, daß wir nichts über die charakteristische Kurve $(x(t),t)$ wissen können, da wir die Lösung $u(x,t)$ nicht kennen. Wir stellen aber mit der Kettenregel fest, daß $u(x,t)$ auf den Charakteristiken konstant ist:

$$\frac{d}{dt}[u(x(t),t)] = u_t + \frac{dx}{dt}u_x = u_t + uu_x = 0 \quad (!) \tag{14.4}$$

Obwohl wir die die Lösung noch nicht kennen, wissen wir doch, daß sie auf jeder solchen Kurve konstant ist. Dann ist aber auch $dx/dt = u(x(t),t) =$ const. Aus diesen Beobachtungen leiten wir drei Grundtatsachen ab:

(α) *Jede Charakteristik ist eine Gerade.* Jede Lösung $u(x,t)$ besitzt also eine Geradenschar (mit verschiedenen Steigungen) als Charakteristiken.

(β) *Die Lösung ist auf jeder Charakteristik konstant.*

(γ) *Die Steigung einer jeden Charakteristik stimmt mit dem Funktionswert $u(x,t)$ auf ihr überein.*

Wir stellen uns jetzt die Frage nach einer Lösung der PDGl, welche die Anfangsbedingung

$$u(x,0) = \phi(x) \tag{14.5}$$

erfüllt. Das heißt, wir geben die Funktionswerte auf der Geraden $t = 0$ vor. Nach (γ) haben die Charakteristiken durch $(x_0, 0)$ die Steigung $\phi(x_0)$. Ebenso hat die Charakteristik durch $(x_1, 0)$ die Steigung $\phi(x_1)$. Wenn sich beide schneiden (siehe Bild 14.1), sind wir in Schwierigkeiten. Nach (β) ist $u = \phi(x_0)$ auf der einen Geraden, und $u = \phi(x_1)$ auf der anderen, so daß gelten müßte $\phi(x_0) = \phi(x_1)$, was aber nicht möglich ist, da die Steigungen unterschiedlich sind.

Es gibt drei überzeugende Wege aus dieser Verlegenheit: Der eine besteht darin, ein derartiges Schneiden der Charakteristiken für $t \geq 0$ zu verhindern. Das läßt sich erreichen, wenn man fordert, daß $\phi(x)$ eine fallende Funktion ist. Der zweite besteht darin, den Begriff der Lösung so zu erweitern, daß auch Unstetigkeiten zugelassen sind. Der dritte besteht einfach darin, Lösungen nur in der Nähe der Anfangslinie $t = 0$ zu

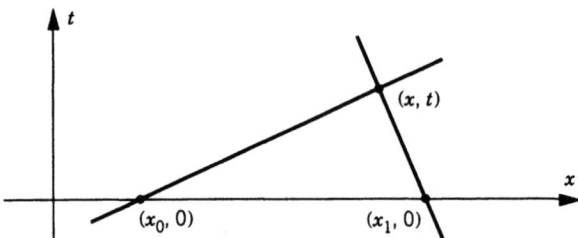

Bild 14.1

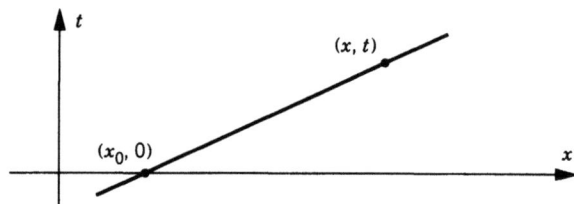

Bild 14.2

suchen, und zuzulassen, daß sie für größere t ein unbekanntes Verhalten zeigen.

Wir können eine Lösungsformel von (14.2) wie folgt erstellen. Wir betrachten eine Gerade durch die Punkte $(x_0, 0)$ und (x, t) (siehe Bild 14.2). Ihre Steigung ist

$$\frac{x - x_0}{t - 0} = \frac{dx}{dt} = u(x, t) = u(x_0, 0) = \phi(x_0).$$

Es gilt somit

$$x - x_0 = t\phi(x_0), \tag{14.6}$$

wodurch wir x_0 implizit als Funktion von (x, t) dargestellt haben. Dann ist

$$u(x, t) = \phi(x_0(x, t)) \tag{14.7}$$

die Lösung. [Die implizite Form von (14.6) hat zu tun mit dem zuvor untersuchten geometrischen Schnittproblem.]

14.1 Stoßwellen

Beispiel 2.

Wir verfolgen weiter Beispiel 1 und nehmen eine spezielle Wahl der Anfangsfunktion $\phi(x)$ vor. Sei $\phi(x) = x^2$. (14.6) erhält dann die Gestalt

$$x - x_0 = tx_0^2 \quad \text{oder} \quad tx_0^2 + x_0 - x = 0.$$

Diese quadratische Gleichung in x_0 hat die Lösungen

$$x_0 = \frac{-1 \pm \sqrt{1 + 4tx}}{2t} \quad \text{für } t \neq 0.$$

Dann ist gemäß (14.7)

$$u(x,t) = \phi(x_0) = \left(\frac{-1 \pm \sqrt{1 + 4tx}}{2t}\right)^2$$
$$= \frac{1 \mp 2\sqrt{1 + 4tx} + (1 + 4tx)}{4t^2} = \frac{1 + 2tx \mp \sqrt{1 + 4tx}}{2t^2}$$

Lösung der PDGl. (14.2) für $t \neq 0$. Wir erwarten, daß diese Formel die Lösung des Problems

$$u_t + uu_x = 0, \quad u(0,x) = x^2$$

darstellt. Sie ist aber nicht für $t = 0$ definiert. Deshalb fordern wir

$$x^2 = u(x,0) = \lim_{t \to 0} \frac{1 + 2tx \mp \sqrt{1 + 4tx}}{2t^2}.$$

Mit dem Pluszeichen besitzt dieser Ausdruck keinen Grenzwert, mit dem Minuszeichen besteht jedoch Hoffnung, da er dann ein Grenzwert von der Form 0/0 ist. Wir wenden die L'Hôpitalsche Regel zweimal an (mit x als Konstante) und berechnen den Grenzwert zu

$$\lim \frac{2x - 2x(1 + 4tx)^{-1/2}}{4t} = \lim \frac{4x^2(1 + 4tx)^{-3/2}}{t} = x^2,$$

wie es sein sollte. Die Lösung ist deshalb

$$u(x,t) = \frac{1 + 2tx - \sqrt{1 + 4tx}}{2t^2} \quad \text{für } t \neq 0. \tag{14.8}$$

Dies ist die Formel für die eindeutig bestimmte (stetige) Lösung. Sie ist aber nur Lösung im Bereich $1 + 4tx \geq 0$, dem Bereich zwischen den beiden Ästen der Hyperbel $tx = -\frac{1}{4}$.

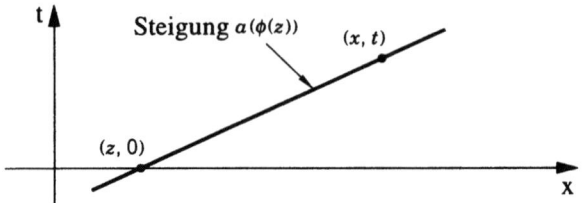

Bild 14.3

Kehren wir zur allgemeinen Gleichung zurück:

$$u_t + a(u)\, u_x = 0 \tag{14.1}$$

Die charakteristischen Kurven von (14.1) sind die Lösungen der GDGl.

$$\frac{dx}{dt} = a(u(x,t)). \tag{14.9}$$

Wenn wir eine solche Kurve mit $x = x(t)$ bezeichnen, stellen wir fest, daß

$$\frac{d}{dt} u(x(t),t) = u_x \frac{dx}{dt} + u_t = u_x a(u) - a(u) u_x = 0.$$

Deshalb gilt: *Die Charakteristiken sind Geraden und die Lösung ist auf ihnen konstant.*

Wir können deshalb Gleichung (14.1) unter der Anfangsbedingung $u(x,0) = \phi(x)$ lösen, vorausgesetzt, die Charakteristiken schneiden sich nicht. Die Charakteristik durch (x,t) und $(z,0)$ hat die „Steigung" (siehe Bild 14.3)

$$\frac{x-z}{t-0} = \frac{dx}{dt} = a(u(x,t)) = a(u(z,0)) = a(\phi(z)).$$

Mit $x - z = t\, a(\phi(z))$ ist also z implizit als Funktion von x und t gegeben. Wenn wir $z = z(x,t)$ schreiben, ist

$$u(x,t) = u(z,0) = \phi(z) = \phi(z(x,t)) \tag{14.10}$$

Lösung von (14.1).

Wenn sich keine zwei Charakteristiken in der Halbebene $t > 0$ schneiden, existiert eine Lösung $u(x,t)$ in der ganzen Halbebene. Das tritt nur ein, wenn die Steigung als Funktion von z monoton wächst (beachten Sie, daß sich die Steigung auf die vertikale t-Achse bezieht):

$$a(\phi(z)) \leq a\phi(w)) \quad \text{für } z \leq w.$$

14.1 Stoßwellen

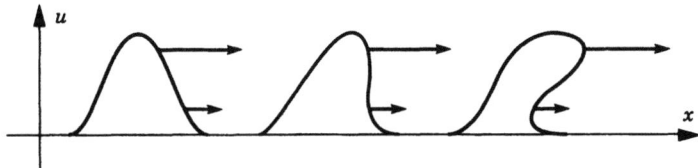

Bild 14.4

Mit anderen Worten, die Charakteristiken driften für $t > 0$ auseinander. Eine derartige Lösung heißt eine *expandierende Welle*.

Im allgemeinen Fall werden sich Charakteristiken jedoch schneiden und die Lösung wird dann nur bis zu dem Zeitpunkt existieren, wo sie sich schneiden. Wie verhält sich die Lösung in der Nähe dieses Zeitpunkts? Die Wellengeschwindigkeit ist $a(u)$. Da sie von u abhängt, bewegen sich einige Teile der Welle schneller als andere. Bei einem „kompressiven" Teil der Welle sieht der Bewegungsablauf so aus, wie in Bild 14.4 dargestellt. Der Wellenkamm bewegt sich schneller und die Welle wird „gebrochen". Je größer u ist, desto schneller bewegt sich die Welle, so daß der größere, schnellere Teil den kleineren, langsameren Teil der Welle überholt. Das führt zu einer dreiwertigen „Lösung". Diese Situation tritt ein, wenn sich Wasserwellen am Strand brechen oder bei der Stoßfront einer Explosion.

Was passiert, wenn die Lösung infolge Kompression nicht mehr existiert? Vom mathematischen Standpunkt aus hat die Lösung beim Auftreten einer Stoßwelle eine Sprung-Unstetigkeit. Üblicherweise ist das auf einer Kurve der x, t-Ebene der Fall.

Unstetige Lösungen

Wenn wir uns mit Lösungen einer PDGl. beschäftigen, die nicht einmal stetig, geschweige denn differenzierbar sind, was ist dann unter der PDGl. zu verstehen? In Abschnitt 12.1 haben wir eine Methode behandelt, nach der sehr allgemeine „Funktionen" Lösungen von PDGln sein können. Wir stellen deshalb die Frage, ob Gleichung (14.1) *im Sinne von Distributionen* erfüllt werden kann. Sei $A'(u) = a(u)$. (14.1) kann dann als $u_t + (A(u))_x = 0$ geschrieben werden. Die Gültigkeit dieser Gleichung im Sinne von Distributionen bedeutet

$$\int_0^\infty \int_{-\infty}^\infty [u\psi_t + A(u)\psi_x] \, dx \, dt = 0 \qquad (14.11)$$

für alle in der Halbebene definierten Testfunktionen $\psi(x,t)$. (Eine Testfunktion war als C^∞-Funktion definiert, die außerhalb einer beschränkten Menge verschwindet.)

Nehmen wir nun an, daß eine Sprung-Unstetigkeit, genannt *Stoß*, entlang einer Kurve $x = \xi(t)$ auftritt (siehe Bild 14.5). Da es sich um einen endlichen Sprung handeln soll, müssen die rechts- und linksseitigen Grenzwerte $u^+(t) = u(x+, t)$ und

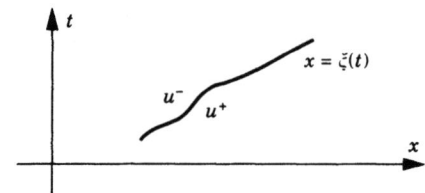

Bild 14.5

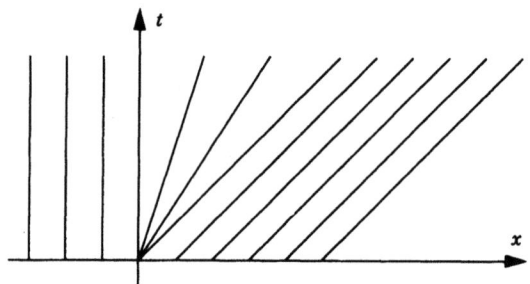

Bild 14.6

$u^-(t) = u(x-,t)$ existieren. Wir setzen weiter voraus, daß die Lösung außerhalb dieser Kurve glatt ist. Die Geschwindigkeit des Stoßes ist $s(t) = d\xi/dt$, der Kehrwert der Steigung in Bild 14.5. Wir teilen das innere Integral von (14.11) auf in ein Integral von $-\infty$ bis $\xi(t)$ und in eines von $\xi(t)$ bis ∞. Auf jedes einzelne Integral wenden wir den Divergenzsatz an (u ist C^1-Funktion) und erhalten

$$\int_0^\infty \int_{-\infty}^{\xi(t)} [-u_t\psi - A(u)_x\psi]\, dx\, dt - u^+\psi n_t - A(u^+)\psi n_x$$
$$+ \int_0^\infty \int_{\xi(t)}^{+\infty} [-u_t\psi - A(u)_x\psi]\, dx\, dt + u^-\psi n_t + A(u^-)\psi n_x = 0, \quad (14.12)$$

(n_x, n_t) ist dabei der nach links weisende Einheitsnormalenvektor der Stoßkurve $x = \xi(t)$. Nun ist aber $u_t + A(u)_x = 0$ im herkömmlichen Sinne in jedem einzelnen Teilbereich, beide Integrale in (14.12) verschwinden also. Es gilt deshalb

$$u^+\psi n_t + A(u^+)\psi n_x = u^-\psi n_t + A(u^-)\psi n_x.$$

Da $\psi(x,t)$ beliebig ist, können wir kürzen und erhalten als Ergebnis

$$\frac{A(u^+) - A(u^-)}{u^+ - u^-} = -\frac{n_t}{n_x} = s(t). \quad (14.13)$$

Das ist die *Rankine-Hugoniot-Formel* für die Geschwindigkeit einer Stoßwelle.

14.1 Stoßwellen

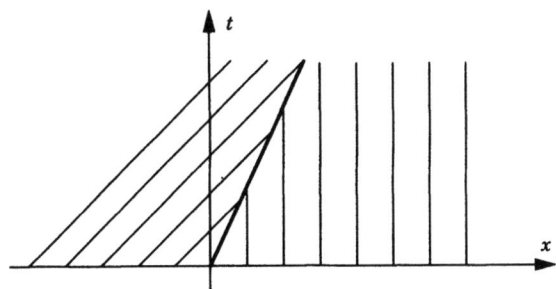

Bild 14.7

Zusammenfassend läßt sich sagen, daß eine *Stoßwelle* eine Funktion mit Sprung-Unstetigkeiten auf einer endlichen Anzahl von Kurven ist. Auf jeder dieser Kurven gilt (14.13), außerhalb ist die PDGl. (14.1) erfüllt.

Beispiel 3.

Sei $a(u) = u$ und $\phi_1(x) = 1$ für $x > 0$ und $\phi_1(x) = 0$ für $x < 0$. Dann ist $A(u) = \frac{1}{2}u^2$ und $a(\phi_1(x))$ ist eine monoton wachsende Funktion von x. Eine stetige Lösung ist die expandierende Welle $u_1(x,t) = 0$ für $x \leq 0$, $u_1(x,t) = x/t$ für $0 \leq x \leq t$ und $u_1(x,t) = 1$ für $x \geq t$. Sie ist für $t \geq 0$ eine Lösung der PDGl, da $(x/t)_t + (x/t)(x/t)_x = -x/t^2 + (x/t)(1/t) = 0$. Die Charakteristiken sind in Bild 14.6 gezeichnet.

Beispiel 4.

Sei $a(u) = u$ und $\phi_2(x) = 0$ für $x > 0$ und $\phi_2(x) = 1$ für $x < 0$. Dann ist $a(\phi_2(x))$ eine monoton fallende Funktion von x und es gibt keine stetige Lösung. Es gibt aber eine Stoßwelle als Lösung, nämlich $u_2(x,t) = 0$ für $x < st$ und $u_2(x,t) = 1$ für $x > st$. Sie hat entlang der Geraden $x = st$ eine Unstetigkeit. Nach (14.13) ergibt sich für s

$$s = \frac{A(u^+) - A(u^-)}{u^+ - u^-} = \frac{\frac{1}{2}0^2 - \frac{1}{2}1^2}{0 - 1} = \frac{1}{2}.$$

Die Lösung ist deshalb so, wie in Bild 14.7 dargestellt.

Beispiel 5.

Als wir zuließen, daß die Lösung Sprünge aufweist, haben wir damit gleichzeitig zugelassen, daß die Lösung nicht eindeutig ist. Betrachten wir dazu dieselben Anfangsvorgaben wie in Beispiel 3 und die Lösung

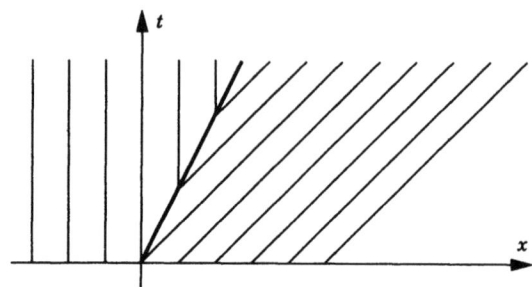

Bild 14.8

$u_3(x,t) = 0$ für $x < t/2$ und $u_3(x,t) = 1$ für $x > t/2$. Es handelt sich hierbei für $x \neq t/2$ offenbar um eine Lösung, darüber hinaus ist (14.13) erfüllt, da $s = \frac{1}{2} = (\frac{1}{2}1^2 - \frac{1}{2}0^2)/(1-0)$. Es gibt also wenigstens zwei Lösungen, die die Anfangsbedingung $\phi_1(x)$ erfüllen (siehe Bild 14.8).

Welche von ihnen ist physikalisch korrekt? Wir könnten argumentieren, daß die stetige Lösung vorzuziehen ist. Es gibt aber andere Situationen, in denen keine Lösung stetig ist. In diesem Fall werden sowohl Mathematiker wie Physiker vom Begriff der Entropie aus der Gasdynamik geleitet. Dieser Begriff verlangt, daß die Wellengeschwindigkeit direkt hinter dem Stoß größer ist, als die direkt davor; die Welle hinter dem Stoß fängt also die Welle davor ein. Mathematisch ausgedrückt gilt auf einer Stoßkurve

$$a(u^-) > s > a(u^+). \qquad (14.14)$$

Man nennt (14.14) das *Entropiekriterium* für eine Lösung. Beachten Sie, daß (14.14) im Beispiel 4, nicht aber im Beispiel 5 erfüllt ist. Die Lösung in Beispiel 5 ist also zu verwerfen.

Stoßwellen sind durch (14.13) und (14.14) vollständig charakterisiert: *Längs den Unstetigkeitskurven müssen Stoßwellen* (14.13) *und* (14.14) *erfüllen*. Weitergehende Untersuchungen finden Sie in [Wh] oder [Sm].

Übungsaufgaben

1. Lösen Sie die nichtlineare Gleichung $u_t + uu_x = 0$ unter der Anfangsbedingung $u(x,0) = x$. Zeichnen Sie einige Charakteristiken.

2. Skizzieren Sie einige typische Charakteristiken für Beispiel 2.

3. Lösen Sie $u_t + u^2 u_x = 0$ unter $u(x,0) = 2 + x$.

4. Zeigen Sie durch Differentiation, daß Formel (14.8) eine Lösung von Gleichung (14.2) darstellt.

14.2 Solitonen 395

5. Lösen Sie $xu_t + uu_x = 0$ unter $u(x,0) = x$. (*Hinweis:* Nehmen Sie den Variablenwechsel $x \mapsto x^2$ vor.)

6. Zeigen Sie, daß eine glatte Lösung des Problems $u_t + uu_x = 0$ unter $u(x,0) = \cos \pi x$ die Gleichung $u = \cos[\pi(x - ut)]$ erfüllen muß. Zeigen Sie, daß u nicht existiert (als einwertige, stetige Funktion), wenn $t = 1/\pi$. (*Hinweis:* Zeichnen Sie $\cos^{-1} u$ in Abhängigkeit von $\pi(x - ut)$ als eine Funktion von u.)

7. Zeigen Sie direkt durch Differentiation, daß die Formel $u(x,t) = \phi(z)$, wobei z implizit durch $x - z = t\, a(\phi(z))$ gegeben ist, eine Lösung der PDGl. (14.1) darstellt.

8. Lösen Sie $u_t + uu_x = 0$ unter der Anfangsbedingung $u(x,0) = 1$ für $x \leq 0$, $1 - x$ für $0 \leq x \leq 1$ und 0 für $x \geq 1$. Lösen Sie für alle $t \geq 0$ und lassen Sie Stoßwellen zu. Finden Sie genau heraus, wo der Stoß eintritt und daß dort die Entropiebedingung erfüllt ist. Skizzieren Sie die Charakteristiken.

9. Zeigen Sie, daß (14.11) äquivalent ist zur Aussage

$$\frac{d}{dt} \int_a^b u(x,t)\, dx + A(u(b,t)) - A(u(a,t)) = 0 \qquad \text{für alle } a, b.$$

14.2 Solitonen

Unter einem Soliton versteht man eine lokale Lösung einer nichtlinearen PDGl. von der Form einer fortschreitenden Welle, die bemerkenswert stabil ist. Eine PDGl. mit einer solchen Lösung ist die *Korteweg-de-Vries-Gleichung (KdV-Gleichung)*

$$u_t + u_{xxx} + 6uu_x = 0 \qquad (-\infty < x < \infty). \tag{14.15}$$

(Die „6" hat keine besondere Bedeutung.) Es ist seit einem Jahrhundert bekannt, daß diese Gleichung Wasserwellen in einem Kanal beschreibt. Ein Soliton wurde zuerst von J.S. Russell im Jahre 1834 beobachtet. Er schrieb:

> Ich beobachtete die Bewegung eines Bootes, das von zwei Pferden schnell durch einen schmalen Kanal gezogen wurde, als das Boot plötzlich stoppte– nicht jedoch das Wasser im Kanal, das das Boot in Bewegung hielt. Das Wasser staute sich heftig bewegt am Schiffsbug, löste sich dann plötzlich von ihm und rollte mit großer Geschwindigkeit vorwärts. Dabei nahm das Wasser die Gestalt einer großen einzelnen Erhebung an, eines runden, glatten und wohldefinierten Wasserhügels, der seinen Weg durch den Kanal nahm ohne offensichtliche Änderung seiner Form oder Verminderung seiner Geschwindigkeit. Ich folgte der Welle zu Pferde und überholte sie, während sie mit einer Geschwindigkeit von acht oder neun Meilen pro Stunde weiterlief. Sie behielt ihre ursprüngliche Gestalt mit halber Höhe auf einer Strecke von etwa dreißig Fuß bei. Erst allmählich nahm die Höhe ab und nachdem ich sie eine oder zwei Meilen verfolgt hatte, ließ ich sie sich in den Windungen des Kanals verlaufen.

Dieselbe Gleichung tritt auch in der Plasmaphysik und anderen Bereichen der theoretischen Physik auf.

Drei fundamentale Größen sind mit Gleichung (14.15) verbunden:

$$\text{Masse} = \int_{-\infty}^{\infty} u\,dx$$

$$\text{Impuls} = \int_{-\infty}^{\infty} u^2\,dx$$

$$\text{Energie} = \int_{-\infty}^{\infty} (\frac{1}{2}u_x^2 - u^3)\,dx.$$

Jede dieser Größen ist eine Bewegungskonstante (eine Invariante)(siehe Übungsaufgabe 1). Es wurde sogar gezeigt, daß es *unendlich* viele weitere Invarianten gibt, die mit höheren Ableitungen gebildet werden.

Suchen wir nun nach einer Lösung von (14.15) in Form einer fortschreitenden Welle, einer Lösung also der Gestalt

$$u(x,t) = f(x-ct).$$

Nach Einsetzen erhalten wir die GDGl. $-cf' + f''' + 6ff' = 0$. Einmalige Integration führt zu $-cf + f'' + 3f^2 = a$ mit der Konstanten a. Wenn wir mit $2f'$ multiplizieren und abermals integrieren, kommen wir zu

$$-cf^2 + (f')^2 + 2f^3 = 2af + b \qquad (14.16)$$

mit einer weiteren Konstanten b.

Wir suchen nach einer Solitärwelle, wie sie Russell beschrieben hat, verlangen also, daß in hinreichender Entfernung vom Wellenkamm das Wasser keine Erhebung aufweist. Es sollten also $f(x), f'(x)$ und $f''(x)$ mit $x \to \pm\infty$ gegen Null streben. Dann muß $a = b = 0$ sein und wir haben die GDGl. erster Ordnung $-cf^2 + (f')^2 + 2f^3 = 0$ zu lösen. Ihre Lösung ist

$$f(x) = \frac{1}{2}c\,\text{sech}^2[\frac{1}{2}\sqrt{c}(x-x_0)], \qquad (14.17)$$

wobei x_0 die Integrationskonstante ist und sech der hyperbolische Sekans sech $x = 2/(e^x + e^{-x})$ ist (siehe Übungsaufgabe 3). Er fällt mit $x \to \pm\infty$ exponentiell gegen Null (siehe Bild 14.9).

Mit dieser Funktion f ist $u(x,t) = f(x-ct)$ die gesuchte *Solitärwelle*. Sie wandert mit der Geschwindigkeit c nach rechts. Ihre Amplitude ist $c/2$. Zu jedem $c > 0$ existiert eine Solitärwelle als Lösung. Sie fällt hoch, schmal und schnell aus, wenn c groß ist, sie ist niedrig, breit und langsam, wenn c klein ist.

14.2 Solitonen

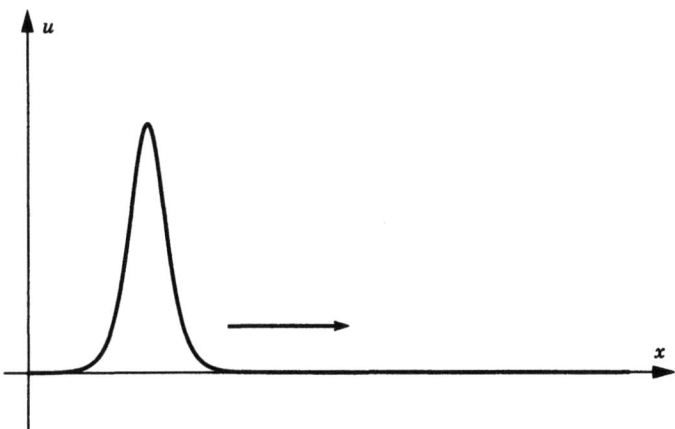

Bild 14.9

Die bemerkenswerte Stabilität des Solitons wurde erst durch Computerexperimente in den 1960er Jahren von M. Kruskal und N. Zabusky entdeckt. Sie kann wie folgt beschrieben werden. Wenn wir mit zwei unterschiedlichen Solitärwellen beginnen, wird die schnellere die langsamere überholen. Nach einem komplizierten nichtlinearen Wechselwirkungsprozeß werden beide nahezu *unverändert* weiterwandern. In der Tat konnte man auch hier anhand von Computerberechnungen feststellen, daß sich vermutlich jede Lösung von (14.15) bei *beliebiger* Anfangsvorgabe $u(x,0) = \phi(x)$ für $t \to \infty$ in eine endliche Anzahl von Solitärwellen (mit verschiedenen Geschwindigkeiten c) und einen *dispersiven Rest* zerlegen läßt (siehe Bild 14.17).
Man erwartet ein derartiges Verhalten für lineare Probleme, da wie wir in Abschnitt 4.1 gesehen haben, jede Eigenfunktion ihren eigenen Anteil an der Lösung liefert. Daß ein ähnliches Verhalten auch bei nichtlinearen Problemen möglich ist, war zur damaligen Zeit völlig überraschend. Dieses spezielle Verhalten veranlaßte Physiker, das Soliton als mathematisches Modell eines stabilen Elementarteilchens zu verwenden.

Inverse Streutheorie

Die Erklärung der Stabilität eines Solitons beruht auf der *inversen Streutheorie*, die zeigt, daß die hochgradig nichtlineare Gleichung (14.15) in der Tat eine enge, allerdings komplizierte Verwandtschaft zu einer *linearen* Gleichung besitzt! Und diese zugehörige lineare Gleichung ist die Schrödinger-Gleichung:

$$-\psi_{xx} - u\psi = \lambda\psi \qquad (14.18)$$

mit dem Parameter λ und der „Potentialfunktion" $u = u(x,t)$. In (14.18) muß man die Zeitvariable t als weiteren Parameter ansehen, so daß wir es also mit einer

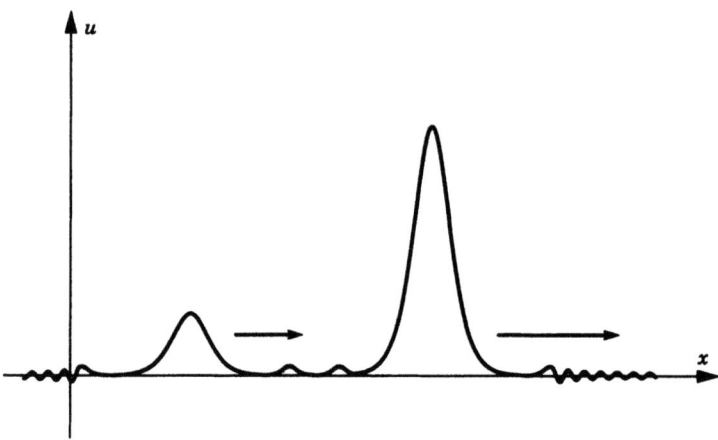

Bild 14.10

Familie von Potentialen zu tun haben, die Funktionen von x sind und die vom Parameter t abhängen.

Wir wissen aus Abschnitt 13.4, daß (14.18) (im allgemeinen) gewisse Eigenwerte λ besitzt, erwarten deshalb Lösungen von (14.18) mit $\int_{-\infty}^{\infty} |\psi|^2\, dx < \infty$ und daß λ von t abhängt. Ist $\lambda(t)$ ein Eigenwert und $\psi(x,t)$ die zugehörige Eigenlösung von (14.18), so erhalten wir, wenn wir

$$u = -\lambda - \frac{\psi_{xx}}{\psi} \qquad (14.19)$$

in (14.15) einsetzen

$$\lambda_t \psi^2 + (\psi h_x - \psi_x h)_x = 0, \qquad (14.20)$$

wobei

$$h = \psi_t - 2(-u + 2\lambda)\psi_x - u_x \psi$$

(siehe Übungsaufgabe 5). Wir können ψ normieren, $\int_{-\infty}^{\infty} |\psi|^2\, dx = 1$ und erhalten nach Integration vom (14.20) $\lambda_t = 0$, λ ist also konstant. Damit haben wir auch schon die wesentliche Verwandtschaft von (14.15) mit (14.18) gefunden: *Ist u Lösung von (14.15) und λ ein Eigenwert von (14.18), so hängt λ nicht von t ab.*

Jeder Eigenwert liefert also eine Konstante der Bewegung. Wir bezeichnen das diskrete Spektrum von (14.18) mit

$$\lambda_N \leq \lambda_{N-1} \leq \ldots \lambda_1 < 0,$$

wobei $\lambda_n = \kappa_n^2$ die Eigenfunktion $\psi_n(x,t)$ besitzt. Aus (14.18) läßt sich das Grenzverhalten

$$\psi_n(x,t) \sim c_n(t) e^{-\kappa_n x} \qquad \text{mit } x \to +\infty$$

14.2 Solitonen

beweisen (siehe [AS] oder[Ne]). Die $c_n(t)$ heißen die *Normalisierungskonstanten*.

Wie wir wissen, müssen wir für eine vollständige Untersuchung von (14.18) auch das stetige Spektrum berücksichtigen. Es sei deshalb $\lambda = k^2 > 0$ eine feste positive Zahl. Nach Abschnitt 13.4 gibt es eine Lösung von (14.18) mit dem asymptotischen Verhalten

$$\begin{aligned}\psi(x) &\sim e^{-ikx} + Re^{+ikx} \quad \text{mit } x \to +\infty \\ \psi(x) &\sim Te^{-ikx} \quad \text{mit } x \to -\infty.\end{aligned} \qquad (14.21)$$

Der Reflexionskoeffizient R und der Übertragungskoeffizient T können sowohl von k als auch vom „Parameter" t abhängen.

Satz 14.1

$$\frac{\partial T}{\partial t} \equiv 0, \quad \frac{\partial R}{\partial t} = 8ik^3 R \quad \text{und} \quad \frac{dc_n}{dt} = 4\kappa_n^3 c_n.$$

Aus diesem Satz folgt unmittelbar

$$T[k,t] = T[k,0], \quad R(k,t) = R(k,0)e^{8ik^3 t}, \quad c_n(t) = c_n(0)e^{4\kappa_n^3 t}.$$

Beweis: Gleichung (14.20) ist gültig für jedes $\lambda > 0$. λ ist aber eine feste Konstante. Somit sagt (14.20) aus, daß $\psi h_x - \psi_x h$ nicht von t abhängt, daß also $\psi h_x - \psi_x h$ mit seinem asymptotischen Wert für $x \to -\infty$, der eine Summe verschiedener Ausdrücke ist, übereinstimmt. Aus der Formel für h, der Tatsache, daß $u(x,t) \to 0$ und dem asymptotischen Ausdruck (14.21) für $\psi(x,t)$ folgt, daß diese Ausdrücke verschwinden (siehe Übungsaufgabe 6). Es ist also $\psi h_x - \psi_x h \equiv 0$.

Durch Division der letzten Gleichung durch ψ^2 folgt, daß der Quotient h/ψ eine Funktion von t allein ist. h/ψ stimmt deshalb mit seinem asymptotischen Wert für $x \to +\infty$ überein. Das heißt

$$\begin{aligned}\frac{h}{\psi} &= \frac{\psi_t - 2(-u + 2\lambda)\psi_x - u_x \psi}{\psi} \\ &\sim \frac{R_t e^{ikx} - 4\lambda(-ike^{-ikx} + Rike^{ikx}) - 0}{e^{-ikx} + Re^{ikx}} \\ &= \frac{[R_t - 4ik\lambda R]e^{ikx} + [4ik\lambda]e^{-ikx}}{Re^{ikx} + e^{-ikx}}.\end{aligned}$$

Damit dieser Ausdruck von x unabhängig ist, müssen Zähler und Nenner als Funktionen von x linear unabhängig sein, also

$$\frac{R_t - 4ik\lambda R}{R} = \frac{4ik\lambda}{1}.$$

Somit ist $R_t = 8ik\lambda R = 8ik^3 R$, womit der zweite Teil des Satzes bewiesen wäre. Der erste und der dritte Teil wird in Übungsaufgabe 8 behandelt. □

Lösung der KdV-Gleichung

Die Streutheorie der zugehörigen Schrödinger-Gleichung führt zur Lösung der KdV-Gleichung unter der Anfangsbedingung $u(x,0) = \phi(x)$. Die Vorgehnsweise läßt sich wie folgt schematisieren

$$\begin{aligned} \phi(x) &\to \text{Streudaten zur Zeit } 0 \\ &\to \text{Streudaten zur Zeit } t \\ &\to u(x,t). \end{aligned} \qquad (14.22)$$

Unter den Streudaten verstehen wir den Reflexions- und den Übertragungskoeffizienten, die Eigenwerte und die Normalisierungskonstanten. Der erste Pfeil stellt das *direkte Streuproblem* dar, die Streudaten eines gegebenen Potentials zu finden. Der zweite, die Ermittlung der Streudaten zur Zeit t, ist mit dem vorigen Satz trivial. Der dritte Pfeil stellt das *inverse Streuproblem* dar, das Potential zu bestimmen, wenn die Streudaten gegeben sind. Dieser dritte Schritt ist der schwierigste. Es gibt eine komplizierte Methode, die Gelfand-Levitan-Methode, mit der man ihn durchführen kann. Es stellt sich heraus, daß der Übertragungskoeffizient $T(t)$ nicht benötigt wird, daß also die erforderlichen Streudaten lediglich $\{R, \kappa_n, c_n\}$ sind. Alle drei Schritte in (14.22) haben eindeutige Lösungen, die zur eindeutigen Lösung von (14.15) unter der gegebenen Anfangsbedingung führen.

Beispiel 1.

Angenommen, wir geben $u(x,0)$ als Anfangsvorgabe eines einzelnen Solitons vor, etwa $u(x,0) = 2\,\text{sech}^2 x$. Die eindeutig bestimmte Lösung ist natürlich $u(x,t) = 2\,\text{sech}^2(x - 4t)$, also (14.17) mit $c = 4$. Man stellt fest, daß in diesem Fall $R(k,t) \equiv 0$, und daß es genau einen negativen Eigenwert des Schrödinger-Operators (14.18) gibt (siehe Übungsaufgabe 9).

Alle Fälle mit verschwindendem Reflexionskoeffizienten können explizit berechnet werden. Wenn (14.18) N negative Eigenwerte hat, so erhält man eine komplizierte, aber explizite Lösung von (14.15), die für $t \to \pm\infty$ in N verschiedene Solitone zerfällt. Ein derartiges Soliton heißt ein *N-Soliton*.

Beispiel 2.

Sei $\phi(x) = 6\,\text{sech}^2 x$. Dann läßt sich berechnen $R(k,t) \equiv 0, N = 2$, $\lambda_1 = -1$ und $\lambda_2 = -4$. Die Lösung von (14.15) ist das durch die Formel

$$u(x,t) = \frac{12[3 + 4\cosh(2x - 8t) + \cosh(4x - 64t)]}{[3\cosh(x - 28t) + \cosh(3x - 36t)]^2}$$

14.2 Solitonen

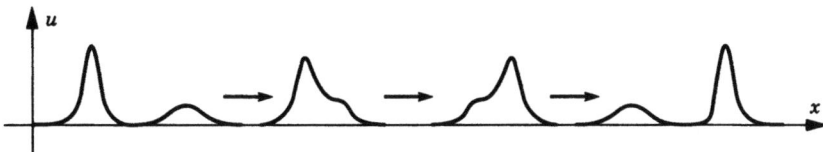

Bild 14.11

gegebene 2-Soliton. Im Bewegungsablauf (Bild 14.11) sieht die Lösung aus wie zwei einzelne Solitone mit den Amplituden 2 und 8. Man erkennt, wie die Welle mit der Amplitude 8 die kleinere überholt, wie sie sich während des Überholvorgangs gegenseitig beeinflussen, und wie danach jede einzelne Welle mit unveränderter Gestalt und gleicher Geschwindigkeit wie vorher weiterwandert.

Es gibt eine Anzahl weiterer „Soliton-Gleichungen", einschließlich der kubischen Schrödinger-Gleichung

$$iu_t + u_{xx} + |u|^2 u = 0,$$

der (lächerlich benannten) Sine-Gordon-Gleichung

$$u_{tt} - u_{xx} + \sin u = 0$$

und der Kadomstev-Petviashvili-Gleichung

$$(u_t + u_{xxx} + 6uu_x)_x + 3u_{yy} = 0.$$

Jede dieser Gleichungen tritt in einer Vielzahl physikalischer Probleme auf. Soliton-Gleichungen sind jedoch sehr spezielle Gleichungen; fast jede Änderung im nichtlinearen Term zerstört sie. So ist beispielsweise die Gleichung $u_t + u_{xxx} + u^p u_x = 0$ nur für $p = 2$ oder $p = 3$ eine Soliton-Gleichung. Für weitere Informationen siehe [AS],[Dd] oder [Ne].

Übungsaufgaben

1. Zeigen Sie durch Differentiation nach t, daß Masse, Impuls und Energie Bewegungskonstanten (Invarianten) der KdV-Gleichung sind.

2. Zeigen Sie, daß auch $\int (xu + 3tu^2)\, dx$ eine Invariante ist.

3. Leiten Sie Gleichung (14.17) für Solitone her.

4. Zeigen Sie, daß die KdV-Gleichung auch periodische fortschreitende Wellen als Lösungen hat. Gehen Sie wie folgt vor: Sei $P(f) = -2f^3 + cf^2 + 2af + b$.

    (a) Finden Sie eine Formel, mit der $f(x)$ implizit definiert wird, indem Sie die GDGl. $(f')^2 = P(f)$ lösen.

(b) Zeigen Sie, daß jeder einfachen Nullstelle von $P(f)$ ein Minimum oder ein Maximum von $f(x)$ entspricht.

(c) Wählen Sie a und b derart, daß das kubische Polynom $P(f)$ drei reelle Nullstellen $f_1 < f_2 < f_3$ besitzt. Zeigen Sie, daß dann $P(f) > 0$ ist, falls $f_2 < f < f_3$ oder $f < f_1$.

(d) Zeigen Sie, daß es eine periodische Lösung $f(x)$ gibt mit $\max_x f(x) = f_3$ und $\min_x f(x) = f_2$.

(e) Machen Sie sich mit elliptischen Integralen vertraut (z.B. in [MOS]) und transformieren Sie die Lösungsformel in (a) zu einem *elliptischen Integral erster Art*.

5. (*Schwierig!*) Verifizieren Sie die grundlegende Gleichung (14.20).

6. Verwenden Sie die asymptotische Formel (14.21) zum Beweis von $\psi h_x - \psi_x h \equiv 0$.

7. Stellen Sie einen alternativen Beweis dafür, daß ein Eigenwert λ von Gleichung (14.18) unabhängig von t ist, nach der folgenden Skizze ausführlich dar. Differenzieren Sie (14.18) nach t, multiplizieren Sie das Ergebnis mit ψ, integrieren Sie bezüglich x partiell, setzen Sie $\partial u/\partial t$ aus (14.15) ein und vereinfachen Sie das Ergebnis.

8. Beweisen Sie die noch fehlenden Aussagen von Satz 14.1.

9. Betrachten Sie das einzelne Soliton $2\text{sech}^2 x$ und das zugehörige Eigenwertproblem $\psi_{xx} + (2\text{sech}^2 x + \lambda)\psi = 0$.

(a) Substituieren Sie $s = \tanh x$, um daraus die Eigenwertaufgabe
$$[(1-s^2)\psi']' + \left(2 + \frac{\lambda}{1-s^2}\right)\psi = 0 \quad \text{mit } ' = \frac{d}{ds}$$
zu erhalten. Hierbei handelt es sich um die zugeordnete Legendre-Gleichung vom Grade 1 (siehe Abschnitt 10.6).

(b) Zeigen Sie, daß eine Lösung, die für $x = \pm\infty$ ($s = \pm 1$) verschwindet, $\psi = \frac{1}{2}\sqrt{1-s^2} = \frac{1}{2}\text{sech}\, x$ für $\lambda = -1$ ist. Dies ist der einzige gebundene Zustand der gegebenen Schrödinger-Gleichung.

(c) (*Schwierig!*) Zeigen Sie durch Untersuchung der zugeordneten Legendre-Gleichung für $\lambda = k^2 > 0$, daß $R(k) \equiv 0$ und $T(k) = (ik-1)/(ik+1)$.

10. Die linearisierte KdV-Gleichung lautet $u_t + u_{xxx} = 0$. Lösen Sie sie durch Fouriertransformation unter der Anfangsbedingung $u(x,0) = \phi(x)$. Setzen Sie dabei ein geeignetes Abklingverhalten für $x \to \pm\infty$ voraus. Drücken Sie das Ergebnis durch die Airy-Funktion
$$A(\xi) = \int_{-\infty}^{\infty} e^{ik\xi + ik^3/3} \frac{dk}{2\pi}$$
aus.

11. Zeigen Sie, daß die KdV-Gleichung invariant ist unter der Transformation: $x \mapsto kx$, $t \mapsto k^3 t$, $u \mapsto k^{-2}u$ ($k > 0$ beliebig).

12. (a) Zeigen Sie mit Hilfe von Aufgabe 11 und den Methoden von Abschnitt 2.4, daß die linearisierte KdV-Gleichung $u_t + u_{xxx} = 0$ eine Lösung der Form $u(x,t) = \int_{-\infty}^{\infty} B((x-y)/t^{1/3})\phi(y)\,dy$ besitzt.

    (b) Leiten Sie das Ergebnis von Aufgabe 10 ohne Verwendung von Fouriertransformationen her.

13. Zeigen Sie, daß für die kubische Schrödinger-Gleichung $iu_t + u_{xx} + |u|^2 u = 0$ die Größen $Q = \int |u|^2 \, dx$ und $2E = \int (u_x^2 - \frac{1}{2}|u|^4)\,dx$ Bewegungskonstanten (unabhängig von der Zeit) sind.

14.3 Variationsrechnung

Das Dirichletsche Prinzip (Abschnitt 7.1) macht eine Aussage, die in das Gebiet der Variationsrechnung fällt. Ganz allgemein ist es Aufgabe der Variationsrechnung, einen Größe, die von beliebigen Funktionen abhängt, zu maximieren oder zu minimieren. Das Dirichletsche Prinzip besagt, daß man unter allen Funktionen, die in D definiert sind und die die Randbedingung auf ∂D erfüllen, den Zustand *geringster* potentieller Energie finden kann. Dieser Zustand ist durch harmonische Funktionen gegeben. Als zweites Beispiel hatten wir in Abschnitt 11.2 die Berechnung der Eigenwerte als Energieminima behandelt.

Beispiel 1.

Wir betrachten die *Lichtbrechung*, wenn ein Lichtstrahl ein inhomogenes Medium durchläuft. Die Geschwindigkeit $c(\mathbf{x})$ des Lichts ändert sich von Punkt zu Punkt. Es ist $|d\mathbf{x}/dt| = c(\mathbf{x})$, also $dt = |d\mathbf{x}|/c(\mathbf{x})$. Wir schreiben $\mathbf{x} = (x,y)$ und nehmen an, daß der Lichtsrahl in der x,y-Ebene eine Kurve $y = u(x)$ beschreibt. Die Zeit, um von $x = a$ zu $x = b$ zu gelangen, ist dann

$$T = \int_a^b \frac{1}{c(x,u)} \sqrt{1 + \left(\frac{du}{dx}\right)^2}\, dx. \tag{14.23}$$

Nach dem Fermatschen Prinzip wählt das Licht den Weg so, daß diese Zeit T *minimal* ausfällt. In einem homogenen Medium ist die Lösung dieser Minimierungsaufgabe natürlich eine Gerade (siehe Übungsaufgabe 1).

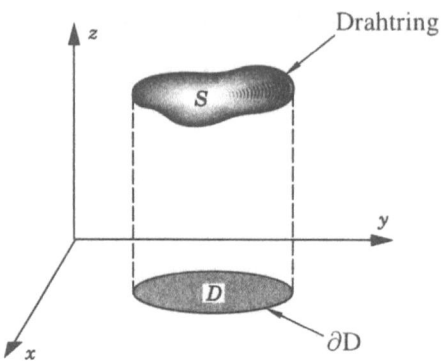

Bild 14.12

Beispiel 2.

Ein weiteres berühmtes Problem ist es, die Gestalt einer *Seifenhaut* zu bestimmen, die über einen Drahtring gespannt ist. Die Gestalt wird so ausfallen, daß die Energie minimal wird, und nach den physikalischen Gesetzen von gespannten Membranen ist diese Energie proportional zum Flächeninhalt. Die Aufgabenstellung ist also gleichwertig damit, eine Fläche mit minimalem Inhalt zu finden, die durch die Randkurve, gegeben durch den Drahtring, verläuft. Der geometrische Sachverhalt ist am einfachsten, wenn die Fläche der Graph einer auf einem ebenen Bereich D definierten Funktion $f(x,y)$ ist, und der Ring eine Kurve $\{(x,y,z)|(x,y) \in \partial D,\, z = h(x,y)\}$ ist, die über ∂D liegt (siehe Bild 14.12). Der Flächeninhalt ist

$$A = \iint_D \sqrt{1 + u_x^2 + u_y^2}\, dx\, dy. \tag{14.24}$$

Wir müssen A unter all den auf $\bar{D}$ definierten Funktionen $u(x,y)$ minimieren, für die $u(x,y) = h(x,y)$ auf ∂D.

Beispiel 3.

Manchmal sucht man in der Variationsrechnung nicht nach Maxima oder Minima, sondern nach *Sattelpunkten*. Betrachten wir zum Beispiel die schwingende Saite (Abschnitt 1.3). Physiker definieren die *Wirkung* als die *Differenz* aus kinetischer Energie und potentieller Energie, in diesem Fall

$$A[u] = \int_{t_1}^{t_2} \int_0^L \left[\rho \left(\frac{\partial u}{\partial t} \right)^2 - T \left(\frac{\partial u}{\partial t} \right)^2 \right] dx\, dt \tag{14.25}$$

14.3 Variationsrechnung

und behaupten, daß die Wirkung „stationär", die „Ableitung" von $A[u]$ Null ist für eine Lösung u. Man versteht darunter $(d/d\epsilon)A(u+\epsilon v) = 0$ für $\epsilon = 0$. Differentiation von $A(u+\epsilon v)$ nach ϵ führt zu

$$\int_{t_1}^{t_2}\int_0^L \left(\rho \frac{\partial u}{\partial t}\frac{\partial v}{\partial t} - T\frac{\partial u}{\partial x}\frac{\partial v}{\partial x}\right) dx\, dt = 0$$

für alle Funktionen $v(x,t)$, die auf dem Rand des Raum-Zeit-Bereiches verschwinden. Wir können partiell integrieren und erhalten

$$-\int_{t_1}^{t_2}\int_0^L \left(\frac{1}{2}\rho\frac{\partial^2 u}{\partial t^2} - \frac{1}{2}T\frac{\partial^2 u}{\partial x^2}\right)(v)\, dx\, dt = 0.$$

Da v im Definitionsbereich D beliebig ist, folgern wir

$$\rho\frac{\partial^2 u}{\partial t^2} - T\frac{\partial^2 u}{\partial x^2} = 0 \quad \text{in } D$$

und haben damit die Wellengleichung erhalten!

In den vorangegangenen Beispielen mußten wir Funktionale der Form

$$E[u] = \int_a^b F(x, u, u')\, dx \tag{14.26}$$

oder

$$E[u] = \iint_D F(x, y, u, u_x, u_y)\, dx\, dy \tag{14.27}$$

maximieren, minimieren oder ihre *stationären Punkte* finden. Die Grundidee der Variationsrechnung besteht, wie in der gewöhnlichen Analysis darin, eine erste Ableitung Null zu setzen. Wir wollen das für den Fall (14.26) durchführen und setzen voraus, daß $u(x)$ an beiden Randpunkten vorgegeben ist. Sei $v(x)$ eine Funktion mit $v(a) = v(b) = 0$. Wir betrachten

$$g(\epsilon) = E[u+\epsilon v] = \int_a^b F(x, u+\epsilon v, u'+\epsilon v')\, dx$$

als eine Funktion der Variablen ϵ und setzen ihre Ableitung nach ϵ Null an der Stelle $\epsilon = 0$. Dann ist

$$\int_a^b \left(\frac{\partial F}{\partial u}v + \frac{\partial F}{\partial u'}v'\right) = 0.$$

Partielle Integration liefert

$$\int_a^b \left(\frac{\partial F}{\partial u} - \frac{d}{dx}\frac{\partial F}{\partial u'}\right)(v)\, dx = 0.$$

Da $v(x)$ eine beliebige Funktion in $a < x < b$ ist, können wir sie so wählen, daß sie mit dem ersten Faktor des Integrals übereinstimmt. Mit dem ersten Identitätssatz aus Abschnitt A.1 folgt dann

$$\frac{\partial F}{\partial u} = \frac{d}{dx}\frac{\partial F}{\partial u'}. \tag{14.28}$$

Diese Eulersche Gleichung, eine GDGl, muß also von $u(x)$ erfüllt werden.
Die gleiche Vorgehnsweise führt beim zweidimensionalen Problem (14.27) zu

$$\begin{aligned} 0 &= \iint_D \left(\frac{\partial F}{\partial u}v + \frac{\partial F}{\partial u_x}v_x + \frac{\partial F}{\partial u_y}v_y\right) dx\,dy \\ &= \iint_D \left(\frac{\partial F}{\partial u} - \frac{\partial}{\partial x}\frac{\partial F}{\partial u_x} - \frac{\partial}{\partial y}\frac{\partial F}{\partial u_y}\right)(v)\,dx\,dy. \end{aligned}$$

In diesem Fall lautet die Eulersche Gleichung

$$\frac{\partial F}{\partial u} = \frac{\partial}{\partial x}\frac{\partial F}{\partial u_x} + \frac{\partial}{\partial y}\frac{\partial F}{\partial u_y}, \tag{14.29}$$

eine PDGl, die von $u(x,y)$ erfüllt werden muß.

Wenden wir dieses Ergebnis auf das Seifenhautproblem, Beispiel 2 von oben, an. Der Integrand ist $F(u_x, u_y) = \sqrt{1 + u_x^2 + u_y^2}$, hängt also nicht von u, sondern nur von den ersten Ableitungen ab. Differenziert man F, so nimmt die Eulersche Gleichung (14.29) die Gestalt

$$\left(\frac{u_x}{\sqrt{1 + u_x^2 + u_y^2}}\right)_x + \left(\frac{u_y}{\sqrt{1 + u_x^2 + u_y^2}}\right)_y = 0 \tag{14.30}$$

an. Man nennt diese Gleichung *Minimalflächengleichung*. Sie ist eine elliptische (siehe Übungsaufgabe 5) nichtlineare PDGl, erinnert aber trotzdem an die Laplace-Gleichung, da sie einige Eigenschaften gemeinsam haben. Sie ist aber erheblich schwerer zu lösen. Wenn man die Minimalflächengleichung in der Nähe der Nullösung linearisiert, wird die Quadratwurzel durch 1 ersetzt und man erhält die Laplace-Gleichung.

Mehr über Variationsrechnung erfahren Sie in [Ak] oder [Ga].

Übungsaufgaben

1. Beweisen Sie mit der Variationsrechnung, daß die kürzeste Verbindung zweier Punkte ihre Verbindungsstrecke ist.(*Hinweis:* Minimieren Sie das Integral (14.23) mit $c(x,u) \equiv 1$.)

2. Bestimmen Sie die kürzeste Kurve der x,y-Ebene, welche die beiden gegebenen Punkte $(0,a)$ und $(1,b)$ miteinander verbindet und für die der Inhalt der von der Kurve, der x-Achse und den Geraden $x = 0$ und $x = 1$ begrenzten Fläche einen vorgegebenen Wert A hat. a und b sind positiv.

3. Beweisen Sie das Snelliussche Reflexionsgesetz: Sind P und Q zwei Punkte auf derselben Seite einer Ebene Π, so ist der kürzeste Streckenzug von P zu einem Punkt von Π und dann zu Q so beschaffen, daß die mit Π gebildeten Winkel gleich sind. (Sie können mit gewöhnlicher Analysis arbeiten.)

14.3 Variationsrechnung

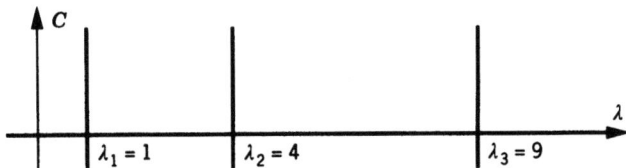

Bild 14.13

4. Bestimmen Sie diejenige Kurve $y = u(x)$, die das Integral $\int_0^1 (u'^2 + xu)\, dx$ unter den Nebenbedingungen $u(0) = 0$ und $u(1) = 1$ stationär macht.

5. (a) Berechnen Sie die Ableitungen in der Minimalflächengleichung (14.30) und schreiben Sie sie als Gleichung zweiter Ordnung.

   (b) Zeigen Sie, daß die Gleichung im Sinne von Abschnitt 1.6 elliptisch ist.

6. Welche *Rotationsfläche* hat den kleinsten Inhalt? (*Hinweis:* Der Flächeninhalt ist $\int_a^b 2\pi y \sqrt{1 + y'^2}\, dx$.)

7. Zeigen Sie, daß es unendlich viele Funktionen gibt, die das Integral

$$\int_0^2 (y')^2 (1 + y')^2\, dx \quad \text{unter } y(0) = 1 \text{ und } y(2) = 0$$

minimieren. Die Lösungen sind stetige Funktionen mit stückweise stetigen ersten Ableitungen.

8. In der kinetischen Gastheorie wird der Gleichgewichtszustand angenommen, wenn die Entropie minimal ist bei konstanter Masse, Energie und konstantem Impuls. Bestimmen Sie die sich daraus ergebende Verteilung $f(\mathbf{v})$ der Teilchen, wenn $\mathbf{v}$ die Geschwindigkeit bezeichnet. Es sei $H = \int\int\int f(\mathbf{v}) \log f(\mathbf{v})\, d\mathbf{v}$ die Entropie, $E = \int\int\int \frac{1}{2}|\mathbf{v}|^2 f(\mathbf{v})\, d\mathbf{v}$ die Energie, $\int\int\int f(\mathbf{v}\, d\mathbf{v} = 1$ die Masse und $\int\int\int \mathbf{v} f(\mathbf{v})\, d\mathbf{v} = 0$ der Impuls.

9. Wiederholen Sie Aufgabe 8 ohne Einschränkung für die Energie.

10. (a) Bestimmen Sie die Eulersche Gleichung für die Wirkung $A[u] = \int\int (\frac{1}{2} u_x u_t - u_x^3 - \frac{1}{2} u_{xx}^2)\, dx\, dt$.

    (b) Zeigen Sie, daß $v = u_x$ die KdV-Gleichung erfüllt.

11. Zeigen Sie, daß die Eulersche Gleichung der Wirkung $A[u] = \int\int (u_{xx}^2 - u_t^2)\, dx\, dt$ die *Balkengleichung* $u_{tt} + u_{xxxx} = 0$, die Gleichung eines steifen Stabes ist.

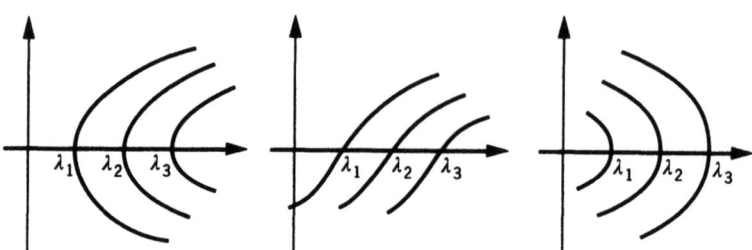

Bild 14.14

14.4 Verzweigungstheorie

Eine Verzweigung ist eine Weggabelung. Unter dem Weg verstehen wir hier den Weg von Lösungen, die von einem Parameter abhängen. In der Verzweigungstheorie untersucht man, wie Lösungen von Differentialgleichungen von einem von einem Parameter abhängen und insbesondere die Art von Weggabelungen.

Ein triviales Beispiel liefert das Eigenwertproblem $-u'' = \lambda u$ in $[0; \pi]$ mit $u = 0$ für $x = 0$ und $x = \pi$. Seine Lösungen sind $\lambda = n^2$ und $u(x) = C \sin nx$ mit dem beliebigen Parameter C. Die Lösungen sind in Bild 14.13 als Punktmenge der λ, C-Ebene schematisch dargestellt. Sie besteht aus einer horizontalen Geraden ($C = 0$) und unendlich vielen vertikalen Geraden $\lambda = n^2$, eine für jeden Eigenwert. Bei jedem Eigenwert auf der λ-Achse liegt eine „Gabel" vor.

Enthält die Gleichung nichtlineare Terme, werden die Geraden zu Kurven deformiert. Sie könnten dann so aussehen wie in einem der Beispiele von Bild 14.14. Man spricht auch von Verzweigungspunkten zweiter (oder dritter usw.) Art, wie in Bild 14.15 dargestellt.

Beispiel 1.

Ein Stab werde in Richtung seiner Längsachse mit einer Kraft λ belastet und verformt sich wie in Bild 14.16 dargestellt. (Das könnte beispielsweise ein vertikaler, in den Boden gesteckter Meterstab sein, auf dessem oberen Ende ein Gewicht liegt.) Sei $u(x)$ der Tangentenwinkel des Stabes. Unter sinnvollen Voraussetzungen an die mechanischen Eigenschaften des Stabes kann man zeigen, daß

$$\frac{d^2 u}{dx^2} + \lambda \sin u = 0 \quad \text{für } 0 \leq x \leq l \tag{14.31}$$

$$\frac{du}{dx}(0) = 0 = \frac{du}{dx}(l). \tag{14.32}$$

Dies ist eine nichtlineare GDGl. Der Gleichgewichtszustand ist $u \equiv 0$. λ ist Parameter.

14.4 Verzweigungstheorie

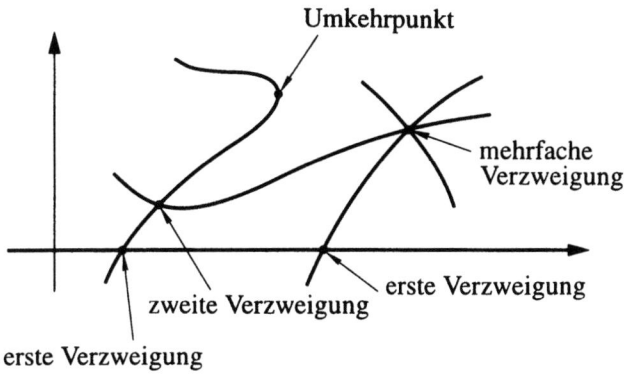

Bild 14.15

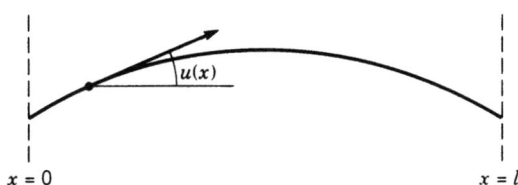

Bild 14.16

Wir können diese Gleichung „linearisieren", indem wir $\sin u = u - u^3/3! + \ldots$ einfach durch u ersetzen. Das linearisierte Problem lautet dann $v'' + \lambda v = 0$ mit $v'(0) = 0 = v'(l)$. Die exakten Lösungen sind $\lambda_n = n^2\pi^2/l^2$ und $v_n(x) = C\cos(n\pi x/l)$, $(n = 0, 1, 2, \ldots)$. Eine genaue Analyse des nichtlinearen Problems zeigt, daß jede Gerade nach rechts verbogen wird, wie in Bild 14.17 gezeigt.

Das Verzweigungsdiagramm kann wie folgt interpretiert werden. Ist die Belastung des Stabes klein, so ist $\lambda < \pi^2/l^2$ und eine geringe Verdichtung des Stabes die Folge. Wenn die Last jedoch über den Wert von π^2/l^2 hinaus wächst, kann sich der Stab in der einen oder anderen Richtung seitlich verformen (siehe Bild 14.18). Das wird durch die beiden Äste der ersten Gabel in Bild 14.17 dargestellt. Wenn die Last weiter anwächst, $\lambda > 4\pi^2/l^2$, gibt es, wie in Bild 14.19, zwei weitere theoretische Möglichkeiten. Welche Verformung wird bei großen Belastungen am ehesten eintreten? Man kann zeigen, daß die beiden einfachen Verformungszustände von Bild 14.18 fast mit Sicherheit zu erwarten sind, da alle anderen Zustände (der triviale Zustand $0 \equiv 0$ ebenso wie die

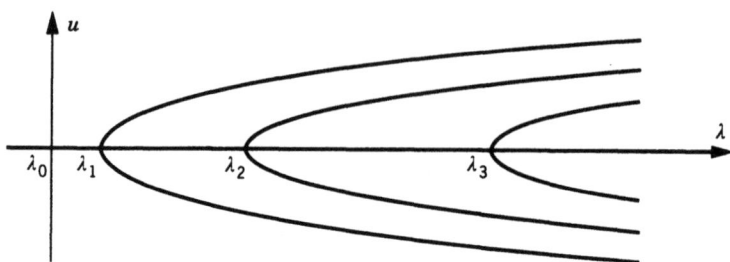

Bild 14.17

Bild 14.18

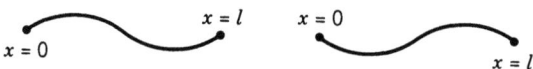

Bild 14.19

komplizierteren aus Bild 14.19) *instabil* sind. Das heißt, ein Zustand von Bild 14.19 kann zwar eintreten, eine geringfügige Störung jedoch läßt ihn in einen stabilen Zustand von Bild 14.18 umschlagen. (Bei einer sehr großen Last wird der Stab natürlich knicken.)

Beispiel 2.

Wir betrachten die Aufgabe

$$u_{xx} + f(u) = 0 \quad \text{für } -l \leq x \leq l \tag{14.33}$$
$$u(-l) = 0 = u(l), \tag{14.34}$$

wobei $f(u) = -u(u-a)(u-b)$. Hier ist $0 < a < \frac{1}{2}b$ (siehe Bild 14.20). Man nennt dieses Problem ein *Reaktions- Diffusions-Problem*. Der nichtlineare Term stellt eine chemische Reaktion dar, die Unbekannte u ist die Konzentration einer Substanz, und u_{xx} ist der Diffusionsterm. Das entsprechende zeitabhängige Problem ist die nichtlineare Diffusionsgleichung $u_t = u_{xx} + f(u)$.

14.4 Verzweigungstheorie

Bild 14.20

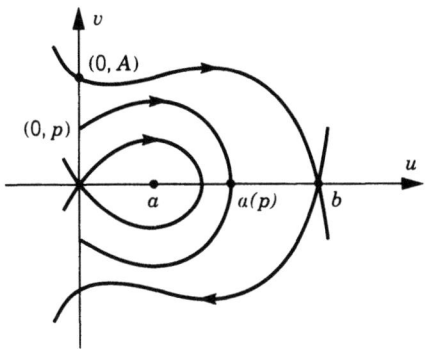

Bild 14.21

l wird hier nicht als feste Größe, sondern als Parameter betrachtet. Natürlich ist $u \equiv 0$ eine triviale Lösung. Gibt es aber noch weitere? Wenn ja, wie hängen sie vom Parameter ab? Zur Untersuchung des Problems zeichnen wir die *Phasenkurven* der GDGl. (14.33) in der *Phasenebene*. Setzt man $v = u'$ (siehe Bild 14.21), so ist mit $F' = f$ die Funktion $H(u,v) = \frac{1}{2}v^2 + F(u)$ unabhängig von x. Wir suchen nach Bahnen, die die Randbedingungen erfüllen, für die die also $u = 0$ ist für $x = \pm l$. Geometrisch bedeutet das, daß die Phasenkurven auf der v-Achse beginnen und enden. Für $x = -l$ durchlaufe die Kurve den Punkt $(0,l)$. Wegen der Symmetrie $(v \to -v)$ verläuft die Kurve symmetrisch zur u-Achse. Für $x = 0$ durchlaufe sie den Punkt $(\alpha(p), 0)$ auf der u-Achse. Dann ist $H(u,v) = F(\alpha(p))$, so daß

$$\frac{du}{dx} = v = \sqrt{2}\sqrt{F(\alpha(p)) - F(u)}.$$

Löst man diese Gleichung nach dx auf, und integriert von $x = 0$ bis $x = l$, so erhält man

$$l = \frac{1}{\sqrt{2}} \int_0^{\alpha(p)} \frac{du}{\sqrt{F(\alpha(p)) - F(u)}}. \qquad (14.35)$$

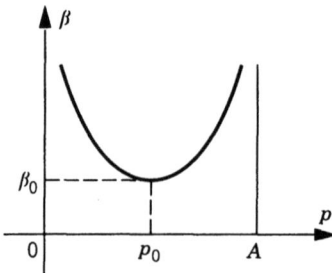

Bild 14.22

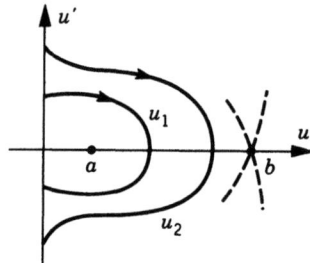

Bild 14.23

Gleichung (14.35) soll für p in $0 < p < A$ gelöst werden, wenn A durch Bild 14.21 definiert ist. Wir bezeichnen die rechte Seite von (14.35) mit $\beta(p)$, so daß also (14.35) die Gestalt $l = \beta(p)$ annimmt. Wir können zeigen, daß der Graph von $\beta(p)$ ein einziges Minimum β_0 in $0 < p < A$ besitzt und daß $\beta(p) \to \infty$ mit $p \to 0$ oder $p \to A$ (siehe Bild 14.22 und Übungsaufgabe 3). Für $l < \beta_0$ gibt es deshalb keine Lösung außer der trivialen. Ist $l > \beta_0$, so gibt es genau zwei nichttriviale Lösungen $u_1(x)$ und $u_2(x)$, deren Phasenbahn in Bild 14.23 dargestellt ist.

Beispiel 3.

Zum Abschluß betrachten wir das zeitabhängige Reaktions-Diffusions-Problem

$$u_t = u_{xx} + f(u) \quad \text{in } -l < x < l, \qquad u(-l, t) = 0 = u(l, t) \quad (14.36)$$

mit derselben Funktion f wie in Beispiel 2. Wir beachten, daß die Funktionen $u_0 \equiv 0$, $u_1(x)$ und $u_2(x)$ stationäre Lösungen der parabolischen PDGl. (14.36) sind. Man kann zeigen (siehe Abschnitt 24D in [Sm]), daß

14.4 Verzweigungstheorie

u_0 und $u_2(x)$ stabil sind, $u_1(x)$ jedoch nicht. Damit ist gemeint: Liegt die Anfangsbedingung $u(x,0) = \phi(x)$ nahe genug bei 0 oder $u_2(x)$, so wird auch die Lösung in der Zukunft in der Nähe von 0 bzw. $u_2(x)$ bleiben. Das Gegenteil ist für $u_1(x)$ der Fall. Unabhängig davon, wie nahe $\phi(x)$ der Funktion $u_1(x)$ ist, die Lösung von (14.36) kann sich in der Zukunft von $u_1(x)$ entfernen; sie könnte für $t \to +\infty$ gegen u_0 oder auch gegen $u_2(x)$ streben.

Weitere Literatur zur Verzweigungstheorie finden Sie in [Sm] oder in [IJ].

Übungsaufgaben

1. *(Schwierig)* Leiten Sie das Verzweigungsdiagramm für Beispiel 1 her, indem Sie die GDGl. so weit wie möglich integrieren.

2. Zeigen Sie, daß die Phasenkurven in Bild 14.21 symmetrisch bezüglich der u-Achse verlaufen.

3. Zeigen Sie, daß der Graf $\beta(p)$ in Bild 14.22 ein einziges Minimum β_0 in $0 < p < A$ hat, und daß $\beta(p) \to \infty$ für $p \to 0$ oder $p \to A$.

4. Zeigen Sie, daß die Phasenkurven der Lösungen von Beispiel 2 so aussehen, wie in Bild 14.23 gezeichnet.

Anhang

Wir geben Ihnen hier eine kurze Zusammenstellung der wesentlichen, in diesem Buch auftretenden Begriffe. Sie kann vom Leser als eine Art Formelsammlung verwendet werden. Für detailiertere Informationen sollte ein Buch über höhere Analysis (etwa [Fl]) zu Rate gezogen werden.

A.1 Stetige und differenzierbare Funktionen

Wir schreiben $[b, c]$ für das abgeschlossene Intervall $\{\, b \leq x \leq c\,\}$, $]b, c[$ für das offene Intervall $\{\, b < x < c\,\}$ und definieren in ähnlicher Weise die halboffenen Intervalle $[b, c[$ und $]b, c]$.

Der Schlüsselbegriff der Analysis ist der des Grenzwerts. Sei $f(x)$ eine (reelle) Funktion einer Variablen. Die Funktion $f(x)$ *hat für x gegen a den Grenzwert L*, wenn es zu jeder Zahl $\epsilon > 0$ (gleichgültig wie klein) eine Zahl $\delta > 0$ so gibt, daß für alle x mit $0 < |x - a| < \delta$ gilt $|f(x) - L| < \epsilon$. Wir schreiben dafür $\lim_{x \to a} f(x) = L$. Eine dazu äquivalente Definition mit Grenzwerten von Folgen ist: Für jede Folge $(x_n)_{n \in \mathbb{N}}$ mit $x_n \to a$ gilt $f(x_n) \to L$.

Um in a einen Grenzwert zu haben, muß die Funktion auf beiden Seiten von a (in einer offenen, punktierten Umgebung von a) definiert sein. Es spielt keine Rolle, welchen Wert die Funktion für $x = a$ hat, oder ob sie für $x = a$ überhaupt definiert ist. So ist etwa die Funktion $f(x) = (\sin x)/x$ für $x = 0$ nicht definiert, hat aber für $x \to 0$ den Grenzwert 1.

Wir definieren auch einseitige Grenzwerte. Die Funktion $f(x)$ hat für x gegen a den *rechtsseitigen Grenzwert L*, wenn es zu jeder Zahl $\epsilon > 0$ (gleichgültig wie klein) eine Zahl $\delta > 0$ so gibt, daß für alle x mit $0 < x - a < \delta$ gilt $|f(x) - L| < \epsilon$. Der einzige Unterschied zum normalen (zweiseitigen) Grenzwert besteht im Fehlen der Betragsstriche, was die Forderung $x > a$ zur Folge hat. In diesem Buch wird der rechtsseitige Grenzwert L mit $f(a+)$ bezeichnet.

Den *linksseitigen Grenzwert* definieren wir in gleicher Weise, fordern aber $0 < a - x < \delta$. Wir bezeichnen ihn mit $f(x-)$. Wenn rechts- und linksseitiger Grenzwert existieren und übereinstimmen, so existiert auch der (normale) Grenzwert $\lim_{x \to a} f(x)$ und stimmt mit $f(a+) = f(a-)$ überein.

Eine Funktion $f(x)$ heißt *stetig im Punkt a*, wenn der Grenzwert von $f(x)$ für $x \to a$ existiert und mit $f(a)$ übereinstimmt. In diesem Fall muß die Funktion natürlich in a definiert sein. So ist zum Beispiel die Funktion $f(x)$, die durch $f(x) = (\sin x)/x$ für $x \neq 0$ und $f(0) = 1$ für $x = 0$ definiert ist, in jedem Punkt stetig. Eine Funktion heißt *stetig im Intervall* $b \leq x \leq c$, wenn sie in jedem Punkt des Intervalls stetig ist. (An den Randpunkten des Intervalls ist nur die einseitige Stetigkeit definiert.) Anschaulich gesprochen, kann der Graph einer in einem Intervall stetigen Funktion in einem Zug gezeichnet werden, er ist zusammenhängend.

A.1 Stetige und differenzierbare Funktionen

Der Graph einer stetigen Funktion kann also durchaus Ecken haben, aber keine Sprünge.

Zwischenwertsatz. *Ist $f(x)$ stetig im abgeschlossenen und beschränkten Intervall $[a,b]$ und ist $f(a) < p < f(b)$, so gibt es wenigstens einen Punkt c des Intervalls mit $f(c) = p$.*

Satz vom Maximum. *Ist $f(x)$ stetig im abgeschlossenen und beschränkten Intervall $[a,b]$, so nimmt die Funktion $f(x)$ in diesem Intervall ihr Maximum an. Das heißt, es gibt einen Punkt $m \in [a,b]$ mit $f(x) \le f(m)$ für alle $x \in [a,b]$. Wendet man diesen Satz auf die Funktion $-f(x)$ an, so folgt, daß auch das Minimum von $f(x)$ im Intervall angenommen wird.*

Identitätssatz. *Sei $f(x)$ stetig im abgeschlossenen und beschränkten Intervall $[a,b]$. Ist $f(x) \ge 0$ im Intervall und ist $\int_a^b f(x)\,dx = 0$, so ist $f(x)$ identisch Null.*

Beweis: Die Voraussetzungen des Satzes besagen anschaulich, daß der Graph von $y = f(x)$ oberhalb der x-Achse liegt, daß die Fläche zwischen dem Graphen und der x-Achse aber Null ist. Wir führen hier den Beweis des Satzes, da er in diesem Buch wiederholt verwendet wird, er aber andererseits keine Standardaussage in Analysisvorlesungen ist. Wir nehmen an, die Aussage sei falsch, daß es also ein $c \in]a,b[$ gibt mit $f(c) > 0$. Wir nützen die Stetigkeit von f an der Stelle c aus und setzen $\epsilon = \frac{1}{2}f(c)$. Dann gibt es ein $\delta > 0$, so daß für $|x - c| < \delta$ gilt $f(x) > \frac{1}{2}f(c)$. Dann enthält die Fläche zwischen dem Graphen von f und der x-Achse ein Rechteck mit den Seiten 2δ und $\frac{1}{2}f(c)$, so daß

$$\int_a^b f(x)\,dx \ge \int_{c-\delta}^{c+\delta} f(x)\,dx \ge \frac{1}{2}f(c) \cdot 2\delta = \delta f(c) > 0. \tag{A.37}$$

Das ist ein Widerspruch zur Voraussetzung, also ist $f(x) = 0$ für alle $a < x < b$. Wegen der Stetigkeit von $f(x)$ folgt auch $f(a) = f(b) = 0$. □

Eine Funktion hat an der Stelle x eine *Sprung-Unstetigkeit* (oder einfach eine Sprungstelle), wenn die einseitigen Grenzwerte $f(x+)$ und $f(x-)$ existieren, aber voneinander verschieden sind. Die Zahl $f(x+) - f(x-)$ heißt *Sprunghöhe*. Natürlich gibt es auch andere Arten von Unstetigkeiten.

Eine Funktion $f(x)$ heißt *stückweise stetig* im abgeschlossenen und beschränkten Intervall $[a,b]$, wenn es eine endliche Anzahl von Punkten $a = a_0 \le a_1 \ldots \le a_n = b$ so gibt, daß $f(x)$ auf jedem offenen Teilintervall $]a_{j-1}, a_j[$ stetig ist und alle einseitigen Grenzwerte $f(a_j-)$ für $1 \le j \le n$ und $f(a_j+)$ für $0 \le j \le n-1$ existieren. Eine solche Funktion hat also endlich viele Sprungstellen und ist ansonsten stetig. Jede stückweise stetige Funktion ist integrierbar. Siehe Abschnitt 5.4 für Beispiele.

Eine Funktion $f(x)$ heißt *differenzierbar im Punkt a*, wenn der Grenzwert von $[f(x) - f(a)]/(x - a)$ für $x \to a$ existiert. Dieser Grenzwert wird mit $f'(a)$ oder $(df/dx)(a)$ bezeichnet. Eine Funktion heißt *differenzierbar im offenen Intervall* $]a,b[$, wenn sie in jedem Punkt a des Intervalls differenzierbar ist. Man sieht leicht, daß eine in einem Punkt differenzierbare Funktion dort auch stetig ist.

Funktionen in zwei oder mehr Variablen

Derartige Funktionen sind definiert in Teilbereichen des Raums der unabhängigen Variablen. In diesem Buch verwenden wir häufig die Vektorschreibweise $\mathbf{x} = (x, y, z)$ in drei Dimensionen (und $\mathbf{x} = (x, y)$ in der Ebene). Unter einem *Gebiet* verstehen wir eine zusammenhängende offene Menge D (eine Menge ohne ihren Rand). Unter einem Bereich soll eine nicht näher spezifizierte Punktmenge verstanden werden. Ein wichtiges Beispiel eines Gebietes ist die Kugel $\{\,|\mathbf{x} - \mathbf{a}| < R\,\}$ mit dem Mittelpunkt $\mathbf{a}$ und dem Radius R. $|\cdot|$ bezeichnet dabei den euklidischen Abstand.

Ein *Randpunkt* einer Menge D (im dreidimensionalen Raum) ist ein Punkt $\mathbf{x}$ mit der Eigenschaft, daß jede Kugel mit $\mathbf{x}$ als Mittelpunkt einen nichtleeren Durchschnitt sowohl mit D als auch mit dem Komplement von D hat. In diesem Buch bezeichnen wir die Menge aller Randpunkte von D mit ∂D. Eine Menge heißt *offen*, wenn sie keinen ihrer Randpunkte enthält. Sie heißt *abgeschlossen*, wenn sie alle ihre Randpunkte enthält. Unter dem *Abschluß* $\overline{D}$ versteht man die Vereinigung von D mit ihrem Rand: $\overline{D} = D \cup \partial D$.

Wir werden hier nicht die Definitionen von Stetigkeit und (partieller) Differenzierbarkeit wiederholen, die denen bei Funktionen einer Variablen ähnlich sind.

Erster Identitätssatz. *Sei D ein beschränktes Gebiet und $f(\mathbf{x})$ eine in $\overline{D}$ stetige Funktion. Ist $f(\mathbf{x}) \geq 0$ in $\overline{D}$ und $\iiint_D f(\mathbf{x})\,d\mathbf{x} = 0$, so ist $f(\mathbf{x})$ identisch Null in $\overline{D}$.* (Der Beweis ist dem eindimensionalen Fall ähnlich und sei dem Leser überlassen.)

Zweiter Identitätssatz. *Sei $f(\mathbf{x})$ eine im Gebiet D_0 stetige Funktion und es gelte $\iiint_D f(\mathbf{x})\,d\mathbf{x} = 0$ für alle Teilgebiete $D \subset D_0$. Dann ist $f(\mathbf{x}) \equiv 0$ in D_0.* (Dieser Satz ist das Analogon zu dem Satz für Funktionen einer Veränderlichen, nach dem eine Funktion, deren unbestimmtes Integral (bestimmtes Integral mit variabler oberer Grenze) Null ist, die Nullfunktion ist.) Zum Beweis betrachtet man eine Kugel D und läßt ihren Radius gegen Null gehen.

Eine Funktion heißt von der *Klasse* C^1 in einem Gebiet D, wenn jede partielle Ableitung erster Ordnung existiert und in D stetig ist. Ist k eine natürliche Zahl, so heißt eine Funktion eine C^k-Funktion, wenn alle partiellen Ableitungen der Ordnung $\leq k$ existieren und stetig sind.

Die gemischten partiellen Ableitungen sind gleich: Ist $f(x, y)$ eine C^2-Funktion, so ist $f_{xy} = f_{yx}$. Gleiches gilt für Ableitungen höherer Ordnung. Es gibt zwar pathologische Beispiele von Funktionen, deren gemischte partielle Ableitungen nicht übereinstimmen (dann sind aber Stetigkeitseigenschaften verletzt), in diesem Buch kommen solche Funktionen jedoch nicht vor.

Die *Kettenregel* beschäftigt sich mit Funktionen von Funktionen. Wir betrachten beispielsweise die Zuordnung $s, t \mapsto x, y \mapsto u$. Ist u eine C^1-Funktion von x und y und sind x und y ihrerseits differenzierbare Funktionen von s und t, so ist

A.1 Stetige und differenzierbare Funktionen

$$\frac{\partial u}{\partial s} = \frac{\partial u}{\partial x}\frac{\partial x}{\partial s} + \frac{\partial u}{\partial y}\frac{\partial y}{\partial s}$$

und

$$\frac{\partial u}{\partial t} = \frac{\partial u}{\partial x}\frac{\partial x}{\partial t} + \frac{\partial u}{\partial y}\frac{\partial y}{\partial t}.$$

Der *Gradient* einer Funktion (dreier Variablen) ist $\nabla f = (f_x, f_y, f_z)$. Die *Richtungsableitung* von $f(\mathbf{x})$ im Punkte $\mathbf{a}$ in Richtung des Vektors $\mathbf{v}$ ist

$$\lim_{t \to 0} \frac{f(\mathbf{a} + t\mathbf{v}) - f(\mathbf{a})}{t} = \mathbf{v} \cdot \nabla f(\mathbf{a}).$$

Es folgt beispielsweise, daß die Änderungsrate einer Größe $f(\mathbf{x})$ von einem bewegten Teilchen $\mathbf{x} = \mathbf{x}(t)$ aus gesehen gleich $(d/dt)(f(\mathbf{x})) = \nabla f \cdot d\mathbf{x}/dt$ ist.

Vektorfelder

Ein Vektorfeld ist eine Abbildung, die jedem Punkt einen Vektor zuordnet. In zwei Variablen kann ein Vektorfeld durch zwei skalare Funktionen in jeweils zwei Variablen geschrieben werden als $x = g(x', y')$ und $y = h(x', y')$. Man kann die Zuordnungsvorschriften auch auffassen als eine Koordinatentransformation, durch die jedem Punkt des x', y'-Koordinatensystems ein Punkt des x, y-Koordinatensystems zugeordnet ist. Die partiellen Ableitungen erster Ordnung lassen sich als Matrix

$$\mathcal{J} = \begin{pmatrix} \frac{\partial x}{\partial x'} & \frac{\partial y}{\partial x'} \\ \frac{\partial x}{\partial y'} & \frac{\partial y}{\partial y'} \end{pmatrix},$$

der sogenannten *Jacobi-Matrix* schreiben. Die Determinante dieser Matrix ist die Jacobi-Determinante $J = \det \mathcal{J}$. Sind g und h lineare Funktionen, so ist $\mathcal{J}$ die Matrix der linearen Transformation (bezüglich der beiden Koordinatensysteme) und J deren Determinante.

Die Transformation von Polarkoordinaten auf kartesische Koordinaten $x = r\cos\theta$, $y = r\sin\theta$ hat die Jacobi-Matrix

$$\mathcal{J} = \begin{pmatrix} \frac{\partial x}{\partial r} & \frac{\partial y}{\partial r} \\ \frac{\partial x}{\partial \theta} & \frac{\partial y}{\partial \theta} \end{pmatrix} = \begin{pmatrix} \cos\theta & \sin\theta \\ -r\sin\theta & r\cos\theta \end{pmatrix}.$$

Ihre Jacobi-Determinante ist $J = \cos\theta \cdot r\cos\theta + \sin\theta \cdot r\sin\theta = r$.

Bei jeder Koordinatentransformation in mehrfachen Integralen braucht man die Jacobi-Determinante. Wenn $x = g(x', y')$, $y = h(x', y')$ eine bijektive Transformation der Klasse C^1 ist, die das Gebiet D in das Gebiet D' überführt, und $f(x, y)$ eine auf D' definierte stetige Funktion ist, so gilt

$$\iint_D f(x,y)\, dx\, dy = \iint_{D'} f(g(x',y'), h(x',y')) \cdot |J(x',y')|\, dx\, dy'. \qquad \text{(A.38)}$$

Die Größe des Faktors $|J|$ gibt an, wie stark die Gebiete durch die Transformation gestreckt oder gestaucht werden. Beim Wechsel von kartesischen zu Polarkoordinaten beispielsweise ist $|J(x',y')|dx'\, dy' = r\, dr\, d\theta$. In drei Dimensionen ist $\mathcal{J}$ eine 3×3-Matrix und die Integrale in Formel (A.38) sind dreifache Integrale.

A.2   Funktionenreihen

Ist $\sum_{n=1}^{\infty} a_n$ eine unendliche Reihe, so heißt die Summe der ersten N Summanden die N-te *Partialsumme*: $S_N = \sum_{n=1}^{N} a_n$. Die unendliche Reihe *konvergiert*, wenn es eine Zahl S gibt mit $\lim_{N\to\infty} S_N = S$. Das bedeutet, daß es zu jeder Zahl $\epsilon > 0$ (gleichgültig wie klein) eine natürliche Zahl $\mathcal{N}$ so gibt, daß für alle $N \geq \mathcal{N}$ gilt $|S_N - S| < \epsilon$. S heißt dann die *Summe* der Reihe.
Eine Reihe, die nicht konvergiert, heißt divergent. Die Reihe

$$\sum_{n=1}^{\infty}(-1)^{n+1} = 1 - 1 + 1 - 1 + \ldots$$

beispielsweise divergiert, da die Folge ihrer Partialsummen $1, 0, 1, 0, 1, 0, 1 \ldots$ keinen Grenzwert hat.
Ist die Reihe $\sum_{n=1}^{\infty} a_n$ konvergent, so ist $\lim_{n\to\infty} a_n = 0$. Das bedeutet: Wenn die Folge der Summanden nicht konvergiert oder ihr Grenzwert nicht Null ist, so divergiert die Reihe. Ein berühmtes und sehr subtiles Beispiel ist die Reihe $\sum_{n=1}^{\infty} 1/n$, welche divergiert obwohl die Summanden eine Nullfolge bilden.
Wenn eine Reihe nur aus nichtnegativen Summanden $a_n \geq 0$ besteht, ist ihre Teilsummenfolge S_N monoton wachsend. In diesem Fall ist die Reihe entweder konvergent oder die Teilsummenfolge hat den uneigentlichen Grenzwert $+\infty$.
Jeder Reihe $\sum_{n=1}^{\infty} a_n$ können wir die Reihe $\sum_{n=1}^{\infty} |a_n|$ zuordnen. Wenn $\sum_{n=1}^{\infty} |a_n|$ konvergiert, so auch $\sum_{n=1}^{\infty} a_n$. In diesem Fall heißt die Reihe $\sum_{n=1}^{\infty}$ *absolut konvergent*. Wenn $\sum_{n=1}^{\infty} a_n$ konvergiert, $\sum_{n=1}^{\infty} |a_n|$ aber divergiert, so heißt $\sum_{n=1}^{\infty} a_n$ *bedingt konvergent*. Dieses Buch ist voll von bedingt konvergenten Reihen.

Vergleichskriterien: *Ist $|a_n| \leq b_n$ für alle n und konvergiert $\sum_{n=1}^{\infty} b_n$, so ist $\sum_{n=1}^{\infty} a_n$ absolut konvergent* (Majorantenkriterium).
Als Umkehrung folgt sofort: *Divergiert $\sum_{n=1}^{\infty} |a_n|$, so auch $\sum_{n=1}^{\infty} b_n$* (Minorantenkriterium).
Das Grenzwertkriterium macht die Aussage: *Ist $a_n \geq 0$, $b_n \geq 0$, $\lim_{n\to\infty} a_n/b_n = L$ mit $0 \leq L < \infty$, und konvergiert $\sum_{n=1}^{\infty} b_n$, so konvergiert auch $\sum_{n=1}^{\infty} a_n$.*

Reihen von Funktionen

Wir betrachten jetzt die Reihe $\sum_{n=1}^{\infty} f_n(x)$ mit beliebigen Funktionen $f_n(x)$. Ein einfaches Beispiel ist die Reihe

A.2 Funktionenreihen

$$\sum_{n=0}^{\infty}(-1)^n x^{2n} = 1 - x^2 + x^4 - x^6 + \cdots,$$

die wir als geometrische Reihe mit dem Faktor $-x^2$ erkennen. Sie konvergiert absolut gegen die Summe $(1+x^2)^{-1}$ für alle $|x| < 1$ und sie divergiert für alle anderen x. Die bekanntesten Reihen sind die Potenzreihen $\sum_{n=1}^{\infty} a_n x^n$. Sie haben spezielle Konvergenzeigenschaften, wie etwa die, daß sie in einem zum Nullpunkt symmetrischen Intervall konvergieren. Die meisten Reihen in diesem Buch sind jedoch keine Potenzreihen.

Die Reihe $\sum_{n=1}^{\infty} f_n(x)$ konvergiert *punktweise* gegen $f(x)$ in einem Intervall $]a,b[$, wenn die Reihe für jedes feste $x \in]a,b[$ (als Zahlenreihe) gegen $f(x)$ konvergiert. Für jedes $x \in]a,b[$ gilt also

$$|f(x) - \sum_{n=1}^{N} f_n(x)| \to 0 \quad \text{mit } N \to \infty. \tag{A.39}$$

Es gibt somit für jedes x und für jedes $\epsilon > 0$ eine natürliche Zahl $\mathcal{N}$ derart, daß für alle $N \geq \mathcal{N}$ gilt

$$|f(x) - \sum_{n=1}^{N} f_n(x)| < \epsilon. \tag{A.40}$$

Man erwartet stets, daß $\mathcal{N}$ von ϵ abhängt (je kleiner ϵ, desto größer $\mathcal{N}$), $\mathcal{N}$ kann aber auch vom Punkt x abhängen. Aus diesem Grund ist es schwierig, allgemeine Aussagen über die Summe punktweise konvergenter Funktionenreihen zu machen, man führt einen stärkeren Konvergenzbegriff ein.

Die Funktionenreihe *konvergiert gleichmäßig* gegen $f(x)$ in $[a,b]$, wenn

$$\max_{a \leq x \leq b} |f(x) - \sum_{n=1}^{N} f_n(x)| \to 0 \quad \text{mit } N \to \infty. \tag{A.41}$$

(Beachten Sie, daß die Randpunkte des Intervalls eingeschlossen sind.) Man bildet also zu jedem n die größte Differenz der Funktionswerte über *alle* x und geht *dann* zum Grenzwert über. Diese Forderung ist gleichbedeutend damit, daß man in (A.40) die Unabhängigkeit der Zahl $\mathcal{N}$ von x fordert. (Nach wie vor ist natürlich $\mathcal{N}$ von ϵ abhängig.)

Vergleichssatz (Weierstraßsches Majorantenkriterium): *Ist für alle n und für alle $x \in [a,b]$ stets $|f_n(x)| \leq c_n$, und ist die Zahlenreihe $\sum_{n=1}^{\infty} c_n$ konvergent, so konvergiert die Reihe $\sum_{n=1}^{\infty} f_n(x)$ im Intervall $[a,b]$ absolut und gleichmäßig.*

Konvergenzsatz: *Konvergiert $\sum_{n=1}^{\infty} f_n(x)$ gleichmäßig in $[a,b]$ gegen $f(x)$ und sind alle Funktionen $f_n(x)$ stetig in $[a,b]$, so ist die Summe $f(x)$ stetig in $[a,b]$ und es gilt*

$$\sum_{n=1}^{\infty} \int_a^b f_n(x)\,dx = \int_a^b f(x)\,dx. \tag{A.42}$$

Die letzte Formel gibt an, daß man *gliedweise integrieren* darf.

Gliedweise Differentiation ist eine erheblich delikatere Angelegenheit.

Konvergenz der Ableitungen: *Sind alle Funktionen $f_n(x)$ differenzierbar in $[a,b]$, konvergiert die Reihe $\sum_{n=1}^{\infty} f_n(c)$ für ein festes $c \in [a,b]$ und konvergiert die Reihe $\sum_{n=1}^{\infty} f'_n(x)$ gleichmäßig in $[a,b]$, so konvergiert $\sum_{n=1}^{\infty} f_n(x)$ gleichmäßig gegen eine Funktion $f(x)$ und es gilt*

$$\sum_{n=1}^{\infty} f'_n(x) = f'(x). \tag{A.43}$$

Eine weitere Art von Konvergenz, die hier nicht erwähnt wird, die Konvergenz im quadratischen Mittel, spielt eine wesentliche Rolle in Kapitel 5.

A.3 Differentiation und Integration

Häufig begegnen uns Integrale der Form

$$I(t) = \int_{a(t)}^{b(t)} f(x,t)\,dx. \tag{A.44}$$

Wie differenziert man sie?

Satz A.2 *a und b seien Konstanten. Wenn $f(x,t)$ und $\partial f/\partial t$ stetig sind im Rechteck $[a,b] \times [c,d]$, so ist*

$$\left(\frac{d}{dt}\right) \int_a^b f(x,t)\,dx = \int_a^b \frac{\partial f}{\partial t}(x,t)\,dx \qquad \text{für } t \in [c,d]. \tag{A.45}$$

Zum Beweis dieses Satzes bildet man einfach

$$\frac{1}{\Delta t}\left[\int_a^b f(x, t+\Delta t)\,dx - \int_a^b f(x,t)\,dx\right] = \int_a^b \frac{f(x,t+\Delta t) - f(x,t)}{\Delta t}\,dx$$

und läßt Δt gegen Null gehen.

Für Integrale über die ganze Achse gilt der folgende Satz.

Satz A.3 *Seien $f(x,t)$ und $\partial f/\partial t$ stetige Funktionen in $]-\infty, \infty[\times]c,d[$. Die Integrale $\int_{-\infty}^{\infty} |f(x,t)|\,dx$ und $\int_{-\infty}^{\infty} |\partial f/\partial t|\,dx$ mögen für $t \in]c,d[$ (als uneigentliche Integrale) gleichmäßig konvergieren. Dann ist*

$$\frac{d}{dt}\int_{-\infty}^{\infty} f(x,t)\,dx = \int_{-\infty}^{\infty} \frac{\partial f}{\partial t}(x,t)\,dx \qquad \text{für } t \in]c,d[.$$

Im Fall variabler Integrationsgrenzen gilt das folgende Korollar:

A.3 Differentiation und Integration

Satz A.4 *Sei $I(t)$ durch (A.44) definiert, wobei $f(x,t)$ und $\partial f/\partial t$ stetige Funktionen im Rechteck $[A,B] \times [c,d]$ sind. $[c,d]$ sei dabei der Definitionsbereich der differenzierbaren Funktionen $a(t)$ und $b(t)$ und $[A,B]$ enthalte alle Intervalle $[a(t), b(t)]$ ($t \in [c,d]$). Dann ist*

$$\frac{dI}{dt} = \int_{a(t)}^{b(t)} \frac{\partial f}{\partial t}(x,t)\,dx + f(b(t),t)b'(t) - f(a(t),t)a'(t). \qquad (A.46)$$

Beweis: Sei $g(t,a,b) = \int_a^b f(x,t)\,dx$, wobei t, a und b als drei unabhängige Variable betrachtet werden. Dann ist $I(t) = g(t, a(t), b(t))$. Nach der Kettenregel ist die Ableitung $I'(t) = g_t + g_a a'(t) + g_b b'(t)$. Der erste Term $g_t = \partial g/\partial t$ (mit a und b konstant) ist durch Satz A.2 gegeben. Die anderen partiellen Ableitungen sind $g_b = f(b,t)$ und $g_a = -f(a,t)$. Damit folgt Gleichung (A.46). □

Für Funktionen in drei (oder zwei) Variablen gelten ähnliche Sätze. Das Analogon zu Satz A.2 ist der folgende

Satz A.5 *Sei D ein dreidimensionales Gebiet und seien $f(\mathbf{x},t)$, sowie $(\partial f/\partial t)(\mathbf{x},t)$ stetige Funktionen für $\mathbf{x} \in \overline{D}$ und $t \in [c,d]$. Dann ist*

$$\left(\frac{d}{dt}\right) \iiint_D f(\mathbf{x},t)\,d\mathbf{x} = \iiint_D \frac{\partial f}{\partial t}(\mathbf{x},t)\,d\mathbf{x} \qquad \text{für } t \in [c,d]. \qquad (A.47)$$

Wir verzichten auf die höherdimensionale Version von Satz A.4, die wir in diesem Buch nicht benötigen.

Kurven und Flächen

Eine Kurve kann man sich intuitiv vorstellen als den stetigen Weg eines Teilchens im Raum. Genauer gesagt, wird eine *Kurve C* definiert als eine stetige Abbildung eines Intervalls $[a,b]$ in den Raum. Sie ist also gegeben durch ein Funktionentripel

$$x = f(t), \qquad y = g(t), \qquad z = h(t) \qquad \text{für } a \leq x \leq b. \qquad (A.48)$$

Das Funktionentripel wird eine Parametrisierung der Kurve genannt. Eine Kurve ist genaugenommen der Wertebereich dieses Funktionentripels im x-Raum, was mit unserer anschaulichen Vorstellung einer Kurve übereinstimmt. Beispielsweise stellen die beiden Parametrisierungen

$$x = \cos\theta, \qquad y = \sin\theta \qquad \text{für } 0 \leq \theta \leq \pi$$

und

$$x = -t, \qquad y = \sqrt{1-t^2} \qquad \text{für } -1 \leq t \leq 1$$

denselben Halbkreis der Ebene dar (im Uhrzeigergegensinn durchlaufen). Jede C^1-Kurve kann in natürlicher Weise mit der Bogenlänge, definiert durch $ds/dt = |d\mathbf{x}/dt|$, als Parameter dargestellt werden.

Wenn die drei Koordinatenfunktionen von der Klasse C^1 sind, sagt man, daß die Kurve C von der *Klasse C^1* ist. Eine Kurve heißt *stückweise von der Klasse C^1*, wenn es eine Zerlegung $a \leq t_0 < t_1 < \cdots < t_n = b$ gibt, so daß die Koordinatenfunktionen auf jedem abgeschlossenen Teilintervall $[t_{j-1}, t_j]$ C^1-Funktionen sind; in den Teilpunkten t_j werden Funktionswerte und Ableitungen als einseitige Grenzwerte berechnet.

Eine *Fläche S* ist definiert als eine stetige Abbildung einer abgeschlossenen Menge $\overline{D}$ der Ebene in den dreidimensionalen Raum. Auch sie ist gegeben durch ein Funktionentripel

$$x = f(s,t), \qquad v = g(s,t), \qquad z = h(s,t) \qquad \text{für } (s,t) \in \overline{D}. \tag{A.49}$$

Das Funktionentripel heißt eine *Parametrisierung* von S, die Variablen s und t sind die *Parameter*, $\overline{D}$ ist der *Parameterbereich*. Natürlich ist auch hier eine Fläche der Wertebereich des Funktionentripels im dreidimensionalen Raum, was unserer anschaulichen Vorstellung von einer Fläche entspricht. Die Einheitssphäre $\{\,|\mathbf{x}| = 1\,\}$ beispielsweise hat in Kugelkoordinaten die Parameterdarstellung

$$x = \sin\theta\cos\phi, \qquad y = \sin\theta\sin\phi, \qquad z = \cos\phi \qquad \text{für } 0 \leq \phi \leq 2\pi,\ 0 \leq \theta \leq \pi.$$

Die Parameter sind ϕ und θ, sie durchlaufen das Rechteck $[0, 2\pi] \times [0, \pi]$, welches der Parameterbereich $\overline{D}$ ist.

Eine Fläche kann auch durch den *Graphen* einer Funktion $z = h(x,y)$ gegeben sein, wenn (x,y) den ebenen Bereich $\overline{D}$ durchläuft. Sie ist dann durch $x = s$, $y = t$, $z = h(s,t)$ für $(x,y) \in \overline{D}$ in einer Parameterdarstellung gegeben.

Eine Fläche ist *von der Klasse C^1*, wenn alle drei Koordinatenfunktionen von der Klasse C^1 sind. Die Vereinigung einer endlichen Anzahl sich überlappender Flächen wird auch als Fläche betrachtet. Eine Fläche heißt *stückweise von der Klasse C^1*, wen sie die Vereinigung endlich vieler C^1-Flächen ist, die sich in ihren Randkurven schneiden. Alternativ dazu kann eine Fläche auch implizit dargestellt werden, wie der folgende Satz, der mit dem Satz über implizite Funktionen bewiesen werden kann (siehe [Fl]), angibt.

Satz A.6 *Sei $F(x,y,z)$ eine C^1-Funktion dreier Variabler (definiert in einem räumlichen Bereich), deren Gradient nicht verschwindet ($\nabla F \neq 0$). Dann ist die Nivaumenge $\{F(x,y,z) = 0\}$ eine C^1-Fläche. Das heißt, es läßt sich lokal eine C^1-Parametrisierung der Form (A.49) finden.*

Integrale von Ableitungen

Der dem Hauptsatz der Differential-und Integralrechnung für Funktionen einer Variablen entsprechende Satz für Funktionen zweier Variablen ist der folgende.

Satz A.7 Der Greensche Satz: *Sei D ein ebenes Gebiet mit einer Randkurve $C = \partial D$, die stückweise von der Klasse C^1 ist. C sei so parametrisiert, daß bei Durchlaufen des Parameterintervalls das Gebiet D zu Linken liegt. Seien $p(x,y)$ und $q(x,y)$ zwei C^1-Funktionen, die auf $\overline{D} = D \cup C$ definiert sind. Dann ist*

A.4 Differentialgleichungen

$$\iint_D (q_x - p_y)\, dx\, dy = \int_C p\, dx + q\, dy. \tag{A.50}$$

Das Kurvenintegral auf der rechten Seite kann auch geschrieben werden als $\int_C (p, q) \cdot \mathbf{t}\, ds$, wobei $\mathbf{t}$ das normierte Tangentenvektorfeld von C und ds Bogenelement ist. Ist (p, q) das Geschwindigkeitsfeld einer Strömung, so ist das Kurvenintegral die Zirkulation der Strömung. Ist beispielsweise D ein Kreisring, so ist ∂D ein Paar von Kreisen, die in entgegengesetzter Richtung durchlaufen werden.

Eine vollständig äquivalente Formulierung des Greenschen Satzes erhält man, wenn man setzt $p = -g$ und $q = +f$. Ist dann $\mathbf{f} = (f, g)$ ein beliebiges C^1-Vektorfeld in $\overline{D}$, so ist $\iint_D (f_x + g_y)\, dx\, dy = \int_C (-g\, dx + f\, dy)$. Ist $\mathbf{n} = (+dy/ds, -dx/ds)$ der ins Äußere von D zeigende Einheitsnormalenvektor von C, so erhält der Greensche Satz die Form

$$\iint_D \nabla \cdot \mathbf{f}\, dx\, dy = \int_C \mathbf{f} \cdot \mathbf{n}\, ds, \tag{A.51}$$

wobei $\nabla \cdot \mathbf{f} = f_x + g_y$ die Divergenz von $\mathbf{f}$ ist.

Auch in drei Raumdimensionen gilt ein Divergenzsatz, welcher als Gaußscher Integralsatz bekannt ist und der eine natürliche Verallgemeinerung von (A.51) darstellt.

Satz A.8 Der Divergenzsatz: *Sei D ein beschränktes räumliches Gebiet mit stückweise glatter Randfläche S (S ist C^1-Fläche), $\mathbf{n}$ sei der äußere Normaleneinheitsvektor von S und $\mathbf{f}(\mathbf{x})$ ein beliebiges, auf $\overline{D} = D \cup S$ definiertes C^1-Vektorfeld. Dann ist*

$$\iiint_D \nabla \cdot \mathbf{f}\, d\mathbf{x} = \iint_S \mathbf{f} \cdot \mathbf{n}\, dS, \tag{A.52}$$

wobei $\nabla \cdot \mathbf{f}$ die (dreidimensionale) Divergenz von $\mathbf{f}$ und dS das Oberflächenelement von S ist.

Ist beispielsweise $\mathbf{f} = (x, y, z) = x\mathbf{i} + y\mathbf{j} + z\mathbf{k}$ und D die Kugel um den Nullpunkt mit Radius a, so ist $\nabla \cdot \mathbf{f} = \partial x/\partial x + \partial y/\partial y + \partial z/\partial z = 3$. Damit wird aus der linken Seite von (A.52)

$$\iiint_D 3\, dx\, dy\, dz = 3\left(\frac{4}{3}\pi a^3\right) = 4\pi a^3.$$

Auf der Kugeloberfläche ist andererseits $\mathbf{n} = \mathbf{x}/a$, so daß mit $\mathbf{f} \cdot \mathbf{n} = \mathbf{x} \cdot \mathbf{x}/a = a^2/a = a$ und $\iint_S a\, dS = a(4\pi a^2) = 4\pi a^3$ die rechte Seite von (A.52) dasselbe Resultat liefert.

Weiteres Material zu diesem Thema finden Sie in [MT] oder [EP].

A.4 Differentialgleichungen

Der Existenz- und Eindeutigkeitssatz für GDGln: Sei

$$\frac{d\mathbf{u}}{dt} = f(t, \mathbf{u}) \tag{A.53}$$

ein System gewöhnlicher Differentialgleichungen unter der Anfangsbedingung $\mathbf{u}(a) = \mathbf{b}$. $f(t, \mathbf{u})$ sei eine vektorwertige Funktion der skalaren Variablen t und der Vektorvariablen $\mathbf{u}$, die in einer Umgebung des Punktes $(a, \mathbf{b})$ von der Klasse C^1 ist. Hier ist $\mathbf{u} = (u_1, u_2, \ldots, u_N)$ und $\mathbf{f} = (f_1, f_2 \ldots, f_N)$. Dann gibt es eine eindeutig bestimmte Lösung $\mathbf{u}(t)$ der Klasse C^1, die definiert ist in einem Intervall, welches a enthält. Das heißt, es gibt eine eindeutig bestimmte Lösungskurve im $(t, \mathbf{u})$-Raum, die durch den Punkt $(a, \mathbf{b})$ verläuft und die (A.53) erfüllt.

Schwach singuläre Punkte

Eine lineare GDGl. zweiter Ordnung hat die Gestalt

$$a(t)u'' + b(t)u' + c(t)u = 0. \tag{A.54}$$

Ihre Lösungen bilden einen zweidimensionalen Vektorraum. Ein Punkt, für den einer der Koeffizienten unendlich oder $a(t)$ Null wird, heißt ein *singulärer Punkt*. Nehmen wir an, daß der fragliche Punkt $t = 0$ ist. Der Nullpunkt heißt dann *schwach singulärer Punkt*, wenn sich in der Nähe von $t = 0$ der Quotient $b(t)/a(t)$ nicht schlechter als t^{-1} und der Quotient $c(t)/a(t)$ sich nicht schlechter als t^{-2} verhält. Beispiele dafür sind die Eulersche Gleichung

$$u'' + \frac{\beta}{t} u' + \frac{\gamma}{t^2} u = 0 \tag{A.55}$$

sowie die in Kapitel 10 untersuchten Bessel- und Legendre-Gleichungen.

Der wichtigste Satz über schwach singuläre Punkte besagt, daß sich die Lösungen in der Nähe eines schwach singulären Punktes grob so verhalten wie die Lösungen der Euler-Gleichung. Um präziser zu sein, setzen wir voraus, daß die Grenzwerte

$$\beta = \lim_{t \to 0} t \frac{b(t)}{a(t)} \quad \text{und} \quad \gamma = \lim_{t \to 0} t^2 \frac{c(t)}{a(t)} \tag{A.56}$$

existieren. Wir nehmen weiter an, daß $tb(t)/a(t)$ und $t^2 c(t)/a(t)$ in der Nähe von $t = 0$ analytisch sind, d.h, daß sie eine konvergente Potenzreihenentwicklung nach Potenzen von t besitzen. (Das wäre beispielsweise der Fall, wenn sie beliebige Polynome wären.)

Seien r und s Lösungen der quadratischen Gleichung

$$x(x-1) + \beta x + \gamma = 0, \tag{A.57}$$

die unter dem Namen *definierende Gleichung* oder *Indexgleichung* bekannt ist. Dann sind $Ct^r + Dt^s$ mit beliebigen C und D die Lösungen der einfachen Euler-Gleichung (A.55), ausgenommen im Fall $r = s$. Die Exponenten r und s heißen *Indizes*.

Satz A.9

(a) *Wenn sich die Indizes r und s nicht um eine ganze Zahl unterscheiden, haben alle Lösungen von (A.53) die Gestalt*

$$Ct^r \sum_{n=0}^{\infty} p_n t^n + Dt^s \sum_{n=0}^{\infty} q_n t^n \qquad (A.58)$$

mit beliebigen Konstanten C und D. (Eingeschlossen ist der Fall, daß r und s komplex sind.)

(b) *Ist $s - r$ eine ganze Zahl, so haben die Lösungen die Gestalt*

$$Ct^r \sum_{n=0}^{\infty} p_n t^n + (Cm \log t + D)t^s \sum_{n=0}^{\infty} q_n t^n \qquad (A.59)$$

mit einer Konstanten m und beliebigen Konstanten C und D. Im Fall $r = s = 1$ ist $m = 1$. Alle diese Reihen konvergieren wenigstens in einer Umgebung von $t = 0$.

Derselbe Satz ist gültig für jeden anderen Punkt t_0 anstelle von $t = 0$, wenn man die Potenzen von t in (A.56), (A.58) und (A.59) durchgehend ersetzt durch die Potenzen von $(t - t_0)$. Beispiele finden Sie in den Abschnitten 10.5 und 10.6 dieses Buchs oder in [BD].

A.5 Die Gammafunktion

Die Gammafunktion kann ebenso wie die Logarithmusfunktion als Integral definiert werden, wenn auch auf anderem Wege. Sie ist definiert durch

$$\Gamma(x) = \int_0^{\infty} s^{x-1} e^{-s} \, ds \qquad \text{für } 0 < x < \infty.$$

Das Integral konvergiert, da die Exponentialfunktion den Integranden für $s \to \infty$ klein macht. Mit $s \to 0$ ist der Faktor s^{x-1} wegen $x > 0$ integrierbar.

Die Gammafunktion ist eine Verallgemeinerung der Fakultät, wie man an den folgenden Eigenschaften erkennt.

$$\Gamma(x+1) = x\Gamma(x) \qquad (A.60)$$
$$\Gamma(n+1) = n! \quad \text{für natürliche Zahlen } n \qquad (A.61)$$
$$\Gamma(\tfrac{1}{2}) = \sqrt{\pi}. \qquad (A.62)$$

Zum Beweis von (A.60) integrieren wir partiell:

$$\Gamma(x+1) = \int_0^{\infty} s^x e^{-s} \, ds = -s^x e^{-s} \Big|_0^{\infty} + \int_0^{\infty} x s^{x-1} e^{-s} \, ds = 0 + x\Gamma(x).$$

Nun ist $\Gamma(1) = \int_0^\infty e^{-s}\,ds = 1$, so daß $\Gamma(2) = 2\Gamma(1) = 2$ folgt. Formel (A.61) erhält man dann aus (A.60) durch vollständige Induktion. Substituiert man drittens $s = r^2$, so ist

$$\Gamma(x) = 2\int_0^\infty r^{2x-1} e^{-r^2}\,dr.$$

Für $x = \frac{1}{2}$ folgt dann $\Gamma(\frac{1}{2}) = 2\int_0^\infty e^{-r^2}\,dr = \sqrt{\pi}$ nach Übungsaufgabe 2.4.6.

Die Werte der Gammafunktion für „halbganze" Argumente sind durch die Formel

$$\Gamma(\tfrac{1}{2}+n) = (2n-1)(2n-3)\cdots(5)(3)(1)\cdot 2^{-n}\sqrt{\pi} = \frac{(2n)!\sqrt{\pi}}{n!2^{2n}} \qquad (A.63)$$

gegeben. n ist dabei eine nichtnegative ganze Zahl. Man beweist diese Formel durch Induktion mit Hilfe von (A.60) und (A.62):

$$\begin{aligned}
\Gamma(n+\tfrac{1}{2}) &= (2n-1)2^{-1}\Gamma(n-\tfrac{1}{2}) = (2n-1)(2n-3)2^{-2}\Gamma(n-\tfrac{3}{2}) = \ldots \\
&= (2n-1)(2n-3)\cdots(5)(3)(1)\cdot 2^{-n}\Gamma(\tfrac{1}{2}) \\
&= \frac{(2n)!}{(2n)(2n-2)\cdots(4)(2)}\frac{\sqrt{\pi}}{2^n} = \frac{(2n)!\sqrt{\pi}}{n!2^{2n}}.
\end{aligned}$$

Eine weitere nützliche Gleichung ist

$$\Gamma(x) = \frac{2^{x-1}}{\sqrt{\pi}}\Gamma\left(\frac{x}{2}\right)\Gamma\left(\frac{x+1}{2}\right), \qquad (A.64)$$

mit Hilfe derer man Formel (A.63) auf etwas anderem Wege herleiten kann.

Die Formel für die Oberfläche der n-dimensionalen Einheitskugel $\{\,x_1^2 + x_2^2 + \ldots + x_n^2 = R^2\,\}$ mit dem Radius R ist

$$A_n = \frac{2\pi^{n/2} R^{n-1}}{\Gamma(n/2)}. \qquad (A.65)$$

Zum Beispiel ist $A_2 = 2\pi R$, $A_3 = 4\pi R^2$, $A_4 = 2\pi^2 R^3$ und $A_5 = (8/3)\pi^2 R^4$.

Man kann Gleichung (A.60), $\Gamma(x) = \Gamma(x+1)/x$, offensichtlich auch dazu verwenden, die Gammafunktion für negative reelle Zahlen, ausgenommen die negativen ganzen Zahlen, zu definieren. Zunächst können wir mit (A.60) $\Gamma(x)$ definieren für $-1 < x < 0$, dann für $-2 < x < -1$ und so fort. Mit Satz A.3 folgt, daß $\Gamma(x)$ für alle x mit Ausnahme der negativen ganzen Zahlen differenzierbar ist.

Lösungen und Lösungshinweise zu ausgewählten Übungsaufgaben

Kapitel 1

Abschnitt 1.1

2. (a) linear; (b) nichtlinear

3. (a) Ordnung 2, linear, inhomogen; (c) Ordnung 3, nichtlinear

5. (a), (d) und (e) sind Vektorräume.

7. linear unabhängig

9. Die Dimension ist 2, nicht 3.

10. Die drei Funktionen e^{-x}, e^{2x}, xe^{2x} bilden eine Basis.

Abschnitt 1.2

1. $\sin(x - 3t/2)$

3. $u(x, y) = f(y - \arctan x)$ mit einer beliebigen Funktion f einer Variablen.

6. (a) $e^{x^2-y^2}$; (b) Eine Skizze der Charakteristiken zeigt, daß die Lösung nur im Bereich $\{\, x^2 \leq y^2 \,\}$ definiert ist.

7. Mit der Koordinatenmethode oder der geometrischen Methode: $u = e^{-cx/a} f(bx - ay)$ mit einer beliebigen Funktion f.

11. $u = x + 2y + 5/(y - 2x) + \exp[(-2x^2 - 3xy + 2y^2)/5] f(y - 2x)$, f ist beliebig.

Abschnitt 1.3

2. $u_{tt} = g[(l - x)u_x]_x$, wobei l die Länge der Kette ist.

3. $u_t = (\kappa/c\rho)u_{xx} - (\mu P/c\rho A)(u - T_0)$, wobei P der Umfang der Querschnittsfläche, A ihr Flächeninhalt und μ die Wärmeleitfähigkeit der Oberfläche ist.

4. $u_t = ku_{zz} + Vu_z$

5. $u_t = ku_{xx} - Vu_x$

9. $4\pi a^5$

Abschnitt 1.4

1. Versuchen Sie es mit einem Polynom in x und t.

4. $ku_z = Vu$ auf $z = a$

5. (a) $u_1'' = 0$ in $0 \leq x \leq L_1$, $u_2'' = 0$ in $L_1 \leq x \leq L_1 + L_2$ zusammen mit vier Rand- und Sprungbedingungen. Es ist also $u_1(x) = ax+b$ und $u_2(x) = cx+d$. Bestimmen Sie a und b unter Verwendung der vier Bedingungen.
(b) $u_1 = 10x/7$, $u_2 = 10(2x-3)/7$

Abschnitt 1.5

1. Lösen Sie die GDGl. Die Lösung ist nur eindeutig, wenn L kein ganzzahliges Vielfaches von π ist.

2. (a) Betrachten Sie die Differentialgleichung für die Differenz zweier Lösungen. Keine Eindeutigkeit.
(b) Integrieren Sie die Gleichung von 0 bis l. Der Mittelwert von $f(x)$ muß Null sein.

Abschnitt 1.6

1. (a) $\mathcal{D} = 3$, die Gleichung ist hyperbolisch. (b) parabolisch

2. Wenden Sie die Methode von Beispiel 2 an.

5. $\alpha = 1, \beta = 4, \gamma = 148$

Kapitel 2

Abschnitt 2.1

1. $e^x \cosh ct + (1/c) \sin x \sin ct$

3. $(l/4 - a)(\sqrt{T/\rho})$

4. Wie im Text ist $u_t + cu_x = h(x+ct)$. Setzen Sie $w = u - f(x-ct)$. Zeigen Sie $w_t + cw_x = 0$, und bestimmen Sie die Norm von w.

6. Setzen Sie $m(t) = \max_x u(x,t)$. Dann ist $m(t) = t$ für $0 \leq t \leq a/c$ und $m(t) = a/c$ für $t \geq a/c$.

8. (b) $u(r,t) = (1/r)[f(r+ct) + g(r-ct)]$
(c) $(1/2r)\{(r+ct)\phi(r+ct) + (r-ct)\phi(r-ct)\} + (1/2cr)\int_{r-ct}^{r+ct} s\psi(s)\,ds$

9. $\frac{4}{3}(e^{x+t/4} - e^{x-t}) + x^2 + \frac{1}{4}t^2$

Abschnitt 2.2

5. $dE/dt = -r \int u_t^2 \, dx \leq 0$
6. (a) $(1 - c^2\beta'^2)\alpha f'' + c^2 \left(\alpha\beta'' + \frac{n-1}{r}\alpha\beta' + 2\alpha'\beta'\right) f' - c^2 \left(\alpha'' + \frac{n-1}{r}\alpha'\right) f = 0$

Abschnitt 2.3

1. $(0,0)$ und $(1,T)$
4. (a) Verwenden Sie das starke Maximumprinzip.
   (b) Wenden Sie den Eindeutigkeitssatz auf $u(1-x,t)$ an.
   (c) Verwenden Sie die Gleichung vor (2.16).
5. (a) Im Punkt $(-1,1)$

Abschnitt 2.4

1. $u(x,t) = \mathcal{E}rf\{(x+l)/2\sqrt{kt}\} - \mathcal{E}rf\{(x-l)/2\sqrt{kt}\}$
3. e^{3x+9kt}
6. $\sqrt{\pi}/2$
8. Das Maximum ist $(4\pi kt)^{-1/2} e^{-\delta^2/4kt} = (1/\sqrt{\pi}\delta) s e^{-s^2}$, wobei $s = \delta/\sqrt{4kt}$. Es strebt mit $s \to \infty$ gegen Null.
9. $x^2 + 2kt$
12. (c) $Q(x,t) \sim \frac{1}{2} + x(4\pi kt)^{-1/2}$
17. $v(x,t)$ erfüllt die Diffusionsgleichung mit der Anfangsvorgabe $\phi(x)$.
18.
$$u(x,t) = \int_{-\infty}^{\infty} \exp\left[-\frac{(x-Vt-z)^2}{4kt}\right] \phi(z) \frac{dz}{\sqrt{4\pi kt}}$$

Abschnitt 2.5

1. Wählen Sie $\phi \equiv 0$ und $\psi \neq 0$.

Kapitel 3

Abschnitt 3.1

2. $1 - \mathcal{E}rf[x/\sqrt{4kt}]$

3. $w(x,t) = (4\pi kt)^{-1/2} \int_0^\infty [e^{-(x-y)^2/4kt} + e^{-(x+y)^2/4kt}]\phi(y)\,dy$

Abschnitt 3.2

2. Zur Zeit $t = a/c$ gibt es zwei Dreiecke, die sich bei $x = 2a$ berühren. Das rechte Dreieck bewegt sich mit der Geschwindigkeit c weiter nach rechts. Vom Zeitpunkt $t = 3a/2c$ ab wird das linke Dreieck in der Nähe des Ursprungs nach unten gedrückt und ist zum Zeitpunkt $t = 2a/c$ verschwunden. Anschließend taucht es wieder auf und bewegt sich nach rechts.

3. $f(x+ct)$ für $x > ct$; $f(x+ct) - f(ct-x)$ für $x < ct$

4. Wie 3, aber mit dem Pluszeichen

5. Die Singularität liegt auf der Geraden $x = 2t$.

6. $u(x,t) = tV$ für $0 < ct < x$; und $u(x,t) = (at-x)V/(a-c)$ für $0 < x < ct$

8. (a) 11/81; (b) -1/48

Abschnitt 3.3

1.
$$u(x,t) = \int_0^\infty (S(x-y,t) - S(x+y,t)]\phi(y)\,dy$$
$$+ \int_0^t \int_0^\infty [S(x-y,t-s) - S(x+y,t-s)]f(y,s)\,dy\,ds$$

Abschnitt 3.4

1. $\frac{1}{6}xt^3$

3. $(x+1)t + \sin x \cos ct + (1/c^2)\cos x(1 - \cos ct)$

8. Berechnen Sie $[\mathcal{S}(t)\psi]_{tt} = \frac{1}{2}c[\psi'(x+ct) - \psi'(x-ct)] = c^2[\mathcal{S}(t)\psi]_{xx}$.

9. Man differenziert: $\partial u/\partial t = \int_0^t \mathcal{S}'(t-s)f(s)\,ds + \mathcal{S}(0)f(t)$. Der letzte Term verschwindet. Erneute Differentiation liefert

$$\frac{\partial^2 u}{\partial t^2} = \int_0^t S''(t-s)f(s)\,ds + S'(0)f(x,t)$$
$$= \int_0^t c^2 \frac{\partial^2}{\partial x^2} S(t-s)f(s)\,ds + f(t)$$
$$= c^2 \frac{\partial^2}{\partial x^2} \int_0^t S(t-s)f(s)\,ds + f(t) = c^2 \frac{\partial^2 u}{\partial x^2} + f(t).$$

13. $u = x$ für $x \geq ct$; $u = x + (t - x/c)^2$ für $0 \leq x \leq ct$

14. $u = 0$ für $x \geq ct$; $u = -c \int_0^{t-x/c} k(s)\,ds$ für $0 \leq x \leq ct$

Kapitel 4

Abschnitt 4.1

2. $(4/\pi) \sum_{nung} (1/n) e^{-n^2\pi^2 kt/l^2} \sin(n\pi x/l)$

3. $\sum_{n=1}^\infty A_n \sin(n\pi x/l) e^{-in^2\pi^2 t/l^2}$

Abschnitt 4.2

1. Die Eigenwerte sind $(n+\frac{1}{2})^2\pi^2/l^2$ mit den zugehörigen Eigenfunktionen $\sin[(n+\frac{1}{2})\pi x/l]$ ($n = 1, 2, \ldots$).

Abschnitt 4.3

1. Zeichnen Sie die Graphen von $y = \tan\beta/l$ und $y = -\beta/a$. Betrachten Sie die Fälle $a > 0$ und $a < 0$ getrennt.

8. (b) Zwei Eigenwerte, wenn $la_0 + 1$ und $la_l + 1$ negativ sind und ihr Produkt größer als 1 ist. Ein Eigenwert, wenn $(la_0 + 1)(la_l + 1) < 1$. Kein Eigenwert, wenn $la_0 + 1$ und $la_l + 1$ positiv sind und ihr Produkt größer als 1 ist.

9. (b) $\tan\beta = \beta$; (d) nein

12. (b) $[\sin\beta l][-\sin\beta l + \beta l] = (1 - \cos\beta l)^2$
    (e) Einige sind Lösungen von $\sin\gamma = 0$, andere von $\tan\gamma = \gamma$. Die Eigenfunktionen sind 1 und x für $\lambda = 0$; $\cos(2n\pi x/l)$ für $n = 2, 4, 6, \ldots$; und $l\sqrt{\lambda_n}\cos(\sqrt{\lambda_n}x) - 2\sin(\sqrt{\lambda_n}x)$ für $n = 3, 5, 7, \ldots$
    (f) $u(x,t) = A + Bx+$ zwei Reihen

13. $\lambda = \beta^2$, wobei $\tan\beta l = k\beta/c^2$ und $X(x) = \sin\beta x$

14. $\lambda_n = 1 + n^2\pi^2$, $u_n(x) = x^{-1}\sin(n\pi\log x)$ für $n = 1, 2, 3, \ldots$

15. Wenn $\lambda = \beta^2$, ist die Gleichung für β

$$\kappa_1 \rho_1 \cot \frac{\beta \rho_1}{\kappa_1} + \kappa_2 \rho_2 \cot \frac{\beta \rho_2}{\kappa_2} = 0.$$

16. $\lambda_n = (n\pi/l)^4$, $X_n(x) = \sin(n\pi x/l)$ für $n = 1, 2, 3, \ldots$

17. $\lambda = \beta^4$, wobei β eine Lösung der Gleichung $\cosh \beta l \cos \beta l = 1$ ist. Die zugehörige Eigenfunktion ist

$$X(x) = (\sinh \beta l - \sin \beta l)(\cosh \beta x - \cos \beta x)$$
$$-(\cosh \beta l - \cos \beta l)(\sinh \beta x - \sin \beta x).$$

18. (c) $\cosh \beta l \cos \beta l = -1$
    (d) $\beta_1 l \approx 1,88$; $\beta_2 l \approx 4,69$; $\beta_3 l \approx 7,85$;... Die Frequenzen sind $c\beta_n^2$.
    (e) Bei der Stimmgabel ist $\beta_2^2/\beta_1^2 \approx 6,27$, während bei der schwingenden Saite der Quotient der ersten beiden Frequenzen $\beta_2/\beta_1 = 2$ ist. Deshalb ist, bezogen auf die Grundfrequenz, der erste Oberton der Gabel höher als der fünfte Oberton der Saite. Nach kurzer Zeit werden die Obertöne stark gedämpft und der Grundton dominiert.

Kapitel 5

Abschnitt 5.1

1. $\pi\sqrt{2}/4$

4. $2/\pi + (4/\pi) \sum_{n \geq 2 \text{ gerade}} (1-n^2)^{-1} \cos nx$. Setze $x = 0$ und $x = \pi/2$. Die Summen sind $\frac{1}{2}$ und $\frac{1}{2} - \pi/4$.

5. (a) $l^2/6 + 2(l^2/\pi^2) \sum_{n=1}^{\infty} [(-1)^n/n] \cos(n\pi x/l)$
   (b) $\pi^2/12$

7. $-7\pi^4/720$

9. $\frac{1}{2}t + (\sin 2ct \cos 2x)/4c$

10. $E_n = [4l\rho V^2/(n\pi)^2] \sin^2(n\pi\delta/l) \sim 4\rho V^2 l^{-1}\delta^2$ für festes gerades n und kleines δ.

Abschnitt 5.2

1. (a) ungerade, Periode$= 2\pi/a$; (b) weder gerade noch ungerade noch periodisch

9. Alle gleich Null

10. (a) Wenn $\phi(0+) = 0$.

11. Die komplexe Form ist

$$\sum_{-\infty}^{\infty}(-1)^n \frac{l+in\pi}{l^2+n^2\pi^2}\sinh l e^{in\pi x/l}.$$

14. $\frac{1}{2}l - (4l/\pi^2)\sum_{n\ ungerade}(1/n^2)\cos(n\pi x/l)$

Abschnitt 5.3

1. (a) Alle Vielfachen von $(1,1,-2)$. (b) Die Koeffizienten sind $\frac{4}{3}, \frac{5}{2}$ und $-\frac{11}{6}$.

2. (b) $3x^2 - 1$

4. (a) $U - (4U/\pi)\sum_{n=0}^{\infty}[1/(2n+1)]e^{-(n+1/2)^2\pi^2 kt/l^2}\sin[(n+\frac{1}{2})\pi x/l]$
   (c) $(4l^2/k\pi^2)|\log(\epsilon\pi/4|U|)|$

6. $2\pi ni$; ja

10. (b) $\cos x + \cos 2x$ und $\cos x - \cos 2x$

11. (a) In diesen Fällen ist der Ausdruck Null.

Abschnitt 5.4

1. (a) ja; (b) nein; (c) ja

6. $\cos x$ in $]0, \pi[$, $-\cos x$ in $]-\pi, 0[$, Null in den Punkten $x = -\pi, 0, \pi$

7. (c) ja; (d) ja; (e) nein

12. $\pi^2/6$

13. $\pi^4/90$

14. $\pi^6/945$

16. $a_0 = \pi$, $a_1 = -4/\pi$, $b_1 = a_2 = b_2 = 0$

19. (b) $\int_a^b X^2\,dx = [(\partial X/\partial x)(\partial X/\partial \lambda) - X(\partial^2 X/\partial \lambda \partial x)]|_a^b$
    (c) Setzen Sie $X(x,\lambda) = \sin(\sqrt{\lambda}x)$ und werten Sie Teil (b) aus für $\lambda = (m\pi/l)^2$.

Abschnitt 5.5

4. (d) $A = (2/l^2)\int_0^l(2l - 3x)\phi(x)\,dx$

Abschnitt 5.6

1. (a) $1 + \sum_{n=0}^{\infty} A_n e^{-(n+1/2)^2 \pi^2 t} \cos\left[(n + \frac{1}{2})\pi x\right]$, $A_n = (-1)^{n+1} 4(n + \frac{1}{2})^{-3} \pi^{-3}$
   (b) 1

4. $u = c^{-2} kx(l - \frac{1}{2}x) + $Reihen

6. $\omega = N\pi c/l$, wobei N eine positive ganze Zahl ist, vorausgesetzt, $g(x)$ und $\sin N\pi x/l$ sind nicht orthogonal.

7. Keine Resonanz, unabhängig von ω.

9. $(k - h)x + h + \sum_{n=1}^{\infty} (2/n\pi)[(-1)^n k + h] \cos 3n\pi t \sin n\pi x$

10. $(l - x)^{-1} \sum_{n=1}^{\infty} a_n e^{-n^2 \pi^2 kt/l^2} \sin(n\pi x/l)$

13. (b) Die Differenz $v = u - \mathcal{U}$ erfüllt homogene Randbedingungen. Trennen Sie die Variablen. Zeigen Sie, daß v eine Reihe ist, in der jeder einzelne Summand mit $t \to \infty$ exponentiell abklingt.
    (c) Mit $r \to 0$ und $\omega \to m\pi c/l$ (m eine ganze Zahl) wächst $\mathcal{U}(x, t)$ an. Verwenden Sie die Methode (5.85), (5.86) zum Nachweis der Resonanz.

Kapitel 6

Abschnitt 6.1

2. $[Ae^{kr} + Be^{-kr}]/r$

3. $AI_0(kr) + BK_0(kr)$, wobei I_0 und K_0 die zugeordneten Besselfunktionen sind.

4. $u = B + (A - B)(1/a - 1/b)^{-1}(1/r - 1/b)$

6. $(1/4)(r^2 - a^2) - [(b^2 - a^2)/4][(\log r - \log a)/(\log b - \log a)]$

7. $(r^2 - a^2)/6 - ab(a + b)(1/a - 1/r)/6$

9. (c) $\gamma = 40/\log 2$

Abschnitt 6.2

1. $U = \frac{1}{2}x^2 - \frac{1}{2}y^2 - ax + by + c$ mit beliebigem c

3. $[2\sinh(2\pi)]^{-1} \sinh 2x \cos 2y$

Abschnitt 6.3

1. (a) 4; (b) 1

2. $1 + (3r/a)\sin\theta$

3. $3(r/a)\sin\theta - 4(r/a)^3 \sin 3\theta$

Abschnitt 6.4

1. $1 + (3a/r)\sin\theta$

5. $u = \frac{1}{2}(1 - \log r/\log 2) + [(1/30)r^2 - (8/15)(1/r^2)]\cos 2\theta$

8. $aA\log(r/b) + B$

10. Die ersten beiden Terme sind $(r^2/2a)\sin 2\theta + (r^4/4a^3)\sin 4\theta$.

Kapitel 7

Abschnitt 7.1

8. $(\nabla w_0, \nabla w_1) \approx -0,45$; $(\nabla w_1, \nabla w_1) \approx 1,80$, $c_1 = -0,25$

9. $c_1 \approx -0,248$; $c_2 \approx -0,008$

10. $c_1 = 2$

Abschnitt 7.4

1.
$$G(x) = \begin{cases} x_0(l - x) & \text{für } 0 \leq x_0 \leq x \leq l \\ x(l - x_0) & \text{für } 0 \leq x \leq x_0 \leq l \end{cases}$$

6. (b) $\int_{-\infty}^{\infty} y[y^2 + (\xi - x)^2]^{-1} h(\xi)\, d\xi/\pi$

7. (a) $f(s) = A\tan^{-1} s + B$. (b) Verwenden Sie die Kettenregel. (c) In Polarkoordinaten, $u_{\theta\theta} = 0$. (d) $h(x) = \frac{1}{2}\pi A + B$ für $x > 0$, $-\frac{1}{2}\pi A + B$ für $x < 0$.

8. (b) $\frac{1}{2} + \pi^{-1}\tan^{-1}((x-a)/y)$ (c) $\frac{1}{2}(c_0 + c_n) + \pi^{-1}\sum_{j=1}^{n}(c_{j-1} - c_j)\theta_j$, wobei θ_j der Winkel zwischen der y-Achse und dem Vektor von $(a_j, 0)$ nach (x, y) ist.

12. $-1/(4\pi|\mathbf{x} - \mathbf{x}_0|) + |\mathbf{x}^*|/(4\pi a|\mathbf{x} - \mathbf{x}_0^*|)$ für $|\mathbf{x}| > a$ und $|\mathbf{x}_0| > a$.

13. Eine Summe von vier Termen, die mit den Abständen von **x** zu $\mathbf{x}_0, \mathbf{x}_0^*, \mathbf{x}_0^{\#}$ und $\mathbf{x}_0^{*\#}$ gebildet wird. Dabei gibt * die Spiegelung an der Sphäre und # die Spiegelung an der Ebene $z = 0$ an.

14. Das Ergebnis besteht aus 16 Ausdrücken ähnlich denen in Aufgabe 13. (Unter Verwendung der Greenschen Funktion für die ganze Kugel hat man nur acht Ausdrücke.)

15. (a) Verwenden Sie die Kettenregel. (b) In Polarkoordinaten hat die Transformation die einfache Form $(x, y) \mapsto (r^2, 2\theta)$.

16. $\frac{1}{2}(A + B) + [(A - B)/\pi] \arctan[(x^2 - y^2)/2xy]$

17. (b)
$$\int_{-\infty}^{0} \frac{2xyg(\sqrt{-s})}{(s - x^2 + y^2)^2 + 4x^2y^2} \frac{ds}{\pi} + \int_{0}^{\infty} \frac{2xyh(\sqrt{s})}{(s - x^2 + y^2)^2 + 4x^2y^2} \frac{ds}{\pi}$$
$$= \int xyg(\eta) \left[\frac{1}{(y-\eta)^2 + x^2} - \frac{1}{(y+\eta)^2 + x^2} \right] \frac{d\eta}{\pi} + \text{Term mit } h$$

22. $C + \int_{-\infty}^{\infty} h(x - \xi) \log(y^2 + \xi^2) \, d\xi$

24. $u(x_0, y_0, z_0) = \iint h(x, y)[(x - x_0)^2 + (y - y_0)^2 + z_0^2]^{-1/2} \, dx \, dy / 2\pi$

25.
$$u(\mathbf{x}_0) = \frac{|\mathbf{x}_0|^2 - a^2}{4\pi |\mathbf{x}_0|^2} \iint_{|\mathbf{x}|=a} \frac{h(\mathbf{x})}{|\mathbf{x} - \mathbf{x}_0|} \, dS$$

Kapitel 8

Abschnitt 8.1

1. (a) $O((\Delta x)^2)$; (b) $O(\Delta x)$

3. $(\frac{2}{3} u_{j+1} - \frac{2}{3} u_{j-1} - \frac{1}{12} u_{j+1} + \frac{1}{12} u_{j-2})/\Delta x$ unter Verwendung der Taylorentwicklung.

Abschnitt 8.2

1. (a) $u_1^4 = u_3^4 = \frac{99}{64}$, $u_2^4 = \frac{35}{16}$

2. Ein wildes Ergebnis (instabil). Vom dritten Zeitschritt ab erhält man negative Werte.

3 (a) $\frac{29}{64} \approx 0{,}453$; (b) $0{,}413$

4. $u_j^4 = 16; 14; 16; \frac{71}{4}; 14; \frac{29}{4}; 4; \frac{29}{4}$ (von $j = -1$ bis $j = 6$)

5. $u(3,3) = 12,5$

8. (c) $u_j^1 = 0; \frac{9}{77}; \frac{3}{11}; \frac{73}{77}; \frac{3}{11}; \frac{9}{77}; 0$ (von $j = 1$ bis $j = 6$)

10. (a) Explizit; (b) $\xi = -p \pm \sqrt{p^2 + 1}$, wobei $p = 2s(1 - \cos(k\Delta x))$. Eine dieser Lösungen ist immer < -1.

11. (b) $\xi = 1 - 2as[1 - \cos(k\Delta x)] + b\Delta t$. Die Stabilitätsbedingung ist deshalb $s \leq 1/2a$.

12. (a) 79,15; (b) 0,31

13. (a) $u_j^{n+1} = [2s/(1+2s)](u_{j+1}^n + u_{j-1}^n) + [(1-2s)/(1+2s)]u_j^{n-1}$
    (b) $(1+2s)\xi^2 - 4s\xi \cos(k\Delta x) + 2s - 1 = 0$. Die Nullstellen können reell oder nichtreell sein, in jedem Fall ist $|\xi| \leq 1$.

14. (b) $s_1 + s_2 \leq \frac{1}{2}$

Abschnitt 8.3

2. (a) $u_j^1 = 0; 0; 0; 4; 2; -4; 2; 4; 0; 0; 0$
   $u_j^2 = 0; 0; -16; 16; -13; -10; -13; -16; 16; 0; 0$
   (b) $u_j^2 = 0; 0; 1; 2; 2; 2; 2; 2; 1; 0; 0$
   (c) Fall (a) ist instabil, Fall (b) stabil.

3. (b) $u = x^2 + t^2 + t$

5. $u_j^3 = u_j^9 = 2; 1; 0; 0; 0; 1; 2$. Reflexion des maximalen Werts ($=2$) tritt an beiden Enden bei den Zeitschritten $n = 3; 9; 15; \ldots$ ein, wie es sein sollte.

7. Der Mittelwert für $t = 4$ ist 35,5.

11. (b) $(u_j^{n+1} - u_j^n)/\Delta t + a(u_{j+1}^n - u_{j-1}^n)/2\Delta x = 0$
    (c) Man berechnet $\xi = 1 - 2ias\sin(k\Delta x)$, so daß $|\xi| > 1$ für fast alle k; das Verfahren ist deshalb immer instabil.

Abschnitt 8.4

2. Für $n = 6$ sind die Werte im Inneren $\frac{63}{32}; \frac{111}{16}; \frac{15}{16}; \frac{63}{32}$.

3. Für $n = 2$ ist der Wert im Inneren $447/64 \approx 6,98$.

4. 0; 48; 0; 0; 0; 16; 11; 24; 0; 5; 4; 0; 0; 0; 0; 0

5. Die Zeilen von oben nach unten sind 0; 0; 0; 0; 4; 5; 0; 0; 11; 16; 0; 0; 24; 48; 0.

6. (d) Der exakte Wert ist $-0,072$.

7. Die Werte im Mittelpunkt sind (a) $\frac{7}{16}$ und (b) $\frac{5}{16}$, der exakte Wert ist $\frac{1}{4}$. Die exakte Lösung ist $u(x,y) = xy$.

9. Mit den Startwerten $u_{j,k}^{(0)} = 0$ in den Punkten des Randes und passenden Werten in den Geisterpunkten, so daß die Randbedingungen erfüllt sind, berechnet man $u_{3,2}^{(1)} \approx -0,219$ und $u_{3,2}^{(2)} \approx -0,448$. Der exakte Wert in diesem Punkt ist $u(1, \frac{2}{3}) = -0,278$.

Abschnitt 8.5

1. $\frac{1}{3}$

2. (a) $A = \frac{1}{2}(x_2 y_3 - x_3 y_2 + x_3 y_1 - x_1 y_3 + x_1 y_2 - x_2 y_1)$
   (b) $v(x,y) = [x_2 y_3 - x_3 y_2 + (y_2 - y_3)x - (x_2 - x_3)y]/2A$

5. $f_i(x,y) = (A-x)(B-y)/AB$, $x(B-y)/AB$, $(A-x)y/AB$ und xy/AB.

Kapitel 9.

Abschnitt 9.1

1. Entweder $|\mathbf{k}| = 1$ oder $u = a + b(\mathbf{k} \cdot \mathbf{x} - ct)$, wobei a und b Konstanten sind.

Abschnitt 9.2

3. ty

6. (a) $(\pi R/r)(\rho^2 - (r-R)^2)$, falls $|\rho - R| \le r \le \rho + R$, wobei $r = |\mathbf{x}|$.
   (b)
   $$u(\mathbf{x}, t) = \begin{cases} At & \text{für } r \le \rho - ct \\ A\dfrac{\rho^2 - (r-ct)^2}{4cr} & \text{für } |\rho - ct| \le r \le \rho + ct \end{cases}$$
   und $u(\mathbf{x}, t) = 0$ sonst, Beachten Sie, daß die Lösung stetig ist.
   (c) Der Grenzwert ist $[A/4c^2][\rho^2 - (\mathbf{x}_0 \cdot \mathbf{v})^2/c^2]$.

7. (a)
   $$u(\mathbf{x}, t) = \begin{cases} A & \text{für } r < \rho - ct \\ A\dfrac{r-ct}{2r} & \text{für } |\rho - ct| < r < \rho + ct \\ 0 & \text{für } r > \rho + ct \end{cases}$$
   (c) Der Grenzwert ist $A\mathbf{x}_0 \cdot \mathbf{v}/2c^2$.

11. $u = [f(r+ct) + g(r-ct)]/r$

12.
$$u = \begin{cases} -\dfrac{1}{4\pi r} g\left(t - \dfrac{r}{c}\right) & \text{für } 0 \leq t \leq \dfrac{r}{c} \\ 0 & \text{für } t \geq \dfrac{r}{c} \end{cases}$$

16. (b) $u(0,t) = At$ für $t \leq \rho/c$ und $u(0,t) = A[t - (t^2 - \rho^2/c^2)^{1/2}]$ für $t \geq \rho/c$.

17. $A\rho^2/2c^2$

Abschnitt 9.3

7. $u = \frac{1}{2}At^2$ für $r < \rho - ct$; $u \equiv 0$ für $r > \rho + ct$; $u =$ kubischer Ausdruck für $ct - \rho < r < ct + \rho$ und für $r < ct - \rho$.

9. $u(r,t) = \int_0^t \int_{r-ct+c\tau}^{r+ct-c\tau} f(|s|,\tau)\, s\, ds\, d\tau / 2cr$

Abschnitt 9.4

1. $xy^2z + 2ktxz$

Kapitel 10

Abschnitt 10.1

2.
$$u = \frac{16a^2b^2}{\pi^6} \sum_{m,n\,ungerade} \frac{1}{m^3 n^3} \sin\frac{m\pi x}{a} \sin\frac{n\pi y}{b} \cos\left[\pi ct\left(\frac{m^2}{a^2} + \frac{n^2}{b^2}\right)^{1/2}\right]$$

3. $-\infty < \gamma \leq 3k\pi^2/a^2$

5. (a) 2; (d) 4; (e) ∞

Abschnitt 10.2

2. $u = \sum_{n=1}^\infty A_n \cos(\beta_n ct/a) J_0(\beta_n r/a)$, wobei $J_0(\beta_n) = 0$ und die A_n explizit durch Integrale gegeben sind.

4. $u = Ae^{-i\omega t} J_0(\omega r/c)$ mit einer beliebigen Konstanten A.

5. $u = B - 2B \sum_{n=1}^\infty [\beta_n J_1(\beta_n)]^{-1} e^{-\beta_n kt/a} J_0(\beta_n r/a)$, wobei $J_0(\beta_n) = 0$.

Abschnitt 10.3

4. Nach Variablentrennung durch den Ansatz $u = w(r,t)\cos\theta$ erhält man
$$w(r,t) = \sum_{n=1}^{\infty} A_n \cos\frac{\beta_n ct}{a} \frac{1}{\sqrt{r}} J_{3/2}\left(\frac{\beta_n r}{a}\right),$$
wobei β_n die Lösungen von $\beta J'_{3/2}(\beta) = \frac{1}{2} J_{3/2}(\beta)$ und
$$A_n = \int_0^a \frac{r^{5/2} J_{3/2}(\beta_n r/a)\, dr}{\frac{1}{2} a^2 (1 - 2/\beta_n^2) J_{3/2}^2(\beta_n)}.$$

5. $u = B + 2(a/\pi)(C - B) \sum_{n=1}^{\infty} [(-1)^{n+1}/n] e^{-n^2\pi^2 kt/a^2}(1/r)\sin(n\pi r/a)$

6. $t \approx k^{-1} \log\left(\frac{16}{5}\right) \approx 80$ sec.

7. (a) $C + (B/a)(3kt - \frac{3}{10} + \frac{1}{2}r^2)$
   (b) $-2Ba^2 \sum e^{-\gamma_n kt/a^2} \sin(\gamma_n r/a)(r\gamma_n^2 \cos\gamma_n)^{-1}$, wobei $\tan\gamma_n = \gamma_n$.

9. $u(r,t) = \sum_{n=1}^{\infty} A_n e^{-n^2\pi^2 kt/a^2}(1/r)\sin(n\pi r/a)$, wobei
   $A_n = (2/a)\int_0^a r\phi(r)\sin(n\pi r/a)\,dr$.

10. $u = C + (a^3/2r^2)\cos\theta$

11. Die Lösung $u(r,\theta,\phi)$ ist unabhängig von ϕ und eine in θ gerade Funktion. Nach Trennung der Variablen finden wir $r^\alpha P_l(\cos\theta)$, wobei $\alpha = l$ oder $\alpha = -l - 1$. Wir schließen die negative Nullstelle aus. Dann ist die Lösung $u(r,\theta,\phi) = \sum_{l \, ungerade} A_l r^l P_l(\cos\theta)$. Die Koeffizienten bestimmt man aus der Entwicklung von $f(a\cos\theta)$ nach den ungeraden Legendre-Polynomen.

Abschnitt 10.5

2. $J_{3/2}(z) = \sqrt{2/\pi z}(\sin z)/(z - \cos z)$
   $J_{-3/2}(z) = \sqrt{2/\pi z}(-\cos z)/(z - \sin z)$

7. Zeigen Sie, daß v die Besselsche DGl. der Ordnung 1 erfüllt.

14. $u(r) = J_0(ikr)/J_0(ika)$

15. $u(r) = H_0(ikr)/H_0(ika)$

16. $u(r) = \sqrt{a/r}(J_{1/2}(ikr)/J_{1/2}(ika)) = a\sinh kr/(r\sinh ka)$

17. $u(r) = \sqrt{a/r}(H_{1/2}(ikr)/H_{1/2}(ika)) = ae^{-kr}/(re^{-ka})$

18. Die Eigenwerte sind $\lambda = \beta^2$, wobei $a\beta J'_n(a\beta) + ahJ_n(a\beta) = 0$. Die Eigenfunktionen sind $J_n(\beta r)e^{\pm in\theta}$, wobei β eine Lösung der Eigenwertgleichung ist.

19. $v(r,\theta) = J_n(\beta r)N_n(\beta a) - J_n(\beta a)N_n(\beta r)$, wobei $\lambda = \beta^2$ und β die Lösungen von $J_n(\beta b)N_n(\beta a) = J_n(\beta a)N_n(\beta b)$ sind.

Abschnitt 10.6

5. $a_0 = \frac{1}{4}$, $a_1 = \frac{1}{2}$, $a_2 = \frac{5}{8}$, $a_l = 0$ für ungerade $l \geq 3$ und
$$a_{2n} = (-1)^{n+1}\frac{(4n+1)!(2n-3)!}{4^n(n-2)!(n+1)!} \text{ für } n \geq 2.$$

6. $u = \frac{1}{3} + (2r^2/3a^2)P_2(\cos\theta)$

7.
$$u = \frac{1}{2}(A+B) + (A-B)\sum_{l\,ungerade}\frac{(-1)^{(l-1)/2}(2l+1)!!}{(l+1)!!}\left(\frac{r}{a}\right)^l P_l(\cos\theta),$$

wobei $m!! = m(m-2)(m-4)\cdots$.

8. Das gleiche Ergebnis wie (10.70) mit der Ausnahme, daß l nicht notwendigerweise ganzzahlig ist und daß $P_l^m(s)$ eine Lösung der Legendregleichung ist, für die $P_l^m(1)$ endlich ist, die aber kein Polynom ist. Die Gleichung $P_l^m(\cos\alpha) = 0$ bestimmt die Folge der l's und (10.66) bestimmt λ_l.

Abschnitt 10.7

3. (b) $(2-r)e^{-r/2}$, $r\cos\theta e^{-r/2}$, $r\sin\theta e^{\pm i\phi}e^{-r/2}$

Kapitel 11

Abschnitt 11.1

3. (b) Nützen Sie aus, daß $w(1) = 0$ und $\lim_{x\to 1} w(x)/(x-1)$ endlich ist (ebenso für $x \to 0$) und beweisen Sie damit (b).

Abschnitt 11.2

1. A besteht aus den Zahlen $\frac{1}{3}$, $\frac{1}{6}$, $\frac{1}{6}$, $\frac{2}{15}$ und B aus $\frac{1}{30}$, $\frac{1}{60}$, $\frac{1}{60}$, $\frac{1}{105}$. Deshalb ist $\lambda_1 \approx 10$ und $\lambda_2 \approx 42$.

2. $\lambda_1 \approx 10$ und $\lambda_2 \approx 48$.

3. $\iint |\nabla w|^2\,dx\,dy = \pi^8/45$, $\iint w^2\,dx\,dy = \pi^{10}/900$, $Q = 20/\pi^2 \approx 2{,}03$, $\lambda_1 = 2$

4. (a) $Q = 10$, $\lambda_1 = \pi^2 \approx 9{,}87$

6. (a) A besteht aus den Zahlen $\frac{4}{3}$, $\frac{3}{2}$, $\frac{3}{2}$, $\frac{9}{5}$ und B aus $\frac{8}{15}$, $\frac{7}{12}$, $\frac{7}{12}$, $\frac{9}{24}$.
   (b) $2{,}47$ und $23{,}6$
   (c) $\lambda_1 = \pi^2/4 \approx 2{,}47$ und $\lambda_2 = 9\pi^2/4 \approx 22{,}2$

7. (a) Das Quadrat der ersten Nullstelle der Besselfunktion J_0, welches den Wert 5,76 hat.

Abschnitt 11.3

1. Multipilzieren Sie die PDGl. mit der Eigenfunktion und integrieren Sie.

Abschnitt 11.4

1. (a) $(n\pi/\log b)^2$, $\sin(n\pi \log x/\log b)$

4. $u(x,y) = \sum_{n=1}^{\infty} A_n x^{-1} \sin n\pi x \cosh n\pi y$, wobei $A_n = -\text{sech}(n\pi) \int_1^2 \sin n\pi x f(x) x$

5. Die Eigenwerte sind die Lösungen von $J_0(\sqrt{\lambda_n} l) = 0$.

Abschnitt 11.6

5. Bei Verwendung von Rechtecken ist $5\pi^2/4 < \lambda_1 < 5\pi^2/2$ und $2\pi^2 < \lambda_2 < 4\pi^2$.

Kapitel 12

Abschnitt 12.2

2. $u(x,t) = V/2c$ für $|x - x_0| < ct$ und $u = 0$ sonst.

3. $u(x,t) = V/2c$ in einem Bereich mit den Eckpunkten $(x_0, 0)$ und $(0, x_0/c)$, $u = 0$ außerhalb.

5. $u = f(t - r/c)/4\pi c^2 r$ in $r < ct$ und $u = 0$ in $r > ct$.

10. $H(t - r/c)(2\pi c)^{-1} \int_0^{t-r/c} [c^2(t-\tau)^2 + r^2]^{-1/2} f(\tau) \, d\tau$

Abschnitt 12.3

7. (c) Zeigen Sie, daß $\sum_{n=-\infty}^{\infty} f(x + 2\pi n) = \sum_{n=-\infty}^{\infty} F(n) e^{inx}/2\pi$.

Abschnitt 12.4

1. $(4\pi\kappa t)^{-1/2} \int_{-\infty}^{\infty} \phi(y) e^{-(\mu t + x - y)^2/4\kappa t} \, dy$

3. $e^{-mr}/4\pi r$

6. $u(x,y) = \int_0^{\infty} \int_{-\infty}^{\infty} [\pi \sinh(k)]^{-1} f(\xi) \sinh(ky) \cos(kx - k\xi) \, d\xi \, dk$

Abschnitt 12.5

5. $[\cos(c\pi t/l) - (l/c\pi)\sin(c\pi t/l)]\sin(\pi x/l)$

7. $1 + e^{-4\pi^2 kt/l}\cos(2\pi x/l)$

Kapitel 13

Abschnitt 13.3

2. Schreiben Sie die Lösung wie in (13.20) mit $c_1 = c_2 = 1$. Dann ist $u(x,t) = f(x-t) + G(x+t)$ für $x < 0$, $u = H(x-t)$ für $0 < x < t$ und $u = 0$ für $x > t$. Die Sprungbedingungen führen zur GDGl. vierter Ordnung $G'''' + 2G''' + 2G'' + 2G' + G = -f''''(-t) - 2f''(-t) - f(-t)$, die gelöst werden kann.

7. $-e^{\pm ikr_+}/4\pi r_+ + e^{\pm ikr_-}/4\pi r_-$, wobei $r_\pm = [x^2 + y^2 + (z \mp a)^2]^{1/2}$. Die reflektierte Welle wird durch den zweiten Term dargestellt.

Abschnitt 13.4

1. Sei $\beta = \sqrt{\lambda + Q}$. Dann gilt für β: $0 < \beta < \sqrt{Q}$ und $\tan\beta = -\beta + Q/\beta$. Die letzte Gleichung kann wie in Abschnitt 4.3 grafisch gelöst werden, und man erhält eine endliche Anzahl von Eigenwerten, abhängig von der Tiefe.

2. $\lambda = -Q^2/4$ ist der einzige Eigenwert, und $\psi(x) = e^{-Q|x|/2}$ ist die Eigenfunktion.

Abschnitt 13.5

9. $(2c)^{-1}e^{-t/2}J_0[(i/2c)\sqrt{c^2t^2 - x^2}]H(c^2t^2 - x^2)$

Kapitel 14

Abschnitt 14.1

1. $u = x/(1+t)$

3. $[(4tx + 8t + 1)^{1/2} - 1]/2t$

5. $u = -t + \sqrt{t^2 + x^2}$ für $x > 0$, $u = -t - \sqrt{t^2 + y^2}$ für $x < 0$.

7. $\partial z/\partial t = -a(\phi(z))/[1 + ta'(\phi(z))\phi'(z)]$, $\partial z/\partial x = 1/[1 + ta'(\phi(z))\phi'(z)]$, $\partial u/\partial t = \phi'(z)\partial z/\partial t$, $\partial u/\partial x = \phi'(z)\partial z/\partial x$ usw.

8. $u = (1-x)/(1-t)$ im Dreieck, das durch $t = 0$, $t = x$ und $x = 1$ begrenzt wird. Außerhalb des Dreiecks ist $u = 0$ oder $u = 1$. Der Stoß beginnt zur Zeit $t = 1$, er schreitet fort entlang der Geraden $x - 1 = \frac{1}{2}(t-1)$.

Abschnitt 14.2

4. (a) $\pm \int_{f_2}^{f} [P(y)]^{-1/2} dy = x - x_2$

10. $u(x,t) = (3t)^{-1/3} \int_{-\infty}^{\infty} A[(x-y)/(3t)^{1/3}] \phi(y)\, dy$

Abschnitt 14.3

2. Ein Kreisbogen. Minimieren Sie $\int_0^1 \sqrt{1+u'^2}\, dx + m \int_0^1 u\, dx$, wobei m ein Lagrangescher Multiplikator ist.

4. $y = (x^3 + 11x)/12$

8. $(k/\pi)^{3/2} e^{-k|\mathbf{v}|^2}$, wobei $k = 3/(4E)$.

Literaturverzeichnis

[AS] ABLOWITZ, M. und SEGUR, H., *Solitons and Inverse Scattering Transform*, SIAM, Philadelphia, 1981.

[Ak] AKHEIZER, N. I., *The Calculus of Variations*, Blaisdell, Waltham, Mass., 1962.

[AJS] AMREIN, W., JAUCH, J., SINHA, K., *Scattering Theory in Quantum Mechanics*, Benjamin-Cummings, Menlo Park, Calif., 1977.

[Bl] BLEEKER, D., *Gauge Theory and Variational Principles*, Addison-Wesley, Reading, Mass., 1981.

[Bo] BOWMAN, F., *Introduction to Bessel Functions*, Dover, New York, 1958.

[BD] BOYCE, W. und DIPRIMA, R., *Elementary Differential Equations and Boundary Value Problems*, Wiley, New York, 1992.

[BF] BURDEN, R. und FAIRES, J., *Numerical Analysis*, 3. Auflage, PWS, Boston, 1985.

[CB] CHURCHILL, R. und BROWN, J., *Fourier Series and Boundary Value Problems*, 4. Auflage, McGraw-Hill, New York, 1987.

[CL] CODDINGTON, E. und LEVINSON, N., *Theory of Ordinary Differential Equations*, McGraw-Hill, New York, 1955.

[CH] COURANT, R. und HILBERT, D. *Methoden der mathematischen Physik* 2 Bde, Springer-Verlag, Berlin, Heidelberg, New York, 1937 und 1968.

[Dd] DODD, R., EILBECK, J., GIBBON, J. und MORRIS, H., *Solitons and Nonlinear Wave Equations*, Academic Press, New York, 1984.

[DM] DYM, H. und MCKEAN, H., *Fourier Series and Intgrals*, Academic Press, New York, 1972.

[Ed] EDMONTS, E. R., *Angular Momentum in Quantum Mechanics*, 2. Auflage, Princeton University Press, Princeton, N.J., 1960.

[EP] EDWARDS, C. und PENNEY, D., *Calculus and Analytic Geometry*, Prentice Hall, Englewood Cliffs, N. J., 1986.

[Fy] FEYNMAN, R. P., *Lectures on Physics*, Addison-Wesley, Reading, Mass., 1965.

[Fd] FLANDERS, H., *Differential Forms with Applications to the Physical Sciences*, Dover, New York, 1989.

[Fl] FLEMING, W., *Functions of Several Variables*, Springer-Verlag, New York, 1977.

[Fo] FOLLAND, G,, *Introduction to Partial Differential Equations*, Princeton University Press, Princeton, N. J., 1976.

[Ga] GARABEDIAN, P. R., *Partial Differential Equations*, Wiley, New York, 1964.

[IJ] IOOSS, G. und JOSEPH, D., *Elementary Stability and Bifurcation Theory*, Springer-Verlag, New York, 1981.

[Ja] JACKSON, R. D., *Classical Electrodynamics*, 2. Auflage, Wiley, New York, 1975.

[Jo] JOHN, F., *Partial Differential Equations*, 4. Auflage, Springer-Verlag, New York, 1982.

[Ka] KAC, M., Can one hear the shape of a drum?, *American Mathematical Monthly*, vol. 73, pp. 1-23, 1966.

[Kr] KREYSIG, I., *Advanced Engeneering Mathematics*, 7. Auflage, Wiley, New York, 1992.

[MOS] MAGNUS, W., OBERHETTINGER, F. und SONI, R., *Formulas and Theorems for the Special Functions of Mathematical Physics*, Springer-Verlag, New York, 1966.

[MT] MARSDEN, J. und TROMBA, A., *Vector Calculus*, W. H. Freeman, San Francisco, 1976.

[Me] MEYER, R. E., *Introduction to Mathematical Fluid Dynamics*, Wiley-Interscience, New York, 1971.

[MF] MORSE, P. M. und FESHBACH,H., *Methods of Theoretical Physics*, 2 Bde, McGraw-Hill, New York, 1953.

[MI] MORSE, P. M. und INGARD, U. *Theoretical Acoustics*, McGraw-Hill, New York, 1968.

[Ne] NEWELL, A. C., *Solitons in Mathematics and Physics*, SIAM, Philadelphia, 1981.

[PW] PROTTER, M. und WEINBERGER, H., *Maximum Principles in Partial Differential Equations*, Prentice Hall, Englewood Cliffs, N. J., 1967.

[S] REED, M. und SIMON, B. *Methods of Modern Mathematical Physics*, 4 Bde, Academic Press, New York, 1972-1979.

[RM] RICHTMEYER, R. D. und MORTON, K. W., *Difference Methods for Initial-Value Problems*, 2. Aufl., Wiley-Interscience, New York, 1967.

[Sa] SANSONE, G., *Orthogonal Functions*, R. E. Krieger, Melbourne, Fla., 1977.

[Se] SEELEY, R., *Introduction to Fourier Series and Integrals*, Benjamin-Cummings, Menlo Park, Calif., 1967.

[Sw] SEWELL. G., *Numerical Solution of Ordinary and Partial Differential Equations*, Academic Press, New York, 1988.

[Sh] SHEN, S., Acoustics of ancient Chinesae Bells, *Scientific American*, pp. 104-110, April 1987.

[Sm] SMOLLER, J., *Shock Waves and Reaction-Diffusion Equations*, Springer-Verlag, New York, 1983.

[Sg1] STRANG, G. *Introduction to Applied Mathematics*, Wellesley-Cambridge Press, Cambridge, Mass., 1986.

[Sg2] STRANG, G. *Linear Algebra and its Applications*, Academic Press, New York, 1976.

[St] STRAUSS, H. L., *Quantum Mechanics: An Introduction*, Prentice Hall, Englewood Cliffs, N. J., 1968.

[SV] STRAUSS, W. A. und VAZQUEZ, L., Numerical solution of a nonlinear Klein-Gordon equation, *Journal of Computational Physics*, Bd. 28, pp. 271-278, 1978.

[TS] TYKHONOV, A. und SAMARSKII, A., *Equations of Mathematical Physics*, Pergamon Press, Elmsford, N. Y., 1963.

[TR] TONG, P. und ROSSETTOS, J., *Finite Element Method*, MIT Press, Cambridge, Mass., 1977.

[We] WEINBERGER, H. F., *A First Course in Partial Differential Equations*, Blaisdell, Waltham, Mass., 1965.

[Wh] WHITHAM, G. B., *Linear and Nonlinear Waves*, Wiley-Interscience, New York, 1974.

[Zy] ZYGMUND, A., *Trigonometric Series*, 2. Aufl., Cambridge University Press, Cambridge, England, 1977.

Index

A
AB. *s.* Anfangsbedingung
— it s. auch Randbedingung
abgeschlossenes Intervall 414
abgeschlossene Menge 416
Abhängigkeitsbereich 42, 67, 76, 220, 238, 253
Ableitung eines Integrals 420-421
Abschließung 416
Abschneidefehler 206
absolute Konvergenz 418
Abschwächung 45
Absorption 25, 97, 99
Adiabatische Strömung 370
Akustische Impedanz 25
Airy-Funktion 323, 402
d'Alembert 39, 92
Ampèresches Gesetz 366
analytische Funktion 159
ankommende Welle 372
Ansatzfunktion 229-231
Antidiffusion 29, 60
Ausbreitungsgeschwindigkeit 42, 59, 219
äußere Kraft 17, 72
Ausstrahlung 26, 97, 99
Ausstrahlungsbedingung 26, 374

B
Bahnquantenzahl 300
bandbeschränkte Funktion 354
bedingte Konvergenz 418
Beobachtungsgröße 19
Bereich 416
Besselfunktion 272-273, 287-294
— asymptotisches Verhalten 289
— erzeugende Funktion 294
— ganzzahliger Ordnung 272-273, 291
— halbganzer Ordnung 290
— bei der Klein-Gordon-Gleichung 384
— Normierungsfaktoren 290
— Nullstellen 273, 289
— Rekursionsgleichungen 289
Besselsche Differentialgleichung 272, 287-288
— Hankel-Funktion 291, 376
— Neumann-Funktion 291
— Ordnung 288
— und Streuung 376
— Schwingungen in einer Kugel 277
— Lösungen 271-273, 288-292
— schwingende Membran 270
Besselsche Ungleichung 139
Beugungsproblem 372
Bewegungsgleichung 369
bicharakteristisch 249
bilineare Elemente 231
Bogenlänge 421
Bohr 20, 261
Brownsche Molekularbewegung 17, 55, 159-160

C
C^2-Funktion 39, 416
Cauchy-Riemannsche DGln 159, 166
Chaos 29, 60
Charakteristiken 7, 9-11, 37, 42, 59
— bei endlichem Intervall 68
— bei Halbgeraden 67
charakteristisches Dreieck 42, 76
charakteristische Fläche 248, 250
charakteristischer Kegel 233-235
charakteristischer Vektor 249
Chemie 20
chemische Reaktion 410
chinesische Glocken 285
Coulombsches Gesetz 365
Crank-Nicolsen-Verfahren 213-214

D
definierende Gleichung 424
Delta-Funktion 338-340
— genäherte 338
— Ableitung 342
— Fourier-Transformation 350
Drehimpuls 299-303
Differenzengleichung 206
Differenzenverfahren 204
— Stabilitätskriterium 211, 214, 219
differenzierbare Funktion 415
Diffusion 18, 21, 24, 92, 110
— auf der ganzen Achse 51-56
— auf der Halbachse 62-64
— Kern 54-55
— mit einer Quelle 71-75
— Ungleichung 47
Diffusionsgleichung 16, 18, 22, 29, 45-60, 92
— Anfangsbedingung 51-60, 86, 92, 255

— Crank-Nicolsen-Verfahren 198-199
— Differenzenverfahren 208
— dreidimensionale 16-17, 255-257, 268-269, 280-281
— eindimensionale 45
— Eindeutigkeit 47-48
— endliches Intervall 92, 95
— Halbraum 259
— inhomogene 71, 346
— — auf der Halbachse 74
— Kugel 280
— Randquelle 74, 152-154, 363
— Stabilität 48-49
— Würfel 268
Dimension 6, 15
— bestmögliche 44, 245
— eines Vektorraums 270
Dirac-Gleichung 380-381
Dirichlet-Bedingung 22, 62, 89
Dirichlet-Kern 144, 338, 341
Dirichlet-Problem
— Eindeutigkeit 161, 187
— für die Halbgerade 62, 66
— für den Kreis 171
— für den Kreisring 179
— für die Kugel 185
diskrete Energie 223
diskretes Spektrum 377
Diskriminante, $\mathcal{D}$ 32
Dispersionswelle 2, 395-401
dispersiver Rest 397
dissipative Randbedingung 50
dissipative Wellengleichung 385
Distribution 315
— Ableitung 341
— in drei Dimensionen 343
— Konvergenz 340
Div, ∇ 183, 423
Divergenzsatz 21, 423
— vierdimensionaler 236
Druck 25, 369
Duhamelsche Formel 252
Dudamelsches Prinzip 82

E
Echo 44
Eichfeldtheorie 381-382
Eichgruppe 382
Eichinvarianz 382
Eier Fourier 283

Eigenfunktion 92, 94, 95, 98, 101, 126, 127, 265
— Entwicklung nach 104, 131, 265
— Knotenpunkte 284-287
Eigenwert 92, 94, 95-103, 131
— asymptotisches Verhalten 327-335
— Abhängigkeit vom Gebiet 304, 331
— Berechnung 309-313
— doppelte
— komplexe 92, 101
— Minima der potentiellen Energie 304-308
— Minimumprinzip 305
— negative 92, 102, 127
— Null 94, 101, 103
— positive 98-101
Eigenwertgleichung 99, 102
Eikonalgleichung 251
Eindeutigkeit 28-29, 47-48, 77, 161-162, 186
einfallende Welle 372
Einflußbereich 42, 238
Elastizitätskraft 14
elektrisches Potential 158, 194
elektromagnetisches Feld 24, 44, 365
Elektron 19, 261, 381
Elektrostatik
— elektrisches Potential 194, 201
— Laplace-Gleichung 159
— Poissonsche Formel 175
Elementarteilchen 380
elliptisches Integral 402
elliptische PDGl. 31, 33
— inhomogene 323-325
Energie 42-43, 107, 117, 142, 187, 235, 396
— Wirkung 404
— diskrete 223
— KdV-Gleichung 396
— -niveau 20, 261, 262
— kleinste 187, 305
— -integralmethode 48, 187
— Yang-Mills-Gleichungen 382
Entropie 394, 407
— -kriterium 394
Entwicklung nach Eigenfunktionen 152-155, 323-325
Erhaltungssatz
— der Energie 42-43, 107, 235, 396
— des Impulses 369, 396
— der Masse 11, 369, 396
Erwartungswert einer Obsevablen 19, 352
Erzeugungsoperator 301
Euler 92

— -sche Differentialgleichung 172, 424
— -sche Gleichung der Variationsrechnung 406
Existenz 28-29
expandierende Welle 391
explizites Verfahren 208
Exponentialfunktion
— im Komplexen 93, 120-121
— Transformation der 350

F
Fakultät 425
Faltung 85, 353
Faradaysches Gesetz 365
Feder 23
Fehler
— Abschneide- 206
— -funktion $\mathcal{E}$rf, 56
— Rundungs- 206
Fermatsches Prinzip 403
Ficksches Gestz 16, 24, 27
Finite-Elemente-Methode 229-231, 313
Fläche 422
Flächeninhalt 426
Flachland 44, 245
Fourierintegral 349, 377
Fourierkoeffizienten 109-115, 121, 125, 267
Fourierreihen 91, 111, 131
— allgemeine 123, 267
— Differentiation 136, 141, 342
— divergente 131
— doppelte 170, 274
— dreifache 269, 280
— ganze 111-115, 121
— — komplexe Form 120-121
— gerade s. Fouriersche Kosinusreihe
— gerader und ungerader Funktionen 121, 122
— gleichmäßige Konvergenz 134, 147-148
— Integration 141
— Koeffizienten 109-115
— komplexe Form 120-121
— Konvergenz im quadratischen Mittel 134
— Maßstabsänderung 122
— Näherungsfehler 138
— Partialsummen 143
— punktweise Konvergenz 135, 143, 152
— und Randbedingungen 120
— Sprungstellen 134-135, 146-147
— ungerade s. Fouriersche Sinusreihe
— Vollständigkeit 139,143, 268, 315, 323, 326

Fouriers Gesetz der Wärmeleitung 18, 26
Fouriersche Kosinusreihe 95
— Koeffizienten 111
— und Randbedingungen 120
Fouriersche Sinusreihe 91
— doppelte 170
— Koeffizienten 110
— und Randbedingungen 120
Fouriertransformation 349-353
— Eigenschaften 351
— in drei Dimensionen 353
— Faltung 353
— in Kugelkoordinaten 356, 383
Fredholmsche Alternative 324
Freileitung 14
Frequenz 91, 276
Frequenzvariable 350
Fundamentallösung 54
Funktion
— differenzierbare 415
— fortgesetzte 68, 117-120
— gestreckte 51
— stetige 414-415

G
Gabel 409
Gammafunktion 288, 364, 425-426
Gasdynamik 25, 27, 368-371
Gaußsche Funktion subitem der Diffusionsgleichung 54 Transformierte der 350
Gauß-Seidel-Verfahren 226
Gaußscher Satz 423
GDGl. 1
— beliebige Konstanten 3
— Besselsche 272, 287-288
— Eulersche 172, 424
— Existenzsatz 424
— Hermitesche 258
— Laguerresche 261, 302
— Potenzreihenansatz 258, 261, 272, 295, 425
— singulärer Punkt 424
Gebiet 22, 416
Geisterpunkte 213
Gelfand-Levitan-Methode 400
geometrische Methode 7, 10, 386
gerade Fortsetzung 64, 118-120, 122
gerade Funktion 64, 118-120, 122
Geschwindigkeitspotential 25, 159
getrennte Lösung 89, 264
Gibbssches Phänomen 148-150

Gitarre 13, 284
Gleichgewicht 18, 27, 158
Gleichung
— Bewegungsgleichung 369
— inhomogen elliptisch 323
— vierter Ordnung 108
— Zustandsgleichung 344
— zweiter Ordnung 31-34
gliedweise Differentiation 420
gliedweise Integration 141, 420
grad, ∇ 183
Gradient 417
Gram-Schmidtsches Orthonormierungsverfahren 129, 266
Graph einer Funktion 422
Green 183
Greensche Identität
— erste 130, 184
— zweite 124, 190, 265
Greenscher Satz 79-81, 422
Grenzwert 414
— einseitiger 134, 414
— rechtsseitiger, linksseitiger 414
Grundfrequenz 91, 276
Grundzustand 187, 262, 305

H
Halbachse 62-64
Halbraum 195-197
Hammerschlag 41, 117
Hankel-Funktion 291, 374-376
harmonische Funktion 18
— Darstellungsformel 190-192
— Halbkugel 202
— Halbraum 195-197
— Kugel 197-200, 282
— Maximum-Prinzip 175-176, 186
— Minimum der Energie 187, 403
— Mittelwerteigenschaft 175, 185-186
— Poissonsche Formel 171-175
— Quadrant 203
— Rechteck 167-169
— rotationsinvariant 162, 164
— unendlich oft differenzierbar 176
harmonischer Oszillator 258-259
Hauptquantenzahl 302
Heavyside-Funktion 342, 350
Heisenbergsche Unschärferelation 352-353
Helium-Ion 19
Hermitesche Polynome 259
Hermitesche Differntialgleichung 258

homogene lineare Gleichung 2, 5
Hooksches Gesetz 23
Hopfsches Maximumprinzip 186
Huygenssches Prinzip 44, 240, 245
hyperbolische Gleichung 31, 33, 60
— Klein-Gordon-Gleichung 380, 383

I
Identitätssätze 415, 416
Impedanz 25
Impuls
— -erhaltung 369, 396
— -dichte 44
— -variable 352
Indexgleichung 424
inhomogene elliptische Gleichung 323
inhomogene lineare Gleichung 2, 5, 14
— endliches Intervall 154
— ganze Achse 71, 76
— Halbachse 71, 76
inhomogene Saite 372-373
inhomogenes Medium 319, 373, 403
inneres Produkt 123, 125-126, 265, 275, 319
instabiler Zustand 410
Instabilität
— Diffusionsgleichung 60
— einer Matrix 29
Integration von Ableitungen 422-423
Invarianz
— Diffusionsgleichung 50-51
— KdV-Gleichung 403
— unter Drehungen 162-163
— unter Lorentz-Transformationen 239
— unter Streckungen 45, 51
— Wellengleichung 45
inverse Streutheorie 397-401
Inversionsformel
— Fouriertransformation 350
— Laplacetransformation 361
Isolierung 24, 95, 97
isotrop 162

J
Jacobi-Determinante 4, 417
Jacobi-Matrix 417
Jacobi-Iteration 226

K
Kadomstev-Petviashvili-Gleichung 401
Kausalität 42, 76, 235-238
Kette, biegsame 20

Kettenregel 4, 8, 416
kinetische Energie 43, 235
kinetische Gastheorie 407
Kirchhoffsche Formel 240
Klasse C^k 416
Klein-Gordon-Gleichung 239, 380
— Lösung der - 383-384
Knoten 262, 284
Knotenpunktmenge 284-287, 337
Koeffizientenmatrix 32-33
komplexe Eigenwerte 93, 126-127
komplexe Integration 361
Konstante der Bewegung 398
Kontinuitätsgleichung 365, 369
Konvergenz
— von Distributionen 340
— von Fourierreihen 134-135, 143-148
— von Funktionen 131-134, 419-420
— von Reihen 418
— gleichmäßige 131, 147-148, 420
— punktweise 131, 419
— im quadratischen Mittel 132
Konvektion 59, 358
Konzentration 11, 16, 55, 270
— Gradient der - 24
Koordinatenmethode 8, 37, 77
Koordinatentransformation 417
korrekt gestelltes Problem 28-29, 48-49, 59, 76
Korteweg-de Vries (KdV)-Gleichung 395
kovariante Ableitung 382
Kraft, äußere 17, 72
Kreisring 179
Kreissektor 178-179
Kruskal, M. 397
Kugelfunktion 278, 281-282, 300, 374
Kugelkoordinaten 164, 277
Kurve 421-422

L
L^2
— Konvergenz 132, 134, 137, 268 316
— Metrik 137
— Norm 137
Ladungsdichte 365
Lagrangescher Multiplikator 305
Laguerresche Differentialgleichung 261, 302
Laplace-Gleichung 2, 18, 158
— Halbebene 201, 357
— Halbraum 195-197
— Kreis 171-175

— Kreisäußeres 179-181
— Kreisring 179, 321
— Kreissektor 178
— Kugel 197-200
— Maximumprinzip 160-161
— numerische Lösung 224-227
— Quader 167-170
— Rechteck 167-169
Laplace-Operator 16
— Greensche Funktion 192, 344
— Invarianz 162-166
— Kugelkoordinaten 165
— Neumannsche Funktion 202
— Polarkoordinaten 163
— vierdimensional 202
Laplacetransformation 359
— Technik 359-364
Legendre-Funktion 294-298
— erzeugende Funktion 297
— Formel von Rodrigues 296
— Legendre-Polynom 128, 295
— Normierungsfaktoren 296
— Nullstellen 276
— zugeordnete 279, 298
Legendresche Differentialgleichung 279, 294
— zugeordnete 279, 298
Licht 24
Lichtbrechung 403
Lichtgeschwindigkeit 44, 233-238, 248, 365
Lichtkegel 233-234
Lichtstrahl 248
lineare Abhängigkeit 6
lineare Elemente 232
linearer Operator 2
linearisierte Gleichung 25, 371, 409
Linearität 2
Lorentz-Transformation 239
Lösung, allgemeine 36
Luftwiderstand 14, 157

M
magnetische Quantenzahl 300
Matrixgleichung 29
Maximin-Prinzip 330
Maximum einer Funktion 415
Maximumnorm 77
Maximumprinzip
— Diffusionsgleichung 46
— Hopfsches 182, 186
— Laplace-Gleichung 160, 175
Maxwellsche Gleichungen 24, 44, 365-367

Index 453

de Moivresche Formeln 112
Majorantenkriterium 418
Membran 270-276, 321
Mesonen 380
Metrik, L^2 137
Minimalflächengleichung 406
Minimierungsaufgabe 305, 403
Minimax (Minimum-Maximum)-Prinzip 312, 315
Minimum-Prinzip
— Diffusionsgleichung 46
— für den ersten Eigenwert 305
— für den n-ten Eigenwert 307
— Laplace-Gleichung 160
Mittelwerteigenschaft 175, 185-186
— diskrete 225
Moleküle 20

N
Neumann-Bedingung 22, 315-316, 329
— Dirichletsches Prinzip 188
— Diskretisierung 212-213
— Testfunktion 315-316
Neumann-Funktion
— der Besselschen Gleichung 291
— für ein Gebiet 203
Neumann-Problem
— endliches Intervall 94-95, 120
— Halbachse 64
— Eindeutigkeit 187
— Sektor 178
Newtonsches Abkühlungsgesetz 20, 24
Nichteindeutigkeit 28
nichtlineare Wechsekwirkung 397
nichtlineare Wellengleichung 2, 220
Nichtexistenz 28
Norm
— L^2 137
— Maximum- 77
Normalableitung 22
Normalenvektor 15, 22, 234
Normalgeschwindigkeit 25
Normierungsfaktoren 143, 290, 296, 399
N-Soliton 400
Nullvektor 249

O
Oberton 92
offenes Intervall 414
offene Menge 160, 416
Operator 2, 19

— -methode 73, 81, 252
Ordnung einer DGl. 1
orthogonal 123, 125, 126, 266

P
parabolische PDGl. 31, 33
Parametrisierung einer Fläche 422
Parsevalsche Gleichung 139, 352
Partialsumme 418
Pauli-Matrizen 281
Periode 68, 118
periodische Fortsetzung 118
periodische Funktion 118, 135
periodische fortschreitende Welle 401
Phasenebene 411
Plancherel, Satz von 352
Plancksche Konstante 19
Plasmaphysik 396
Poisson-Gleichung 158, 194, 345
— Finite-Elemente-Methode 229
Poissonsche Formel 171-175
— in drei Dimensionen 199-200
Poissonsche Summationsformel 355
Polarkoordinaten 162, 172
Populationsdynamik 17
Potential
— stetiges Spektrum 376-377
— elektrostatisches 158, 189
— elektromagnetisches 368
— -funktion 19, 20, 299, 397
— Geschwindigkeits- 25, 159
potentielle Energie 43, 187, 235, 306
Potenzreihe 419
— -Ansatz 258, 261, 272, 295, 425
Proton 19, 380
Punktmasse 338
Punktspektrum 377
punktweise Konvergenz 131, 135, 143, 419

Q
Quellfunktion
— Diffusionsgleichung 54, 71, 255, 340, 346, 347-348, 355-356
— Klein-Gordon-Gleichung 383-384
— Wellengleichung 346-347, 356-357
Quelloperator
— Diffusionsgleichung 73-74
— Wellengleichung 81-82, 84, 252
Quellterm
— Diffusionsgleichung 71-75
— Wellengleichung 75-85, 252-253

quadratische Elemente 232
quadratisches Mittel, Konvergenz im 132, 134, 268, 316
Quantenelektrodynamik (QED) 381
Quantenmechanik 19-20, 260-263
— Drehimpuls in der 299-303
Quantenzahl 300, 302
Quarks 380

R
Radar 16
radiale Schwingungen 275
Rand 416
Randbedingung 22-23
— Ausstrahlung 24
— dissipative 50
— freie 315
— gemischte 96
— homogene 23
— inhomogene 152-156, 169, 282, 362
— — Methode der Datenverschiebung 155-156
— — Laplace-Transformation 361-362
— — Methode der Reihenentwicklung 152-156
— periodische 97, 120, 172
— Robinsche 97-105
— symmetrische 124-129, 190, 266, 320
— im Unendlichen 26, 181, 195, 260, 299, 322
Randpunkt 416
Rankine-Hugoniot-Formel 392
raumartige Fläche 249
raumartiger Vektor 249
Rayleigh-Quotient 305, 320
Rayleigh-Ritz-Approximation 189, 310-311
— bei einer Neumann-Bedingung 315-316
R.B. *s.* Randbedingung
Reaktions-Diffusions-Problem 410
Rechteckimpuls 350
Reflexion
— Koeffizient 373, 378, 399
— Methode 62-71, 195-203
— von Wellen 66-71, 372-379
Reibung 157
Rekursionsgleichung 259, 272, 289, 296, 302
Relativitätstheorie 44, 249
Resonanz 157
retardierendes Potential 253
Richtungsableitung 7, 8, 417
Riemann-Funktion 347-348

Robin-Bedingung 22, 23, 24
— Kreisscheibe 181
— Halbachse 65
— Intervall 50, 97-108, 129
— kleinster Eigenwert 309
— Rechteck 167, 270
— Eindeutigkeit 182
Rodrigues, Formel von 296
Rotation in der Quantenmechanik 301
rotationsfreie Strömung 25, 159, 371
Rotationsinvarianz 34, 162-165
Rückkopplung 2
Rückwärtsdifferenz 204
Rundungsfehler 206
Russell, J. S. 395

S
Saite, gezupfte 39-40
Sattelpunkt 404
Satz über implizite Funktionen 422
Schall 25-26, 370-372
schlecht konditionierte Matrix 29
Schrittweite 204
Schrödinger-Gleichung 19-20, 26, 96, 256-263, 301-303, 377
— Drehimpuls 299-303
— endliches Intervall 96
— freie 256-257
— harmonischer Oszillator 258-259
— kubische 400, 402
— Wasserstoffatom 260-263, 301-303, 377
Schwarzsche Ungleichung 151
schwingender Stab 2, 108, 407
schwingende Membran 15-16, 270-276, 321
schwingende Saite
— Anfangs- und Randbedingung 23
— gedämpft 45
— gezupft 39-40, 44
— Energie 97
— Frequenz 91, 276
— Hammerschlag 41, 117
— inhomogen 372-373
Seifenhaut 404, 406
Schwingung im Kugelinneren 276-282
Signum-Funktion, Transformierte der 350
Sine-Gordon-Gleichung 401
singulärer Punkt einer GDGl. 424
— schwach singulärer Punkt 261, 272, 424
Singularitäten
— Fehlen von 60, 87
— Differenzenverfahren 220

Index

— Stoßwellen 391-394
— Wellen 60, 71, 250, 346-347
skalares Potential 368
Snelliussches Reflexionsgesetz 406
Solitärwelle 396
Soliton 395-401
SOR-Verfahren 227
Spannung 13, 15
Spektrallinien 303
Spektrum 377-379
Spektrum, stetiges 263, 377-379, 398
spezifische Wärme 17
sphärisches Mittel 240
sphärisch harmonisch 278
Spiegelpunkt 195, 197
Sprungbedingung 26
Sprungstelle 87, 134, 391, 415
Stab, belasteter 408
Stabilität 28, 48, 77
— numerische 209-214, 219-221
— von Solitonen 395-401
— von stationären Zuständen 408-413
stationärer Punkt 405
stationäre Welle 18, 158
Stimmgabel 108
Stoßwelle 2, 386-394
Strahl 249
Streuung
— akustisch 24
— einer ebenen Welle an eriner Sphäre 373-376
— inhomogene Saite 372
— inverse 397-399
— Licht 24
— stetiges Spektrum 377-379
— Streudaten 400
Stromdichte 365
Strömung 11, 159, 369-370, 395-396
stückweise C^1 422
stückweise stetig 134, 415
Stufenfunktion 342
Sturm-Liouville-Problem 320-322 subitem singuläres 321
subharmonische Funktion 203
Superpositionsprinzip 3, 386

T

Teilgebiet, Eigenwerte für 332-334
Telegraphengleichung 385
Temperatur 17-18, 24, 46, 104
Tessera 286

Testfunktion 338-339, 343
— für Dirichletsche Eigenwerte 305, 310, 332
— für Neumannsche Eigenwerte 315, 322-323
— für Robinsche Eigenwerte 320
Topologie 28
Transport, einfacher 1, 11
Transportgleichung 251
Trennung der Variablen 89-105
— in Polarkoordinaten 172
— Raumvariable 168, 172, 326
— spezielle Gebiete 168
— Zeitvariable 264, 325
Triangulierung 229
Typeneinteilung von PDGln 31-34

U

überbestimmt 29
Überschallströmung 16, 386
Übertragungskoeffizient 373, 378, 399
ultrahyperbolische PDGl. 33
Unendlich, Bedingungen in 26, 181, 195, 260, 299, 322
unendlich oft differenzierbare Lösung 86, 151, 176
unendliche Reihen 131-133, 418-420
ungerade Fortsetzung 62, 118-120, 122
ungerade Funktion 62, 119
Unschärferelation 352
unterbestimmt 29

V

variable Koeffizienten 8-10, 319-322
Variationsrechnung 403-406
Verformungszustand 409
Vergangenheit 42, 76, 238, 249
Vergleichssatz 418
Vektor
— -feld 417
— -potential 368
— -raum 3, 128, 270
Vernichtungsoperator 301
Verschiebung 51, 162
Verzögerung 45
Verzweigung 408-413
Vielfachheit 266-267, 285
Violinsaite 93
Vollständigkeit 139, 143, 268, 315, 323, 325
— und Gibbssches Phänomen 143-150
— stetige Version 350

— und stetiges Spektrum 263, 377
Vorwärtsdifferenzen 204

W

Wahrscheinlichkeit 19, 159
Wärmefluß 18, 27
Wärmeleitung 17-18, 21, 24, 72, 320
— Energieabsorption
— Konvektion 59
— Maximum-Prinzip 46
— Quellfunktion 54, 255, 355-356
— Robin-Bedingung 97
Wärmeleitfähigkeit 18
Wärmeleitungsgleichung 18
Wärmeaustausch 20
Wasserkäfer 44, 245
Wasserwelle 15, 395
Wasserstoffatom 19-20, 260-263, 301-303, 320
— stetiges Spektrum 377
Wasserwelle im Kanal 367
Wachstumsfaktor 212
Welle
— auslaufende 374
— ebene 373, 377
— Funktion 19
— Geschwindigkeit 14,
— mit einer Quelle 75-82, 252-254
— seismische 16
— übertragene 373
Wellenbrechung 391
Wellengleichung 14, 23, 25, 36, 233, 405
— allgemeine Lösung 36, 240, 244
— Anfangsbedingung 37, 240, 244
— endliches Intervall 67-71, 89-93, 94, 105
— Energie 42, 107, 235
— Halbgerade, Dirichletvorgabe 66
— inhomogene 75, 252
— — Randbedingungen 83, 154, 362
— — Halbgerade 82
— Kugel 276-283
— Kugelkoordinaten 277
— Kreis 270-276
— Lorentz-Invarianz 239
— negative Eigenwerte 103
— Polarkoordinaten 270
— Streuung 373
— mit einer Quelle 75-83, 252-253
— im Raum-Zeit-Kontinuum 233-254
— ohne Rand 36, 233
— Schall 25-26, 371
— zweidimensional 15, 243-244

Widerstand 14
Wirkung 404
Wronski-Determinante 379

Y

Yang-Mills-Gleichungen 382

Z

Zabusky, N. 397
Zählfunktion 328
zeitartiger Vektor 249
Zeitschnitt 248
zentrale Differenz 204
zentrale zweite Differenz 205
zugeordnete Legendre-Funktion 298
Zukunft 249
Zusatzbedingung 10, 22, 28
Zustand
— eines Elektrons 19, 263
— gebundener 261, 377
— Grund- 187, 263, 305
— instabiler 410
— Verformung 409
Zustandsgleichung 344
Zwischenwertsatz 415

Differentialgleichungen mit Mathematica

von Walter Strampp und Victor Ganzha

*1995. VIII, 187 Seiten mit zahlreichen Abbildungen und Beispielen. Kartoniert.
ISBN 3-528-06618-0*

Aus dem Inhalt: Differentialgleichungen erster Ordnung – Differentialgleichungssysteme erster Ordnung – Lineare Differentialgleichungen mit konstanten Koeffizienten – Partielle Differentialgleichungen erster Ordnung – Lineare Partielle Differentialgleichungen zweiter Ordnung.

Differentialgleichungen spielen in den Naturwissenschaften und der Technik eine bedeutende Rolle, da viele Modelle mit ihrer Hilfe formuliert werden. Für die exakte Lösung dieser Gleichungen gibt es ausgefeilte mathematische Methoden, die in dem Computeralgebra-System Mathematica verfügbar sind. Das Buch enthält einerseits eine Einführung in die Theorie der gewöhnlichen und partiellen Differentialgleichungen und beschreibt andererseits, wie sich Mathematica zur Lösung dieser Gleichungen einsetzen läßt. Die theoretischen Ergebnisse werden in algorithmischer Form angegeben und mit vielen Beispielen ergänzt, die auch die graphischen Fähigkeiten von Mathematica ausnutzen.

Über die Autoren: Prof. Dr. Walter Strampp und Prof. Dr. Victor Ganzha lehren beide am Fachbereich Mathematik/Informatik der Universität-GH Kassel. Prof. Strampp forscht auf dem Gebiet der nichtlinearen integrablen Systeme, Prof. Ganzha beschäftigt sich mit symbolisch-numerischen Methoden.

Verlag Vieweg · Postfach 15 46 · 65005 Wiesbaden

Gewöhnliche Differentialgleichungen

von Jean-Pierre Demailly

Hrsg. von Klas Diederich. Aus dem Franz. übers. von Mathias Heckele.

1994. X, 318 Seiten. Kartoniert.
ISBN 3-528-06553-2

Aus dem Inhalt: Einleitung – Numerische Näherungsrechnungen – Polynomiale Näherung von Funktionen – Numerische Integration – Iterative Methoden zur Lösung von Gleichungen – Differentialgleichungen – Grundsätzliche Ergebnisse – Explizite Lösungsmethoden von Differentialgleichungen – Systeme von linearen Differentialgleichungen – Numerische Einschritt-Verfahren – Numerische Mehrschritt-Verfahren – Stabilität der Lösungen und singuläre Punkte eines Vektorfeldes – Parametrische Differentialgleichungen.

Normalerweise hört jeder Mathematik-Student während seines Studiums einmal etwas über Differentialgleichungen und über Numerik, nur nicht, wie man numerisch Methoden zur Lösung von Differentialgleichungen anwenden kann. Dieses Buch bietet neben denjenigen Teilen der Theorie von Differentialgleichungen, die sich exakt zeigen lassen, eine gründliche Einführung in die numerische Behandlung von Differentialgleichungen. Es ist für Mathematik-Studenten ab dem 3. Semester geeignet, bietet aber auch allen Naturwissenschaftlern und Ingenieuren die Möglichkeit, sich auf diesem wichtigen Gebiet der angewandten Mathematik die nötigen Grundlagen zu erarbeiten.

Über den Autor: Jean-Pierre Demailly lehrt und forscht am Institut Fourier, Laboratoire de Mathématiques der Universität Grenobles I.

Verlag Vieweg · Postfach 15 46 · 65005 Wiesbaden

MIX
Papier aus verantwortungsvollen Quellen
Paper from responsible sources
FSC® C105338

If you have any concerns about our products,
you can contact us on
ProductSafety@springernature.com

In case Publisher is established outside the EU,
the EU authorized representative is:
**Springer Nature Customer Service Center GmbH
Europaplatz 3, 69115 Heidelberg, Germany**

Printed by Libri Plureos GmbH
in Hamburg, Germany